BOVQVET
COMPOSE DES
PLVS BELLES FLEVRS
CHIMIQVES
OV AGENCEMENT
des preparations, et
experiences, es plus
rares secretz pour
pharmaceutiques, contenant
tous en la science et
art Chimique Medi
cal
Dauid de Planis Campy
VILLEGANGNE
Chirurgien du Roy
A PARIS,
Chez Pierre Billaine, rue
S. Iacques, a la bonne Foy
Auec Priuilege

BOVQVET
COMPOSÉ DES
PLVS BELLES FLEVRS
CHIMIQVES.
OV

Ajencement des preparations, & experiences és plus rares secrets, & Medicamens Pharmaco-Chimiques ;
prins des Mineraux, Animaux,
& Vegetaux.

*Le tout par vne methode tres-facile, & non
commune aux Chimiques ordinaires.*

Par DAVID DE PLANIS CAMPY,
dit L'EDELPHE, Chirurgien du Roy.

A PARIS.

Chez PIERRE BILLAINE, ruë S. Iacques, à la Bonne Foy.

M. DC. XXIX.

Auec Priuilege du Roy.

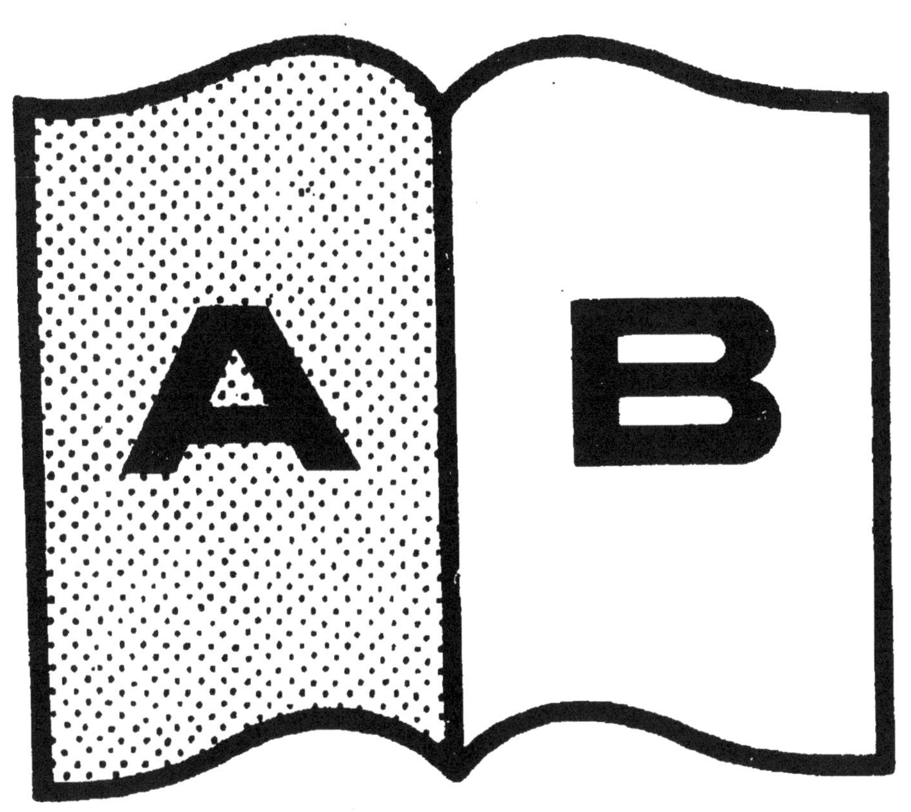

Contraste insuffisant

NF Z 43-120-14

Contraste hétérogène

**VALABLE POUR TOUT OU PARTIE
DU DOCUMENT REPRODUIT**

A
MONSEIGNEVR
MONSEIGNEVR DE
GAYANT, SEIGNEVR
DE VARASTRE, DE LA BOVR-
diniere, du Pleſſis Dancé, & autres
places, &c. Conſeiller du Roy en ſes
Cóſeils d'Eſtat & Priué, & en ſa Cour
de Parlement de Paris, Preſident
és Enqueſtes d'icelle.

ONSEIGNEVR,

L'hiſtoire de la Philoſo-
phie myſtique nous apprend
qu'un certain Amoureux de la Princeſſe
Lofnis, eſtant priué de la preſence de ſa Mai-

EPISTRE.

streſſe, conferoit, pourtant, auec elle par
l'entremiſe de certains Bouquets tiſſus &
ajencez de Fleurs naturelles, auec tant d'Art
que quoy qu'à l'exterieur la diuerſe diſpoſition & variable meſlange des Fleurs eut
donné de la jalouſie à l'excellente bouqué-
tiere Glicera, comme cette-cy en donna au
Peintre Parſias, neantmoins en leur interieur la veritable idee des ſecrettes mais vniques eſtincelles de leur amour eſtoient plus
parfaictement repreſentees : Moyen vnique, qui adouciſſant l'aſpreté de leurs parents, conſillia leurs volontez, & les vnit
à l'accord vnanime de leur aliance. Or
ayant dés long temps aymé cette belle Loſ-
nis, c'eſt à dire la vraye verité en la Medecine, & que par la longue & injuſte ti-
rannie de ſes parents cette Dame demeure
cachee à nos yeux, il m'a ſemblé que la ma-
nifeſtant au public ſous la doux flairante
figure de ce Bouquet, & ſous le fauorable
& inuiolable appuy de voſtre nom, je me
rendrois irreſponſable deuant Dieu du ta-

EPISTRE.

lent qu'il m'a communiqué. La multitude
des affligez que les maladies trainent à la
mort en l'Auril de leur âge faute de secours
& des moyens propres pour les r'amener à
guerison, obligent mon esprit, ma main, &
ma plume, à employer mes dons, mon Art,
& mon industrie, pour leur donner des
conseils vtiles, des experiences certaines, &
des secrets indubitables afin de prolonger leur
vie, & la guarentir des attaques ordinaires des maladies.

Ce n'est pas pour vo⁹, MONSEIGNEVR,
que ce Bouquet voit le jour, car la Sagesse a
le grand nombre des iours en sa dextre (dict
Salomon aux Prouerbes) & le Seigneur
adjouste des iours à ceux qui le craignent.
Aussi vostre grande sagesse, vostre profonde vertu, & vostre incomparable sçauoir,
portent auec eux ce Moly, & ceste Panacee Celeste de longueur de iours. Non ce
n'est pas pour vous: Mais c'est bien à vous
à qui je prens la hardiesse de le dedier. Car
si apres la conference que i'ay euë auec plu-

ẽ iiij

EPISTRE.

sieurs personnages, qui bien qu'ils m'ayent
fait admirer la grandeur de leur sçauoir &
la vertu de leur courage, ie n'en ay trouué
aucun, pourtant, surpasser l'infiny de vostre
Doctrine, ie ne deuois ny pouuois aussi luy
choisir autre protecteur que vostre merite.
Car à qui de plus sage le deuoy-ie dédier?
qu'à vous, MONSEIGNEVR, qui estes
tellement Amoureux de la Sagesse mesmes,
qui est Dieu, qu'il semble que vostre con-
uersation soit plustost dans le Ciel que parmy les enfans de la Terre. Mais à qui de
plus vertueux? qu'à vous, qui cherissez tellement la vertu que i'ose asseurer que c'est à
vous qu'elle s'est monstree toute nuë. Mais
à qui de plus prudent? qu'à vous, à qui la
Sagesse & la vertu ont en telle façon joint
ce qui est de plus recommandable en la Iustice, qu'il semble que vous ayez partagé ce
que vous auez tous deux de plus excellent:
elle qui est aueugle emprunte la clarté de
vostre esprit pour la lumiere de ses yeux, &
vous, qui estes incorruptible, vous aydez de

EPISTRE.

son bandeau contre les amorces de l'iniquité & les charmes de la faueur: si que j'oseray dire que les lis où vous seez, par vostre
seul merite, dans le Temple de la Sacree
Themis, ne sont pas assez blancs pour la
candeur de vostre ame, ny assez odorans
pour l'integrité de vostre vie. Mais à qui
de plus sçauant? qu'à vous, à qui tout ce
qui est de plus rare tant au grand qu'au petit monde ne vous est point caché, en telle
maniere que pour rendre vostre nom recommandable par l'vniuers vostre seul esprit
suffit. Esprit seul Astre rayonnans de Doctrine: Esprit seul Soleil lumineux de sçauoir, qui desja esclaire toute la Terre du jour
de sa science. Esprit qui me met tellement en
admiration qu'il me faudroit son excellence
pour le representer, ou bien son sçauoir pour
en representer l'excellence. Arriere ce qu'on
dit d'Aristide de Thebes qui peignoit les cõ-
ceptions de l'ame, & faisoit voir par la
peincture toutes les actions du sens & de
l'entendement: icy pour exprimer ce qui est

de la Diuinité de *vostre Esprit*, il faudroit
vostre esprit mesmes, non le peinceau d'Aristide. Esprit rare & eminent, qui vous rēd
aujourd'huy le Temple des muses, & l'Asi-
le des hommes vertueux; estant lié d'vn si
estroit nœud d'Amour auec la Science, la prudence, la Vertu, & la Sagesse, qu'elles ne
se peuuent perdre tant que vous serez viuāt,
ny vous viure si elles estoiēt perduës. Mais
ce qui est de plus excellent c'est que ces perfections ne se font jamais paroistre en vous,
qu'accompagnees de leur vnique Reyne la
Charité. Permettez donc, par celle cy,
MONSEIGNEVR, que ce Bouquet Me-
decinal porte son odeur agreable, & gueris-
sable (sous la faueur de vostre nom) aux
affligez des maladies, dont la negligence cause la longueur, & l'ignorance la perte de
ceux qui les ont. Or comme la froidureuse
saison de l'Hyuer, auquel je vous le presente, ne m'à peu empescher de luy faire voir le
jour; de mesmes je suis asseuré que si le dai-
gnez regarder d'vn œil fauorable, que l'Hy-

uet orageux, des langues médisantes de mes
enuieux, ne sera pas assez violent pour en
ternir & fanir les fleurs qui le composent.

Qu'il plaise donc à vostre debonnaireté
accoustumee, par qui tous ceux qui ont accés
à vous sont contraincts de rendre hõmage
à vostre vertu, de receuoir cette mienne petite offrande, qui posee aux pieds de vostre
incomparable Doctrine, s'ose promettre
tant de vous que son Autheur sera appellé
d'ores-en la le deuot de vos commandemens.
Aussi c'est en cette qualité que desire viure le
reste de ses jours,

MONSEIGNEVR,

Vostre tres-humble &
tres-obeissant seruiteur.
DE CAMPY, Chi-
rurgien du Roy.

AV LECTEVR.

EN fin voicy ce Bouquet, Amy Lecteur, l'odeur duquel t'auoit esté
promise il y a sept ou huict annees.
L'excellence de ses Fleurs ayant esté
imprimée dans l'imagination tant
de ceux qui desirent guerir, que de ceux qui sou-
haittent estre gueris, a tellement obligé le Libraire à l'importunité de l'imprimer, & ma charité à
l'octroyer, que je n'ay peu m'en dédire pour ce
coup. Mais si en la publication d'iceluy j'ay subjet
d'y regretter quelque deffaut, ce n'est que celuy de
ne luy auoir pas peu donner l'ornement tel que le
merite des Fleurs qui le construisent le requer-
roit: car quoy que ma vocation me l'ait peu promettre, neantmoins le temps ne me l'a peu permettre. Les diuers assauts que mes enuieux ont donné à mon esprit, m'ont tellement empressé à parer
à leurs malignes attaques, que ma plume d'ailleurs
pressee de la haste de l'impression, n'a peu tracer
icy ce que mon esprit, la charité, & le deuoir à
ma patrie auoient peu promettre. Tu sçais (par le
recit que j'en ay faict en la conclusion de mon Hydre Morbifique) comme les ennemis de ma reputation remplis d'enuie, ayans esguisé leurs langues
serpentines, ont tasché, par le debondement de
leur rage veneneuse contre moy, de m'accabler
sous le torrent de leur médisance. Mais ce grand

Dieu (qui nous exhorte, par le Prophete, d'auoir recours à luy en noſtre affliction) a ouy le cry de ma plainte, & m'a deliuré des pieges qu'ils m'auoient malicieuſement dreſſés. Car en m'eſtendât ſa main il m'a deliuré de celles des impies, & des artifices dés ouuriers d'iniquité. Et quoy que leur bouché ait parlé choſe vaine, & que leurs cœurs ayent machiné choſes mauuaiſes contre moy. neât-moins le Seigneur n'a pas permis que leur langue homicide, ny la violence de leur main ayent troublé la paix de mon cœur. Auſſi crois-je (je le diray ſans vanité) que ma vie ſans reproche, ma conuerſation Chreſtienne, & l'integrité de ma conſcience, ayant fait eſpanoüir mon innocence parmy les ronces de leurs calomnies, les a contrainéts d'aduoüer que je meritois vn plus doux traiétement. Mevoila donc à couuert s'il ſemble pour cette fois. Mais l'enuie, qui ne peut ſupporter de ſon œil ja-loux les biens faiéts que le Createur depart à ſes creatures, ny la lumiere que les rays du Soleil de Iuſtice eſpand à leurs eſprits, pour me battre de l'orage de ſes trauerſes, & faire auorter mes loüables deſſeins, aux meſchans ſuccez de ſa perfidie, ma ſuſcité depuis peu de mois en ça vn monſtre, lequel ayant joint la peau de Renard auec celle du Loup (je ne veux pas dire du Lyon, car ceſt animal eſt rop genereux, & royal) a cuidé ſous des paroles attrayantes de paix me deſchirer, froiſſer, & en-gloutir de ſa gueule inſatiable. Mais côme la prudence de celuy qui deuoit terminer de nos differends, eut eſclairé par ſon beau jugement (qui côme vn aſtre de vertu influë les rays de la Iuſtice, non à la faueur mais au merite) ce que mon zele

au bien public me faifoit efperer de gens moins
paſſionnez que mes ennemis, ils ſe ſont veus en vn
inſtant fruſtrez de leurs iniques pretentions , &
moy remis dans le loüable deſſein de faire du bien
à ceux qui en rechercheront les voyes vniques, les
moyens licites,& les ſecrets tres-certains. Secrets,
qui pour eſtre conneus de peu, ont reduit mes ennemis en vn tel eſtat qu'il leur ſemble que ma ruine & l'aneantiſſement de ma fortune ſera le ſubjet
de leur gloire, & le comble de leur bon-heur. Car il
eſt vray que m'eſtãt mis en deuoir depuis quelques
annees, de faire gouſter les effects de la vocation
en laquelle il a pleu à Dieu m'appeller, au public,
à quoy je me ſuis ſenty attiré doucement par cette
faculté Aymantine des regles politiques de la cõ-
uerſation humaine (auſſi l'homme n'eſtant nay
pour ſoy il doit eſtre profitable à autruy, puis que
la perfection du bien conſiſte en la communication de ſoy meſme) depuis, di-je, mes ennemis
n'ont ceſſé, en cuidant troubler le repos de mon
eſprit, de rauir aux affligez des maladies qu'ils ne
ſçauroient ſoulager, l'heur & le bon-heur de la
gueriſon de leurs infirmitez. Ma premiere intention, qui n'a eſté qu'à rechercher ſerieuſement les
plus profonds ſecrets de la Nature, n'a ſi toſt paru en euidence, qu'ils ont taſché de la rendre inutile.   Et quoy qu'apres le rapport que j'en fay à
Dieu, l'vtilité n'en doiue eſtre enuiée au public,
neantmoins l'Enuie auec ſes yeux loüches n'a ceſſé
du depuis de regarder de trauers mes ſaines reſolutions pour les trauerſer: car la paſſion venant à
buriner de ſes pointes aiguës l'ame & le cœur de
mes haineux, ils n'ont ceſſé d'exaller vne odeur

puante de conuices contre mon nom. Et bien que
quelques vns parmy eux ayent senty les effects de
la misericorde de Dieu au certain euenement des
remedes de mon Art que charitablement je leur
ay communiquez; neantmoins ayant englouty la
souuenance de ces bien-faicts dans le gouffre d'ou-
bly, se sont rangez ouuertement du party de mes
ennemis, & ayans esclatté de la noire vapeur de
leur malice. le foudre de mille mensonges, ont tasché de ternir l'esclat des faueurs que la Grace du
Ciel a communiquees à mon esprit. Et encor que
leur dessein en cette malicieuse inuention ne soit
autre que pour déraciner de l'esprit des gens de
bien la bonne opinion qu'ils auoient conceuë des
effects de mes remedes, neantmoins ils ont plus
accreu mon honneur & ma reputation en médi-
sant de moy, qu'ils n'eussent fait en loüangeant
l'Art, les remedes, & l'ouurier tout ensemble: semblable en cela au Cumin & au Basilic qui croissent,
dict-on, en les maudissant. Toutes ces trauerses
considerees comme il faut & prises du biais qu'on
les doit prendre, ne seront-elles pas treuuées capables de faire qu'vn ouurage, pareil à cestuy-cy se
treuue manque de quelques-vns de ses assortimés?
ouy veritablemét. Car je m'estois promis que cette preface se verroit accomplie de tout point, tant
par vn vray enseignement Phisico-Chimique, de
la matiere medecinale, que de l'excellence de l'Art
Chimique en la preparation des remedes, par dessus la voye ordinaire & commune: mais cela est reserué en ma Pharmacopée Spagyrique, Dieu aydant. Et parauanture en toucherons nous quelque
chose en la seconde impression de ce Liure, où

nous fairons voir (auec l'explication des Enigmes
qui sont en la taille douce de la premiere page de
ce Liure, joincte la deffece de cét Art tres-rare, &
de ceux qui le pratiquét) les causes pourquoy mes
enuieux caloniateurs ont retardé ce bien au public.

Que si nous joignons aux impetueuses bo-
rasques que mes ennemis ont suscitees au calme
de mon esprit, la continuelle sollicitude d'vn mes-
nage, auquel il faut que je contribuë la meilleure
partie de mes soings, apres Dieu, ne seray-je pas
digne d'excuse, si ce Bouquet n'est accompagné,
en l'enjoliuement des fleurs qui le composent, du
rare artifice que mon Art luy pouuoit donner sans
contredict. Adjoustons à tout cela les diuertisse-
mens que je suis contraint, mais plustost obligé
d'en-haut, de receuoir par vn monde de malades
qui me viennent communiquer leurs infirmitez,
pour acquerir ce qu'ailleurs ils n'ont peu seulemét
esperer, & nous verrons que veritablement ce n'est
pas auoir eu trop de temps de reste pour contribuer, en cette ouurage, au public, les fruicts du ta-
lent qu'il a pleu à Dieu me departir. Neantmoins
outre tous ces diuers empeschemens je n'ay pas
laissé de dérober les heures que je deuois donner
à mon repos, pour les departir & au repos des affligez, & à la gloire de la Medecine. Que s'il te
plaist, Lecteur, parcourir serieusement cét ouurage tu y treuueras, pour l'enrichissement d'icelle,
plusieurs choses dignes de consideration, qui n'a-
uoiét jamais esté dónées de persóne auant moy. On
ne sera plus en doute de la verité de la Medecine
Chimique, ny si elle doit estre preferee aux autres
sciences, son antiquité, sa noblesse, l'excellence de

ses

ſes ſubjets, &la neceſſaire vtilité de ſa fin, reſoluent
ſuffiſamment cette queſtion ; & en donnent les
voix & les ſuffrages à celle qui ſans contredit peut
eſtre appellée main de Dieu. Et pour paruenir à
cette connoiſſance ſi neceſſaire, ſon etimologie &
diffinition nous en ouurent le chemin; ſes veritables Principes nous aſſeurent qu'elle a ſur toutes
les autres ſciences cét aduantage, qu'elle n'eſt pas
en ſes effects dans l'incertitude, ſes operatiõs nous
y verifient cette verité, leſquelles dans le lieu diſpoſé à cét effet, ne manquent d'inſtrumens propres, ny de moyens conuenables : Ceux-là conſiſtent en fourneaux & vaiſſeaux, tant en leur forme,
figure que vſage. Ceux-cy nous font voir le feu,
enſemble ſes diuiſions: conſequemment le temps
le plus ſortable à operer, & les conditions que le
Medecin Artiſte doit auoir. Tout cela y eſt traicté
non ſimplement, ainſi que je vous en repreſente
icy le crayon, mais auec des penſees choiſies dans
la veritable Philoſophie, des raiſons fortes, des
exemples rares, & des paroles, ſi non elegantes,
du moins energiques, & ſignifiantes. Ce n'eſt pas
tout, la theorie n'eſt ſcience qu'en idée, la prattique eſt celle qui cõfirme la verité de ſes enſeigne-
mens; c'eſt pourquoy nous paſſons des raiſons à la
demonſtration veritable, qui eſt que mettant la
main à l'œuure, nous reſoluons tous les mixtes
qui ſe rencõtrent és trois genres ou familles ſu-
blunaires, ſçauoir vegetaux, animaux, & mineraux; ſeparant d'iceux les ſubſtances qui les compoſent, Sel, Soulphre, & Mercure. Finalement
nous venons aux compoſitions; comme des pilules, Tablettes, Trochiſques, Antidotes Theriac

caux, Electuaires, Onguens, Linimens, & Emplastres; le tout preparé par la voye de l'Art Chimique, auec tant d'industrie, de soin, diligence, &
circonspection qu'on y sçauroit desirer. Pouuant
dire auec verité qu'aucun auant nous n'en auoit
vsé de la sorte. En disant cecy je ne veux pas que
l'on croye que je sois tellemét outré de vanité que
de me penser plus sçauant que les autres, je n'eus
jamais, graces à Dieu, cette pensee ; mais je veux
dire qu'auát moy cette façon de preparer plusieurs
remedes (par la voye Chimique) qui sont contenus en cét œuure, n'auoient esté couchez de personne par escrit en la façon que je les enseigne.
Et voila le biais auquel ie desire qu'on prenne ce
que dessus. Car ce disant ie ne mesprise ny ne blas-
me personne , encor moins ne rejette je les au-
thoritez , par ce que ce doiuent estre les arcs-
boutans de nos raisons: aussi semble-t'il que la verité est bien plus belle authorisee qu'autrement;
penser au contraire seroit se rendre chef d'vn party qui pourroit vn iour demander la preference
aux petites maisons.

Or si en la suite de cét œuure il se rencontre que
mes parolles choquét les paroles de quelques vns,
qu'ils sçachent que ce n'est pas eux que j'attaque
(car je suis prest de leur donner le baiser de paix
toutes & quantes fois qu'ils voudront) mais c'est
ce monstre d'erreur que j'ay treuué en leurs escrits.
Si j'ay cét honneur d'auoir respôse d'eux, je les sup-
plie de me traicter auec des raisons authorisees, &
des experiences certaines. Ie n'approuue pas les
nouuelles pensees qui sont sans authorité, car ainsi
elles ne produisent rien que des Chimeres. Et quoy
qu'il faille examiner les autheurs par la reigle de la

Verité, qui se manifeste le plus souuent par l'experience, neantmoins ne faut il se monstrer si outre-
cuidé qu'en les mesprisant tous, on les accuse de
mensonge, pour donner passe-droict à des resueries. Que si au lieu de solides responses on m'enuoye des niaiseries, je leur declare dés maintenant
que mon loisir ne me peut permettre de combat-
tre des sottises. Et quand à ceux qui importunent
incessamment les Autheurs par leurs propositions
niaises & remplies de bestise, je les aduertis qu'ils
n'auront jamais autre chose de moy, de plus intelligible que ce que j'ay donné des-ja par mes escrits; c'est pourquoy qu'ils n'en recherchent aucunement la communication (cy ce n'est pour la
guerison de leurs infirmitez : car en ce cas je ne
leur refuseray rien) encor moins ses curieux,
frelateurs & maquignons des inuentions &
secrets d'autruy, car ils n'en rapporteront autre
chose que la honte d'estre refusez, si toutes-fois
ceux qui font profession ouuerte de l'impudence
& de l'effronterie en sont capables.

Pour faire fin, je diray encore trois mots touchant la derniere Fleur de ce Bouquet, où je ne
traicte que des termes affectez aux Philosophes
Chimiques, & des nottes, marques, chiffres, &
alphabets, desquels leurs liures sont tous plains;
ce qui a souuent esté cause que plusieurs ne pouuans rien comprendre à iceux en se despitant les
ont delaissez, & quelquesfois jettez au feu. Surquoy ils me semblent auoir manqué de bon jugement, car s'ils eussent consideré qu'en la Medecine on peut changer les noms, pourueu que la chose demeure en son entier, ils n'en eussent pas vsé
en la sorte. Galien mesmes atteste *in lib. 2. de her.*

aff. que Archigene inuenta plusieurs noms en la
Medecine, ausquels il confesse ingenuëment en
pouuoir rien comprendre. Tesmoignage euident
pour faire voir que de tout temps les Arts & sciences, & notamment la Medecine, ont esté voilez
par des termes inconneus, horsmis à ceux qui les
auoient inuentez. Et la raison pourquoy ? il me
semble qu'elle n'est autre que pour cacher quelque rare secret, sinon aux plus studieux, du moins
aux non-chalás & paresseux. Or à celle fin que d'o-
res-en la on ne soit plus en peine de chercher côme à tastons l'explication de plusieurs nominations scabreuses en la Medecine Chimique, voicy
que j'en ay fait vne Fleur entiere, où les plus saine-
ment curieux treuueront du soulagement non à
mépriser.

Au reste, amy Lecteur, je te conjure de tout
mon cœur, pour ton contentement & ma satisfa-
ction, de lire premierement les errata, car j'aduouë
ingenuëment qu'il n'a esté à mon possible d'y remedier, consideré les empeschemens que je t'ay cy-
dessus alleguez. Adieu.

A MONSIEVR DE PLANIS CAMPY
dit Ledelphe, Chirurgien du Roy, sur son Bouquet Chimique.

SONNET.

Qvi d'vn bon œil ce Bouquet voudra lire,
Considerant la beauté de ses Fleurs,
Dira tout haut rauy de ses odeurs,
Qu'infame est cil qui en voudra mesdire.
  Autre que toy ne l'eust sceu mieux eslire,
Dans le jardin des Hermetiques sœurs,
Qui receuront des immortels honneurs,
Car tu leur faicts vn immortel Empire.
  Vi donc content en moissonnant le fruict
De ce Bouquet, que tu nous as produit;
Et se souuiens d'euiter que l'enuie,
  N'arme en secret ses homicides mains;
Que fairions nous si ta vie rauie
Ne donnoit plus de secours aux humains.

Par le MONNIER Prestre, sieur des Oliues.

A MONSIEVR DE CAMPY SVR son Bouquet Chimique.

VOus qui auez eu l'ouuerture
De tant de misteres secrets,
Qui mesme sçauez les decrets
Du Genie de la Nature:
Vous qui retirez de la nuict
Ce qu'aucun homme n'a produit,
En ce Diuin Art donne vie,
Ne redouttez aucun effort,
Puis-que ce liure abbat la mort
Il pourra bien vaincre l'ennie.

J. NAIL.

SVR LE BOVQVET CHIMIQVE du sieur de Campy, dit Ledelphe, Chirurgien du Roy.

STANCES.

ON dit que jadis par brigades,
On voyoit aller les malades
Au Palais du Sacré Valon,
Pourtant appendre le remede,
Duquel ils auoient receu ayde,
dedans le temple d'Appollon.
   En ce lieu le grand Hippocratte,
Guidé de son diuin arcatte,

Y vint façonner vn Bouquet:
Et d'vne industrie diuine
En fit vn corps de Medecine,
Qu'on croyoit alors tres parfaict.

Mais nous commencons a connoistre,
Que quoy qu'iceluy fut bon maistre
Voire capable des Autels;
Neantmoins sa creance cesse,
Car pour le malheur qui nous presse,
Campy seul guerit les mortels.

Celuy-là le prist dans le Temple
D'vn Dieu qui pour lors, sans exemple,
Estoit appellé de santé;
Mais cestuy-cy, plus charitable,
Le prist d'vn Dieu plus veritable,
Que celuy de l'antiquité.

Aussi son Bouquet donne vie.
Viura tousiours malgré l'Enuie,
Et le temps vn iour faira voir,
Que nostre commune science,
N'a eu iamais la suffisance
De son admirable sçauoir.

de VATIGNY, Gentil-homme Normand &
Medecin.

De la Fleur troisiesme, traictant des Eaux.

Et premierement

Priuilége du Roy.

LOVYS par la grace de Dieu Roy de France & de
Nauarre, A nos amez & feaux Conseillers les gens
tenans nos Cours de Parlement, Baillifs, Senechaux,
Preuosts, ou leurs Lieutenans, & autres nos Iusticiers
& Officiers qu'il appartiendra, Salut, nostre cher amé
Pierre Billaine Marchand Libraire à Paris, nous a fait
remonstrer, qu'il a recouuert vn liure intitulé *Beú-
quet Chimique, &c. composé par le sieur de* PLANIS CAM-
PY, *dit* LEDELPHE *nostre Chirurgien*, qu'il desiroit
faire imprimer s'il nous plaisoit sur ce luy octroyer nos
lettres sur ce necessaires & requises, à ces causes desi-
rant bien & fauorablement traitter ledit exposant, &
qu'il ne soit frustré de son labeur, luy auons permis &
octroyé permettons & octroyons de grace specialle par
ces presétes imprimer ou faire imprimer en tel marge &
caractere que bon luy semblera ledit liure, icelluy mettre exposer en vente & distribuer durant le temps de
six ans, à commencer du iour qu'il sera acheué d'imprimer, deffendons à tous Imprimeurs, Libraires, Estran-
gers & autres personnes de quelque qualité qu'ils soient
d'imprimer ou faire imprimer durant ledit temps ledit
liure, sans le consentement & permission dudit exposant ou de ceux qui auront charge de luy, sur peine de
confiscation d'iceluy, de cinq cens liures d'amande & de
tous despens dommages & interests enuers luy, à la
charge d'en mettre deux exemplaires en nostre Biblioteque auant que l'exposer en vente, suiuant nos regle-
mens, à peine d'estre descheu du present priuilege ; SI
VOVS MANDONS que du contenu au present priuilege, vous fassiez souffriez & laissiez iouïr & vser ledit exposant plainement & paisiblemét, & à ce faire souffrir &
obeïr tous ceux qu'il appartiendra, en mettant au com-
mencemét ou à la fin dudit liuré ses presentes ou vn bref
extraict d'icelles, voulons qu'ils soient tenuës, pour
duëment signifiees, & qu'à la collation foy soit adioustée
comme au present original. Car tel est nostre plaisir:
Donné à Paris le seiziesme iour de Ianuier l'an de grace
mil six cés vingt-neuf & de nostre regne le dixhuitiesme.
Par le Roy en son Conseil.

SAVARY

DAVID DE PLANIS CAMPY dit L'EDELPHE,
CHYRVRGIEN DV ROY Ætatis 38 ano
1627
Mortels n'arrestes vos esprits
Qu'a considerer ses escrits,
Non les attraicts de ce visage;
Car les Doctes de ce bas lieu
L'estiment, voyant son ouurage
L'AMY DV PARNASSE DE DIEV.
I.B.

FLEVR PREMIERE
DV BOVQVET
Chimiqve.

TRAICTANT
De la Verité, Antiquité, Noblesse,
Subjet commun, Subjet propre
Vtilité, & Fin de la Chimie.

De la Verité de l'Art Chimique.
Chap. I.

E plus parfaict ou-
urage de la Diuinité,
l'Homme, bien que
descheu de sa felicité
par le delict de nostre
premier Pere, ne lais-
se pourtant de sentir
quelquefois les élancemens des rayons

Diuins dont il iouiſſoit en ce bien-heureux
ſejour d'Eden. A cauſe dequoy ne trouuât
ſon repos icy bas, ſon ame touſiours flot-
tante en ce corps caduc, comme en vne
naſſelle combatuë de vagues contraires,
n'aſpire qu'au port deſiré, auquel, ne pouuant ſurgir, auant qu'auoir payé le tribut
qu'il doit à la Nature, il embraſſe l'ombre
de ce qu'il cônoiſt repreſenter aucunemét
le contentement de ſon ame priſonniere.
Et de là eſt nay la diuerſité des Eſtats, Of-
fices, & vocations, dont l'vn cherche quelque ombre de ſouuerain bien en la domination & gouuernement; L'autre en la Iu-
riſprudence; vn autre en la Theologie;
quelqu'autre en la Medecine; vn autre en
l'Aſtrologie, Mathematiques, & Philoſophie: les autres en d'autres vocations plus
ou moins nobles, ſelon que leur ame eſt
plus ou moins broüillée par l'égalité ou
inégalité du temperament complexionel
du corps. Or entre toutes les vocations
dont l'Homme puiſſe eſtre pourueu en ce
monde, il n'y en a point de plus honnorable, plus vraye, plus exellente & diuine
que la medecine: car apres la ſacrée Theologie, ie n'excepte ny la Iuriſprudéce auec
l'abyſme de ſes Loix, ny l'Arithmetique.

auec la confusion de ses nombres, ny la Musique en l'entonnement de ses motets, ny la Geometrie auec ses mesures, ny l'Astrologie auec ses Spheres, encore moins la Peinture, quoy qu'elle semble donner la parole & la vie aux choses muettes & inanimees. En fin ie n'excepte aucun des Arts qu'en l'infinité du courant du iourd'huy se manifestent auec plus ou moins de perfection en ceux qui semblent les professer. Seule, seule la Medecine est le plus accomply modele de tout ce qu'ils ont tous de plus beau & de plus rare: Aussi qui dit la Medecine parfaite dit en vn mot l'Encyclopedie; car elle contiét tellement toutes les autres Sciences & Arts en elle, que quiconque seroit si osé d'en separer quelqu'vne se seroit destruire entieremét tout le composé, semblable en cela aux Statues de ce grand Sculpteur Phydias, dont l'Antiquité a reserué la memoire iusques à present, lesquelles estoient basties de tel artifice, qu'vne pierre s'esboulant c'estoit auec l'indubitable ruine d'icelles. Subject pour lequel l'esprit de l'homme trouue en la Medecine quelque espece de repos, en elle, disje, qui contient toutes les autres Sciences; ce qu'il ne feroit pas en

aucune d'icelles feparement, d'autât que
l'objet d'iceluy ne pouuât eftre borné que
de ce qui ne l'eft point, & ce qui ne l'eft
point ne pouuât eftre compris de luy fimplement comme caufe premiere, il tafche
d'y paruenir par la connoiffance des caufes fecondes: ce qui ne peut eftre reuoqué
en doute que de ceux qui conteftent auec
la Medecine, & qui abufent de fon nom.
Et quoy que la Medecine foit la plus grande ioye des hommes, l'vnique bien de la
vie, le facré don de Dieu, & que tous fes
effects font autant de miracles, iufques là
que les nations les plus barbares en ont
tellement chery les Sectateurs qu'ils leur
ont dreffé des Statuës comme aux Dieux
immortels; car apres qu'ils ont eu obferué
qu'il n'y a mal auquel la Medecine n'ait
apporté remede; pefte, contre laquelle elle n'ait contribué vn alexitaire, venin, poifon qu'elle ne dompte par fon Antidote;
bref, monftre de maladies, auquel la Medecine n'oppofe vn Hercule (ainfi que ie
fay voir en mon *Hydre morbifique exter ni-*
nee par l'Hercule Chimique) ils ne luy ont pas
defnié le refpect que fon merite requeroit
de leur deüoir. Si y a-t'il eu & a des perfonnes (qu'il faut croire n'auoir aucun fenti-

ment de la Diuinité) qui se sont portez de mespris en son endroit (parce que les impies ne reconnoissent non plus Dieu que les effects de ses merueilles) lesquels ont osé croiser de faux tous les heureux euenemens de cette Gardienne de la Santé des hommes , & soustenir impugnément & à front d'airain que cette fille du Ciel, la Medecine, n'estoit pas veritable. Et parauenture sont ils portez à cela, ainsi qu'il est vray-semblable, par vn tas d'effrontez Charlatãs, ignorans, imposteurs, qui cõme nouueaux Esculapes descédus du Ciel, se vantent impudemment, & promettent temerairement la guerison de toutes maladies, vuidãt par ce moyen la bource des plus credules, voire & qui pis est, ils tuent le plus souuent les corps, sans toutesfois que personne s'oppose à ce malheur. Les Magistrats n'en prennent nulle cognoissance, au contraire les permissiõs que surtiuement ces Charlatans ont attirees de leurs mains, pour soubs ce pretexte imposer meschamment au public, tesmoignent assez cõme l'on n'a pas beaucoup de soin de la santé des humains. C'est cela qui fait dire tous les iours que la Medecine n'est pas veritable, & que ses reigles ne sont pas

certaines. Car du depuis qu'il a suffy de
dégoiser vn ramage Charlatanesque pour
estre creu docte, & que l'ignorance affu-
blee d'vn discours deceuant a triomphé
de la Sciéce, que ceste-cy foulee aux pieds
l'autre a esté caressee, cela a fait dire la Medecine n'estre pas veritable, ny ses reigles
tres-certaines. Bref du depuis que l'on a
veu que les Tailleurs, les Sauetiers, les
Conroyeurs, & Porte-faix, comme nouueaux Thessales, se font des Medecins,
non dãs 4. mois, mais en 4. iours, cela a fait
dire la Medecine n'estre veritable, ny ses
reigles trescertaines. Ie vous côiure icy, sa
crez Asclepiades, diuins germes d'Apollo,
qui seuls pouuez arester l'effort de la mort
ie vous coniure, dis-je, par vos laborieuses
veilles, par vos penibles estudes, mais par
la Sacree & tres-veritable Medecine,
la guerre contre ces frelateurs, vendeurs
de fumee: la guerre donc à ces gens là qui
font croire la Medecine n'estre pas veritable, ny ses reigles tres certaines. Ie dy
cecy porté d'vn zele tres-ardent de faire
veoir l'indubitable verité de la vraye Medecine, & l'infallibilité des reigles d'icelle,
afin de des-abuser en mon pouuoir ceux
qui se sont laissez piper à l'apparence de

ces affronteurs: Ce qui abolira par mesme moyen le ridicule fondement de la coniecturabilité de la Medecine.

Ie dy donc que la Medecine Hermetique est vraye, parce qu'elle est de la creation de Dieu, & partant ses reigles sont tres-certaines: d'autant (comme dit le Philosophe) que Dieu & la Nature ne font rien en vain. Que la Medecine Chimique ou Hermetique ne soit de la creatió de Dieu, l'Ecclesiaste nous l'apprend en ces termes, *Le Souuerain a creé la Medecine de la terre,* & *l'homme prudent ne la mesprisera point. Car toute Medecine est don de Dieu,* dit-il vn peu plus haut : & vn peu plus bas, *L'eau amere ne fut elle pas faite douce par le bois? la vertu d'iceux est pour la connoissance des hommes.* Et presque en tout ce Chapitre le Sage ne parle que de l'excellence, necessité & verité de la Medecine, monstrant comme Dieu en est l'Autheur ; & partant est-elle tres-vraye. Surquoy il faut noter qu'il dit que l'Eau amere fut faite douce par le bois, voulant dire que par la preparation des remedes tirez de la terre, & methodique administration d'iceux, les maladies font bien plustost expulsées, ce qu'il entend quand il dit vn peu plus bas, *que l'Apoticaire fera*

Ecclesiast.
c. 38.

A iiij

des mixtions de douceur & des onctiõs de santé.
Paroles qu'on peut faire quadrer aux preparations Chimiques , que les Artiftes donnent aux Mineraux , Vegetaux , &
Animaux , auant que de les adminiftrer
pour la Santé. Car ce mot de *douceur*, ne
peut eftre pris pour toute la maffe corporelle du Medicament. Les Doctes fçauent
que les parties homogenes eftant encores
meflées auec les étherogenes , ne peuuent
pas meriter cét agreable attribut de douceur, car la pureté de celles là fe fentiront
toufiours de l'impureté de celles-cy , iufques à tant que par le moyen de l'Art, le
cordial foit feparé du poifon, l'vtil de l'inutil; bref que le Medicament foit preparé
en telle forte qu'il foit plus agreable au
gouft, plus falubre au corps, & moins dangereux en fon operation. Finalement par
ce mot *onction de santé*, il eft apparent que
le Sage entend parler des medicamens topiques côme Huiles , Linimens, Onguens
& autres, lefquels preparez Chimiquemét
ont bien plus de faculté, & fe rendent plus
toft au lieu de leur deftinée , pour y faire
paroiftre les effects que nous defirõs, que
non pas s'ils eftoient encore enueloppez
de leur craffe & terreftre fubftance : cela

eſt ſi net , que ie croy que perſonne (notamment de ceux qui ayment la verité)
ne le reuoqueront en doute. Ie pourrois
encore rapporter en ce lieu vne infinité
de paſſages tirez tant du vieil que nouueau
teſtament,& notáment du nouueau , pour
faire veoir la verité de cét Art : car ne li-
ſons nous pas que quaſi tous les miracles
que Ieſus-Chriſt a faiêts ſont aux gueriſós;
mais cecy eſt reſerué cy deſſous,côme auſſi en ma *Pharmacopée Spagerique* , qui verra
bien toſt le iour , aydant Dieu , pour le
bien de tous;dás laquelle ie ſors (non ſans
vn tres-laborieux exercice) les Pharmaciens ordinaires hors de page. Seulement ie diray , pour verifier la verité de
cét Art de Medecine Chimique, que non
ſeulement l'Eſcriture ſainête s'en rend le
garend , mais auſſi tous les Peres & Do-
êteurs; le ſemblable font les Iuriſcóſultes.
Sainêt Thomas d'Aquin en la 2. de ſa 2. ar.
2. dit, qu'il eſt permis de nous ſeruir des
choſes naturelles , pour auec noſtre Art
produire des vrays & naturels effeêts;y adjouſtant l'exemple de produire l'Or par
l'Alchimie;aduoüant par là que l'Art Chimique eſt veritable. Le meſme en dit le
Doêteur Subtil. Guillaume Pariſien dit que

l'intention de l'Artiste n'est que separer le pur de l'impur, pour en tirer leur Elixir, &c. Albert Euesque de Ratisb. dit au liur. des Min. ch. 4. qu'il n'appartient pas au Physicien de determiner de la transmutation des corps metalliques, mais bien à l'Art Chimique. Polidore rapporte que les Iuifs reprochent, en Ezechiel, au Prince de Tyr, qu'ils exerça l'Art Chimique. Hippocrate semble en auoir touché quelque choses *in lib.* 1 *de præno.c.* 1. comme aussi Galien parlant de son Empirique Ascreon. Bref Auicenne, Ariltote, Rasis, Hali, Dioscoride, Valesci de Tarete, Pline, Bernard, Marsile, Ficin, Virgile, Alexandre, Geber, & quasi tous ceux qui ont escrit de la Medecine, ont prouué & approuué la verité de l'Art Chimique. Quant aux Iurisconsultes Panormitanus sur le chap. 5. des Decretales, dit que l'Art Chimique est vn vray Art, & nullement deffendu, citant Oldrade & Iean André: adjoustant qu'il faut recourir à S. Thomas. Et de cecy parle Balde en la Loy premiere. Fabien du mont S. Seuerin au traicté de l'achapt & vente, question 5. nombre 8. dit que l'Art Chimique est vn vray Art sagement inueté. Bref Guidon Pape en ses singuliers, §.

488.Iean de Platea, en ſa Loy premiere.ii.
10.Hieroſme de Zaneti en ſes concluſiós.
Thomas Frontin ſur le droiᶜᵗ de l'Alchimie,diſent tous des merueilles ſur la verité de l'Art Chimique,comme auſſi vne infinité d'autres,leſquels ie laiſſe pour eſtre
employez en mon liure de *Philoſophie trãſ-
mutatoire metallique*, ceux-cy eſtans plus
q' ſuffiſans pour prouuer la verité de
l'Art Chimique. Et quand meſmes tous
les hommes auroiḗt iuré la ruine de l'Art
Chimique,qu'ils en auroiḗt ſappé les fon-
demens,ruiné les edifices, effacé les me-
moires;bref retranché de l'hiſtoire ce que
le deuoir n'a peu deſnier à ſon merite , la
Nature meſme prenant ſon faiᶜᵗ & cauſe,
en monſtreroit la verité, & en feroit veoir
les effeᶜᵗs en toutes ſes operations. Car ſi
l'Art Chimique eſt vn Art qui monſtre &
enſeigne les moyens de ſeparer le ſubtil
du gros,le pur de l'impur d'vn chacun có-
poſt naturel,&c.laNature eſt cet Art meſme , d'autant qu'elle ne s'eſloigne nullement de ceſte methode & façon d'agir au
progrés des ouurages eſquels elle opere,
tant dedans que deſſus la terre. Mais pour
mieux rendre perceptibles ſes effeᶜᵗs en
l'enumeration Chimique, prenós le corps

humain, petit monde, pour noftre exemple.

Or que la Nature ne mette en vfage cet
Art, l'experience iournaliere nous le fait
voir, tant en l'action des aliments receuz
en noftre Eftomach ou ventricule, qu'és
veines meferaïques, foye, & veines grandes, & tous ces tours & detours pour faire
la feparation des fubftances pures dés impures, & les diftribuer conuenablement
aux parties. Cela fe fait par la Nature auec
fon Spagerie admirable, qui r'affine ce qui
eft enuoyé à chaque partie en toute perfection. Exemple, du laict qui eft preparé en
telle façon, qu'on le peut appeller l'Am-
brofie des Dieux (auffi eft-il la viande des
petits enfans, lefquels à caufe de leur innocence peuuent eftre appellez Dieux)
femblablemēt le peut on appeller l'Elixir
des Philofophes. Mais qu'on regarde de
grace en combien de vaiffeaux & en combiē de degrez de chaleur faut il que le fang
paffe, auant que de venir tel? Et ce pēdant
on ne confidere pas ce merueilleux ouurage que Nature fait pour raffiner les ali-
mens que nous mangeons & beuuons, ouurage qu'on peut faire eluder à nos diuerfes operations Chimiques, auant que nous

poſſedions ceſte quinteſſence tant recherchee de pluſieurs ; mais trouuee de peu.
Auſſi ſemble-t'il qu'ils ne ſuiuent pas la
Nature, car veritablement ſi ainſi eſtoit,
elle ne permettroit iamais qu'ils ſe four-
uoyaſſent & eſloignaſſent de la verité ainſi qu'ils font : ô ſaincte & admirable Nature!dit vn Philoſophe, qui ne permets pas
que l'Artiſte s'eſloigne iamais de la verité
de ſon Art, s'il te prend pour reigle & ni-
ueau de toutes ſes operations. Ces exemples que ie tire des effects de l'archee &
vulcan dans le microcoſme,ne s'eſloignét
nullement de la verité que ie deſire faire
paroiſtre en ceſt Art. Car qui conſiderera
ſa fabrique ſi admirable,on le verra diſpoſé en façon d'vn tresbeau laboratoire propre pour agir en toutes les diuerſes operations de la Spagerie, d'autant qu'on trou-
uerà en iceluy lesvaiſſeaux,les fourneaux,
le feu,& l'Artiſte. Quant aux vaiſſeaux,ſi
on le prend generalement, le corps y ſert
d'Alembic ou Cucurbite,cōtenāt la matiere,& la teſte de chappe,entre leſquels y
a le col ſi bien ioinĉt à l'vn & à l'autre, que
rien ne peut exaler hors le vaiſſeau pour
ſe perdre. Bref les fourneaux & autres v-
ſtenciles,le feu & l'Artiſte s'y rencontrét;

Gal.del'v.
desparties
li.6.ch.9.

le foye;c'eſt l'ouuroir; les inteſtins le cendrier ; les poulmons ſont les ſoufflets ; les
arteres & les veines ſont les retortes ; la
bouche,le nez,yeux,& oreilles, ſont pour
eſpurger & donner yſſuë aux exhalations
fuligineuſes, & receuoir l'air à temperer
la chaleur. Or comme tous Aliments ſont
là receuz,preparez &diſtribuez ſelon leur
ſubſtáces,Sel,Soulphre,& Mercure;nous
pouuons dire que le meſme ſe trouue en
l'Art ; par lequel tous corps mixtes ſont
reduits en ces trois Principes ſeparément,
ou à tous les trois reaſſéblez, & c'eſt pour
le Cliſſus. Ie ſçay que quelques vns diſent
qu'on en peut encore ſeparer deux Elemens, ſçauoir le Phlegme qui s'eſleue premierement,& la Terre morte qui demeure finalement;& par ce moyen, diſent-ils,
ſe trouue en la reſolution de tout corps,
deux Elemens & trois Principes ; Doctrine, de la nullité de laquelle ie traicteray
cy apres plus amplement n'en eſtant icy
le lieu ; car la Nature en la verité de
cet Art ne m'enſeigne pas â tenir & maintenir vne telle opinion. Ie ſçay bien que
tous corps ſont produits des quatre Elements par l'interuention des trois Principes;comme cela ſe fait i'en parle aſſez paſ-

fablement dans mon *Hydre morbifique ex-terminee par l'Hercule Chimique*, comme auffi tres-largement en ma *Grande Chirurgie Chimique Medicale*, où le Lecteur aura re-cours pour en eftre inftruit. Et parauen-ture en pourrons nous toucher auffi quel-que chofe cy apres. Or pour reuenir à la verité de noftre Art, & aux eff. ets que la Nature manifefte pour la verification d'i-celle verité (car cette grande ouuriere tra-uaille inceffammēt en toutes fes operatiōs par la voye de cét Art Chimique) prenons vn exemple de la formation de l'enfant au vétre de la mere , qui eft le myftere le plus grand & le plus caché en toute la Nature & qui neantmoins manifefte tres-appa-remment le commencement , progrés & fin de l'Art Chimique; & partant confirme tres-puiffamment fa verité.

Or à celle fin de faire mieux perceuoircét exēple en fon iour , il faut premierement fçauoir que toutes les operations Chimi-ques font reduites à fept,qui font Calcina-tion, Putrefaction,Diffolution, Diftilatiō, Coagulation,Sublimation, & Fixation. Et combien qu'il femble que fes operations foient differentes les vnes des autres,neāt-moins elles tendent toutes en vn mefme

but. Faiſons maintenant voir comme ces
ſept operations ou degrez ſe retrouuent
en la generation de l'homme , petit monde, auant qu'il ayt acquis ſon entiere perfection: laquelle conſiſte en la Cemétation,
Fixation, Reſolution , Digeſtion , Aſcen-
tion, Coagulation, & Teinture: rapportees
pour degré Scalaire d'iceluy. Car comme
il y a ſept Intelligences , & ſept corps ſuperieurs en la diſtribution de toutes choſes (ainſi que ie fay voir en mon traicté de
l'Harmonie Macro-micro-coſmique ; comme
auſſi en ma *Grande Chirurgie , au traicté de
l'Anatomie*, le ſemblable fay-je briefuemét
cy apres) de meſme y a-t'il ſept ordres ou
degrez en la generation de l'homme , leſquels s'y retrouuent pour ſa perfection,
comme en l'vnité qui eſt le ſeul ſubjet &
inſtrument de toutes vertus, tant naturelles que tranſnaturelles; Sçauoir, *Lapis Phyſi-
cus , quem multi quæſierunt , pauci verò inuene-
runt ; quum tamen recta via ſit facilis, ſed à pau-
ciſſimis reperitur.* En dualité , qui ſont les
deux qualitez Chàleur & Froideur , ſui-
uies inſeparablement , ſçauoir Chaleur
de ſiccité , & froideur d'humidité. En
triplicité , qui eſt és trois ſubſtances ou
Principes des choſes en la Nature , Soulphre,

phre, Sel, & Mercure, produits des 4. Elements, ainſi que nous dirons cy apres, aydãt Dieu. En quadruplicité, qui eſt és quatre imaginations, mœurs, complexiós, ou
fantaiſies de l'ame, ſçauoir, Meſancholi-
que, Cholerique, ſanguine, & phlegmã-
tique, leſquelles ſont appellees humeurs,
des Medecins Galeniques : mais nous di- Hip. lib de Diæta, ver- ſus finem.
ſons, ſuiuant Hippocrate, que ce ne ſont
que complexions; Car, dit-il, le courroux,
la laſcheté ou pareſſe, la fineſſe ou trompe-
rie, la debonaireté, le malheur, bien-veil-
lãce, & autres telles paſſiós, ne ſont repreſentees en l'homme, que par & aux voyes
où paſſe l'ame.   Car par les vaiſſeaux à ce
deſtinez, où elle ſe ſepare, ſe meſle, & de-
meure, & y repreſente ſa conception. Ce Hipp. lib. de Humorib.
qu'il confirme ailleurs, où apres en auoir
amplement diſcouru, il conclud, que la
triſteſſe ou chagrin, l'ire ou courroux, la
ioye, la conüoitiſe, &c. ſont operations de
l'ame. Surquoy il me ſemble que ceux qui
ont iuſques à preſent enſeigné que ce ſont
pluſtoſt humeurs que complexions, ont
plus aymé leur doctrine que la verité: mais
de cecy plus amplemẽt en ma *Grande Chirurgie.* En cinq, ſçauoir en cinq ſens, Veuë,
Ouye, Odorat, Gouſt, & Sentiment.   En

six, ſçauoir les ſix degrez au parfaict de ſon ame, qui ſont l'Intellect, Memoire, Sens, Mouuemẽt, Vie, & Eſſence. Le ſeptieſme & dernier, ſont les ſept membres Mineraux ou nobles, chacun auec ſon membre moins noble, ou Spheres des influences des ſept corps ſuperieurs en nous, pour y mouuoir les maladies, ou y entretenir l'harmonie premiere. C'eſt le degré Scalaire de l'homme, lequel bien entendu, il n'y a plus pour les ſçauants de ſecrets en la Nature.

Or toute cette diuiſion ſe rapporte en la concoction & perfectiõ de l'enumeration Chimique cy deſſus, la derniere de laquelle eſt la Teinture ou parfaict aage, auquel le ſens eſt en ſon exaltation ou ſupreme degré, comme ie diray en ſuite. Surquoy il eſt à noter, que la ſemẽce de l'homme iettee en la matrice de la femme, & là retenuë par ſept heures, ſe fait matiere ou diſpoſition à receuoir la vie; operation de Nature laquelle l'Art appelle cementation. En apres au terme de ſept iours ſuiuans, elle ſe rend fixe & diſpoſee à receuoir forme. Cette affinité de ſept heures à ſept iours, nous enſeigne que l'enfant Septimeſtre peut viure & l'octimeſtre non.

D'ailleurs apres ſa produ&ion ou reſolution hors de la matrice, qui eſt l'operation
Chimique dite Reſolution, la ſeptieſme
heure monſtre la longueur ou briefueté
de vie; car eſtant expoſé à l'air s'il reſpire
ſans difficulté il eſt nay à vie,& non au cótraire. Le ſeptieſme iour expiré il iette le
ſuperflu de ſon nombril. A deux fois ſept il
dreſſe ſa veüe à la lumiere. A trois fois ſept
il la tient droicte & ferme, & commence à
contourner ſa teſte. A ſept mois luy viennent les dents(& cecy peut eſtre pris pour
l'operation deDigeſtion.)A deux fois ſept
mois, il ſe tient ſans crainte. A trois fois
ſept mois, il articule ſa voix & en forme la
parole. A quatre fois ſept mois,il eſt rendu
ferme cheminãt.A cinq fois ſept mois, il a
honte du laict de ſa nourrice.Quant à l'Aſ-
cention, qui eſt vne autre operation Chimique,elle quadre tres-bien à ce qu'à ſept
ans les dents luy tombent, & autres viennent, & ſe rẽd ferme à pronócer ſes mots.
A deux fois ſept ans le poil luy commence
à venir & la ſemence à pulluler, ſe rẽdant
propre à engendrer. A trois fois ſept, il
croiſt en hauteur & force, & pour lors ſe
conſomme l'excrement de la ieuneſſe.
Quant à la Coagulation, elle quadre en ce

que à quatre fois sept il est en quadrature
parfaicte. Et à cinq fois sept ans, il est au
comble de sa force. Aux six fois sept, il la
conserue, & le poil luy viét dans les oreilles. Et à sept fois sept ans, il est au poinct de
prudence consommee, qui est pris pour la
Teinture. Et passant ce nombre, la Teinture (œuure parfaict) qui est la force des
sens, commence à se muer. Que si elle ou-
trepasse iusqu'à dix fois sept, il atteint le
terme le plus commun de la vie, dequoy
nous certifie le Psalmiste Royal, quand il
dit,

A septante ans ou quatre vingts pour ceux
Qui ont le corps plus fort ou vigoureux.

Ie pourrois monstrer en ce lieu comme
toutes choses sont faites & maintenuës, di-
uisees & accomplies dans la Nature par le
nóbre desept (enumeratió chimique) & notamment le corps humain, sur lequel plus
particulierement les sept corps superieurs
influent par degrez Septenaires leurs celestes radiations, voire iusques à le prendre en gouuernement chacun à leur tour
dans le ventre de sa mere iusques à ce qu'il
est nay au monde. Car Saturne operant le
premier en l'vnion des deux menstruës
parsa siccité fait la cógelation au premier

mois. Iupiter operant le second mois, par
sa benigne chaleur fait la digestion. Mars
agissant au troisiesme mois, par vne chaleur & siccité plus forte fait la diuision &
disposition de ses membres & parties. Au
quatriesme mois le Soleil, cóme seigneur
de cette generation, infuse l'esprit, & lors
elle commence à se mouuoir & viure. Le
cinquiesme mois Mercure prend sa place
en ce trauail, faisant les trous & respiraux.
Au sixiesme, Venus dispose les sourcils,
les yeux, les parties honteuses & autres
semblables. Le septiesme, vient la Lune
laquelle auec son humidité & frigidité tra-
uaille à sortir l'enfant, & c'est à vie. Mais si
Saturne reprend le gouuernemét au huictiesme mois, s'il naissoit alors, à cause de la
froide siccité d'iceluy, il ne pourroit viure,
si ce n'est qu'il aille iusques au neufiesme
mois, auquel le debónaire Iupiter r'entrát
en besongne, par sa chaleur viuifiante recree les forces debilitees de l'enfant, en le
nourrissant; & pour lors estant fortifié &
renforcé, il change sa chambre obscure
en cette grande & lumineuse salle de l'v-
niuers. Quiconque aura les mesmes consi-
derations pour la facture & generation de
l'œuure des Philosophes, atteindra & vien-

dra au port où plusieurs personnes ont fait
naufrage, *qui potest capere capiat.* Or tout ce
que dessus estant reserué en ma *Grande
Chirurgie Chimique Medicale,* au traité de l'A-
natomie, ainsi que i'ay dit cy dessus, cóme
aussi cy apres en passant, ie diray seulemēt
en ce lieu pour mōstrer l'excellence de ce
nombre de sept qu'en l'Apocalypse premier & au 4. il y auoit sept lampes ardentes deuant le throsne, qui sont les esprits
de Dieu, que cóme ses Secretaires cómet-
tent les commandemens d'iceluy à autres
sept Anges subalternes pour les executer.
A ces sept Anges ou Intelligences sont
soubmises les sept Planettes, lesquelles par
des alternatiues vicissitudes d'heures és
iours, des iours és sepmaines, des sepmaines en 354. reuolutiōs annuelles, auec quatre mois qu'elles president successiuemēt
chacune à son tour, administrent & gou-
uernent tout ce qui se proiette là haut au
Ciel, pour s'executer en la terre. A ces sept
Anges se deferent encore les sept souspi-
raux de l'ame en la teste de l'homme, assauoir les deux yeux, autant d'oreilles & de
naseaux, auec la bouche au dessous: les sept
terres en outre, car chacune Planette est
presupposee aussi bien que les metaux, de-

notez par eux, d'auoir ſa terre, c'eſt à di-
reſa partie ferme, ſolide, côſiſtante auec
les autres Elemés, mais plus depurez qu'i-
cy bas : de cecy voyez plus à plain cy
apres au chapitre 2. de la ſeconde Fleur.
C'eſt pourquoy continuant noſtre nombre de ſept, pour verification de la verité
de nos ſept operations Chimiques, nous
dirons que cela ſe voit par les ſept ſabatiſ-
mes ou repoſoirs, tant des ſepmaines depuis Paſques à la Pentecoſte, que des annees; & des ſept ſeptenaires d'annees, au
bout deſquelles eſchet le grand Iubilé. Et
finalement le ſeptieſme milenaire du grád
Sabat, apres les ſix mille ans que doit durer ce tranſitoire monde, duquel ſe doit
faire lors l'vniuerſelle renouation. De tout
cecy eſt amplemét diſcouru en mon *Har-*
monie Macro-micro-coſmique, n'ayát fait en ce
lieu icy qu'en effleurer quelques apparen-
ces, pour faire voir la verité de l'Art Chimique Medical. En quoy l'on pourra voir
auſſi comme le Chimique ne peut vrayement éſtre appellé tel, ſans auoir la ſcience Elementaire, Celeſte & ſupramondai-
ne ou intelligible, tant parce qu'elle traitte des Intelligences & ſubſtances ſeparees
comme on les appelle, que parce qu'elle

eſt digne ſur toutes autres d'eſtre entenduë, comme verſant en la notice du Createur: Auquel Pere, Fils, & S. Eſprit ſoit rédu tout honneur, gloire, loüange, cantiques & Iubilations. Amen.

De l'Antiquité de l'Art Chimique Medical.

CHAP. II.

IL me ſemble auoir ſuffiſamment monſtré cy deſſus la verité de l'Art de Medecine Chimique, car ſi la doctrine de laquelle on fait demóſtratió eſtãt appuyee par cette mere, ſource & cauſe vniuerſelle de toutes les ſciences l'experience, doit eſtre tenuë indubitable, il n'y a nul doute que celle-cy accompagnee de celle là ne ſoit receuë pour veritablement exempte de ſoupçon. Or i'ay fait voir au chapitre premier comme la Nature eſt la maiſtreſſe de l'Art, Dieu eſtãt le Maiſtre d'icelle. (Car il faut ſçauoir qu'il y a trois cauſes effectrices, qui ſont le commencement, le milieu, & la fin detou-

tes chofes, lefquelles elles tiennent toutes
enfermées en elles, & font Dieu , Nature,
& l'Art. Triangle diuin dont Dieu dit, Nature fait, & l'Art imite) laquelle luy enfeigne perceptiblemēt l'ordre és produćtiõs
des chofes , par l'enumeration Chimique,
dont l'Art imprimant en foy par la conception la fimilitude de ces chofes , pourfuit
d'vne façon admirable la trace & les linea-
ments de la Nature: tellemēt que fi la Nature eft vraye en fes operations, l'Art doit
eftre vray aux fiennes; mais celle-là eft veritable en fes operations, notamment lors
qu'elle n'eft pas empefchee par les caufes
Accidentelles, auffi celuy cy eft tres-vray
aux fiennes , lors mefmes qu'il ne rencontre point d'empefchement. Mais helas! l'i-
gnorance d'vn tas d'ames eftropiees, bala-
frees & percées à iour, fait voir que l'impudence a pris la place de la modeftie, le mē-
sōge de laverité, & que l'impofture extrai-
ćte de la lie des miferes du fiecle s'authori-
fe de ce beau , rare & admirable Art de
Medecine Chimique. Ouy cet Art qui
pour fon Antiquité, nobleffe & ineftima-
ble vtilité , deuroit eftre colloqué au premier degré d'honneur dans le temple d'A-
pollo, fe voit auiourd'huy profané par vn

tas de coureurs, effrontez affronteurs, qui
se couurêt de ce sacré nom de Chimiques,
& lesquels auec vn ramage aposté de Philosophie, de secrets, d'experiences, ces
charbóniers enfumez, hómes de neát, font
passer leurs fourbes, embrions Chimeriques informez de leur cerueau grossi de
fantosmes, au mespris & descry de cet Art
tres-ancien & tousiours attesté de la verité de ses effects. Ces mouches cantarides,
ces freslons, ces guespes ne font que vole-
ter sur les matieres Chimiques, les tou-
chent seulement, les effleurent, y passent
doucemêt la main, & pour la salutaire vertu d'icelles donnent le leuain de leur ignoráce pour vne paste bien fermêtee de sciê-
ce. Et faisans parade des vertus singulieres
des Mineraux, Vegetaux, & Animaux, di-
stribuent auec vn babil remply de dol, de
fraude & de confusion, le plus souuent la
mort à beaux deniers contents à ceux qui
la veulent achepter. Pratique necessairement affectee à la condition de ces coureurs Chimeriques, ramonneurs de cheminees, ie veux dire souffleurs Chimiques
abstracteurs de quintessence. Ie connois
de ces Sauterelles sorties du puits de l'a-
bysme, qui n'estans rien moins que Spage-

riques se vantent à tous propos de leurs
essences, huilles, sels, magisteres, extraicts,
baumes, &c. que si on leur demandoit que
c'est que Spagerie, & d'où est deriué ce
mot, ils y seroient bien empeschez ; aussi
ne font-ils pas difficulté donner de l'eau
pure où aura trempé de l'Euphorbe, ou de
l'Ellebore blanc, pour de l'essence de Nicotiane ; du verre d'Antimoine, pour le
vray Emetique Solaire; de l'esprit de nitre
pour vray esprit de Vitriol; du Tartre blác
puluerisé, pour la cresme de Tartre; de l'eau
forte teinte auec de l'orcanette, pour huile
d'Antimoine; de l'eau devie teinte auec du
saffrã pour de l'or potable; d'huille d'amã-
des douces meslee auec quelque infusion
de canelle, pour vraye essence de canelle;
de l'eau de vie dans laquelle aurõt trempé
des clous de Girofle, ou grains de Poiure,
pour vraye essence de Girofle & de Poiure ; de l'eau de Tartre par resolution à
l'humide , pour le vray huille de Tartre;
de l'eau de Myrrhe faite aussi par resolution, pour le vray huile de Myrrhe ; & ainsi
de tout le reste des mixtes sur lesquels la
Chimie verse. Qui le croira que ces abstracteurs versent de l'eau sur les roses pour
en auoir plus grande quãtité quand ils les

diftillét,&ainfi fur toutes les autres fleurs
defquelles ils tirent l'eau : le fouët, la
corde à ces gens là. Mais quoy? que peut-
on efperer d'vn ignorât que de l'ignorance? Demandez leur s'ils ont la connoiffance de tout ce qui vole par les airs, & de
leur qualité? de tout ce qui nage par les
eaux, & de leur qualité?.de tout ce qui ve-
gete, les Plantes, les Herbes, les fus-arbrif-
feaux , arbriffeaux , arbres, fleurs, fruicts,
femences, graines, gouffes , floccons , laines, fommitez, teftes, rameaux, branches,
fcions, efcorces , racines , efpines, pepins,
larmes, huilles, refines, gómes, fucs, eaux,
baumes, zoophites, & de leur vertu? Bref
de tout ce qui fent ou vit fur la terre, des
Animaux en general, & en partie? de tout
ce que le fommet des plus hautes móta-
gnes efleue, de tout ce que les precipices
cótiennét, que les valees deprimét.de tout
ce qui dónecouleur aux prez, &occupe les
forefts? Et finalemét de tout ce que les entrailles de la Mere vniuerfelle enferment,
d'eaux, de Metaux, de Mineraux, de Sels,
de Sucs, de Soulphres? Demádez le leur ie
vous fupplie, & vous verrez quelle refpóce
vous en aurez. Demádez-leur en outre, s'il
eft neceffaire d'obferuer les temps, les faifons, les Aftres & leurs influences, en la

ëueillette, preparation, & adminiſtration
des Plantes, & des remedes qu'ils en tirẽt?
car il eſt certain que les Aſtres augmentent la puiſſance virtuelle des ſimples ſur
léſquels ils lancent leur influence plus en
vne ſaiſon qu'en l'autre : les vns ſujets à vn
ſigne, les autres à vne Planette, & pluſieurs
aux conſtellatiõs: mais de cecy plus à plein
en mon *Hydre morbifique.* Demandez leur ſi
en certain temps les remedes qui en ſont
extraicts n'ont pas toute autre vertu que
tirez hors iceluy temps, & ſi peſle-meſlez
ſans obſeruer leurs degrez de qualité, ils
n'alterent pas leurs vertus ? car il eſt tres-
certain que n'obſeruant pas la nature des
mixtes deſquels nous tirons les remedes,
(par ce que l'vn ſe deſpoüille plus toſt de ſa
qualité & l'autre plus tard) ils acquierent
vne qualité de corruptiõ que c'eſt pluſtoſt
vn venin qu'vn medicament; car les vns
s'alterans plus toſt ils viennent à alterer
les autres , & donnent par ce moyen des
qualitez contraires à celles qu'on deſire, à
quoy ces abſtracteurs ſauuages ne prennent pas garde. Mais de courtoiſie voyez
s'ils ont la connoiſſance des ſecrettes vertus des choſes cy deſſus, comme de la
cauſe de l'odeur, du ſon, de la couleur, &

de la tranſmutation d'icelles choſes? Semblablement demandez leur s'ils connoiſ-
ſent les degrez obſeruez par la Nature en
la production de tout ce que nous auons
deduit cy deſſus? car en icelles la Nature y
a obſerué vn nombre, vn poids, & vne meſure. Le nombre, c'eſt touchant les Principes deſquels tous corps ſont compoſez;
Le poids, pour ſçauoir lequel deſdits Principes y ſurabonde , pour eſtre en pareil
poids adminiſtré contre les maladies; La
meſure eſt pour la doze ou quantité qui ſe
doit adminiſtrer à l'hóme pour lequel ces
choſes ſont creées, mais de ceci plus à plein
en ma *Pharmacopee Spagerique* , comme auſſi
en ma *Gráde Chirurgie*, bien que i'en traitte
cóme en paſſant en mon *Hydre Morbifique.*
Demandez leur en outre s'il faut vn remede Deal aux maladies Deales, vn Aſtral aux
Aſtrales, vn Elemétaire aux Elemétaires,
& aux ſpecifiques vn ſpecifique; s'ils les
cónoiſſent tresbié, enſemble leurs remedes? Sçachez d'eux pourquoy le ſuzeau, le
polipode, l'hyeble, les roſes vertes laſchét
le ventre, & au contraire les ſecs ? quel Sel
eſt le laxatif, ſçauoir ſi c'eſt le volatil ou le
fixe? En outre pourquoy l'eau de roſe ne
purge pas comme ſon ſuc, & d'où prouient

cela, & si l'industrie de l'Artiste luy peut
conseruer cette qualité & à tous autres laxatifs distillez? Mais n'allons pas si auant,
car indubitablement c'est leur demander
plus qu'ils n'en sçauent, tenons nous seulement à la distillation & leur demandez en
combien de parties elle est diuisee, s'ils sçauent que c'est que rectification, cohobation, euaporation, sublimatió, calcination,
reuerberation, exhalation, stratification,
fumigation, cribration, filtration, expression, traiection, inclination, precipitation, edulcoration, maceration, putrefaction, fermentation, digestion, circulation
exaltation, & ainsi de toutes les operatiós
de Chimie. Demandez leur encore quels
sont les instruments auec lesquels on meine à fin toutes ces operatiós, & si le feu est
le principal, s'il doit estre multiplié selon l'exigence du temps, du lieu, de la saison, & de la qualité du corps sur lequel on
opere, ou bien diminué? point de respóce,
car d'vn ignorant on ne peut auoir que de
l'ignorãce: de grace pressez les fort & ferme là dessus, si vous ne leur faites, non seulement faire banqueroute à leurs noms &
à leurs fourneaux, mais en outre aduouër
qu'ils n'en eurent iamais connoissance, ie

ne veux pas qu'ón me croye iamais pour
veritable. Et puis s'eftonnera-t'on qu'vn
fi precieux Art foit auily & tellemēt mef-
prifé, qu'on le tient pour l'exercice le plus
ridicule de tous ; puis que par l'ignorance
charbonnee de ces infolents effrontez
pfeudochimiques elle eft traītee en la forte. Et celle qui peut emporter le Laurier
pour fon antiquité, noblefle & vtilité, eft
tellemēt abatuē & deprimee, qu'elle n'eft
plus que le iouet des ignorās: mais de cecy
plus à plein en ma *Pharmacopee Spagerique.*

Plufieurs pour faire voir cet Art fi-
gnalé d'vne tres-belle Antiquité fe font
arreftez à l'hiftoire qui nous apprend
qu'vn Tubal Cain, dont les facrees Efcri-
tures font mention, & qu'on nóme Vulcan
en eft reputé l'inuenteur : & de luy fans
s'enquerir plus au loing, font defcendus
de tenips en temps iufques à Hermes, de
luy iufques à Paracelfe, & maintēnāt iufques à nos charbonniers. Mais ceux qui
par l'affiftance diuine ont eu leur Ange
tant fauorable, & leur Ciel fi bien difpofé
& propice, de defcouurir le vray de cette
Sciēce de Medecine Spagerique, aduouë-
ront auec moy qu'il nous faut mōter plus
haut, & rechercher vn nouueau rapport

par

par lequel nous puiſſions loger la premiere ſource de ceſte riuiere, laquelle s'eſpen-
dant en infinis ruiſſeaux du tout fœconds
& regorgeans de rares & braues ſecrets,
leſquels eſtans comme ſans fin, ne peuuent premierement auoir eſté reconneus
que par ceux qui ont eſté doüez d'vne longue vie & ſaine. Tels furét Adam, Enoch,
Mathuſalem, & aucuns de leurs ſucceſſeurs : car ceux-cy ayans eſtez endoctri-
nez en la connoiſſance de la lumiere de la
nature, par le pere meſme de la lumiere,
eurent ſans doute la parfaite connoiſſance
de la Medecine Chimique. Laquelle, ſi toſt
que le venin conceu d'Adam eut eſté laiſſé
pour heritage à la poſterité, & enfanté
mille pechez & vices execrables, com-
mença alors auſſi peu à peu à s'elteindre,
perdre ſon beau luſtre, & en fin eſtre plon-
gee dans les tenebres d'ignoráce, où nous
là voyons maintenant enueloppee parmy
nos charbonniers.

Il eſt tout certain qne Dieu eſtant Autheur de ſanté, ſon inſtrument eſtant la nature, que l'Art doit eſtre le miniſtre & officier de tous deux, auſſi imite t'il la nature en telle façon qu'il ne faict que ce qu'elle luy a apris, ſinon qu'il aduance du temps

par l'aceleration de ſes ouurages. Or entre toutes les œuures que Dieu opera en
ceſte grande ſepmaine de la creation, il
n'y en eut pas vne de plus excellente que
celle de l'homme, car tout ce qui ce peut
remarquer en l'Vniuers ſe trouue en
luy, comme en vn tableau racourcy &
chef-d'œuure de l'Autheur du meſme
Vniuers. Auſſi fut-il creée d'vn tel temperament & organiſation, qu'eſtant infor-
mé par l'ame raiſonnable, il ſceut en meſme temps toutes les ſciences, leſquelles
eſtant vn Ciel, la Medecine Chimique en
eſt l'intelligence & le premier mobile. Car
cét eſtre premier qui donna l'eſtre à toutes choſes, eſtant de tout temps curieux de
noſtre bien-eſtre, ſçachant de toute Eter-
nité quel guerdõ réporteroit noſtre deſ-
obeïſſance, pourueut prudemment & ſa-
gement à le conſeruer; & ce fut par la ſciēce de Medecine Chimique, laquelle il
donna à l'hõme pour compagne ſecoura-
ble: il en fut non ſeulement l'autheur, mais
l'inſtructeur: Et l'Eſcriture ſaincte, qui ne
marque iamais vn ſeul point ſans myſtere,
en parle auec merueille. Car apres auoir
diſcouru de la premiere creation que la
premiere ſageſſe fit eſclorre, puis de celle

de l'homme, image de la diuinité, elle fait
fuiure quant & quant la Medecine, que
l'Eternel n'a voulu eftre homagere & ne
releuer que de foy comme fon œuure particulier ; & ce d'autant plus pour faire paroiftre fa dignité & releuer fon luftre par
l'affociation faicte d'elle à ce qui eftoit
alors de premier & de plus rare en l'Vniuers. Adam doncques noftre premier pere, ayant efté inftruict de Dieu en cefte
fcience de Medecine, ainfi qu'il appert,
nómant toutes chofes felon leur proprieté, qualité & vertu ; impofant à chacun
des Animaux fon nom fignificatif, felon
l'inftinct qu'il voyoit au centre interieur
de leur cœur, & ainfi comme Phifionomi-
fte & Iuge tres-fçauant prononça le courage du Lyon, la cruauté du Tygre, la vo-
racité du Loup, viteffe du Cerf, & rufe du
Renard, &c. D'ailleurs comme Phyficien
tres-expert il nomma de mefmes les plantes felon leur qualité & vertu, Aftrales,
Elementaires & Specifiques. Le mefme en
pouuons nous dire des metaux, la generation & proprieté defquels ce clair-voyát
Lyncee voyoit defia dans les cauernes de
la terre. Or celuy qui fi toft (apres la
tranfgreffion du commandemét de Dieu)

fut exilé de ce bien heureux fejour du Paradis d'Edem, fceut de bonne heure preue-
uenir à la faim, le chaud & le froid, & aux
autres miferes & infirmitez qu'en ce mefme temps le menaçoient de toutes parts
(par les eftats qu'il enfeigna à Abel &
Caïn) euft efté fi mal aduifé de negliger la
Medecine, & ne fe pouruoir des remedes
qu'elle enfeigne, côtre les facheux, affauts
des minantes & ruinantes inuafions des
maladies? Et celuy qui entre tous les Animaux choifit auffi toft fa partie propre
pour la tant commádee & recommandee
propagation de fon efpece, eut manqué à
à l'ellection Antidotaire & Medecinale,
qu'il pouuoit auec toute perfection retirer
des trois genres contenants le vray fujet
de la Medecine Chimique? Le Protoplafte
donc l'aprit en cefte Academie de la
fcience eternelle, Dieu premiere caufe de
toutes chofes, s'en feruit tres-heureufe-
ment contre l'incurfion des maladies, &
pour la prolongation de fes iours: & d'autant que fa pofterité a efté heritiere de fes
maux, il y pouruent à la plus part par les
leçons qu'il leur dicta en cefte profeffion.
Quelqu'vn pourroit alleguer qu'Adá par
fa preuaricatió a perdu cefte grace qu'il a-

uoit receuë de Dieu de cónoiſtre & ſçauoir
toutes choſes, d'où reſulte qu'il n'a peu enſeigner la Medecine, n'en ayāt la ſciēce? Ie
repóds que veritablemēt Adā par ſon peché eſt deſcheu de l'innocence en laquelle
Dieu l'auoit creé, mais non de ſa ſcience,
ſçauoir & intelligence, d'autant que Dieu
luy ayant laiſſé le choix en l'vſage des choſes, luy a auſſi laiſſé le ſçauoir de les diſcer-
ner, autrement ſa condition ſeroit pire que
celle de la brutte. Que ſi les Demós, quoy
que deſcheuz de leur premiere excell-
lence & dignité voire damnez eternell-
lement ſans aucune eſperance de miſericorde & ſaluation, ont encore retenu le
ſçauoir & intelligence que Dieu auoit mis
en eux, à beaucoup plus de raiſon Adam
qui eſtoit en eſperance de grace & miſericorde. Or que la connoiſſance de toutes
les ſciences ne luy fut demeuree, il appert
le contraire; car il eſt eſcrit qu'il enſeignoit les Mathematiques & l'Aſtrologie
à ſes fils meſmes notamment à Seth, lequel Adam enſeignoit ſouuent à l'ombre
& ſous le couuert de quelque arbre, en
l'arraiſonnant de l'ordre des Cieux, du
mouuement & effect d'iceux ; & lequel
pour tranſmettre ces ſciences ſu derniers

de sa posterité, fit esleuer deux colomnes
fort puissantes & insignes en rotondité &
hauteur, l'vne de brique pour estre per-
manante contre l'ardeur du feu, l'autre de
marbre pour resister puissamment au deluge vniuersel : esquelles colomnes il en-
graua & insculpa par hieroglyphiques à
luy cónuës & à ses enfans les inuentions&
sciences Astronomiques; à celle fin que cy
celuy de brique venoit à estre destruit par
le deluge, l'autre demeurast en son entier,
qui estoit de pierre, par lequel ses successeurs eussent moyé d'apprédre, proposant
deuant les yeux d'vn chacun les axiomes,
canons, reigles, & documents des arts &
sciences par escrit esdites colomnes. Or il
est vray semblable qu'Adam y insculpa
aussi bien la science de Medecine Chimique, que celle de l'Astrologie, attendu que
c'est d'icelle qu'il eust le plus de besoin en
ses infirmités; A raisó de quoy Hypocrate,
in lib. de dieta, eris locis & aquis, nous monstre la science de Medecine estre manque,
sans la connoissance d'icelle Astrologie,
estant si bien jointes & concatenees ensemble, que separant l'vne feroit destruire l'autre. Aussi fut elle tellement dés lors
cherie & reueree, que commise comme

vne Cabale aux plus capables, on l'enleua
de la veuë des profanes. Creuë doncques
auec le monde, & victorieuse de l'inonda-
tion generale, elle se maintint en ceste
heureuse famille du second homme, qui
repeupla l'Vniuers de ses colomnies, iusq́
ques à ce que le vice ternissant ce sacré
don du Ciel elle demeura quasi cóme in-
conneuë aux partisants du peché. Et n'e-
stant plus accompagnée des perfections
qui l'auoient enrichie iusques là, elle re-
nouuelloit en l'homme (duquel elle estoit
partie du bien) vne partie de sa punitió. Or
cóme elle eust suiuy les Hebreux en Egy-
pte, les Prestres Egyptiés, & par eux les Mages, les Bragmanes, & les Gymnosophistes
de l'Orient en ayãt eu quelque cónoissance, se rendirent admirables au soin qu'ils
eurent de l'embelir, en telle façon qu'ils
osterent aux autres nations le moyen d'y
acquerir quelque loüange: car tout ce que
les Grecs en ont sceu n'est rien que le fruit
qu'ils remporterent des voyages dressez & poursuiuis en ceste Contree. Ceste
Toison d'Or tant chantee des Poëtes n'est
autre chose, au rapport de Suidas, qu'vn
certain liuret de peaux cótenãt to˙ les my-
steres cachez de la Philosophie, & les plus

rares secrets de la Medecine Chimique.
Aussi fut elle deslors l'exercice particulier
des plus gráds Philosophes; iusques là que
l'histoire nous marque qu'ils l'a firent en-
grauer és piliers de leurs Temples. Du depuis d'âge en âge elle fut escrite par leurs
successeurs és phyleures & membranes
ou secondes escorces d'arbre de Tillet ; &
en suite en tables de plomb, à celle fin que
ceste diuine science ne demeurast incon-
neüe aux hommes aduenir. Or de tous
ceux qui la creurent necessaire dés ce téps-
là, & qui la rédirent vtile, ce furét le trois-
fois grand Mercure Trimegiste, l'admirable Pitagore, le diuin Platon, & son ingrat
Disciple, qui en rendit capable le plus grád
des Roys de la terre. Mais sur tout le diuin
& inimitable Hypocrate, s'est rédüe ceste
Deesse tellement sienne qu'il semble l'a-
uoir possedee toute entiere , & aneanty
l'honneur, que l'antiquité assigne à l'Escu-
lape, à Lisis , à l'Osiris , au Podalire , Ma-
chaon , & au docte Centaure.   Aussi ses
successeurs ont eu en telle veneration ses
escrits qu'ils s'en sont rendus comme plei-
ges, garents & cóseruateurs iusques à present.   Mais ô mal-heur du siecle! ceste ancienne diligence d'Hippocrate ne se re-

marque plus , les efprits font broüillez des
vapeurs du peché , l'auarice comble tout
de mal-heur, & l'enuie fait que la Medecine ne fubfifte que de nom & par idee. Car
comme la terre, complice du mal-heur de
l'homme, ne produit rien que des efpines
& des chardons ; de mefmes la Medecine
ne produit rien à proportion de fes premiers iours. Et comme cet efmerueillable efprit furpaffa les hommes de fon tẽps
en grandeur de fçauoir , plufieurs de ce
temps les furpaffent en grandeur d'ignorance. Auffi le mefpris qu'on faict de cefte
facree fcience ne peuft eftre rapporté qu'à
l'infolence de fes coureurs defquels nous
auons parlé cy-deffus, qui profanent facri-
legement les chofes les plus facrees, &
croyent que fçachant, ie ne diray pas faire
diftiller , mais couller tellement quelle-
ment , vne eau, vn huyle, vn baulme, ils
foient des Gebers & des Trimegiftes:
ignorans, & impudens tout enfemble:ces
deux attributs leur font iuftement deubs ;
l'vn parce qu'ils ignorent la matiere fur laquelle ils trauaillent : ignorans donc quels
Baulmes , quelles Effences, & quels Elixirs peuuent-ils preparer ? l'autre parce
qu'ils s'attribuent l'Alchimie medicale de

laquelle ils n'ont iamais eu cognoiſſance
que de nom.

Nous auons veu cy-deſſus, ſon commencement en Adam, ſa conſeruation parmy les Hebreux, ſon entretien
& education chez les Egyptiens, nourrie
& eſleuee parmy les Grecs, auſquels ſuc-
cederent les Arabes qui la virent & firent croiſtre, iuſques à ce qu'eſtant venuë
de noſtre aage, entre les mains d'vn Paracelſe elle ſemble y auoir atteinƈt le plus
haut degré de ſa derniete poliſſeure. Que
ſi la Metemphychoſe de Pytagore eſtoit
de bon aloy & receuë pour veritable, ie
me perſuaderois voire & dirois hardimḗt
l'eſprit qui informoit ce grád Hypocrate,
eſtre paſſé dans le corps du Paracelſe. Les
couronnes d'honneur, de gloire & de
loüange, que tous les doƈtes donnent a
celuy-là, ne doiuent point eſtre deniees à
ceſtui-cy. Auſſi ma plume fera voir à *la*
poſterité que ſi l'Hippocrate ne s'allia iamais de l'erreur, Paracelſe a eſté touſiours
veritable; párauenture m'en ſçaura-elle
gré: du moins ſuis-ie aſſeuré qu'elle eſti-
mera lé deſir que i'ay eu de poſſeder la
vraye verité en la Medecine Chimique.
Au ſeul Dieu en Trinité, Pere, Fils, &

fainct Efprit, foit honneur & gloire au fiecle des fiecles eternellement. Amen.

De la Nobleffe de l'Art Chimique Medical.

CHAP. III.

'Excellence, dignité & nobleffe de la Medecine, peut eftre
prife de fix chofes, de fa verité
& antiquité, de fa profeffion &
fubiect, & de la fin & vtilité qu'elle fe pro-
pofe. Nous auons faict voir la verité au
Chap. I. fon antiquité au Chap. II. & fe-
rós voir cy apres, aydãt Dieu, fa Nobleffe
en só vtilité & fin; parquoy en ce lieu nous
deduirons fa Nobleffe en fes Profeffeurs,
& en fuitte fon excellence en fon fuject.

O combien excellent donc eft cet Art,
lequel noftre deuãciere l'Antiquité a efti-
mé ne deuoir eftre apris que des plus ex-
cellés hómes ; feuls les Roys, les Monarques , & grands Philofophes, qui poffe-
doient les Royaumes, commandoient aux
Monarchies , & fçauoient les Sciences ;

feuls, dif-je, & les Monarques ont poſſedé
& ſceu, l'incomparable Science & Art de
Medecine Chimique. Et c'eſt ce que veut
dire Platon, quand il dit qu'elle ne ſe ſou-
loit enſeigner qu'aux aiſnez des grands
Roys. Nous auons touché cy-deſſus, mais
en paſſant, comme ce ſacré don de Dieu
fut conſerué dans la maiſon & famille des
Hebreux, chez Abraham, le plus grand
Prince de tout l'Orient, de luy à Iſaac, en
ſuitte à Iacob, & à tous leurs deſcendens.
Moyſe ce grand Legiſlateur & Prince de
ce peuple, la ſçauoit l'honoroit & la pra-
tiquoit: ce qui ſe verifie en ce qu'il chaſſa
l'amertume des eaux, les adouciſſant par
la ſeule vertu (à luy conneuë) d'vn arbre
voiſin du fleuue Amer: en outre en la có-
póſition de l'onguent duquel le grandPre-
ſtre eſtoit oingt. Eliſee ne l'ignora pas auſſi
lors qu'il módifia les eaux de Iericho auec
le ſel. Eſaye ne guèrit-il pas l'vlcere maligne du Roy Ezechias? Daniel n'auoit-il
pas la connoiſſance des drogues qui firent
mourir le dragon? Et Salomon grãd Roy,
s'il en fut oncques en Iuda, ne la ſçauoit-
il pas? Dauantage les hiſtoires nous appre-
nent que Ietro beau pere de Moyſe en eut
connoiſſance. Hermes la ſceut, Pitagore

l’enseigna, Platon, Ariftote, Socrates, Ha-
ly, Senior, Rafis, Geber, Auicené, Alexandre, ce font tous des Princes & des
Roys qui lafceurent, la profefferēt & l’enfeignerent. Mitridates Roy de Pont, les
Roys Aros, Sadid, Cadid, Calyb, Ne-
phandin, Saturne, & Luncabur, en eftoiēt
grands maiftres. Du depuis ont fleury Ar-
naud de Vile-neufue Lulle, Albert le Grād,
fainct Thomas d’Aquin, l’Efcot, Guillaume Parifien, Ifaac Holandois, Ripley, Paracelfe, & de fon temps plufieurs Princes
Alemands : en outre François Pic, Prince
de la Mirande, vn Roy d’Angleterre. Et
de frefche & heureufe memoire, ce grand
& incomparable Henry IIII. Roy de Frā-
ce, qui ne l’ignoroit ny mefprifoit pas, tef-
moin en eft Iofeph du Chefne, lequel l’appelle fouftien de la Medecine Chimique.
Comme auffi plufieurs Princes, grands
Seigneurs & profonds Philofophes, qui viuent encore aujourd’huy, lefquels donnent efperance qu’ils aduanceront la pofterité en cefte fcience tref-noble. Voila
comment par cefte multitude d’illuftres
poffeffeurs la Nobleffe de cefte illuftre
Science reluit de tout temps, comme la
plus celebre, floriffante & vtile des prē-

feſſions. C'eſt elle auſſi qui a donné au Ciel vn S. Alexandrin & vn S. Iean, tres-experts en Medecine; vn S. Blaiſe Eueſque de Nicopolis & Medecin; vn S. Iulien Medecin à Emiſſe en Phenicie; vn S. Alexandre de nation Phrigiene Medecin en France; vn S. Vrcicinin Medecin à Rauennes; vn S Antiocque Medecin; vn S. Rauene, & S. Raſiphe Bretons de nation & Medecins; vn S. Panthaleon; vn S Diamede, Tarſien; vn S. Cyprian; vn S. Euſebe, Grec de nation; vn S. Zenobie de Sidon; vn S. Zenobie de Cilicie; vn S. Areſtes de Cappadoce; vn S. Liberat, & S. Æmilian Affricains; vn S. Coſme & S. Damiẽs freres, natifs d'Egee; tous leſquels (& vn nõbre infiny d'autres, que ie laiſſe pour eſtre bref) tous, diſ-je, taſchants de guerir les ames des Idolatres, en pẽſant leurs corps, acquirent la palme de Martyre; & delaiſſans leur noms & renoms à la loüãge de la Medecine des corps qu'ils ont gueris d'infinies langueurs, ils ont porté leurs ames au Ciel pour y receuoir le guerdon de tãt d'ames, que par leur Medecine ſpirituelle ils auoient tirees des griffes de Satan, de la mort & de l'enfer. Que s'il faut parcourir tous les ſainꝗs Confeſſeurs, leſquels la

Medecine corporelle ayans esleüez sur la
terre la spirituelle a esleüez au Ciel, le
temps nous manqueroit, car le nombre en
est sans nombre: nos nombres ne peuuent
suffire à nombrer le nombre des sainǎs,
qui ayans pratiqué la Medecine en terre à
la santé de nos corps, ont estez attirez au
Ciel pour estre intercesseurs de nos ames.
Vn S. Cesar, frere de S. Gregoire de Na-
zianze, Medecin de Iulian l'Apostat, Euesque & Confesseur; vn S. François de Pau-
le Confesseur ; vn S Iuuenal, Medecin,
puis Euesque & Confesseur; vn sainǎ Ber-
nardin Confesseur ; vn sainǎ Basile le
Grand, Euesque & Confesseur; vn S. Sam-
son, Medecin à Rome, Prestre & Confesseur; vn S. Iéan Colonibin; vn S. Theo-
dore, Euesque de Laodicee, Confesseur &
Medecin ; & tant d'autres, dont le Ciel
contient les ames sainǎes & bien-heureu-
ses, iusques à l'aduenement du souuerain
Medecin. Qui plus est cette sainǎe Science a donné à l'Eglise vn Euangeliste & vn
Apostre: celuy-là compagnon de cestuy-
cy, en toutes ses peregrinations : aussi cestuy-cy parlant de celuy-là, aux Corin-
thiens, l'appelle son frere, disant qu'il c'est
acquis grande loüange par toutes les Egli-

ſes à cauſe de l'Euangile. Et aux Colloſſiés,
il l'appelle tres-cher Medecin, qui ſeul entre les Euangeliſtes parle plus des miſeri-
cordes de Dieu, par leſquelles il reſtituë la
ſanté aux ames malades de peché : Et luy
meſme téſmoigne de ſoy n'ignorer point
la Medecine, touchât le côſeil qu'il dône à
Timothee de laiſſer l'vſage de l'eau & boire
vn peu de vin pour ſó eſtomach. En outre
4. Pôtifes ſouuerains, & beaucoup de Pri-
mats, & à la terre vne infinité de Princes,
quâtité de Roys & pluſieurs Monarques.
C'eſt elle, ainſi que nous auôs dit cy deſſus,
qui a eu des Sectateurs parmy les Patriar-
ches, des Profeſſeurs parmy les Prophetes,
chez les Poëtes des Châtres, des ſinguliers
amys parmy les Hiſtoriens & Orateurs, &
vn ſacré refuge au Téple des vrais Philoſophes. Mais à quoy ceſte laborieuſe recherche, puis que les ſacrez Cayers nous apprennent que le Roy des Roys, le Prince
& le ſouuerain Monarque des Monarques
de la terre, le chef des Prophetes, la guide
des Martyrs, le Pôtife des Pontifes; bref le
Sainct des Saincts, Ieſus-Chriſt, a luy meſme, comme Createur de la Medecine, tant
aymé ſon ouurage, qu'il l'a pratiquée auec
telle affection à l'endroict des hommes ſes
creatures,

creatures, que d'vne infinité de miracles
qu'il a faits en ce monde, ils les a tous faits
paroiſtre dans les effects de la Medecine,
excepté deux. C'eſt luy ce vray Medecin
qui benignement donna gueriſon & ſanté
à ceſt homme qui deſcendant de Hieruſa-
lem en Iericho fut bleſſé des brigands qui
le laiſſerent demy mort. C'eſt luy qui a ar-
reſté toute ardeur febrile, qui a faict marcher les boiteux, guery les paralytiques,
faict voir les aueugles, deliuré les demo-
niacles : Bref c'eſt luy, ce ſacré fleuue,
par lequel, non ſeulement Naaman Syrien
fut nettoyé & guery, mais tous ceux là qui
ſe lauerent dans ceſte eauë viue. Addreſ-
ſons nous donc à ce Medecin des Medecins, qui par ſa parole & par ſon ſeul at-
touchement guerit toutes langueurs, deliuré des griffes de la mort, le butin
que la nature ſa tributaire luy faict inceſſamment. Finallement il arreſte tous
flux de ſang, faict parler les muets : & en
vn mot nous deliure des maladies les plus
deſeſperees que les humains puiſſent con-
tracter. Ayons donc recours à luy en toutes nos infirmitez, à luy, diſ-je qui nous
adoucira nos douleurs, langueurs & miſe-
res, de l'huyle de conſolation, de grace, de

pitié & de misericorde. Crions luy auec
Ieremie, *O Seigneur ! guery nous, & nous se-*
rons gueris, sauue nous, & nous serons sauuez,
car tu és nostre loüange. Aussi c'est toy, disoit
Iob, *qui blesses & qui gueris, qui frappes, & tes*
mains redonnent la santé. Faictes nous la
grace, Seigneur, qu'en nos infirmitez corporelles, nous trouuions des Medecins in-
spirez, d'autant que ceux-là sont bien plus
excellens que ceux qui ne guerissent que
par les preceptes de Medecine : attendu
que l'ame malade se guerit aussi bien entre
leurs mains que le corps, car comme ils
portent en leurs mains l'alegeáce de toutes les maladies qu'on tient incurables, à
la malignité desquelles la Medecine ordinaire cede comme vaincuë : ils portent
aussi en leur cœur cest Elixir donne vie
de la parole de Dieu, des bons conseils &
sainctes instructions: lequel ils font couler
par le benefice de la langue dans nos ames
pour en arracher le mal en ses racines, ie
veux dire le peché. Dónez nous tousiours
de ces Medecins là, Seigneur, qui guerissent le mal en ostant la cause : car guerir
autrement n'est pas vraye guerison: nous
en auons besoin, nostre Dieu, en ceste de-
crepitude du monde, où il semble que la

foy foit efteincte, & la charité tellement
refroidie, qu'on n'a autre deffein que
promptement remplir fa bource de cefte
terre faffranee, qui meine infenfiblement
fes poffeffeurs en lieu de tourment: duquel nous ferons preferuez moyennant
voftre faincte mifericorde. Au feul Dieu
Pere, Fils & S. Efprit, foit tout honneur &
gloire és fiecles des fiecles. Amen.

Du fubjet de l'Art Chimique Medical.

CHAP. IIII.

'IL y a aucun Art & Science
qui fe puiffe vendiquer quelque honneur, nobleffe & prerogatiue, de l'excellence de
fon fub;et, c'eft la Medecine
Chimique, car elle a pour fujet non feulement tout ce que la mere vniuerfelle produit, tát en fa furface que dás fes flács, mais
auffi l'hóme, perfectió de nature, rayon de
la diuinité, honoré de ce bel attribut d'vn
tout, d'autant qu'en luy petit monde, fe re-
trouüe toutes les parties du grád, orné de
raifon, organe de l'ame, compofé de plu-

fieurs diuers mébres & parties , lefquelles
fe rapportent toutes à l'vfage l'vne de l'autre , & chacune au tout. C'eft pourquoy
nous pourrions dire que la Medecine Chimique â double fubjet, l'vn propre, & l'autre commun, le propre c'eft le corps mixte
& compofé , non entant qu'il eft fimplement foluble & coagulable comme à voulu Beguin , mais auffi entant qu'il eft
mobile, car la Phyfique eft vne des principales parties de la Medecine. Or tout
corps mixte l'eft , ou imparfaictement , ou
parfaictement, celuy-là, comme la rofee,
la pluye, &c. celuy-cy comme les plantes, pierres, metaux, & animaux de toutes
efpeces, mais de cecy plus amplement cy
apres. Le fubjet commun eft le corps humain, pour la conferuation de la fanté duquel & guerir fes maladies, le Medecin
Chimique, difpofe, extraict, prepare & fepare le pur de l'impur, l'vtil de l'inutil, le
fpirituel du corporel, & le cordial d'auec
le poifon des mixtes fus alleguez, à celle
fin qu'eftant adminiftré au corps humain,
il puiffe auec plus de certitude & facilité
chaffer la maladie, contre laquelle on l'adminiftre : mais de cecy plus amplement cy
deffous au chap. de la fin & vtilité de l'Art

Chimique Medical. Difons donc que le
fubjet commun de la Medecine Chimique eft le corps humain, d'autant que les
Chimiques ne trauaillent à la preparation
des remedes que pour fon feruice.

Or il eft tenu pour conftant parmy les
doctes, que pour eftre parfaict Medecin,
la vraye & parfaicte cónoiffance du corps
humain leur eft tres-vtile & neceffaire,
non feulement en fon tout, & vniuerfelle-
ment, qu'on appelle *per finalifin*, mais particulierement & en toutes fes parties, lefquelles ils doiuent confiderer chacune,
tant en fa fubftance, temperament, con-
formation, nombre, figure, colligéce, origine, infertion, qu'en fon action & vtilité,
qu'on dit *ab analifin*. Cefte derniere qui
eft la diffolution du tout en fes parties, eft
la plus affeuree & certaine, laquelle on apprend en feparant & diuifant artiftement
toutes les parties tant internes qu'externes du corps humain, & c'eft ce que l'on
appelle ordinairement anatomie. Or d'autant que plufieurs tres-grands & excellents perfonnages, qui ont efcrit cy deuát
fur cefte matiere, n'ont rien delaiffé à dire
cy apres à leurs nepueux, ie m'en deporteray : joinct que cet article cruëment

entendu (quoy que tres-important à la
vraye Medecine) a faict errer plusieurs
personnes iusques à present, pour n'auoir
voulu prendre la peine d'apprendre de
quelle anatomie les Anciens ont entendu
parler, quand ils ont dit qu'il estoit tres-
necessaire au Medecin d'en auoir la parfaite connoissance, pour se rendre dignes de
l'honneur que toute l'antiquité a decretté
aux Professeurs d'icelle. Surquoy il est à
notter qu'il y à deux sortes d'Anatomie,
l'vne materielle, qui est vne comparaison
Analogique du Macrocosme au Microcosme : l'autre localle, qui est la commune
en laquelle les Medecins & Chirurgiens
Galenistes se trauaillent tant, sans passer
plus outre à la connoissance de la materielle, de laquelle i'entens parler briefuement en ce lieu ; par laquelle on connoistra
quelle difference il y a de l'vne à l'autre,
de l'obseruation que l'on faict des parties
d'vne charogne morte, à celle que l'on fait
des parties viuantes, de ce tout en tout,
ainsi que l'appelle Hermes, c'est à dire vn
monde dans le monde : mais de cecy plus
amplement en ma grande Chirurgie Chimique Medicale, au traicté de l'Anatomie.
Donnons donc vne attainte à l'Anatomie

materielle, & faiſons y voir comme dans
vn tableau racourcy, la creation du monde & de tout ce qu'il contient ; c'eſt à ſçauoir de ſes parties & creatures, auec les
generations & corruptions qui s'y font, &
la côformité ou comparaiſon & ſympatie
d'iceux auec l'homme, & ce qui eſt de luy,
qu'on appelle lumiere de nature. Finalemêt nous viendrôs au grad profit & vtilité
qu'on en peut tirer, tant pour la parfaicte
connoiſſance de nous meſmes, de noſtre
miſere, & ſubiectiô aux maladies, que pour
l'entiere curation d'icelles : mais plus efficacement en la connoiſſance de Dieu, &
de ſes merueilles : car il y a vne telle relation de Dieu auec ſes ouurages, qu'ils ne
ſe peuuent bien comprendre, ſinon reci-
proquement l'vn par l'autre. Mais les cer-
ueaux deuoyez du droict chemin ont per-
uerty ceſte ſaincte Anatomie à des vaines
& curieuſes diſſections de charognes mor-
tes. Et ne ſeruira en ce lieu rien de m'ob-
iecter qu'Hippocrate, pere de la Medecine, a euë en telle recommandation l'Anatomie ordinaire, que luy meſme prenoit
la peine de trauailler aux diſſections : car il
eſt certain qu'il ne le faiſoit que pour ſe cô-
firmer en la connoiſſance de celle que ie

traicte, ainfi qu'on peut colliger de fon petit traicté de la compofition du corps humain, defcription & raport de toutes fes parties auec le monde, y ioignant la Sphere de Medecine. Le femblable faict-il au liure des Chairs premier de la Diete, chap. VII. & en celuy des fonges, où il fait rapport & comparaifon de certaines parties de l'homme, auec autres du monde, comparant le ventre à la mer, la chair à la terre & la triple chaleur auec les efprits y joinéts (à fçauoir celle du cerueau, du cœur & du foye, qui s'efpandent par tout le corps, felon les nerfs, veines, & arteres) à la chaleur du Firmament, du Soleil & de la Lune.   Et le reftaurateur en fon temps de la Medecine Hippocratique, Galien, n'en donne-il pas des atteintes au 3. Liur. de l'vfage des parties, Chap. X. apres, que pour chanter les loüanges du Createur (comme il dit) il a monftré fa grandiffime bonté, fon ineffable fageffe, & fa toute-puiffante vertu en la creation de l'homme, il faict comparaifon de fa compofition & fituation de fes parties auec celles du monde, &c. ce que le Lecteur defpoüillé de paffion pourra voir pour eftre fatisfaict : c'eft pourquoy nous yiendrons à noſtre intention.

Il eſt certain, & nul n'a reuoqué iuſques icy en doute que l'homme ne ſoit né de l'Eternelle puiſſance qui eſt Dieu, laquelle eſtant muë par ſoy'& en ſoy-meſme, diuiſa la confuſion & en eſtablit vn ordre ſemblable à elle, ſçauoir raiſonnable & immortel, conſtruiɛt & façonné des quatre Elemens, qui ſont le Ciel pere contenant, & l'Air, l'Eau & la Terre côtenus, comme meres des corps viſibles & peſants. De ces quatre eſt faiɛt le grand monde, de toutes les parties duquel a eſté creé & extraiɛt l'homme, ayant en ſoy toutes les parties du grand. Or cette puiſſance Eternelle ſe repreſente à nos yeux, par ces deux images, en ceſte façon.

Dieu n'eſt autre choſe fors toute lumiere que ſon intelleɛt ou premiere cauſe gouuerne & adminiſtre par les ſecondes, & les ſecondes par les tierces, & ainſi des autres, qui ſont les Hierarchies influans d'ordre en ordre, de degré en degré, de rang en rang, la puiſſance & vertu de l'Archetipe en contre bas par les intelligences & par les Cieux en toutes choſes. Tout cela procede par l'ordre de dix diuines meſures ou numerations : dont la premiere qui se reffere à la diuine Essence, & represente particulierement le Pere, se coule & influë par l'ordre des Seraphins au premier mobile, & de là à toutes choses à qui elle donne l'estre, & en l'hommè vn desir ou feu d'amour de s'allier auec son Dieu: delà est venu ce prouerbe veritable, où l'esprit veut il inspire; & l'homme pour cette occasion est dit l'image de Dieu. La deuxiesme numeration est la Sapience qui par effluxion s'épend de Dieu, au moyen des Cherubins, sur toutes ses creatures plus composees selon le rãg d'aproxima-tion ou esloignement de la pure & pre-miere simplicité; & en l'homme la lumie-re & meditation, la force de sapience, & la figure des super-celestes images, par la representation desquels iceluy homme, ou petit monde, entre en la speculation de diuine Essence. La troisiesme numeration est la Prouidence ou intelligence, attri-buez au sainct Esprit: elle influë par l'or-dre des Throsnes en la Sphere de Saturne (appellé par les Cabalistes supramondain du monde intelligible) la memoire & re-presentation des spectables eternels; fai-sant iouïr de haute contemplation, pro-fonde intelligence, graue & solide iuge-

ment, & ferme speculation. La quatriefme numeration, Clemence, Bonté, Grace, Miséricorde, laquelle influë par l'ordre des Dominations en la Sphere de Iupiter, les patrons, effigies, & exemplaires
de tous les corps, & vne ayde à l'homme,
par laquelle il peut obtenir son vœu, le
rendant participant de Prudence parfaite,
Temperance, Benignité, Pieté, Modera-
tion, Iustice, Foy, Grace, Religion, Clemence & Equité. La cinquiesme, pouuoir,
force, seuerité, iugement & punition des
forfaits, qui influë par l'ordre des puissan-
ces dites Potestates, en la Sphere de Mars,
guerres, desolations, pilleries, rançon-
nemens, & semblables afflictions des peu-
ples; & à l'homme vne ayde contre les ennemis du siecle, auec l'indomptable verité, constance, force, animante chaleur &
inconuertible vehemence d'esprit. La
sixiesme, grace, beauté, ornement, & de-
lices, qui influe par l'ordre des Vertus en
la Sphere du Soleil, y eslargissant clarté,
lumiere, & vie : & de là vient à produire
toutes sortes de mineraux & metaux, dont
l'or est le chef, comme le Soleil, qu'il represente, l'est des corps celestes ; le pain
& le vin au genre vegetal, & l'homme sur

tous les autres animaux, auquel il donne
la generosité d'esprit, effect de l'imaginatiue, desir de sçauoir, conseil, zele de bien,
lumiere de iustice, l'accompagnant de charité, Royne des Vertus. La septiesme,
triomphe, victoire ; elle influë par l'ordre
des Principautez en la Sphere de Venus,
vn zelle & feruent amour de iustice, douce esperance, ordre, police, beauté, douceur, & desir de generation ; c'est pourquoy il vient de la produire au monde Elementaire, les arbres, plantes, herbes, &
autres vegetaux. La huictiesme, est loüange, honneur, & formosité ; qui influë par
l'ordre des Archanges en la Sphere de
Mercure, la pieté & concorde, non la ri-
gueur, l'asseurance, le croire, Ratiocina-
tion apparente, force & dexterité de pro-
noncer & interpreter, grand en éloquéce,
acuité de iugement, & promptitude des
sens, iointe à la mobilité ; & de là vient à
produire les animaux : aussi est il donné à
l'homme par iceux Archanges de domi-
ner sur les oyseaux du Ciel, les poissons de
la Mer, & bestes de la Terre : Et qui plus
est par vn secret & super-celeste pouuoir
luy est donné & concedé vn embrasse-
ment de la vertu des choses La neufies-

ïne numeration , bafe , fondement , re-
demption & repos , qui influë par l'ordre
des Anges en la Sphere de la Lune , vne
croiffance & defcroiffance de tout ce qui
eft au deffous d'elle,& en l'homme vn admirable pouuoir en l'annóciation de la diuine volonté , & interpretation de l'immortelle penfee, auec l'heureufe & pacifi-
que confonance, force de croiftre & decli-
ner, & le defir de ce qui eft pour fa conferuation. La dixiefme, regne & empire , l'E-
glife & le Temple de Dieu & la porte pour
y entrer,laquelle influë par l'ordre anima-
ftique,ou dés ames biẽ-heureufes, és creatures raifonnables,la cõnoiffance des chofes, le fçauoir & l'induftrie. Et pour marque du grand Sabatifme & repos eternel,
Dieu a donné à luy petit monde, le dormir
pour repos à fes os,&le réueil pour conté-
pler en la diuinité fa refurrection. Ce font
les degrez & efchelõs par lefquels l'hóme
connoiffant ces chofes paruient à la connoiffance des myfteres de la nature,qui eft
le grand monde, dedans lequel il n'y à animaux, herbes, plantes, ny metaux qui ne
fuccent leur vertu du Ciel,& luy des intelligences fufdites,& elles de Dieu eternel.
Lequel en ce mefme ordre a mis tant en

general, comme en particulier, en ce petit
monde tout ce qui se retrouue au grand,
si qu'il n'a membre qui ne responde à quelque element, à quelqu'vn des corps superieurs, à quelque intelligence, & par nombre, poids & mesure au Createur de ces
choses : & c'est ce qui a faict appeller l'hôme petit monde. Voila le sommaire description de ce qui appartient au Medecin
Chimique touchant son subjet l'homme image de l'image de l'eternelle Diuinité. Reste maintenant venir à la diuision
du general de ses parties.

Il est certain que comme sur les Eleméts
sont les intelligences auec. le Createur,
qu'aussi l'homme est constitué en duplica-
tion de corps, le premier de droict, & le
second de misericorde : celuy-là est en la
matrice des parens, celuy. cy enseigne demander au donateur de vie, le pain quotidien, lesquels deux font vn, qui est côposé
par les quatre susdits, chacun d'eux y apportant la perfection qui est en leur pouuoir : le Ciel luy donne le mouuement,
l'Air le sang & la chair, l'Eau le nourrissement, la Terre les os : lesquelles parties
reçoiuent nourrissement en ceste sorte.
Tout corps de la production des quatre

Elemens, est constitué de trois substances,
sel, souphre, & mercure, chacune desquelles succe & attire de la chose nourrissante
la substance mesmes à elle semblable. Or
l'action des corps supperieurs en l'homme
chacũ sur le parfaict de son harmonie, produit par le moyen des quatre Elemens susdits, vne cõtinuelle chaleur, que Paracelse auec les Chimiques, appellent Archee,
c'est à dire officier, digerant, & dispensa-
teur de la police corporelle; lequel apres
la viande descenduë au ventricule siege &
organe de la faim, commẽce son action en
digerant, corrompant & separant le pur
de l'impur, lequel est retenu, & l'excrement chassé : en ce lieu se faict la premiere
digestion dite Chilose, qui de soy est crasse
& espoisse, le semblable est son excremẽt.
Ce mesnager & œconome de la nature,
transporte apres par les meseraïques au
foye ce qu'il a retenu pour son aliment, &
là par l'ordre que dessus faict vne seconde
digestion dite Ematose, separant le pur de
l'impur, pureté qui tient le second degré
en perfection. De ce lieu les Spheres particulieres des sept corps superieurs, en reçoiuent par le ministere que dessus, chacun
ce qui luy en faut pour son entretiẽ&nour-

riture, enſemble du mēbre moins noble
dependant de luy; & chacun en ſoy par la
meſme ordonnance en faiƈ digeſtion appellee Omioſe, ſeparāt derechef le pur de
l'impur, qui tient en ce lieu le tiers degré
de perfeƈtion.

Voila comment la premiere digeſtion
eſt craſſe & eſpoiſſe, auſſi eſt ſon excremēt
auquel la Nature a donné pour emonƈtoire le ſiege & meats vretaires, enſemble la ſueur. La ſecóde eſt plus pure & ſubtile, l'emonƈtoire de laquelle eſt ſeulemēt
par l'vrine & la ſueur. La troiſieſme eſt
tres-ſubtile, & quoy qu'elle ſemble eſtre
en perfeƈtion de pureté, ſi eſt-ce neantmoins qu'elle a excrement, lequel a diuers
emonƈtoires ſelon qu'il y a diuerſité de
parties, comme du cerueau par le nez, du
cœur par la region de l'air, du poulmon
par la bouche, du fiel par les oreilles, de la
ratte par les larmes des yeux, &c. Ce general des parties eſt diuiſé en quatorze, dót
les ſept ſont appellees nobles, ou mineral-
les, ſçauoir le cerueau, le cœur, le poulmon, le foye, les reins, le fiel & la ratte; &
autres ſept moins nobles, leſquelles pré-
nent leur aliment & fonƈtion des ſept premieres: ſçauoir, du cerueau la faculté ner-
ueuſe

tieuse qui donne le sentiment, du cœur
l'artere & son sang siege de l'ame & du
mouuement; du poulmon la trachee artere, la langue & ministere de la parole, du
foye les veines & leur sang; & le desir de
boire; des reins les vaisseaux, dediez à la
generation; les ossees comprins; du fiel &
de la ratte les os, lesquels venus à leur perfection l'homme peut viure sans ces deux
parties.

Et neantmoins outre cette diuision les
sept corps superieurs y sont auec leurs
mouuements Spheres & regions, ausquelles ils manifestent leurs admirables
effects. Car comme au milieu des sept est
colloqué le Soleil, aussi est le cœur à luy
soubmis, colloqué au milieu de l'homme
pour premier & dernier mouuant, ayant
en soy l'artere battant sans repos, qui est
l'ecliptique du Zodiac, en laquelle le Soleil demeure sans se rendre erratic; lequel
a pour centre à sa Sphere le nombril & le
continent d'icelle, comme aussi les aisnes
iusques aux os furculaires le col compris:
& preste en la masse ceste partie de l'ylia-
ste appellee vertu vitale. Et comme iceluy Soleil est le plus excellent dessus les
Planettes; de mesmes aussi a-il conuenan-

cé auec le plus excellent de tous les Metaux, sçauoir l'Or; des Mineraux à l'Antimoine; des Pierres au Zaphir; des Animaux au Mouton; des Plantes à l'Eliotropium, &c.

Touchant Saturne le centre de sa Sphere est aux arteres, lequel a pour sa region la cauité des canaux, les ligamens, nerfs, moüelle, jointures, le crane, le front, la cauité des yeux, & la superieure partie du nez, & pour corps entier la ratte, à laquelle il plante la vertu receptiue, & a simpathie au Plomb, comme son vray enfant legitime; des Mineraux au Minium; des Pierres à la Turquoise; des Animaux au Lieure; des Poissons à l'Anguille; des Plantes à l'Elebore, &c.

Venons à Iupiter, lequel a pour centre Spheric les poulmons, & pour region la trachee artere, les muscles seruans à la respiration, le cuir de la teste, & la vertu naturelle; il a communication auec l'Estain; des Mineraux au Souphre; des Pierres à la Cornaline; des Animaux au Veau; des Plantes au Semper-viua, &c.

Disons de Mars, lequel a pour centre la bourse du fiel, & pour region à sa Sphere la face depuis les yeux en bas, le dedans

des mains, la plante des pieds, & le col de
la matrice, où il seme la vertu irrascible &
expulsiue; & s'est adjoinct au fer; des Mineraux au Misy; des Pierres à l'Esmeraude; des Animaux au Lyon; & des Plantes
au Marrubium, &c.

En apres Venus estant sa domination,
auec sa Sphere, sur les vaisseaux dediez à
la generation, aussi donne-elle la vertu
concupiscible & le chatoüillement, &
communique sa puissance au Cuiure; des
Mineraux au Vitriol; des Pierres à l'Ame-
tiste; des Animaux à la Tourterelle; des
Plantes à la Menthe, &c.
En suitte vient la Sphere de Mercure, laquelle s'estend en tout l'interieur de l'estomach compris en l'orifice superieur, auquel la peur à son siege, & la tristesse en
l'inferieur, & le rire aux menus boyaux:
iceluy a pour centre à sa Sphere le foye où
il plante la vertu fantastique, & a domination sur l'Argent vif; des Mineraux à l'A-
lun de plume; des Pierres à l'Aymant; des
Animaux au Perroquet; des Plantes au
Satyrion, &c.

Finalement la Lune, occupe l'espine du
dos, les espaules & les lombes, & tient
pour corps entier le Cerueau, donnant la

vertu croiſſante ; ayant l'argent pour ſon inferieur ; des Mineraux l'Arcenic, des Pierres le Criſtal; des Animaux l'Huiſtre, & le Pourceau ; des Plantes la Sauge, &c.

Et aduenant que l'vn d'iceux ſouffre il ſe faict paroiſtre au lieu de ſon emonctoire, comme ſi Mars ſe deſpraue il met en deſordre ſa Sphere & region, laquelle ſouffrira & iettera les fleurs de ſon intemperie au lieu de ſon emonctoire, pour ſe faire connoiſtre, qui eſt la face. En outre cauſera des fiéures tiercés, hemitrees, ou demy tierces, la manie, l'hemorrhagie, la maladie dite cholera, la iauniſſe, la diſſenterie, l'heriſipele, la rougeole & petite verole, les herpes & les charbons.

Saturne en fera autant en enflant & faiſant larmoyer les yeux, excitant la fiéure quarte, produiſant la lepre, le ſchyrre, le chancre, les eſcroüelles, les vlceres malignés, l'incube & la melancholie ; cauſant en outre les obſtructions du ſoye, & de la ratte, les hemorrhoïdes, les varices, les hernies, & la ſuffocation de matrice.

Le Soleil jaunira la chair, fera les fiéures continuës, & cauſera la palpitation du cœur.

Iupiter amaigrira le corps, fera la cephalalgie sanguine, les fiéures sinoques & diaires, les angines, pleurefies, peripneumonies, phlegmons & apoplexies.

Venus, se faict paroistre en la langueur des membres, nebulosité ou offufcation des yeux, au priapifme, fatyriafis, gonorrhea, & pollutiós nocturnes, cóme auffi la folie d'amour, & la maladie venerienne: quelques-vns luy attribuent auffi les œdemés.

Mercure, en la fueur puante des auffelles, & des aifnes, caufe le vertigo, les toux feiches, & les vices de la langue.

Finallement la Lune, en la trop grande humidité des oreilles, en l'epilepfie, goute, hydropifie, lethargie, coma, caros, & les catherres. Ce qui eft confirmé par Hermes, quand il dit, que ceux qui tombent malades fous Saturne & Mercure, font tardifs & foibles à mouuoir leurs membres, reffentent toft le froid, fuyent la clarté, foufpirent fouuét, font craintifs, ont la voix aiguë & petite, le poux & la refpiration auffi petits. Ceux qui alictent fous Mars & le Soleil, font choleres, fafcheux, trauaillez de la foif, ont le vifage teint d'vn rouge obfcur, le poux defreiglé & inégal, la langue rude, & roulent les yeux deçà delà, auec vne anxieté quasi incroyable, & ainsi des autres que ie laisse pour estre bref.

'On remarque d'ailleurs en l'hôme (par les sept corps susdits) le mouuement du Ciel, commençant sur la Sphere du corps dominant le iour, & apres suiure l'establissement de leur ordre, lequel donne aussi à connoistre les maladies Astralisees, à cause desquelles il se fait au petit monde Eclypse, ainsi qu'au grand ; toutes lesquelles se font connoistre par leurs signes certains representez en la face & aux mains, ainsi que i'enseigne amplement en ma grande Chirurgie Chimique Medicale, traicté de l'Anatomie, chap. des Signatures ou att signe.

Or pour l'accomplissement de ce parfaict ouurage, ces mesmes corps ont coulé en luy l'image de leurs Spheres, chacune pour particulierement attirer à soy l'object representé, voire presque par ressemblance ; ainsi qu'on voit Saturne en la cauité des yeux attirer pareille passion qui sera en ceux qui ont les yeux rouges ou chassieux. Iupiter en ce qu'il esmeut ou fait venir l'eau à la bouche par la representatió de quelque chose de bon goust. Mars

en ce qu'il excite le vomissement, sur l'object ou propos de quelque chose sale, ou
fœtide. Le Soleil qui donne sentiment aux
dents, leur excitant strideur ou grincemēt
en la rencontre de quelque chose rude ou
mal sonante. Venus en l'emotion par l'object de la femme. Mercure en l'attraction
qu'il fait au baaillement. Et pour dernier
la Lune en la compassion venāt de la douleur ou playe d'autruy. Et comme il n'y a
en luy aucune chose qu'elle n'ait action
chacune en son temps, ces passiōs, ou pour
mieux dire images des corps superieurs,
attirent à eux ce qui leur est presenté en la
fonction des sens (le corps estant en son
repos, sommeillant) comme par predictiō
quelque chose de ce qui est ou depend de
l'Astre ou Element par lequel la chose fu-
ture est excitee. Si qu'aduenant l'vn des
Elemens souffrir en l'homme les images
susdits se iettēr sur ledit Element, comme
les sens sur la douleur de quelque partie,
& font sembler idealement en luy, comme si la verité de la chose estoit : semblablement & par mesme maniere y agissent
les corps superieurs chacun en ce qui est
de leur estenduë. Ceste representation est
appellee songe pour le regard du sens cō-

mû: & lors qu'il auiēt vn, deux, ou plusieurs d'iceux corps ensemblemēt representer leurs images sur ou en l'vn des Elemens desia excité en l'homme, l'effect n'est pas seulement en representation de l'image, mais bien de la chose mesme. Ce qui a fait dire que la forte imagination souuent produit la chose mesmes imaginee : laquelle comme fille des sens fait que l'hôme inte-rieur, qui nous est inuisible, actionne sur le visible, par intellect, memoire & volon-té. Lesquels sens comme organes de l'a-me immortelle, menuent & conduisent la masse à leur plaisir en laquelle bien sou-uent ils representent quelque particulari-té qu'on dit effect de l'imaginatiue. En outre Hermes nous apprend qu'vn cha-cun de ces sept corps susdits se trouue en la teste de l'homme, comme par son sou-piral, estant à noter que si la fonction de l'vn se perd, se perd par mesme moyen l'effect fortuné du corps superieur en luy. Exemple, s'il aduient à quelqu'vn de per-dre l'vsage de l'oreille droicte spiracle de Saturne, iceluy retire ses fonctions, & sa malice demeure en confusion auec les au-tres ou elle excite ses effects. Ainsi de la se-nestre oreille, spiracle de Iupiter ; de la

narine droiĉte pour Mars ; de la feneftre
pour Venus ; de l'œil droiĉt au Soleil, du
feneftre à la Lune ; & de la bouche pour
Mercure.

Il faut encore remarquer qu'outre les
fept corps fufdits les douze fignes du Zodiac y trouuent place, lefquels difpofez
felon les qualitez des Elemens, gouuer-
nent ainfi le corps humain ; fçauoir Taurus froid & fec, nature de Terre, le col &
l'epiglot : Gemini chaud & humide, nature d'Air ; les efpaules, les bras & les mains :
Cancer froid & humide, nature d'Eau, la
poiĉtrine, l'eftomach & les poulmons :
Leo chaud & fec, nature de Feu, le dos
& les coftes : Virgo froid & fec, nature de
Terre ; le ventre & les entrailles ; Libra
chaud & humide, nature d'Air, le nombril, les reins, & la baffe partie du ventre :
Scorpio froid & humide, nature d'Eau, les
parties genitalles : Sagitarius chaud &
fec, nature du Feu, les cuiffes : Aquarius
chaud & humide, nature de l'Air, les jambes : Pifces froid & humide, nature d'Eau,
les pieds.

Cefte diuine Plante n'eft pas feulement
commandee par les corps fuperieurs, mais
auffi par les Elemens mefmes, ce qu'il

faut confiderer en cefte forte.

Dieu le Createur, felon fa bonté, clemence & fapience infinie, à mis en la Nature des chofes des mouuemens bien reiglez, en telle façon qu'il n'a pas voulu qu'aucune chofe fe meuft temerairement & fortuitement, ains que tout allaft par bon ordre, & par vne fuitte continuelle. Or tout ainfi que les Aftres, l'Occean, les faifons de l'annee, & les Spheres des Cieux, ont leurs mouuements & viciffitudes & font leurs courfes du tout regulierement au grand monde, de mefme les Elemens au petit : car les quatre Saifons, les quatre Elemens, les quatre Complexions, les quatre parties du Iour, les quatre Vents, les quatre Aages ou mutations, ont vne telle fympathie & relation enfemble, qu'il eft bien difficile que rien foit depraué que l'autre n'en reffente.

Difons donc que les parties du Ciel reprefentent les quatre Elemens & Saifons de l'annee, fçauoir depuis Soleil leuant iufques à Midy la premiere; de Midy au Couchant la feconde; du Couchant à Minuict la troifiefme, & d'eluy au Leuant la quatriefme. Si que le Soleil eftant en la premiere quadrature auec les Eftoilles fi-

xes, lors se faict le Prin-temps representé
par l'Air, lequel symbolise au vent Austra-
phricus, au sang, & à la ieunesse. Et lors
qu'il est en la seconde produit l'Esté, representé par le feu, lequel symbolise au vent
Auster, à la cholere, & à l'aage viril. Et
estant en la tierce faict l'Automne, representé par la terre, symbolisant au vent Fa-
uonius, à la melancholie, par consequent
premiere vieillesse. Et finalement en la
quarte, il fait l'Hyuer representé par l'eau,
laquelle symbolise auec le vent Subsola-
nus, à la pituite, & à l'aage decrepit.

Ceste mesme diuision est au temps que
le Soleil circuit la terre, qui faict vn iour
diuisé en quatre parties; la premiere est
depuis trois heures du matin iusques à
neuf pour l'air, Prin-temps, sang & le
vent susdit; depuis les neuf du matin iusques à trois du soir pour le feu, l'Esté, la
cholere & le vent susdit : & de là iusques à
neuf pour la terre, l'Automne, la melancholie & le vent susdit. Et poursuiuant depuis les neuf iusques au trois du matin, est
pour l'eau, l'Hyuer, la pituite, & le vent
susdit. Et aduenāt que l'vn d'iceux Elemés,
ou des principes produits par iceux, soit
depraué ou mal affecté en l'homme, ou

qu'il y ait maladie de sa condition ou degré, infailliblement elle se fera sentir en
son temps ainsi ordonné comme nous dirons cy aptes.

Or comme il n'y a aucune chose qui ne
soit en cest abregé du monde, reste y rechercher les Animaux, Pierres & Vegetaux.

Des premiers, s'y trouue la force du
Bœuf, l'astuce & prudence du Serpent, la
furie du Taureau; la patience & debonnaireté de l'Aigneau; la gayeté du Mouton; la
fierté du Crapaut; la subtilité du Regnard;
la stolidité de l'Asne, la cruauté du Tigre,
la douceur de la Colombe, la preuoyance
du Formy; la negligence du Tesson; la fidelité du Chien, l'infidelité du Mulot, la
gloutonnie du Loup; la sobrieté du Came-
leon; la prudence de l'Elephant, la stolidité
de la Martre, l'odeur de la Ciuette, la puā-
teur du Bouc, la fœcondité du Conil, la do-
cilité du Barbet, l'indocilité de la Souris,
la saleté du Porc, la netteté de l'Escuieu,
la hardiesse du Lion, la timidité du Lieure,
& ainsi du reste selon leur Astre. Et est à
noter que tous ces Animaux ont en ceste
cõsideration chacun vne particuliere proprieté pour la reparation de l'homme en

ce, & de ce qui est de leur semblance. Autant en est-il des Pierres, exemple, l'Eme-
raude côtre l'Epileptie, le Saphir aux Yeux
le Cristal au Calcul, la Iudaïque à la Grauelle, la Saturnine à la ratte, l'Istalcus aux
Dents, le Iaspe & Heliotrope au sang, le
Theamedes à la chair, l'Epellanus aux of-
fees, & ainsi du reste, ce qui est reserué au
liure cy dessus promis.

Cette mesme suitte se trouue aux Plantes, voire mesme leurs figures auec leurs
effects ; exemple, la Betoine à la Teste, la
Melisse au Cœur, le Marrubium aux Poulmôs, la Buglose au Foye, la Rheubarbe au
Fiel, l'Asperge à la Ratte, l'Anonis aux
Reins, l'Armoise à la Matrice, l'Eufraise
aux yeux, le Romarin aux Oreilles, le
Mentastry aquatique au nez, le Cedum
minus muris aux Genciues, le Iusquiame
aux dents, la Pirolle à la Langue & au
goust depraué, l'Hyssope à la Bouche, Liue Artetique aux Ioinctures, l'Absynthe
aux Boyaux, le Cyclamen au Ventricule,
l'Vmbilicus veneris à l'Vmbilic, l'Alke-
kegy à la Vessie, l'Aron pistillum Satyrion
aux Parties honteuses, l'Aristoloche à l'V-
terus, la Feugere femelle à l'Espine du dos,
le Plantin aux Nerfs, l'Hypericum au

Cuir, le Palma-Christi aux mains: & ainsi
iusques aux dernieres Plates: lesquelles par
leurs propres marques se font connoistre
en leurs effects aux parties de ce racourcy du monde.

Estant à notter en ce lieu (pour les rapporter Artistement & methodiquement
aux lieux pour le soulagemét desquels elles
sont destinees) que tout ce qu'il y a d'Animaux , Metaux , Pierres , & Vegetaux,
sont diuisez en sept,&dominés par les sept
corps ainsi que nous auons monstré particulieremét cy dessus,parquoy (non à cause du chaud ou du froid) on les emprunte pour remede à la partie affligee,laquelle
est dominee par l'Astre , sous lequel est
soubmis l'Animal,le Metail,la Pierre,& le
Vegetal. Et lors comme nous auós dit que
quelque partie en l'homme souffre, il faut
auoir recours aux choses susdites pour en
retirer le remede & l'approprier selon son
Element: exemple, si le mal estoit ou tenoit degré de l'Eau, il faudroit prendre en
luy ce qui est du corps superieur susdit. Et
ainsi generallement aux autres , excepté
aux maladies dupliquees, au iugement &
guerison desquelles il se faut representer
la figure du lieu affligé, & telle la bien re-

marquer en la Plante, Metal, Pierre, oú
Animal, & en feparer les fubftances pures
des impures, pour les adminiftrer contre
icelles maladies: Exemple, fi le mal eft de
la deprauation du Baulme ou fubftance
falee, il faut extraire le Baulme ou Sel de
la Plante & ainfi du refte : ce qui eft employé cy deffous.

En outre il y faut chercher la nature des
fufdits Elemens, car il a du Ciel ou feu les
deux lumieres qui font les yeux, ce caractere diuin appellé des Mecubales glaiue
de Dieu, par lequel le Roy eft fuiuy, le Iuge crainct, & tous Animaux tremblent &
obeïffent à fa face. De l'Air il a pour pluye
la fueur, & pour l'orage les larmes, pour
nuee la tenebrofité, & pour ferenité la parole, pour tónerre le bruit des inteftins, &
pour la manne la femme a le laict.

De l'eau il a pour l'Occean la Vefie,
pour Fleuues & Riuieres les Meats vretaires, pour Ruiffeaux les Meferaiques
& les Fluxions, pour Pierres le Calcul &
Grauelle, aux Reins, en la Veffie, au Fiel,
au Foye, & autres parties: pour Lacs communs il a le Sang efpandu par tout pour
l'arroufer & donner nourriture.

De la Terre pour fes Rochers, il a les

Os, pour son Herbe le Poil, pour ses Animaux les Pous, les Vers & autres: & pour-
ce qu'en tout temps elle nous fournit
quelque chose croissante, il a aussi les Ongles: les couleurs ne manquent pas de s'y
voir aussi diuersement, comme on les remarque sur la Terre.

Finallement ie pourrois monstrer en ce
lieu, côme son Ventricule est le sepulchre
& destructeur de tout ce qu'il reçoit, ainsi
que la Mer & la Terre le sont, celle-là de
tous les Fleuues & Riuieres, & celle-cy
de tous les corps, sans en prendre neantmoins accroissemêt. En outre côme à luy
seul petit môde est donné transplâter son
genre en admirable diuersité de resem-
blance, induit par l'inombrable multitude d'Estoilles, lesquelles agissantes auec
les corps superieurs, diuersifiêt les figures,
&c. Dauantage que consistant d'harmonie
parfaicte, il contient tous nombres, poids,
& mesures, sans exception. Et comme il
se trouue en luy viuant, tout ce qui est au
Monde Archetipe, Intellectuel, Celeste
& Elementaire, qu'aussi en son cadauer se
trouue vniuerselement les remedes aux
maladies qui viuant le pouuoient affliger;
mais nous reseruons à parler de tout cecy
au liure

au liure cy deſſus promis, aydant Dieu, auquel Pere, Fils, & ſainɛt Eſprit, ſoit honneur & gloire és ſiecles des ſiecles. A men.

Du ſubjet propre de la *Medecine* Chimique.

CHAP. V.

Ovs auons veu cy-deſſus, au
rapport que nous auons tiré
du grand au petit monde, cóme l'homme contient en luy
non ſeulement les Plantes,
Mineraux, & Animaux, mais encore les
corps ſupperieurs & toutes les impreſſiós
& metheores qui ſe font en la region Æ-
theree; ce qui ſeroit aſſez ſuffiſant pour la
connoiſſance du ſubjeɛt propre auſſi bien
que du conimun; n'eſtoit que ie deſire faire voir qu'en l'hiſtoire des Plantes ce n'eſt aſſez de diſcourir de leur
grandeur, petiteſſe & moyenneté, de
leur qualité, couleur, gouſt & odeur; & là
deſſus tordre ſon eſprit en mille façons
pour paroiſtre plus habile homme que
ſon compagnon, quantité de babil ſans
qualité, façon friuole, moyen inutile, do-

&trine falacieuse qui ne sçait & ne peut apporter aucun profit à la Medecine. Car il est certain que la necessité est plus vrgente de s'enquerir de la mutuelle & analogique simpathie qu'elles ont auec les parties du corps humain, qu'elle est celle qui doit estre Medecine au malle, & celle qui doit estre Medecine à la femelle; en troisiesme lieu celle qui doit estre Medecine à tous deux qu'on appelle hermaphrodite, à quoy l'on peut joindre l'aage, comme au vieil vne Plate vieille, & au ieune vne Plante ieune, & ainsi selon les autres aages, que non pas de leur grandeur ou petitesse, & ainsi du reste. En outre estil tres-inutile de s'arrester à la consideration des quatre qualitez, chaleur, froideur, humidité & seicheresse, ny mesme des couleurs, car elles n'ont racine ny puissance; encore moins aux idees, ce qui a donné parauenture occasion à quelques vns de croire qu'elles ont vne ame perdurable : mais c'est vn point si scabreux que ie m'estonne comme ils ce sont voulus mesler d'en dire leur aduis. Ie ne dis pas cecy pour choquer personne, mais parce qu'il me semble que ce point est plus curieux que necessaire, pris au sens & au

biais que parauanture on le veut prendre:
car en toutes les chofes qui ont vie il n'y
à rien de perdurable que l'ame raifonnable, laquelle n'a befoin en quelque façon
que ce foit de la vegetante & fenfitiue
pour faire fes operations. Et quoy qu'il
foit donné à toutes chofes de propaguer
fon efpece, & ce par le moyen des femences qui font referuees au fein de la Nature
par les Elemens, lefquelles femences iet-
tees en leur matrice l'ame s'en efclot qui
eft le principe dés operatiós de vie, neantmoins elle ne peut durer finon entant que
fa caufe (i'entends la feconde) durera,
or cette caufe doit prendre fin (le Ciel &
la terre pafferont , dit Dieu) donc
l'ame des Plantes ne peut eftre perdurable, & n'y à que l'ame raifonnable, comme eftant de l'effence diuine.

Or pour dire en vn mot quelque chofe
du fubjet propre il faut fçauoir, commençant aux Plantes, qu'on doit connoiftre en
elles principalement leur fignature, leur
afcendant, & leur compofition. Pour leur
fignature, c'eft touchãt la fimpathie ou có-
uenance qu'elles ont aux parties du corps
humain ; c'eft pourquoy on les appelle les
vnes Cephaliques, les autres Occulaires,

les vnes Guturales, Dentales, les autres
Cutanees, quelques vnes Cardiaques, Pulmoniques, Hepatiques, Renales, Histheri-
ques, Veſicales, Vulneraires, Neruales, &
ainſi de tout le reſte des Plantes, leſquelles ont conuenance aux parties du corps
humain. En outre faut-il connoiſtre celles
qui portent la ſignature des maladies, cōme de l'Epilepſie, Goute, Calcul, Chancres, Diſſenterie, Eriſipele, fiſtules Ex-
creſcences, Exanthemes, Hernies,
Hydropiſies, & ainſi des autres. Surquoy il faut notter qu'elles agiſſent toutes
ou par proprieté de ſubſtances, ou par cō-
uenance & ſympathie des parties, & non
par leur qualité chaude ou froide. Quand
à leur aſcendant, il eſt vray que les Eſtoil-
les terreſtres ont vne grande conuenance
& ſimpathie Harmonique auec les Eſtoiles
celeſtes ; voire & en telle façon que i'oſeray dire que celles-cy ſont la forme & matrice de celles-là ; les vnes eſtant Plantes
formelles & ſpirituelles, & les autres ma-
terielles & terreſtres ; auſſi les vnes tour-
nent leur regard vers celles-là, & celles-
là leur influence vers celles-cy. Ce fondement ainſi poſé il eſt certain que les
conſtellations des Plantes doit eſtre recon-

neuë exactement du vray Medecin Chimique. Car fi l'on doit obferuer les Aftres
pour l'indication curatiue des maladies, à
plus forte raifon en la cueillette & preparation des medicaments : or ne peut-on
arriuer ny à l'vn ny à l'autre fans fçauoir
quel Aftre domine la partie malade, &
quel Aftre influë fur le remede qu'on y
veut appliquer ; & cela ne fe peut bien entendre que par la connoiffance des fym-
pathies & conuenances du grand & petit
monde : car par ce moyen on trouuera le
Romarin regy par le Soleil ; le Marubium
par Mars ; les Rofes par Venus ; l'Abfinthe par Saturne ; le Saffran par Iupiter ; le
Spic-nard par Mercure ; la Sauge par la
Lune ; le Afari par Aries, le Sené par Cancer, la Fumeterre par Scorpio ; la Saxifrage par libra ; les Hermodactes par Pifcez ;
& ainfi de tout le refte de ce qui fe voit
en la furface de la Terre, & mefmes dans
les entrailles d'icelle : car il n'y a fi petite
& malloftruë herbe fur la terre, ne rien
quelconque des trois genres des compofez, Mineraux, Vegetaux, & Animaux,
qui n'ait la haut fon Eftoille correfpon-
dante qui luy affifte, & dont elle reçoit
fon maintenement & conferuation , ainfi

que nous auons faict voir briefuement cy-
deſſus au Chap. 4. cela eſtant net nous
viendrons à leur compoſition.

La Medecine Hermetique & Paracelſi-
que, quoy que plus hardie que la Galeni-
que, ne paroiſt non ſeulement en la contemplation de ſon ſubjet en toute ſon eſtẽ-
duë conforme à la rationelle, mais elle
affirme auſſi bien qu'elle, que le corps humain & tous les mixtes naturels, ſont có-
poſez des quatre Elemens, contre l'opinion de quelques vns ; car il eſt vray que
tous les vrays Hermetiſtes tiennent que
les quatre Elemés ſont peres producteurs
de tout corps Phyſic, mais cela ſe fait mediatement & non immediatement, ſçauoir par l'interuention des trois principes,
Sel, Souphre, & Mercure. Eſtant certain que les quatre premiers corps agiſſans
inceſſamment l'vn dans l'autre, produiſent par leurs actions les trois principes,
Sel, Souphre, & Mercure ; mais de cecy
plus amplement cy-deſſous, en la ſeconde
Fleur au Chapitre des Principes. Seulement ie diray en ce lieu que puis que tous
corps en ſont compoſez, il faut neceſſairement les ſçauoir ſeparer, afin de les adminiſtrer pour la reparation des ſubſtances

deprauees aufquelles vne chacune d'icelles a fympathie & conuenance: & cefte feparation ne fe peut faire que par le moyen
du feu, & la main d'vn bon Artifte, lequel
feparant le pur de l'impur, conferue l'vn
pour s'en feruir au befoin, & rejette l'autre
comme inutile; & c'eft ce que nous appel-
lons Spagerie. Quelques vns ont voulu dire que ces trois principes eftoient encore
accompagnez de deux Elemens, Eau &
Terre, mais il me femble que ce n'eft à propos, fauf meilleur aduis, en la façon qu'ils
les veulent prendre: car quand ie leur ad-
uoüerois que l'eau & la terre font ces deux
Elemens, parce parauenture qu'ils font les
deux generaux receptacles tant de toutes
les feméces que principes corporels, neatmoins cela ne feroit rien à leur intention,
d'autat que ce n'eft pas de ceux qui confti-
tuét, mais bien de ceux qui font cóftituez.
Car de croire que fe Phlegme inutil qui fe
rencôtre en la feparatió du Mercure, & cefte terre morte qui demeure apres l'eftra-
ction du Sel des corps, doiuent eftre ad-
mis pour Elemens, c'eft fe me femble ne
donner pas bien au but, d'autant qu'ils ne
font & ne peuuent eftre dits de l'intrin-
feque & radicale compofition du mixte,

F iiij

n'eftans qu'excremens du Sel, Souphre,& Mercure, lefquels feuls tous les Philofophes Chimiques ont reconneus pour principes intrinfeques. Car ce ne font qu'iceux qui ont vertu & qualité actiue pour la Medecine, tant pour les hômes que pour les metaux, & non fes cruditez & excremens fufdits. Auffi celuy qui croiroit que les premieres eaux qui fortent lors qu'vne femme eft en trauail d'enfant,& les fecondines qu'on en retire apres, font de la côpofition de l'enfant, auroit befoin du fuc de l'herbe qui faifoit viure long-temps les Anciens.

Il eft donc conftant parmy les Chimiques que tous corps font compofez de fes trois principes, & toutes maladies prouenir de la deprauation d'iceux, non feulement aux Animaux, mais aux Vegetaux & Mineraux, dequoy nous traitterons cydeffous,aydant Dieu : venons maintenant aux Metaux & Mineraux,fur lefquels verfe la Chimie, auffi bien que fur les Vegetaux.

Il eft certain que les Medecins Chimiques reconnoiffent en l'homme, outre les maladies Deales,& Aftrales, des maladies Elementaires, lefquelles font diuifees en

Vegetales, Animales, & Minerales , & les
remedes à icelles ne se trouuer autre part,
que dans les Vegetaux, Animaux , & Mineraux : Exemple, pour les Minerales. Il
est tenu pour constant de tous que la Verole est vne maladie Metalique , cause dequoy son remede ne se trouue parfaictement qu'au Mercure, qui est mis au nombre des Mineraux. Mais comme cette maladie cause diuers symptomes , de mesme son remede doit receuoir diuerses preparations : car le Mercure ce peut reculer
de sa naturelle constitutió par trois moyés,
sçauoir distillation , sublimation , & precipitation , & telle preparation faut-il donner au remede, mais l'administrer par contraire disposition. Ainsi du Souphre, du
Sel & des autres , ce que i'enseigne cy a-
pres. Or tout cela ne se peut faire que par
la voye Chimique, car par les operatiós d'i-
celle on les reduit en vne perfection admirable, autrement leur vsage seroit plus
dangereux que profitable, voire plustost
venin que remede. Car comme la cheute
de l'homme luy introduisit les maladies &
auec elles la mort, de mesme introduisit
elle les maladies & la mort aux Metaux,
lesquelles l'Artiste doit guerir auant que

les adminiſtrer pour remedes à d'autres maladies.

Or tout l'artifice qu'iceluy doit apporter à ſeparer les maladies des Metaux, cóme auſſi des Plantes, & Animaux ſera deduit cy apres. Diſant neantmoins en ce lieu que cette purification ne ſe doit faire que ſur leur humidité ſuperfluë, & ſur leur Souphre combuſtible; celle-là attachee au vray Mercure, celuy-cy attaché au vray Souphre, leſquels deux depouïllez de leurs priſons & aſtraliſez deuiennent des Rois trespuiſſans. Quelques-vns ſe pourroient bleſſer ſur ce que i'appelle ces choſes corporelles Aſtres, mais il faut qu'ils ſçachét que ce qui eſt haut formel, eſt cóme ce qui eſt bas materiel. De ſorte que tout ce qui de ſa propre nature & mouuement tend en haut nous le diſons plus parfaiĉt, par-ce qu'il eſt porté au Zenith de la forme, & au comble de la perfeĉtion; & ainſi ſe conforme d'autant plus à la nature du Ciel, qu'il eſt plus Ætheré & deſpoüillé de l'embaras materiel, & partant peut eſtre appellé Aſtral, voire meſme dit Aſtre. C'eſt pourquoy on appelle le Plób Saturne, non entant qu'il demeure dans ſon Mercure & Souphre puants, impurs

& terreſtres, le plus ſouuent infectez d'vn
eſprit Arcenical , & d'vne aigreur ron-
geante, mais bien lors qu'il eſt aſtraliſé &
rendu Aſtre au Ciel des Philoſophes, cõme l'autre (auec lequel il à pour lors ſympathie & conuenance.) l'eſt au Ciel du
grand monde : & ainſi de tous les autres
ſept; ſçauoir de Iupiter, Mercure, Venus,
Mars, Sol, &c. Mais d'autant que les Chimiques s'exercent le plus ſouuët à l'extraction des remedes Metaliques nous trai-
cterons des ſept Metaux, ſeparemét, mais
briefuement, pour faire fin à ce Chapitre.

Commençons donc par le Fer qu'on appelle Mars, & diſons que c'eſt vn Metail
imparfaict, dur, de couleur liuide exterieurement, mais rouge interieurement,
ayant beaucoup de fixe & peu de volatil, à
cauſe de quoy il eſt tardif à fondre, mais
tres-prompt à calciner, à raiſon que ſon
volatil eſt bien toſt conſumé. Il ſe meſle rarement auec le Mercure à cauſe de ſa petite quantité actuelle ; mais quand il eſt
rendu Aſtral, il deuient plus actif & mercurial, adherant par ce moyen opiniaſtre-
ment à l'argent vif. On le peut facilement
exalter en Acier, & tranſmuer en Cuiure,

ainſi que ie l'enſeigne cy apres. Mais s'il eſt
joinſt à l'Or ou à l'Argent, il ne s'en ſepare
iamais qu'à grand peine, & oſe bien deba-
tre la Royauté auec ſon Prince, ainſi que
dit Paracelſe, mais cecy eſt d'vn autre propos. Il a ſous luy en degré de ſympathie
l'Aymant & toutes pierres & marchaſites
à feu ; pourtant, dit vn Chimiſte, eſt-il le
vray Vulcan des Philoſophes, & le Mars
des Alchimiſtes, le fiel des Phyſiciens, &
l'vnique Chirurgien pour les playes, &
l'eſtanchement du ſang qui coule d'icelles
comme auſſi des mois ; le Medecin tres-
expert aux fleurs blanches, à la Gonnorhee, Diſcenterie, Diærhee, incontinence
d'vrine, & Hemorragie interne, & pluſieurs autres vertus, ſelon les diuerſes preparations qn'on luy donne, leſquelles ſe
verront cy apres : paſſons à l'amie de
Mars.

Le Cuiure, craquant, roüillant, rougea-
tre & dur, eſt compoſé d'vn Mercure &
Souphre impurs, eſtant en ſa plus grande
partie fixe & en la moindre volatile, neátmoins moins fixe que le Fer, à cauſe de
quoy elle reçoit pluſtoſt la fuſion qu'ice-
lùy. Et d'autant qu'elle eſt de l'humeur de
ſon fauory elle ne reçoit guiere la compa-

gnie de Mercure, parce qu'elle en tient fort peu, mais en recompence elle abonde en souffre vitriollé, mais non en telle pureté qu'il n'y ayt beaucoup de tereftrité. Si cefte Venus auoit defpouillé fa robbe verte, elle feroit vne telle alliance auec Mercure, quoy qu'auparauant elle le hait tant, qu'on la prendroit de beau iour pour la chafte Diane : elle a pour fon magazin toutes fortes de vitriols, le mifi, le fori, le calcitis, &c. Auffi nous fournit-elle, mife en œuure par vn bon Artifte, plufieurs remedes contre les vlceres Phagedeniques, Chironiques, Cacoëthiques & Pourris, lefquels operent fans mordication ny douleur. L'huile ou effence verde comme vne Efmeraude qu'on tire du Cuiure, circulé auec la douceur du vin, n'a pas fon femblable pour l'entiere guerifon des fiftules & vlceres du col de la Vefie, à la Pierre, Gonnorhee & Chancres veroliques.

L'Eftain, appellé des Artiftes Iupiter, notamment lors qu'il eft venu à ce degré de perfection qu'il peut embellir le Ciel des Philofophes, eft imparfaict, mol, blanc & refplandiffant, auec vn peu de liuidité. Son Mercure eft le plus parfait entre ceux

des imparfaits Metaux; auſſi eſt-il plus mol
& volatil que le Mercure des Metaux
durs, & plus cuit que le Plomb noir. Son
Souphre eſt blanc, aigre & moins meur
que ſon Mercure, lequel eſt en plus grande quantité que ſon Souphre; il ayme fort
le Mercure, & s'allie opiniatrement auec
l'Or & l'Argent. Il a pour ſon Arcenal le
Biſmutum & l'Antimoine blanc. On tire
de luy vn fard qui n'eſt guiere moindre à
celuy du Talc; en outre vne eſſence admirable pour le Foye, & partant tres-propre
pour ayder la ſeconde digeſtion & diſtribution : il eſt admirable pour purger
les Poulmons, les mondifier & cicatriſer
leurs vlceres, & par conſequent guerir les
Aſthmatiques.

Quand à Saturne il eſt plus imparfait &
liuide que l'Eſtain, il eſt legerement congelé par vn Mercure & Souphre puants,
impurs & terreſtres, & quelquesfois in-
fecté d'vn eſprit Arcenical, ainſi que nous
auons dit cy-deſſus, & d'vne qualité ron-
geante, par laquelle elle deuore toute im-
perfection adherante aux Metaux par-
faits. Il ſe fond plus facilement que les autres Metaux, à cauſe de la petite congelation de ſes principes, & de ſa grande mo-

leſſe. Et d'autant que ſon Souphre eſt d'v-
ne ferme mixtion auec ſon Mercure, il ne
peut eſtre facilement calciné, mais en con-
tre-change il calcine aiſémēt l'Or & l'Argent, auec lequel il eſt tres-familier , &
differant d'auec l'Eſtain à cauſe de ſon impureté & humidité : i'oublioıs à dire qu'il
congele facilement le Mercure. L'Antimoine le plus terreſtre, puant & Arcenical, eſt de ſa nature. Les Philoſophes Saturniens Chimeriques, ie veux dire Chimiques, le prennent pour la garde de leur
Diane, laquelle s'ils decouurēt ie me doute qu'ils ne viennent des Acteons. On tire
pourtant d'iceluy tout plein de bons & ſalutaires remedes contre pluſieurs maladies, tant pour purger la Rate & la deſo-
piler, qu'à guerir les vlceres Chironiques,
Chancreux & plains de pourriture, notta-
ment ſi ſon ſuccre eſt preparé en huile. En
outre on tire vn Baulme d'iceluy tres-precieux contre l'Ophtalmie & inflammation des yeux; comme auſſi à toutes Eryſipelles & autres inflammations, ainſi que
nous dirons cy apres en la preparation des
remedes Chimiques.

Touchant l'Argent-vif, il eſt ſi admirable de ſa nature que ſallope le tient auec

l'Aimãt, és chofes Purgatiues entre les miracles de la Nature : eftant vne liqueur & vne eau qui ne moüille point les mains. Il eft fpirituel, froid, humide & blanc en fon manifefte, mais chaud, fec, citrin, & rouge en fon occult. En outre tres-familier aux Metaux, adhere interieurement a iceux, les refout & s'accommode à leur Nature; auffi eft-il la premiere matiere d'iceux, lefquels fe refoluent en luy ainfi que la glace fe refout en eau. Il contient auec foy fon Souphre analogique & homogene, duquel procede fa teincture. Ceft efprit volatil & legerement fuyant furpaffe neantmoins tous les autres Metaux en ponderofité, auffi ne s'attache-il à eux de prime abord finon à l'Or. Et quoy que par voye de fublimation on l'arrefte & endurciffe, neantmoins il s'enfuit totalement du feu, car il n'admet point de feparation en fes parties. Il y a deux fortes d'Argent-vif, le mineral & le corporel, celuy-là ce tire des Mines, & celuy-cy des Metaux, & de la mixtion de ces deux, difent les Chimiques, s'engendre leur Mercure. Laiffons-là ce qu'il fçait faire aux maladies des Metaux, & difons de fon pouuoir fur celles du corps humain. Il eft admirable contre les

ylceres

vlceres du col de la Vefie, contre les Chá-
cres veroliques, Nodus, & douleurs procedentes d'iceux, & le Specifique remede
contre le total de la maladie Venerienne.
Il eſt tres-ſingulier contre la Peſte, la
Goutte, la Lepre, le Cancer, Noli-me-tangere, & les Efcroüelles; contre les Pleureſies, Venins, & Fiéures; Bref à cauſe de
ſes grandes vertus il eſt appellé Azoth,
Medecine vniuerſelle. Les preparations
diuerſes que les Spageriques luy donnent,
afin de manifeſter ſes grandes vertus, ſe
verront en ſuitte de ce Liure : venons à
l'Or.

L'Or donc eſt le plus parfaiĉt Metal de
tous, conſiſtant d'vn tres-pur Mercure &
d'vn Souphre tres-excellent, lequel eſtans
bien cuits & mixtionnez enſemble rendent le corps qu'ils compoſent tres-ferme
& compaĉt, decoré d'vné teinture citrine.
Quelques-vns tiennent qu'eſtant mis en
aĉtion, il deuient l'vnique ferment de la
vertu ſolaire, exiſtant, volatil & ſpirituel
dãs les choſes radicales des Metaux, Vegetaux, & Animaux. Ce qui ne deuroit eſtre
ignoré de ceux qui portent le nom de Medecin, & encor moins de nos tireurs de
quint-eſſences, leſquels deuroient ſçauoir

que l'Or en son manifeste est bien citrin, mais en son occulte il est extremement rouge. Raison pourquoy il ne porte pas seulement sa teinture, mais il en peut communiquer abondamment aux autres, d'autant que c'est vn Principe & vn Seminaire de Souphre parfaict. Aussi contient-il en son profond le feu de Nature : C'est pourquoy il a en soy la semence masculine, & vne splendeur amiable & attrayante, dont il est courtizé de tout le monde : & d'autant qu'il imite la nature de son pere, il est dit le Soleil des Chimistes. Car tout ainsi que le Soleil du grand Monde, estant au signe du Lyon darde sur nostre Meridien ses plus cuisantes flameches, ainsi l'Or estant descorporé par l'Artiste iusques en sa couleur plus haute, à sçauoir obscurement sanguine, est en sa propre maison nommé le Lion terriffié. La sympathie qu'il a pour lors à l'Elixir occult des Vegetaux, faict qu'il est l'vnique & specifique cardiaque. Quelque enfumé voudroit bien, paraduenture, que i'enseignasse icy quelque autre chose ; mais ils n'auront rien de moy intelligiblement, que ce qu'ils ont desia eu par mes autres escrits : continuons donc, & disons que ce Metal traine-

gens & damne-monde, faict ses munitions
d'Orpiment, de Sandarac, de Souphre fixe, Precipité fixe, Cinabre, Antimoine,
&c. Les vrais Spageriques preparent sa
teinture en liqueur potable, laquelle est
vn miracle en la Nature pour l'extirpation des maladies fixes; mais comme ce
n'est pas ouurage d'vn iour, aussi ce lieu
icy n'est capable d'en contenir le mystere;
c'est pourquoy nous auons remis d'en parler cy apres, ensemble de toutes les autres
preparations lesquelles l'art luy peut donner: venons à la Lune.

L'Argēt appellé la Lune des Chimistes,
ne differe guieres de l'Or en perfectiō, elle
est cōposee d'vn Mercure pur & quasi fixe,
& d'vn Souphre blāc & net, qui n'est pas du
tout acheué de cuire, & toutefois est presque fixe cōme le Mercure; pourtāt n'endu-
re-elle le Cæmēt Royal, l'Antimoine, Souphre, Cadmie &c. Nous auōs dit cy-dessus
qu'elle a le cerueau de l'hōme pour corps
entier, mais cela se doit entēdre principalement de celuy de la femme; car il est rai-
sōnable que l'effect homogene quadre en
tous ses mouuemens auec son plus proche
objet. Aussi tire-on d'elle les Specifiques
remedes pour toutes les maladies d'ice-

luy, comme sont Manies, toutes affections
melancholiques, mal caduc, & autres: mais
elle excelle pour la fortification d'iceluy.
Voila quant aux Metaux.

Touchât aux Mineraux, quoy que nous
en ayons parlé cy-dessus côme en passant,
toutesfois ie ne lairay d'en dire quelque
chose encore en ce lieu, d'autant que
nostre subjet nous y conuie. Disons donc
que comme nous auons remarqué en suitte de la sympathie des sept Metaux auec
les sept parties principales du corps humain, mesme sympathie des sept Mineraux alteratifs & purgatifs des parties (sçauoir l'Antimoine au Cœur, l'Arsenic au
Cerueau, l'Alum de plume au Foye, le
Vitriol aux Reins, le Misy au Fiel, le Mi-
niû à la Ratte, & le Souphre aux Poulmôs)
que la mesme chose deuons nous remarquer en celle des 7. Mineraux preseruatifs
de mortification, sçauoir les fleurs d'Antimoine reuerberees, ou leur huyle pour le
Cœur; l'Ambre gris pour le Cerueau; la terre Seellee pour le Foye; le Talc pour les
Reins; l'Aymant pour le Fiel; le Salpetre
pour la Ratte; & la Marcassite du Cuiure
pour les Poulmôs. Ces sept Mineraux em-
peschent les sept parties nobles de morti-

fication, c'eſt à dire deperdition de chaleur naturelle ; mais ils doiuent eſtre exactement preparez par vn bon Artiſte auāt
qu'en vſer, car autrement ils ſeroient dangereux à cauſe de leur violence.

On y peut encore analogiſer ſept autres
Mineraux preſeruatifs de putrefaction ou
corruption d'icelles parties nobles ; comme le Sel ſudorifiq' d'Antimoine pour le
Cœur ; le Sel ammoniac pour le Cerueau ;
l'Hematites, ou bien ſi vous voulez le Bezoar pour le Foye, car tous deux purgent le Foye de toute putrefactiō, & ce par
les ſueurs ; le Sel gemme pour les Reins ; le
Lapis lazuli pour le Fiel ; l'Eſmeraude
pour la Ratte, & le Sel de Souphre pour les
Poulmons.

Or comme nous auons commencé ce
Chapitre par les Vegetaux, nous le finirons par iceux, diſant qu'il y a auſſi en
pareil nombre ſept Vegetaux alteratifs &
purgatifs des ſept parties nobles de l'homme ; Exemple, l'Anacarde laquelle purge
le Cœur ; le Turbith qui purge le Cerueau ;
la Reubarbe le Foye ; l'Hermodacte les
Reins ; la Centauree petite le Fiel ; l'Elebore noir la Ratte, & Lezula les Poulmós :
j'entends qu'ils doiuent eſtre preparez ſe-

lon les regles de la Medecine Chimique,
& art Spagerique.

On remarque encore parmy les Vegetaux sept preseruatifs de putrefaction des
sept parties susdites, Exemple, l'Alchermes
pour le Cœur; le bois d'Aloës pour le Cerueau ; l'Hypericon pour le Foye; le Sel du
principal Vegetable pour les Reins ; le
Scordion pour le Fiel ; le Cerfueil pour la
Ratte; & la Serpentaire pour les Poulmōs.
Ces Vegetaux font des grands effects
quand apres vne deuë & exacte preparation ils sont administrez methodiquemēt
contre toutes les maladies de corruption.
Recherchons en donc maintenant d'autres preseruatifs de mortification, & qui
puissent empescher la deperdition de la
chaleur naturelle desdites parties ; tels feront, à mon aduis, le Rosmarin pour le
Cœur, notamment ses fleurs; les fleurs de
Sauge pour le Cerueau; la fleur de Gero-
fle pour le Foye ; la racine de Satyrion
pour les Reins ; l'Absinthe pour le Fiel; la
Matricaire pour la Ratte; & l'Hysope pour
les Poulmons, &c.

Ie ne sçay si ie dois, auant finir ce Chapitre, donner vne atteinte à ceux qui ar-
pentent la terre auec tant de trauail, qui

paſſent les mers auec tant de hazards, pour aller querir bien loing ce que la Nature produit à noſtre porte. Choſe eſmerueil-lable de noſtre ſtolidité que nous nous e-ſtimions indigents des remedes deſquels les ruſtiques & ſimples femmes en con-noiſſent la terre tres-abondamment cou-uerte, & deſquelles ils ſe ſeruent tres-heureuſement en la gueriſon des mala-dies, leſquelles paraduanture auoient fait la nique à des habiles Medecins. Nos de-uanciers qui auec gloire ont faict la Mede-cine, & deſquels nous eſtimós eſtre beau-coup honorez d'eſtre dits leurs Diſciples, n'ont meſpriſé les remedes que leurs con-trees & regions produiſoient ; & nous pe-tits Pigmees voulons faire les Grands en ſçauoir, & pour eſtre reputez tels il en faut voiler le deſſein par l'vſage de ce que les terres eſtrangeres produiſent, & que les vacabonds & Charlatans nous apportent, & negliger ce qui nous dóneroit plus d'hó-neur, quoy que moins de gain. Et c'eſt là la Cabale laquelle ſeroit veritablement deſcouuerte ſi l'on mettoit en vſage les re-medes que noſtre Ciel propice nous pro-duit, & noſtre Terre fertile nous apporte. O le beau & ample ſubjet que m'ouure

ceste matiere, si le lieu me le permettoit,
mais pour cause de briefueté ie passeray
outre, joint que l'en traicteray, aydant
Dieu, tres-amplement en ma Pharmacopée Spagerique, laquelle ie donneray bien
tost au iour pour le bien de plusieurs, Dieu
le voulant, auquel Pere, Fils & S. Esprit
soit honneur & gloire és siecles des siecles. Amen.

De l'vtilité & fin de la Chimie.

CHAP. VI.

N O v s diuiserons ce Chapitre
en trois parties; la premiere
sera de l'vtilité & profit que
nous pouuons retirer de la cónoissance des choses traictees
aux deux Chapitres susdits. La seconde
de l'vtilité qui nous reuient de la connoissance & vsage de la Medecine Chimique, ce qui nous menera à sa fin pour clorre ce Chapitre, & c'est la troisiesme partie.

Quant au premier point, nous le diuise-

rons en quatre vtilitez ; la premiere, & la
plus grande & parfaite, c'eſt de nous connoiſtre nous meſmes ; car par cette connoiſſance nous voyons le modelle de tout
l'Vniuers, & découurons le caractere de la
diuinité, les œuures inuiſibles de Dieu
nous eſtans manifeſtees par les viſibles, en
l'admirable conſtruction de cet image
& abregé du monde, tant intelligible, Celeſte, qu'Elementaire. De façon que celuy
qui ſe connoiſtra, connoiſtra premieremét
Dieu, parce qu'il a eſté formé à l'image d'i-
celuy, lequel eſt le ſouuerain Createur de
touteschoſes, ayát ſeul deſoy l'immortalité, habitát vne lumiere claire plus quetou-
te clarté ; & d'autant qu'il eſt inacceſſible
perſonne ne le peůt voir, non ſeulement
des yeux corporels, mais encore moins de
ceux de l'ame: Bref en quelle façon que ce
ſoit il ne peut eſtre connu ſinon par ſes ouurages inimitables: car il y a vne telle relation de Dieu auec iceux ouurages, qu'ils
ne ſe peuuent bien comprendre ſinon re-
ciproquement l'vn par l'autre. Si que tout
cet Vniuers eſt vn liure auquel ſont eſcrites les merueilles du Createur, qui annon-
cent inceſſamment ſes loüanges à ceux au
moins qui y ſçauent lire. En apres il con-

noiſtra les Anges, parce qu'il à intelligence auec iceux : en ſuitte les brutes, parce que les facultez ſenſitiue & appetitiue luy ſont communes auec icelles : d'ailleurs il a l'ame vegetante auec les Plantes, & l'eſtre auec les Pierres & Metaux : bref il eſt la regle de tous les corps. A cette cauſe la ſage Antiquité tenoit qu'à ſe connoiſtre conſiſtoit la vraye & parfaicte Philoſophie.

De ce que deſſus nous pouuons tirer la parfaicte connoiſſance de toutes les parties qui conſtruiſent le corps humain, & de leurs eſpeces & differentes ſubſtances, ſelon celles auſquelles elles ont conuenance & analogie : & c'eſt pour la ſeconde vtilité.

La troiſieſme, c'eſt qu'ayát connoiſſance de chacune partie du corps humain, nous pouuós mieux & plus ſeuremét iuger & dóner raiſon pourquoy le venin de la Verole attaque pluſtoſt le Foye qu'vne autre partie, pourquoy celuy de la Peſte le Cœur, pourquoy les Cancers ſont pluſtoſt faicts d'vn Sel Septique & Arſenical, que de quelque autre, & pourquoy ils viennent pluſtoſt au dos aux hommes, & aux mammelles aux femmes, pourquoy pluſtoſt au

Longaon de ceux-là, & aux Matrices de celles-cy : pourquoy le Noli-me-tangere vient seulement au Nez & Leures, & non en quelque autre partie du visage. Et ainsi consequemment de toutes les autres maladies qui iournellement luy suruiennent: de laquelle connoissance nous pouuons tirer vn pronostic plus asseuré, & des indications curatiues plus certaines ; & par ce moyen les guerir plus asseurément & parfaictement : & c'est pour la quatriesme vtilité.

Venõs maintenãt à l'vtilité de la Chimie, & disons que c'est elle qui nous dõne l'entiere cõnoissance des substãces desquelles tous les corps, tant mixtes simples que cõposez reçoiuẽt leur composition, qui sont Sel, Soulphre, & Mercure sans plus; en outre de la deprauation & alteration d'iceux au corps humain, consequemmẽt les causes & origines des maladies, & icelles maladies mesmes telles qu'elles sont en leur Anatomie: En outre la conseruation de la santé d'iceluy & parfaite guerison d'icelles maladies vniuersellemẽt, tant interieures qu'exterieures. Pour à quoy paruenir elle nous enseigne les vrayes preparatiõs, pour la Medecine, de toutes les chosesvni-

uerſelles qui font côtenuës aux trois genres des Animaux, Vegetaux & Mineraux,
leſquelles on peut mettre en vſage ſans
aucune crainte : Car l'vtil eſtant ſeparé de
l'inutil, le ſpirituel du corporel, le cordial
d'auec le poiſon, ils peuuent eſtre admini-
ſtrez au corps humain auec toute certitude. Auſſi ne changent ils en ceſte façon,
ny chargent l'eſtomach, n'engendrent
point d'impuritez, ne cauſent point de
nouuelles obſtructions, & ne ſont tardifs
en leurs operations ; mais quant & quant
viennent aux mains auec les maladies, &
victorieux les contraignent de quitter la
place. Et c'eſt auſſi par le moyen de la Chimie què nous retirons ceſte vtilité qu'en la
preparation qu'elle nous apprend des remedes, elle nous enſeigne auſſi la voye de
les multiplier a leur dernier degré de
perfection, en telle façon qu'vn ſeul grain
ou vne ſeule goutte fera plus d'effect que
trente, & le tout ſi benin, tant en l'vſage
qu'en ſes effects, qu'on ne s'apperceura pas
d'auoir rien prins, tant ces remedes agiſſent radicalement. Mais ô malheur du ſiecle! le vulgaire & des Medecins & des A-
poticaires, reiettãs toutes ces ingenieuſes
preparations, font voir euidemment, que

ne voülans ou ne pouuans, ils font plus curieux de leur gain particulier que de la fanté des humains, tant cefte maudite auarice
les opprime. Et il eft vray que les remedes
n'eftans pas preparez & feparez par noftre
artifice de leurs impuretez, accroiffent &
augmentent dauantage la maladie au lieu
de la guerir. Car ie vous fupplie de confiderer quelle preparation on baille aux remedes ordinaires, vne fimple & legere infufion & Ebulition, ou telle autre Alteration, adminiftrant ainfi la plus noble portion du medicament auec l'impure & groffe matiere d'iceluy; d'où vient que les pauures malades, ayant pris de leur main &
aualé les parties nuifibles, excrementeu-
fes & veneneufes des medicaments auec
leurs parties falubres & vtiles, fe trouuent
fortans de la maladie, furchargez de fymp-
tomes plus pernicieux que la maladie
mefmes, ainfi que i'ay dit cy-deffus. En
outre qu'on regarde, de grace, leurs eaux
extraictes vulgairement, & on verra que
ce n'eft qu'vn flegme infcipide, facile à
pourrir qui à peine dure vn mois. Et tant
s'en faut qu'elles ayent les vertus des fimples d'où elles font tirees, qu'au contraire
elles empruntent vne maligne qualité des

vaſes de Plomb, eſquels & auec leſquels
elles ſont extraictes :   Il vaudroit mieux
adminiſtrer de l'eau pure de riuiere que
telles eaux diſtilleés de leur façon. Autant
en peut-on dire des decoctions qu'ils font
dans des vaſes de Cuiure, leſquelles ſe
font pires par la perte des plus ſubtilespar-
ties des ingrediens qui les compoſent, qui
s'envolent en l'Air, d'où vient qu'elles ſe
corrompent & deuiennent inutiles.   On
pourroit mettre en ſuitte leurs remedes
cordiaux ; car quel profit apportent au
corps humain leurs Perles miſes en poudre & criblees, enſemble les fueilles d'Or?
rien ſinon que ces choſes encrouſtent
l'Eſtomach, & s'il eſt deſia debile l'ener-
uent tout à faict.   Au lieu que les quint-
eſſences des vrais Chimiques & leurs Magiſteres tirez de meſmes choſes, enſemble
la teinture de l'Or tiree ſans corroſif, ſe
diſſoluent facilement en quelque liqueur
que ce ſoit; & prins par la bouche, ainſi diſ-
ſouts, reſtabliſſent preſque en vn moment
les parties affoiblies, & rendent la priſtine
vigueur ſans aucune difficulté.   A quoy
l'on pourroit adjouſter que les remedes
vulgaires rarement rendent l'effect deſiré, notamment ceux qui à la façon com-

mune & ordinaire font tirez des Vegetaux (quoy qu'en veulent iafer certains
qui fe difent neantmoins Chimiques) d'autant qu'ils n'ont pas la force & la puiffance
d'extirper & defraciner les maladies con-
tumaces. Au contraire les remedes vrayement Chimiques, principalement ceux
qui font tirez des Metaux, ont vne toute-
autre efficacieufe vertu, & pour-ce gueriſ-
fent, la Lepre, l'Hydropifie, la Goutte, l'E-
pilepfie, le Cancer, le Noli-me-tangere, les
Efcroüelles, ainfi que ie fay voir en mon
Hydre morbifique, exterminee par l'Hercule Chimique, &c. Et de là fe peut tirer
la fin de la Chimie, car elle ne tend à autre
chofe qu'à la preparation tres-exacte des
medicamens, pour les rendre, ainfi que
nous auons dit, plus agreables au gouft,
plus falubres au corps, & moins dangereux en leur operation ; redimant cette
riante fanté, affeurément, promptement
& fans douleur. Ie puis affeurer auoir veu
vn homme de qualité fouffrir pēdant trois
iours des grande douleurs & tranchees
pour auoir aualé vn plain goubelet de Medecine faite à la façon ordinaire ; ce qui ne
fut arriué s'il euft prins vne de mes Pilules
dia-tartarees, ou deux de noftre Ele-

Œtuaire Dia-fené ; ou bien vn peu de cre-
meur ou magiftere de Tartre , au lieu
de quatre Apofemes vilaines & ames-
res qu'on luy auoit fait aualer auparauant pour digerer les humeurs : car la feule veuë & l'odeur de ces medicamens preparez à l'ordinaire , rendent malades
ceux mefmes qui ne le feroient pas. Auffi
n'en voit-on pas de grands effects à
comparaifon des Chimiques , lefquels
n'ont pas befoin qu'on attéde leur fermẽ-
tation, d'autant qu'icelle ce trouue parfaictement faicte & accomplie en mefme
temps que le medicament eft faict. Le
meflange de diuerfes fubftances & effences ja elaborees & mifes en leur perfectió,
& par ce moyen renduës homogenees ou
vniformes àvne vraye mixtió, peuuent acquerir cefte perfection quafi en vn inftant.
Or d'icelles, les vnes font faictes de plufieurs efpeces de diuers géres de fimples,
appellees Elixirs, & les autres de diuerfes efpeces, ou parties d'vne mefme chofe
à part elaborees appellees Cliffus : pureté
& fubtilité defquelles faict que leurs vertus & qualitez, fans aucun empefchement,
s'introduifent, s'vniffent & cómuniquent
facilement les vnes aux autres. D'ailleurs
faut-

faut-il remarquer que cette fin de Chimie (qui ne tend qu'à redonner la fanté
par l'exacte preparation des remedes) ne
fe rencontreroit que bien rarement, fi elle
employoit dans fes compofitions vn grãd
nombre d'ingrediens , d'autant qu'iceux
eftans de cõtraires qualitez, ayans demeuré long-temps enfemble en l'operation
qu'on appelle fermétation , venans à s'en-
trechoquer pour fe joindre , leurs vertus
ne peuuent eftre non feulement confet-
uees , mais encore ne s'aydent ny corroborent l'vne à l'autre, au contraire elles fe
deftruifent & ruinent pour en engendrer
vne toute nouuelle tellement douteufe
& incertaine qu'elle ne fe peut connoiftre
que par l'experience & obferuation qui eft
le plus fouuent funefte. Parce qu'alors la
vertu difcretice qui eft en nous, ne pouuãt
feparer, ny s'ayder des vertus en particulier de chafque fimple ; ains donnant & receuant ce pot pourry nous en fentons indubitablement des euenemens contraires à noftre intention. Ce que deffus eftãt
tenu pour conftant refte de prendre la peine, & apprendre la façon d'extraire les
qualitez d'vn mefme medicament fimple,
puis les vnir enfemble, par-ce qu'alors , à

H

cauſe de leur ſympathie, elles s'vniſſent
bien plus facilement, & conçoiuent tres-
bien vn plus grand pouuoir de nuire à ce
qui nous eſt côtraire. Surquoy ie m'eſtonne comme pluſieurs Sophiſtes (ſans raiſon
pourtant) décrient cette ſcience, ſans a-
uoir premierement fait vne bonne & exacte recherche de la verité & infalibilité d'i-
celle. La certitude que i'y ay reconnuë
m'a contraint à la ſuiure, pour auec plus
de ſeurté & facilité ſecourir les malades.
En fin la reconnoiſſance que i'en fay de l'a-
uoir receuë de la main liberalle de Dieu,
lequel deſpart ſes dons & ſes graces à qui
bon luy ſemble, & en telle quantité qu'il
luy plaiſt : auquel Pere, Fils & S. Eſprit,
ſoit honneur & gloire és ſiecles des ſiecles. Amen.

Fin de la premiere Fleur.

FLEVR SECONDE
DV BOVQVET
CHIMIQVE.

TRAICTANT

De la definition de Chimie, & de ses
Principes, de ses operations, lieu,
temps, & moyens d'operer ; ensemble des conditions de l'Artiste.

De la definition de Chimie.
CHAP. I.

I selon vn certain ordre que
l'ancieneté auoit jadis estably
dans ceste Monarchie Payenne Rome, & lequel passa du
depuis pour loy, il estoit enjoint à toutes personnes de quelle qualité
& condition qu'ils fussent, de porter les

marques de la profession qu'ils exerçoiét;
afin par ce moyen de discerner les gens
d'honneur d'auec les profanes, les nobles
d'auec les roturiers, les bons & diligens
ouuriers, d'auec les negligens, faineants &
vaux-riens ; bref pour rendre également
au poids du merite & de la vertu, la loüange à chacun. A combien plus de raison serons nous obligez, non dans vne Monarchie Payenne, mais dans cette Monarchie
Chrestienne où nous viuons, de rendre
raison de ce que nous faisons, traictons,
discourós & exerçons. Si ce bon-heur arri-
uoit iamais, hé! que nous verrions de chan-
gemens dans toutes les professions & va-
catiós; ce seroit pour lors que le desir d'vn
certain Medecin, homme de bien, seroit
effectué; par lequel il a souhaité mille fois,
qu'il y eust vne loy tres-expresse pour les
Medecins, Chirurgiens & Apoticaires,
de ne receuoir aucun salaire des malades
qu'ils traictent s'ils ne les guerissoiént. Et
cas aduenant que la guerison de leurs maladies n'aduint, qu'ils fussent descheus de
leurs honneurs, prerogatiues & immunitez; en outre condamnez de les faire traicter à leur despen à quelque docte Medecin coadjuteur de la Nature, qui s'en ac-

quiteroit mieux qu'eux. Et cecy confideré que le temps de guerir les maladies paffé, il eft bien difficile, voire quafi impoffible de les guerir, fi ce n'eft par la main d'vn bon Artifte. Or plufieurs de ces coureurs qui fe font nommer impudemment Medecins & Operateurs Spageriques, tiennent quelques fois les malades, qui fe mettent en leurs mains trois ou quatre mois, & de guerifon pas rien ; & neantmoins ne laiffent pas de fe faire tres-bien payer, bien que par leur moyen la maladie foit renduë pire qu'elle n'eftoit auparauant, & le plus fouuent du tout intraictable : ie produiroisfur ce fubjet mille exemples, mais cela eft referué aux fueillets d'vn autre volume. Hé ! fi ce defir auoit lieu, combien verrions nous de Sauetiers retourner au ligneul, de Tailleurs à leur aiguille, de faifeurs de pourpoincts de cuir, à faire des collets de Buffle, de Conroyeurs à leur cuir : combien de boffelage de Cimetiere caufent ces meurtriers. Miferable fiecle, les Marchands banqueroutiers font les Medecins, & les Medecins les Marcháds: combien y en a-il qui negotient en marchandife ce qu'ils ne peuuent faire fans negocier auffi la fanté des corps. Mais fi

H iij

ce souhait sortoit à son effet, combien y a-
il de Prestres qui exerçent la Medecine
en toutes ses parties, & des Medecins qui
sont Chanoines, qui retourneroiét chacun
à leur charge. N'ay-ie donc pas raison de
souhaiter cest aage d'or, où chacun s'exer-
çoit en sa profession particuliere, & si rendoit tres-capable ?

Or à celle fin de n'encourir la censure
que plusieurs semblent meriter, ie diray
qu'estant Medecin-Chirurgien Chimiq',
& traictât de l'Art Chimique Medical, ie
dois monstrer quel est cest Art, tant en sa
definition, principes, & operations, que
des moyens d'operer en iceluy ; & par
l'exposition de cette marque monstrer
que furtiuement ie ne me suis pas attaché
à cette profession. Commençons & donnons au vray biais de cette Medecine Chimique.

Disons donc que l'Alchimie se peut definir vne science qui enseigne de separer
les Elemens de chacun compost produit
par la Nature, & de les recueillir dextrement chacun en son propre vaisseau. Autrement Alchimie est vn Art qui monstre
les moyens de separer le subtil du gros, le
pur de l'impur, & de tirer d'vn chacun

compoſt naturel ſon eſſence pure & nette,
en laquelle giſt toute la vertu de ce compoſt. Ou bien, l’Alchimie eſt vne ſcience
par laquelle nous apprenons à cognoiſtre
la premiere matiere de tous les corps du
monde, ſoient Animaux, Vegetaux, ou
Mineraux, & comment la nature a procedé en les procreant & perfectionnant iuſques à leur derniere matiere, & auſſi comment il faut que nous procedions pour les
deffaire en rettrogradant l’ordre d’icelle
Nature, ſi nous voulons voir occulaire-
ment leur premiere matiere. En quoy faiſant nous trouuons veritablemēt que c’eſt
de trois choſes ſans plus ny moins, ſçauoir
Souphre, Sel & Mercure, viſibles & pal-
pables, chacun en ſon eſſence corporee,
apres qu’ils ſont ſeparez du compoſt par la
voye & moyen de cette ſcience.

En quatrieſme lieu, on peut definir l’Alchimie vne partie de la vraye Medecine
qui enſeigne à connoiſtre, eſlire & parfaictement preparer & ſeparer le pur de l’impur, par Art Spagerique, des medicamens
tant internes qu’externes, ſimples que cō-
poſez, pour les mettre auec plus de certitude en vſage au corps humain. Ces quatre deffinitions eſtans eſſentielles, comme

compofees de genre & difference, n'auroient pas befoin d'explication; mais à celle fin de rendre cette fcience plus intelligible que iufques à prefent elle n'a efté:
i'expliqueray la quatriefme definition , &
la rendray briefuement la plus claire & familiere en toutes fes parties qu'il me fera
poffible.

Et pour commencer il faut fçauoir que
ie la dy partie de la vraye Medecine , ce
qui n'eft pas fans raifon , car nous confti-
tuons quatre parties en la vraye Medecine, fçauoir Philofophie, Aftronomie, Alchimie & Vertu. Par la premiere le vray
Medecin a la vraye cónoiffance de la Terre & de l'Eau , enfemble des maladies qui
font caufees par eux. Par la feconde, il a la
vraye cónoiffance de l'Air & du Ciel, enſéble des maladies qui viennét d'eux. Par le
moyen dē la troifiefme, il viēt à la parfaite
cónoiffance de la preparation & feparatió
des proprietez des fufdits Elemens, pour
auec plus de facilité & de certitude guerir
les maladies qui viennent de par eux,
Quant à la quatriefme & derniere qui eft
la Vertu, c'eft celle-là que le Medecin doit
embraffer indiffolublemēt iufques au tó-
beau, auec les trois fufdites ; mais de cecy

plus amplemēt cy deſſous parlant des cō-
ditions de l'Artiſte. I'ay dit qu'elle enſeigne de connoiſtre & eſlire les medicamens, &c. Nous auons faict voir incidemment cy deſſus, à la premiere Fleur, comme par le moyen de l'Alchimie, l'Artiſte
vient à la connoiſſance de tout ce qui eſt
en la Nature, rien ne luy eſt caché, il volle
par les Airs, il nage dās les Eaux, il penetre
la Terre, il monte ſur les Montagnes, deſ-
cent dans les Valees ; bref dans ce large &
ſpacieux champ de l'Vniuers, il choiſit,
eſlit & ſepare tout ce qu'il veut & peut
mettre en vſage au deſſein qu'il a projetté.
Auec cette prerogatiue ſur la Pharmatie
ordinaire, qu'il obſerue l'influence de l'A-
ſtre dominant la Plante, & la ſympathie de
tous deux auec la partie affeċtee : en outre
il choiſit auec diſtinċtion les remedes des
Animaux pour les maladies Animales, des
Vegetaux pour les Vegetales, & des Mineraux pour les Minerales ; connoiſſance
qui ne ſe remarque point dans la vulgaire
Pharmatie. Encore moins l'exaċte preparation des remedes qu'il en tire (& c'eſt
pour venir à l'autre point de ma definition) pour les adminiſtrer contre les maladies auſquelles ils ont antipathie, com-

me à la maladie du Sel , le remede de Sel
à la maladie de Souphre vn remede de
Souphre ; confequemment à la maladie
Mercurielle, vn remede de Mercure ; &
ainfi le Medecin Chimifte guerit les maladies par leur femblables: il ne faut pas entendre qu'il faffe vne nouuelle maladie;
car ce ne feroit pas bien comprendre l'intention des Chimiques, d'autant que cette
guerifon ne fe fait que par contraire difpofition, & non par contraire qualité : exemple, fuppofons que le Sel fut tellement
deffeiché en ce reuerberant , qu'il caufaft
vne demangeaifon infupportable ; pour la
guerir, vn vray Medecin amy de la Nature n'humectera pas cefte fecherefſe , mais
fondra & diffoudra ce qui eft fec. Et comme cette fecherefſe à conuenance auec
l'Alum plumeux, ou le Sel efulat, qui font
de pareille nature, cela luy indiquera qu'il
les faut prendre pour remede affeuré à ce
mal. Le mefme peut on dire que l'humidité refoluë du Mercure ne s'ofte pas par la
fecherefſe, mais elle fe guerit fi on la coagule & faict reprendre. De ce peu de paroles on peut tirer deux enfeignemens tres-
certains, l'vn que la guerifon eft aux vertus & puiffances, non pas aux qualitez,

l'autre que toutes choses monstrent & de-
clarent leur essence par leur propre forme
& operation. Reuenons à nostre definition de Chimie, où ie dis que cette preparation des remedes se faict par Art Spagerique. Surquoy il faut entendre, quoy que
quelques-vns ne font pas differer la Chimie de la Spagerie, que neantmoins elles
different en ce que l'vne prepare seulement, mais l'autre enseigne à preparer : la
Chimie a la connoissance des qualitez &
vertus du compost, & la Spagerie les en separe. Mais pour plus d'intelligence de cecy, il faut sçauoir, auant passer outre, d'où
est deriué ce mot de Chimie, & en suitte
celuy de la Spagerie, auec leurs significations, & puis nous viendrons à la fin de nostre definition.

Chimie est donc deriué du mot Grec
Kymia apo tou Keyo, qui signifie fusion, à
cause que cette science est vne partie de la
naturelle Philosophie des choses ; aussi enseigne elle les causes & nature des Mineraux, Vegetaux & Animaux, mais notamment des Mineraux, qui se fondent dans
le feu. Or cette Science ou Art, ainsi qu'on
la voudra nommer, est appellee ordinairement Alchimie, joignant à Chimie, c'est

articulation Al, à la façon des Arabes, lesquels mettent toufiours deuant les mots, & notamment des noms appellatifs, cet articul Al, ce qui ne change pourtant en rien la fignification du mot deuant lequel il eft mis, exemple, Albacham & Bacham; Alchalef, Chalef, & ainfi Alchimie, & Chimie.

Spagerie, eft auffi deriué du Grec, à fçauoir du mot *Spao*, qui fignifie feparer les parties de quelque corps Mineral, Vegetal ou Animal; & de *Ageirin*, affembler ou reconjoindre icelles apres leur parfaict & entier depurement; & les Operateurs d'iceluy Spagires, nom inuenté par Paracelfe qui a efté le plus excellent Spagire qui fut oncques depuis Hermes Trimegifte iufques à noftre temps, ainfi que fes œuures le demonftrent. Parce que deffus nous voyons comme la Chimie peut tenir lieu de Science en la Medecine, & la Spagerie d'Art, & en cette façon elle fera diuifee en Science & en Art. Le refte de la definition, eft tresfacile à côceuoir, car il eft vray que le Medecin Chimique prepare par Art Spagerique les remedes externes de mefme que les internes, les fimples auffi bien que les compofez: qui empefchera à vn Artifte

de preparer des onguents, emplaſtres &
liniments, auſſi bien comme des eaux, des
huyles, & des quint-eſſences? s'il le peut
ou non cela ſe verra cy apres, où i'enſeigne tout le premier en France la preparation de ces remedes par Art Spagerique.
Auſſi en ay-ie veu des effects incomparables, au reſpect des ordinaires & cómuns:
deux de mes emplaſtres ont guery dans
huict iours vn vlcere Chironien à vn Or-
pheure de ceſte ville de Paris, les communs ne l'auoient peu faire dans quatre
ans; ie dis cecy par exemple, car i'en pourrois nommer plus de cinq cens, mais ie
ne ſcandaliſe perſonne. Ie diray ſeulemẽt
pour clorre ce Chapitre, que les remedes
Chimiques agiſſent *cito*, *tuto*, *& iocunde*,
ſelon le deſir d'Hypocrate, & le ſouhait
de Paracelſe, ce qui ſe rencontre rarement
dans les remedes ordinaires & communs.
Au ſeul Dieu Trine en vnité ſoit honneur
& gloire és ſiecles des ſiecles. Amen.

Des Principes de la Chimie.

CHAP. II.

NO v s auons touché cy-deſſus au Chapitre cinquieſme de la premiere Fleur, mais en paſſant, comme les trois ſubſtances eſtoient produites des quatres Elemens, en outre comme d'icelles tous corps eſtoient compoſez, ce qui deuroit ſuffire ſi cette matiere ne demandoit vne plus exacte recherche, afin d'en tirer vne plus ſaine & veritable doctrine. Mais auant que paſſer outre ie ne puis que ie ne manifeſte mon eſtonnement, & que ie ne m'eſcrie ô erreur trop pernicieux! ô opinion mal fondee! que vous enſeueliſſez de veritez. Ie ne toucheray point aux raiſons que les Heretiques tirent de l'Eſcriture ſaincte, pour fométer & eſtançonner leurs opinions infernales, non ie laiſſe cela aux Theologiens. Mais ie ne puis auſſi paſſer outre, ſans m'arreſter vn peu à celle de la Medecine. Choſe eſtrange! qu'il

femble que côme ces deux vocations font
anexees l'vne à l'autre, par vn lien d'amour
& de mifericorde, qu'aufſi elles reçoiuent
égallement de l'alteration par la zizanie
que les profeſſeurs du menfonge y ont fe-
mee. Vante toy ô Antiquité que l'Hypocrate a efté ce grand efprit qui a tout ſceu
& conceu en la Medecine, fi nous voyons
ceux qui le profeſſent tenir le contraire.
Car quoy que l'Hypocrate tienne en fon
liure de la vieille Medecine, *Que toutes
chofes confiſtent d'amer, infipide & falé*, que
Paracelfe conformément à iceluy, appelle
Souphre, Mercure & Sel, les nouueaux
ne le croyẽt pas. Dy nous tant que tu vou-
dras Hypocrate, en ton liure de *Locus in homine, Que la maladie fe fait par des chofes fem
blables, & l'on eſt guery de la maniere par des
chofes femblables*, on ne t'en croira pas. On
veut expliquer les fondemẽs que tu nous
as laiſſez en la Medecine, d'vn autre biais
qu'ils n'ont efté conceus. Ie les pourrois
idy mettre en leur tort fort & ferme, mais
nos Principes m'appellent, & paraduanture auant fortir de ce Chapitre leur baille-
ray-ie des attainctes qui leur feront aduoüer, malgré-eux, la verité des deux fon-
demens fufdits.

Moyſe ce grand Legiſlateur, l'vnique & tres-excellent Hiſtorien & incomparable Peintre du premier œuure diuin la crea-tion, nous apprend qu'au commencement Dieu, ce grand Architecte du monde, crea le Ciel & la Terre, mais il ne dit pas de-quoy. Car Dieu Eternel eſtât eſſence pre-miere auant toute choſe, contenoit en luy par vn Eſtre ideal tout ce qu'il projettoit de faire ; raiſon pourquoy il en peut eſtre dit cauſe efficiente, formelle, & finale. Efficiente par ce que le monde a pris eſtre de luy, or ne le peut-il auoir de Dieu, que Dieu ne ſoit l'eſtre luy meſme, mais vn eſtre eternel, infiny, tres-parfaict, enne-my du non eſtre & du rië. Formelle, com-me en eſtant l'exemplaire, l'ayant fait ſe-lon le patron & modelle qu'il auoit en ſa ſcience, qui eſt l'idee, le moule & le veri-table exemplaire de toutes choſes. Finale ayât tout fait pour ſa gloire : de ſorte qu'en cette façon le móde ne regarde que Dieu, d'autant qu'il eſt tout de Dieu, cercle par-faict qui finit où il commence, & commen-ce où il finit. Si que Dieu pour maniſeſter au dehors ſa gloire qui eſtoit comme reſ-ſerree en luy, a produit vn image de ſoy vi-ſible, vn clair miroüer de ſa puiſſance,
bonté,

bonté, sageſſe & prouidence. Ce ſainct Hiſtorien dit apres, que la terre eſtoit ſans forme, vuide, & que les tenebres l'en-uironnoient; adjouſtant que l'Eſprit de Dieu eſtoit porté deſſus les eaux, leſquel-les il ſepara, plaçant les vnes ſur le firma-ment, & laiſſant les autres deſſous, &c. Quelques-vns ont appellé, mais impro-prement, cette terre vuide & tenebreuſe, cahos, c'eſt à dire maſſe difforme & confu-ſe, ou pluſtoſt vn abyſme d'eaux, ſur leſ-quelles pourtant l'Eſprit de Dieu eſtoit porté; leſquelles il empregnoit de ſa viui-fiante chaleur, laquelle ne peut rien ſans l'humide non plus que l'agent ſans le pa-tient, ne la forme ſans la matiere; pour e-ſtre la ſubſtance humide, molle de ſoy, & obeïſſante à conceuoir toutes ſortes d'im-preſſions; & auſſi que la primitiue ſource de vie giſt en l'humide aſſiſté du chaud. Or en ceſte ſeparation, quelques Peres ont en-tendu qu'il y en euſt de deux ſortes diffe-rētes en pureté, ainſi qu'il eſt dit qu'il ſepa-ra les eaux d'auec les eaux, & de la plus pu-re de celles 2. il en fit 3. parties pures. De la plus pure deſquelles il fit les corps An-geliques. De la ſeconde moins pure il en fit le Firmament, les Planettes, les Signes.

& toutes les Eſtoilles. Et de la troiſieſme encore moins pure il crea quatre corps qui ſont les quatre Elemens, ſeuls membres principaux de ce monde. Leſquels quatre par le moyen de la Nature, cõpoſent tous les autres corps mixtes, en leur doñnant vigueur, vie & mouuement, par vn eſprit épuré que la meſme Nature vray Artiſte alembique des quatre premiers. La Terre mere de toutes choſes nous fournit cette matiere, laquelle elle à conçeuë du germe des autres trois Elemés ſes freres. Car les Elemens agiſſants inceſſamment enſemble produiſent les trois principes, Sel, Souphre, & Mercure, qui ſont vn medium entre les Elemens & tout ce qui eſt produit, tant dans les entrailles de la terre que ſur la ſurface d'icelle. Eſtant vray que la Nature n'a pas immediatement produit tous les corps mixtes, tant ſimples que cõpoſez des quatre Elemens, ains mediatement, c'eſt à dire, par l'interuention des trois principes ſuſdits.

Or à celle fin d'entendre mieux ceſte theorie des trois ſubſtances où principes ſuſdits, il faut notter qu'incontinent que Dieu eut conſtitué la Nature, pour regir toute la Monarchie du monde, elle (afin

que la volonté du tres-haut fut executee)
ordonna que chacun des susdits Elemens
agiroit incessamment dans l'autre : de maniere que le feu agissant contre l'air, produit le Souphre ; l'air pareillement blocc-
quant l'eau fit le Mercure ; & l'eau agissant
contre la terre engendra le Sel : mais la
terre ne trouuant plus d'autre Element cõtre qui elle peut agir, ne peut aussi rié produire, & retint en son centre ce que les autres 3. auoiẽt produit. De sorte qu'elle demeura matrice & gardiatrice des effets des
quatre Elemens, qui sont les trois substances Sel, Souphre, & Mercure, desquels
tous corps sont composez. Par ce que dessus, on peut remarquer comme vn Escriuain moderne n'a pas bien entẽdu la Theorie de la Medecine Chimique, lors qu'il affirme que les Chimiques tiennẽt que l'hõme & tous les corps mixtes naturels ne
sont pas composez des quatre Elemens,
mais seulement des trois substances susdites. Cet insatiable desir, ou plustost espece de manie, que plusieurs ont d'escrire,
faict glisser, sans qu'on y prẽne garde, tout
plein d'absurditez, lesquelles rendent la
science dequoy l'on traite ou tres-obscure
& non entenduë, ou bien tres-mesprisa-

ble. Car quoy que le Chimique confidere
le corps entend qu'il fe peut refoudre &
coaguler, & que dans cette refolution il
n'y a que ces trois fubftances qui y foient
manifeftees, ce n'eft pas à dire pourtant
qu'il ne confidere ce corps compofé
des premiers principes principiants, quoy
que l'on ne voye icy que les principiez. Sur
quoy Beguin me femble manquer d'intelligence quand il dit que le Phyficien le cô-
fidere d'vne façon, le Medecin d'vn autre,
& le Chimifte d'vn autre, d'autant que ces
trois connoiffances qu'il rend feparees, fe
trouuët toutes chez le Chimifte. Et pour
monftrer comme cela fe faiƈt & qu'ils ne
repugnent l'vn à l'autre, il faut entendre
que tous corps eftans confiderez fimplement en leur genre fupreme, peuuët eftre
dits compofez de matiere & de forme, &
icelles vnies eftre l'effence des corps entant que corps. Mais ce genre venant à
eftre diuifé en fimple & en mixte, on trouuera que celuy-là eft homogene, comme
les Elemens : & celuy-cy heterogene, côme le Metail, la Plante & l'Animal : Or côme la premiere diuifion eft effencielle on
n'y peut auffi remarquer que la matiere &
la forme ; mais fi la diuifion eft materielle,

& faite sur le mixte on y remarquera les quatre Elemens, leurs qualitez, & les trois substances, Sel, Souphre & Mercure. De cecy l'on peut tirer cette verité, sçauoir que la matiere & la forme estant essenciellement dans le mixte comme espece des corps, & que les Elements & les Principes Chimiques y sont materiellement, que le Medecin Chimique ne peut estre dit tel qu'il ne les considere tous égallement, à cause de leur entité.

Or ces trois Substances ou Principes estans en droicte proportion & conjoincts en parfaicte vnité, s'ensuit que la santé & la vie humaine sont conseruez sans aucune dissolution, tant & si longuement que ces trois choses y peuuent demeurer en telle vnion & temperature. Au contraire si par quelque mauuais accident l'vne d'icelles se débande, comme il aduient ordinairement par le nourrissement des mauuaises viandes, & des mauuais breuuages, ou par trop boire, manger, hanter les femmes, & trauailler le corps ; ou par peu, côme font ceux qui demeurent oysifs, ou qui menent vne vie sedentaire ne trauaillans que de l'esprit seulemét sans exercice corporel ; ou qui endurent faim, froid &

frayeur, & autres diuers accidens ; en ces
cas, il s'enfuit alteration de la fanté & generation de toutes maladies, par le dere-
glemét de l'vn des trois, excité par fon có-
pagnon, ou des deux, & aucunefois de
tous les trois enfemble. Eftant à notter
en paffant que nous difons excité par fon
compagnon, d'autant qu'vn principe ne
s'altere iamais de luy feul, mais feulement
quand quelqu'vn de fes compagnons font
alterez & corrompus: car il eft certain que
le Mercure ne fe precipite pas de foy, ains
par le moyen du Sel refoult : Exemple, les
Materiaux defquels l'eau forte eft tiree
font Sels, or fi ces Sels n'eftoient refoults
ils ne precipiteroient iamais le Mercure
Metalic. Le mefme en eft-il du Souphre,
qui ne s'enflammeroit iamais fans le Mercure fublimé, ny le Mercure ne fe fublime-
roit point fans le Sel reuerberé.

Or pour connoiftre lequel de ces trois
Souphre, Mercure & Sel, eft alteré, con-
fequemmét la caufe de la maladie, & icelle
maladie mefme telle qu'elle eft en fon A-
natomie, vraye origine & caufe, il faut premieremét fçauoir qu'eft-ce que Souphre,
Mercure, & Sel, cóme ils font maintenus
par leur accord & deuë mixtion, en outre

quelles maladies en prouiennent & en cõ-
bien de façons ; & finalement quels en feront les remedes , tant en leur nature que
preparation, & d'où ils feront tirez.

Commençons donc & difons du Souphre , lequel eft l'huyle ou rezine du
corps, qui contient en foy le feu de nature,
nourricier & conferuateur de la vie. Ou
bien le Souphre eft ce Baume doucereux,
quoy que participant de quelque amertume, oleagineux accompagné de vifcofité,
qui conferue la chaleur naturelle des parties, eftant le moyen de toute vegetation,
accroiffement & tranfmutation, l'origine
& fource de toutes les odeurs tant bonnes
que mauuaifes. Ce Souphre a quelque analogie & rapport auec le feu, d'autant qu'il
s'enflame aifément ainfi que tous autres
corps huyleux & rezineux. Lors qu'iceluy
n'eft point en fa deprauation, il a la vertu
de lenir & conjoindre les extremitez contraires du Mercure & du Sel, car celuy-là
eftant volatil & celuy-cy fixe, ne fe peuuent nullement joindre & lier en vne mefme fubftance que par le moyen du Souphre, lequel participe de l'vn & de l'autre,
temperant par fa vifcofité la fechereffe du
Sel, & liquidité du Mercure; & par fa dou-

ceur l'amertume du Sel ; & l'acidité du Mercure. Or ce Souphre venant à se reculer de son estre & constitution naturelle, faict vne infinité de maladies, lesquelles toutes se peuuent appeller Sulphurees, desquelles les remedes ne se trouuent qu'aux Souphres de nature extraicts de leurs corps, & bien rectifiez par Art Spagerique.

Mais pour venir à la parfaicte connoissance de ces maladies, il faut sçauoir que le Souphre reçoit deprauation de son estre par trois moyens, par resolution, inflammation, & coagulatió. La maladie qui viét du Souphre coagulé s'appelle Coma ou assoupissement qui blece seulemét les parties du Cerueau, & qui par son tournoyement comprend toutes les maladies somniferes, comme sont *Coma, Catachora, Caros, Letargia, Vertigo*, & semblables. Or toutes ces maladies, tant en general qu'en particulier, se guerissent auec vn Souphre congelé par l'addition de vie laquelle n'est autre chose qu'vn feu. Ce Souphre chaud ne consiste en aucune autre chose qu'au Roy & Gouuerneur des Planettes, le Sol, parquoy il le faut extraire de luy par voye Philosophique, & l'administrer Phy-

ficalement. On peut, pour luy feruir deve-
hicule, receuoir l'efprit du Muguet, rećti-
fié auec l'efprit du Vin , & accompagné
d'vn peu d'huyle de Girofle ; lequel feul
peut eftre auffi adminiftré, fi l'on veut, fans
le Souphre de l'Or.

La maladie du Souphre enflamé, eft dite *Cauma*, laquelle n'eft autre chofe qu'vn
embrazement ou inflámation de Souphre
en tout le corps, ou bien en vne partie. Icy
fe rapportent toutes Fieures , tant continuës qu'intermitentes, Putrides , non Putrides, Petechides, Lypirides, Thypfodes,
Affodes, Elodes, Ephiala , la Fieure Cardiaque, Colicatiue, Syncopale, Hæmi-
thritee, Hætica, Marafmique, Peftillen-
tielle, Pleuretique, Maniaque & Phrene-
tique ; la Seur Angloife, Prunelle, Gangrene, Mal-mort, Epilogifma, Ophtalmie,
Phlegmon, Erifipele , feu Perfic. Toutes ces maladies fe gueriffent par le Souphre fudorific, & ce d'autant que toutes les
maladies fufdites ne fe terminent pas en
bien que par la fueur. Or le Souphre eft
rẽdu fixe & diaphoretique, s'il eft precipité auec de l'eau forte bien acre, puis icelle
feparee par inclination, ou par euapora-
tiõ, foit la matiere qui demeurera au fonds

dulcifiee par 3. ou 4. fois, & ce par ablutions reïterees, d'eau de Chardon benit. En apres icelle matiere soit mise reuerberer au reuerberatoire clos, iusques à ce qu'elle acquiere vne couleur rouge semblable à celle du Cinabre. On peut encore preparer le Souphre en autre façon, le faisant sublimer souuentesfois par le vitriol, & puis reuerberer comme dessus. Semblablement l'huyle acide du Souphre est vn tres-bon medicament en toutes sortes de Fieures, s'il est administré auec vehicule conuenable, d'autant qu'il esmeut grandement les sueurs. Le mesme fait le Souphre fixe d'Antimoine, qui se faict par la reïteration de calcination triple auec le Sel nitre. Le semblable fait le Souphre de l'Or, comme aussi l'Or petant. Touchát les Vegetaux l'Essence d'Anchusa y est admirable, notamment si elle est renduë aiguë auec son propre Sel ; ou bien le Sel d'Absynthe preparé Philosophiquement sans saueur vrinale.

La maladie du Souphre refoud, est vn deluge de la resolutió du Souphre des parties du corps humain, sçauoir est les Dissenteries blanche & rouge, Diarrhee ou Lienterie, Diabete, Colere, Vomissement, &

toutes les non naturelles excretions. Elles
se guerissent par vn Specifique de Souphre ; mais auant toutes choses il faut faire
vuider hors le corps tout ce qui est resoud;
ce qui se faict commodement auec vn
Clistere abstersif faict auec laict de Vache
empreint de la qualité de Reubarbe. En a-
pres on pourra administrer le Specifique
de Souphre, lequel se tire de Mars par le
moyen de l'huyle de Girofle, en cette façon : les lames d'Acier bien purgees sont
oingtes d'huyle de Girofle, puis sont mises en vn lieu froid & humide iusques à ce
que le Saffran apparoisse, lequel estant bié
puluerisé on dissoult à l'humide en la caue
per deliquium. Que si l'on veut joindre à
cestuy-cy vn medicament de tres grande
vertu, on y joindra le Souphre de l'Or, les
coagulant ensemble. Quant aux Vegetaux on met en vsage l'huyle d'Escorce de
Citron tiree par distillation ; comme aussi
l'huyle de Petrolle administré auec conserue Spagerique de Menthe. Et cecy doit
suffire quant au Souphre, c'est pourquoy
nous viendrons au Mercure.

Disons donc que le Mercure est vne
simple & pure liqueur diffuse par tout le
corps, & cause efficiente de la continuité

d'iceluy, laquelle contient en foy l'efprit
de vie. Ou bien le Mercure eft vne liqueur
participáte d'acidité, Ætheree & tres-pure
laquelle en fa permeabilité eft tres-pene-
trante, auffi d'icelle prouient la nourriture des corps, le fentiment & mouuement,
les forces, em-bon-point & couleurs : &
hors de fa deprauation, il a cette puiffante
vertu de fomenter tellemét l'efprit de vie
qu'il prolonge nos iours en retardant la
vieilleffe. Il eft analogique auec l'Air &
l'Eau, d'autant qu'il eft fi volatil qu'à la
moindre alteration il fe change en celuy-
là & en celle-cy : parce que fes termes ne
le peuuét bonnemét contenir. Or ce Mercure reçoit deprauation & reculement en
trois façons auffi bien que le Souphre, fçauoir par diftilation, fublimation, & precipitation. Eftant à notter en paffant que
le Mercure ne s'altere iamais de luy feul,
mais quand le Sel ou le Souphre font alterez & corrompus, ainfi que nous auons
dit cy-deffus. Mais pour reuenir à l'ordre
que deffus, difons que la diftilatió eft feche
ou humide : celle-là arriue lors que la forme de la vapeur caufe maladie dite *Pneu-*
mofa, & toutes les efpeces qui fe rapportét
fous icelle, cóme inflation, quand quelque

partie du corps endure du mal par ventofité, ou bien de la douleur par quelque vét enfermé ou qui fouffle. Icy fe rapportent toutes fortes d'œdemes venteux, Efcroüelles, Bruits, Tranchees, Colique véteufe, Enfleure du Ventricule, l'Hydropifie Tympanites, Tention, Punétion, Douleur qui femble percer de cofté en autre, Glandules, Bronchocele ou Goitre, & autres femblables. Or l'entiere curation de ces maladies fe parfait par le *Primum ens* de Mercure, que l'on prepare en cette façon : tirez le tres-pur Mercure du Cinabre, & le precipitez par l'huyle de Tartre, ou bien par l'huyle de Vitriol, puis dulcifié. Et quoy que ce Mercure ne purge pas fort, neantmoins il ne laiffe pas de diffiper la matiere véteufe, & de coaguler le Mercure mefme refoult, faifant auffi exaler celuy qui eft de nature volatille : ce medicament fe peut adminiftrer en toute affeurance auec les Effences Vegetables de l'Hypericon & Calament. Et voyla pour la diftillation feiche. Quand à l'humide, elle fait vn general de maladies dite *Cremofa*, qui fe fait lors que le Mercure eftant refoult en liqueur, bleffe les parties nerueufes : de la vient plufieurs efpeces de maladies qui se rapportent sous icelle, sçauoir l'Apoplexie, l'Epilepsie, Paralisie, Tetanos, Emprostetanos, Opisthotonos, tréblement de Cœur, Incube, Spasme, Tenesme, Sanglot ; lequel mouuement de Ventricule est conuulsif. Toutes ces maladies se gueriffent par le Mercure essencifié ou adoucy par vne tierce sublimation, sans addition de Mercure nouueau: ou bien par l'huyle doux de Mercure, qui suiuát Paracelse se prepare en dissoluant le Mercure par l'esprit de Sel, le circulant iusques qu'il se fasse separation, & que l'huyle de Mercure soit doux nageant sur l'esprit de Sel. On le donne tres-commodement auec l'huyle d'Ambre, ou bien auec l'Essence de Sauge, qui seuls sont capables de destourner les paroxismes des susdites maladies ; aussi sont les malades esueillez par l'vsage de quelques goutes d'iceux.

Venons maintenant aux maladies causees par le Mercure Sublimé appellees en leur general *stagma*, laquelle comprend sous soy toutes les maladies qui picquent les Membranes auec feruēur, comme font la Manie, Phrenesie, Veilles, Syncopes, Migraines, la Cephalee, Phtisie, Pleuresie, Antrachs, Bubons pestilentiels & sem-

blables. Eſtant à notter que le Mercure
eſtant ſublimé par le Sel reuerberé, faict
la Verolle, parce que par la vehemence de
la chaleur le Sel & le Souphre ne peuuent
demeurer, d'autât que celuy-cy s'en vole,
& celuy là ſe reuerbere ; ſurquoy le Mercure s'attenuant penetre à la chair & aux
os, comme la ſueur au trauers des Porres,
& eſtant reduit au cuir faict la maladie Venerienne : que ſi il paſſe iuſques aux oſſees,
il cauſe ces douleurs incomparables que
nous voyons arriuer le plus ſouuent aux
Verolez. Or ne fait-il ſeulemẽt la Verolle,
mais auſſi toutes ſortes de Rognes, Galles,
Prurits & Lepres. Toutes ces maladies ſe
gueriſſent aſſeurément auec vn Mineral
Bezoardic que l'on fait de Mercure & Antimoine reduits enſemble en huyle, & iceluy coagulé auec l'eſprit de Nitre, pour e-
ſtre faict vn fixe Sudorific ; mais cela ſe doit
faire par pluſieurs Cohobations. L'on tire
des Vegetables le Sel d'Arthemiſe, qui a
puiſſance de purger par le bas, par le vomiſſement, par les vrines & ſueurs.

La maladie cauſee par le Mercure precipité eſt dite *Arthritis*, où ſe rapportent
toutes les maladies qui bleſſent les extremitez des Os & Ligamens, comme Chi-

ragre, Podagre, Gonagre, Sciatique, l'appetit Canin, douleurs de Dents ; bref toutes sortes d'Arthritis, & toutes les maladies qui ont affinité auec elles. Or toutes ces maladies se guerissent par le Mercure reduit en Cristal par Sublimation, puis auec le Souphre penetratif de Mars, reduit en huyle *per deliquium*, & derechef coagulé. On les corrobore auec le Mithridat Spagerique, donné souuentefois auec du tres-bon Vin. Touchant les Vegetables on peut mettre en vsage les vrayes Hermodactes, d'autant qu'elles consistent de parties tenuës & qu'elles ont beaucoup de Mercure sublimé tres-blanc, à cause dequoy elles ont puissance de penetrer la partie malade & la corriger. L'Extraict du vray Elebore noir, bien preparé, a la mesme faculté, aussi ne le baille on pas sans fruict en ces maladies. Voila quant au Mercure.

Touchant au Sel, nous disons que c'est comme l'ame des corps, & vn moyen de conjoindre ensemble les deux extremes de l'esprit & du corps, à sçauoir du Mercure & du Souphre, ayant encore ces proprietez naturelles de coaguler, purger, modifier, & par consequent de conseruer le

corps

corps en incorruptibilité : à cause dequoy
il est appellé des Physiciens le vray Baume
de Nature. Ou bien le Sel est vn corps sec
& ponctique, lequel par son incision penetrante, par sa douceur, pureté, odeur, &
incombustibilité, preserue tout corps mixte de putrefaction, le changeant en sa nature incorruptible. Il a des admirables facultez de dissoudre, coaguler, nettoyer, &
euacuer, duquel depend la solidité en toutes choses, la determination & les saueurs.
C'est la premiere origine, tãt des Metaux,
que des Pierres, Pierreries, & de tous les
autres Mineraux ; pareillement des Vegetaux & Animaux, dõt le sang & l'humeur
yrinale (ainsi que l'appelle Raymond Lulle) & toute autre substance est salée pour
la preseruer de putrefaction, & en general
de tous les mixtes & composez Elementaires ; ainsi que nous auons dit cy-dessus.
Ce qui se verifie de ce qu'ils se resoluent
en luy ; si qu'il est cõme l'autre vie de toutes choses : & sans luy, dit Morienus, la Nature ne peut rien ouurer nulle part, ny
chose aucune estre engendree, selon Raymond Lulle en son Testament. A quoy
tous les Philosophes Chimiques adherẽt,
sçauoir que rien n'a esté creé icy bas en la

partie Elementaire, de meilleur ny plus
prétieux que le Sel. Auſſi rien ne pourroit
ſubſiſter ſi ce n'eſtoit le Sel qui y eſt meſlé,
lequel lie les parties enſemble comme vne
colle, autrement elles s'en iroient toutes
en menuë poudre, & leur donne par meſme moyen le nourriſſement: Auſſi eſt-il la
vie de toutes choſes, *Sole & Sale omnia con-*
ſeruantur. Que diray-ie plus du Sel, car il a
tant de vertus, que le temps me manqueroit pluſtoſt que le ſubject d'eſcrire de luy:
ſans luy les Philoſophes & ſages Anciens
n'euſſent iamais peu arriuer à la fin de leur
œuure; car c'eſt le Sel qui eſt la clef & principe de leur diuine ſcience; c'eſt luy qui ouure les portes de iuſtice; c'eſt luy qui a les
clefs des priſons où le Souphre eſt enfermé, & parauéture eſt-ce noſtre terre fueil-
lée. Auſſi a-il du rapport & analogie auec
la terre, n'on pas d'autant qu'elle eſt froide
& ſeiche, mais bien en ce que cet Element
eſt ferme & fixe, & le ſubjet ordinaire des
corps. Or il faut notter que le Sel merite
tous ſes attributs cy-deſſus tant & ſi long
temps qu'il demeure en ſon eſtre naturel,
mais lors qu'il vient à ſe reculer de ſa conſtitution naturelle, il fait autant de maladies qu'il y a des moyens par leſquels les

Principes se reculent. Or nous auons veu
cy dessus en combiē de façons le Souphre
& le Mercure se peuuent deprauer, qui
sont trois, & non plus ; c'est pourquoy le
Sel se deprauera ou reculera aussi, par trois
manieres & non plus.

Le Sel donc se depraue par trois moyēs,
sçauoir par dissolution, calcination, & reuerberation. Or la maladie du Sel resoult
ou dissoult, s'appelle *œdema*, laquelle est
vne excroissance d'vne partie ou de tout le
corps ; ou bien vne grandeur faite outre
nature du Sel, qui s'est resoult en liqueur.
Icy se rapportent les especes d'Hydropisie, sçauoir l'Eucophlegmatia, Anasarca,
seu Hyposarca, & Ascites : l'Hydropisie
Pulmonique, l'Hydropisie Capitale, dite
Hydrocephale, Diabetes, Cachexia, qui
est vne dissolution du Sel par tout le corps,
& qui est continuë, ficus ou esleuatiō, Phy-
dricia, Helicedria, & tous autres œdemes
mols. Toutes ces maladies se guerissent
par l'administration de l'Essence ou secret
du premier Vegetable, qui est appellé par
quelques-vns la pierre de feu ; & se faict
quand on Extraict du Tartre bien calciné,
la Teincture par son menstruë homogene
ou dissoluant celeste qui est l'esprit de Vin,

la Teincture rouge estant tiree, soit mise
en digestion auec l'huyle de Vin, puis derechef coagulee en forme de pierre. On
ne peut donner sans grand profit aux atteints des maladies susdites, l'extraict d'E-
zula-minor, lequel on prepare côme s'ensuit. Les racines d'Ezula estant seichees
sérôt cuittes legeremét dans l'eau simple,
& bien despumees iusques à ce qu'elles ne
rendêt plus d'escume; en apres ostez l'eau
& la faites exaler à lent feu ou sur les cendres chaudes, iusques à espesseur ou consistence de miel : finalement dissoluez la
auec esprit de Vin, & puis la gardez en vn
vaisseau bien clos, lequel sera mis en lieu
chaud à celle fin que l'esprit du Vin s'éuapore lentement. La doze est Ɔj. à Ɔiij. en
vin genereux.

La maladie du Sel calciné est le Tartre, duquel & par lequel sont faits toutes sortes de
calculs, en quelques parties du corps qu'ils
s'engendrent : comme l'areine Vsnea au
Ventricule, la pierre Leuantheus, Magne-
tinus, Dulech, Tubelech, Nephritis oū
Grauier des Reins, le Grauier de la Vessie,
le Tartre des Hypocondres causant Melancholie Hypocondriaque, le Tartre coagulé au Mesentere, les Tophes engen-

drees aux joinctures par l'Arthritis, & autres semblables. Toutes ces maladies se guerissét par le Sel resout de Cristal qui est le vray ruptoire ou expulsoire de toutes les pierres ; on le prepare ayant premierement calciné & reuerberé le Cristal au feu de rouë, puis le dissoudre auec le *Acetum Therebinthinatum* (qui se prepare si l'on distile du vinaigre sur de la Therebéthine de Venise) & que derechef on le separe de l'huyle & de l'esprit, & apres qu'ayant osté le méstruë (qui est l'esprit) on dulcifie bien le reste auec de l'eau de Saxifrage, le faisant dissoudre à l'humide: cette liqueur sera administree auec l'eau d'Ononix ou Resta-bouis. Au Cristal succede la pierre Microcosmique calcinee & resoulte auec esprit de Terebenthine, iusqu'à ce qu'elle se cóuertisse en liqueur. Les yeux des Escreuices dissoults en huyle de Tartre, coobát tát de fois iusqu'à ce que la liqueur demeure à la couleur de rouge noircissant y sont tres-singuliers: la doze sera de 6. ou 7. goutes auec eau d'Halicacabe, ou de Persil. Que si l'on ayme l'vsage du Vegetable on prendra demy dragme de Sel de Resta-bouis dans de la propre liqueur de vie distillee.

La maladie du Sel reuerberé est vne de-

fœdation du cuir, ou ſe raporte la Verolle,
Lepre, Scorbute, Elephantiaſe, Deman-
geaiſons, Gratellés, & toutes ſortes de Rognes, ainſi que nous auons dit cy-deſſus.
Toutes ces maladies ſe gueriſſent par le
ſeul Baulme du Sel doux, qui ne ſe trouue
plus abondamment en aucune autre choſe qu'aux Viperes ou Serpens, d'où ie cô-
ſeille qu'il ſoit extraict : car ce ſeul Animal
Bezoardic emporte facilement le laurier
en cette ſorte de maladie par deſſus les autres medicamens ; eſtant le vray erradica-
tif deſdites maladies. Eſtant à notter qu'on
doit auoir purgé premierement le patient,
vniuerſellement, par vn medicament qui
reſiſte à la corruption des humeurs. Quâd
aux Vegetables l'huile & l Extraict de
Gayac, ou de la Schine, diligemment pu-
rifiee & nettoyee de l'aigreur & vrinale ſa-
ueur, puis meſlee auec les Sels Theriacaux
Spagerios, n'a pas ſon ſemblable en la cure
de ces maladies. Au ſeul Dieu Trine en
vnité Pere, Fils, & S. Eſprit, ſoit tout honneur & gloire és ſiecles des ſiecles. Amen.

Des Operations de Chimie.

CHAP. III.

E n'eſt rien d'auoir monſtré cy deſſus quels ſont les Princi- pes, quelles maladies en pro- uiennent, & quels remedes on adminiſtre à icelles, ſi nous ne ſçauons le moyen de les preparer. Or le moyen de les preparer giſt principalemét en la connoiſſance du ſubjet ſur lequel la Chimie verſe; aux Operations par leſquel- les on en ſepare le remede deſiré ; & fina- lement au moyen que l'on y tient. Quant au premier nous en auons parlé cy deſſus; pour le dernier nous en parlerós cy apres; & en ce lieu nous parlerons des Opera- tions : leſquelles nous deduirons comme en ordre de Tables, pour les rendre plus intelligibles & aiſees à retenir.

Diſons donc que les Operatiós de Chi- mie ſont SEPARATION & ALTERATION. Celle-là eſt vne *Operation* par laquelle on diuiſe actuellement les Principes conſtitutifs de quelque corps, la diſſolution ayant premierement precedé. Elle s'accomplit par *Feu*, & *ſans Feu*: par celuy-là, *ſeul agiſ-ſant* & *auec Addition. Seul agiſſant* ſur l'*Hu-mide* & ſur le *Sec* : ſur l'*Humide*, par *Diſtilla-tion*, *Rectification ſeparatoire*, *Cohobation*,& *Euaporation*.

La *Diſtillation*, eſt vne ſeparation des ſubſtances humides reduites en vapeurs, leſquelles en ſuitte eſtans condenſees par le froid embiant, ſont receuës en liqueur dedans le recipiant. Elle eſt de trois ſortes, ſçauoir par eleuation, par deſcente, & obli-que ou par le coſté. La premiere ſe faiĉt quand l'humeur eſt côtrainĉte de s'eſleuer en vapeur dans l'Alembic par la chaleur qui eſt au deſſous, laquelle eſtant peu à peu amaſſee & eſpaiſſie ſur le rebord de l'alem-bic vient à tomber goute à goute par le ca-ñal d'iceluy, dans le vaiſſeau recipiant. A cette maniere de diſtillation ſe rapporte la diſtillation par la cloche ou campane. La ſe-conde ſe fait lórs que la chaleur eſtant au deſſus du vaiſſeau contenant, contrainĉt l'humeur de deſcendre en bas ; cette Ope-ration eſt fort peu vſitee dans nos laboura-toires, ſi ce n'eſt pour tirer quelques huy-les des bois durs qui ne ſe peuuent eſleuer

en haut, mais d'autant qu'ils sont subjets à
rectificatiõ il me semble que la façõ par le
costé sera la plus certaine, tãt pour les bois
que pour les Mineraux, & c'est pour la troisiesme laquelle se fait quand l'humidité est
contrainte sortir par le costé à cause que le
vaisseau y est panché, & aussi que les vapeurs estant pesantes & crasses ne peuuent
monter en haut.

Rectification separatoire est vne distillation
reïteree, en rejettãt les fœces & impuritez
qui restét au vaisseau distillatoire, & cela se
fait à celle fin d'auoir le remede plus effica-
cieusement remply de vertu Medecinale.
Cette Operation est tellement necessaire,
que sans elle, le plus souuent, nous ne pos-
sederions pas la vertu que nous desirons
au medicament.

Coobation est vne reaffusion ou reuer-
sement doux de la liqueur distilee, sur ses
fœces restantes au vaisseau, à celle fin de
retirer toute la vertu attachee à icelles, cõme aussi pour volatiliser la matiere fixe:
Exemple, si ie veux par le Sel volatil esleuer le fixe, ie reaffunderay plusieurs fois
celuy là sur cestuy cy, iusques à ce que ie
l'aye rendu de la Nature de celuy-là. D'ailleurs c'est que par ce moyen on peut ren-

dre auſſi les choſes volatiles fixes.

Euaporation eſt vne ſeparation par laquelle on laiſſe eſleuer en l'air, à vaiſſeau deſcouuert, les parties les plus volatiles, humides, ou liquides, leſquelles ſont inutiles. Exemple, ſi l'on a tiré l'Extraict de quelque mixte, ſoit ou purgatif ou autre, & qu'on le vueille reduire en conſiſtence de maſſe de pilules, on fera euaporer ſon humidité, ou bien ſon diſſoluant, & cela ſe fait à grand ou petit feu ſelon l'exigence; ou bien dans vne eſtuue; ou biē on le laiſſe euaporer de ſoy ſās aucune aide. Que ſi le diſſoluāt eſt precieux, cōme par exemple l'eſprit de vin, on faict l'euaporation à vaiſſeau couuert de ſon Alembic, afin de reſeruer le diſſoluant à autre vſage.

Svr le Sec, comme Sublimation, Calcination, Reuerberation, & Exalation. Sublimation eſt vne eleuation des ſubſtāces ſubtiles ſeichees par le feu & receuës par adherence à la partie ſuperieure du vaiſſeau ou couuercle d'iceluy. Elle ſe fait par feu ſec gradué de 6. en 6. heures: au cō mencemēt petit, afin d'euaporer l'humid té ſuperfluë du compoſt, & finalemēt aſſe violent pour en extraire l'Eſſence hors d ſes fœces, & icelle faire monter en haut ſe-

paremēt & par deſſus leſdites fœces. Ceſte
Operation ſe doit reïterer par tant de fois,
qu'elle ſoit pure, claire, & tranſparente.
Elle ne conuient proprement ſinon aux
corps ſprituels, comme le Mercure, Souphre, Arſenic, Sel armoniac , & ſemblables,afin de leur oſter d'vne part leurs flegmes ſuperflus, enſemble leurs Souphres
impurs & combuſtibles, leſquels s'éua-
porent &conſomment par la ſublimation,
eſtant bien faite & reïteree par pluſieurs
fois. D'autre part leurs terres fœculentes
demeurent en bas auec leurs fœces ; & la
moyenne ſubſtance, qui ſe trouue ſubli-
mee dans le vaiſſeau , eſt la pure & vraye
eſſence du compoſt.

Calcination eſt vne reductiõ des corps en
chaux ou poudre friable,& tellemēt ſubtile qu'à peine on la ſent entre lesdoigts.Elle
eſt double, vulgaire ou commune,& phi-
loſophique.Celle-là ſe fait par la ſeule violence de la chaleur, ayāt premieremēt fait
éuaporer ou exaler les parties plus volatiles, & s'appelle cinefaction,ou cineration,
qui eſt lors que le corpseſt reduit en cēdre.
Celle-cy, qui eſt la vraye calcination , eſt
vne reduction de tout le corps en matiere
friable ſans aucune perte ou diminution

d'iceluy, ains pluſtoſt auec augmentation
de chaleur, vertù & efficace. De ce que
deſſus on peut tirer la difference de la calcination à la cinefaction : car en celle-là le
compoſt ne perd aucune choſe de ſa forme, de façon qu'il peut touſiours eſtre reduit en ſon corps continué, voire plus pur
qu'il n'eſtoit auparauant: mais à l'incineration le compoſt eſt entierement deſtruit
& priué de ſa forme ayant perdu ſon humeur radical, qui eſtoit cauſe de ſa continuité & conſeruation de ſadite forme, n'e-
ſtant qu'vne terre morte qui ne peut eſtre
reduite en corps, comme elle eſtoit auparauant, ce à quoy pluſieurs ſe ſont faillis,
pour n'auoir entendu cette difference qui
eſt de tres-grande importance.

Or cette Operation de calcination a eſté
trouuee pour deux cauſes : la premiere eſt
afin de priuer le compoſt de ſon humidité
accidentale ou flegme ſuperflu, & le diſ-
poſer aux autres operations, notamment
de ſolution ; apres laquelle, & non autrement, ſe peut faire la ſeparation des parties Elementaires dudit compoſt.

La ſeconde cauſe eſt pour oſter & conſommer le Souphre combuſtible, impur &
corrompant, qui eſt audit compoſt, lequel

neſt pas amené à ſa perfeſtion par la Nature.

Reuerberation eſt vne ignition ou redou-
blement de chaleur autour de la matiere,
pour la calciner par la refleſtion de la chaleur enflámee ſur icelle. Icy ſe rapporte la
deſiccation de l'humidité naturelle qui ſe
fait ſur le Vitriol, Sel, Alun, & choſes ſemblables.

Exalation eſt vne ſeparation, par laquelle on laiſſe eſleuer en l'air à vaiſſeau
deſcouuert les parties ſeiches ou eſprits
plus volatils, mais inutiles: Exemple, l'Antimoine, ou bien l'Arcenic, lequel on met
dans quelque vaiſſeau de terre, ou bien de
fer, & iceluy ſur le feu, remuant touſiours
auec vn baſton ou ſpatule de bois, crainte
que la matiere ne bruſle.

Avec Addition, par Extraſtion,
Teinſture, & Calcination par Straſtifica-
tion, & Fumigation.

Extraſtion, eſt vne ſeparation des parties
plus liquides du mixte, par quelque diſſoluant acué, tiré du corps meſme duquel on
veut faire l'Extraſtion, ou bien par quelqu'autre liqueur conuenable, au cas que ledit corps máque d'humidité ſuffiſante: lequel diſſoluant on ſepare apres ou par di-

ſtillation s'il eſt de prix, au contraire par
éuaporation, en ſorte que l'Extraict demeure en conſiſtence de miel, ou peu plus
ſolide.

La *Teincture*, eſtant priſe en ce lieu pour
vne Operation Chimique, & non pour vn
medicament, ne differe d'auec l'Extractió,
ſinon en tant qu'en icelle on ne fait pas tãt
éuaporer le diſſoluant : c'eſt donc vne ſeparation de l'eſſence du corps en forme
fluxile & liquide par le moyen d'vn diſſoluant.

Calcination par *Stratification* eſt vne corroſion & penetration du corps par le
moyen des Sels corroſifs, meſlez ou em-
plaſtrez auec iceluy, lict ſur lict, qu'on appelle en termes de l'Art, *Stratum ſuper Stra-*
tum, & ce pour accelerer la Calcination en
faiſãt éuaporer ou exaler l'humidité, vray
lien des parties continuës, & comminuant
par ce moyen tout le corps, afin de le reduire en chaux ou en cendres.

Fumigation eſt vne corroſion & penetration de quelque corps metalicq' par le
moyen de quelque liqueur acre ou eſprit
corroſif mis au deſſous d'iceluy, puis eſleué par la chaleur, en ſorte que penetrant
ledit corps il le reduiſe en chaux ; & ceſte

Operation se faict quasi toufiours auec le Mercure : on la peut faire auffi auec la va-peur des Eaux fortes, Vinaigre diftillé, & autres.

SANS FEV, fçauoir par Cribration, Filtration, Expreffion, Trajection, Incli-nation, Precipitation, Edulcoration par Lotion.

Cribration, eft vne feparation des parties fubtiles d'auec les plus groffieres, & ce par & auec le crible ou thamis.

Filtration, eft vne diftillation par le Fil-tre au moyen duquel on fepare la fubftan-ce claire & liquide d'auec fon fediment ou fœces.

Expreffion, eft vne feparation de la li-queur d'auec fes fœces, en eftraignant la matiere (enueloppée premierement dans vn linge) auec le Torcular.

Trajection par Clypfedre, eft vne fepa-ration des eaux d'auec les huyles, par le moyen d'vn entonnoir de verre, ou autre vaiffeau feparatoire.

Inclination, eft vn verfement de la li-queur nageant fur fes fœces, & ce en cour-bant peu à peu le vaiffeau.

Precipitation, eft vne feparation de la matiere diffoute d'auec fon diffoluant par

l'affusion ou addition d'autre matiere auec
laquelle le dissoluant se joinct par sympathie en quittant la chose dissoute, de sorte
que par disionction violente elle tombe
promptement au fonds du vaisseau, le plus
souuent auec ebulition, causee par les esprits violents du dissoluant, qui se joignét
auec les Sels plus fixes qui les retiennent,
& ce d'autant que lesdits dissoluants sont
desia fort obtus, ayát perdu vne partie de
leur force en la dissolution de la matiere.

Edulcoration par lotion, est vne separation des Sels ou esprits acres d'auec la chose dissoute ou calcinee, & ce par affusion d'eau chaude, laquelle dissout le Sel
sans pourtant emporter aucune chose
de la vertu de la chose dissoute ou calcinee, & lors qu'elle est empreinte de l'acrimonie desdits Sels, ou autres esprits acres,
on la verse par inclination, reïterant ladite
Operation iusqu'à-ce que la chose dissoute, precipitee, ou calcinee, comme vous
la voudrez appeller, demeure adoucie ou
insipide.

ALTERATION est vne Operation
par laquelle le corps reçoit quelque changement, & est diuisee en Alteration propre, Coagulation, & Solution.

ALTERATION PROPRE, eſt vne
Operation, par laquelle le corps reçoit
quelque changement ſelon ſes qualitez
accidentelles, & eſt diuiſee en Maceration, Putrefaction, Fermentation, Digeſtion, Rectification digeſtiue, Circulation,
& Exaltation.

Maceration, eſt l'infuſion du corps en
quelque diſſoluant conuenable, iuſques à
ce que les pores du mixte eſtans ouuerts &
le corps aſſez mol, il ſe faſſe plus facile ſeparation de ſa Teinture par la permeation
& impregnation du diſſoluant.

Putrefaction, eſt quaſi vne maceration
continuee iuſqu'à ce que le corps remply
de ſa propre humidité ſoit diſſout peu à
peu par vne chaleur lente & externe pour
faciliter la ſéparation du pur d'auec l'impur.

Fermentation, eſt vne alteration qui ſe
fait par quelque addition acide ou ſalee ſur
le corps pour l'ouurir & diſſoudre plus aiſément, en outre afin d'eſleuer en moins
de temps ſes eſprits, & plus copieuſement
ou bien pour vnir ſes parties auec plus de
perfection.

Digeſtion, eſt vne concoction de quelque corps crud, laquelle ſe faict par la cha-

leur, afin de subtilier les parties crasses esleuant les choses plus legeres, & poussant en bas les plus terrestres.

Rectification digestiue, est vne purification sans oster les fœces, en commettant cette operation à la chaleur du mixte excitee par la continuelle digestion, & ne differe quasi que de nom, ou, si vous voulez, de la cause finale d'auec la digestion.

Circulation, est vn mouuement d'vne liqueur pure, qui esleue continuellement les parties plus legeres en vapeurs iusques au haut du vaisseau, lesquelles resoutes ou côdensees par le froid, ou par faute dissuë, sont repercutees en bas pour penetrer & ouurir les plus crasses, afin de les rendre plus sublimes, & ainsi estant spiritualisees, il se fait vne vnion inseparable de toutes les parties qui reçoiuët par ce moyen vne parfaicte fixation; à raison dequoy cette operation peut estre dite seruante de la Sublimation, Exaltation, & Fixation parfaites.

Exaltation, est l'augmentation susdite des vertus de toutes les substances du mixte par le moyen de leur vnion inseparable, resultant de ce que le corps est faict spirituel, & l'esprit corporel, *Psychosomatos &*

Somatopssycos, vn esprit vny auec le corps,
& vn corps vny auec l'esprit. Ce n'est pas
ouurage d'vn iour, aussi est-il plein de merueilles : Et c'est par ce moyen que les vrays
Philosophes font leurs grandes & vniuer-
elles Medecines, pour la santé du corps
humain, & pour la cure des maladies plus
deplorables : Aussi leur Elixir ne peut proprement emaner que de ceste Operation.

COAGVLATION, est vne reduction
du corps mol ou fluide à vne consistence
solide. Elle se faict en deux façons, sçauoir
par *Froid*, & par *Chaleur*. Par celle-là en
Exprimant & *Congelant*, qui s'accomplis-
sent toutes deux, sçauoir celle-cy par l'expression du froid separant les parties plus
tenuës ; & celle-là en resserrant toutes les
hetterogenees.

Par Chaleur, elle s'accomplit en *Separant*, & *Meslant*. Par celle-là, lors que l'on
faict euaporer les plus volatiles : par celle-
cy, lors que l'on les vnit inseparablement
uec les plus fixes par vne concoction parfaicte. Icy appartient la *Fixation*, qui est
vne mutation de la substance volatile en
permanente, persistant en toutes espreu-
ues.

SOLVTION, est vn changement de matiere seche & consistente, en liquide, coulante ou molle. Elle s'accomplit par *chaleur seule, par Addition, & par deffaillance*. Celle par la chaleur seule se diuise en *Liquefaction, & Fusion*.

Liquefaction, est vne attenuation & dilatation des parties humides du corps congelé ou coagulé, auec extension de ses dimensions; de sorte qu'il a besoin d'autres bornes pour estre contenu, ne l'estant plus des siennes propres, & se faict sans Addition d'humidité externe.

La fusion, a vne mesme definition auec la Liquefaction, & ne differe d'auec elle sinon en matiere, à cause que la Fusion est des corps Metaliques & Mineraux, & la Liquefaction des Vegetaux.

Celle qui se faict par *Addition*, c'est quãd on verse des liqueurs acides sur les Chaux : huyleuses sur les Onctueuses: eaux sur les Sels : esprits forts sur les Metaux.

Par deffaillance, c'est vn changement des Chaux ou des Sels en liqueur par le moyen de l'air vaporeux qui se condence par la froideur du vaisseau contenant, ou par l'antipathie des qualitez contraires du corps chaud & fec, qui font deftruittes ou debilitees par l'air voifin qui s'infinuë en iceluy.

On peut joindre icy *l'Amalgamation*, qui fe fait lors que quelque Metal eftant fondu on y iette du Mercure par deffus tant qu'ils femblent de confiftance d'onguent, plus ou moins folide, pourtant, felon la quantité de Mercure qu'on y adjoufte. Que fi l'on faiā exhaler ce Mercure, cette Operation s'appellera Calcination par corrofion, ainfi que nous auons dit cydeffus à l'operation de Fumigation. Eftant à notter, que fi l'Amalganie eft faiāe auec Eftain fin, y meflant vn peu de Sublimé, icelle eftenduë fur vne lame de Mars à la caue, fe refoudra en huyle admirable pour la guerifon des Cancers.

Quelques-vns pourront objetter que ie n'enfuy pas la diuifion generale des operations de Chimie, ainfi qu'ont faiā ceux qui en ont traiāé auant moy, car ils ont toufiours commencé par la Calcination, fuiuy par la Putrefaāion, Diffolution, Diftillation, Coagulation, Sublimation, & finy à la Fixation. A quoy ie refponds que cecy n'eft pas le nœud de la matiere, c ar il ne s'agift pas icy quel ordre ont tenu les

autres, mais bien quel eſt le bon ordre
pour bié apprendre les operatiõs. Quãd ie
les euſſe diuiſees generalemét par les operations ſuſdites, i'y euſſe trouué touſiours
mon compte auſſi bien que par l'ordre que
i'y ay tenu. Toutesfois ie laiſſe au iugement des plus experts en cet Art, ſi l'on
doit touſiours commencer les Operations
Chimiques par la Calcination. Si la Chimie verſoit ſeulement ſur les Metaux ie
concederois franchement la choſe deuoir
eſtre ainſi, mais d'autant qu'elle a pour objet l'Animal & le Vegetal auſſi bien que le
Mineral, ie ne puis acquieſcer à cette opinion ; car, ou ie me trompe bien fort, elle
eſt ſans aucun bon fondement. Au ſeul
Dieu Trine en vnité, Pere, Fils, & S. Eſprit, ſoit honneur & gloire és ſiecles des
ſiecles. Amen.

Du lieu pour operer la Chimie.

CHAP. IIII.

POVR parfaictement accomplir les Operations cy-dessus, le lieu propre, le temps conuenable, & les moyens y sont grandement necessaires : les deux derniers serõt deduits cy apres, mais nous parlerons maintenant du premier, qui est le lieu. Quant à iceluy donc, nous le considererons en trois façons, sçauoir en l'Edifice ou Labouratoire Chimique, aux Fourneaux & Vaisseaux.

Le Labouratoire Chimique, doit auoir trois conditions, qu'il soit esloigné du bruit, commode, & bien aëré.

Esloigné du bruit, à l'exemple de ces bons Peres anciens, lesquels de leur gré se banissans de la tourbe tumultueuse du populaire se retiroient dans les deserts, pour auec plus de tranquilité d'esprit contempler la grandeur immense de Dieu & les effects de ses merueilles. Ce n'est pour-

tant pour se separer tout à faict de la societé & conuersatió des hómes (que ie desire
ce lieu esloigné du bruit) mais à celle fin
de fuïr l'ingratitude, méconnoissance, infidelité & perfidie du siecle, vices tellement communs parmy les hommes de ce
temps, qu'ils marchent à l'égal de la vertu
voire & la surpassent de beaucoup; car on
fait gloire de tróper son compagnon, & de
vendre toutes choses; voire & le plus souuent la vie de ses plus proches. Qui seroit
donc celuy qui ayant la crainte de l'Eternel voulust ainsi viure sans Foy, sans Loy,
parmy les enfans de la terre.

Commode, cette commodité ce doit entendre pour la disposition & edifice du
lieu, lequel doit estre en cette façon. On
esleuera vne galerie à trois estages, les
deux d'en bas voutees & non la plus haute, de telle longueur, largeur & hauteur qu'il sera necessaire, & que la commodité de l'Artiste le permettra. Icelle aura à
chaque bout vn pauillon pareillement
voutez comme la galerie, l'vsage desquels
sera dit en suitte; deuãt lesquels & comme
au milieu des deux il y aura vn beau & spa-
cieux iardin. Or cette galerie seruira à ce
qui suit, sçauoir le premier estage d'embas

qui fera lambriſſé, pour l'Apotiquairerie;
le ſecond pour les diſtillations ; & le troi-
ſiefme d'enhaut pour conſeruer les materiaux & ingrediens ſur leſquels l'Artiſte
exerce ſes operations, & deſquels il tire ſes
remedes.

L' Apotiquairerie, ou boutique de Pharmacie Spagerique, ſera diſpoſee en cette
façon. Icelle ſera comme vne grande ſalle
baſſe, laquelle aura ſon ouuerture & regard du coſté du iardin, par telle quantité
de feneſtres croiſieres, qu'il n'y aye aucune eſpace des vnes aux autres, laiſſant le
mur oppoſite tout fermé, enſemble les
deux bouts de ladite ſale. Contre ce mur
on dreſſeravne charpente de bois de ſapin
bien poly, & ce en façon de petits degrez
de demy pied de haut & autant de large,
leſquels continuëront (depuis trois pieds
de haut ſur huiɛt de large) touſiours en diminuant iuſques à trois pieds proche le
haut plancher. Ces petits degrez ſeruirõt
pour mettre les Eaux diſtillees, les Huyles, les Eſſences, les Magiſteres, les Extraiɛts, les Cliſſus, les Syrops, les Sels, les
Elecɛtuaires, les Tablettes, les Trochiſques,
les Emplaſtres, les Onguents, les Liniments, les Baumes, & autres remedes, leſ-

quels feront tous preparez par l'Art Chimique, ainfi que ie l'enfeigne cy apres : &
tout cela arrengé bien propremét chacun
en fon lieu, à celle fin de les trouuer fans
peine lors que l'on les demádera. Au haut
de ces petits degrez (pour remplir le vuide
qu'il y a entre le plancher & iceux) on y
pourra nicher des tableaux reprefentans
ces Monarques, ces Roys, & ces Princes
qui ont exercé la Medecine; ou bien les
plus belles Operations de l'Art Chimique
Medical, en Hieroglifiques, Enigmes, ou
autremét, ainfi que l'Artifte trouuera bon
eftre. Au deuant de cette charpente y aura vn banc qui tiendra depuis vn bout iufques à l'autre de ladite fale ou galerie, lequel fera de la hauteur de 3. pieds & deux
de large, couuert d'vn tapis bleu fleurdeli-
fé (car i'entends que cecy fe faffe auec priuilege tres-fpecial & permiffion autenti-
que du Roy) fur lequel on agencera quelques bouquets de belles fleurs cueillies
dans le iardin, au parterre des fleurs. Au
deffous dudit banc y aura des tirettes pour
tenir des fiolles de verre, de diuerfes gran-
deurs, pour mettre les Effences ainfi qu'on
les viendra demander par achept, &c. aux
deux bouts de ladite fale y aura 2. beaux

lits verts de repos, & contre le mur d'vn
defdits bouts vn grand tableau reprefen-
tant le Roy, & à l'autre bout vn reprefen-
tant la Royne. Vers le mur regardant le
iardin fera mis vne rangee de chaifes pour
affeoir ceux qui viendront, par curiofité
ou autrement, voir le lieu. Eftant à remarquer qu'on entrera dans ladite fale, du cofté du iardin par le milieu, où il y aura vn
petit degré de fix marches, car il faut notter que ie ne defire pas que ladite fale foit
res-pied-terre à caufe de l'humidité : &
fur la porte fera le portraict de Monfieur
dans vn grand tableau.

La feconde galerie, ou des diftillations, qui
fera celle du milieu, doit eftre difpofee en
la façon qui fuit, fçauoir que fa voute foit
percee en trois endroits, chaque trou en
façon de cheminee carree, en telle façon
que le bord de l'vne vienne joindre à celuy
de l'autre, & en leur largeur aux murs de
chaque cofté, à celle fin que les fumees &
les vapeurs, tant du charbon que l'on bru-
flera, que des materiaux que l'on mettra
en œuure, viennent facilement à s'exaler
& euaporer par là. En outre les murs d'vn
cofté & d'autre de ladite galerie & les deux
bouts d'icelle, doiuent eftre remplis de fe-

neftres croifieres, afin que par ce moyen ladite galerie reçoiue air de tous coftez, ce qui eft grandement neceffaire en vn Labouratoire, &c. Au milieu d'icelle galerie on arrengera les fourneaux, felon leur rang, depuis vn bout iufques à l'autre, la diuerfité defquels nous deduirós cy deffous en fuitte. Eftát à notter qu'au dehors cette galerie du cofté du iardin, y doit auoir vn marche-pied, de deux grands pieds de large, enuironné de baluftres de fer de trois pieds de hauteur, iceluy marche-pied feruant pour les Digeftions, Macerations, Diftilations, & autres Operations qui fe feront auec la chaleur du Soleil. Au deux bouts de cette galerie du cofté du verger, y aura deux petites galeries, qui feruiront, l'vne pour tenir tous les vaiffeaux, vtencilles & autres inftrumés neceffaires pour la diftillation, le tout mis par bon ordre, & chacun en fon lieu pour euiter la confufion. L'autre pour tenir le charbon, le bois de coterets, les huyles & les méches.

La galerie d'enhaut ne fera point voutee, ainfi que nous auons dit cy-deffus, afin que l'air penettant par les thuiles, vienne doucement à deffeicher les humiditez fuperfluës, des herbes, racines, fleurs;

& autres. Elle doit auoir encore pour cet effect six grandes feneſtres croiſieres, vne à chaque bout, & deux de chaque coſté, tout le reſte ſera garny de petits armoires, & dans iceux des boites pour y conſeruer les ingrediens que l'on voudra, tant Vegetaux que Mineraux ; leſquels armoires ſeront accōpagnez de ſubſcriptiō, tant du ſimple que du tēps qu'il a eſté cueilly, afin de n'eſtre pas en peine de chercher beaucoup ce que l'on demande. On eſtendra en icelle galerie pluſieurs cordes, pour attacher à icelles les fleurs, herbes, ou racines qu'ō voudra faire ſecher, leſquelles on aura cueillies en temps conuenable, à quoy aydera beaucoup la chaleur douce qui mōtera par les tuyaux des cheminees d'embas.

Quant aux deux pauillons qui ſerōt aux 2. bouts deſdites galeries, les 2. ſales d'embas res-pied-terre ſeruiront pour loger en hyuer toutes les Plantes & les arbriſſeaux qui craignēt le froid; le reſte de l'vn d'iceux ſeruira pour la demeure du Medecin Artiſte & de ſa famille. Quād à l'autre pauillō vne partie d'iceluy ſeruira pour faire leçōs en Chimie à ceux qui le deſireront, & l'autre pour faire ſa Biblioteque. Ces 2. pauillons & galerie doiuent eſtre accōmodez de caües pour s’en seruir au besoin, &c.

Ce bastiment ainsi edifié, doit estre situé
en son aspect du costé de l’Orient & du Midy, & partant son iardin grandement à l’a-
bry, lequel sera disposé en telle façon qu’il
appartient pour receuoir & nourrir vn
grand nombre de Plantes de diuerses sortes, qualitez & naturels, & desquelles on
peut tirer les remedes aux maladies qui
nous minent. Or cela despend des effects
du ciel & des facultez de la terre. C’est
pourquoy il est neeessaire de dresser ce iardin de diuers & differens aspects, & iceluy
composer de matiere tellement diuerse,
que chaque Plante y trouue sa particuliere assiette pour s’y commodement loger
& nourrir.

L’artifice en sera tel, on bastira vne plate forme en rond, au beau milieu du iardin, releuee de terre portee, laquelle composee de terre grasse & sablon, sera en-
graissee par fumiers pour l’approprier aux
Plantes qu’on y voudra loger, chacune
selon son particulier naturel, & ainsi on
fera vn fonds tres-propre, & vn lieu fort
commode; car ladite platte forme regardant vers les quatre parties du Ciel, on y
peut loger les Plates selon les lieux esquels

elles viennent le mieux. Exemple , les
Meridiennes feront pofees à l'afpeƈt du
Midy, comme la Camomille, la Bugloffe,
le Piper, Germendree, Chamædris, Carline, Nicotiane, Iue artritique , Mille-pertuis , l'Acantus , Veronique , Saxifrage,
Chardon benit, Agripaume, & vne infinité d'autres que ie laiffe pour eftre arreftez
aux fueillets de ma Pharmacopee Spagerique. Ainfi les Septentrionnalles, vers le
Septentrion , comme l'Enula Campana,
le Perficaria, pied de Lyon, le Litofper-
mon, Eringium, la Helxine, la Tourmen-
tille, Scordion, langue de Serpent, langue
de Chien , Scolopendre , Polygonatum,
Betonica , Morfus diaboli , Afarum , &
ainfi des autres. Du cofté de l'Orient on
placera la Bource de Pafteur, le Diƈtam,
la Mercuriale, le Poligonon, la Elatine, le
Bedegaris, Telephium, le Plantain, l'Hieble, la Mille-fueille, le Sanicle, la Centauree, la Queuë de Cheual, l'Argentine, le
Sophia, l'Angelique, la Valeriane, & vne
infinité d'autres, car cecy n'eft donné que
pour exemple. Les Occidentales , vers
l'Occident, comme l'Aigrimoine, la Serpentaire, la Scabieufe, la Scrophulaire,
Pilofele, Quinte-fueille, Abfinthe ponti-

que, Chelidoine, le Tuſilago , le Caprifo-
lium, la Lyſimache, le Ranunculus, la Peruenche, la Petaſites, l'Vlmaria, la Biſtorte,
le Pſillium , & vne infinité d'autres qui
ſont reſeruees au liure cy deſſus promis.

Il faut notter qu'on montera ſur cette
platte forme par vn chemin muré en tour-
noyant iuſques en haut, au ſommet de laquelle y aura vne belle fontaine auec ſon
baſſin, d'où ruiſſellera l'eau le long de la
platte forme , à celle fin que les herbes
aquatiques en reçoiuent leur aliment, &c.

Au deſſous de cette platte forme y aura
quatre grandes grottes , leſquelles ſeront
embellies non ſeulement de tous les Capi-
laires, mais des raretez leſquelles on remarque à ſainct Germain en Laye (ſi l'on
en peut faire la deſpence) leſquelles ſe
mouueront par des machines Hydrauli-
ques,&c.Or ces quatre grottes répondrốt
à 4. grandes allees equidaſtement diſpoſees, dont les deux s'iront rendre par des
tonnelles, chacune à des cabinets faicts
& conſtruits d'hommeaux, qui feront la
cloſture & couuerture deſdits cabinets,
leſquels hommeaux ſeront diſpoſez en tel
ordre que leurs iambes ſeruiront de co-
                                    lomnes,

lomnes, & les bráches d'Architrane, frife, corniche, cympanie, & frontifpice, y ob-feruant l'ordre de Geometrie. Au dedans de chacun de fes cabinets y aura vn rocher artificiel, qui fera ioinct auec la muraille ou cloifon du iardin, dans lefquels y aura plufieurs riches concauitez, accompagnees chacune de fon fiege artiftement elabouré, pour affeoir & repofer ceux qui iront efdits cabinets : au refte ornez de plufieurs artifices d'eaux, differens neant-moins des grottes fufdites.

Les autres deux allees, ornees aufli de tonnelles, s'iront rendre l'vne à vn grand parterre de Citronniers, Lymoniers, & Orengers, qui fera deuant la maifon cy-deffus deduitte; l'autre iufques à vn parterre de fleurs, lefquelles feront de diuerfes fortes, comme Oeillets, Violliers de diuerfescouleurs, Muguets, paffe-velours, Marguerites, Soucy, Penfees, Paffe-rofe, Iris, Lys, Herbe de la nuict, Anemones, Martagon, Couronne Imperiale, Tulipes, Sandalide, & vne infinité d'autres qu'on pourra recouurer pour accomplir ledit parterre.

Or ce parterre fera deuant vn grand pauillon, qui feruira d'entree & de fortie,

& n'y en aura point d'autre que celle-là.
Ce pauillon seruira de logement aux seruiteurs, tant de ceux qui auront la charge
du iardin, que du Labouratoire ; seruira
aussi ledit pauillon pour les estableries,
grãges, greniers, & pour tenir to⁹ les instru
mens d'Agriculture & labourage. Le reste
de l'estenduë du iardin pourra seruir pour
les simples qui ayment la planure.

Ie laisse beaucoup de choses à deduire
touchãt ce lieu, tãt à raison que cela est em
ployé en ma Pharmacopee Spagerique,
que par-ce que seuls les Princes & grands
Seigneurs en peuuent faire la despence;
car quoy que i'en fasse icy la demonstration tres-ample, ce n'est pas pourtant pour
necessiter l'Artiste à y faire cette despence, car parauenture n'en auroit-il le pouuoir; mais à celle fin que rapportãt la chose du petit au grand, & racourcissant le dessein selon la capacité de son lieu & la des-
pẽse qu'il y voudra ou pourra employer, il
le tire & le fasse au plus prés selõ le modelle que ie luy en donne: mais c'est trop s'arrester à ce iardin, venons aux fourneaux.
Au seul Dieu Trine en vnité, soit rendu
toute gloire, honneur & loüange. Amen.

Des Fourneaux, & leur forme, matiere & usage.

CHAP. V.

L'ARTISTE estant en possession d'vn lieu disposé en la façon susdite, mettra ordre d'y faire dresser les Fourneaux, sans lesquels il ne pourroit disposer, & diriger, conduire, & regler son feu à sa volonté; c'est pourquoy il faut qu'il sçache leur forme & figure, connoisse leur matiere, & n'ignore point leur vsage.

LES FOVRNEAVX donc, sont considerez en trois façons, sçauoir en leur forme, matiere & en leur vsage.

EN LEVR FORME, nous considerons trois choses, leur grandeur, petitesse, & disposition.

Leur grandeur, quand ils sont fixes & arrestez, comme les Fourneaux à fondre les mines, les fours à tours ou athanors, ceux qu'on apelle fours de paresse, & tous ceux qui sont dressez par bastiment.

Leur petitesse, lors qu'ils sont portatifs,

M ij

comme sont ceux qui sont faicts de cuiure,
ou de terre cuitte.

Leur disposition est double, generale &
particuliere. Generallement elle est ronde ou carree. Particulierement le Fourneau est consideré de trois parties, le Cendrier, le Foüyer & l'Ouuroir.

Le Cendrier est la partie pius basse du
Fourneau, lequel reçoit les cendres qui
tombent au trauers de la grille ; iceluy a
vne porte par laquelle on en tire les cendres, & donne-on de l'air au feu.

Le Foüyer est la partie du milieu, en laquelle y a vne grille de fer, l'vsage de laquelle est de soustenir le charbon ; il a aussi
vne porte, pour oster ou mettre, souffler
ou esteindre les charbons.

L'Ouuroir est la partie plus haute, laquelle est dite telle parce que là on accommode & agence les terrines & vaisseaux
distillatoires ; iceluy a certains trous nommez regiftres, par lesquels on augmente
ou diminuë le feu selon l'exigence.

EN LEVR MATIERE nous considerons deux choses generales, sçauoir quád
elle est de grand prix, & quand elle est
de petit prix.

De grand prix, lors qu'ils sont faits de cuiure ou d'argent ; tels font les fourneaux à lampe, propres à tirer toutes fortes d'ef-fences, ainfi que nous les figurerons cy-apres.

———————————————————

De petit prix, lors qu'ils font faiᵉts d'ar-gille, lefquels nous confiderons en trois façons, fçauoir en leurs quarreaux ou bri-ques, au lut ou terre graffe auec lequel on les agence, & aux ferremens.

Les quarreaux font de trois façons, les v.ns font equilateralemɛ̃t quarrez, & ceux là feruent à faire les tours auec leurs liens de fer ou de fil d'archal ; autres font lon-guets quarrez, afin qu'en conftruifant le Four on puiffe mieux lier le baftiment ; les autres font courbez en forme d'arc, & a-uec ceux-là on fait vn fourneau rond de-dans & dehors.

La terre graffe, qu'on appelle commune-ment lut de fapience, fe fait auec de la ter-re vifqueufe, meflee auec vn peu de fable delié, fiente de cheual criblee, bourre cu-rieufement charpie & eftenduë ; tout cela arroufé d'eau falee fera battu & petry iuf-ques à confiftence d'vne bonne pate lutû-fe, de laquelle on fe fert pour agencer les briques fufdites.

Les ferremens font de quatre fortes, les

vns sont petites barres de fer de l'espaisseur de deux trauers de doigt, lesquelles on agence quelques fois dans l'ouuroir pour supporter les vaisseaux contenants la matiere sur laquelle l'Artiste doit trauailler. Les autres sont verges de fer de la grosseur d'vn petit doigt chacune accõmodees & disposees en gril, l'vsage duquel est de supporter le charbon & faire passage aux cendres, aussi son lieu propre est au foüyer. La troisiesme sorte de ferremens sont petites lames de fer ou de cuiure, lesquelles ont vne vis à l'vn des bouts, & à l'autre vn trou escroüé, pour receuoir les vis les vnes des autres, lesquelles, ayant embrassé vniment les carrõs, sont serrees fort & ferme auec des escroües: à faute d'icelles on se sert de fil d'archal. La quatriesme sorte de ferremens sont les registres & les petites lames de fer qui les supportent, lesquelles sont pertuisees à cinq, six, sept, ou à huiĉt trous, afin, par iceux, d'hausser ou abaisser le registre, pour augmenter ou diminuer le feu au desir de l'Artiste.

Il y a encore plusieurs instrumens de fer, comme pincettes, tenailles, crochets, pailes, forcettes, tuyaux, anneaux, pour rompre les verres, cuilliers, tables, mor-

tiers, tripieds, cifunculus, & infinité d'autres, defquels, d'autant qu'ils ne font pas
de l'effence des fourneaux, ie laiffe d'en
parler icy.

EN LEVR VSAGE, nous confide-
rons leur nombre qui fe diuife generalement en deux, fçauoir à Four ouuert, & à
Four couuert.

Le Four ouuert eft double, fçauoir Four
de probation, & Four à vent.

Le Four de probation eft vn Four ouuert
par deffus, dans lequel on purge à perfection quelque Metal que ce foit, c'eft pourquoy les Metallurgiques & Mónoyeurs
fe feruent fort d'iceluy, pour la parfaicte
purification & de leurs Mines & de leurs
Metaux. Or d'autant que le Chimifte eft
contrainct quelquefois de bien purifier les
Metaux defquels il veut tirer quelque remede felon fon deffein, il ne fera hors de
propos de luy donner la connoiffance de
cé Four, par la figure que nous en repre-
fentons icy.

M iiij

Four de Probation.

Voila le Four de probation, repreſenté au vray en la meſme figure que les Chimiques le doiuent conſtruire en leur Labouratoire. Ie ſçay qu'il y en a de pluſieurs autres façons, mais cette-cy eſt la plus ſuiuie des habiles Artiſtes : venons donc à ſa deſcription. A. eſt le pied deſtal ou fondement ſur lequel le baſtiment du fourneau eſt conſtruict : il eſt communément baſty de forte brique auec du bon lut. B. vn baſtiment de forte brique & bon lut, en forme d'vn Autel ſur lequel eſt poſé le Four où l'on faict les eſpreuues. C. le grand cendrier dans lequel tombe les cendres du petit cendrier. D. le Four de probation qui est faict de fer, car rarement le fait-on d'autre matiere. E. l'endroit où il y a vne grille de fer pour poser le creuset contenant. *f. f.* deux petites ouuertures pour donner air au feu. G. le charbon enflammé. H. le petit cendrier. I. le creuset. Voila quand au Four de probation ; venons maintenant au Four à vent.

Le Four à vent, est vn fourneau ouuert, dans lequel par le benefice du vent le feu s'augmentant vient à fondre & liquefier les Metaux tels difficiles à fondre soiét ils; & ce d'autant plus facilement que le feu touche à nud le vaisseau contenant la matiere. On le construict ordinairement aux plus renommez Labouratoires, en la façon qui suit.

Il faut premierement baſtir vn mur, plus
long que large, figuré A. au milieu duquel
y ait vne arcade figuree B. ſeparee par le
milieu, au moyen d'vn petit mur D. les parties laterales de ce mur doiuent eſtre per-
cees pour y ajécer deux paires de ſoufflets
G.G. leſquels viennent donner droiĉt au
foüyer, E.E. où ſe doit fondre le metal. H.
eſt vne barre de fer ronde, recourbee par
les deux bouts, par leſquels elle eſt attachee au mur. Icelle ſert pour poſer les inſtrumés deſquels l'Artiſte ſe ſeruira, comme Pinces, Crochets, petite Paile, & autres : Et voila pour les fours ouuerts. Ve-

nons maintenant au four couuert.

Le four couuert eſt ſimple ou compoſé. Le four ſimple eſt double, de Calcination & de Diſſolution.

Le four de Calcination eſt double, de Cementation & de Reuerberation.

Le four de Cementation eſt celuy dans lequel on adapte ſi dextremēt le feu, que les choſes que l'on veut cementer le ſont ſans aucune difficulté. Or iceluy s'apprendra pluſtoſt par la repreſentation de ſa figure que par le diſcours; c'eſt pourquoy nous monſtrerons cy deſſous à peu prés comme il ſe doit eriger.

Four de Cementation.

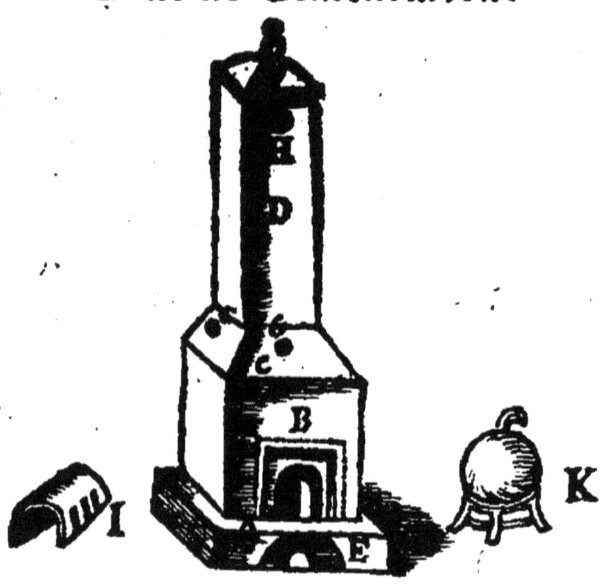

A. C'eſt le pied d'eſtal ſur lequel ce four

est esleué, auquel est aussi le Cendrier E.
sur lequel est basty le fourneau en quarré
B.lequel doit incliner peu à peu de toutes
parts,ainsi qu'il est marqué par la letere C.
contre la tour D. laquelle est situee au milieu pouuât côtenir du charbõ pour vingt-
quatre heures.   H. vn trou à ladite tour
pour faire tomber le charbon s'il estoit ar-
resté.G.G.quatre trous par lesquels le feu
prendra ventillation, & par lesquels aussi
on pourra remuer le charbon auec vne
verge de fer. F. le foüyer & ouuroir tout
ensemble, dans lequel doit auoir vne grille de fer, sur laquelle on met vn instrumēt
de terre ou de fer qui sera fenestré à iour,
ainsi que la lettre I.le marque,laquelle viêt
à s'embraser par les charbons ardents qui
sont au dessus dans la tour. Au lieu de l'instrument cy dessus,on se sert (notamment
pour les ouurages secrets) de l'instrument
marqué K.on peut fermer toutes les ouuer
tures,ou partie dicelles, selon l'exigence.
Voila au vray representé le four de Cementation: venons maintenant à celuy de
Reuerberation.

   Le four de Reuerbere est celuy lequel a vn
côuuercle en forme de toiêt vouté, qui re-
chasse & rabat la flamme qui s'esleue, afin

qu'agitee de tous coſtez elle attouche im-
mediarement la matiere à calciner qui eſt
eſtenduë ſur le plancher dudit Reuerbé-
ratoire, ou bien dans quelque vaiſſeau, ou
creuſet. Les meilleurs Artiſtes ſe ſeruent
pluſtoſt de celuy que ie figure cy deſſous
que de tout autre.

Four de Reuerbere planché.

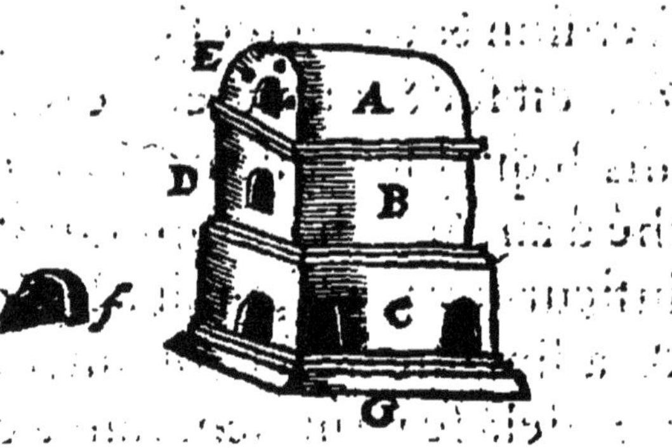

G. Pied d'eſtal ſur lequel le baſtiment du
fourneau eſt conſtruict ; il doit eſtre de
bonne brique bien forte, & bon lut, comme auſſi le reſte du fourneau. C. le cēdrier
lequel eſt ouuert de to' coſtez. B. le foüyer
dans lequel y aura vne grille de fer. A. l'ouuroir dās lequel ſur vne table de fer, ou de
bōne & forte brique, vous mettez voſtre
matiere à calciner. Eſtant à notrer que depuis le foüyer iuſques à l'ouuuroir il faut
qu'il y ait vne grande ouuerture entre la

paroy & la table, afin que la flamme puiſſe
facilement monter entre deux pour enuironner la matiere, laquelle prendra air par
la petite porte & trois petits trous à l'entour marquez E. la porte marquee D. eſt
pour mettre le charbon. ƒ. certain morceau de lut diſposé en la ſorte pour fermer
les petites portes quãd ilen ſera de beſoin.

Le four de Diſſolution eſt de deux ſortes,
d'Aſcenſion & de Deſcéſion. *Le four d'A-*
ſcenſion eſt ſec & humide. Le ſec eſt celuy
là dans lequel le vaiſſeau contenant n'eſt
touché d'aucune choſe humide, & il y en a
de pluſieurs ſortes, ſçauoir à ſable, à cendre, & à limaille de fer, ou autre telle matiere; & delà ſe nomment four à cendre, à
ſable, ou limaille. L'humide eſt celuy qu'õ
appelle communement bain, lequel eſt de
pluſieurs façons, ſçauoir Bain aërien, Vaporeux, & Bain Marie. *Le Bain aërien* eſt
quand l'air chaud ſeulement enuironne le
vaiſſeau contenant la matiere. *Le Bain Va-*
poreux eſt lors qu'il y a certaine portion
d'Eau dans vn vaiſſeau ſur le four, laquelle
s'eſleuant en vapeur touche immediatement le vaiſſeau contenant la matiere.

Le Bain Marie eſt celuy quand le vaiſſeau
contenant eſt plongé dans l'eau chaude.

Eſtât à noter que ces fours ne reçoiuét ceſte diuerſité qu'accidentellement , car en
changeât vne terrine de ſable & y en ſup-
poſant vne de limaille , il n'eſt plus four à
ſable, mais four à limaille. Et ainſi oſtant le
vaiſſeau du bain Marie ou Marin, & le hauſ
ſant par deſſus l'eau d'enuiron vn pied , il
ne ſera plus Bain Marin, mais Bain Vaporeux, & ainſi du reſte. C'eſt pourquoy nous
ne repreſéterós pas icy autât de diuerſitez
de Fourneaux qu'il s'y récontre d'incidés,
mais nous nous contéterons de deux , ſçauoir de celuy d'Aſcenſion & de Bain.

A. Ceſt le Cendrier . B. le Foüyer . c. c. c. ç.

les 4. registres de l'ouuroir. D. l'Alembic
qui est en iceluy auec son Chapiteau E.

Le four dans lequel on met le Bain Marin est disposé en la mesme façõ que celuy
d'Ascension, hors mis que l'ouuroir a plus
d'espace pour contenir le vaisseau d'airain
qui sert de bain. Ie le represente en la façõ
que i'en sers ordinairement, qui est suiuant la figure cy dessous.

Bain Marie ou Marin.

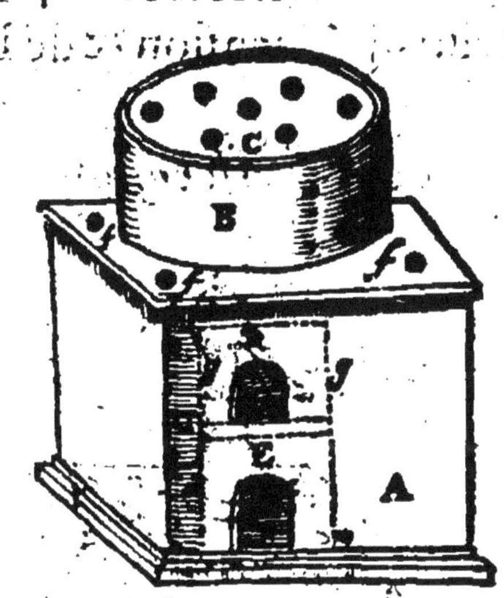

A. Est le four basty en carré, de brique forte & de bon lut. E. le Cédrier. D. le Foüyer.
B. le vaisseau de cuiure seruant de Bain
Marin. C. le couuercle dudit vaisseau ayãt
7. trous par lesquels passent 7. Alembics
contenans la matiere laquelle on veut distiller.

ftiller. Ce nombre de Sept eft pour auoir
en vn coup dauãtage d'eau diftillee qu'on
n'auroit pas s'il n'y en auoit qu'vn. *f.f.f.f.*
4.trous qui font les quatre regiftres ou re-
fpiraux dudit fourneau. *g.g.* efpace marquee par de petits poin&s, qui reprefentét
vne petite tour difpofee au milieu du fourneau , afin , non feulement de rendre
le feu plus actif, mais auffi de n'employer
pas tant de charbon. Ie fçay que plufieurs
fe feruent d'vn Bain Marie de cuiure, lequel a vne tour de mefme matiere qui paffe par le milieu , laquelle pleine de charbon peut durer douze ou quinze heures
fans y toucher, & tout à l'entour d'icelle
font difpofez les Alembics contenans la
matiere qu'on veut diftiller ; mais ie puis
affeurer que ce four (outre qu'il faut employer enuiron cent efcus pour le faire faire) eft plus pour parade que pour l'vtilité,
c'eft pourquoy nous nous tiendrons à celuy que nous auons cy deffus reprefenté.

Le four de Defcenfion eft celuy auquel le
vaiffeau contenãt ayant fon col en bas eft
receu d'vn autre vaiffeau receuant , celuy
de deffus eftant enuironné de charbon &
brafier ardant en la façon que voyez la figure cy apres reprefentee.

N

A. A. Le Fourneau basty de forte brique & de bon lut. le A. de dessous demonstre la partie inferieure dudit fourneau disposee en 4. piliers, lesquels font 4. petits
portiques marquez *f.f.f.f.* & au milieu est
le vaisseau receuãt marqué C. situé sur vn
petit trepied. Le A. de dessus demonstre la
partie superieure du fourneau fermee de
tous costez, horsmis deux petites ouuertures qu'il y a és deux parties laterales d'i-
celuy marquees D. D. lesquelles seruent
tant pour donner air au feu, que pour remuer les charbons s'il en estoit besoin.
Icelle partie superieure contient la Cornuë à col droict marquee B. laquelle contient la matiere qu'on veut distiller; qui ne

peut estre que des bois les plus durs, & des
noyaux les plus secs; encore cest huille
ainsi distillé est tousiours subjet à rectification, car autremét il ne vaudroit rien pour
l'vsage de Médecine, aussi les Artistes ne
se seruét guieres de ceste façon de distiller,
mais bien en son lieu de celle par le costé.
I'ay l'inuention de distiller ainsi par descente toutes les fleurs, laquelle n'est pas à
mespriser , & laquelle nous auons pensé
n'estre hors de propos de rapporter en ce
lieu.   Il faut donc prendre vne scabelle,
qu'on percera par le milieu, pour méttre
vn grand entonnoir de fer blanc, dans le
milieu duquel on agence vne platine du
mesme fer, percee dru & menu, & sur icelle on met quantité de fleurs, desquelles on
veut tirer l'eau, sur icelles on agence vne
terrine pleine de brasier : ie puis asseurer
que par ceste voye on tire beaucoup plus
d'eau , & laquelle contient plus efficacement, auec la vertu ; l'odeur de la fleur de
laquelle on la tire, que si elle estoit extraicte à la façon ordinaire. Ie n'en rapporte
pas icy la figure, d'autant qu'on l'entendra
assez par ce que i'en ay dit cy dessus ; toutesfois ie m'offre à le monstrer au curieux
Artiste qui sera desireux de l'apprendre.

Voila quant aux fourneaux simples , venons maintenant aux composez.

Les fourneaux composez sont deux,sçauoir
d'Athanor & de Paresse. Le four d'Athanor,appellé autrement Four secret ou des
Philosophes , est celuy par lequel & dans
lequel les vrais artistes parfont leur œuure
Physique ; car par iceluy on dispose tellement le feu,& modere-t'on la violence de
son action,qu'vn vray artiste y pourra faire esclorre des œufs,auec autant de perfection que s'ils estoient esclos sous la Poule.
Il peut estre diuisé en deux,sçauoir au vray
four d'Athanor,& au four à lampe.Celuy
là quoy que appellé ainsi à cause de son
premier autheur nommé Athanus,est au-
iourdhuy diuisé & construict én plusieurs
façons , selon la diuersité des opinions &
iugemens des Artistes,tous lesquels ayans
delaissez,ie me tiens à celuy de mon inué-
tion(nous estant aussi bien permis d'inué-
ter qu'aux autres) lequel est tel que la figure cy apres demonstre.

Four d'Athanor.

A. la Tour contenant le Charbon. B. l'ouuerture par où on le met. C. petit trou pour le faire cheoir quand il est arresté. D. le fouyer, au droict duquel est le registre pour augmenter ou diminuer le feu quand il est necessaire. E. le Cendrier. F. l'Athanor. G. le vaisseau contenât la matiere des Philosophes, situé sur le trepied des Arcanes. H. petite porte qui est plustost par biéseâce que de besoin qu'elle y soit. I.I. deux petites fenestres vitrees pour regarder le vaisseau contenant. K. le couuercle dudit Athanor.

Quant au *four a lampe*, ie le mets au rang des Athanors, à raison qu'en iceux on y

peut faire la confection de l'œuure auſſi
bien qu'aux Athanors , car on peut augmenter ou diminuer le nombre des meſ-
ches à la volóté de l'Artiſtĕ, & par ce moyé
reigler le feu ſelon l'exigence & du temps
& de la matiere . Ces fours à lampe auſſi
bien que des Athanors ſont diuers en façons, leſquels ie ne meſpriſe point, toutesfois ie deſire mĕ tenir à l'vſage de celuy
que ie figure cy deſſous, n'empeſchát que
l'Artiſte ne ſe ſerue des autres , ainſi qu'il
treuuera bon éſtre.

Four à lampe.

A. le pied ou la baſe du fourneau, fait en
forme d'vn pied de vaſe. B. la partie du four
qui peut eſtre dite foüyer, auſſi contient-il
la lampe allumee. C. la partie dudit four
qui peut eſtre appellee ouuroir, auſſi con-

tient-il le vaisseau contenant la matiere,
lequel est disposé en ceste façon. Au mitan du four il y a vne platine de fer, ny
trop espaisse ny trop deliee, laquelle doit
estre pertuisee en forme d'escumoire, icelle sera attachee au fourneau par quatre petits bouts en façon de charnieres, y ayant
d'espace de luy à la platine vn grand
trauers de doigt, afin que la chaleur puisse
facilement monter en haut. Au milieu d'i-
celle y aura trois petites dēts disposees en
triangle & hautes d'vn pouce, sur lesquelles on agencera vne petite escuelle d'argent, laquelle aura dans son creux trois
autres petites dēts sur lesquelles ou agencera le vaisseau contenāt &c. La lampe en
cilyndre marquee D. est appellee lampe
sāns fin par similitude, d'autant que tousiours l'huile coule au feu, au pris qu'il l'attire. Or le cilyndre de ceste lāpe doit estre
fait d'vne mesure qui sera reduite à la pro-
portiō du pied de Roy. Ceste mesure doit
estre diuisee en treize parties esgales, qui
sera la hauteur du cilyndre, qui aura de
diametre deux parties & demie, le canal
aura cinq parties de long, ses parois seront
hautes d'vne partie, afin que l'onuerture
n'en ait en hauteur que les deux tiers: icel-

le doit estre remplie d'esprit de vin pur &
sans flegme, ou huile de canfre rectifié, qui
est tres-admirable pour ceste operation,
ou bien d'huile d'oliue preparé, ainsi que
ie diray cy dessous. Le trou par où le feu
vsera la matiere aura de diametre la neufiesme partie d'vne des mesures, qui chacune sera diuisee en quinze. Le feu bruslāt
la liqueur la consommera de sorte qu'en
vne heure son corps se baissera au cilyndre d'vne mesure & vn tiers. C'est vne pratique certaine que les heures æquinoctia-
les sont esgales ; partāt l'heure est vne mesure perpetuelle, & tousiours vne mesme.

Or comme il est necessaire d'obseruer,
en la coniōction des deux matieres, le iour
& mois que le Soleil, Mercure, & la Lune
se regardent d'vn aspect trigone, mais que
Mercure ne soit pas retrograde ny infortuné, de mesme deuons nous astralizer le
feu soit en l'obseruation de l'aspect susdit;
qu'en la graduation d'iceluy. C'est pourquoy nous mettōs à la lampe 4. luminons,
allumant le premier au premier degré, le
second au second, le troisiesme au troisiesme, & le quatriesme au 4.

Ie l'appelle Astralisé, par-ce que les degrez de ce feu se peuuent accomparer à

ceux du Soleil pere & nourricier de toutes
les generations qui se font sous le ciel de
la Lune, dautant que le feu a ses mesmes
qualitez en la cuisso de la pierre; aussi l'Artiste le doit gouuerner comme le Soleil se
gouuerne en la generation de toutes choses. Car comme le Soleil engendre, attire
& pousse les vapeurs, & chacun iour circuit toute la terre pour engédrer par tout
le monde, estant pere de toutes choses a-
uec l'humidité, de mesme le feu des Philosophes engendre des vapeurs & les pousse
sur la matiere, tellement qu'il la circuit &
enuironne esgalement pour engendrer le
plus admirable œuure de la Nature. Or
que le feu des Philosophes n'ait des qualitez du Soleil, & qu'il ne le faille gouuerner
comme il se gouuerne agissant en la generation, il appert en ce qu'apres l'Hyuer (la
terre estant despouillee de sa verdure) viét
le Soleil au Printemps lequel accompagné
d'vne douce chaleur, fait germer tous les
vegetables : en apres ceste chaleur s'augmentant peu à peu en luy, les fueilles & les
nouuelles branches s'endurcissent pour
souffrir plus facilement vne plus grande
chaleur, laquelle agissant se manifesté et les
fleurs, & en s'augmentant tousiours pro-

duit les fruicts, & les conduit par les degrez augmentez de sa chaleur à vne parfaite maturité.

Or, que faisons nous, chers nourriçons
d'Apollo ? nostre feu en son commencement ne doit-il pas estre vn Soleil de Fe-
urier ? en second lieu ne doit-il pas estre
temperé au Soleil d'Auril ? Le troisiesme
n'est-ce pas vn Soleil de Iuin? & le quatriesme vn Soleil d'Aoust, finissant comme la
canicule finit, durant lesquels le Soleil est
bruslant & ardant, & le plus chaud de toute l'annee, auquel temps il meurit parfaitement les fruicts de la terre. Nostre feu
ne doit-il pas aussi cuire & mener à sa derniere perfection nostre pierre tant cele-
bree par son extresme chaleur ? Mais où
m'a attiré insensiblement le discours de la
lampe ? Cacheroit-elle bien quelque mystere? ouy, car si l'on se donne la patience
de considerer sa flamme, on la treuuera de
4. couleurs, sçauoir, vne noire pres le lu-
minon, vne bleuë au dessus la noire, puis
vne rouge, & en haut vne blâche apposee
sur le rouge. Que si l'Artiste ne prend peine de les connoistre parfaictement, il est
impossible que iamais il puisse reduire la
nature metallique en sa perfection, car ce

feroit ignorer les proportions des Elemens, d'où naift la diuerfité, forme & efpece de tout ce qui naift és trois géres des
compofez: Mais de cecy plus à plain cy a-
pres, aydant Dieu, reuenons donc à nos
fourneaux. *e. e.* font petites ances par lefquelles on enleue le deffus du four à lampe. *f.* l'endroit où il y a vne petite porte en
laquelle y a vne piece de criftal enchaf-
fee qui defcouure apertement le foüyer,
afin d'augmenter le feu quand il fera de
befoin. *g.* vne petite feneftre vitree pour
regarder dans l'ouuroir quand il fera neceffaire, fans qu'il foit befoin de donner air
à la matiere; Voila quant au four à lampe.
Sur lequel (auant venir au four de pareffe)
nous dirons touchant les huiles qu'on y
doit employer, le moyen de les parfaitement preparer afin qu'elles ne facét point
de noir.

L'huile donc qu'on doit employer au
four à lampe, fera, fur tous autres, celuy
d'Oliue, mais preparé en la façon qui fuit.

Remuez & battez tres-fort l'huile auec
de l'eau boüillante afin d'ofter fa graiffe,
ou bien auec de l'efprit de vin en cefte façon: Prenez d'huile d'Oliue & eau de vie
rectifiee de chacú 2. liures, mettez les tous

deux en vn pot ſemblable aux pots à beurre de Bretagne, au fond duquel vous ferez
vn pertuis : remuez cela à force de bras pé-
dant trois ou quatre heures, puis les laiſſez repoſer. Apres quoy ouurez le trou de
deſſous laiſſant couler l'eau de vie laquelle
delaiſſera l'huile bien depuré. Ou bien paſſez ledict huile ſur de la chaux viue, pierre
ponce, talc & alum calcinez, car ces choſes retiennent les impuritez aduſtibles au
fonds du vaiſſeau, pendant que l'huile par
la diſtillation monte claire, nette & puri-
fiee, mais cela requiert vn aſſez bon feu.
Les méſches y corréſpondantes ſe doiuét
faire auec fil de coton deſgraiſſé dans de la
lexiue, puis trempé en huile de tartre, les
ſaupoudrant par deſſus d'alum de plume,
entre-meſlé de l'extraict de poix-reſine
bié delié baruë, ou de Colophone. La meſ-
che faite d'alum de plume trempeé quatre
ou cinq iours dans l'eſprit de vin defleg-
mé meſlé auec l'huile de caniſfre rectifié,
n'a pas ſa pareille.

Le four de Pareſſe, eſt ainſi dit, ou par-ce
que le feu y bruſle ſi doucement que rien
plus, ou bien par-ce que la tour eſtant pleine de charbon, & le degré de feu ordonné
on le peut laiſſer touſiours trente ſix heu-

res sans y toucher : on le doit baftir & fa-
briquer en la mefme façon que nous le dif-
pofons cy deffous.

Four de Pareffe.

A. la tour où l'on met le charbon. *f.* vn
petit trou par où on le fait tomber quand
il eft arrefté. E. E. l'endroit où doiuét eftre
les regiftrespar lefquels fe cõmunique le
feu aux ouuroirs & foüyers marquezC.C.
lefquels regiftres fe hauffét ou fe baiffent,
au plaifir de l'Artifte, par deux petites lames de fer marquees *g.g.* D. D. D. les cen-
driers tant de la tour que des fourneaux.
B. vn des fourneaux qui peut feruir luy
feul à tout ce à quoy les fourneaux cy deffus defcrits feruiront. Premieremét il peut

seruir de four à vent & calcinatioń si oń
agence dans l'ouuroir le vaiſſeau contenant de telle façon que le feu le touche à
deſcouuert. Secondemēt il peut ſeruir de
four de reuerbere ſi l'on couure l'ouuroir
de ſon couuercle marqué H. les regiſtres
marquez i. i i. eſtans fermez, & le vaiſſeau
touché du feu à nud. En troiſieſme lieu, il
peut ſeruir de Bain Marie ſi on agéce dans
l'ouuroir vn vaiſſeau remply d'eau, dans
laquelle on mettra le contenant, faiſant
ſortir le col d'iceluy par le trou du mitan
du couuercle du vaiſſeau plein d'eau. Il
peut auſſi ſeruir de Bain Vaporeux, ſi on
agence en telle façon le contenant dans
l'ouuroir qu'il ſoit enuiron vn grand demy pied par deſſus l'eau du bain, & qu'il
n'y ait que les vapeurs d'icelle qui enuironnent ledit contenant. En outre il ſeruira d'eſtuue ſeiche, ou Bain Ærien, ſi le vaiſſeau dans lequel eſt poſé le contenant eſt
ſeulement remply d'air chaud. Bref il peuŧ
ſeruir de four à cendre, à ſable, & à limaille de fer, ſi la terrine poſee dans l'ouuroir
& touchee à feu nud, eſt remplie des matieres ſuſdites, puis dans icelles agencer le
vaiſſeau contenant la matiere. K. eſt vne
fente pour paſſer le col des cornuës & au-

tres vaiſſeaux ſeruans à diſtiller par le coſté. Venons maintenant aux vaiſſeaux. Au
ſeul Dieu trine en vnité ſoit rendu tout
honneur, gloire & loüange. Amen.

Des Vaiſſeaux & de leur matiere, for-
me, figure, & vſage.

CHAP. VI.

Ous auõs veu cy deſſus les fourneaux les plus ordinaires & vſitez dans les labouratoires Chimiques, reſte maintenant à par-
ler des Vaiſſeaux, car l'Artiſte doit eſtre
neceſſairement muny auſſi bien de ceux-
cy que de ceux-là. Et comment pourroit-
il ſeparer du mixte la partie d'iceluy qu'il
ſe propoſe, ſi auparauant il ne l'auoit enclos dans des vaiſſeaux conuenables? Car
il eſt certain qu'on ne met guieres ſouuent
la matiere toute nuë & à deſcouuert ſur le
feu, il faut donc qu'elle ſoit encloſe dans
quelque vaiſſeau propre, ainſi que nous
auons dit, par lequel on extraira, moyennant le feu, l'eau, l'huile, ou l'eſſence, la-

quelle on gardera soigneusement au besoin.

Or les Vaisseaux sont côsiderez en deux façõs, sçauoir ceux sur lesquels le feu agit, & ceux sur lesquels le feu n'agit point.

LES VAISSEAVX SVR LESQVELS LE FEV AGIT, sont considetez en leur matiere, forme, figure, & vsage.

En leur matiere, ils sont de verre, de metal, ou de terre.

De Verre, comme sont les Matras, Coruuës, Alembics, ou Cucurbites, vaisseaux Circulatoires, & œuf Physique ou philosophique.

De Metal, sçauoir Argent, Cuiure, ou Fer. D'Argent on peut faire tous les Alêbics d'argent si l'on desire, notamment ceux qui doiuent seruir au four à lampe. On en peut encore faire ceux qui seruent à fondre quelque matiere congelee, &c. De cuiure, tels sont le Refrigeratoire, & le vaisseau d'airain qui sert au Bain Marie simple. De fer, sont ceux qui seruét à mettre le sable, desecher, calciner, ou reuerberer, casses à fondre & lingotieres.

De Terre, comme sont ceux qui seruent à fondre, tels sont les Coupelles, & les Creusets. Secondement, ceux qui ne seruent

tient point à fondre, comme la terrine à
fable, & les vaiſſeaux qui ſeruent à la cementation. En troiſieſme lieu, on fait des
Alembics & des cornuës de terre, comme
auſſi des ſublimatoires & aludels, enſemble des terrines, eſcuelles & baſſins de terre, &c.

En leur forme, elle eſt diuerſifiee ſelon la
diuerſité des operations, car autres ſont
les vaiſſeaux à diſtiller, autres ceux pour la
digeſtion & circulation, & autres pour la
ſublimation, & autres ſont ceux à fondre
& à calciner, &c.

En leur figure, elle eſt auſſi diuerſifiee en
beaucoup de façons, car les vns ont vn vê-
tre gros, large & rond, auec vn long col,
eſtroict & droict, tels que ſont les matrats;
& d'iceux encore il y en a de grands, de
petits, & de moyens. Les autres ont vn
grand ventre & large en leur capacité en
forme d'ouale, ayant vn col courbé tels
que ſont les Cornuës, d'icelles il y en a auſſi de petites, de grandes, & de moyennes.
Les Alembics & vaiſſeaux circulatoires
ſont auſſi de pluſieurs façons; car les vns
ſont comme en façon d'vn hôme & d'vne
femme qui s'embraſſent; les autres ſont
comme en façon d'vn homme qui tient ſes

bras sur ses costez, & iceux sont appellez
Pelicans à anse; autres sont en façon d'vn
Pelican qui ouure sa poitrine, & celuy est
appellé Pelican sans anse; & plusieurs autres que nous n'entendons particulariser
icy, comme estans infinis en leur nombre.

En leur vsage, quelquesfois on se sert des
matrats seuls à l'emboucheure estroitte
pour la digestion, & autres-fois à bouche
assez large auec leur chapiteau & recipiét.
Quelquefois les Cornuës ou Retortes sont
accompagnees de grands recipiéts, autres
fois de petits, & souuent on les met de rencontre leur bec l'vn dans l'autre. Les Cucurbites sont quelquesfois accompagnees
de leur chapiteau ou alembic aueugle, &
quelquefois de leur chapiteau à bec. Quelquesfois on en met les vns sur les autres,
qu'on appelle alembic à bec à triple estage, & quelquefois ils sont sans bec, & c'est
lorsqu'on veut sublimer les mineraux pour
en retirer les fleurs, l'vsage desquels s'ap-
prédra mieux dás les labouratoires en pra-
ctiquát, que non pas par le discours. Venons maintenant aux vaisseaux sur lesquels le feu n'agist point, & qui ne laissent
pourtát d'estre necessaires à l'Artiste pour
venir au but qu'il se propose, puis nous

viendrons à en reprefenter les figures.

LES VAISSEAVX SVR LESQVELS LE FEV N'AGIST POINT font plufieurs; neantmoins nous les reduirons en deux, fçauoir le contenant la matiere diftillee, & celuy qui tranfmet.

Le contenent eft double, fçauoir le recipiét & là tinette; des recipiés il y en a de plufieurs fa-çós, de grãds, & font ceux qui feruét à re-ceuoir les matieres grãdemét fpiritueufes, il y en a auffi de petits & de moyens. La ti-nette eft vn vaiffeau oblong, en forme d'vne Conque, laquelle fert beaucoup aux filtrations & feparations auec le *Cifuncu-lus*, elle eft le plus fouuent de verre.

Celuy qui tranfmet eft auffi double, l'enton-noir & le vaiffeau feparatoire. Ces deux icy, quoy que differents de forme & de fi-gure, feruent pourtant quafi tous deux à vne mefme chofe; car le vaiffeau fepara-toire a vn trou au bas auffi bien que l'en-tonnoir, lequel fert à feparer l'eau d'auec l'huile, lors qu'ils font meflez enfemble, ou l'huile d'auec l'eau. J'adioufteray enco-re à ceux cy le vaiffeau à trois pointes & la fufee. Il y a vne infinité d'autres vaiffeaux, lefquels ie lairray pour reprefenter la fi-gure de ceux que i'ay defcrits cy deffus.

commençons donc aux Matrats.

Figure de deux Matrats, l'vn à fonds
grand & ample à long col & e-
stroit: l'autre à fonds oblong à
col assez large, auec vn
Chapiteau.

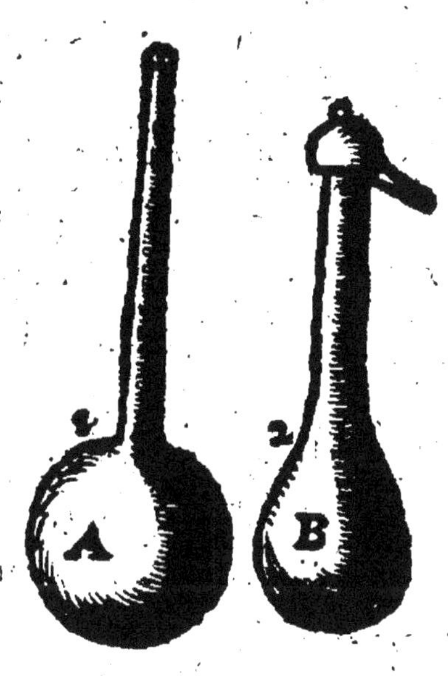

Ces deux Matrats seruent aux digestiõs
& circulations, notamment celuy numero
1. marqué A. lequel ayant vn ventre tres-
ample & vn col grandement long, les di-
gestions & circulations s'y peuuent faire
tres-aisément sans crainte que la matiere
s'exhale & se perde. Le Matras numero 2.

marqué B. peut bien feruir aux digeſtions
& circulations, mais principalement pour
les diſtillations des matieres ſpiritcuſes:
C'eſt pourquoy on y adapte vn petit chapiteau proportionné à la groſſeur du col d'i-
celuy, marqué C. il y a pluſieurs autres fortes de matrats, mais ces deux icy ſuffiſent
pour exemple. Venons maintenant aux
Cornuës, autrement dites Retortes.

Figure de trois Cornuës, l'vne ſeule, &
les deux autres bec contre bec.

La Cornuë numero 1. marquee A. ſert
pour toutes les diſtillations des matieres
craſſes, leſquelles ne pouuant monter en
haut, on eſt contrainct de diſtiller par le
coſté, comme ſont toutes ſortes de bois,
eſcorces, racines, & noyaux des fruicts,
comme auſſi les gommes, & toutes matieres craſſes & huilleuſes. En outre elle ſert
pour la diſtillation des Mineraux & Mar-

chaſites , notamment du Vitriol , & pour
lors il luy faut adapter vn grand & ample
recipient , afin que les eſprits ayent leur
eſtenduë , autrement il ſe romproit par la
violence d'iceux. Les deux Cornuës numero 2. & 3. marquees A. B. & ioinctes bec
à bec à l'endroit de C. ſeruent pour les circulations , notamment des matieres craſſes, leſquelles ne peuuent monter en haut
pour circuler au Pelican , encore moins a-
uec les Cucurbites , c'eſt pourquoy l'on ſe
ſert de deux Cornuës diſpoſees en la façon que deſſus. Venons maintenant aux
Alembics, autrement dits Cucurbites.

Figure de deux Cucurbites, l'vne deſcou-
uerte & l'autre couuerte de ſon
Alembic ou Chapiteau à bec, ac-
compagnees d'vn Chapiteau
aueugle.

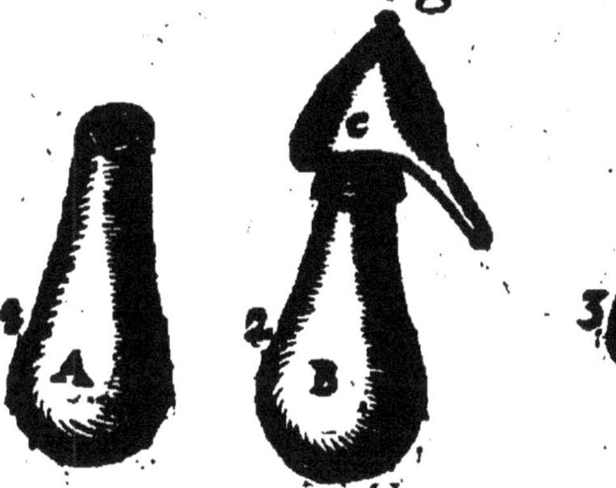

La Cucurbite numero 1. marquee A. eſt

celle qui eſt deſcouuerte & ſeule. Celle là numero 2. marquee B. eſt celle qui eſt coũuerte de ſon Chapiteau à bec marqué C. & la figure numero 3. marquee D. eſt le Chapiteau aueugle. La Cucurbite eſtant accompagnee de ſon Chapiteau à bec, ſert pour tirer les eaux des fleurs & des ſimples, tels qu'ils ſoient, lors que l'on a adapté au bec dudit Capiteau vn recipient, & iceux bien lutez enſemble. Cet alembic ſe peut mettre à nud ſur le feu, eſtant premietement bien luté, à la cendre, au ſable, & à la limaille, comme auſſi au bain Marin vaporeux, & eſtuue ſeche. Et lors que l'on s'en veut ſeruir pour les digeſtions & circulatiõs on y adapte le Chapiteau aueugle, ce que l'on verra plus amplement cyapres en ſuite de la preparation des remedes. Venons maintenant aux vrays vaiſſeaux circulatoires.

O iiij

Figure de quatre vaisseaux Circulatoires.

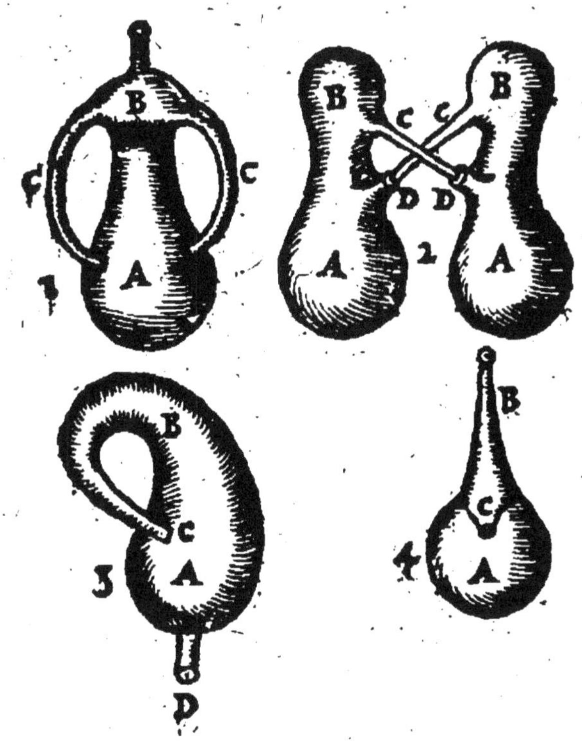

Le vaisseau numero 1. marqué A. est celuy qu'on appelle ordinairement Pelican
ensé, dans lequel on met la matiere qu'on
veut circuler par le petit bec marqué B.
par apres on le bouche ou auec la matiere
mesme du verre, ou bien auec vne paste
faite auec chaux viue & blancs d'œufs reduits en eau, & auec icelle esteindre la
chaux, l'appliquant promptement, par-ce

que cela se seche facilemét : si l'on ne veut
la chaux on peut prendre le plastre. La liqueur estant là dedans , & le vaisseau posé
au Bain Marie , ou au ventre de cheual,
ou en quelqu'autre chaleur telle que l'Artiste iugera conuenable, vous verrez la liqueur monter en haut , droict à la teste du
vaisseau (laquelle doit estre exposee au
froid) & icelle retomber en bas par les anses marquees C. C. & ainsi la matiere continuant de monter retombera tousiours
par les mesmes anses iusques à tant que la
circulation soit acheuee.

Les vaisseaux numero 2. marquez A. A.
B. B. sont nommez les Circulatoires de
Raymond Lulle : ils sont disposez comme
deux Cucurbites, ayás leurs Chapiteaux à
bec, neátmoins non separez, lesquels marquez c. c. viennent, s'entrecroisans, à entrer dans vne ouuerture que les vaisseaux
ont en leur partie inferieure marquee DD.
& par ce moyen la liqueur de l'vn se communique à l'autre esgalement & recipro-
quemét , iusques à tant que la Circulation
est acheuee. Nottez qu'il faut bien joindre
& boucher lesdites ouuertures qui reçoiuent les becs, auec la paste susdite, afin que
rien des esprits plus subtils ne se perde, car

il n'y a rien qui les puisse mieux arrester qu'icelle.

Le vaisseau numero 3. marqué A. est le Pelican à bec, lequel se recourbant à l'endroit marqué B. vient à rentrer dans son ventre au lieu marqué C. la liqueur qu'on met la dedans par le petit bec marqué D. se circule en montant & descendant par ledit col, & ce continuellement iusques que la circulation est acheuee. Ledit trou ou petit bec doit estre bouché auec de la paste susdite, à celle fin que rien ne se perde.

Le vaisseau numero 4. marqué A. est vn vaisseau appellé des Artistes Oeuf philosophique, dãs lequel &auec lequel on fait & parfait la Medecine vniuerselle. Or cõme les opinions sont diuerses touchant la facture de l'œuure (qu'on appelle des Philosophes) aussi les vaisseaux ont differé beaucoup les vns des autres tant en matiere qu'en leur forme & figure , ce qui en a produit vne telle quantité, qu'il seroit aussi ennuyeux qu'inutile de les rapporter en ce lieu, me contentant de produire le dessusdit, tant pour exemple que pour autant que c'est le plus parfaict & le plus necessaire sur tous les autres. Le lieu marqué B.

est son col par lequel on met la matiere, lequel on ferme par apres du sceau d'Hermes, qu'on appelle, mais improprement,
car le seau d'Hermes est tout autre chose,
ainsi que nous dirons en quelque lieu de
cet œuure. Le lieu c. est l'entonnoir que
quelques vns appellent enfer, par lequel
la matiere coule dans la capacité du ventre dudit vaisseau, laquelle matiere montant en haut en se circulant, ne peut repas-
ser par le lieu où elle est entree à cause de
la contraire disposition dudit entonnoir.
I'auroy beaucoup de choses à dire icy touchant le vray vaisseau des Philosophes,
car ie croy que ce n'est que la matiere patiente disposee qui reçoit & embrasse l'a-
gente proportionnee, ainsi qu'vn vaisseau
de verre reçoit quelque liqueur, mais cela
est reserué en mon Ouuerture de l'escole
de Philosophie Metalique. Venons aux
Cucurbites iointes bouche contre bouche.

Figure de deux Cucurbites ayans leurs
becs l'vne dans l'autre.

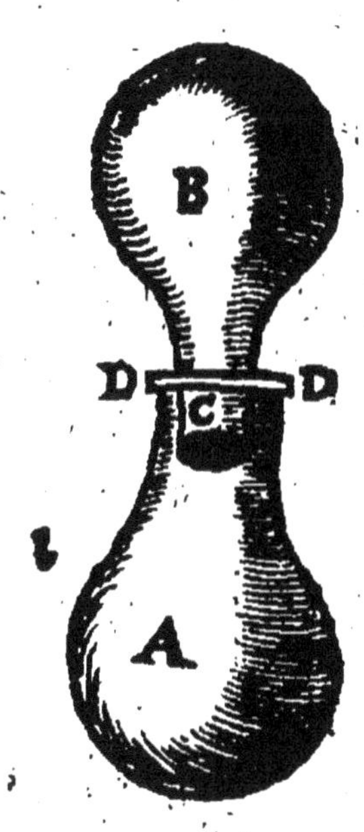

Ceste figure numero 1. sontdeux Cucurbites iointes bec contre bec, tres-propres
& admirables pour tirer les extraicts des
herbes, des fleurs, & des racines, ce que ie
reserue à dire cyapres parlát des extraicts;
seulemét ie diray icy que sur tous les vais-
seauxqu'on sçauroit choisir pour preparer
ceste sorte de medicaméts, cestuy-cy leur
doit estre preferé; venons à sa description.
A est la Cucurbite contenant la matiere
de laquelle on veut tirer l'extraict, laquelle ne doit estre qu'à demy pleine tant de la

matiere que du menstruë. B. est la Cucurbite superieure laquelle empesche que le
menstruë s'euaporant n'emporte auec soy
le plus ætheré du concret, le bec d'icelle
marqué C. entre dans celle de dessous, lesquelles sont iointes ensemble par vn petit
cercle marqué D. D. & puis bié bouchees
auec de la paste susdite. Venons au reste.

Figure de deux vaisseaux l'vn appellé Alembic
à trois becs, & l'autre Baton à trois pointes.

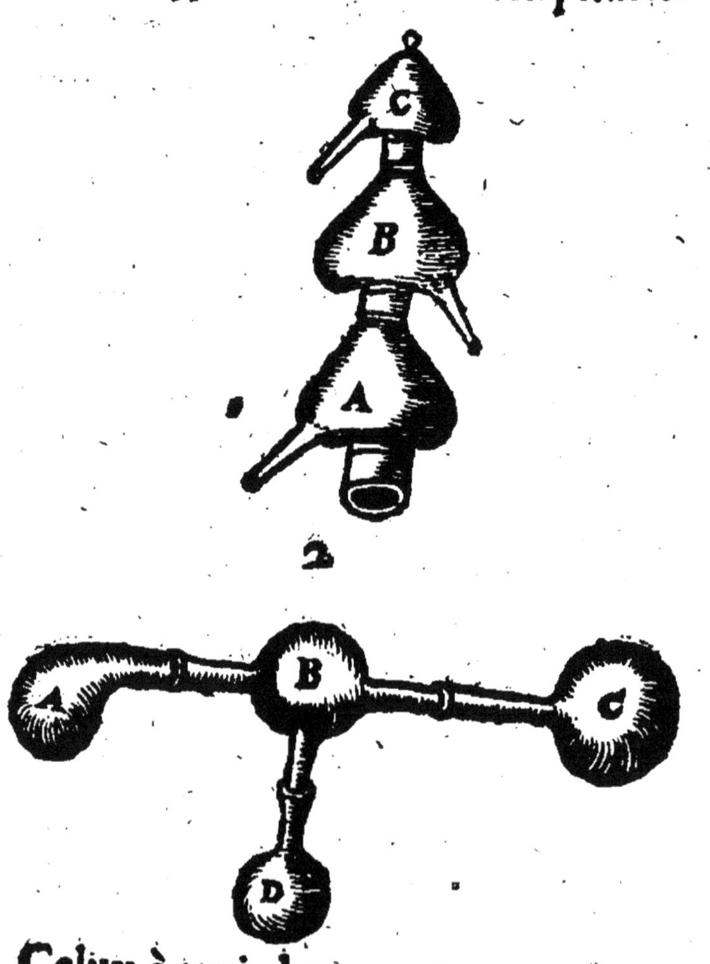

Celuy à trois becs numero 1. marqué

A.B.C. est composé de trois Chapiteaux
agécez l'vn deſſus l'autre, en la façõ qu'ils
ſont figurez cy deſſus, & cela ſeulement
lors que l'on veut auoir ſeparément, &
neantmoins toutes à la fois, les ſubſtances
qui conſtituent le mixte que l'on met en
œuure; car la partie la plus ætheree monte
au plus haut, l'huille tient le moyen
& l'eau entre le ſel &l'huile; mais cela s'apprendra mieux en trauaillant que par paroles. En apres ſuit le baton à trois pointes numero 2. lequel peut eſtre veritablemét appellé le vaiſſeau des Arcanes, d'autant qu'auec iceluy on extraict facilement
la moyenne ſubſtance de la premiere matiere de toutes choſes; qui eſt l'eau. En outre, on ſe peut rendre poſſeſſeur auec iceluy du vray Mercure de l'argent vif que
pluſieurs cherchent & que peu trouuent.
Ie diray dauantage, pour manifeſter l'excellence de noſtre Art, que par le moyen
de ce vaiſſeau on peut faire voir dans les
plus grandes chaleurs de l'Eſté toutes les
meteores qu'en plein Hyuer ſe peuuent
faire en la moyenne region de l'Air; non
par ſonge ny par idee, ainſi que le myſtique Poliphile nous le mõſtre par ſes ames,
dit-il, qu'il voyoit tomber en Enfer; mais

reellement & palpablement, ce que i'offre
de faire voir aux plus fainement curieux.
Venons à fa defcription.

A. eſt la Cornuë dans laquelle on met la
matiere, le bec d'icelle entre dans vn des
bouts du vaiſſeau à trois pointes. B. eſt le
corps ou moyenne region en forme ſphe-
rique où ſe forment leſdits meteores ; iceluy entre par vn autre bout dás le col d'vn
grand & ample recipient marqué C. lequel eſt pour receuoir les eſprits les plus
ſulphurez & ignees (auſſi le raffreſchit-on
inceſſamment) & les humides ou Mercu-
riels deſcendent par le troiſieſme bout au
recipiẽt marqué D. mais de cecy plus amplement en mon *Veni-mecum*. Venons
aux autres.

 Fleur seconde
*Figure de deux vaisseaux propres pour
tirer les eaux de quelques fleurs que
ce soit, lesquelles retiennent leur
propre couleur, odeur
& saueur.*

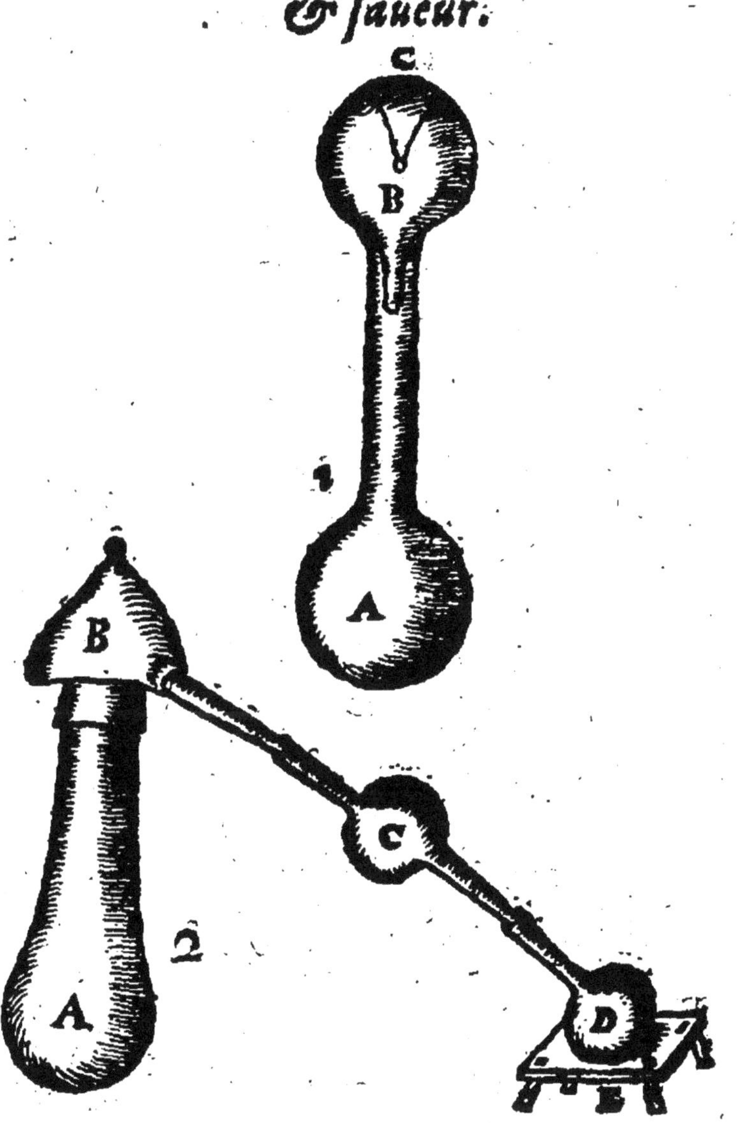

Dans ce Matras numero 1. marqué A. est
contenu

contenuë la matiere laquelle a esté desia
mise en digestion auec le menstruel du
monde distillé par deux fois, & icelle reduite iusques à consomption de moitié: en
apres estãt retirée par expressiõ on la verse dãs le matrats susdit par le vaisseau marqué B, lequel a vne ouuerture au fonds en
forme d'entonnoir marqué C, ce vaisseau
sert comme d'Alembic aueugle, & est à
celle fin que la matiere montant elle tombe derechef & puis remonte, & ainsi en se
circulãt incessammét iusques à tant qu'elle acquiere la couleur de la fleur. Quoy
fait il faut laisser refroidir la matiere & les
vaisseaux; en apres icelle estant ostee on la
mettra dans vne Cucurbite, & par dessus
l'Alembic à bec, & puis le tout sur les cendres à feu assez gaillard, iusques à ce que
toute l'eau soit extraicte, laquelle retien-
dra l'odeur, couleur, & saueur de la Plante de laquelle elle sera tiree. Or cette operation susdite estant grandemét laborieu-
se, ainsi que nous deduirons cy apres, on
se pourra seruir, pour accelerer le temps,
du vaisseau numero 2. marqué A. on mettra dans iceluy les herbes ou fleurs concassees, puis iceluy agécé dãs le Bain Marie, on adaptera par dessus le chapiteau à

bec marqué B. lequel s'infinue dãs le bout
de la fufee marquée C. cet inftrumét doit
auoir fon ventre remply de fleurs de mefme celles que l'on tire l'eau ; car icelle paffant au trauers (pour fe venir rendre au recipient marqué D.) elle emportera la couleur, l'odeur & faueur defdites fleurs. E, eft
vne petite fellette qui fouftient ledit recipient. Venons aux autres.

Figure de deux vaiffeaux fublimatoires.

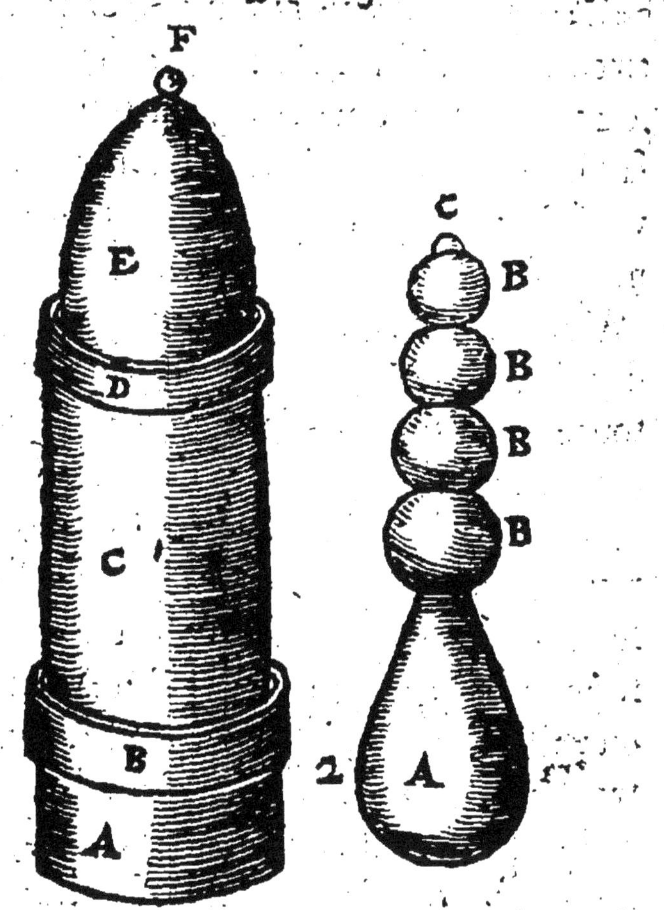

Le vaiffeau numero 1. eft vn vaiffeau de

ferre tres-propre pour fublimer entre autres les fleurs de Soulphre, iceluy eft difpofé en cette façon; A. eft la partie d'embas qui contient la matiere qu'on veut fublimer; B. eft vn cercle qui ioinct à icelle
l'Aludel en forme de Cilindre marqué C.
lequel fe va ioindre à la couuerture mar-
queeE. par vn cercle marqué D. cefte couuerture a vn trou à l'endroit marqué F.
par lequel les vapeurs s'exalent auant
que le Souphre fe fublime. Ce vaiffeau eft
l'vnique à preparer les fleurs de Soulphre pour la Medecine. Or quand la fublimation eft acheuee, on ofte doucement
la couuerture & le Cilindre dans lefquels
font contenuës les fleurs fublimees, lefquelles on amaffe auec vn pied de Liéure
ou autrement, & les garde-t'on à l'vfage.

Le vaiffeau numero 2. eft auffi vn autre
vaiffeau fublimatoire, mais different du
premier (quoy que tous deux d'vne mefme matiere) car ceftuy-cy font plufieurs
pots ronds marquez B B. B B. adaptez l'vn
fur l'autre fur vne Cucurbite marquee A.
laquelle contient la matiere qu'on veut fublimer. Ces pots fe communiquent l'vn
à l'autre par leurs ouuertures iufques au
dernier, lequel a auffi vn trou en haut, par

où les vapeurs s'exallent, laquelle ouuerture, comme aussi celle du premier, on
bouchera auec vn peu de papier, lors que
ces vapeurs cefferôt, ce qu'on connoiftra
quâd on verra les fleurs s'attacher au pertuis, ainfi que nous enfeignerons tres-exa-
ctemét cy apres, ay dât Dieu, en parlant de
la preparation des fleurs. Refte à dire que
tous les mineraux & marcafites peuuent
eftre fublimez en l'vn de ces deux vaiffeaux. Difons du refrigeratoire.

Figure du vaiffeau Refrigeratoire.

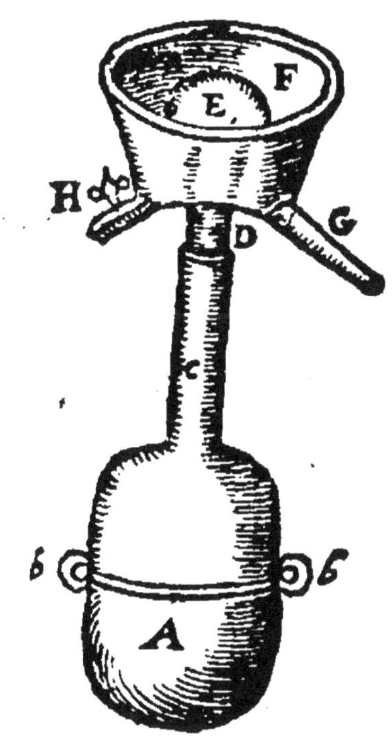

Ce vaiffeau eft tellement en vfage parmy

les diſtillateurs que i'ay eſté comme d'o-
pinió de le ſupprimer de ce lieu, mais m'e-
ſtant repreſenté que pluſieurs parlent du
refrigeratoire, qui n'en virent iamais l'ombre, i'ay creu eſtre de mon deuoir, puis
que i'enſeigne à diſtiller d'en monſtrer les
inſtrumens les plus neceſſaires. Sus donc,
diſons que cet inſtrument ou vaiſſeau eſt
ordinairement de cuiure, la partie d'iceluy
marquee A. eſt celle qui contient la matiere, icelle eſt ceinte d'vn cercle de fer
ayant deux boucles de chaque coſté marquees *b.b.* afin de le prendre & tranſporter d'vn lieu en vn autre plus facilement.
c. eſt le col aſſez long dudit vaiſſeau, dans
lequel s'agence le bec du chapiteau marqué D. iceluy paroiſſant au lieu marqué E.
dans le refrigeratoire marqué F. G. eſt le
bec dudit chapiteau par lequel coule la liqueur dans le recipiét qu'on attache pour
cet effect à iceluy. Quelques vns adaptent
à ce bec vn canal de cuiure ou de fer blanc
lequel ils font paſſer au trauers d'vn tonneau plein d'eau auant qu'il vienne au recipient, ce que nous ne figurons pas icy,
car les Artiſtes ſçauent aſſez cette methode, ioinct que cela eſtant d'vn grãd embar-
ras, nous nous contenterons du refrigera-

toire qui eſt ioinͭ au chapiteau, auſſi n'y
adiouſte-on le canal & le tónelet que lors
qu'il n'a point de refrigeratoire. Eſtant à
noter en paſſant, que lors que l'eau froide
qui ſera en iceluy ſera eſchauffee par les
eſprits qui monteront au chapiteau qu'il
la faudra eſcouler par le petit robinet
marqué ·H, & y en remettre d'autre.
Mais c'eſt trop demeuré ſur ce vaiſſeau,
venons au reſte pour faire fin à ce Chapitre.

*Figure des vaiſſeaux auſquels le feu
n'agiſt point.*

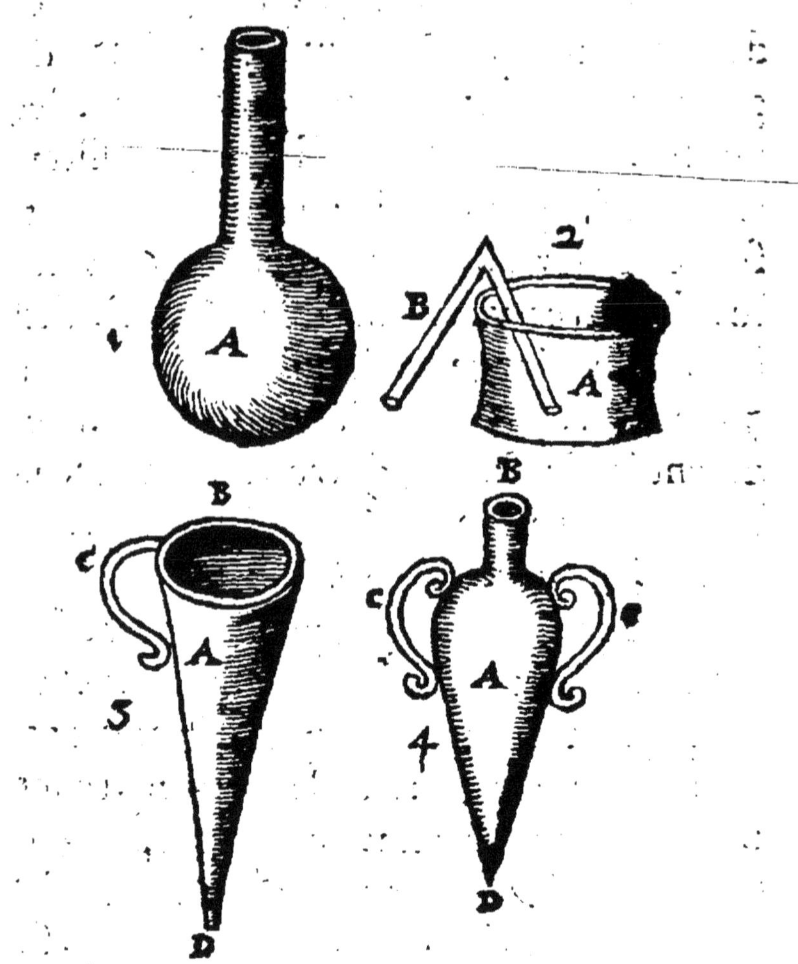

Le vaiſſeau numero 1. marqué A. eſt vn
recipient d'aſſez grande capacité. Celuy
numero 2. eſt la Conque ou tinette marquee A. laquelle contient la liqueur qu'on
veut ſeparer, comme l'eau d'auec l'huile,
& ce par le *Ciſunculus* marqué B. on peut
accommoder les vaiſſeaux deſquels on ſe
ſert pour les filtrations à ceſte figure.

P iiij

Le vaiſſeau numero 3. eſt vn entonnoir
de verre marqué A. duquel on ſe ſert auſſi
pour les ſeparations des eaux d'auec les
huilles. On s'en ſert auſſi pour les filtra-
tiós auec le papier gris, en outre, pour verſer & vuider quelque liqueur dás des fioles & autres vaiſſeaux de verre. B. c'eſt
l'ouuerture large par laquelle on met la liqueur. C. l'ance auec laquelle on tient ledit entónoir. D. le petit trou au bout d'embas par où paſſe & s'eſcoule la liqueur.

Le vaiſſeau numero 4 marqué A. eſt le
vaiſſeau proprement appellé vaiſſeau Separatoire, & peut ſeruir aux meſmes choſes que l'entónoir, horſ-mis les filtrations,
d'autant que la bouche d'iceluy marquee
B. par où on met la liqueur, eſt trop eſtroi-
te. c. c. ſont les deux ances d'iceluy. D. eſt
le petit trou au bout d'embas, par où paſſe
& s'eſcoule la liqueur. Pendant ceſte operation on fait repoſer ce vaiſſeau ſur vne
ſellette ouuerte en haut ſelon la groſſeur
& rondeur dudit vaiſſeau , dans laquelle
ouuerture on le repoſe , mettant au deſſous quelque vaiſſeau pour receuoir la liqueur qui en coulera. Suffit de cecy touchant les vaiſſeaux , car de penſer rapporter tous ceux deſquels on ſe pourroit ſer-

uir en operant de cest Art, ce seroit s'en-
gager quasi dans l'impossible, car ils sont
presque infinis; c'est pourquoy nous nous
contenterons de ceux cy, comme estans
les plus necessaires & les plus vsitez. Venons maintenant au temps & moyens de
mettre en vsage & les vaisseaux & les
fourneaux. Au seul Dieu trine en vnité,
Pere, Fils, & Sainct Esprit, soit rendu tout
honneur & gloire. Amen.

Du temps conuenable pour operer la Chimie.

CHAP. VII.

S I nous nous rendōs si curieux
obseruateurs des choses qui ne
sont point de l'essece de nostre
cōseruation, pourquoy ne donnerons nous pas dans la necessaire obseruation des choses qui nous tou-
chent de si pres, que i'oseray dire que sans
elles nous ne pourrions iouyr d'vne felice
santé. Faut-il bastir vne maison, construi-
re vn nauire pour auec icelle arpenter les

mers?les temps, les saisons , & les mois y
sont tellement obseruez qu'on n'y manqueroit pas d'vne minute : parce qu'autrement le soing , diligence & despence
qu'on y apporteroit ne seruiroit de rien.
L'admirable chantre du Bartas n'a pas oublié d'en dire son opinion au quatriesme
iour de sa premiere Semaine , en ces termes,

> *Que l'Aulne & le Sapin, que d'vn mont*
> *verdissant,*
> *Le Charpentier arrache au croissant du*
> *croissant,*
> *Ne se verra iamais , comme l'ouurier de-*
> *sire,*
> *Ny chez nous vieil cheuron, ny sur mer vieil*
> *nauire.*

Mais faut-il conseruer ou rappeller ceste
riante Deessé la Santé ? rien moins que ce
que dessus. Car faut-il cueillir vn remede?
point d'obseruatió de temps ny de saison;
faut-il le preparer? on n'y connoist rien,
on n'y prend aucune peine ; bref on ne s'y
rend point capable. Mais faut-il l'administrer?Helas! c'est icy où l'on fait naufrage,
estourdis que nous sommes , nous obser-
uions si curieusement la couppe d'vn tail-
lis afin que le bois ne se pourrisse , voire &

parauenture s'en trouuera-il de curieux
obseruateurs des temps pour commencer
voyages, procés, mariages, baſtimens, ou
quelques autres œuures , & pour noſtre
Santé rien moins que tout cela. Et c'eſt
d'où vient que pluſieurs malades meurent
de maladies Aſtrales, leurs ventres leur
ayans eſté remplis de remedes Elemen-
tels, contre l'aduis d'Hypocrate & le con-
ſeil de Galien, qui deſirent tous deux que
le Medecin ſoit Aſtrologue, afin de ne có-
mettre aucune erreur en gueriſſant : mais
leurs ſucceſſeurs ne ſe ſouċians pas beaucoup de la connoiſſance du mouuement
des Aſtres, & moins encore de leurs ef-
feċts pour le regard de la Medecine , ont
creu ceſte obſeruation eſtre plus curieuſe
que neceſſaire. Et quoy que l'on voye ordinairement que la racine de Peoine eſtát
cueillie lors que la Lune eſt en cóionċtion
auec le Soleil, & penduë au col d'vn Epileptique, qu'elle eſt beaucoup plus efficace que celle qui eſt cueillie en autre ſaiſon,
on ne lairra pas de dire pourtant que cela
eſt plus curieux que neceſſaire. Et quoy
que mille experiéces ayent confirmé que
la racine de Veruene arrachee lors que le
Taureau, qui domine le col, eſt en l'aſcen-

dant ou au milieu du Ciel, & icelle couppee en trauers &penduë la partie d'embas
au col d'vn malade des Efcrouëlles,& celle d'enhaut à la cheminee,à mefme qu'elle
fechera les Efcrouëlles fecherôt auffi, iufques à tât que finalemêt leur humeur foit
toute éuanoüie. On remarque encore que
ce mefme fimple cueilly le Soleil eftant au
figne des Gemeaux,iour de Venus & heure de Mercure, a vne tres-grande vertu,
pour fe concilier ceux à qui l'on parlera,
fuffent-ils les plus grands & mortels ennemis qu'on pourroit auoir. D'ailleurs la
Centauree cueillie en la Vierge deliure
des enforcelemens. En outre, que la racine de Lierre cueillie la Lune eftant au figne d'Aquarius,& d'icelle enuironner les
varices les fait perdre,remede trescertain
& affeuré (pourueu que preparé de mefme) contre la podagre. Et qui plus eft on
voit la Carline arrachee &cueillié heure&
iour de Mars,le Soleil eftant au Scorpio,
eftre vn admirable remede contre les maladies veneneufes, comme auffi à la guerifon des empoisônez, feruât auffi pour la
prophylactice de cet accident : & ainfi de
plufieurs autres que ie referue en mon
Harmonie. I'oferay dire de plus (apres

plusieurs autheurs dignes de foy) qu'il n'y a maladie qui vienne au corps humain, quelle elle soit, qui ne se puisse guerir ou par medicaments côstellez, ou bien par paroles constellees. Quelque esprit malade criera, ayant leu cecy, à la superstition, aux enchantemens, & dira que ce n'est que Magie : mais il faut qu'il croye que cela ne se fait ny par l'vn ny par l'autre, mais pluftost par vne vertu celeste que Dieu a ainsi disposee. Car les Astres agissent par noftre sapience si elle s'accorde auec leurs radiations: d'autant que si nous sçauons ioindre l'Aymant terreftre auec le celeste par Art , nous ferons des merueilles à guerir quelles maladies que ce soient par les remedes & paroles conftellees. Le tout ce faifant fans qu'il foit befoin y apporter aucune foy ny autre ceremonie , ou chofe qui puiffe empefcher le falut de noftre ame. Les Plantes, les metaux, & les pierres ont de tres-grádes vertus, mais les Aftres & les paroles les surpaffent de beaucoup. Par paroles on peut reprefenter certaines marques qui se peuuent lire par vn fecond en quelque lieu qu'il foit, moyennant qu'il voye l'Aftre, & par vertu des mefmes mots y refpondre.

D'ailleurs, peut-on tranſmettre ſa penſeé
à qui on voudra, pourueu qu'il ſçache le
ſecret,& à quelque longue diſtáce que ce
puiſſe eſtre, voire à plus de cent lieuës
d'Allemagne, ſans parole,ſans eſcriture,
marque,ſigne,ny note quelconque; & ce
par vn meſſager qui n'en ſçaura rien, &
pourtant ne le pourroit deſcouurir,quand
il feroit gehenné,tourmenté & tortionné.
Mais qui eſt de plus admirable, ſans aucun
meſſager, voire meſme fuſt-il empriſon-
né trois lieuës ſous terre,à toute heure,en
tous lieux,ſans aucune ſuperſtition,ny ayde & moyen de coadiuteurs eſprits , ains
par la voye de nature. Dauantage, choſe
qui ſemble du tout impoſſible, mais pourtant veritable,pouuoir lire au trauers d'v-
ne muraille de trois pieds de large ce que
l'on eſcrira derriere. Dauantage, s'il en
faut croire Tritheme, on peut apprendre
à vne perſonne idiote & ignorante, qui
n'aura onques ſceu vn ſeul mot de Latin,
en moins de deux heures à le lire, & eſcrire paſſablement, en tout ce qu'il voudra
exprimer de ſes conceptions. Cela eſtant
voudroit on nier qu'on n'effectuaſt & par
les Aſtres,& par les paroles?Quant à ceux
là, perſonne n'ignore qu'ils ne facent pa-

roiftre les effects de leurs influëces fur les
corps d'icy bas, les alterans ou en bonne,
mauuaife, ou en neutre difpofition. Touchant celles icy, il eft vray que les paroles
efcrites ou prononcees de viue voix fimplement n'ont aucune vertu, mais quand
elles font accompagnees de certaine vertu fpirituelle procedant d'vne forte efleuation de penfee qui les viuifie, elles rendent l'effect au deffein proietté, à quoy
l'on les applique. Quelqu'vn pourroit icy
alleguer que l'homme de foy, entant fimplement que tel, ne fçauroit produire vn
tel effect reel. A quoy ie refpóds que l'hóme confideré en fa puiffance naturelle,
qui feule fert aux agés ordinaires, ne fçauroit veritablement produire que des effects communs, car naturellement l'homme ne peut pas guerir les maladies par paroles, d'autant que la puiffance de nos
corps ne luy fçauroit obeyr, s'il n'y a que
la fimple parole proferee, cela eft fans re-
partie, & ie le concede facilement. Mais fi
nous confiderons en l'homme la puiffance d'obeyffance, laquelle fert à Dieu & aux
creatures diuines, nous pourrós dire abfo-
lument que c'eft celle-là qui produit les
effects miraculeux & extraordinaires; car

pour lors agissât par secrette force celeste
ou du pouuoir de Dieu, ou des Astres, la
puissance d'obeissâce qui est en nos corps,
luy fera guerir les maladies, voire & fera
d'autres effects approchans quasi du miracle, sans neantmoins y auoir aucuns enchantemens diaboliques ny execrable
Magie. Niant ceste verité on est en danger de tomber dans l'heresie de Cal-
uin, & desaprouuer les effects miraculeux
de nos Rois en la guerison des Escrouël-
les. Que si l'on a esté si osé de croire, voire
d'enseigner, qu'en la face de l'Eglise, es-
pouse de Iesus Christ, on peut empescher
par la prononciation de certaines paroles
de l'Escriture saincte, le mariage, parce
qu'on dit noüer l'aiguillette (impieté grâ-
de pourtant & indigne d'vn Chrestien)
pourquoy niera-t'on ce qui se fait au
bien, puis que l'on aduoüe ce qui se fait
au mal. Quoy! on veut que la sacree
parole de Dieu proferee par vn ministre
du Diable, puisse empescher l'execution
d'vn mariage qui a esté fait par icelle, &
ordonné de Dieu pour la propagation de
l'homme sa creature ; & on ne veult
pas conceder que par les mesmes paroles,
les seruiteurs de Dieu puissent redimer la
Santé

Santé, & preseruer ce mesme homme de
l'incursion des maladies. C'est estre veritablement impie d'attribuer à Satan plus
de puissance qu'à Dieu.

Ie ferois vn volume entier de la vertu
des Astres, & de l'effect des paroles constellees; mais attendu que ces choses ne se
doiuent enseigner ny escrire intelligiblement, par-ce qu'il est accordé vnanimement entre les doctes que perisse l'infracteur du sceau celeste, c'est à dire, qui reuele les secrets. Toutesfois, afin de n'obmettre rien à mon intention, i'en traicteray
amplement en mon Harmonie macro-microcosmique, où l'on verra que tout cela
ne se fait que par la vertu des influences,
caracteres, ou paroles constellees, ioinctes auec les diuins Noms, ausquels sont
cachez des secrets admirables. De l'effect
desquels il est tres-difficile d'apporter vne
saine raison & entier iugemēt: par-ce qu'ils
resultent des diuins Noms, qu'on a nombrez iusques à soixante deux, tous contenus en l'Escriture saincte. Les Cabalistes
nous enseignent que des septante deux
noms susdits, on en tire d'autres comme
par racine, ausquels y a de grands & admirables secrets, & qui mesmes semblent ap-

porter quelque neceſſité aux mortels : en
ce qu'il ſe voit que par le pair ou impair
des ſyllabes du nom de quelqu'vn, bor-
gne, boſſu, manchot ou boiteux, declarer
le coſté du mal ſans precedente connoiſſance d'iceluy. Terentianus dit auoir pre-
ueu la mort de Patrocle par Hector en la
vertu de leurs noms: par leſquels meſmes
ſe connoiſt lequel des deux mariez precede l'autre ; & quel Aſtre domine particulieremét la perſonne. Les anciens ont tenu la mutation du nom de quelqu'vn luy
apporter mutation de felicité ou de malheur. Ce que noſtre Dieu ſemble vouloir
monſtrer, en ce qu'il appella Abram Abraham, & Iacob Iſraël. Il eſt certain que deſſous l'eſcorce d'iceux noms repoſent comme enſeuelis de grands myſteres, deſquels
plus on en ſçaura plus on ſe taira, afin de
n'eſtre abbayé des calomnies des mal verſez en la connoiſſance des chóſes ſi ſecrettes. Ce ſont ceux qui appellent à tous propos les ſages qui s'exercent en la connoiſſance des myſteres ſuſdits, du nom de Magiciens; induits à cela, à mon opinion, parce que pluſieurs qui en eſtoient ignorans,
qui neantmoins s'attribuoient le nom de
l'Art, ont adiouſté des croix & des exor-

cifmes à leurs operations artificielles : de
là eft aduenu que le vulgaire a commencé
d'attribuer la force & vertu de l'Art aux
exorcifmes, caracteres, prieres, fignes des
croix, &c. mais la verité de la chofe eft toute autre : car la conftellation fous laquelle
on aprefte les pierres, qu'on efcrit les paroles, & qu'on cueille les Plantes, eft celle
qui donne la force, & non pas l'exorcifme.
Par cefte occafion les Sorciers & Sorcie-
res font tombez en l'erreur où ils font,
ayant delaiffé l'autheur de toutes chofes
bonnes. C'eft luy, Dieu Eternel, qui donne & diftribuë les vertus & operations aux
chofes en diuerfes façós: Car on peut preparer quelqu'vn des vegetables en telle
façon qu'il fera apres vn remede general
pour toutes maladies, donné en fa propre
fubftance. Eftant à noter que l'influence
y eftant obferuee exactement, les vertus
font tranfmifes, par icelle, du Ciel dans les
Herbes, Fleurs, Racines & Semences.
Que ceux donc qui attribuent ces chofes à
enchâtemés fe taifét, car il y a vne telle fa-
miliarité & affinité des conftellations auec
la nature des corps terreftres, que celuy
qui eft inftruict en la doctrine celefte, con-
noift auffi les chofes terreftres, lefquelles

chofes eftans ioinctes enfemble, l'influence y eft adiouftee finalement par le Ciel.

Mais ie commēce à m'aperceuoir qu'incidemment ce difcours m'a attiré de mon
fubjet, qui eft du temps de cueillir les Plā-
tes, preparer les remedes & les adminiftrer. Retournons y donc & difons que
par le temps d'operer la Chimie, nous entendons la faifon, le mois, & le iour. En la
faifon nous y obferuons celle en laquelle
les Plantes font plus accompagnees des
vertus que nous y demandons, telles font
le plus fouuent le Printemps & l'Automne. Encore faut-il fçauoir celles qui doiuent eftre cueillies au commencement, &
celles qui le doiuent eftre à la fin, & les autres au milieu. Au mois, on doit fçauoir non feulement en quel mois, mais
encore en quel temps d'iceluy mois, fçauoir fi ce doit eftre au commencement, au
milieu, ou à la fin. La mefme obferuation
faut il faire du iour, tant en la cueillette,
preparation, qu'adminiftration des medicamens Chimiques. Car vn iour pluuieux
n'eft nullement propre pour cueillir les
Plantes, foit qu'on les vueille garder, ou
bien mettre en vfage, d'autāt que leur humidité accidentelle & excremēteufe, aug-

mentee par la pluye, auanceroit grandemét leur pourriture: D'ailleurs, que si l'on
en vouloit preparer les remedes, icelle humidité augmétee altereroit la qualité que
nous en voulons retirer. Et neantmoins
nous voyons que pour auoir quátité d'huile de Soulphre, i'entends de celuy qu'on
tire par la cloche, qu'il le faut extraire vn
iour pluuieux & grandement humide : le
mesme obseruons nous en l'extraction de
l'huile de tartre *per deliquium*, &c. Que si
on obserue les pluyes, on ne neglige pas
les vents, d'autant qu'iceux estans causez
& excitez par les Planettes, comme aussi
par les signes, ne doiuent estre negligez
non plus que leurs causes : & pourquoy la
connoissance de leurs dispositions & qualitez seroit-elle inutile, puis que nous re-
connoissons celles des Planettes & signes
si vtile & necessaire? Et quoy qu'il semble
que leur iugement soit difficile à cause de
la diuerse nature des estoilles qui les excitent, & de la difficulté au iugement de la
mixtion de leurs qualitez, mutation des signes en signes, & vne infinité d'autres in-
cidents qui s'y rencontrent tant de la partie du Ciel & de la terre, que situation des
lieux & prouinces differentes les vnes des

autres : Neantmoins il est tres-necessaire
que le Medecin Chimique tasche de tout
son pouuoir à les connoistre, car lesdits
vents changeants de diuerses qualitez selon les diuerses qualitez des signes qui les
causent, changent partant, & alterent ou
corroborent nos corps, & les medicaméts
preparez pour iceux. Exemple, le vét me-
ridional nous assubietit à toutes maladies
desquelles on reconnoist l'humidité pour
leur cause premiere, d'autant qu'il affoiblit
nostre chaleur naturelle, laquelle en cas
opposite se fortifie & rend plus vigoureu-
se par vn vent Septentrionnal, qui pareil-
lemét rend nos esprits plus subtils. Tellemét que si l'on cueilloit en ce téps là quelque Plante, outre son inutilité pour la
garde, elle seroit encore tres-pernicieuse
l'administrant en remede. Pour à quoy obuier, & pour connoistre aussi non seulemét
sa qualité, mais aussi ses changements, il
faut bien connoistre la nature du Planette
dominateur, ensemble du signe qu'il tiendra, n'obmettant aussi la mansion Lunaire
de tous deux, & societé des Planettes, ensemble des Estoiles fixes : mais de cecy
plus à plein en ma grande Chirurgie Chimique Medicale.

Or en l'obſeruation de ce temps,que nous auons diuiſé en ſaiſons,mois,& iours , noſtre principal but & intention doit tendre à la ſanté du corps humain , pour laquelle redimer nous mettons en auant toute noſtre induſtrie. C'eſt pourquoy nous le prẽdrons generalement ſelon ſes triplicitez quaternaires,& puis nous le particulariſerons ſelon toutes ſes parties. Tellement que ſi l'on veut cueillir les remedes interieurs,notamment les laxatifs &euacuás, pour ſeruir à vn homme Iouialiſte, appellé des Galeniſtes ſanguin, il le faudra faire ſous le Taureau, la Vierge & le Capricorne.Que ſi c'eſt pour les Lunaires ou pituiteux,ce ſera ſous Aries,Leo,& Sagitarius, reſerué qu'ils ne ſoiẽt en leurs parties bruſlantes , qui ſont depuis le 8. degré iuſques au 13.du Sagittaire. Si c'eſt pour les Martialiſtes,appellez vulgairemẽt coleriques, ſe ſera ſous Cancer , Scorpio & Piſces. Si c'eſt pour les Saturniens , qu'on appelle melancholiques, ce ſera ſous Gemini , Libra,& Aquarius.Le meſme ordre tiendra-on en l'adminiſtratiõ des Medecines(i'entends celles qu'on doit donner par election)car cóme,hors la neceſſité, le Printemps & l'Automne ſont les plus commo-

des ; auſſi y deuons nous obſeruer la con-
currence des Aſtres plus propices. Tellemēt que ſi on deſiroit purger vn Martiali-
ſte,ie ſouhaiterois que ce fuſt,la Lune eſtāt
en quelqu'vn des ſignes ſuſdits,auec quelque bon aſpect de Venus , ſçauoir le trine
ou ſextile.   Que ſi l'on a intention de purger vn lunaire, on le fera la Lune eſtant
auec le Soleil.Si vn Saturnique auec Iupi-
ter.Eſtant à noter que cela ſe doit faire, en
ceſtuy -cy,par l'Electuaire Spagerique;au
Scorpion auec les potions; & aux Poiſſons
par pilules;le tout preparéSpagiriquemēt.
Que s'il aduenoit qu'en meſme tēps deux
Planettes ſe rencōtraſſent ſous les aſpects
ſuſdits auec laLune,alors on pourroit purger deux humeurs enſemble. Exemple , ſi
la Lune eſtoit aſſociee auecVenus & leSo-
leil,par aſpect trine ou ſextile, on pourroit
purger le flegme& la colere enſemble,&c
Sur tout faut-il éuiter la conionction,qua-
drature,& oppoſition de la Lune auec Saturne,car il empeſche l'effect & operation
du medicament , eſpaiſſiſſant par ſa terreſtre nature les humeurs , en reſſerrant les
pores , tant interieurement que exterieurement, par ſa grande froideur & ſeiche-
reſſe. Que ſi l'on prend garde à la malice

d’iceluy , on n’en doit pas faire moins au Mars boüillonnāt; car par sa chaleur il fait ebullition des humeurs, en les rendant plus furieux. Iupiter n’en est pas aussi exempt, d’autant qu’il diminuë l’effect du medicament, causant, par ses ventositez, subuersion d’estomach; le semblable faict le signe du Lion. Or pour deuëment administrer le medicamēt, il faut obseruer que au mesme temps de la prinse, le signe ascēdāt soit propre à l’humeur qu’on veut purger, & que le seigneur dudit signe se trouue associé, par bon aspect & salubre radiation auec quelque bonne Planette pour lors estant sous terre, & neātmoins propre audit humeur. Aussi ne faut-il oublier que le temps auquel la Lune est sous les signes surnommez du nom des animaux ruminans ou qui remachent la viande qu’ils ont aualee, cōme sont le Mouton, le Taureau, le Lion, la premiere partie du Sagittaire, & le Capricorne, n’est nullement bon à donner medicaments, parce qu’iceux font rarement leurs operations entieres, sans exciter vomissement, notammēt au Mouton & Taureau. En outre est-il tres-necessaire de fuyr l’vsage de tout medicament laxatif, lors qu’vne Planette estant retro-

grade, eſt corporellemét iointe auec laLune, ou en quelque puiſsát aſpeæ auec elle.

Ie ne penſe pas que ceſte theorie, par
laquelle nous apptenons la cueillette, ele-
æion & adminiſtration des remedes interieurs, ſoit reprouuee ny meſpriſee, ſi ce
n'eſt d'auenture par ceux qui ſe deleæent
aux contradiæions. Mais d'autant qu'on a
de tout temps reconneu que ces gens là
ne ſeruent ny pour la doærine, ny pour
l'exemple, nous les lairrós là ſeruir de con-
ſultans à la Samaritaine du pont neuf. Seulement ie diray, pour leur oſter tout à fait
le moyen de contredire, que ceſte doærine eſt tellement forte, & ceſte verité tellement certaine, que l'Eſcriture ſainæe (qui
nous doit eſtre comme vne pierre de touche pour y verifier nos ratiocinatiós) s'en
rend comme garend. Car il eſt eſcrit au
Pſeaume 146. que Dieu ſçait le nombre de
toutes les Eſtoilles, & leur a donné à chacune ſon nom. Que ſi elles ont toutes leur
nom differét & particulier, de quoy pour-
roit-il ſeruir ſinon pour les diſtinguer entre elles d'effeæs, de proprietez, qualitez
& vertus? Et à quoy ces proprietez & vertus ſi elles ne ſe communiquent aux choſes d'icy bas? or s'y manifeſtent-elles ſi dif-

feremment,quoy que manifeſtement,que
les Hebrieux tiennent,ainſi que nous auõs
dit en quelque part de ce liure,qu'il n'y a ſi
petite & malotruë Herbe en la terre, ne
rien quelconque des trois géres des compoſez,Mineraux, Vegetaux & Animaux,
qui n'ait là haut ſon Eſtoille correſpondã-
te qui luy aſſiſte , & dont elle reçoit ſon
maintenement & conſeruation.

Or pour faire fin à noſtre deſſein il faut
ſçauoir que la meſme diligence qu'on doit
contribuer aux remedes interieurs , on la
doit apporter aux exterieurs. Tellement
que pour vne playe receuë à la teſte, ou à
aucune de ſes parties, comme les yeux,les
oreilles , le nez,& la bouche, &c. il faut y
appliquer des remedes cueillis lors que la
Lune eſt au ſigne d'Aries , lequel domine
la teſte& ſes parties,&iceluy en l'aſcẽdant
ou premiere maiſon du Ciel,hors de toute
infortune : comme auſſi la Lune & Mars,
ſeigneur dudit ſigne: Et ainſi de toutes les
autres parties du corps. Exemple,ſi la maladie eſt au col,eſpaules,bras & mains,ap-
pliquez y les remedes cueillis laLune eſtãt
au ſigne du Taureau & Gemeaux , pourueu que fortunee ainſi que deſſus , auec le
ſeigneur de l'aſcendant. Que ſi la maladie

est aux parties pectorales, estomach, foye, ratte, ventre & intestins, il y faut administrer les remedes cueillis la Lune estant au Cancer, au Lion ou à la Vierge; & ainsi des autres, selon la distribution & domination des signes sur les parties ou membres du corps humain. Mais si la maladie estoit en tout le corps, il faut placer en l'ascendant le signe de la Balance estant bien fortuné, auec le seigneur dudit ascendant. Et estant question de guerir quelque maladie inueteree, il faut faire en sorte que la Lune soit au signe du Taureau, ou en sa triplicité. Que si la maladie estoit recente, on eslira les signes aquatiques. Et si la maladie estoit vniuerselle, depuis la teste iusques à l'vmbilic, on obseruera que la Lune soit entre le Meridien sousterrain & le susterrain. Et depuis l'vmbilic iusques aux pieds, icelle doit marcher velocement du Meridien susterrain iusques au sousterrain, prenant garde qu'icelle soit ioincte à Iupiter, luy estant en la sixiesme, & qu'elle ne soit en opposition au seigneur d'icelle.

Que si on veut traicter quelqu'vne des parties nobles, il faut éuiter le Planete qui luy preside, au contraire des autres parties sur lesquelles dominét les signes; car pour

icelles on prend garde lors que le figne qui
domine la partie eft en l'afcédant tát pour
la cueillette, preparatió, qu'adminiftratió
du remede aufdites parties; mais au Planete c'eft tout au cótraire, car on éuite nó feu
lemét le iour, mais l'heure en laquelle il regne. Tellemét que fi c'eft le foye qui foit
affecté, il faut obferuer quand la Lune fera
auec Saturne. Que fi c'eft pour la ratte, il fau
dra eflire Iupiter; & ainfi de tous les autres,
car cecy n'eft donné que pour exemple.

La mefme obferuation que deffus faut-
il apporter à la corroboration & fortification des parties nobles : car fi c'eft pour la
vitale, il le faudra faire, le Soleil qui eft fon
dominateur, eftant bien fortuné & en figne idoine, auec l'afcendant & feigneur
d'iceluy. Et ainfi pour le Cerueau la Lune,
& pour le Foye Iupiter. Quant aux autres
facultez chambrieres des deffufdites, fçauoir Attractrice, Retentrice, Coctrice, &
Expultrice; la premiere gouuernee du Soleil, la feconde de Saturne, la tierce par Iupiter, & la quatriefme par la Lune: Si on les
veut corroborer, cela fe doit faire pour la
premiere, lors que la Lune eft au figne du
Mouton, du Sagittaire, & non du Lion.
Pour la feconde, c'eft lors que la Lune fera

au figne du Taureau, ou de la Vierge. A la
troifiefme, quand la Lune fera au figne des
Gemeaux, ou en la premiere moitié de la
Balance. Touchant la quatriefme, il faut
mettre la Lune, qui eft fon dominateur, au
figne du Poiffon ou Scorpion. Que fi par
quelque violente neceffité on ne pouuoit
attēdre que la Lune fuft aux fufdits fignes,
que du moins on tafche de faire en forte
que quelqu'vn d'iceux foit en l'angle Oriē-
tal, & le Planette protecteur en quelque
lieu du Ciel puiffamment fortuné.

Or la mefme obferuation que ie demande en la cueillette & adminiftration des
remedes, ie la defire auffi en la preparatió
d'iceux, ainfi que i'ay dit fi fouuent en ce
Chapitre & ailleurs. Que fi l'on obferue
l'influence de l'Aftre dominant la Plante,
lors de fa cueillette, & la domination de
l'vn, & la fympathie de l'autre auec la partie affectee, à plus forte raifon le doit-on
faire en la preparation d'icelle. Car il eft
certain que les Plantes ont toute autre vigueur fous le Taureau, qu'elles n'auront
au Scorpion ; & les voyons aux Gemeaux
s'armer le fommet des fleurs , & fous la
Vierge pour la plus-part fe fanner, ainfi
que nous auons dit en noftre Hydre Mor-

bifique, liure 7. chap. 7. de la preparation
des remedes Spageriques. Que si quelque
abstracteur de quinte-essence estoit tant
mal practiqué en son Art, qu'il voulust extraire les eaux des Herbes sous la Baláce, il
trouueroit son eau diminuer beaucoup de
sa vertu & humeur : icelle luy estât empor-
tee de la semence, l'herbe demeure debile
& sans force virtuelle, qu'à perfection elle
a en ses fueilles depuis l'entree du Taureau
iusques au commencement de Cancer.
Car passé cest interuale les Plantes donnent leurs forces & vertus aux fleurs, &
celles cy à l'instant les laissent à la semêce
qui leur succede, laquelle arriuee à son entiere perfection, la racine reprend & refait
prouision d'humeur virtuelle, pour remá-
der l'herbe auec la vertu dehors en sa saison ; & retient en soy toute la vertu, tant
que Scorpius, Capricornus, Aquarius &
Pisces son en chemin, lesquels finissent à
l'arriuee du Belier. Aussi tost qu'il se monstre à la my-Mars, la racine se leuât de son
sommeil, mande petit à petit les fueilles
auec nouuelle humeur, laquelle emporte
auec elle le plus parfait de la vertu qui est
en ladite Plante. C'est pourquoy ceux qui
desireront faire vn medicament parfaict,

prendront garde à ce que deffus. D'ailleurs faut-il obferuer qu'il y a des Plantes qui fe doiuent mettre en vfage au mefme temps qu'elles fon cueillies, comme la
Pyrola, &c. & d'autres qui fe peuuent garder vn an & non plus, defquelles on peut
tirer l'huile & le fel, contre quelques vns
qui tiennent qu'on n'en peut rien plus tirer que le fel. En outre feroit-on tres-mal
aduifé de faire la preparation du Senné, &
de l'Agaric, tres-vtiles pour l'euacuation
de la poitrine, enfemble celle de la Caffe &
des Mirabolans tres-finguliers pour euacuer l'eftomach, fous autres fignes que
Cancer, Leo, & Virgo ; lefquels gouuer-
nẽt & la partie & le remede. Le femblable
de l'Aloës & de l'Afari, qui font influez
d'Aries, de Taurus & de Gemini. Et ainfi du
refte qu'on peut voir au liure fufdit. Dauãtage eft-il neceffaire au Medecin Chimique de fçauoir quel poids, quel nombre &
quelle mefure la Nature a obferué en la
production tant des Metaux, Mineraux,
que des Plantes. En celles icy nous y re-
connoiffons pour le nombre trois fubftances, Sel, Soulphre, & Mercure :
lefquelles nous apprennent la mefure,
qui eft la quantité ou la doze qu'on doit

adminiftrer

adminiſtrer contre les maladies : ſans laquelle connoiſſance il eſt impoſſible de
bien compoſer vne ordonnance ou rece-
pte contre aucune maladie. De ce que deſſus nous donnerons deux ou trois exemples. Diſons donc qu'à l'Angelique on remarque neuf parts de Soulphre, vne de
Sel & deux de Mercure. A l'Imperatoire
ſix parts de Soulphre, trois de Sel & trois
de Mercure. A la Pimpernelle cinq parts
de Soulphre, trois de Sel, & vne & demy
de Mercure ; & ainſi de tout le reſte des
Plantes : ce que l'on peut voir en mon Hydre morbifique au liu. & chap. ſuſdit : comme auſſi bien amplement en ma grande
Chirurgie Chimique Medicalle. Mais ce
n'eſt pas tout car ſi l'on doit ſçauoir ce que
deſſus, il ne faut pas auſſi ignorer quel ſigne & quelle planette domine ſeparément
chaſque ſubſtance deſdits ſimples, & c'eſt
l'opinion de Turneiſſery en ſon Hiſtoire
des Plantes, laquelle ie ne reprouue point,
d'autant qu'en la façon qu'il le prend ce ſeroit bien eſtre de loiſir que de le reprédre.
Ie ne ſeray jamais ſi malin juſques là que
de blaſmer ceux qui m'ont donné quelque
ouuerture dans les embaras & labyrintes
de ma profeſſion. Et neantmoins il s'en eſt

R

treuué de tout temps, & s'en treuue encores auiourd'huy, qui semblent estre à gage
pour cét effect. Ie pourrois pour mon particulier en dire quelque chose, mais la ven-
geance à Dieu. Ces bouffis de gloire n'ont
autre dessein en choquant ainsi les anciens
que de se faire estimer tres-doctes, & parauanture voudroient-ils obliger les plus
faciles, à croire que leurs conceptions sont
vniques, qu'ils n'empruntent rien de nos
deuanciers, qu'Apollon a treuué vne nouuelle mode pour leur infuser des penfees
toutes rellentes ie veux dire reeentes;
bref que ce qu'ils font est tout nouueau: vanité infuportable , ains impieté digne de
cenfure. Que tu estois bien de loisir , ô le
plus docte des fçauás, ô esprit infufé d'en-
haut trois fois grand en fageffe & en doctrine, de nous enseigner qu'il n'y a rien de
nouueau fous le Soleil, puis que les doctes
de ce temps, les fçauans du monde, les ha-
bitans de la terre ont plus d'intelligence
que l'esprit S. qui t'animant pour lors , te
pouffoit à dire cette verité. A les ouyr
dire ils ont des nouuelles penfees pour
efcrire , lefquelles ne furent iamais con-
ceuës des anciens , & toutesfois fi l'on
fe donnoit le loifir d'efplucher leurs efcrits

je crains bien fort , pour eux , qu'ils ne se
treuuassent en la mesme cathegorie que la
Corneille d'Esope. Mais continuons nostre
discours (car cecy n'est pas le nœud de la
matiere)& disons que comme Turncissery
l'entend , le moins versé en la connoissance des qualitez le iugera ; car il est certain
que le Soulphre estant prins pour la partie
oleagineuse, est mieux adapté aux Solaires , qu'on appelle sanguins , que non pas
aux autres humeurs. Et ainsi le Sel à Mars,
parce que toutes les maladies bilieusesfont
reconneuës par les Chimiques , prouenir
du Sel. Le semblable pouuons nous dire
du Mercure, lequel est pris par les Chimiques pour l'origine de toutes les maladies
pituiteuses. Or si en l'extraction & administration de la partie sulphureuse, j'ay esgard à l'astre qui domine icelle substance,
seray je digne de reprehension puis qu'on
me le cócede en la cueillette des Plátes. Et
si en l'administration de la substance salée,
comme aux fiéures tierces, causées le plus
souuent par Mars, j'ay esgard à l'influence
de cest astre, qui a domination & sur l'effet
de l'vn, & sur la cause de l'autre , seray-je
tenu comme porteur de rogatons, & don-
neur d'aduis sur vn pied de mouche. Et le

R ij

semblable de celles qui font caufees par la fubftance humide ou Mercurielle, car on doit toufiours auoir efgard au figne qui domine ceft humeur, qui eft la Lune. En outre ie diray, & cecy eft digne d'eftre notté, que fur toutes les Plantes qu'on met en vfage contre la Pefte, l'Angelique emporte le prix; & penfez-vous pourquoy cela? c'eft que la vertu Solaire eft beaucoup plus eminente en vertu en elle que des autres Planettes, vertu Solaire que nous deuõs particulieremēt reconnoiftre fur tous les cardiaques, à caufe de la fympathie que le Soleil du grand monde a auec le Soleil du petit, à fçauoir le cœur de l'homme, à la conferuation duquel nous tendons en l'extermination de cefte maladie contagieufe, la Pefte. I'ay beaucoup de belles chofes à dire fur cefte matiere, mais à caufe de briefueté, ie les ay referuees aux fueillets de ma Pharmacopee Spagerique. Seulement je diray auant faire fin à ce chap. que je fouhaiterois felon le defir d'Hypocrate, que le Medecin eftant parfaict (entant que faire fe peut) en la connoiffance des Mathematiques, il n'ignoraft pas la natiuité de fon malade, auant que commencer à le traicter, car par ce moyen il apprendroit

ſi quelque planette fortuné ou infortuné
eſt ſeigneur & dominateur d'icelle, & par
ainſi il pourroit pluſtoſt venir à la fin de ſon
intention, qui eſt la ſanté; d'autât que toutes elections telles qu'elles ſoient ſont ſuſ-
pectes, ou inutiles tout à fait, ſans la connoiſſance d'icelle natiuité. Au ſeul Dieu
trine en vnité ſoit rendu tout honneur, &
gloire, loüanges, Cantiques & jubilations,
aux ſiecles des ſiecles. Amen.

Des moyens propres pour operer la Chimie.

Снар. VIII.

Es moyens propres pour operer
la Chimie ſont deux, le feu, & les
inſtrumens auec leſquels on le
fomente, entretient, conduit, gouuerne
& diſpoſe.

Le feu eſt ſi admirable à cauſe de ſa chaleur, qu'il eſt tenu le plus noble & le plus
excellent des Elemens, auſſi eſt-il le plus
pur & le plus digne de tous, plein d'vne
onctuoſité corroſiue, penetrante, digerã-

te & tref-adherante, & duquel parlant A-
grippa au 4. chap. de fon 2. li. il y a vne chofe, dit-il, creée de Dieu, qui eft le fubjet de
toute merueille, laquelle eft en la terre &
au ciel, animalle en acte, vegetale, & mineralle, treuuee par tout, cogneuë de fort
peu de gens , & de nul exprimée par fon
droict nom , ains voilée d'innombrables
figures & enigmes: fans laquelle, pourtant,
ny l'Alchimie , ny la magie naturelle ne
peuuent atteindre leur complette fin. Car
toutes les refolutions & feparations des
parties Elementaires fe font par le feu, duquel procede l'execution de tous les artifices, prefque, que l'efprit de l'homme ait
inuentez.   C'eft pourquoy Homere en
l'hymne de Vulcan, dit, qu'iceluy eftant
affifté de Minerue enfeignerent aux humains leurs admirables artifices. Celle-cy
eftant prife pour les operations de l'entendement, & celuy-là pour le feu qui les
met à execution. Qui eft la caufe pourquoy
Minerue quitta les Rhodiens, parce qu'ils
luy facrifioient fans feu. Ie pourrois produire icy de tres-belles penfees , fur l'excellence du feu, lefquelles efleueroiét nos
ames à la cónoiffance de quelque chofe de
plus eminent que les chofes pour le fub-

jet defquelles nous auons entrepris cet
œuure: mais cela eft referué aux feuillets
d'vn autre volume; & parauanture en toucherons nous quelque mot cy deffous, en
parlant de la diuifion des feux. Or afin de
ne nous efloigner de noftre fubjet, difons
que le Feu eft auffi le principe des chofes,
leur premier ouurier, & le dernier deftru-
cteur & mueur des formes qu'il auoit caufees, iufques à tant qu'il ait reduit les chofes à leur periode & matiere; outre laquelle il n'y a plus de progreffion, mais bien
transformation: exeple, la premiere puiffance actiue qui opere en la production de
l'homme eft l'agitation ou motion de la
chaleur, apres laquelle production, la generation, puis l'augmentation, font touf-
jours aydées & conduites du Feu, qui eft le
feul operateur. Or ce qu'il fait à l'animal, il
le fait auffi au vegetal & mineral, car dás le
regne de ceftui-cy, entre autres chofes, on
confidere particulierement ce qui eft meu,
& le moteur, ce qui eft meu eft l'humide,
le moteur c'eft le chaud, celuy là pris pour
le Mercure, & cettui-cy pour le Soulphre,
qui eft vrayement le Feu: car fi les Chimiques difent que le Soulphre eft vne terre
graffe & adherante, le Feu eft de qualité

onctueufe, & tres-adherâte; s'ils la confti-
quent penetrante & digerante, y a il rien
de plus penetrant & digerant que le Feu?
ainfi que nous auons dit cy-deffus. Auffi
voit-on qu'eftant arriué à fon exaltation il
deffeiche tellement l'humide radical, en
telle façon, qu'il ne ceffe point fon action
qu'apres auoir conuerty le corps en cendre par refolution & corruption, lefquels
ne fe peuuent faire que par luy feul. Ce qui
a fait dire aux Philofophes Chimiques
qu'il eft leur premier agent, puis qu'en fon
action il defire amener tout à fa qualité,
ainfi que leur pierre extermine toutes chofes eftranges à fa fubftance, ne conferuant
finon ce qui luy eft conforme. C'eft pourquoy la turbe dit que le Mercure des Chimiques eft vn Feu qui brufle tous corps : à
quoy s'accorde ce qu'en difent tous les Philofophes, que c'eft vn venin & vn Feu. Et
quand ils difent qu'il faut faire le fixe volatil & le volatil fixe, ils n'entendent finon
d'alumer le feu, & extraire d'iceluy vn humeur qu'on condence en pierre. Oyons
Rofinu en vne fienne epiftre à Eutiche; il
eft de befoin, dit-il, de rendre le feu en eau
& faire le volatil fixe. Senior dit que les
Philofophes ont entendu par leur quint-

essence le feu, parce que le feu est la vie du meslange des 4. elemens. Et Panthée en son traicté de l'art Chimique, dit, que la semence principalle de l'Elixir, & de tous les metaux, n'est autre que le Mars, & Mars n'est autre chose que le feu, pour estre vn Soulphre rouge chaud & sec, & de facille combustion. Ce que confirme Alphidius au traicté *de Aurora consurgens*, où il dit que le fer des Philosophes n'est point attiré de l'aymant, parce, dit-il, que c'est du feu. Ce qu'affirme Raymond Lulle en son liure des Mineraux, quand il dit que les hommes ne pourroient substanter leur vie sans le fer des Philosophes, lequel n'est autre chose que le feu. C'est pourquoy Senior dit que du fer des Philosophes, qui est le feu, s'engendre la lumiere & le secret des secrets: Mais tout cecy estant tres-mystique nous changerons de propos, & viendrons à la diuision du feu.

Nous considerons le feu en autant de manieres qu'il y a de mondes: or tous les cabalistes tiennent qu'il y en a 4. sçauoir l'intelligible, le celeste, l'Elementaire, & l'infernal. Chacun de ses modes a son feu; celuy de *l'intelligible* est tout pur & lumineux, aussi Dieu l'a choisi pour son aymé

tabernacle, en ayant enuironné le throfne
de fa facro-fainéte Majefté: car en l'Apo-
calypfe 1. & 4. il y auoit 7. lampes ardentes deuant le throfne, qui font les efprits de
Dieu. Sur quoy il faut noter que le feu eft
appellé efprit de Dieu à caufe de fa noble,
pure & digne effence : auffi eft-il appellé
par Agrippa, li. 1. chap. 14. l'efprit du mõ-
de, & la quint-effence, le moyen par lequel l'ame s'affocie & vnit au corps, auec
toutes les proprietez fpecifiques introdui-
tes és animaux, car c'eft le feminaire de
leurs vertus. C'eft parauenture de ce feu
dõt l'Efcriture parle que Iefus Chrift a bap-
tifé, voulant entendre par là le S. Efprit,
car le feu en eft vne des marques; auffi eft-
il defcẽdu fur les Apoftres en forme de langues de feu: mais laiffons cecy aux Theologiens & continuons noftre deffein.

Le celefte eft luifant & chaud, à raifon de
fon mouuement; il eft la perfeétion de l'v-
niuers, l'amour & la vertu de tout ce qui
vit en la terre; c'eft en luy où Dieu a mis
tous les threfors de la nature, & la fource &
reffource de la vie, qu'il fait de là couler
par tout le monde Elemẽtaire, cõme de la
fontaine de fes bontez. Car fa nature ref-
pond à toutes chofes naturelles, & fa vertu

viuifie tout, parce qu'il eſt le viuifique threſor de la Nature. Car rien ne ſe peut parfaire, voire ny ſe mouuoir , & viure alaigrement, ſans l'ayde & communication de ſon eſprit, au ſentiment duquel tout ſe meut, & s'eſmeut, ſe cree & ſe recree. Auſſi eſt-il le moteur viuifiant de tous les compoſez du móde, deſquels les particulieres vies treuuent (par vne viue ſympathie) leur perfeƈtion & allegreſſe en luy.

L'Elementaire icy bas au monde ſub-lunaire, eſt luiſant, chaud, & bruſlant ; il eſt le plus pur de tous les Elemens, parce qu'il eſt ſi haut & ſi chaud que les vapeurs n'y peuuent monter : & quãd bien elles y paruiendroient, elles ſeroient diſſipees par ſa chaleur extreme. Or au deſſous de luy, à cauſe de ſa pureté, eſt placé l'air, le plus pur, apres luy, des autres Elemens ; & au deſſous de l'Air eſt l'Eau, & ſous elle eſt la terre : perſonne n'ignore ceſte verité.

Or ce feu Elementaire eſtant excité par le Celeſte, comme celuy-cy l'eſt par l'intelligible (auſſi eſt-il le chariot de ſon excellente lumiere) il vient auſſi à agir & exciter l'Air, & ceſtuy-cy l'Eau, & icelle la Terre , leſquels par leurs aƈtions produiſent leurs ſeméces, ou principes (ainſi que nous

auons dit cy deuant) lesquels la terre reçoit, & en manifeste les effects au téps deu,
le tout par le doux embrassemét du Soleil,
pere de toutes generations.

Quant à *l'infernal*, il n'est ny luisant, ny
chaud, rien que tousiours bruslant, sans
pourtant consommer. C'est pourquoy les
Theologiens disent que ce feu est grandement tenebreux, & son obscurité est celle de la mort eternelle. Mais laissons leur
en desduire les effects.

Outre ces feux nous en considerons encore quatre, sçauoir le feu Spirituel, Naturel, Materiel, & Artificiel.

Le feu Spirituel est analogique à l'intelligible, aussi n'est-il autre chose que l'ardeur charitable de l'esprit S. qui nous enflamme de Foy, Esperance, & Charité; &
nous despouillant des impuretez qui souïl-
lent nostre ame, la rend capable de iouyr
de son Dieu.

Le feu Naturel est analogique au Celeste, aussi est-il meu necessairement par cest
esprit du monde, le Soleil, lequel excite le
plus Spirituel des plus hauts Elemens, à
descendre vers ceux qui sont en bas pour
maintenir en estre permanét (autant neátmoins qu'il plaira à Dieu) la vie au corps,

Et veritablement ce feu Naturel ou esprit du monde, ne s'auiue que de l'efficacieuse vertu du Soleil , ce qui se remarque en ce qu'il suit le mouuemēt de sa source , par vn tour perpetuel & successif. Tellement que le Soleil s'esleuant ou s'abaissant le feu Naturel s'esleue ou s'abaisse comme luy , ores en haut, ores en bas, selon que le Soleil mōte ou qu'il descend en nostre Horison : & c'est par vne incroyable sympathie qui le fait consentir à son mouuemēt. C'est pourquoy ceux qui poussez d'vne saincte curiosité recherchent en la Nature des choses l'esprit vital, ce vray feu naturel , baume de vie, humeur radical, autrement la quint-essence des sçauans, taschent de diriger leurs operations selon le cours du Soleil (ainsi que nous auons dit cy dessus au chap. des Fourneaux) n'ignorans pas que d'iceluy depend l'actification de leur œuure , aussi bien que la conseruation de nostre vie. Car l'action , proprieté excellēce, & perfection du feu Naturel ne despend, & ne vient que du Soleil, lors, notamment, qu'il le peut viuifier; car quelquefois par nostre ignorance, ou negligēce, nous faisons qu'il le mortifie. Et parauanture à ceste occasion le feu des Vestales à Rome estoit gardé auec tant de curiosité, pour mõstrer qu'auec vn grãd soin & diligence nous deuons conseruer ce radical de nostre vie: que si par malheur ce feu venoit à s'esteindre, on auoit coustume de le r'allumer aux rais du Soleil : Le mesme deuons nous faire quand par malheur la riante santé a fait place à la maladie: ou bien plus Chrestiennement pour nous donner à entendre que lorsque le feu de l'amour diuin est esteint en nos ames, sur l'autel de nostre cœur, qu'il le faut r'allumer aux rayons du Soleil de Iustice Iesus Christ nostre Sauueur. Ie voy cette mesme obseruation de r'alumer ce feu aux rais du Soleil, dans l'Histoire saincte; le feu du Temple en Hierusalem, ayant esté jetté dans vn puits on treuua au fonds, l'ayant ouuert (septante ans apres) vne certaine matiere grasse, laquelle estant exposée au Soleil le feu s'y r'alluma : de cecy nous pourrions tirer la mesme moralité que dessus, mais le feu materiel nous appelle.

Le feu materiel ou actuel, & dit ainsi parce qu'il est tousiours attaché à quelque matiere sans laquelle il ne peut consister vn seul moment; il a aussi vne sympathie analogique auec l'Elementaire; car outre qu'il est luisant & chaud, il est aussi bruslant auec

uy; & quoy que nous ayons dit cy deſſus
qu’il eſt excité par le celeſte, il faut entendre que cela ſe fait ſeulement par ſympathie de nature, car à vray dire ils ſont beaucoup differens d’action, d’autant que le celeſte, ainſi que nous auons deſ-ja dit, eſt
accompagné d’vne chaleur generatiue &
vitale: & l’Elementaire, d’vne ignée, bruſlante, deſtruiſante & ruinante la vie. C’eſt
pourquoy en l’action du feu actuel, pour
exciter le naturel, tous les Philoſophes re-
cõmandent tant de ne bruſler pas les fleurs
de l’or, &c. Et neantmoins les Perſes faiſoient tant d’honneur au feu materiel
actuel, qu’ils le portoient ordinairement où leur Roy marchoit en perſonne,
& ce auec telle pompe, ſolemnité & veneration qu’ils euſſent peu faire à vn Dieu;
car adorant le Soleil comme ils faiſoient,
ils croyoient que le feu en feuſt ça bas,
ſon image. Et parauenture ne ſe trom-
poient-ils pas, car le Soleil fait le meſme
effect, en cas de purifier, que le feu;
comme on voit par experience que les
lieux où ſes rayons ne donnent point, ſont
touſiours relens & moiſis, & que pour les
purifier on ouure les feneſtres pour y ad-
mettre ſa lumiere, & y alume-t’on d’abon-

dant du feu, qui eſt fort propre en temps
de peſte, car il chaſſe le mauuais air comme
la lumiere fait les tenebres, ainſi que j'en
traicte bien amplement en mon liure de
peſte, intitulé *Les feux d'Hyppocrate & les*
parfums de Paracelſe pour chaſſer l'haleine du
ſerpent peſtifere, la contagion.

On peut en quelque façon analogiſer le
feu artificiel auec celuy d'enfer: car la chaleur de chaux viue, des fumiers des cheuaux & des pigeõs, le marc des vendẽges,
& le tas des pommes, poires & oliues, en-
ſẽble des bains & de nos eaux fortes, bruſlent & emportent la piece, & neantmoins
n'ont point de lueur: au nõbre de ſes eaux
fortes, ou mercuriales, ie pourrois mettre
le Mercure des Philoſophes, duquel eſt dit
dans la turbe qu'il eſt vn feu qui bruſle les
corps comme le feu d'enfer.

Il y a en outre d'autres feux artificiels qui
ſont lumineux & bruſlans, ſçauoir tous les
feux auſquels la poudre à canon entre, laquelle eſt tres-aiſée à faire, d'autant qu'elle conſiſte de peu d'ingrediens , ſçauoir
Soulphre, Salpeſtre & charbõ, leſquels on
pourroit faire quadrer myſtiquement aux
trois puiſſances celeſtes, Iupiter, Veſta &
Vulcan , auſquelles les Egyptiens attribuoient

buoient la conduite des tonnerres des ef-
clairs, & des foudres; à fçauoir par Iupiter
le falpeftre, qui eft grandement aereux, &
venteux; le charbon par Vefta, à caufe de
fa terreftreité incorruptible, d'où vient
que fi l'on veut côferuer quelque chofe en
terre on l'enuelope de charbon, affeuré
qu'elle fe conferuera plufieurs milliers
d'années fans s'alterer, corrompre ny ga-
fter par Vulcan, le foulphre grandemêt in-
flamable, &c. d'icelle on compofe des feux
qui bruflent fous l'eau, qu'on appelle feux
Gregeois, d'autres qui vollent par l'air, lefquels reprefentent dix mille fortes de figures, comme hommes armez, lances, cou-
ftelas, efcuffons, chiffres, deuifes, voire
mefmes iufques à des noms entiers lefquels on peut facilement lire. Ceux qui
ont veu le caroufel de la place Royalle à
Paris (fait en tefmoignage de l'extrefme
joye que la France auoit conçeuë de l'heureufe alliance, de noftre Alcide Louys le
Iufte, toufiours victorieux, auec la plus
grande Princeffe de l'Europe Anne d'Au-
ftriche) pourront rendre tefmoignage certain fi ce que je dis eft faifable. Bref on en
peut faire des grenades, pots à feu, trompes
à feu, vne forme de boulets, lefquels iettez

S

au milieu d'vne armée, ou d'vne ville, viennent à s'escarter en plusieurs pieces , chacune desquelles emporte son feu d'artifice qui fait vn degast indicible auãt qu'il soit
esteint. Quelques vns tiẽnent que ce feu se
peut mixtióner & cóposer d'vne telle façõ,
que sa vapeur peut faire mourir tous ceux
qui la receurõt, s'ils ne sõt munis auparauãt
d'vn alexipharmacque contraire à ce venin:
Qu'on voye en mon traicté des mousquetades si l'on peut empoisonner la poudre &
les boulets, & on verra que je ne parle pas
en vain.

Outre ces feux d'artifice on en peut faire d'autres qui seront d'vne tres-longue du-
rée, voire quelque fois inextinguibles : ce
qui nous sembleroit chose fabuleuse si nous
n'estions acertenez par plusieurs autheurs
dignes de foy, de cette tant fameuse lampe
penduë en certain temple de Venus, où ar-
doit sans cesse la pierre d'Albeste, laquelle
estant vne fois allumée ne s'esteint jamais
plus. Hermolaus Barbarus en ses annota-
tions sur Pline, racóte que de son temps fut
ouuert vne vieille sepulture au territoire de
Padouë , dans laquelle on treuua vne vr-
ne, où il y auoit vne maniere de lampe encores ardente, combien que selon l'inscri-

ption il y deuſt auoir plus de cinq cens ans
qu'elle eſtoit ainſi allumée. Cette lampe
eſtoit entre deux petites fioles rondes, l'vne
d'Or, l'autre d'Argēt, dans leſquelles reſtoit
quelque peu de liqueur, par la vertu de laquelle on croit que cette lampe garda & cō-
ſerua ſa lumiere vn ſi long temps, ainſi que
le remarquent tres-bien Pierre Apian , &
Barthelemy Amant en leurs inſcriptions
de l'antiquité. L'experience meſme nous
apprend qu'on peut compoſer vne ſubſtance, laquelle bien rencloſe dans vne fiole de
verre, & ſcellée du ſceau d'Hermes, en telle façon que l'air n'y entre nullement , icelle gardee cent ans, voire mille ſi l'on veut,
& au bout de ce temps l'ouurir , ſoudain
qu'elle ſentira l'air on y treuuera du feu
pour allumer vne alumette. Semblable à ce
que deſſus, ou du moins bien approchante,
eſt vne compoſition que l'on fait de calamite, ſoulphre, chaux viue , poix blanche an.
ʒ iij. canfre ʒ ij, aſphaltum ʒ iij. tout cela pulueriſé on le met enſemble dans vn pot de
terre, & iceluy, eſtant bien fermé, mis ſur le
feu on l'augmente peu à peu iuſques qu'elle deuiëne dure en forme de pierre, laquelle eſtant frottée auec vne petite piece de
drap on y peut allumer vne alumette, puis

foudain l'esteindre auec de la saliue , puis la tenir en lieu humide. En outre on peut côposer vn huille qui bruslera sans se consommer, en cette façon: pr. huille d'olif, sel cômun preparé, chaux viue, an ℔ j,toutes ces choses meslees soient distillees doucemêt, les fœces & l'huille distillée soient derechef incorporez & distillez de nouueau , continuant iusques à quatre fois: c'est huille bruslera sans se consommer : secret pour ceux qui veulent faire vn feu durable. En consequence de cecy on peut produire des feux dans vn lieu bien fermé où le grâd Air n'entrera point: on met en vne escuelle de terre du bon vin vieil, & icelle estant sur vn réchaud, on jette dans le vin quelque quantité de nitre & de Camphre, puis on fait euaporer cela , prenant garde qu'il n'y ait pas plus d'ouuerture que de l'espoisseur d'vn dos de cousteau, pour y donner autant d'air qu'il en faut pour le faire brusler. Quoy fait, apres en auoir retiré l'escuelle,on referme bien le guichet (car cela doit estre fait dans vn armoire) que rien ne s'esuapore; de la à dix, vingt & trente ans, pourueu que l'air n'y entre, & qu'il ne s'esuente, y introduisant vne bougie allumée , on verra infinis petits feux voltiger comme des esclairs par les grandes chaleurs de l'Esté, chose admirable & tres-curieuse à voire veritablement. D'ailleurs peut-on faire vne maniere de Soleil estincelant , lequel fera plus d'effect que trois douzaines de gros flambeaux ; il faut faire faire vne boule de cristal de la grosseur de la teste d'vn homme, icelle doit estre emplie de vinaigre distillé 3. ou 4. fois, puis plonger dans icelle vne lampe de verre pleine de l'huile cy-dessus, ou de celuy preparé en la façon que nous auons enseigné au Chap. des fourneaux, & iceluy accompagné de ses mesches correspondantes: je puis asseurer que la lueur qui en sortira esbloüira plustost qu'esclairer le lieu où l'on le mettra, & tout cela auec fort peu de despense, car en vingt quatre heures elle n'vsera pas autant d'huille qu'il en tiendroit dans la coquille d'vne noix. Mais dira quelqu'vn , à quoy bon tout ce discours ? que ne venez vous tout d'vn coup au but proposé, qui est de parler des feux qui seruent seulement aux operations Chimiques? à quoy je responds que la connoissance de tous ces feux est tellement necessaire que sans elle les Chimiques ne peuuent agir sur leur subjet auec profit : car si Pontanus dit auoir manqué deux cens fois

n'ayant la vraye connoiſſance du feu, combien plus ceux d'à preſent qui ne ſont pas
des Pontanus. D'ailleurs dans la connoiſſance du feu s'y deſcouure de ſi hauts &
grands myſteres que j'oſeray dire que de
la connoiſſance d'iceluy depẽd tout ce que
nous pouuons apprendre de Dieu & de la
Nature: prenez, pour exemple, vne chandelle ardente, cõſiderez en ſa flâme 4. couleurs, ſçauoir, vne blanche, vne rouge, vne
bleuë & vne noire.　Ces 4. couleurs qua-
drent grandement bien aux quatre mondes que nous auõs alleguez cy deſſus. Car
la couleur blanche qui eſt au bout du lumi-
gnon, repreſente le ſupra-celeſte; la bleuë,
le celeſte; la rouge, l'Elemẽtaire; & la noir-
ceur bruſlâte, l'enfer. Que ſi nous deſcẽdõs
au petit monde l'homme, nous treuuerons
l'analogie de la rougeur auec les eſprits vitaux reſidents au ſang; de la bleuë à l'ame;
& de la blanche à l'intellect Caractere Diuin imprimé en l'ame. Eſtant à remarquer
en paſſant que tout ainſi que la lumiere
bleuë ſe chãge tantoſt en jaulne, & tantoſt
en blanc, qu'auſſi peut faire l'ame ſelon
qu'elle s'ẽcline à mal ou à biẽ, & ſeló qu'elle ſuit les allechemens de la chair, ou les
douces & amoureuſes ſemonces de l'intel-

lect. Ces 4. couleurs se rapportent encore
aux 4. Elemens, sçauoir, le noir materiel à
la terre; le bleu plus spirituel, à l'air; le rouge, au feu; & le blanc, à l'eau; car le ciel est
composé du feu & de l'eau qui sont au dessus des cieux. Cette connoissance des Elemens & de leurs couleurs, n'insiste pas tant
seulement és corps composez icy bas, ains
par là nous pouuons monter (s'il en faut
croire les rabins) ainsi que par l'eschelle de
Iacob là haut dans le monde celeste, où les
Elemens sont aussi, mais bien d'vne autre
sorte, & plus simples & depurez; & de là
passer dans le monde intelligible, où tout y
consiste des 4. Elemens. Car leur composition & regime n'est autre que le sacro-S.
Tetragrammaton, lequel comprend tout
ce qui fut, est, & sera. Suffit de cecy, delais-
sant le reste dans les secrets de la caballe,
où quelqu'vn l'aprofondant, pourra l'en
retirer pour la donner aux esprits sublimes
& espurez: Car de moy je voy que les Artistes attendent que je leur donne des feux
naturels pour poursuiure & effectuer les
operations de Chimie.

Disons donc que l'instrument ou moyen
principal d'operer en la Chimie, est le feu,
cela ne se reuoque point en doubte parmy.

les Chimiques. Or ce feu, quoy que de diuers degrez multiplié, se peut reduire pourtant en quatre principaux, voyez voir que ce nombre de quatre a de force, car quoy que je tasche de me separer de la diuision quaternaire des feux desquels j'ay cy dessus discouru, neantmoins je ne sçaurois. Or le premier est vn feu ou chaleur de fumier, ou de bain marie conuenable aux putrefactions, & dissolutions, comme aussi aux distillations des liqueurs mercuriales. Le second est le feu de cendre, plus chaud que le premier, conuenable aux coagulations, comme aussi aux distillations d'aucunes liqueurs grasses & huilleuses.

Le tiers est le feu de Sable, encor plus chaud que le second, propre aux Sublimations, & fixations, comme aussi aux distillations d'aucunes liqueurs plus tenaces & adherantes auec les autres parties du compost, ainsi que sont les Mineraux & les Metaux.

Le quatriesme, est le feu de flamme, lequel on fait auec le bois propre de coterets ou de charbons viuement enflammez; sur lequel le vaisseau estant mis, se font les reuerberations, calcinations, & incineratiós de chacun compost.

Or chacun de ces quatre feux se peut reduire par autres degrez successifs selon l'exigence du composé, & de la chose que nous en voulons retirer; exemple, le feu de Bain Marie a trois degrez; le premier quãd on met le vaisseau contenant la matiere sur la fumee de l'eau seulement eschauffee; le second, quand le vaisseau est plongé dans ledit Bain l'eau estant chaude sans neant-moins boüillir; & le troisiesme quand en augmétant le feu on fait boüillir l'eau dudit bain. Ainsi se peuuent graduer les autres trois feux, à sçauoir de cendre, sable, & Charbon, tant par les soupiraux & registres des fourneaux dextrement faicts, qu'aussi par la quantité du charbon ou du bois qu'on met dedans par justes mesures; ou bien par le nombre des mesches si l'on fait feu de lampe, & tout cela selon l'exigéce du compost que l'on veut traicter.

Celuy qui entendra bien tous ces feux externes, & auec ce n'ignorera pas les feux susdits, lesquels le conduiront à la vraye connoissance du feu de nature tel qu'il est en l'interieur du compost, voire luy apprédront comme l'vn peut exciter, vigorer & adresser l'autre; Celuy là, dis-je meritera vrayment le nom de Philosophe, & pourra mener à bonne fin ce qu'il entreprendra pour ce qui concerne l'art. Venons maintenant aux instrumens auec lesquels on fomente, entretient, conduit, gouuerne, & dispose le feu.

Les instrumens auec lesquels on excite ou dirige le feu, sont plusieurs, sçauoir, soufflets, euentoirs, pincettes, forcettes, cueilliers, terrines, spatules, regiftres, soit en tablettes, perforées ou non perforées, soit en canon droit, courbé, ou en plusieurs circóuolutions. Bref la matiere auec quoy on le fomente est encore à considerer, sçauoir si c'est du bois, du charbon, de l'huille, eau de vie, fumier, &c. à quoy l'on peut joindre les mesches, lesquelles sont fabriquées ou de cotton preparé, selon que je l'enseigne en quelque lieu de cet œuure, mouëlle de suzeau preparée, alum de plume, fil d'or, &c. Or ayant parlé de tout cecy cy-dessus au chap. des fourneaux, nous finirons ce chap. disant que le principal instrument pour bien diriger le feu c'est la main d'vn bon & diligent Artiste: Mais pour l'auoir tel monstrons les conditions qu'il doit auoir. Au seul Dieu pere, fils, & S. Esprit, soit honneur & gloire és siecles des siecles. Amen.

Des conditions du Medecin Artiste.

CHAP. IX.

LE Medecin Hermetique, Chimique, ou Artiste, comme l'on le vqudra appeller, doit auoir (pour se rendre digne non seulement de l'honneur que toute l'antiquité a decretté à son aduantage, mais de la recompense eternelle que Dieu luy prepare dans le ciel) les côditions suiuātes, sçauoir, qu'il ayme & craigne Dieu, & qu'il n'ignore pas la Nature; qu'il soit docte & sçauant, grandement experimenté, riche veritable, fidelle, & charitable. Deduisons toutes ces conditions separément & en leurs parties, & faisons voir que sans elles le Medecin n'est qu'vn fantosme, vne idole, & vne ombre, & ne peut estre appellé vray Medecin.

Il faut donc que le Medecin Artiste ayme Dieu, qu'il le craigne & qu'il l'honnore de tout son cœur, & de toutes les forces de son ame. Et c'est auec beaucoup de raison que je dis qu'il faut qu'il ayme & craigne

Dieu; car nous sommes en vn siecle si depraué où plusieurs estiment les Medecins estre Athees : tellement que ceux qui ont beaucoup peiné à se rendre dignes de connoistre les raretez de cette belle nymphe la Nature, n'ont pour toute recompense de leur trauail que la croyance que plusieurs ont conceuë, qu'ils viuent sans Dieu, sans Loy, sans Foy, & sans Religion. C'est vn grand coup de hazard si plusieurs fois en leur vie, l'enuie, la malice, & la calomnie ne les disent estre des sorciers, des magiciens, faux monnoyeurs & Athées. Tellement que voir d'vn œil enuieux & malin, vn homme sçauant scrutateur des secrets de la nature, c'est voir vn magicien & vn sorcier. Que s'il passe dans la necessaire curiosité de la Chimie, ô c'est vn faux monnoyeur. Si dans la permise liberté de lire, escrire & parler des Astres, ô c'est vn Athée. Et ce qui fomente cette pernicieuse opinion, c'est que plusieurs, & notamment des grands, ne croiroient pas estre bien gueris, s'ils n'employoient à lentour d'eux des Medecins, Turcs, Payens, ou Iuifs. Mais quoy, nous sommes à la lie des siecles, & à peine que je ne die que nous ne viuons plus au monde Elementaire, & que c'eſt pluſtoſt vn monde infernal, où toutes les relantiſſeures, & moiſiſſeures des malices des ſiecles paſſez ont fait leur eſgouſt.

Or pour diſſiper ces nuées de calomnie & de méſonge, il faut que le Medecin Chimique ſoit tout reluiſant du Soleil de Iuſtice par l'amour qu'il portera à Dieu, à ce bon Seigneur, Createur du ciel & de la terre. Que ſi c'eſt de toutes les forces de ſon entendement, de toutes les facultez de ſon ame, & vertus de ſon cœur, cela luy produira vne crainte filiale, parce que tant plus nous aymons, & tant plus nous craignons, non ſeulement de perdre la choſe aymée, mais auſſi de l'offencer. Et cette crainte eſtant profondément enracinée en noſtre ame, eſt tellement gardienne de l'innocence, qu'elle ne produit pas ſeulement la juſtice humaine, mais auſſi la Diuine; car celle là ne côprend que la juſtice de nature, la juſtice des mœurs, & la juſtice politique, leſquelles à vray dire ne ſont pas les vrayes juſtices, parcequ'en icelles nous regardós nos intereſts particuliers & non celuy de Dieu. Et quoy que celle de nature nous apprenne de ne faire à autruy que ce que nous voudrions qui nous fut fait (qui eſt beaucoup à ceux qui la gardent bien, car elle les ache-

mine à la vraye justice) neantmoins cela
n'est rien. Celle des mœurs nous apprend à
viure ciuilement, à nous rendre complai-
sans à autruy, bref viure dans la decence,
n'offencer personne & acquerir l'amitié
d'vn chacun; mais cela n'est pas la vraye justice . La politique l'est encore moins que
tout cela , car elle ne nous apprend autre
chose qu'à conseruer nos familles , garder
nos villes , deffendre les Royaumes, &c.
Mais la vraye justice c'est imiter Iesus-
Christ, c'est luy qui est nostre vraye justice,
car si nous l'imitons nous ferons justice. On
l'a frappé, mocqué, craché, & il n'a rien res-
pondu; on l'a appellé Diable, on l'a injurié
& bafoüé, il n'en a pas demandé reparation
d'honneur: bref il a beny ceux qui l'ont injurié, & prié pour ceux qui le persecutojét.
Que le vray Medecin en fasse de mesme, &
il acquierra l'effect de la crainte, qui est la
vraye justice . Mais il faut prendre garde
que ce ne soit pour aucū interest particulier,
mais pour l'amour de Dieu , parce qu'il est
bon.

Quelqu'vn pourroit icy faire cette question, comment peut on aymer vne chose
que l'on ne connoist pas, car il est impossible de connoistre Dieu, luy qui habite vne

lumiere inacceſſible? à quoy je reſpôs qu'il
eſt vray que le ſouuerain Createur de toutes choſes, ayant ſeul de ſoy l'immortalité,
habite vne lumiere claire plus que toute
clarté; & parce qu'il eſt inacceſſible perſonne ne le peut voir, non ſeulement des yeux
corporels, mais encore moins de ceux de
l'ame, ainſi que nous auons dit au Chap. 6.
de la Fleur premiere.   En cette façon perſonne ne peut connoiſtre Dieu; c'eſt pourquoy il faut venir à cette connoiſſance par
vne autre voye, qui eſt par ſes ouurages inimitables; car il y a vne telle relation d'iceluy auec iceux ouurages, qu'ils ne ſe peuuent bien comprendre que reciproquemêt
l'vn par l'autre. Si que tout ceſt vniuers eſt
vn liure auquel ſont eſcrites les merueilles
du Createur, qui anoncent inceſſammêt &
ſa connoiſſance & ſes loüanges à ceux au
moins qui ſe ſont peinez pour y ſçauoir lire.
Tu ne verras pas ma face, dit Dieu à Moyſe, tu ne verras que mes parties poſterieu-
res; c'eſt à dire, ainſi que le veulêt tous les in-
terpretes, tu ne me cônoiſtras que par mes
œuures: & c'eſt cette connoiſſance de la nature que nous deſirons que le Medecin n'i-
gnore pas.

La nature eſt vn ordre infaillible que

Dieu establit au monde dés le naistre d'icé-
luy, afin, par son moyen, d'ennoblir son
dessein en infinies diuersitez de productiós,
augmentations, & alterations des choses,
desquelles il est la premiere cause. Or en la
connoissance d'icelle la science du Ciel &
des Astres nous est concedée; car tout ce
qui se peut remarquer *in actu* au monde Elementaire, se remarque *in potentia* au Celeste (ainsi que nous auons dit tant de fois cy
deuant) tellement que connoistre le Ciel
& la terre, c'est auoir parfaite connoissance
de toute la nature.   Aussi par cette voye le
Medecin apprend que les semences de toutes les maladies estant en nous aussi bien
que celles de la santé, elles sont reduites
quelques fois de puissance en acte par l'influence du macrocosme, & le plus souuent par celle du microcosme; & c'est aussi
d'où il faut que le Medecin tire indication
de santé ou de mort; de l'esleuation ou reculement du principié, par le desordre du
principiant; & de l'infalibilité de guerison
par la similitude ou dissimilitude des images.

Le Medecin qui aura la parfaite connoissance de ce que dessus, possedera asseurément la troisiesme condition que nous luy
desirons,

defirons,fçauoir qu'il foit docte & fçauant,
car penfer deuenir fçauant par les liures,
ou fuiuant les communes efcolles, c'eft tra-
hir la Medecine & fe rendre meurtriers de
ceux qui ont recours à elle. Non, non, ce
ne font pas les liures remplis de vanité, de
menfonge, d'outre-cuidance & de prefom-
ption,qui font fçauant vn Medecin : Non,
non, ce ne font pas les efcolles communes
qui font les doctes, car elles n'enfeignent
rien. Ie vous prie, font-ce elles qui enfeignent la fecrette vertu des chofes, comme
la caufe du fon,de l'odeur, de la couleur , &
de la tranfmutation d'icelles chofes ? rien
moins.

Mais de grace,font-ce les Efcolles communes qui enfeignent à connoiftre les degrez que la nature obferue en la diuerfe
production des metaux, mineraux , animaux,& vegetaux ? en outre,des fels , des
fucs, des huilles, & des Soulphres? Car il
eft certain qu'en iceux la nature y a obferué vn poids & vne mefure.

Dauätage,font ce elles qui nous font cô-
noiftre l'ame du monde, ou efprit de la premiere matiere? nous font-elles connoiftre
fa diuifion en 4. effences? Apprenons nous
dans leur tumultueux bourdonnemět,que

T

l'odeur d'vne chacune chose (de laquelle
no⁹ auõs parlé cy-dessus)est l'ame ou esprit
d'icelle chose ? Et si la teinture de toutes
choses est vn corps pur auquel l'ame reside? rien moins que tout cela. Posons le cas
qu'vn Docteur en Medecine fasse vn liure,
&qu'en iceluy il traicte des choses & effets
admirables en la Nature ; parauanture se-
ra-ce de ceux qui s'apperceuront & se manifesteront dans la prouince ou au Royau-
me où il habitera , & pour faire voir ces
choses tres-rares , il se contentera seulement de dire la Nature produit telle chose
admirable en telle part, & sans passer plus
auant à la recherche, pourquoy, &par quel
moyen elle faict telle chose, il en demeurera là & passera outre pour en dire autant
de quelque autre objet qui se presentera: je
demãde celuy qui lira son liure ne pourra-
t'il pas à bõ droit dire ou qu'il se mocque de
luy,abusant ainsi de sa patiéce,ou bien qu'il
est vn ignorant ne luy enseignãt rien, & ne
disant autre chose que ce que la vile popu-
lace & le plus ignorant du vulgaire sçait.
Mais parce que cecy seruira parauenture
de leçon à quelques vns, j'insisteray d'auãtage, & prendray pour exemple les caues
goutieres de Tours. Vn chacun sçait qu'à

deux lieuës de Tours, tirant vers Chinon,
y a des caues goutieres, appellées ainfi parce qu'inceffammēt elles diftillent des gouttes d'eau , lefquelles gouttes ne fonr pas
pluftoft à bas, qu'elles fe forment en petites pierrettes rondes de la groffeur d'vn
poids, & blanches côme de la dragée. Voyla vn objeƈt plaifant pour fe diuertir : voyla
vn recit agreable pour l'indifference. Mais
fi quelque curieux & ferieux fcrutateur des
fecrets de la nature, ne lifoit que cela , affeurément fon efprit ne feroit pas fatisfait;
& veritablement il auroit occafion de dire
que je conditionne mal vn Medecin Artifte, ne luy apprenant que ce que les feruan-
tes fçauent, & il auroit raifon, car auffi n'eft-
ce pas là vne grande merueille. Mais fi je
dis en fuitte que la caufe pourquoy cette
eau fe congelle ainfi en pierre eft l'efprit
coagulatif du fel, qui fe meflant auec l'eau
congelatiue degenere ainfi en pierre , laquelle retient la couleur de la terre par où
elle paffe ; ainfi que nous voyons à ces
caues goutieres de Tours , la terre qui les
couure eftre blanche, tellement que quand
il a pleu deffus, les rayons du Soleil venant
à y donner ils enleuent l'eau efleuatiue, &
laiffent la côgelatiue, laquelle paffant à tra-

uers rencontre le sel coagulatif d'icelle terre, ce qui la fait ainsi congeler en petites
pierres blanches.   Alors ce curieux n'auroit il pas occasion de loüer Dieu, & de me
remercier de luy auoir esclaircy cest effect
de la Nature, lequel pourra esleuer son esprit à la cónoissance de quelque chose plus
excelléte:ouy sans doute.J'ay dit que cette
eau ainsi congelce retient la couleur du
lieu par où elle passe : sur quoy il faut noter que si elle passoit par vne miniere d'or,
cette eau vegetatiue ou congelatiue, ren-
contrant le sel coagulatif de la miniere,
se rendroit en or; si de fer, fer; si argent,ar-
gent; si cuiure, cuiure, & ainsi des autres:
ou bien tout cela ensemble, si tãt estoit que
toutes ces minieres se rencontrassent en vn
mesme lieu.Pour verificatió dequoy vn arbre ayãt sejourné vn long temps en certain
lieu,où il y auoit trois sortes de sels coagu-
latifs, il se treuua que tous trois auoient fait
action sur iceluy, car il estoit cuiure, fer, &
pierre, & le reste bois . Estant à noter que
j'ay dit cy-dessus parlant des pierres, que
l'eau congelatiue se meslant auec le sel
coagulatif, font tous deux ensemble cette generation : parquoy il falloit que
cest arbre cy-dessus contint quantité de

ſel (parce que luy ſeul eſt cauſe de generation , tranſmutation & production des
choſes) car autrement ne ſe ſeroit-il petri-
fié; à cauſe dequoy tous arbres ne ſont pas
touſiours actifiez à prompte petrification,
& n'y a que ceux qui abondent en ſel , tels
ſont le bois de hetre, & les pieds deſvignes:
Ce n'eſt pas que ie vueille dire qu'il n'y ait
que ceux là qui ſe puiſſent petrifier, cas ie
tiens , & il eſt vray , que tout corps quel
qu'il ſoit au gére vegetal & animal, ſe peut
petrifier, vn homme, vn cheual , vne poire
vne pomme, vne figue, vn raiſin , vne ce-
riſe, vne fleur , vne plante quelle elle ſoit,
peut prendre la forme d'vne pierre , metal
ou mineral; je ne diray pas ſeulement ſelon
la nature, mais par l'art, lequel, imitant icelle, fera les meſmes choſes s'il eſt prattiqué
par vn bon Artiſte. Icy l'oreille, Chimiques
qui vous ruinez à chercher la pierre, qu'on
dit des Philoſophes, prenez peine de connoiſtre l'eau congelatiue, & le ſel coagulatif, & vous auez voſtre Mercure, & voſtre
Soulphre, & ne vous mettez en peine d'autre choſe, car aſſeurément vous poſſede-
rez ce que parauanture vous auez cher-
ché toute voſtre vie. Il me ſemble que voyla rendre raiſon de cette rencontre en la

nature: Toutesfois cecy se verra plus amplement en mon liure intitulé *La triple clef
du sacré cabinet de la Nature.* Voyla comme
il faut enseigner par demonstration, car au-
tremēt ce seroit croire que les Fées auroiēt
esté Druides , ou plustost les femmes des
Druides,& par mesme moyen tomber aux
absurditez & resueries de Postel quand il
parloit à ses auditeurs,auec tant d'affectiō,
de sa mere Ieanne. La vraye Philosophie
ne gist pas seulement à nous dire, la Nature produit cecy & cela, mais elle consiste à
nous enseigner & faire voir par vne veritable demōstration les moyens qu'elle tient
à cela; on a beau me dire que la neige tombe tousiours en figure sexangulaire , si l'on
ne me dit pourquoy elle prend cette figure
& non vne autre, je ne reçoy point d'edifi-
cation, la demonstration estant plus forte
que toutes les parolles qu'on me sçauroit
dire:aussi dépend-elle de l'experience quatriesme condition de l'Artiste,laquelle est
la plus certaine.

Ie desire donc que le Medecin Artiste
soit grandemēt experimenté , & ce de tant
plus affectionnèment que les effets de l'experience sont plus sensibles,& partant plus
certains que toutes les sciences du monde,

ſi elles ſont ſeparées de la demonſtration;
c'eſt pourquoy l'antiquité a donné la preference à l'experience, eu eſgard, notấment,
à l'inuention, qui eſt rouſiours ou doit eſtre
par raiſon, puis à la neceſſité finale. Tellement que je n'euſſe jamais eu la connoiſſance de la vertu & faculté de l'eau diſtillée
de chelidoine petite, en la parfaite gueriſon des hemorrhoides ſi je n'euſſe ratioci-
né ſur les bulbes enflées de ſa racine, ſemblables aux hemorrhoides; tellemẽt que je
jugeay, par l'art ſigné, que l'vſage d'icelle
plante ne ſeroit pas inutile à cette maladie,
en quoy je n'ay pas eſté trompé. Or l'experience eſt vne memoire des choſes in-
uentées par raiſon, leſquelles on a ſouuent
veuës & eſſayées auec ſemblable effet. D'i-
celle il y a trois differences, ſçauoir eſt l'i-
mitatrice, fortuite, & conſultatiue. La premiere mõſtre le moyen de ſe ſeruir des remedes experimentez, ou de les laiſſer s'ils
n'ont eſté approuuez ſalutaires. C'eſt pourquoy Hippocrate & Galien conſeillent
d'apprendre les experiences du peuple &
des ruſtiques, & les paſſant au thamis de la
raiſon, s'en ſeruir ſuiuant la neceſſité des
maladies, & les differentes complexions
des corps. La ſeconde eſt lors que ſans y

penser essayant vne chose nous en rencon-
trons vne autre par hazard : & ainsi grand
nombre de bons remedes sont incidemment venus aux sens des Chimistes , desquels ils n'auoient encore eu connoissance. Exemple de la poudre à canon , laquelle fut inuentée par vn Chimiste Alemand,
lequel pilant du salpestre dans vn mortier,
& rencôtrant sous son pilon quelque pierre dure en fit sortir vne scintille de feu , qui
s'estât prise à la matiere, fit vn pet & esclat,
comme d'vn tonnerre. Des lors , comme
les Chimistes sont fort inuentifs, cestuy-cy
fit vn petit canon de fer , auec lequel il faisoit du bruit par vn son vehemêt : & voyât
son cas reüssir selon son intention il en fit
vn peu plus grand, puis vn autre, apres celuy vn autre, iusques à tant qu'il vint à la
grosseur d'vne arquebuse, & autres instrumens de plus grand calibre, desquels nous
ne parlerons pas dauantage en ce lieu, d'autant que nous en auons parlé suffisamment
en nostre liure des mousquetades. La troisiesme, lors qu'apres auoir consulté auec la
raison, ou par l'art signé, ou bien auec quelque opinion reuelée , nous faisons dessein
sur l'experiéce de quelque remede : & c'est
d'où vient qu'experimenter est faire passer

par fa main, induftrie ou pouuoir , ce que l'on defire fçauoir, & dont on veut eftre efclaircy pour en eftre certain. Pour lefquelles experiences effectuer, il eft neceffaire que le Medecin Artifte foit riche, afin qu'il n'ait pas la peine de fe pouruoir pour gaigner fa vie en perdant le temps, lequel, eftãt riche, il employeroit à ce but vniquement pour y exceller, & en apres en faire du bien à tout le monde, fans mettre en confideration aucune recompenfe. Ie me fuis pris garde, depuis que j'effectuë en la Medecine Chirurgique , que la plus grand part des Medecins qui vont voir les malades, n'y font portez d'aucun defir de faire leur deuoir, mais pour auoir la poignée honnorable. Que fi d'auanture ils font appellez trois ou quatre enfemble en intention de proceder à la cure de la maladie auec plus grande affeurance, ils fe treuueront neantmoins tellement difcordans que l'enuie ne leur permettra jamais d'auoüer & l'opinion & le remede l'vn de l'autre: & encore (qui pis eft) venant à conclurre aux remedes, s'il y a quelqu'vn d'entre eux qui poffede quelque bon fecret ou fingulier medicament, il n'aura garde de le mettre fur le tapis, comme s'il craignoit que le manife-

ſtât pour la ſanté du malade, il l'auroit perdu : ou parauenture (& qui eſt plus vray
ſemblable) pour en retirer plus grand gain
luy ſeul, & priuer ainſi du meilleur de la re-
compenſe ſes compagnons : effet vrayement digne d'vne auarice tres-haïſſable.
C'eſt à juſte raiſon donc que nous deſirós,
pour euiter à ſes euenemens , que noſtre
Medecin Artiſte ſoit riche.

Ie ne dis pas cecy par haine ny par enuie
que je porte à perſonne , car l'excellence
de quelques rares ſecrets en la nature, que
par la grace de Dieu je poſſede, me rauiſſét
tellement en leurs effects que je ne daigne-
rois penſer d'haïr ny vouloir mal à aucun
homme qui viue. Mais cóme il y a des doctes & ſages Medecins & des ames libera-
les & charitables , de meſme y en at'il
qu'outre le peu de doctrine, & le rien d'experiéce approuuée & manifeſte, ils ont l'a-
me tellemét cautheriſee d'auarice, d'enuie,
& de meſdiſance , qu'il eſt impoſſible de
paſſer cecy ſans leur donner quelque ſubjet
d'auerſion à leur malice.

Nous deſirons auſſi que noſtre Medecin
Artiſte ſoit veritable, & fidelle: veritable,
car par ce moyen il acquert la prudence , ſoit qu'il prognoſtique l'euenement

bon ou mauuais d'vne maladie , ou bien
qu'il promette la guerison, ou l'effect de
quelque rare remede , car l'euenement
selon ses promesses le fera connoistre veritable ; au contraire, on le taxera d'im-
prudence & de peu de iugement. Fidelle, ce mot a deux significations , car il y
a fidelle de croyance, comme croire Dieu,
à Dieu, & en Dieu, mettant à effect tout ce
qu'il commande. Il y a aussi fidelle qui viét
non de foy telle que la nostre, mais de fidelité qui est vne vertu morale, & vniuerselle, n'ayant pour subjet que ce qui est inferieur, à cause dequoy elle n'a esgard qu'à
ce qui est deu au prochain, laquelle ne peut
estre qu'elle ne soit accompagnee de pieté ; aussi le Medecin Artiste doit se porter
d'vn franc courage enuers tout le monde,
garder sa foy & sa parole. En outre ceste fidelité luy donnera la vertu de chasteté ;
car comme quelquesfois le Medecin est
appellé à traitter des vierges ou des femmes, lesquelles le plus souuent on laisse entre ses mains , s'il n'est fidelle, bon Dieu !
quel subjet de faire naufrage. Bref, s'il est
fidelle la taciturnité s'en ensuyura, car le
Medecin langard & parleur est grandement scandaleux. Finalement, il se donne-

ra bien garde de faire rien contre sa con-
sciéce, non plus que côtre son hôneur, car
estât fidelle à Dieu, il le sera aussi aux hommes, & par consequent à luy. Venús maintenant à la derniere condition, qui est d'e-
stre charitable.

Si l'on auoit toutes les vertus qui peuuent rendre vn homme capable du Ciel,
& qu'icelles ne fussent accompagnees de
la Charité, elles seroiét inutiles. Pour paruenir donc à ceste eminente vertu la Charité, il faut que le Medecin Artiste recon-
noisse d'où il a receu ceste science, sçauoir
est d'en-haut, gratis, ce qui le doit obliger à
l'exercer aussi gratis, n'espargnant aucune
chose quelle elle soit pour paruenir à ce
but. Secondement, que le malade venant
à estre touché de la main de Dieu, il l'incite, & le porte de tout son pouuoir à auoir
premierement recours à l'assistance d'iceluy, & ce par vn amendement de vie, prieres, & sacrifices; car l'Escriture saincte mesmes impute les maladies aux pechez; si
que le Sage conclud par vn sainct aduis &
conseil qu'il donne au malade reconualu,
de se bien garder de recidiuer à peché contre Dieu, sur peine de r'encheoir : car il ne
faut pas auoir vne telle confiance aux me-

dicamens corporels, qu'on en mefprife les
fpirituels, d'autant que cela eft damnable.

Sainct Anaftafe nous affeure que Salomon auoit fait vn liure où il auoit compris
les receptes generales, & bien fort affeu-
rees pour tous les maux des humains: mais
comme chacun auoit en main le remede
de fon mal, fans auoir recours ny à Dieu,
ny au Medecin, tout le monde fe peuploit
d'athees; ce que venu à la connoiffance du
Roy Iofaphat, eftant infpiré de Dieu, il fit
brufler tout autât qu'il treuua de ces liures
& en ietta la pouffiere auec l'atheifme au
gré du vent: toft apres il y euft vn côcours
d'innombrable peuple pour fupplier les
Preftres de facrifier à Dieu pour leur fanté.

En troifiefme lieu, & fuiuant ce propos,
le Medecin Artifte doit bien remarquer
le foin qu'il faut auoir des ames pour la
fanté des corps, mefmes implorant de fon
cofté le concours & affiftance Diuine en
l'exercice de fon art: D'où on peut inferer
qu'il doit cooperer à la guerifon fpirituelle, de laquelle le plus fouuent depend la
corporelle. Ce qui n'a pas efté ignoré de
S. Anfelme fur le premier Pfalme, quand
il dit que le Medecin ne doit point non feulemét refufer fon induftrie au malade qui

l'implore, mais d'abondant qu'il luy per-
suade de penser & prouuoir au prealable
à son ame, luy faisant considerer les maux
esquels il s'est precipité , afin que le mal
qu'il souffre, & la difficulté de sa guerison
le rende meilleur à l'aduenir.   En apres il
faut qu'il apporte à sa guerison la diligence , vigilance & promptitude qu'on connoist estre requise en la prattique par dessus tous autres, puis qu'il y va de la vie mesme, dont les momés & minutes inpercep-
tibles, sont plus à cherir, soigner , & conseruer que les heures, les iours , les mois,
& années entieres de tous autres affaires
temporels; & ce afin qu'il n'obmette rien
de tout ce qu'il sçait & peut , pour bien &
promptement guerir son malade , & que
ce soit auec telle ardeur, affection & vehemence, qu'elle surmonte & outre-passe le
desir que le malade mesme a de sa propre
conualescence, iusques à luy vouloir donner guerison , quand bien mesme il ne le
voudroit pas .

En fin nous supposons en somme, que le
Medecin Artiste ait & possede toutes les
conditions cy-dessus deduites ; qu'il ayme
& craigne Dieu, le seruant en la pureté de
la Religion Catholique , Apostolique &

romaine;qu'il n'ignore point les cas de cõ-
fcience, touchant fa profeſſion , afin qu'il
fe rende digne de l'honneur que l'Efcriture deffere au Medecin, & de tout ce que
l'antiquité a decretté à fon auãtage. Qu'il
fe rẽde imitateur de l'Ange Raphaël,dont
les Rabins efcriuent chofes admirables,
qui ne font conneuës qu'à ceux lefquels
cherchent foigneufement les plus fecret-
tes lettres. Bref qu'il foit de bõnes mœurs
& vie irreprochable, d'autant que cela luy
importe beaucoup pour bien exercer fa
profeſſion, ainfi que dit l'Hippocrate; y
adjouſtant le bon bruit & reputation qui.
s'en acquiert. Autrement on a tenu qu'il
n'eſtoit croyable qu'vn hõme fut bon Medecin, qui n'eſt homme de bien; & que celuy fut propre à guerir les corps malades
des autres, fon ame eſtant tellemẽt vicieu-
fe, corrompuë & malade,qu'il luy faut dire, au prealable. Medecin guery toy , toy
mefme. Aprés qu'il foit docte & ſçauant
en toutes les parties de l'art (ainfi que
nous auons dit cy-deſſus) tant en theorie
que indubitable praticque, de crainte que
n'eſtant fuffifamment inſtruict, il ne vienne à faillir par ignorance: Car Hyppocrate mefme tient que la grauité du mal qui

emporte le malade ne peut eftre excufe au Medecin quand il y a de fa faute. C'eft luy mefme qui fe pleignoit auffi de ce que la Medecine fe treuuoit defia de fon temps auilie & defprifee, à l'occafion des igno-rans qui s'en mefloient fans côtredit; blaf-mant à toute refte tels mafques de Mede-cins & Chirurgiens contrefaits, apparens & fuperficiels (defquels le nôbre eft tref-grand) n'ayant ny la confcience ny l'hon-neur en recommandation. Tant de cou-reurs, vagabons, charlatãs, fauetiers, con-royeurs , faifeurs de pourpoints de cuir, tailleurs, menuifiers, cabaretiers, banque-routiers, qui couurent journellemét d'im-portuns affiches les piliers des villes , leur eftant permis impunément de s'ingerer à ce dont ils ne font capables , mefme és lieux où font les plus celebres Medecins. N'eft-ce pas vne honte de courir à toute bride apres des ignorans , & mefprifer les gens doctes & fçauans? je n'en parle point pour intereft que j'y pretende : car fi tels offrant la fanté eftoient doctes je les exal-terois le premier: mais qui font ils pour la plus part? gens de baffe condition, du tout alienez de la Medecine, lefquels auront parauanture ouy dire quelque mot en
paffant

paſſant de ce qui aura fait du bien à vn in-
firme, & là deſſus irõt auec leur ſecret tra-
fiquant la ſanté de tout le monde. Que s'ils
eſtoient bons Chimiſtes il y auroit encore
apparence de les ſouffrir , parce que les
vrays Chimiſtes traictent le meilleur de la
Medecine , qui eſt l'experience, laquelle,
lors qu'elle eſt jointe auec la raiſon fait des
merueilles, juſques à tirer, par maniere de
dire, les malades du ſepulchre: autrement
il n'y peut auoir que toute ſorte de confuſion pour celuy qui exerce la Medecine,
ny meſmes à celuy qui manie quelque autre ſciēce que ce ſoit. Car le Phyſicien qui
traicte des effects de la Nature ſans exacte
connoiſſance de la Chimie, reſſemble à vn
Medecin qui veut guerir ſon malade ſans
auoir aucune experience certaine. Et tous
deux ne contribuent pas mal au deplora-
ble euenement d'vn moribond exhorté
par vn Preſtre qui n'eſt pas Clerc.

Or je deſire que noſtre Medecin Artiſte
euite de tout ſon pouuoir le prouerbe qui
dit que la terre cache le peché du Medecin, d'autant qu'apres la ſepulture des mal
penſez & mal ſecourus, ceux qui en ont la
coulpe ne laiſſent pas d'exercer comme
auparauant.

A ce propos est bien impie la façon de faire de certains, qui pour se rendre plus celebres, dilayēt la guerison, laissent agrauer le mal, & reduisent le malade à l'extremité. Pour ceux là, les Docteurs tiennent communément que tels Medecins accusez & conuaincus, sont non seulement punissables, mais encore au lieu de meriter & receuoir aucun salaire, ils doiuēt estre descheus de tous honneurs, prerogatiues & immunitez quelles elles soient.

Or touchant le salaire, encore qu'il soit tres-juste, quand on a employé à pur & à plain toute son industrie, si qu'encore les malades par nous gueris (quoy qu'ils nous ayent bien salariez) nous doiuent de rétour : pas moins ce ne sera pas auec tellé auidité qu'on n'espargne ny Gaultier, ny Guarguille (cōme on dit communément) pour en auoir d'où on pourra ; mais qu'on reçoiue honnestement selon Dieu ce que les commoditez de ceux qu'on aura traictez permettront de donner.

Aussi desirons nous que nostre Medecin Artiste soit exēpt de ce prouerbe, que comme le Soldat ne demande que la guerre, de mesme le Medecin ne demande que playe & bosse, ja n'aduienne : au cōtraire il

preuiendra, & arreſtera le boſſelage & enfleure des cimetieres, par ſon induſtrie, encore qu'il n'en fut ny requis du public, ny
recogneu d'aucun ſalaire; parce qu'en cas
de neceſſité vrgéte il eſt tenu & obligé de
penſer gratuitement les malades pauures
& indigés, qui d'ordinaire cauſent les grã-
des mortalitez.

Finalement nous ſouhaittons de tout
noſtre cœur & de toutes les forces de noſtre ame, que le Medecin Artiſte ſoit deſi-
reux de ſe rédre ſemblable à tāt de ſaincts
Medecins que l'Egliſe celebre (deſquels
nous auons parlé cy deuant en la premiere Fleur) & dont les Hiſtoires ſont ſi fami-
lieres, par leſquels nous nous ſentons induits & perſuadez d'eſtre Medecins &
Chirurgiens, non ſeulement des corps,
ains des ames meſmes, cooperans auec
Dieu & les Miniſtres Eccleſiaſtiques (Medecins Spirituels) au ſalut eternel des humains. A quoy nous ſommes exhortez par
Innocent III. au decret qui ſe treuue *in l.*
crimin. firmitatis de pœnit. & remiſ. lequel
ayant eſté aduerty par quelques Medecins
charitables, qu'ils s'eſtoient ſouuent ap-
perceus de l'Erreur trop vulgaire & tres-
pernicieux qu'on commettoit à l'endroict

V

des malades, d'attendre iusques à l'extremité du mal, & aux derniers abois, pour
les exhorter & induire à se mettre en bon
estat enuers Dieu & penser à leur ame, dõt
plusieurs tomboient en aprehēsion, & autres du tout en desespoir, au grand preju-
dice & de l'ame & du corps. Surquoy ayāt
pris deliberation, desireux du salut des
ames, il fit vn decret ou ordonnance à tous
notoire, par laquelle il enjoint à tous Medecins & Chirurgiens d'aduertir & admo-
nester eux mesmes les malades dés la premiere visite, & auant de leur rien ordon-
ner, de confesser leurs pechez à vn confesseur idoine & capable approuué de l'Eglise Romaine; & à faute d'auoir satisfait par
le malade passe le troisiesme iour ne le vi-
siter plus, sinon que pour quelque legitime
occasion le cõfesseur dõnast plus long terme au malade, dequoy ledit decret charge la conscience du Confesseur. En outre
veut-il qu'il apparoisse au Medecin, par at-
testation dudit Cõfesseur, que les malades
ayent confessé leurs pechez; & autres tels
aduertissemens qu'on pourra voir dans ledit decret, comme aussi dans la bule que
le Pape Pie V. en a donnée pour le renou-

uellement, confirmation, & amplification
d'iceluy.

Que donc les Medecins Artiftes pen-
fent à cecy, & le ruminent à part eux, l'e-
xagerant en leur efprit, & l'apprehendant
viuemēt, qu'ils en laiffent entrer l'ardeur,
le zele, & affection en leur cœur, & qu'ils
attaignent jufques là de cooperer à la guerifon des ames, pendant qu'ils penferont
les corps, que nous ne pouuons toufiours
guerir; & que nous foyons tous enfemble
occafion de la refurrection de celle dont
nous ne pouuons empefcher le corps de
mourir. Laiffons luy prefenter quelque ef-
chantillon de l'incomprehēfible joye que
nous fentirons vn jour pour toufiours de
voir eternellemēt heureufes les ames que
nous auons aydées à fauuer; dont Dieu E-
ternel, & les corps glorieux nous fçauront
gré de leur gloire. Auquel Dieu, Pere, Fils,
& S. Efprit foit rendu tout hōneur, loüanges, Cantiques, & jubilations eternellement. Amen.

Fin de la feconde Fleur.

FLEVR

TROISIESME,

TRAICTANT DES

Eaux diſtilées , tant en general qu'en particulier, & tant ſimples que compoſees.

Des Eaux diſtilees en general.

CHAP. I.

Yant amené noſtre Artiſte à la perfection que l'on deſire en ceux qui exercent la vraye Me-
decine Chimique, en ce que non
ſeulement nous luy auons deſcouuert cóme il ſe doit acquerir les biens de l'eſprit,
mais encore luy auons fourny d'vn lieu
bien commode, & des inſtrumés & moyés
propres & neceſſaires pour paruenir à l'ef-

fect de son dessein. Reste maintenãt de luy enseigner à en produire les effects ; & de faire paroistre au jour , pour l'vtilité de tous, les biens incomprehensibles qu'il a cueillis dans le grand, ample, & spatieux champ de la Medecine Chimique. Et parce qu'icelle a pour subjet tout ce qui se rẽcontre és trois familles du monde Elemẽtaire (sçauoir vegetaux, mineraux, & animaux) nous auons resolu d'enseigner à extraire & separer d'iceux par art Spagirique les substances qui les composent. Or d'autant que la partie mercurielle, ou aqueuse, est celle qui se manifeste la premiere des trois vrayes substances qui composent le mixte par l'action du feu, plus ou moins, neantmoins selon les degrez d'iceluy, disposition du temps, moyens, & qualitez des ingrediens desquels on veut tirer & extraire les eaux, nous commencerons par icelle, & donnerons, aydant Dieu , la description & vraye preparation des plus vtiles & necessaires aux maladies qui journellement attaquent nostre santé.

Mais auparauant d'en venir là, il est necessaire sçauoir qu'estce que distilation d'eaux; comment elle se doit veritablemẽt faire; & le moyen de la posseder auec tou-

té la qualité & vertu de la Plâte de laquelle on l'extraict; finalement le moyen de
les conseruer vn tres-long temps.

Quant au premier, la distilation d'eaux
est vne extenuation & éleuation d'vne liqueur aqueuse, ou partie plus humide, en
vapeurs par la chaleur, lesquelles vapeurs
se conuertissent en eau par le moyen de la
froideur de l'air embiant. Ou bien on peut
dire que c'est vne extraction d'vne pure &
liquide substãce humide, qui entre en l'in-
trinseque & radicale côposition des corps,
mixtes par le moyẽ de la chaleur graduée
à icelle: car de croire que nous ne soyons
obligez qu'à extraire le flegme inutil &
excremẽteux des Plantes lequel s'esleue à
la moindre action du feu, c'est se rẽdre dignes de la punition que donnent les loix
contre les homicides; mais de cecy plus à
plein cy dessous. Or d'autãt que nous auôs
traitté bien amplement de cecy cy deuant
à la Fleur seconde, au Chap, des Operatiõs
de Chimie, le Lecteur y pourra auoir recours, c'est pourquoy nous passerons outre au moyen que l'on tient pour parfaitement la distiler.

Il est icy necessaire de considerer quatre
choses; la premiere, la qualité de la Plante

delaquelle on veut extraire l'eau;quel ordre on y doit tenir;quels vaiſſeaux & fourneaux y ſont les plus commodes ; & quels
degrez de feu plus neceſſaires.

Touchant les qualitez des Plantes , il eſt
certain que les herbes chaudes , comme
l'Armoiſe, l'Abſynthe, la Marjolaine, la
Sauge,le Roſmarin,la Menthe,le Fenoüil
l'Origá,le Calamét , & ſemblables,doiuét
eſtre diſtilées à vne aſſez gaillarde chaleur,car ſi elle eſtoit trop debile, au lieude
la vraye eau que nous demádons , on n'en
tireroit que le flegme inutil. Mais aux herbes qui ſont froides & humides, comme
ſont la Laictuë,le Pourpié,les Violéttes,le
Nimphea,l'Oſeille,l'Endiue, la Chicoree,
la Fumeterre, & autres qui ont la ſubſtance aſſez ſubtile , à icelles ſuffit vne chaleur
moderee ; voire & le plus ſouuent la ſeule
vapeur du bain ſuffit. Quant aux tempe-
rees,comme les deux Conſouldes,la Che-
urefeuille,le Lis des valees, la Maulue , la
Guimauue, la Mercuriale, la Parietaire,
l'Argentine , la Bourſe de Paſteur, & pluſieurs autres , ceux-là le doiuent eſtre par
vne moindre chaleur que les chaudes, &
par vne plus forte que les froides,car par-
ticipátes de l'vne & de l'autre , il faut auſſi

que le degré du feu soit accommodé à
leur qualité.

En second lieu, l'ordre qu'on y doit tenir ne doit pas estre ignoré du vray Artiste, car si les herbes qu'on veut distiler
sont recentes & qu'elles soient froides, humides & pleines de leur suc, il se faut bien
garder de les distiler à la façon ordinaire
que le vulgaire des Apothicaires les distilent, d'autant qu'iceux se contentent de
les couper par pieces, puis icelles mises au
rosaire, voire & le plus souuent toutes entieres, plusieurs d'entre-eux, y adjoustent
encore quantité d'eau commune, façon
meschâte, moyen pernicieux, & action in-
humaine & homicide, car outre le flegme,
en quoy elles abôdent, l'eau commune les
rend plus facilemét corrompables. Mais
lors qu'on les voudra distiler, il les faut
premierement piler, puis ayant exprimé
leur suc, le distiler au bain, en vne cucur-
bité assez haute, estant à noter qu'il faut
mettre en iceluy autant du mesmes simple pilé qu'on en a pris pour en tirer le
suc.

Que si les herbes sont chaudes & seiches de leur nature, ou seiches pour auoir
esté gardées, on les doit premieremét bien

piler, & puis les arrouſer de leur eau propre qu'on aura tirée cette meſme année
là , en telle quantité qu'elles ſe puiſſent
bien & ſuffiſamment macerer dans icelle.
Quoy fait on les diſtilera au bain ſelon
l'Art. Le meſme ordre peut-on tenir aux
racines , eſcorces , bois , ſemences , &
fleurs, &c.

En outre faut-il encore remarquer que
faiſant les Eaux compoſées , il ne faut pas
mettre peſle meſle les ſimples humides,
expirables,& vaporeux,auec les ſecs,exa-
lables & diuaporeux, car les vns eſtans fixes , & les autres volatils (c'eſt à dire les
vns diſtilables & les autres non) deman-
dent d'eſtre traictez chacun à part , parce
qu'autrement les vns empeſcheroient la
diſtilation des autres. Finallement il faut
ſçauoir proportionner le diſſoluant propre & conuenable pour enleuer & attirer
cette ſubſtance humide que nous deſirons
auoir ſeparément du mixte, ce qui ne ſe
peut bonnemēt faire (pour l'auoir en perfection) qu'en deſtruiſant les autres deux
ſubſtances, & notamment la ſulphureuſe.
A quoy nous pourrons encore joindre le
temps que les Plantes ou leurs parties doiuent infuſer & macerer dans leur méſtruë

Eftant encore à noter qu'en la diftilation de toutes les chofes aigres, la partie moins noble fort toufiours la premiere , la plus noble fuiuant apres, ce qui fe remarque au Vitriol & au vinaigre ; & combien qu'a la diftilation du vin (duquel eft fait le vinaigre par putrefaction) l'efprit forte le premier , laiffant fon Phlegme apres foy, neatmoins au vinaigre cela ne fe voit pas, quoy que faict de luy , car il l'enuoye deuant, donnant en fuitte fon efprit.

Dauantage, faut-il prédre garde qu'aux, diftilations des Eaux , les vaiffeaux foient bien bouchez , fermez , & luttez, à celle fin que les eaux vénât à fe diminuer, en s'exalant par les ouuertures, leurs qualitez ne viennent à en receuoir de l'alteration, notamment celles qu'on extraict des ingrediens chauds & aromatiques, à caufe que leur fubftance oleagineufe qui contiét lefdites qualitez, eft auffi toft efleuée, comme eftant de nature exalable , fubtile, & aerée. D'où vient qu'à la diftilation de l'Eau rofe que les communs Apoticaires font ordinairement en leurs chapelles de plomb, & à vaiffeau ouuert, on fent de dix pas la veritable odeur de la rofe , la-

quelle eſt particulierement contenuë en
ſon eſprit qui ſeul s'exale & ne demeure
que l'humidité ſuperfluë & inutile. Qu'on
conſidere donc de grace quelle eau de roſes peut ce eſtre puis qu'elle eſt priuée de
ſa principalle faculté & vertu , qui ſeule
giſt en ſon eſprit deſ-ja exalé & perdu par
la voye que deſſus.

Quant aux vaiſſeaux & fourneaux, les
plus neceſſaires & commodes pour les di-
ſtilations des eaux, ſont les vaiſſeaux qu'on
appelle cucurbites auec leurs alēbics, l'vn
& l'autre eſtant de verre. leſquels on peut
adapter au bain Marie, d'autant qu'iceluy
ſeul eſt le fourneau le plus commode pour
diſtiler qu'on ſe ſçauroit ſeruir: parce que
tout autre fourneau pourroit empreindre
quelque mauuaiſe qualité aux Eaux , laquelle nous empeſcheroit de retirer d'icelles les effets que nous en eſperons. Le meſme pouuons nous dire des vaiſſeaux, car
ceux de cuiure qu'on appelle communément refrigeratoires , & ceux de plomb
qu'on apelle roſaires, n'y ſont pas propres,
d'autāt que ceux là leur peuuent imprimer
vne qualité ærrugineuſe, eroſiue & maligne, & ceux icy vne qualité vomitiue; car
il eſt certain que les Eaux tirées par les

alembics de plomb subuertissent bien souuent l'estomach, augmentent la fiéure, & causent des obstructions. D'où vient que Galien deffend expressément d'vser des Eaux qui coulent & passent à trauers des canaux ou tuyaux de plomb, & ce en côsideratió de la maligne qualité qu'elles empruntent d'iceux: pour lesquelles verifier, qu'on jette dans icelles, reposees auparauant, quelques goutes d'esprit acide de vitriol, & on verra la ceruse qui sera contenuë esdites Eaux se precipiter au fonds, &c. De ce que dessus est facile à juger que tous autres vaisseaux que de verre sont, pour distiler les Eaux, non seulement inutiles, mais tres-pernicieux. Estant à noter que plus les vaisseaux de verre sont hauts & meilleurs sont-ils, principallemét pour les mixtes grandement spiritueux, & exalables, car vne seule distilatió par ces vaisseaux est plus parfaicte que trois rectifications. A quoy nous adiousterons que tant moins plein sera le vaisseau, de matiere distilable, que tant plus aisée & facile en sera la distilation : venons maintenant aux degrez du feu.

Or quand aux degrez du feu plus necessaires, il est certain qu'on ne les peut tegler que suiuant la qualité du mixte, car si l'on cuidoit distiler les plantes humides & fraisches, à vn immoderé degré de feu qui se fera au four à cendre, veritablement on n'en receuroit pas le contentement que l'on desire, parce que les cendres ne sont ny proportionnées, ny mises en façon qu'elles puissent esgalement & temperamment eschauffer les plantes côtenuës dans le corps de l'alembic, c'est pourquoy, outre que la principale partie de l'Eau en est destruicte, ce peu qui en sort sent tellemēt le bruslé & est tellement esloigné des vertus que nous y demandons, qu'il vaudroit mieux vser de l'eau de riuiere que celle-là. A quoy on peut joindre que si elles sont extraictes par vn alembic de plomb, quoy qu'elles soient plantes ameres ou aromatiques, elles rendront esgallement (au lieu de retenir chacune leur goust & odeur) vne eau douce & sans odeur, ce qui est causé par le moyen du plomb. Ce que consideré on se seruira, ainsi que nous auons dit cy-dessus, du bain Marie, la chaleur duquel on graduera selon la qualité des ingrediens que l'on voudra distiler : exemple si l'on vouloit extraire les Eaux des herbes froides, comme pourpier, nenu-

phar, morelle, pauot, roses, violes, jou-
barbe, & semblables, il faut que le feu soit
petit, en telle façon que l'eau du bain ne
soit qu'vn peu tiede, de peur qu'elles ne
soient alterées par vne plus forte chaleur
qui leur est indubitablement contraire, ou
bien à la vapeur du bain, ainsi que nous
auons dit cy-dessus. Mais si c'est pour tirer
l'eau des herbes chaudes, comme l'hyssope, le chardon benit, la melisse, le marrubium, la sabine, le melilot, & semblables,
pour lors il est necessaireque l'eau soit plus
chaude, voire quelquefois qu'elle boüille,
à celle fin que par ce moyen la vapeur
monte & plustost & plus efficace, car leur
vertu est beaucoup plus difficile à extraire que des autres : tellement qu'on est le
plus souuent contrainct de recoober plusieurs fois, afin d'en emporter le goust, l'o-
deur, & la vertu que nous en desirons. Le
mesme esgard deuons nous auoir quand
aux fleurs, car pour extraire l eau des froides il faut que l'eau soit au premier degré
de tiedeur, & pour les chaudes au troisiesme approchant du quatriesme. Ce que ne
pouuant bonnement estre enseigné de pa-
rolle, nous le remettrons à l'experience.
Et voyla quand au moyen de faire les di-
ſtilations

ſtilations auec methode , artiſtement &
comme il faut: ce qui nous peut conduire
puiſſamment au moyen de poſſeder les
eaux auec toutes les qualitez & vertus des
Plantes d'où on les extraict, qui eſt le troiſieſme poinct de noſtre premiere diuiſion:
pour lequel apprendre on aura recours cy
deſſus au Chap. 6. en la ſeconde fleur ; ou
parlant des vaiſſeaux diſtilatoires, i'enſeigne le moyen d'extraire les eaux auec leur
couleur, odeur, & faueur. Venons maintenant au moyen de les conſeruer vn tres-
long temps.

Le moyen de conſeruer les eaux diſtilees auec leurs facultez & vertus giſt en
trois choſes ; la premiere & principale eſt,
qu'elles ſoient extraictes auec les conditions cy deſſus ; la ſeconde, qu'on y meſle
le ſel qu'on aura extraict de leur marc, ou
pluſtoſt d'autres Plantes de meſme eſpece
que celles d'où l'eau ſera extraicte; & finalement qu'on leur oſte l'empireume , ſi
par cas fortuit ou par negligence elle s'y
eſtoit introduite, comme auſſi le phlegme
ou humidité ſuperfluë.

Or pour auoir parfaictement le ſel, pluſieurs choſes ſont à obſeruer: la premiere,
quel ſel nous deſirons extraire, ſçauoir ſi

c'eſt vn ſel fixe, volatil ou eſſentiel, & pour
ceſt effect il ne faut pas ignorer quelles ſót
les Plantes chaudes & ſeches, & quelles
les humides & froides. Celuy-là ſe tire par
calcination, à laquelle il faut veritablemét
bien eſtre circonſpect, crainte de deſtruire
le ſoulphre & le Mercure qui conſtituent
le mixte, c'eſt pourquoy ie deſirerois que
ceſte calcination fuſt philoſophique. Celuy-cy ſe tire par expreſſion, filtratió & in-
ſpiſſation du ſuc: lequel on met finalement
en lieu froid, afin que les criſtaux s'y forment; leſquels ſont les ſels que nous demandons; parce qu'il leur reſte ceſte portion de la ſubſtance ſulphureuſe & Mercurielle qui eſt en danger de ſe diſſiper par
la calcination: mais des ſels plus amplemét
en leur lieu.

Touchát l'empireume, ie diray pour faire fin à ce Chapitre, que ſi on traicte la diſtilation des eaux en la façon que deſſus,
on n'aura aucunement à craindre l'empireume, car il eſt impoſſible qu'elle s'y có-
munique: mais ſi tant eſtoit qu'elles en par-
ticipaſſent, pluſieurs ſont d'auis qu'on corrige ce vice, laiſſant repoſer le vaiſſeau
quelque eſpace de temps en lieu froid &
humide; c'eſt à ſçauoir aux caues grande-

ment froides , où il y auroit quantité d'a-
reine. Toutesfois en cecy il faut estre grã-
dement circonspect, de crainte que l'humidité de la caue ne se communique à icelles, & que pensant les ameliorer on ne les
empire. Que si elles estoiét accompagnées
d'vn phlegme inutil pour le consumer, il
les faudroit tenir quelque temps au Soleil,
ayant premieremét bouché les fioles auec
vn parchemin pertuisé à coups d'espin-
gles ; & cecy n'a point de lieu sinon aux
eaux extraictes des herbes fraisches , froides, & humides; car aux chaudes, seiches,
& aromatiques, il se faut bien prendre garde de commettre cette absurdité ; car le
meilleur, & le plus subtil, aéré & spirituel
s'exhaleroit , & par ainsi on se priueroit de
la meilleure & plus vertueuse partie d'icelles. I'oubliois à dire que ce que dessus ne
se doit entendre que des eaux tirées des
herbes, tant simples que composees , car
pour les eaux ou esprits qu'on tire des metaux ou mineraux, on y doit apporter vne
autre methode, comme aussi se seruir d'autres vaisseaux & fourneaux; ce qui se verra cy-aprés parlant de chacune d'icelles
en particulier. A nostre debonnaire Dieu
trine en vnité , soit honneur , gloire &

loüange , au fiecle des fiecles.   Amen.

Des Eaux en particulier, & premiere-
ment des Eaux simples extraictes se-
parément de chaque partie du
vegetal.

CHAP. II.

Velqu'vn parauenture defire-
roit que je traictaffe feparément
en ce lieu des eaux chaudes , fecondement des froides , & en
suitte des temperées , mais d'autant que
j'ay reserué cét ordre en ma *Pharmacopée*
Spagirique, & ce pour plufieurs raifons , jé
ne parleray icy que des Eaux les plus vtiles & neceffaires aux maladies qui journellement peuuent attaquer le corps humain. C'eft pourquoy on les y reconnoi-
ftra pluftoft Cephaliques, Pectorales, Cardiacques, Spleniques, Hepatiques, Hifte-
riques, &c. que non pas par leur chaleur,
ou froideur. Ie ne veux pas dire pourtant
que cela ne foit grandemét neceffaire d'e-
ftre conneu du Medecin Artifte ; mais,

pour n'en point mentir, je deffere pluftoft aux fpecifiques qu'aux qualitez, quoy que je ne les mefprife pas. Donnons donc premierement dans l'eau extraicte des fleurs.

Eau des fleurs de Rofmarin.

Cueillez les fleurs de Rofmarin lors qu'elles font en leur plus grande vigueur & force, & ce en vn jour grandement net & clair, fur le point que le Soleil aura rayóné deffus, mettez-les dás vne cucurbite de verre, couuerte de fon alembic, icelle agécée à la vapeur du bain marie, on y adaptera fon recipient pour receuoir l'eau qui en diftilera, laquelle on reuerfera vne fois ou deux fur le marc, fi l'on la veut auoir plus parfaicte. Quoy fait, faites calciner philofophiquement les fœces, lefquelles vous imbiberez auec de l'eau de pluye diftilee deux fois, faifant en forme de lexiue, laquelle filtrerez deux ou trois fois, puis ferez exhaler à lête chaleur, afin d'en retirer le fel qu'elle contiét, que vous meflerez à l'eau fufdite, pour la poffeder plus efficacieufe. Ceft' eau eftant dans vne fiole bien bouchee fe gardera trois ou quatre ans, auec autant de faculté la derniere annee que la premiere.

Vertus.

Elle est incomparable aux asthmatiques, guerit parfaictement la jauniffe, ayde puiffamment la digeftion, purifie le fang, tempere les deux biles, ayde à la conception, faict vriner, eft admirable pour la chaudepiffe. Au refte elle eft grandement cephalique, parquoy elle peut eftre adminiftree à toutes les affections de la tefte, tant internes, qu'externes, foit qu'elles foiët faites ou de caufe antecedente, ou de caufe primitiue. Elle guerit parfaictement l'ofena & le polipe naiffant, en attirant par le nez cinq ou fix goutes meflées auec vn peu de vin blanc; Guerit en outre les vlceres de la bouche: bref elle a des effets nópareils, car elle eft non feulemët Cephalique; mais elle eft auffi Pectorale, Cardiaque, Hepatique, Splenique, Hifterique, & Renale: Finalement qui la recherchera pour toutes les affections qui viennent au corps humain, ne fera pas trompé. Ie diray encores, que pour maintenir, augmenter, & enibellir au plus fupreme & eminent degré de perfectió la beauté des Dames, qu'il

ne faut autre chofe que l'vfage de l'eau des
fleurs de Rofmarin, en bain: jamais l'huille de talc, tant venté par les anciens, n'a eu
les prerogatiues que l'eau des fleurs de
Rofmarin s'eft acquifes par fes effects incomparables à l'embelliffement des Dames. Les Dames donc qui tendent à cette
perfection, entrerõt au bain tous les jours
en Efté, & vne fois la fepmaine en Automne, & tout le Printemps, mais qu'elles fe
gardent bien de jamais y entrer en Hyuer.
Ie referue cy-apres à parler de plufieurs
moyens de perfectionner la beauté, toutesfois cette cy eft parfaicte.

La commune dofe c'eft de ℥ß. iufques à
℥j. pour les plus delicats : & pour les plus
robuftes de ℥ß. iufques à ℥j. auec boüillon
ou vin vne heure auant le repas , foit ou
pour la cure, ou pour la preferuation.

Quand à l'vfage, pour les vlceres de la
bouche on s'en doit gargarifer, &c. que
fi on veut maintenir la beauté du vifage,
on l'en doit lauer legerement au foir auec
vn linge delié, puis en tenir toute la nuict
vn autre deffus moüillé en icelle.

Eau des fleurs de Sauge.

L'eau des fleurs de Sauge se tire en la mesme façon que celle du Rosmarin, & la mesle-t'on aussi auec son sel extraict en la façon que dessus, puis on la garde.

Vertus.

Elle est singuliere pour toutes les maladies du cerueau, & pour prouoquer les mois. Que diray-je dauantage de ses vertus qui sont si grandes que le prouerbe en est tourné iusques là de dire, *pourquoy meurt l'homme, puis que la Sauge croist en son jardin.*

Dose.

Sa dose est administrée ainsi que de l'eau de Rosmarin, selon l'aage, le sexe, & la force de ceux à qui l'on l'administre.

Eau des fleurs de Camomille.

Les fleurs de Camomille distilees en la façon que dessus, & l'eau qu'on en extraira, meslée auec son sel, sera gardee pour l'vsage.

Vertus.

Elle eſt tres-ſinguliere contre la collique, briſe le calcul, & prouoque les mois,
ayde à l'eſpectoration, attenuant l'humeur gros & viſqueux contenu dans les
canes du poulmon.

Doſe.

Sa doſe eſt de ʒß. iuſques à ʒj.
L'eau des fleurs de Primulaueris eſt admirable contre la paraliſie de la langue,&c.
Celle des fleurs d'Eufraiſe, contre toutes les maladies des yeux, &c.
Celle des fleurs d'Iris eſt admirable contre les Hydropiques & febricitans, admi-
niſtrée deux heures auant manger ſoir &
matin, au poids de ʒj.
Celle des fleurs d'Hiebles guerit l'hydropiſie, & la fieure quarte, en purgeant
doucement le ventre.
Sa doſe eſt de ʒiij. prenant trois heures
apres vn boüillon.
Celle des fleurs de Suzeau fait non ſeulement le meſme que deſſus, mais en outre appaiſe les douleurs de teſte, deſopile

le foye, la ratte, & les reins; eſt admirable, meſlée auec ſon ſel, pour la chaude-piſſe, fortifie l'eſtomach, purifie le ſang, & guerit la fiéure tierce: elle eſt en outre incomparable pour la bruſlure.

L'eau des fleurs de Pécher purge auſſi aſſez doucement. L'eau de Percefueille eſt admirable pour guerir les productions du peritoine, pour reſoudre & guerir puiſſamment les Eſcroüelles & appaiſer toutes inflammations.

L'eau diſtilée des fleurs de Periclymenum, eſt tres-ſinguliere pour la chaude-piſſe, ʒſ. par doſe trois iours durant: elle n'eſt pas auſſi inutile aux playes des mouſquetades, & aux vlceres difficiles. Ceſt eau eſt grandement ſplenique, & eſt bonne à la difficulté de reſpirer. Ie prepare de la graine de ce ſimple, vn baulme qui guerit quelque playe que ce ſoit dans 24. heures; ce qu'on verra cy-apres en la fleur des huilles.

L'eau des fleurs de Lys des vallées, eſt tres-ſinguliere pour fortifier le cerueau, le cœur, & tous les ſens, guerit l'Epilepſie & la Paraliſie de la langue, &c.

Autant en fait celle des fleurs de Tillet, laquelle eſt auſſi incomparable contre l'apoplexie.

Eau des fleurs de tourne Sol.

Pr. les fleurs de tourne Sol, lesquelles hacherez menu auec des cizeaux, puis les ayant mises dans vne cucurbite à moitié pleine, où ayant adapté vn chapiteau & recipient vous la plógerez dans le bain Marie , donnant feu par degrez iusques que l'eau boüille; reuersez l'eau, qu'en auez tirée, sur le marc , & recommencez voStre diStilation iusques à tant que l'eau ne móte plus; calcinez les fœces, & le Sel qu'en aurez retiré, vous le meslerez auec la susdite eau, laquelle garderez à l'vsage.

Vertus.

Cette eau eSt tres Singuliere à la gueriSon des cancers, des loups, noli-me-tangere, toutes Sortes d'vlceres chironiens & malins ; aux morSures veneneuSes , aux playes des mouSquetades, & autres faites d'eStoc ou de taille, à toutes Sortes de bruSlures, à la chaleur du foye, douleur d'eStomach, palpitation du cœur , migraine, & toutes douleurs de teSte, gouttes, peStes, ladrerie & verolle. Bref elle a tant de ver-

tus, que si elle n'estoit si commune, il n'y a
or, perles, ny pierres precieuses qui l'esga-
lassent, ny en valeur, ny en proprieté.
Voyez ce que je dis de plus, des merueilles
de ce simple, en mon *Hydre morbifique, exterminée par l'Hercule Chimique.*

Dose, & vsage.

La dose est de ʒij. iusques à ʒß. dans du
vin pur & genereux, qui ne soit point so-
fistiqué, deux ou trois heures auant manger. Et pour les playes & vlceres, les en
faut lauer & siringuer, puis mettre vn linge par dessus trempé en icelle, continuant
jusques à parfaite guerison.

L'eau des fleurs de Soucy se tire en la façon que dessus, laquelle est admirable pour
les douleurs des mammelles des femmes,
& du col de la matrice; le semblable faict-
elle aux douleurs du membre viril.

L'eau des fleurs de grenadier n'a pas sa
pareille pour la parfaicte guerison des
fleurs blanches des femmes.

Eau des fleurs de Boüillon blanc.

Emplissez à demy vne cucurbite des

fleurs de Boüillon blanc, & icelle couuerte de son alembic aueugle, laisserez en digestion par 24. heures dans le bain, icelles
ayant esté premierement arrousees de vin
blanc. Ostez l'alembic aueugle & en supposez vn à bec; adaptez-y vn recipiët, aug-
métez le feu afin d'en retirer l'eau , à laquelle , ayant meslé le sel qu'on extraira
des fœces, vous garderez à l'vsage.

Vertus.

Elle est tres-singuliere pour appaiser les
douleurs de podagre, comme aussi celles
des dents. Elle est admirable au flux de
ventre, aux vlceres pourris, aux bruslures,
aux erysipeles, & aux hemorrhoïdes.

Dose & vsage.

La dose est d'vne demy once, ou plus selon les forces: pour l'application externe,
cela se fait auec linge delié moüillé en icelle. Que si les hemorrhoïdes estoient internes, on fera injection d'icelle jusques à parfaicte guerison.

L'eau distilée des fleurs de Iusquiame
appaise la douleur des dents, au mesme instant.

L'eau simple des fleurs de Ranunculus, n'a pas sa pareille pour la guerison des fistules, les en lauant prudemment.

L'eau des fleurs d'Ortie blanche guerit parfaictement le panarix.

L'eau des fleurs de Galeopsis est admirable pour guerir la gonorrhée.

L'eau des fleurs de Scabieuse est singuliere pour la gale vniuerselle du corps. Le semblable faict celle des fleurs d'Aulnée, en outre elle est fort propre à prouoquer l'vrine.

Eau des fleurs d'Hypericon.

Tirez l'eau des fleurs d'Hypericon, en la façon qu'auons enseigné d'extraire celle du Boüillon blanc; joignez à icelle son sel, puis mise dans vne fiole bien bouchée, gardez à l'vsage.

Vertus.

Cette eau est singuliere contre l'Epilepsie, & paralisie, au crachement de sang, flux de ventre, contre les vers, prouoque les menstruës, & l'vrine; en outre elle est admirable contre les contusions, blesseures, brusleures, escorcheures, & playes: Et finalement elle est tres-excellente pour temperer l'humeur melancholique.

Dose, & vsage.

La dose interieurement est de ʒij. iusques à ʒß. & d'icelle jusques à ʒj. & par dehors appliquée auec charpis ou linges moüillez en icelle.

L'eau tirée de l'Androsæmum & de l'Ascyrum, a les mesmes vertus que de l'Hypericon, parce que s'en sont des especes.

Eau des fleurs de Pas d'Asne.

Cet' eau s'extraict comme des autres fleurs cy-dessus, laquelle est tres-singuliere contre la brusleure, & aux phthisiques.

L'eau des fleurs de Violles, est admirable pour esteindre l'ardeur du sang, tempere souuerainement l'intemperie chaude du cœur, du foye, & du poulmon; & est vn remede tres-pressant & present à la soif violente.

L'eau des fleurs de Nenuphar a les mesmes vertus que dessus ; & en outre est vn remede tres-asseuré à la jaunisse, pleuree & douleur de teste; comme aussi aux intemperies chaudes de la matrice.

Eau de Roses incarnates.

Pr. telle quantité de Roses incarnates
que vo⁹ voudrez, cueillies apres que le Soleil aura rayé dessus, lesquelles estant bien
mondées, de ses pecouls & de ses ongles,
vous pillerez dans vn mortier de marbre
ou de verre, puis mises dans vn grand vaisseau de verre, & iceluy en quelque lieu humide: trois jours apres exprimez le suc d'i-
celles, lequel mis dans vne cucurbite de
verre auec son chapiteau à bec, on le distilera au bain, ayant premier bien lutté toutes les joinctures tant du chapiteau que du
recipient. L'eau qui en sortira sera tres-
fragante, & laquelle gardera son odeur
plusieurs années.

Vertus.

Cet' eau est singuliere aux grandes in-
flāmations des hyppochondres, tẽpere la
colere, & mondifie le sang, c'est pourquoy
elle est tres-propre aux fiéures tierces
procedentes du sang : bref elle est admirable à la jaunisse, aux opilations du
foye

foye, & de l'eftomach. Et finalement aux eryfipelles, aux errofions d'entre les cuif-fes, & à celles de la verge.

Dofe, & vfage.

La dofe eft felon l'exigence du temps, de la maladie, aage & forces du patient; mais le plus fouuét c'eft d'vne once à deux, & exterieuremét, auec linges ou charpies moüillees en icelle, puis appliquees def-fus.

L'on tire l'eau des rofes blanches, tres-refrigerente, en cette façon. On pile ces Rofes dans vn mortier de marbre, les ayát auparauant arroufees d'eau de Rofee de May diftilee, puis le fuc en eftant expri-mé, par le torcular, on le diftile à la façon fufdite.

On diftile en outre, en la façon fufdite, l'eau de Rofes de damas, laquelle fortifie puiffamment le cœur en temperant fa trop grande chaleur, arrefte le battement, fyn-copes, & deffaillances d'iceluy, & prouo-que le fommeil. Si cette eau eft extraicte par les mains d'vn bon Artifte, elle retien-dra la qualité purgatiue des Rofes d'où el-le fera extraicte; à quoy il faut eftre gran-

Y

dement circonspect pour la luy conseruer: ce qui se verra en ma *Pharmacopee Spagyrique*, Dieu aydant.

Quelques-vns n'y apportent pas tant de circonspection, mais ayant cueilly les Roses lors que les rayons du Soleil ont donné dessus, ils les arrousent de tant soit peu de bon esprit de vin rectifié, puis les ayant mises dans vne cucurbite, & icelle couuerte de son chapiteau, bien lutté auec elle & son recipient, la mettēt au bain marie, & en distilent vne eau tres-fragante veritablement. Autres n'y mettent point d'esprit de vin, ains les distilent ainsi qu'elles viennent: & ces deux façons ne sont pas tant à mespriser. Mais dignes de censure & de punition sont ceux qui mettent sur 4. liures de Roses, douze ou quinze liures d'eau de fontaine, afin qu'ayant dauantage d'eau ils fassent vn plus grand gain. Que si c'estoit pour la rendre plus refrigerente (ainsi qu'on fait aux Roses blanches) encore cela seroit-il tolerable, mais leur desséin n'est pas tel.

L'eau distilée des Roses sauuages, n'a pas sa semblable pour arrester le flux de ventre, les flux immoderez des femmes; & finalement à tout flux de semence.

Eau odorante des Roses musquées.

Il y a bien de la difficulté dé conseruer
l'odeur musquée de ses Roses à l'eau qui
en sera distilee, car si elles sont maniées, ou
éueillies apres le Soleil couché, & au matin moüillees de rosee , ou bien qu'elles
soient tombées à terre , indubitablement
on n'en tirera pas l'eau auec la proprieté
que nous luy demandons. Car en les maniant, cette odeur, qui ne consiste qu'en la
superficie des fueilles, se perd; le semblable arriue lors qu'elles sont moüillees de
rosee, comme aussi quand les forts & vio-
lēs rayons du Soleil les ont flaitries; pareillement quand elles sont cheutes à terre.
Pour à quoy obuier, il ne faut prendre que
les boutons qui commencent à esclorre,
lesquels mondez de leurs petites feüilles
vertes & barbuës, appellees *Cortices Rosa-*
rum, qui les enuironnent, on les mettra
dans vne cucurbite auec son chappiteau
bien joint, & son recipient pareillement;
icelle estant mise à la vapeur du bain tiede,
l'eau de Rose sera distilee doucemét, puis
mise dans vne fiole, laquelle, bien bouchee, sera gardee pour l'vsage. Cette eau

eſt des plus ſoüeuement odorante qu’on
ſçauroit auoir , & qui a quelques vertus
que je reſerue à dire ailleurs.

Or puis que nous ſommes ſur les Roſes
(fleurs veritablement qui contiennent
beaucoup de vertus) diſons combien de
parties on y remarque; les vertus d’icelles
ſeparément; puis nous viendrons à deſcri-
re le vray moyen d’en retirer l’eau de vie,
laquelle a de tres grandes facultez.

On conſidere donc és Roſes, ſix parties, dont les deux premieres conſiſtent és
fuëilles, les deux ſecondes au milieu de la
Roſe, & les deux troiſieſmes ſont au vaſe
de la Roſe.

Les deux premières ſont conſiderees au
bout blanc de la fuëille qui tient au vaſe,
lequel eſt appellé l’ongle de la Roſe, & ſecondement au reſte de la fuëille.

Les deux ſecondes ſont conſiderees aux
petits grains qui ſont au milieu d’icelle Roſe; ſecondement aux petits poils , ou menus filets d’où ils pendent.

Les deux troiſieſmes ſont conſiderees
en la ſommité du vaſe , qui ſouſtient les
fuëilles,& ſecondement au reſte dudit vaſe juſques à la queuë.

L’eau extraicte des ongles de la Roſe n’a

pas sa semblable pour repercuter les fluxions, & fortifier les parties debilitees.

L'eau extraicte des feuilles, fortifie & corrobore le cerueau, l'estomach & le foye, ensemble la vertu retentrice; appaise les douleurs procedantes de cause chaude, & guerit parfaictement les inflammations.

Le jaune qui est au milieu, qui consiste aux petits grains & fillets qui les supportent, l'eau extraicte d'iceux arreste les fluxions qui tombent sur les genciues, comme aussi les fleurs blanches des femmes, telles immoderées qu'elles soient.

L'eau extraicte du vase n'a pas sa pareille pour arrester tout flux de ventre, & le Sputum sanguinolent.

Outre ce que l'on considere aux fleurs, il y a encore trois parties qu'on considere au fruict, lors notammēt qu'il est bien rouge & meur; assauoir la chair, la semence, & le cotton du dedans.

De toutes lesquelles parties, l'eau estant extraicte (iceux ayant esté premierement cōcassez) a vne vertu singuliere à restraindre toutes fluxions, aux flux immoderez des femmes, à la gonorrhee, tant simple que fœtide & virulente: mais sur tout ses vertus fe rencontrēt plus excellentes aux rofes fauuages.

Eau de vie, ou ardente des Rofes.

Prenez des Rofes incarnates, cueillies apres que le Soleil les aura defchargees de la rofee du matin ; icelles, eftant tres-bien pilees, feront mifes en vne cucurbite de verre, laquelle vous emplirez en les pref-fant, icelle eftant bien bouchee, mettrez fermenter à la caue, ou en quelque autre lieu humide. Et lors qu'elles commence-ront à s'enaigrir (qui eft vne marque de parfaicte fermentation) vous prendrez partie d'icelles, & les diftilerez au bain; cette eau, laquelle vous aurez extraicte, fe-ra verfee fur vne autre partie de Rofes fer-mentees, lefquelles vous diftilerez dere-chef, continuāt ainfi jufques à ce que tou-tes les Rofes fermentees foient diftilees: eftāt à noter qu'à chafque diftilation il faut ofter les fœces qui reftent au fond de la cucurbite, & les mettre à part.

Quoy fait, mettez toute l'eau enfemble qu'aurez tiree defdites Rofes, en vn grand mattrats à col long, ou bien dās le vaiffeau où l'on tire ordinairement l'eau de vie, &

la diſtilez juſques à tant qu'en ayez vne
douzieſme partie, qui eſt toute la quantité
plus ſpirituelle que pourrez retirer d'icelle, laquelle, afin qu'elle ſoit plus vertueu-
ſe, vous pourrez rectifier encore vne fois,
puis la garder, dás vne fiole bien bouchee,
comme vn threſor precieux.

Par cette meſme voye vous tirerez l'eau
de vie de toutes autres fleurs, quelles elles
ſoient, notamment des chaudes & odori-
ferantes, comme du Roſmarin, de la Sauge, &c leſquelles veritablement produiſent des effects tous autres, à la gueriſon
des maladies, que les eaux ordinaires.

Finalement on peut extraire l'eau de vie
de tousles fruicts quels ils ſoient, par la
meſme voye que deſſus: eſtant à noter que
la circonſpection eſt grandement requiſe
aux fruicts & ſemences farineuſes, car n'e-
ſtant pas ſi abondantes en humeur que les
fleurs, elles requierent qu'on les humecte
d'vn peu d'eau tiede, & pour faciliter leur
fermentation, y adjouſter vn tant ſoit peu
de leuain diſſoult auec l'eau commune,
puis proceder à la diſtilation côme deſſus.

Notez que l'eau qui demeurera des Roſes, apres en auoir tiré l'eſprit, eſt auſſi bône, voire & meilleure que la cômune que

l'on vend. Suffit maintenant de cecy pour les fleurs, car en noſtre Pharmacopee Spagirique nous traiƈterons à plain (aydant Dieu) de tout ce qui ſe pourra dire des eaux extraiƈtes d'icelles. Loüange & gloire ſoit à Dieu trine en vnité. Amen.

Des Eaux extraiƈtes des Plantes.

CHAP. III.

L ne ſeroit pas hors de propos de traiƈter apres les eaux des fleurs, de celles des fruiƈts, mais parce que nous en traiƈterósbien amplement en noſtre Pharmacopee Spagirique, nous l'auons obmis à deſſein; joint qu'il n'eſt pas raiſonnable de donner tout en ce lieu: auſſi la groſſeur que je deſire donner à ce volume ne le poürroit permettre: venons donc aux Plantes.

Eau de Perſicaria.

Pr. les feuilles & ſommitez de Culrage où Perſicaria, concaſſez la aſſez menu dãs vn mortier de marbre, puis en ayant emply la troifiefme partie d'vne cucurbite, icelle couuerte de fon chappiteau, accompagné du recipient, vous la plógerez dans le bain marie; graduez voftre feu jufques que l'eau boüille, & que toute l'eau de la Plante foit fortie, arreftez le feu & laiffez refroidir vos vaiffeaux : quoy fait, fi toute l'humeur de ladite Plante n'eftoit fortie, vous y reuerferez encore ladite eau pour la diftiler vne autre fois : finalement vous calcinerez les fœces, defquelles vous extrairez le Sel auec l'eau de pluye diftilee vne fois, lequel vous meflerez auec l'eau fufdite.

Vertus.

Ie ne fçay par laquelle des vertus qui fe rencontrent en l'eau de cette Pláte, je dois commencer, car elle en a tant que certes je me treuue quafi contraint d'auoüer par mon filence que fes effects (furpaffants la creance humaine) font indicibles. Mais d'autant que plufieurs liront cecy pour apprendre, & que mon veu eft de donner au public tout ce dequoy Dieu m'a donné connoiffance en la nature , (j entends de ce qui fe doit communiquer) je diray que

cette eau eſt la nompareille pour la gueriſon de toutes ſortes d'vlceres ſans exception, ſi malignes, difficiles , & inueterees
qu'elles ſoiĕt. A toutes ſortes de fiſtules,
Cãcers & Noli-me-tãgere ; à toutes ſortes
de playes faites par les arquebuſades, ou
mouſquetades, Cangrenes, & mortifica-
tions. Suffit de cecy, car l'experience vous
apprendra le reſte: Et veritablement il me
ſemble n'eſtre hors de propos de priuer
en ce lieu voſtre curioſité du contentemĕt
qu'elle receura ailleurs en la recherche du
reſte de ſes effects.

Vſage.

Toute la ceremonie, en l'vſage de cette
eau, ne conſiſte qu'à en lauer la playe, ou
l'vlcere , puis mettre par deſſus du linge
trempé en icelle : Louez Dieu, amis lecteurs, auec moy de ce grand remede.

Ie ne dis pas icy qu'elle guerit toutes les
vlceres des cheuaux , auſſi bien que des
hommes, car l'experience l'apprendra aſſez à ceux qui la mettront en vſage.

Meſmes vertus & facultez que deſſus, à
l'eau extraicte du Solidago minor, autrement Dracunculus. Celle de Symphitum
majus, celle de la Mercurialle , celle de

l'Imperatoire, celle de la Centauree, &
celle de la Pyrolle; toutes ces eaux posse-
dent mesmes vertus, que celle de la Culrage.

Eau de Mousse marine ou Coralline.

Pr. de la Coralline telle quantité que
vous voudrez, pilez-la estant encore toute fraische, puis d'icelle vous emplirez la
troisiesme partie d'vne Cucurbite, laquelle, couuerte de son chapiteau, sera plon-
gee dans le bain marie, auquel on fera feu
par degrez jusques à ce que toute l'humeur de la plante soit sortie. Quoy faict,
calcinez les fœces philosophiquement,
desquelles vous tirerez le sel auec l'eau
marine deux fois distilee; laquelle (apres
estre impregnee du sel, & filtree trois ou
quatre fois) vous ferez exaler à lente chaleur, & vous restera au fonds du vaisseau
vn sel blanc comme la neige; jmpregnez
d'iceluy l'eau que vous auez tiree de sa
Plante, & la gardez à l'vsage.

Vertus.

Ceste eau est tellement astringéte, qu'el-

arreste les fluxiõs podagriques en vn moment; faict mourir les vers des petits enfans; & guerit auec toute perfection la
chaude-piſſe.

Vſage & Doſe.

Pour les fluxions il en faut moüiller vn
linge qu'on appliquera deux ou trois fois
reïteratiuement ſur la partie affligée.
Quant à l'vſage interieuremēt pour les
enfans, c'eſt ʒj. à ʒij. ſelon les forces. Et
pour la chaude-piſſe il s'en faut ſeruir en
cette façon. Prenez enuiron ʒuiij. de cette
eau lors qu'elle ſera impregnée de ſon ſel,
dans laquelle vous meſlerez ʒij. de bonne
therebentine de Veniſe, qui en meſme
temps ſe diſſoudra & dilayera en façon de
laict; faictes de cela enuiron quatre priſes,
& vous verrez ce que iuſques icy perſonne n'auoit deſcouuert que moy. Notez
que ſi l'eau n'eſt bien à propos & ſuffiſamment empreignee de ſon ſel, qu'elle ne
fera pas cela; ce qui vous priueroit de ſes
effects.
L'eau de Nicotiane guerit les hydropiques, aſthmatiques, deterge, mondifie, &
cicatriſe les vlceres de la bouche, appaiſe

les douleurs des dents, & guerit la fiéure
tierce & quarte. Sa dofe eft d'vne once
tous les matins.

Autant en fait l'eau d'Hyffope, &c. côme auffi celle de Marrubium; en outre eft
elle grandemēt Hyfterique, comme auffi
celle d'Armoyfe.

Celle de Meliffe doit eftre apellee Elixir
de vie, à caufe des grandes vertus qu'elle
poffede; car par fon vfage on reabilite la
memoire perduë ou deprauee, & fubtilife
tellement tous les fens, qu'on remarque
la fonction d'iceux bien plus forte qu'elle
n'eftoit auparauāt fon vfage : bref elle empefche & retarde la caniffie, fortifie le cœur
l'eftomach, & le cerueau, guerit la paralifie de la langue, & refifte puiffamment aux
fiéures peftilentes; autant en font celles de
Boùrroche & de Bugloffe.

Le femblable font celles d'Ofeille, d'Endiue, de Chicoree & de Pourpié, &c. lefquelles font grandement propres pour
corriger l'intemperie chaude du Foye, les
eaux de Chardon benit & de la Reyne des
prez font grādement fudorifiques, & partant tres-propres contre la Pefte : En outre celle du Chardon benit guerit du vertigo, confirme la memoire, & chaffe la fiéure quarte.

L'eau de Barbe de Bouc, est admirable pour appaiser les douleurs des gouttes, quelles elles soient.

Les eaux de Scolopendre & de Ceterac sont tres singulieres aux affectiõs de la Rate & du Foye, & guerissent la fiéure quarte.

Les eaux de Calament, de Majoraine, & de Serpolet, sont sans pareilles aux refroidissemens du Cerueau, retention d'vrine & des menstruës, & aux intemperies froides de la matrice : en outre sont-elles vn remede tres-asseuré aux apoplectiques.

Les mesmes vertus a l'eau de Fenoüil.

L'eau d'Absinthe desopile le Foye, purge & euacuë par les vrines l'humeur bilieux qui est dans les veines, guerit la jaunisse, prouoque les mois, fortifie l'estomach, aide à la digestion, arreste le vomissement, tuë les vers des petits enfans.

L'eau de Scabieuse est singuliere pour la difficulté d'haleine, oppression de la poitrine, & aux douleurs poignantes qu'on sent quelques-fois aux parties laterales; aussi est-elle tres-efficace contre la Peste.

L'eau de Roquette fortifie l'estomach, eschauffe puissamment, prouoque l'vrine, augmente la semence, & est aucunement laxatiue.

Les eaux de Saxifrage, Pimpinelle, & de Quintefeüille ſont excellentes pour nettoyer les reins, pouſſer dehors le calcul & le grauier d'iceux, guerir leurs vlceres, & prouoquer l'vrine.

Les eaux de Pouliot, de Sabine, & d'Armoiſe prouoquent les mois, fortifient l'eſtomach, attenuent le flegme groſſier & viſqueux attaché dans la poictrine, & gueriſſent l'Hydropiſie commençante.

Les eaux de Fumeterre, de Houblon, & de Cerfueil, ſont ſingulieres pour la mondification du ſang, corrigent l'intemperie de l'humeur atrabilaire ou melancholique aduſte, & aux obſtructions de la Ratte.

L'eau de Cabaret n'a pas ſa pareille pour toutes ſortes de fiéures. Car lors qu'elle eſt preparee par vn bon Artiſte elle fait de miracles à la parfaite gueriſon des ces maladies : & m'eſtonne grandement comme vn certain perſonnage qui ſe dit eſtre grãd Medecin Artiſte, n'ait donné pour le ſoulagement d'vn homme qui eut recours à luy pour la gueriſon de ſa fiéure, de l'eau dudit ſimple, & non de ſes feüilles trempees en vin ; ce n'eſt pas ſe monſtrer grand Artiſte comme il leveut faire à croire, puis qu'il ne donne que ce qu'vn ſimple payſan adminiftre auffi bien que luy.

Les eaux des Maulues & des Guimaulues téperét grandemét l'ardeur & acrimonie de l'vrine, en adouciffant & leniffant les reins.

Les eaux de Plantain, de Bource de Pafteur, de Verge doree, & d'Alchimile, font admirables aux excoriations & vlceres des reins, cóme auffi en celles des autres parties.

Suffira de cecy en attendant ma Pharmacopee Spagirique, dans laquelle on treuuera (aidant Dieu) tout ce qui fe peut particulieremét defirer des eaux des fimples. Que fi ie ne defcris pas la dofe, ny la façon d'vfer de toutes les eaux cy deffus, c'eft que i'en laiffe l'ordre au Medecin artifte, qui diminuera ou augmétera icelle felon le temps, aage, temperament, & forces du malade, & grandeur & diuturnité de la maladie, & accidens d'icelle. A Dieu tout bon foit rendu tout honneur, gloire, & louange. Amen.

DES

Des Eaux des Racines des simples, & des Bois, Escorces, & Scions.

CHAP. IIII.

Eau de racine de Peoine.

Veillez la racine de Peoine au mois de Mars ou d'Auril, Lune descroissant, côquassez là dans vn mortier de cuiure, en apres mettez-là dans vn alembic, couuert de son chapiteau à bec, mettez iceluy dans le bain marie, faisant eschauffer l'eau par degrez jusques à tant que toute vostre eau soit extraicte. Quoy fait, ouurez voltre alembic (l'ayant laissé premierement refroidir) & reuersez l'eau par dessus le marc, puis redistilez comme auparauant, continuant ce procedé par 3. ou 4. fois. Finalement calcinez la teste morte par vne calcination philosophique, de laquelle chaux vous retirerez le sel auec le menstruel du monde distilé par deux fois, lequel vous

filtrerez trois ou quatre fois, puis côgelle-
rez à feu de premier degré dans vne cucurbite descouuerte, ou auec son chapiteau à bec, faisant euaporer l'eau lentement.

Prenez tout le sel qui sera demeuré au
fonds & aux costez, lequel vous meslerez
auec l'eau susdite, bouchant bien les fioles
dans lesquelles vous la mettrez, & gardez
à l'vsage. Ne craignez point que les grandes froidures vous obligent à mettre vos
eaux, preparées en la façon que dessus, à la
caue, car elles ne se gellent point. On peut
tirer l'eau de la graine ronde, & noirastre
de ce simple, en la mesme façon que dessus, n'y ayant autre chose à demesler, sinon
qu'apres l'auoir bien concassee il la faut faire macerer 24. heures auec l'eau de la racine de Peoine, puis la distiler.

Vertus.

Elle est admirable contre l'Epilepsie, car
par vne force & proprieté specifique elle
chasse totalement cette maladie, en temperant peu à peu la vapeur mercurieuse vi-
triolée (de laquelle cette maladie est causee) jusques à tant qu'elle est, par l'vsage

de ladite eau, totallement deſtruicte. Dauantage elle excite les mois, & eſt ſinguliere aux obſtructions du foye & des reins.

Doſe.

La doſe eſt de ʒß. aux petits enfans, &
de ʒj. à ʒij. pour les grãds le matin à jeun,
y obſeruant le meſme temps de la cueillette d'icelle Plante. Eſtant à noter que ſi c'eſt
pour la femme que l'on s'en veut ſeruir en
medecine, qu'il faut prendre la racine de la
femelle, & pour le maſle la racine du maſle; car l'homme comme homme, & la femme comme femme, & tous deux comme
diuers en ſexe ſouffrent; à cauſe dequoy
le ſouuerain Medecin a creé deux medecines: Combien qu'il ſe treuue des remedes
qui peuuent ſeruir ſans diſtinction à l'vn &
à l'autre, leſquels, à ce ſujet, ſont appellez
remedes hermaphrodites.

Eau de racine d'Elebore noir.

Cueillez la racine de vray Elebore noir,
laquelle a ſes fleurs purpurees, au mois de
Septembre, le Soleil eſtant au ſigne de Libra; concaſſez les & en empliſſez à moitié

vn alembic ; lequel ayant couuert de son chapiteau à bec, accompagné de son recipient, vous les ferez distiler à la vapeur du bain, tant qu'il n'en sorte rien plus. Coobez 2. ou 3. fois cette eau sur ses fœces ou teste morte, puis gardez l'eau à laquelle vous joindrez le Sel des fœces extraict en la mesme façon que nous auons dit de celuy de Peoine. La mesme procedure peut-on tenir pour tirer l'eau de ses fueilles, mais celle de la racine est la meilleure.

Vertus.

L'eau extraicte de la racine d'Elebore noir, est vn remede tres-asseuré à la lepre, à la goute, à l'epilepsie, à la paralisie, & hydropisie. Elle est en outre tres-singuliere pour prouoquer les menstruës aux femmes. Est incomparable aux maladies melancholiques, aux fiéures tierces & quartes, aux jaunisses inueterées ; comme aussi à la fiéure pestilentielle. Cette eau est sans pareille à la cure des vlceres malins, Chironiens, Chancreux & fistuleux. Que diray-je encore de la vertu de cette eau ; n'est ce pas par son vsage que les anciens se sont conseruez en vne si longue vie hors des

courſes & prinſes de toutes maladies? Que
diſ-je les anciens, mais de noſtre temps ne
s'eſt-il pas veu des hommes qui auoiẽt des
enfans, les enfans deſquels auoient cinquante ans? leſquels ne deuoient (ſuiuant
leur rapport meſme) le remerciement de
la ſuite de ce bel aage, apres Dieu, qu'à l'v-
ſage de la racine d'Elebore; auſſi quelques
vns l'ont appellée *defenſiuum ſenectutis*.

Doſe.

La doſe eſt de ʒß. iuſques à ℥ß. pour les
plus robuſtes.

Ie deſireroy que cette racine eſtant en- Nota.
core toute verte fuſt couppée en petites
taleoles, & icelle ſeichée à demy à l'ombre, puis arrouſee auec tant ſoit peu d'eſprit de vin. En apres les ayant concaſſees,
vous les mettrez dans l'alembic & par deſſus de l'eau extraicte des fueilles, juſques
qu'elles en ſoient bien imbibées. Quoy
fait vous pourſuiurez la diſtilation comme
deſſus.

Eau de racine d'Angelique.

Ceſte racine eſtant fraiſchement cueil-

lie, doit eftre pilée à coups de pilon de buis
dans vn mortier de marbre, en apres mife
dans vne cucurbite , l'arroufant, lict fur
lict, auec vn peu d'eau de vie raffinée, iufques que le tiers d'icelle foit plein ; quoy
fait, mettez fon chapiteau, y adaptant fon
recipient, & le tout bien lutté, donnez feu
par degrez , faifant que fur la fin l'eau
boüille doucement : ayant extraict toute
l'eau, & les vaiffeaux eftans froids , oftez
voftre marc ou fœces, & les pilez encore,
puis les ayant r'ajencez dans la cucurbite,
arroufez-les lict fur lict auec l'eau qu'en
auez extraicte , & faites diftiler comme
deffus. Finalement calcinez les fœces d'v-
ne calcination philofophique , & en ex-
traiez le fel auec l'eau de pluye diftilée
deux fois, lequel vous meflerez auec fon
mercure, & gardez à l'vfage dans vne fiole bien bouchée.

Vertus.

L'eau de cette racine eft tres-finguliere
contre toutes fortes de poifons & venins,
& partant admirable contre la pefte ; elle
digere les humeurs phlegmatiques & vifqueux, guerit la toux, appaife la douleur

des dents; guerit les vlceres des membres
interieurs , fortifie puiſſamment l'eſtomach, diſſout le ſang caillé en iceluy , eſt
ſouueraine aux palpitations & deffaillances du cœur; ſon vſage fait l'haleine ſi ſoüeuement douce , que quand on l'auroit la
plus forte & inſupportable qu'on ſçauroit
dire, elle eſt changée en peu de temps en
vne odeur doux-flairante; elle ſert encore pour prouoquer les menſtruës aux
femmes.

Doſe.

Sa doſe eſt de ʒij. juſques à ʒ̄ß. que ſi
c'eſt contre la côtagion on fait ſuer le malade, reïterant de ſept heures en ſept heures, juſques à tant que le malade ſoit totalement deliuré de ſon mal.

L'eau de racine d'Ariſtoloche ronde, eſt
incomparable, appliquée exterieurement
pour l'entiere guerifon des conuulſions,
& des douleurs des joinⷨ tures; priſe interieurement, elle appaiſe la colique venteu-
ſe, guerit les douleurs poignantes des parties latterales; & eſt vn remede incomparable pour l'entiere guerifon des playes
faites par les morſures.

L'eau de racine de gentiane, guerit les fiéures, prouoque les mois corrobore l'estomach, prouoque l'appetit, & conserue celuy qui en vse en santé. Sa dose ordinaire est de ʒj. ou ʒj. ß. pour les plus robustes.

L'eau extraicte des racines de reglisse n'a pas sa pareille, pour adoucir les aspretez de la trachée artere, temperer les chaleurs de l'estomach, de la poictrine, & du foye, appaiser les douleurs des reins, guerir la galle de la vessie, & appaiser la soif ardente. D'ailleurs elle est singuliere aux ardeurs d'vrine.

Celle des racines de grande Centaurée est admirable aux conuulsions, pleuresies, difficultez d'haleine, à la vieille toux, au Sputum sanguinolent, aux grandes douleurs de matrice, prouoque les menstruës mise en injection au col d'icelle ; elle est en outre l'vnique Chirurgien des playes.

L'eau tirée des racines d'Iris, toutes fraisches arrachées de terre, est tres singuliere pour guerir la toux enuieillie expulser les phlegmes grossiers & visqueux, arreste les gonorrhée, ramolit les schyrres & durtez de la matrice; elle euacuë la pituite du cerueau, & l'eau des Hydropiques.

L’eau extraicte des racines de Fenoüil, prouoque les mois, fait vriner, & guerit la jauniſſe.

L’eau des racines de Perſil, prouoque puiſſamment l’vrine & les menſtruës.

L’eau des racines de Capres, eſt admirable pour les rattes Schÿrreuſes, tant priſe par le dedans qu’appliquee par le dehors, prouoque les mois, & guerit les vlceres malins.

Celle de la racine dicte Caryophylatæ, conſolide les playes internes de la poictrine, guerit les fiſtules & vlceres cauerneux; & eſt admirable à la parfaite gueriſon des hernies inteſtinales, tant priſe par le dedans, qu’appliquée par le dehors.

L’eau de racine de Biſtorte, arreſte les flux immoderez des femmes, le flux de ſang de quelque part qu’il coule, le flux de ventre, le vomiſſemét; guerit la diſſenterie, & appaiſe l’inflámation des amigdales.

L’eau extraicte des racines de la grande Serpentine, guerit les fiſtules, conſomme les polypes, & extermine les chancres.

L’eau de racine du Seeau de Salomon, guerit les playes & efface les cicatrices du viſage.

L’eau extraicte des racines de Gramen,

puis impregnée de son sel n'a pas sa pareille pour le brisement & expulsion du calcul des reins & de la vessie.

Autant en fait celle tirée des racines
d'Arreste-Bœuf.

L'eau de racine de Fougere est la vraye
peste contre les vers; elle a aussi d'autres
proprietez que je reserue à dire en ma
Pharmacopée Spagirique.

Venons maintenant aux eaux extraictes
des bois.

L'eau extraicte des petits Scions de Fresne, fait des miracles pour la parfaite guerison de la verolle: autant en faict celle extraicte des scions du Buys, mais il faut estre
grandement circonspect à la preparer, car
autrement elle donne à la teste.

Celle des scions de Genieure est incomparable pour la lepre.

L'eau de Guy de Chesne est propre pour
l'Epilepsie; & celle de Guy de Pommier,
pour appaiser la douleur des gouttes.

Il faut icy noter, que toutes les eaux
qu'on tire des bois, de leurs scions, ou de
leurs scieures, doiuët estre extraictes dans
la cornuë, sur le four, & ces eaux sont cō-
munément appellées acides, aussi dissol-
uent-elles les couraux, notamment celle

tirée de Chefne.

Quand aux efcorces, l'eau extraicte de l'efcorce de Frefne eft grâdemēt anodine.

Celles de Suzeau, d'Hieble, d'Efule, de Concombre fauuage, purgent. L'eau extraicte d'efcorce de grenade eft incomparable à la defcente de boyau.

Finiffons ce Chap. par l'eau extraicte de cette efcorce aromatique, qu'on appelle Canelle.

Pr. deux liures de Canelle fine, fur laquelle, eftant broyée groffierement, vous verferez fix liures d'eau rofe, & autant de bon vin blanc tres-fragant; faictes macerer le tout, à chaleur fuffifante de bain ou de fien de cheual : Quoy fait, faites-la diftiler au mefme bain, ayant augmenté le feu, jufques à ce que vous ayez ce que vous defirez. Eftant à noter que l'eau qui fort la premiere eft celle que nous demandons; car la feconde ne peut feruir que de menftruë aux macerations ; & la troifiefme doit eftre tout à fait rejettée comme phlegme inutil.

En cette façon peut-on tirer l'eau de tous les aromates. Au feul Dieu trine en vnité foit honneur, gloire, & loüange aux fiecles des fiecles. Amen.

Des eaux extraictes des larmes gommeu-
fes, & d'autres qu'on appelle com-
munément Efprits.

CHAP. V.

Eau ou Efprit de Therebentine.

PRenez de la Therebentine de Venife, laquelle vous lauerez tres-bien auec de l'eau froide, mettez icelle dans vne grande retorte de verre , & icelle au four à cendres , faites paffer à feu lent, l'efprit ou l'huille blanche de Therebentine: On le peut rectifier fi l'on veut pour l'auoir plus efficace & de meilleure odeur.

Vertus.

Il guerit la toux, la phtifie , refifte aux venins, notammēt à celuy de la pefte, purge l'eftomach de fes vifcofitez , prouoque l'vrine, expulfe le fable des reins , guerit les vlceres de la veffie, defopile les nerfs,

& les fortifie, excite l'appetit venerien, &
eſt grandement vtile aux ſymptomes de
la matrice.

Doſe & Vſage.

Sa doſe eſt de 4. à 5. goutes auec vehicule conuenable. Exemple, à la peſte, le faut
meſler auec laiᵈ de ſoulphre, pour prouoquer l'vrine auec eau d'Akekange, à la diſ-
furie auec le laiᵈ ferré, aux vlceres de la
veſſie, auec l'eau de Chamedrys,&c.

Eau ou eſprit de miel.

Prenez du bon miel de Languedoc, empliſſez en la cinquieſme partie d'vne cornuë, puis à petit feu du commencement
vous pouſſerez peu à peu l'eau blanche de
miel, puis vous ceſſerez ; vous pourrez
bien en continuant le feu, extraire autres
deux eaux, ſçauoir vne jaune & vne rouge, mais nous ne demandons icy que la
premiere. Notez qu'il faut arrouſer inceſ-
ſammēt les vaiſſeaux, autrement tout voſtre miel monteroit: que ſi vous ne voulez
prendre cette peine, il y faut meſler du ſable parmy.

Vertus.

Elle guerit les cataractes & tayes blanches des yeux, defopile les vifceres, prouoque l'vrine; faict venir le poil & le conferue, en diffipant les mauuaifes humeurs qui
le font cheoir; c'eft pourquoy elle guerit
les defluxions & la toux.

Dofe.

Sa dofe eft de deux ou trois goutes auec
vehicule conuenable.

Eau ou efprit de Succre candy.

Prenez vne liure de fuccre candy; con-
caffez-le groffierement, & le meflez auec
demy liure de fablon d'Eftampes; mettez
tout cela dans vne cornuë bien luttée, &
icelle fur le feu à nud, faites feu affez doux
du commencement, puis en l'augmentant
peu à peu, extrayez toute l'humeur qui
pourra monter, laquelle vous pourrez rectifier pour l'auoir plus parfaicte.

Vertus.

Cette eau est singuliere aux astmatiques, à la toux enuieillie, aux meurtrisseures & inflammations du visage, aux yeux pleurans & debilité de la veuë : En outre est-elle incomparable pour les playes.

Si l'on coobe deux fois cette eau sur ses fœces, & qu'à la fin ayant broyé les fœces on fasse tout distiler à grand feu de charbons ardents, la liqueur qui en sortira dissout l'or, si l'on met de ses fueilles dans icelle, & le tout 5. ou 6. heures sur les cendres chaudes.

L'eau extraicte de gomme de Cerisier n'a pas sa pareille pour resoudre toutes sortes de nœuds ou ganglions du visage, gorge, ou autre partie du corps.

Esprit de vin.

Mettez telle quantité de vin excellent que vous voudrez dans vn vaisseau circulatoire, & iceluy en digestion dans le bain marie par dix jours : quoy faict, & le tout estant refroidy, versez le vin dans des cucurbites hautes, sur lesquelles ayant mis leurs chapiteaux, on distilera au bain marie la sixiesme partie d'iceluy, qui est l'Esprit que nous desirons , car le reste n'est que phlegme inutil. On peut rectifier cét esprit (pour le posseder plus excellent) par reiterées distilations, separant le phlegme à chaque fois. Notez qu'il faut que les chapiteaux & recipients soient bien joints & luttez ensemble.

Vertus.

Les vertus de l'Esprit de vin sont telles, que ceux qui le mettront en vsage tesmoigneront qu'il n'y a or potable qui le surpasse; aussi est-ce le seul dissoluant qui peut extraire l'ame de ce fils du Soleil, pour fométer, corroborer, & maintenir nostre humeur radical.

Que si l'on y mesle son sel il sera dit alors esprit de vin Alcalifé. Or son sel se tire, si apres auoir extraict l'esprit on chasse son phlegme jusques que la matiere demeure au fonds de la cucurbite espoisse comme miel, laquelle estant mise dans vne retorte, on en distilera l'huille par degrez. Calcinez le residu & en extrayez le sel par imbibition du phlegme cy-dessus ; digerez

cela

cela, puis venez à la filtration, & en dernier lieu à la coagulation.

Ie defire infifter dauantage en ce lieu fur l'efprit de vin, ou eau de vie, ainfi qu'on l'appelle ordinairemēt, à raifon qu'il n'y a rien qui nous ferue de nourriture que l'eau de vie, d'autant que tout ce que nous mangeons & beuuons en participe, parce que ce feul efprit eft ce qui paffe & fe conuertit en nourriffement. Bien eft vray qu'elle fe reuelle plus prochainement en d'aucuns fubjets qu'en d'autres. Le vin donc duquel nous parlons, eft celuy où elle fe manifefte pluftoft, & auec moins de preparation & de peine ; le froment apres, & ainfi du refte : car il n'y a rien dont la Nature faffe fi toft fon profit que de ces deux. Cet efprit de vin eft non feulement appellé eau de vie, mais icelle eft auffi appellee ardente ; pource qu'elle conçoit facilemēt la flamme ; & fe brufle ; la raifon eft, qu'il faut de neceffité que tout ce qui nous nourrit patiffe foubs l'action du feu : autrement, comment eft-ce que la chaleur naturelle y pourroit agir, qui eft trop plus debile que celle du feu ? Nous voyons par experience que nous ne fçaurions tirer nourriture quelconque des pierres, me-

taux, terre, & autres fubftances , furquoy
le feu ne peut mordre. Or c'eft chofe digne d'eftre nottee, que l'eau de vie , quoy
que chaude & penetrante , n'enyure pas,
car on voit par experience en Allemagne,
& autres regions froides ; où l'eau de vie
eft en grand' vogue , que pour quelque
quãtité qu'on en puiffe prendre, elle n'enyure pas pour cela, comme feroit le vin en
telle quantité que celuy dont elle auroit
efté extraite: & mettant vn peu d'eau dans
du vin bien fort, il enyurera pluftoft que le
beuuant pur. I'ay veu efprouuer de plus,
que reconjoignant l'eau de vie à ce dont
on l'auoit tiree, ce meflange ne pouuoit
point enyurer non plus; parce que les parties vne fois feparees des compofez elemẽ-
taires, puis y reconjointes , prennent toute vne autre nature que la leur premiere.
Que fi elle n'enyure pas , elle brufle encore moins : & je ne croy pas que tous les
Medecins enfemble puiffent treuuer vn
plus grand appuy & foulagement que de
l'eau de vie pour vn eftomach debilité, foit
par l'âge, ou par quelque accident , bien
efloignee donc de brufler & offenfer les
parties nobles, ainfi que quelques vns ont
peu judicieufement penfé: car pour eftre

ainſi inflammable; elle n'eſt pas pourtãt bruſlante. Qui en voudra voir de grandes vertus, liſe les quint-eſſences de Raymond Lulle, de Rupeciſſa, le Ciel des Philoſo-phes d'Vlſtade, & autres: ou l'on verra qu'ils l'appellent la quinteſſence, pour la conformité qu'elle a auec la nature Cele-ſte: & le Ciel, à cauſe que tout ainſi que le Ciel qui eſt comme vn autre air, mais plus ſubtil que l'eſementaire, côtient les eſtoil-les, dont il reçoit diuerſes impreſſions & effeéts qu'il nous influë & communique icy bas; de meſme, l'eau de vie s'emprei-gne aiſément des qualitez & vertus ſpeci-fiques des ſimples qui y ſont mis en infu-ſion. Dauantage, l'eau de vie a cela de par-ticulier qu'elle ne diſſout point le ſuccre, ny ne ſe joint aueeques luy comme faiét ſon phlegme, & l'eau commune, le vinai-gre, & autres liqueurs: Mais par artifice il ſe faiét des deux vne tres-ſouëfue liqueur, fort propre contre les fluxions des cathar-res & reumes ſallez qui moleſtent l'eſto-mach & la gorge; apportant à ce mal vn tres grand ſoulagemẽt: & c'eſt ainſi qu'on la prepare. Faites tremper vn ou deux jours de la Canelle concaſſee groſſiere-ment dans de l'eau de vie, & en prenez

l'infusion bien nette. Ayez du succre fin
dedãs vne escuelle à oreille reduit en menuë poudre, & pour l'aromatiser meslez-
y quelque portion de succre rosat, ou d'eau
rose; versez dessus, cette eau de vie, & les
faites vn peu chauffer sur les cendres; puis
mettez-y le feu auec vn papier allumé, remuant bien le tout auec vne petite spatule
d'argent bien nette, tant que l'eau de vie
ne brusle plus : & il vous restera vne liqueur la plus agreable au goust qui sçauroit estre, & merueilleusement confortatiue : Vous y pouuez adjouster de la liqueur de perles, de coral, & autres semblables, qui se dissoluent aisément dans dü
jus de citron, ou de vinaigre distilé, qu'on
r'adoucist ; faisant euaporer dessus quelque quátité d'eau commune, ou de phlegme d'eau de vie. Voyla vn remede duquel
j'ay mille fois experimenté les effets, tres-
certains veritablement à toutes les toux
enuieillies, rheumes, & autres defluxions
des poulmons. Cest esprit rectifié ainsi
que l'auons enseigné cy-dessus; est doüé
d'vne telle & si grande subtilité, qu'il passera en montant à trauers cinq ou six dou-
bles de papier broüillar sans le moüiller: Ie
me suis veu en jetter vn plein verre en l'air

& n'en tomber pas vne seule goutte en terre. Cest esprit, ou eau de vie, est en outre
d'vne souueraine efficace contre toutes
brusleures, & mesmes celle des arquebusades, trempant la partie dans de l'eau de
vie, où on aura dissout du Vitriol calciné;
Ie puis asseurer n'auoir point treuué de
plus souuerain remede pour oster le feu
des arquebusades, & les garentir d'estio-
mene, & gangrene; ce qui monstre assez la
pureté de son feu, qui se peut à bon droict
appeller celeste. Voicy ce que met Raymond **Lulle** de ces proprietez & vertus.
Il ne nous faut pas attendre, dit-il, qu'aucuns remedes ny medicaments d'icy bas
nous rendent immortels, ny nous doiuent
prolonger nos jours outre & par dessus le
terme prefix, car cela est reserué à Dieu:
vouloir deffendre la corruption par des
choses corruptibles, cela ne se peut:
mais au contraire, nostre vie se peut bien
accidentellemét abreger: Parquoy il faut
chercher quelque substance incorruptible, propre & familiere à nostre nature, &
qui en conserue & maintienne la chaleur
radicale, ainsi que l'huille faict la lumiere
d'vne lampe; telle est l'eau de vie tirée du
vin, la plus confortatiue & connaturelle

substance de toutes autres, pourueu qu'on
n'en abuse point par excés. C'est elle seule
qui peut conseruer, & maintenir nostre humeur radical jusques au dernier but, le
preseruant de putrefaction, qui est ce qui
plus l'abrege. Or que l'eau de vie ne preserue puissamment de corruption, nous le
voyons aux choses vegetales & animales
qu'on y met tremper, lesquelles par son
moyen se conseruent en leur entier lógue-
ment. Elle maintient en outre la personne
en vigueur de jeunesse, laquelle elle re-
staure de jour à autre; regaillardit & ren-
force les esprits vitaux, digere les cruditez
prise à jeun, & reduit à vne égalité les su-
perfluitez excessiues, & les deffauts qui
pourroient estre en nostre corps; causant
diuers effects selon la disposition du subjet
où on l'applique; comme faict la chaleur
du Soleil, qui fond la cire, & endurcit la
fange : à quoy tend mesmes les effects du
feu. I'oseray dire en outre, que l'esprit du
monde resident en l'eau de vie la rend sus-
ceptible de toutes qualitez, proprietez &
vertus, en telle façon qu'on luy peut donner vne qualité chaude en l'empreignát de
choses chaudes, froide des froides, & ainsi du reste : neutre qu'elle est, conformé-

ment à noftre efprit, inclinable à tout. Car
encore qu'elle confifte des quatre Elemés
ils y font neantmoins fi proportiónez que
l'vn n'y predomine pas l autre : parquoy
on l'appelle Ciel, auquel on applique telles
eftoilles qu'on veut, à fçauoir les fimples
elementaires dont elle conçoit les proprietez & effects.

Efprit de Tartre.

L'efprit de Tartre, ou Aftre de vin, fe
prepare, fi l'on met 4. ou 5. liures de créme
de Tartre dás vne cornuë de verre, & icelle à feu de fable, à laquelle vous adapterez
& luterez vn recipient affez ample : donnez le feu par degrez, & premier fortira le
plegme qu'il faut jetter; en fecód lieu, fortira l'efprit; en troifiefme lieu, l'huille tres-
puante, lefquels doiuent eftre feparez par
l'entonnoir, puis rectifiez chacun à part ,
fçauoir l'efprit par coobation au four à cédres, par cinq fois; Quant à l'huille, nous
en parlerons en la fleur des huilles.

Vertus.

Il eft fingulier contre la retention des
A a iiij

mois, à la paralisie, jauniſſe, pleureſſe, ſquinance, & à la chaude-piſſe.

Doſe.

Sa doſe eſt de ʒj. à ʒij. auec vehicule conuenable.

Eſprit de Vinaigre.

L'eſprit du vinaigre ſe diſtile du tout en tout comme celuy du vin, excepté que le phlegme ſort le premier, & l'eſprit le dernier; ſi on le veut alcaliſer, on n'a qu'à le coober 4. ou 5. fois ſur ſon ſel, puis le garder à l'vſage.

Cét eſprit de vinaigre diſſout les pierres les plus dures.

On verra en ma Pharmacopee Spagyrique, vne infinité de beaux ſecrets que je tire du vinaigre, aydant Dieu; auquel Pere, Fils, & S. Eſprit, ſoit honneur, gloire, & loüanges. Amen.

Des Eaux extraictes des animaux, ou de leurs parties.

CHAP. VI.

NE me fuſſe eſtendu dauantage ſur les matieres vegetables deſquelles on peut extraire ce que l'on appelle eſprit , mais pour cauſe de briefueté nous l'auons remis en noſtre Pharmacopee Spagyrique, Dieu aydant , diſons donc quelque choſe des animaux.

Eau de ſang humain.

Prenez huict ou dix onces de ſang, tiré chaudement d'vn jeune homme de bonne habitude, aagé de vingt cinq ans, mettez-le promptement dans vn vaiſſeau circulatoire, accompagné de la cinquieſme partie de bon eſprit de vin, faiſant en ſorte neantmoins que le tout n'empliſſe que le tiers du vaiſſeau, lequel eſtant bien boüché , vous l'enſeuelirez dans le fient de cheual, le laissant là en putrefaction iusques à ce que la matiere soit augmentée de moitié, ce qui paroist en trente iours pour le plus tard. Quoy faict ostez ce vaisseau, & y ayant adapté vn chapiteau à bec, vous le mettrez au bain marie, pour en retirer premierement l'eau de vie à la vapeur d'iceluy, & en suitte le phlegme, à plus grande chaleur: gardez ce phlegme à part, & prenez l'esprit de vin & le reuersez sur ce qui est demeuré du sang humain dans le vaisseau, & le mettez encore en putrefaction l'espace de douze iours; retirez derechef cest esprit de vin, à la vapeur du bain, puis l'huille montera à plus grande chaleur, des fœces qui resteront, tirez-en le sel par calcination & imbibition de suffisante quantité d'eau de Tiller ou de grād Muguet, puis voꝰ le meslerez auec l'eau de vie & le phlegme susdit, les faisāt circuler l'espace de quatre iours ensemblemēt dans le bain marie tiede, puis vous pousserez à plus grāde chaleur tout ce qui pourra distiler. Que s'il demeuroit quelque portion du sel au fond du vaisseau, il le faudra recalciner puis extraire par filtration ce que l'on pourra auec les eaux susdites, & l'ayant meslé auec son eau la garder à l'vsage.

Vertus.

Cest eau est admirable contre la pleuresie, contre toutes douleurs des parties laterales, appaise les douleurs des gouttes,
guerit la paralisie, toutes playes tant vieilles que recentes, ensemble les fistules, efface les taches lepreuses de la face : bref
cette eau faict des miracles pour toutes les
affections internes.

Dose.

Sa dose est de deux ou trois gouttes auec
du vin blanc, l'estomach à jeun.

L'eau distilée de la fiente humaine est incomparable pour l'entiere guerison des
vlceres cauerneux, malins, & corrosifs.
Elle dissipe les tayes & catharactes des
yeux, bref elle est nonpareille à la guerison des chancres: finallement on ne l'administre pas auec peu d'vtilité aux hydropiques, epileptiques, & à ceux qui ont esté
mordus d'vn chien enragé, ou de quelque
autre beste veneneuse.

L'eau extraicte des Cancres est la nompareille aux inflammations, brusleures, &

aux Cancers, aussi en portent-ils la signature. Notez qu'il faut coober par trois fois cette eau sur la teste morte, si la voulez posseder auec toute sa vertu.

L'eau des escreuisses a non seulement les mesmes vertus que celle des Cācres, mais encore est-elle incomparable contre les arquebusades & mousquetades.

L'eau extraicte de la semence de Grenoüilles, est grandement singuliere aux brusleures, inflammations, erysipelles, & grande rougeur du visage: c'est le remede que Paracelse appelle Esperniole. Notez qu'il faut amasser cette semence au mois de Mars.

L'eau des limaces s'extraict apres leur garde de cinq ou six jours, jusques à tant qu'elles ayent jetté leur glaire; puis boüillies auec de l'eau, on les tire de leurs coquilles, & au mesme temps on les laue auec du vinaigre, secondement auec de l'eau, & finallement auec du vin. Quoy faict on les hache par petits morceaux, & les distile-t'on par le bain marie.

Cett' eau est admirable pour les ethiques & personnes emaciees, aussi est-elle grandement hepatique.

En la mesme façon que dessus on peut

extraire celle des tortuës terreſtres , laquelle eſt incomparable pour les emaciez.
Notez qu'on doit mettre des feüilles de
bourroche au fond du recipient.

L'eau extraicte en la façon que deſſus
des vers terreſtres, eſt admirable pour ap
paiſer toutes douleurs de gouttes , guerit
les panarix, en les lauant d'icelle deux ou
trois fois le jour , puis y appliquer vn linge moüillé deſſus : Elle eſt auſſi tres-boh-
ne aux deſcentes de boyau.

L'eau extraicte en la façon que deſſus du
boyau argentin qui ſe treuüe au vétre des
harens , eſt admirable pour expulſer dehors l'vrine retenuë.

L'eau extraicte du cœur d'vne perdrix,
eſt admirable contre toutes maladies du
cœur.

Autant en faict celle du cœur du petit
oyſeau qu'on rencontre touſiours au bord
des eaux, & qu'on voit inceſſamment re-
müer ſa queuë.

L'eau extraite du cœur de Cerf eſt vn grãd
Cardiaque. Pareille vertu a celle de ſon
os. Mais incomparable eſt celle qui eſt extraicte de ſes petites cornes tendres , non
ſeulement contre les maladies du cœur,
mais encore contre toutes maladies con-

tagieuſes , & venins.

L'eau extraicte des cœurs d'irondelles eſt grandement antipileptique.

L'eau extraicte des cheueux d'vn homme eſt admirable pour faire croiſtre les cheueux & les rédre beaux & longs, ſi l'on moüille ſouuent la partie.

L'eau extraicte de la matrice d'vne poule, & d'icelle faire injection dans la matrice d'vne femme, guerit les fleurs blāches, & ſi elle eſtoit ſterile la rend fertile, d'autant qu'elle ayde grandement la conception.

L'eau extraicte de l'humeur viſqueux qui eſt attaché au bout des mammelles des vaches, eſt ſinguliere pour guerir les fêtes & creuaſſes qui arriuent ſouuent aux māmelles des femmes.

L'eau extraicte de l'humeur criſtalin qui ſe rencontre aux yeux d'vn bœuf, eſt ſinguliere pour toutes les incommoditez qui arriuent à ceux de l'homme.

L'eau extraicte de ciuette eſt incomparable contre la collique.

L'eau extraicte des pieds d'oye , n'a pas ſa pareille contre les tignes qui viennent aux pieds & aux mains.

L'eau extraicte de la pierre jaune qu'on

treuue dans le fiel d'vn bœuf guerit la jauniffe.

L'eau extraiête du fang menftruel d'vne
femme arrefte tout flux d'icelle, tel violent fuft-il.

L'eau extraiête du poulmon de Renard
eft bon aux pulmoniques.

L'eau extraiête du blanc d'œuf, eft finguliere contre toutes inflammations des
yeux : & n'eft pas adminiftrée fans fruiêt
aux inflammations d'vrine.

L'eau extraiête du cerueau des Cicoi-
gnes, eft excellête pour guerir le vertigo.

L'eau extraiête de la fecondine d'vne
femme, n'a pas fa pareille pour expulfer &
faire fortir dehors les fecôdines retenuës.

L'eau extraiête de la mafchoire d'vn bro-
chet, eft incomparable pour guerir les
points qui arriuent par tout le corps.

Suffit de cecy, car en noftre Pharmacopée nous dirons le refte, aydant Dieu ; auquel foit tout honneur, gloire, & loüange. Amen.

Des eaux extraictes des mineraux & metaux.

CHAP. VII.

Rosee & Eau, où Esprit de Vitriol.

Renez du Vitriol extraict du cuiure, ainsi que hous l'enseignerons à la fleur des Sels, telle quantité que vous voudrez, emplissez-en demy vne cucurbite ; laquelle couuerte de son chappiteau vous ferez distiler au 4. degré du bain marie, qui est lors que l'eau d'iceluy boult bien fort ; receuez toute l'humidité qui en sortira, & la gardez dans vn vaisseau bien clos à l'vsage.

Vertus.

Elle est singuliere aux fiéures ardentes, manies, & frenaisies, mitige & tempere l'adustion du sang, corrobore toutes les visceres

viſceres, reſtaure & fortifie la debilité du cerueau, en fortifiant ſon humeur radical.

Doſe.

Sa doſe eſt de ʒij. chaque iour l'Eſtomach à jeun.

Eau de Vitriol.

Apres auoir ſeparé la roſee de Vitriol comme deſſus, vous prendrez le vaiſſeau de verre, auec la matiere qui eſt encore en iceluy; mettez-le au four à ſable, & diſtilez juſques à tant qu'il ne ſorte plus d'humidité, & vous aurez vne eau claire & aſſez odoriferante, que vous garderez à l'vſage.

Vertus.

Elle eſt incomparable à purger les reins, à lenir les erroſions internes, prouoque l'vrine, & vne douce & amiable ſueur; appaiſe les inflammations, mitige & lenit les douleurs. Vne goute ou deux infuſee auec huile de Tartre guerit & deſſeiche l'eſcabie, conſolide & incarne les vlceres.

Bb

Dose.

Sa dofe eft ʒj. auec boüillon de chair, le matin l'eftomach à jeun.

Efprit acide de Vitriol.

Prenez telle quantité du Vitriol fufdit ou en fon lieu de celuy qui eft bleu, mettez-le à calciner dans le four de reuerberé planché, jufques à ce qu'il ne luy refte aucune humidité : prenez voftre maffe, joincte auec tout le fonds du vaiffeau qui la contient, & la mettez en poudre bien menuë & fubtile, & icelle mife dans vne retorte bien luttee, on y adaptera fon recipient bien ample auquel elle fera bien luttée. Quoy faict, & icelle mife au fourneau de reuerbere ordinaire, vous emplirez iceluy de charbon, lequel vous enflammerez peu à peu, à celle fin que la cornuë en reçoiue auffi peu à peu fon effet, & ce pendant 4. heures, lefquelles finies on augmétera le feu autres 4. heures durant, & ce en ouurant petit à petit les regiftres, jufques à ce que la flamme commence à fortir par tout, & que la cornuë rougiffe de tous co-

ſtez, ce qu'apparoiſſant il faut tout à faiⅭt
ouurir les portes du fourneau, & augmenter le feu par dixhuiⅭt ou vingt heures, juſques à ce que tous les eſprits ſoient ſortis.
Deux ou trois jours apres humeⅭtez le
luⅭt qui joint le recipient auec la cornuë,
tant & ſi longuement qu'elle ſe puiſſe ſeparer ayſément ſans rien rompre. Quoy
faiⅭt, mettez cette liqueur dans vne cucurbite , & icelle au bain , afin de ſeparer le
phlegme d'auec l'eſprit: ſi vous voulez re-
Ⅽtifier l'eſprit pour l'auoir plus efficace,
c'eſt à voſtre choix.

Vertus.

Il eſt ſingulier aux fiéures ardentes, donné auec vehicule conuenable, car il eſteint
merueilleuſement bien la ſoif , comme
auſſi aux fiéures heⅭtique & humorale, ſé-
blablement à la fiéure quarte , donné
auec eau de vie, & notte, auec eau de tormentille; il eſt très-propre contre la peſte,
donné auec eau de veronique ; à toutes
ſortes de coliques , notamment à la nephretique , aux excoriations de la veſſie,
donné auec vin blanc , aux douleurs de
matrice, auec eau d'Arthemiſe, reſiſte à la

B b ij

pourriture des humeurs, & vuide les se-
rositez par les vrines, arreste la corruption des dents, & les gangrenes : bref il a
tant de vertus, qu'il me faudroit faire vn
volume entier pour les expliquer, toutesfois cela se verra en ma Pharmacopee Spagyrique. I'oubliois à dire que c'est l'vnique moyen pour extraire la vraye teincture des roses, des violettes, & autres fleurs.

Esprit de Soulphre.

Il n'y a si petit Artiste qui ne sçache le
moyen qu'on tient pour extraire l'esprit
du Soulphre, par la cloche, mais par ad-
uenture ne sçauent-ils pas que si l'on ne
choisit vn temps humide & pluuieux, lors
qu'on le veut extraire, on n'en tirera peut-
estre pas deux dragmes, mais en temps
pluuieux on en tire quelquefoi plus d vne
once ; la raison est, qu'à cause de l'humidité de l'air embiant, il se congelle plus
grande quantité de vapeurs dans la cloche qu'en autre temps, & partant en de-
coule-t'il plus d'esprit.

Vertus.

Il est tres-singulier aux obstructiõs des

poulmons, aux fiéures, hydropifies, calcul,
gangrenes, fiftules, notamment à celles du
fondemét; aux vlceres, notáment à celles
de la verolle, aux verruës, aux dents cariees, & au mal des genciues: de plus quelques vns s'en feruent pour blanchir les
dents.

Dofe.

Il s'en peut donner de 4. 5. à 6. goutes
auec vehicule conuenable.

Efprit de Sel.

Prenez du Sel de Broüage, qui foit blác,
clair, & luifant, telle quantité que vous
voudrez, faites le decrepiter felon l'art, jufques à tant qu'il ne petille plus au feu. Prenez de ce Sel enuiron ℔ij. meflez-le auec
℔vj. de bol de blois, pilé affez menu; mettez le tout dans vne forte & grande cornuë, prenant garde que la tierçe partie demeure vuide. Quoy faict, adaptez-y vn
grand recipient dans lequel y doit auoir
enuirō ℔j. d'eau diftilee: le tout difpofé en
la forte on graduera le feu, en l'augmentant peu à peu par tréte heures, obferuant

le mesme ordre qu'on faict en distilant l'esprit de Vitriol. Finalement, les vaisseaux estans froids, & ayant separé l'eau & le phlegme, on rectifiera l'esprit pour le garder à l'vsage comme vn tresor precieux.

Vertus.

Pour parfaitement connoistre les vertus de l'esprit de sel, il faut se ressouuenir des excellences que j'ay remarquees d'iceluy cy-dessus en la fleur seconde, & pour lors on dira auec moy qu'il tient quasi mesme lieu que l'or potable: car dans la renouellation que son vsage faict de l'homme, il le preserue puissamment de toutes maladies, pris dás quelque vin excellét; ou bien dás l'eau de vie: meslé auec sel d'absinthe, il guerit l'hydropisie; en outre il guerit la jaunisse, & l'epilepsie, pris en eau de scolopendre; guerit les fieures pris en eau de vie; chasse les vers pris en eau d'armoise; dissipe, brise, & expulse la pierre, donné auec eau d'arreste-bœuf; & administré en eau de parietaire; il fait couler en peu de temps l'vrine supprimee. Il appaise les douleurs des gouttes, meslé auec les on-

guents propres : Il eſt admirable aux pic-
queures, lancemens ou douleurs du foye,
pris auec eau de chicorée; & aux affections
de la ratte auec eau d'endiue ; à celle des
reins, auec celle de pourpié: bref il eſt incomparable contre la peſte, pris dans l'e-
lectuaire de genieure, ou bien auec ſon eſſence. Finallement ſes vertus ſont ſi grandes, & en telle quantité, que les racon-
tât toutes par le menu, je craindrois qu'on
ne m'accuſaſt du vice de prolixité. Seulement je diray que quiconque prendra la
peine de tirer la quinte eſſençe de la douceur du ſel, poſſedera vn medicament plus
excellent que tout autre que l'on ſçauroit
deſirer.

Doſe.

Sa doſe eſt de 4. 6. à 7. gouttes pour le
plus : neantmoins on doit prendre garde
au têps, ſaiſon, aage, ſexe, maladie, & ſymptomes d'icelle, augmentât ou diminuant
ſelon que le Medecin artiſte verra bon
eſtre.

Par la meſme voye que deſſus vous tirerez l'eſprit du Sel gemme, les vertus duquel ſont reſeruees en ma Pharmacopee

Esprit de Nitre.

L'esprit du sel nitre se tire en la mesme
façon, & par mesme moyen que celuy
du sel, hors mis que la distilation ne dure
que dix ou douze heures pour le plus. E-
stant à noter que ses esprits sortent auec la
fumée rouge, car ce qui sera sorty auparauant, n'est que le phlegme; lequel, lors que
les esprits rouges seront passez & que le
verre sera esclaircy, il faudra separer & rectifier par apres l'esprit, qu'on gardera dás
vne phiole de verre bien bouchee pour
l'vsage.

Vertus.

Cest esprit est le vray frain des vapeurs
corrosiues qui s'esleuent des humeurs putrides en l'homme. Il guerit la colique, si
l'on oingt la regió vmbilicale d'iceluy meslé auec huille de noix muscade fait par expression; en outre donné interieurement
quelques gouttes auec l'eau de vie phleg-
meuse: estant à noter qu'on doit auoir pris
vn clystere le soir auparauant.   On ne le

nnera pas auſſi ſans grand profit contre
la pleureſie & ſquinãce: aux fiéures il doit
eſtre adminiſtré auec l'eau de pourpié,
d'endiue & de chicoree.

Doſe.

Sa doſe, generalement, eſt de ſix juſques
à huiƈt ou dix goutes meſlé auec l'eſprit de
vin phlegmeux; & de ce meſlange la doſe
eſt de deux ſcrupuls ou d'vne dragme
dans vn plein verre d'eau de fontaine laquelle on aura fait vn peu tiedir: ou bien
dans quelque autre eau rafraiſchiſſante, laquelle on choiſira ſelon les maladies contre leſquelles on le voudra adminiſtrer.

Eau d'Alun.

Prenez de l'alun de roche telle quantité
que vous voudrez, mettez le (apres l'a-
uoir pulueriſé) dans vne cucurbite, luy
agençant ſon chapiteau & recipient; icelle miſe au four à cendres, vous extrairez à
feu gradué toute l'eau d'Alun, laquelle
vous garderez à l'vſage.

Vertus.

Cette eau d'vne seule distilation, qu'on peut appeller proprement flegme d'Alun, est grandement froide; aussi ne faut-il pas douter que comme elle est minerale, elle ne refroidisse aussi beaucoup plus soudain que ne ferôt les eaux tirees des vegetaux, voire mèsme quand elles approcheroient le quatriesme degré de froideur. Ce qui se verifiera en l'appliquât sur quelque partie enflammee par defluxion d'humeurs chaudes, acres & picquâtes. Aussi est-ce le souuerain remede aux inflammations des yeux, voire mesmes quand tous autres remedes n'y auront de rien seruy. Or est elle non seulement propre aux inflammatiós des yeux, mais aussi à celles des amigdales, de l'vuule des genciues , de la langue, du palais de la bouche, & toutes excoriations, causees par quelque pituite sallee, qui arriuent en icelle. Qu'on bannisse donc l'eau alumineuse des boutiques, ainsi dite à raison de l'Alun qui entre en la cóposition d'icelle en assez bonne quantité; & toutesfois c'est celuy qui y contribuë si peu, que la dite eau ne merite d'estre ainsi appellee. La raison est que l'Alun estant meslé auec le suc des herbes & autres choses, qui entrent en la composition de ladite eau, pour estre le tout ensemble distilé, n'y peut contribuer sa qualité astringente, & dessicatiue, requise particulierement à l'effect que l'on demande à cette eau. Or que cette eau, ainsi preparée à la cōmune façon, n'ait aucune vertu dessicatiue & astringente, le goust seul le monstre assez sans employer aucune autre preuue. Et quoy que les premiers autheurs de cette eau ayent eu simplement en cōsideration la vertu des ingrediens, entant que leurs qualitez pouuoient estre extraictes, & cōmuniquees les vnes aux autres: neantmoins ceux qui les suiuēt au pied de la lettre ne seront point excusables, d'autant qu'il est necessaire qu'ils sçachēt cōnoistre quelle substāce est demādee particulierement par les autheurs de la composition. Car il n'est pas tousiours necessaire de mettre toutes les substances qui se treuuent en vn mesme medicament simple dans les compositions, d'autant que les vnes ont vne qualité, & les autres en ont vne autre: Exemple en l'Alun, duquel on tire 4. substances, mais par diuers

moyens. Car apres en auoir tiré l'eau, augmentant vn peu le feu on en retire l'efprit,
lequel fert a diuers vfages, ainfi que nous
dirons en noftre Pharmacopee Spagyrique. Les autres deux font auffi diuerfes de
nature que de qualité , lefquelles on ne
peut poffeder par diftilation, mais bien par
digeftion, refolution & coagulation dans
l'eau commune , & par la methode que
nous enfeignerons cy-apres.

Difons donc qu'outre cette eau cy deffus, il contient encore autres trois fubftances, lefquelles font excellétes en proprietez & vertus, auffi eftant appreftees cóme il faut par vn Medecin Artifte, c'eft à
dire feparees & priuees de leur foulphre
combuftible (en quoy abonde grandement l'vne d'icelles, qui eft l'efprit) & de
fes parties terreftres, en vn mot leur verdeur acide renduë efgale à la douceur du
fuccre , rafraifchit & humecte tellement
les corps des febricitans (eftant adminiftree en bien petite quátité intericuremét)
que s'ils auoient beu tous les fyrops des
boutiques des Pharmaciens ordinaires,
meflez auec toute l'eau d'vne fontaine, ils
ne fe treuueroient pas plus defalterez. Or
il eft grandement icy neceffaire de noter

que l'Alun outre son humeur aqueuse &
spiritueuse, a encores deux substances, de
diuerses qualitez , (ainsi que nous auons
dit cy-dessus) desquelles l'vne se coagule
à la chaleur, & l'autre se coagule au froid;
celle là est fort astringente , auec quelque
peu d'acidité, mais celle-cy est bien vn peu
acide, mais elle tend beaucoup à la douceur: cela remarqué, venons à leur preparation.

Ayant donc extraict toute l'eau de l'A-
lun de roche, ainsi que nous auons enfeigné cy-dessus, on la reuersera par dessus le
marc, la redistilant par apres ; continuant
cette procedure jusques à ce qu'il n'en sorte plus aucune humidité. Prenez cet Alun,
lequel on peut appeller fixe, & l'ayant puluerisé, vous le dissoudrez auec eau de fontaine distilee, qu'elle surpasse d'enuiron 8.
ou 10. doigts: mettez cette dissolution dâs
vn vaisseau circulatoire,& iceluy au fient
de cheual ou au bain marie, par l'espace de
3. semaines ou vn mois, remuant & agitant le vaisseau contenant de 8.en 8 iours:
ce temps expiré versez l'eau claire qui pa-
roistra par dessus la matiere contenuë au
vaisseau circulatoire , qui est la partie
de l'Alun qui se coagule à la chaleur, la-

quelle eft fort aftringente.   Mettez l'eau
claire qu'en auez retiree en vn lieu
froid & humide, & le vaiffeau qui la con-
tiendra eftant couuert,vous verrez en peu
de jours l'Alun acide fe coaguler au fonds,
clair comme criftal. Verfez l'eau en vn autre vaiffeau , lequel mettrez en lieu froid
comme deuant , l'y laiffant jufques à ce
qu'autres criftaux foiét coagulez , lefquels
feront plus clairs &diaphanes que les premiers.   Que fi vous continuez cefte procedure pour la troifiefme fois, les criftaux
qui paroiftront au fonds feront encore
differens en couleur aux deux premiers.
Or comme ces trois font differéts en couleur , auffi le font ils en confiftence & en
faueur. Diffoluez tous ces trois enfemble,
dans l'eau douce diftilee par deux fois, &
le tout mis dans vn grand vaiffeau circulatoire,&iceluy bien bouché,au fien de cheual ou au bain, pendant le temps de deux
mois:la circulation de ce temps là acquerra à fon acidité vne fort plaifante & agreable douceur,laquelle pourra eftre adminiftree auec toute feureté contre les maladies fufdites.   Cefte douceur a bien d'autres vertus , lefquelles, pour eftre bref, ie
referue à déduire en ma Pharmacopee

Spagyrique.

Eau de Criftal,

Prenez du Criftal bien lucide, telle quantité que vous voudrez, & le puluerifez fubtilement, mettez iceluy auec autant de falpeftre rafiné & puluerifé, eftans bien meflez enfemble feront mis dans vn grand
creufet, lequel vous poferez au four de reuerbere, faifant grãd feu iufques que tout
foit calciné; lauez-le apres auec eau douce
vn peu chaude, afin d'ofter le falpeftre: calcinez-le derechef en autre creufet, puis le
relauez, continuant céfte procedure par
quatre ou cinq fois, puis ceffez. Quoy fait,
cefte matiere eftant bien feiche, fera mifé
en vne cucurbite, verfant deffus efprit de
vin rectifié, qui furpaffe la matiere de quatre doigts ; puis icelle eftant couuerte de
fon chapiteau aueugle, vous la mettrez au
bain par l'efpace de vingt-quatre heures,
agitant durant ce temps là le vaiffeau trois
ou quatre fois. Ce temps expiré, oftez le
chapiteau aueugle, & en fuppofez vn à bec,
y ioignant vn recipient, & pour lors diftilez voftre efprit de vin, que pourrez garder pour pareille procedure. Finalement

voftre fel eftant deffeiché vous le ferez refoudre en eau, à la caue ou autre lieu humide, fur vn marbre: eftant à noter que le temps le plus propre à ceft effet, font les mois de May , Iuin , Iuillet & Aouft.

Vertus.

Ceft eau eft finguliere pour brifer & expulfer la pierre des reins, donnee ʒf. auec eau de parietaire ou de violettes de Mars: en outre eft elle admirable pour faire croiftre le laict aux nourriffes qui en ont peu, prife dās du boüillō. Elle eft en outre tres-certaine à la diffenterie , donnée auec du vin; elle arrefte auffi les fleurs blāches des femmes, & la colique , & ce comme par vne proprieté occulte: Elle a d'autres facultez qui fe verront ailleurs, aydant Dieu, car il eft vray que deux fcrupuls de la poudre de criftal, preparee en la façon cy-deffus & adminiftree auec huille d'amendes douces tiree fans feu, guerit foudainemēt ceux qui ont pris du mercure fublimé : le refte de fes effects font referuez ailleurs.

Defc.

Dose,

La dose ordinaire de cette eau est de dix grains jusques à quinze. Par cette mesme methode peut-on tirer les eaux des pierres, quelles elles soient, lesquelles seront adaptees par le Medecin Artiste aux maladies qu'il reconnoistra estre propres.

Eau de Talc.

Prenez du Talc de Venise telle quantité que vous voudrez, faites-le tremper en jus de citron durant les plus grandes froidures de l'Hyuer: puis mettez-le dans vn sçachet de cheurotin, auec des petites pierres de riuiere bien blanches, remuez le tout là dedans jusques à tant qu'il soit reduit en poudre. Quoy faict, calcinez-le au reuerbere planché pendant vn jour naturel. Prenez ce talc, broyez-le sur vn marbre diligemment, afin qu'il ne s'esuente, & le mettez dans vn sçachet, le fonds duquel soit en poincte, auquel sera attaché vne phiole de verre, pour receuoir ce qui coulera dudit sac. Ce faict, pendez ce vaisseau au milieu d'vn puits, faisant en sorte qu'il

ne touche les parois d'iceluy, & esloigné
enuiron d'vne aulne de l'eau. Laissez-le
ainsi le temps de vingt ou trente jours, au
bout desquels ostez-le & le mettez à l'humide d'vne caue, jusques que toute la liqueur en soit escoulee, laquelle garderez à l'vsage.

Vertus.

Cette eau produit vne blãcheur incomparable, notamment si elle est meslee auec
l'huille qu'on tirera du marc qui sera resté;
duquel voyez-en la façon en mon Hydre
morbifique exterminee par l'Hercule
Chimique, au liure six, chap. des medicamens pour le noli-me-tangere, auquel lieu
cest huille est enseigné pour effacer les
cicatrices qui restent de la guerison de cet
vlcere.

Eau de vie de Saturne.

Prenez de la ceruse de plomb ℔j. pulue-
risez-là & versez dessus vinaigre distilé qui
soit bien chaud, remuant fort auec vn ba-
ston, & en moins de rien le vinaigre se
chargera de la dissolution de la ceruse, eua-

cuez le clair, & reiterez auec nouueau vinaigre, continuant tant que toute la ceruse soit dissoute, & qu'en ayez retiré tout le
sel. Meslez tous vos menstruës ensemble,
& les filtrez, en faisant euaporer les deux
parties à feu lent, mettant le reste en lieu
froid, où se formerôt des cristaux que separerez, & lors qu'il ne s'en fera plus, faites
euaporer tout le dissoluant pour en retirer
le sel qui y restera. Meslez les deux enséble
ble & en emplissez à moitié vne cornuë
bien lutee ; mettez icelle au fourneau, à
cul descouuert, chassant à leger feu du cô-
mencement ce qui y pourroit estre resté
d'humidité estrange: & quand les fumées
blanches commenceront à paroistre, joignez y vn recipient assez ample, le luttant bien aux joinctures; puis renforçant
peu à peu le feu jusques à tant qu'il vienne
à estre fort grand, & la cornuë enseuelie
dans les charbons ardens, vous verrez
sortir comme vn petit torrent côntinué à
guise d'vn petit filet d'huille, mais blanc
comme laict, & froid comme glace, lequel
se viendra à resoudre dans le recipient en
huille de couleur de hyacinthe & odorant
comme celuy d'aspic. Continuez le feu
jusques qu'il ne sorte rien plus, puis le lais-

sez refroidir tout le long d'vne nuict.

Prenez cette huille, que Raymond Lulle appelle son vin, & la mettez en vn petit Alembic de verre au bain marie, & en distilez l'eau de vie, laquelle coulera par petites veines, tout ainsi que celle du vin. Tirez là toute tant que les goutes & larmes se viennét à manifester en la chappe, qui est vn signe que ce n'est plus que le phlegme : lequel en estant dehors, il restera au fonds vn huile precieux, qui dissoult l'or & l'argent.

Vertus de cette eau de vie,
& sa dose.

Cest esprit est plus excellét que le baulme le plus precieux qu'on sçauroit desirer, & ses facultez incomparables pour plusieurs & diuerses maladies, tant internes qu'externes : voyez ce que je dis de ses vertus en mon Hydre morbifique exterminee par l'Hercule Chimique: estant à noter qu'en l'vsage d'iceluy il faut estre grandement circonspect, car son trop long vsage rendroit les personnes inhabiles à engendrer. Que si on s'en veut ser-

uir aux fiéures ardentes & malignes, comme auſſi en la peſte, la doze ſera de deux
gouttes ou trois pour le plus, meſlées auec
quelques eaux cordialles.

C'eſt auſſi vn ſouuerain remede contre
les dartres, inflammations des yeux & du
viſage, eryſipelles & feux volages: Comme auſſi pour les bruſleures; aux vlceres
malins, corroſifs & chancreux, & à la
pourriture de la bouche. Finalement c'eſt
vn puiſſant remede pour r'amollir les
durtez ſchyrreuſes.

Par cette meſme voye que deſſus on
peut extraire l'eau de vie de tous les metaux, pourueu qu'ils ayent eſté premierement reduits en vitriol, en la façon que
j'enſeigneray cy-apres en la fleur des Sels.

Nous ferons donc fin à ce chap. par le
moyen que nous donnerons d'extraire
l'eau de Mercure ſans adition.

Eau de Mercure.

❧ Prenez vne cornuë de terre de Niuer-
nois, laquelle (outre ſon bec) ait vn canal
au coſté de ſon ventre, par lequel canal
(lors que la cornuë ſera bien eſchauffee à
grand feu de charbons ardens) vous ver-

ferez quatre ou cinq onces de Mercure
vif, & en mesme temps il s'esleuera en vapeur au col d'icelle retorte, où il se coagu-
lera en liqueur, qui à l'instant tombera en
eau dans le recipient. Et quant il n'en tombera plus mettez-y du nouueau Mercure,
continuant cette procedure iusques que
vous ayez quantité d'eau, selon vostre desir: estant à noter qu'au mesme temps que
vous auez versé le Mercure, qu'il faut
estre soigneux de fermer le trou auec vné
cheuille de la mesme terre, appropriee à
iceluy, laquelle doit auoir vn garde-fou à la
cime. Cette eau dissout l'or auec autant de
facilité que l'eau chaude dissout la glace,

Vertus.

Elle est incomparable à toutes sortes
d'vlceres malins, putrides, corrosifs, chancres, noli-me-tangere, loups, fistules, &c.
On fait reduire encore le Mercure en
eau, l'amalgamét premieremét auec estain
de Cornoüaille, puis estendu sur vne lamine d'acier & mis à l'humide d'vne caue,
voyez voir ce que i'en dis en mon Hydre
morbifique, & en mon traicté de verolle à

l'antidotaire Spagyrique. Au seul Dieu,
Pere, Fils, & S. Esprit soit honneur & gloire és siecles des siecles. Amen.

Des eaux composees.

CHAP. VIII.

Pres auoir parlé des eaux simples, il est raisonnable que nous
donnions la façon d'en preparer
de composees, & que du mellan-
ge des simples vertus qui se treuuent à
chaque remede separément, nous fassions
vn Elixir; c'est à dire, vne côposition de diuers géres de simples, dôt les vertus vnies
surpassét tout ce qu'on sçauroit desirer d'i-
celles estant separees. Et quoy que l'on
pourroit dire que les vertus de tant d'ingrediens ensemble, se nuisans l'vn à l'autre, ne manifesteront pas leurs effects
auec tant d'energie comme elles feroient
si elles estoient separees? à quoy je respon-
dray que cette raison n'a lieu que contre
les grandes compositions qui contiennent
quelquefois vingt, cinquante, ou cent re-

medes, & lefquels y font meflez fans aucune circonfpection. Mais lors que par les
mains d'vn bon Artifte les ingrediens y
font meflez felon leur condition & fubftä-
ce, les vns pluftoft, & les autres plus tard,
c'eft à dire, qu'ils doiuent auoir receu quelque difpofition d'elaboration, les vns plus
&les autres moins, feló leur diuerfe qualité
auät que de les mefler: alors, disje, cela n'eft
pas à craindre, d'autant que leurs vertus &
qualirez, fans aucun empefchement, s'introduifent, s'vniffent & communiquent
facilement les vnes aux autres. Ce que
notté eternellemét de l'Artifte, nous viendrons à nos eaux compofees.

*Eau admirable ponr les brufleures faictes par
la poudre à canon.*

Pr. fperme de grenoüilles.
Suc de joubarde.
Suc d'Efcreuiffe d'eau douce an. ℔j.
Huille de myrrhe, fait *per deliquium*.
Rofee de vitriol an, ℥ ij.
Mettez cela enfemble dans vne cucur-
bite, & icelle au bain marie: donnez feu
par degrez, jufques que toute l'humidité
foit fortie.

Vsage.

Vsez de cette eau auec linges moüillez sur la partie bruslee jusques à parfaite guerison. Cette eau est encore singuliere contre toutes erysipelles, & inflammations.

Eau Antypodagrique.

Prenez sperme de grenoüilles, suc de fleurs de tapsus barbatus an. ℔ij. ß. vrine d'enfant masle qui boiue vin ℔iij. theriaque recente ʒij. ß. vitriol, sel commun, & alun, an. ʒiiij. mettez le tout dans vne cucurbite, & icelle au four à cendres, à laquelle ayant adapté vn chapiteau, & à icelle vn recipient, ferez feu par degrez jusques qu'il ne sorte plus d'humidité. Les vaisseaux estans refroidis, vous adjousterez à cette eau huille de câphre & saffran, an. ʒ ij.

Vsage.

Il faut fomenter de cette eau la partie dolente, y appliquant des linges trempez en icelle : Cette eau est grandement ano-

dine, & appaife en peu de temps la douleur de podagre.

Eau Antipleuretique.

Prenez eau de vitriol ℔ß.
Suc balfamique de chardon benit ʒ vj.
Eau de fang humain ʒ iiij.
Cela meflé enfemble, mettrez dans vne
cucurbite, & icelle au bain marie, diftilez
par degrez jufques que toute l'humidité
foit fortie : à laquelle, les vaiffeaux eftans
refroidis, vous meflerez le fel qu'extrairez
des fœces, & garderez à l'vfage.

Vertus.

Cette eau eft tres-finguliere contre la
pleurefie, donnée auec boüillon chaud, (la
faignee ayant efté methodiquement faite)
cela excitera la fueur, laquelle feule emportera la maladie. Que fi ce n'eftoit affez
d'vne fois, il faudra reïterer par deux, trois
& quatre fois, jufques à entiere guerifon:
eftant à noter qu'elle excite auffi grandement le fputum.
Elle eft en outre incomparable pour
l'entiere guerifon de tous apoftemes in-

ternes, quels ils foient : & fon vfage eft
grandement falutaire à ceux qui font tombez de haut, car elle refoult puiffamment
le fang coagulé & meurtry ; fi elle eft adminiftrée auec eau de fleurs d'hypericon.
Finalement pour les côtufiôs & fractures,
donnee auec eau de grande confoulde.

Dofe.

Sa dofe eft de deux drachmes à quatre,
& d'icelles iufques à fix, felon la neceffité.

Preparation du fuc balfamique, extraict du chardon benit.

Prenez du fuc de chardon benit ℔ j. eau
de vie dephlegmee ʒ iij. mettez cela enfemble dãs vn vaiffeau de verre bien bouché, & iceluy en vn lieu chaud par trente
iours, lefquels finis, vous coulerez ce fuc
par la carte ou papier gris, & gardez-le à
l'vfage. Ce fuc ainfi preparé fe peut garder
vn long temps, fans craindre qu'aucune
partie de fa vertu fe perde: On peut preparer tous les autres fucs en la mefme façon.

Eau cordiale.

Prenez de la rosee de vitriol,
Suc de citron depuré, an. ℥. vj.
Suc de racine de zedoaire ℥ ij.
Macis, ℥ ß.
Eau de vie extraicte de melisse ℥. iij.
faites eau cordiale en ceste façon.

Preparation & composition.

L'eau de vie de melisse se fait ainsi : Il
faut prendre de la melisse sechee à l'ombre m.j.
eau de vie ℔. iij.
la melisse estant grossierement puluerisee,
vous la mettrez auec l'eau de vie dans vne
cucurbite, & icelle bien couuerte, au bain
marie vn peu tiede, par l'espace de six heures. Apres adaptez y son chapiteau & recipient bien lutez, & augmentant peu à peu
le feu, distilez-en toute l'eau de vie, que
garderez à l'vsage.

Dans ceste eau de vie, encore chaude,
vous mettrez le macis grossierement puluerisé, les laissant ensemble par 4. heures,
prenant garde que le vaisseau soit bien
bouché.

En apres prenez voſtre roſee de vitriol,
& le ſuc de zedoaire , & les ayant meſlez
enſemble dãs vn vaiſſeau de verre, les agi-
terez enuiron demy quart d'heure, puis y
adiouſterez le ſuc de citron ; agitez les encore enſemblemẽt enuiron demie heure.
Finalement, mettez le tout dans vne cucurbite, & icelle au bain marie , & y ayant
adapté ſon chapiteau & recipient, faites
feu iuſques à ce que toute l'eau ſoit ſortie.
Quoy fait, calcinez les fœces ſi peu qu'il y
en ait, & en ayant extraict le ſel , vous le
meſlerez auec l'eau, à laquelle vous adiouſterez eſſence d'ambre, eſſence de muſc,
an. gr. j. gardez ceſte eau dans vne phiole
bien bouchee pour l'vſage.

Vertus.

C'eſt vn remede tres-preſent contre la
palpitation du cœur, mitigeant & diuertiſ-
ſant la trop grande ferueur d'icelle : Elle
eſt encore ſinguliere à toutes douleurs
qui viennent aux precordes : Mitige l'ardeur & aduſtion du ſang, & le mundifie :
eſt incomparable contre les obſtructions
de la ratte, & partant tres-propre pour les
melancholiques, corrobore le cerueau, &

resioüit grandement le cœur. I'oubliois à
dire qu'on ne l'administre pas sans grãd
profit contre la phrenesie.

Dose & Vsage.

Sa dose est ℥ß. iusques à 3 j. trois fois la semaine, meslee auec eau de fleurs de bouroche pour le cœur, de sauge pour le cerueau, & d'hypericon pour la phrenesie;
mais generalement on la peut prẽdre seule, ou auec du boüillon ou de bon vin.

Eau Epidemique.

Prenez racine d'angelique,
racine d'asclepias,
racine de carline, an. ℔ß.
feuilles de chardõ benit sechees à l'ombre.
fueilles de rosmarin,
fueilles de scordion, an. ℥iiij.
saffran ℥ß.
escorce de citron ℔ß.
eau de vie juniperine ℔ij.
esprit de soulphre rectifié jusques à l'acidité de citron ℥j. tout cela mis ensemble
dans vne cucurbite, & icelle au bain marie,
vous distilerez vne eau incomparable contre la peste.

Preparation, & composition.

On doit extraire les sucs des racines,
& les preparer comme nous auons enseigné cy-dessus de celuy de chardon benit,
puis garder à l'vsage.

Quant aux fueilles sechées, on les doit
arrouser du suc susdit, les faisant macerer
par 5. ou 6. heures dans le bain, à vaisseau bien couuert. Quoy faict, & ayant
meslé voftre saffran auec l'escorce de
citron bien pilee à coups de pistons, &
renduë comme en paste, vous la dilaye-
rez auec l'eau de vie juniperine ; & le tout
ensemble meslé auec ce que dessus, & mis
dans vne cucurbite, vous ferez distiler au
bain marie toute l'eau: estant à noter qu'il
faut auoir mis au parauant dans le recipiët
l'esprit de soulphre, à celle fin que l'eau ait
loisir de se mesler, en tombant peu à peu,
auec luy. Finalement calcinez vos fœces,
par vne calcination philosophique, & en
ayant extraict le sel, auec le phlegme d'eau
de vie repurgé, vous le meslerez auec
ladite eau, & garderez à l'vsage dans vne
phiole bien bouchee.

On preparera l'eau de vie iuniperine en

ceste façon. Prenez graine de genieure, ſi
fraiſche cueillie qu'on la pourra recouurer
℔ iiij. conquaſſez-la, & la faites infuſer dás
℔ xij. ou ℔ xv. d'eau de vie ſimple, puis les
faites diſtiler au refrigeratoire, en telle façon qu'il n'y ait que l'eſprit ardent d'icelle
qui ſorte, lequel vous garderez pour l'vſage que deſſus.

Vertus.

Cette eau eſt ſinguliere contre la peſte,
tant pour s'en preſeruer que pour en guerir. Eſtant à noter qu'elle cauſe, quaſi, tous
ſes effects par les ſueurs, car cette eau employe tellement ſa force contre le venin
qu'il le conſume totalement en ſe tranſpi-
rant auec luy durant la ſueur, & ce ſans eſchauffer, ny alterer les parties plus qu'elles
ſont; & apreſque la malignité du venin ſera domptee, on temperera le corps ſelon
l'excellence auec remedes conuenables.

Doſe.

Sa doſe, pour la preſeruation, eſt de ℥ ij.
au matin à jeun; mais pour la gueriſon il en
faut prendre de ℥ vj. iuſques à ℥ viij. le tout,
neant-

neantmoins selon les forces du patient.

*Eau theriacale bezoardique, de noftre
defcription.*

Prenez fuc de limons,
Sucs balfamiques d'ofeille,
De pimpernelle,
De chardon benit,
De ruë,
D'abfinthe romain,
De fcabieufe,
De melifle, an. ℔i.
Vinaigre bezoardic, ℔i. ß.
Sucs balfamiques des racines de tormen-
  tille,
De gentianne,
De Petafites,
De carline,
D'angelique,
Et d'afclepias, an. ℥iiii.
Bonne & vieille theriaque d'androm-
  chus, ℥ii.
Bon Mithridat de Damocrate, ℥i.
Huile de Soulphre rectifié, ʒiii.
Camphre, ʒii.
Faites eau theriacale en la façon qui fuit.

D d

Preparation & composition.

Il est necessaire, auant passer outre, d'enseigner la preparation du vinaigre bezoardic, & puis nous viendrons à la composition & façon de distiler cette eau.

Vinaigre bezoardic.

Prenez du plus fort vinaigre que vous pourrez treuuer, ℔ii.
Fleurs de Valeriane,
De suzeau,
De citronnier,
De menthe rouge,
De roses rouges,
D'hypericon,
De noyer,
De Scordium, an. ℥ii.
Mettez tout cela ensemble dans vn matrats à long col; prenant garde qu'il ne soit qu'à moitié plain; fermez-le bien que rien ne puisse respirer, puis le mettez dans le bain marie à macerer l'espace de 24. heures, faisant feu jusques que l'eau boüille.
Quoy faict, & les vaisseaux estans refroidis, separez en la liqueur par expression au

torcular, & la gardez à l'vsage.

Autrement, au lieu de le faire macerer dans le bain marie, vous le pourrez tenir au Soleil pendant tout vn Esté, & c'est lors que la necessité ne sera pas pressente, car autrement il faudroit vser de la façon cy-dessus.

Vertus & vsage de ce vinaigre bezoardic.

Il resiste puissamment à l'air pestifere, & s'en sert on en s'en moüillant tous les matins les narines, les temples & les pouls des bras: Secondement, on en peut imbiber vn petit morceau d'esponge, & l'ayant enfermé dans vne boëte d'yuoire tournée & percee, afin que l'odeur puisse trâspirer, & ainsi la porter en la main pour l'odorer; & lors que la liqueur sera consommee on y en mettra d'autre. Venôs maintenant au reste de la preparation & composition de l'eau theriacale.

Prenez donc en premier lieu vostre theriaque & mithridat, & les mettez dans vn mortier de verre, & par dessus jettez y peu à peu le suc de citron, les dilayant & meslât ensemble auec vn pilon de mesme matiere. Quoy fait, mettez cela dans vne cucurbite, & icelle à macerer au bain marie tiede l'espace de six heures, pendant lesquelles vous meslerez vostre huile de soulphre auec le camphre, premierement bien puluerisé, & ce dans vn mortier de verre auec son pilon, puis vous les meslerez auec vostre theriaque dissoulte.

En suitte vous meslerez vostre vinaigre bezoardic auec les sucs, tant des herbes que des racines, & le tout mis dans vne cucurbite, vous la mettrez au bain à macerer par deux heures. Finalement vous meslerez les deux macerations ensemble, & les mettrez dans vne cucurbite, & icelle, auec son chapiteau & recipient, ajencerez au bain marie, y donnant feu par degrez iusques que toute l'humidité soit sortie. Extrayez le sel des fœces par voye philosophique, auec le phlegme d'anis, & le meslez à icelle, & gardez à l'vsage comme vn thresor precieux.

Vertus.

Cette eau est vn tres-excellent Antidote contre la peste, lequel sert efficacement tant en la preseruation d'icelle qu'en sa curation, car elle excite puissamment les fueurs, expellant par icelles du centre à la circonference tout le venin contagieux. En outre eſt-elle finguliere contre toutes fiéures malignes, exanthemes & verolles. Dauantage elle tuë les vers, eſt admirable aux tremblemẽs & palpitatiõs du cœur, & pour l'iĉtericie. Eſtant à noter qu'elle eſt plus efficace en temps froid & humide, & aux corps participans de ces qualitez, que non pas en autre temps & en autres corps.

Doſe & uſage.

La doſe doit eſtre de demy cueilleree dans du bon vin pour la preſeruation, en-uiron deux fois la femaine pour les deli-cats, & pour les autres chaque matin: mais pour la curation on en doit prendre vne grande & bonne cueilleree de douze en douze heures, fouffrant patiemment la fueur pendant 2. ou 3. heures, prenant fix heures apres quelque aliment preparé fe-lon la maladie.

Eau Hyſterique de noſtre deſcription.

Pr. fleurs de fauge,
De rofmarin,

De lauende, an ʒij.

Saffran oriental, ℈ij.

Fleurs de noix muscade, ʒi.

Sucs de Sabine,

De bryonia,

De matricaire, an. ʒiij.

Suc d'armoise,

Eau de Canelle, an. ℔j.

Flegme d'anis, ʒiiij.

Bois d'aloës, ʒj.

Sel de succin, ʒß.

Sel de Iupiter, ʒß.

Castor recent, ʒß.

Faites vne eau Hysterique en cette façon.

Preparation & composition.

Premierement les fleurs doiuent estre concassees dans vn mortier de marbre, y adjoustant & meslant peu à peu le phleg-me d'anis : Quoy faict, vous les mettrez dans vne petite cucurbite, & icelle bien bouchee au bain marie tiede par 1. ou 2. heures.

Quand au saffran, & macis, apres les auoir bien puluerisez, vous les mettrez en digestion dans vne petite cucurbite bien bouchee & au bain marie, auec vne por-tion de l'eau de canelle, assauoir ʒiij.

& ce par autant de temps que les fleurs. Enſuite, ayant pulueriſé voſtre bois d'aloes, vous le mettrez auec autres trois onces d'eau de canelle, en digeſtion par quatre heures, dans vne cucurbite au bain marie. Et finalement vous meſlerez tous les ſucs auec le reſte d'icelle eau (horsmis vne once que garderez pour dilayer le caſtor) les laiſſant auſſi en digeſtion par trois heures.

Toutes ces digeſtions paracheuees, meſlez le tout enſemble dans vne aſſez grande cucurbite, y adjouſtant le caſtor dilayé ſur la fin, ajencez à icelle ſon chapiteau auec ſon recipient, toutes les ouuertures bien jointes, vous la mettrez au bain marie, faiſant feu de degrez iuſques que toute l'humidité ſoit ſortie: eſtât à noter qu'auant joindre le recipient auec l'alembic, il faut auoir mis dedans le ſel de Iupiter & le ſel de ſuccin pulueriſez enſemble, afin que l'eau qui y diſtilera dedans vienne à s'impregner peu à peu d'iceux en les diſſoluât.

Finalement le tout eſtant diſtilé & les vaiſſeaux refroidis, vous calcinerez les fœces philoſophiquement, & en ayant extraiĉt le ſel auec eau ſimple d'armoiſe, vous le meſlerez auec ladite eau, les faiſant circuler enfemble par deux heures fi bon vous femble, puis gardez à l'vfage.

Vertus.

Elle eft tres-finguliere pour nettoyer & mondifier l'vterus de toutes fes immondices & impuretez; eft incomparable contre les fleurs blanches, & à toutes les maladies de la matrice, notamment à la fuffocation d'icelle. Et outre qu'elle guerit l'i
ctere , c'eft que fon vfage eft admirable pour la precaution contre ces maladies,

Dofe,

La dofe d'icelle eft d'vn fcrupul à deux, chafque matin, pour la guerifon: mais feulemét vne fois le mois pour la precaution,

Eau Cephalique, fpecifique.

Prenez efprit d'Eufraife ʒiij.
Eau Epileptique de Langius ,
Eau de vie corrigée , ou Elixir de Mathiole, an. ʒj.
Effence de rofmarin ,
Effence de canelle, an. ʒß.

Ambre, ℈j.

Musc Oriental, gr. iiij.

Preparez & faites l'eau par distilatiõ selon l'art : Mais premierement il faut venir à la preparation des eaux qui entrent en icelle & ce en cette façon.

Preparation & cõposition de l'esprit d'Eufraise.

Prenez esprit de cerises noires, ℔j.

Eau d'hirondelle composee, ℥ vj

Fueilles & sommitez de marjolaine,

Chelidoine,

Racines de Valeriane, an. ʒij.

Fleurs d'Euphraise bien mondées & recentes, ℥ iiij.

Les feuilles & racines estant pilees, vous les meslerez auecvne partie de l'eau de cerises, & l'autre partie vous garderez pour mettre auec les fleurs d'Eufraise aussi pilees, lesquelles vous laisserez, separément dans deux petites cucurbites, toute vne nuict à macerer au bain marie. Le lendemain ayant ouuert vos vaisseaux meslez vos deux infusiõs auec l'eau d'hirondelle, le tout dans vne grande cucurbite , pour distiler au bain marie , y ayant joinct son chapiteau & recipient, & ce à douce cha-

leur, iusques que vous ayez tout voſtre eſprit, que garderez dans vn vaiſſeau bien
clos pour l'vſage ſuſdit.

Les vertus de cét eſprit ſeparément.

Il reabilite la debilité de la veuë, corrige la froideur du cerueau, corrobore les
eſprits animaux, & eſt ſingulier à l'eſcoto-
mie & vertigo.

On prepare l'eau Epileptique de Langius en cette façon.

Prenez fleurs de lis des valees, M. viij.
Cinamome, ʒ vj.
Noix muſcade, ℥ß.
Poiure long, ʒij.
Fleurs de lauende, ℥j.
Fleurs de roſmarin,
Fleurs d'œſtechaʒ an. ℥ß.
Cubebes,
Guy de cheſne,
Racine de peoine,
Racine de dictame, an. ℥ß.
Faictes eau ſelon l'art en cette façon.

Pulueriſez les choſes dures aſſez menu,
& les mettez dans vne cucurbite, & par

deſſus quantité de maluoiſie qui ſurnage
de 8. doigts: mettez cela à macerer par 8.
jours, en bain marie à demy tiede, ayant
premierement bien couuert & bouché la
cucurbite. Pareillement pillez toutes vos
fleurs, & les mettez en vne autre cucurbite auec de la maluoiſie qui ſurnage de ſix
doigts; mettez tout cela à macerer au bain
marie à demy tiede par trois jours. Toutes
les macerations eſtant faites vous les meſlerez enſemble dans vne grande cucurbite, & icelle accompagnee de ſon chapiteau & recipient bien luttez mettrez à diſtiler au bain marie, à feu doucement gradué, iuſques que toute voſtre eau ſoit extraicte: ſi la voulez rectifier elle en ſera
encore plus efficace, & gardez à l'vſage
que deſſus. Quant à ſes vertus, le tiltre de
l'eau les faict aſſez cognoiſtre ſans les rapporter en ce lieu.

Prenez gingembre ʒ iiij.
De chaſcun des ſantaux, ʒ vj.
Cloux de girofle,
Galanga, an. ʒ ij. ß.

Macis ℥j.
Des deux cardamomes,
Semence de nielle, an. ℈ iiij.
Zedoaire ℥ß.
Semences d'anis,
De fenoüil doux, an. ℈j.
Fleurs de thim,
De calament,
De menthe,
De serpolet, an. ℈ ij.
Poudre de diambra,
De Aromaticum rosa.
Diamuscum doux,
Diamargariton,
Diarrhodon abb.
Electu. de gemmis, an. ℈ iiij.

Composez vostre eau de vie selon l'art Chimique, en la façon qui suit.

Mettez vos poudres aromatiques dans vne petite cucurbite, versant sur icelles, d'eau de vie correcte faite de tres-bon vin, ℔ iiij. icelle bien bouchee, vous la mettrez en quelque lieu chaud par 8. iours. Faites en de mesme des fleurs, les ayant bien pilees auparauant, mais il ne les faut pas faire macerer que 4. iours en ℔ ij. d'eau de vie. En suite on puluerisera ce qui reste, & le mettra-t'on dans vne cucurbite auec 7.

ou 8. ℔. d’eau de vie , & icelle, bien bouchée, en lieu chaud par 15. iours. Toutes
les macerations acheuees, vous les meflerez enfemble dans vne grande cucurbite,
& icelle (accompagnee de fon chapiteau
& recipient bien joints enfemble) fera mife dans le bain marie, faites feu doucement
par degrez iufques qu’ayez toute voftre
eau de vie, laquelle ayant mife dans vne
fiole, & icelle bien bouchee , garderez
pour l’vfage.

Elle eft incomparable pour faire reuenir
ceux qui font tombez du haut mal , aux
femmes fuffoquees de la matrice; faict recouurer la parole perduë, & viuifie fou-
dainement les moribondes. Bref il n’y a
remede plus admirable aux coliques ven-
teufes, &c.

Quant à l’effence de rofmarin & de Canelle, on en apprendra la façon cy-apres
dans cét œuure. Refte donc la methode de
preparer l’eau d’hirondelle, qui entre en
la compofition de l’efprit d’Eufraife, & par
apres nous viendrons à la compofition &
vertus de noftre eau cephalique.

Eau d'Hirondelles compofee, grandement anti-pileptique, de noftre defcription.

Prenez eau des petits d'hirondelle, tiree d'iceux lors qu'ils commencent à veftir le duuet , empreignee de leur fel , ℔ ß.
Eau de crane humain empreignée de fon fel ℥iiij.
Suc de fueilles de guy de chefne ,
Suc de fueilles de peoine ,
Suc de fauge ,
Suc d'hyffope ,
Suc de Fleurs de Tillet ,
Suc des fleurs des lis des vallees, an. ℥ vj.
Faictes eau felon l'art.

Preparation de l'eau d'hirondelle.

Prenez telle quantité de petits d'hirondelle qu'il vous plaira, lefquels ayāt eftouffez & vn peu concaffez , vous les mettrez dans vne cucurbite , & icelle au four à cendres, tirez en toute l'eau qui en voudra fortir: Quoy faict, prenez les fœces & les mettez calciner dansvn creufet au four de reuerbere, les cēdres defquelles, eftant puluerifees, vous meflerez auec leur eau,

l’ayant auparauant fait chauffer, les laiffant ainfi 7. ou 8. iours, iufques à tant que
l’eau foit empreignee de fon fel. Filtrez
cela 2. ou 3. fois, & gardez à l’vfage.

Quant à l’eau de crane humain, elle fe pre-
pare ainfi.

Prenez 5. ou fix coupeles de cranes humains recents ; fçauoir tirees des teftes
des hommes qui ayent efté pendus, fi c’eft
pour vn homme ; ou bien des femmes, fi
c’eft pour vne femme ; concaffez-les à
grands coups de pilon, puis les mettez en
vne cornuë bien luttee, & icelle au four à
fable : donnez feu par degrez iufques à tant
que toute l’eau foit montee. Quoy faiᵭ,
laiffez refroidir les vaiffeaux, puis ayant
ofté voftre recipient, vous mettrez voftre
cornuë à feu nud, & y ayant adapté nouueau recipient donnerez feu de fuppreffion iufques que toute la matiere huilleu-
fe foit fortie : oftez voftre recipient & reuerfez par deffus le marc voftre liqueur,
puis rediftilés, continuant cela fi fouuent
iufques que les fœces ayent repris leur liqueur. Continuez le feu iufques qu’elles
foient bien calcinees. Finalement oftez-
lez delà, & les ayant puluerifees, les mettrez à reuerberer par 6. heures au reuer-

bere planché ; apres quoy vous diſſou-
drez ces cendres, auec leur eau premiere,
les laiſſant enſemble par 10. ou 12. jours en
lieu chaud iuſques à tant qu'elle ſoit totalement impregnee de ſon ſel ; laquelle,
apres 1. ou 2. filtrations vous garderez à
l'vſage.

Par ce que deſſus il ſe voit comme vn
nouueau eſcriuain, n'a eſté pouſſé qued'vn
deſir remply de contrarieté pluſtoſt que
de verité, quand il dit (peu judicieuſe-
ment) qu'on ne peut extraire de ſel du crane humain, car ou il aduoüe les principes
Chimiques, ou non; s'il les aduoüë, comme il faict (ainſi qu'on le peut voir par la
lecture de ſon liure) pourquoy niera-t'il
que les corps compoſez de ces principes
ſe puiſſent reſoudre en iceux; car toutes
choſes ſe peuuent reſoudre en ce dequoy
elles ſont compoſees, ſelon Ariſtote, le
crane eſt compoſé de ſel, de ſoulphre, &
de Mercure, partant le crane ſe reſoudra
en ſel, ſoulphre, & mercure. Mais en ſel
particulierement, non ſimplement en ſel
Armoniac ou volatil, car il paſſe à la façon
des cheueux, mais auſſi en ſel fixe, car cő-
me partie terreſtre & ſolide, il en participe de beaucoup plus que d'autre ſubſtance,

ce, auſſi c'eſt de luy d'où dépend la coagulation & ſolidité: tous les autheurs qui ont
traicté de la Chimie aduoüét cette verité.
Il me ſemble donc que ce nouuel eſcriuain
a eu tant de complaiſance en ſes nouuelles
penſees, qu'il a oublié la verité en rejet-
tant l'auctorité: que ſi la diligente & veritable experience, dequoy il ſe vante tant,
eſtoit ſa fidelle compagne; il n'auroit pas
reprouué les effects d'icelle pour donner
lieu à ſes opinions ſans fondement. Qu'il
me permette donc, s'il luy plaiſt, que je die
que lors qu'vn autheur croit ſes penſees
meilleures & plus veritables que celles des
anciens, & que dans ce chatoüillement il
crie tout haut qu'il n'emprunte rien d'autruy (quoy que ſes œuures, parauenture,
ſoient toutes pleines des deſpoüilles de
ceux qui dorment ſous le tombeau) Que
deſlors, diſ-je, il manifeſte tres-apperte-
ment le peu de ſanté de ſon iugement; car
accuſant les eſprits des anciens de foibleſ-
ſe, il teſmoigne la debilité du ſien. En ſuite
dequoy, qui s'amuſeroit à poſtiller toutes
ſes vetilles s'engageroit volontairement
dans la penitence des fautes d'autruy: c'eſt
pourquoy venons à la diſtilation de l'eau
d'hirondelles:

E e

Prenez dóc vos deux eaux impregnées, & les ayant meslees auec vos sucs, les mettrez dans vne grande cucurbite, laquelle couuerte de son chapiteau, joinct au recipient, sera mise au bain marie, qu'on maintiendra tiede pendant 6. heures; apres lesquelles on augmentera le feu, continuant par degrez jusques que toute l'eau soit sortie. Apres quoy, vous calcinerez ce peu de fœces qui resteront, & en ayant extraict le sel le meslerez auec son eau, laquelle vous garderez à l'vsage.

Vertus de cette eau d'hirondelle separément.

Elle est incomparable contre l'Epilepsie; car si l'on en dóne deux cueillerees à ceux qui sont atteints du paroxisme, elle les deliurera promptement, & empeschera aussi par son vsage qu'elle n'arriue vne autre fois.

Toutes vos eaux preparées en la façon que dessus, vous viendrez à la composition de l'eau Cephalique en cette façon.

Dissoluez le musc & l'ambre auec l'essence de rosmarin & de canelle, en les broyant tres-bien dans vn mortier de verre auec son pilon, mettez cela dans le reci-

pient que vous adapterez au chapiteau qui
couurira la cucurbite en laquelle vous aurez mis vos eaux cy-deſſus. Icelle eſtant
miſe dans le bain marie vous donnerez feu
par degrez iuſques que la diſtilation de
voſtre eau ceſſe. Quoy faict, & les vaiſſeaux refroidis, faites calciner les reſidéces
ſi quelqu'vnes y en a, deſquelles extrairez
le ſel que mellerez auec l'eau, qui eſt encore dãs le recipiét: lequel ayant encoré bien
bouché le mettrez en lieu chaud par 4. ou
5. iours; Apres leſquels vous la verſerez
dans vne phiole, laquelle bien bouchee
vous garderez à l'vſage.

Vertus de l'eau Cephalique ſpecifique.

Cette eau eſt incomparable contre toutes les maladies du cerueau, au vertigo, à
la debilité du cerueau cauſee par froid, notamment des vieilles gens. Guerit l'apoplexie, l'epilepſie, l'analepſie, catalepſie, &
toutes les affections ſoporiferes. Que diray-je dauantage de cette eau, elle eſt incomparable à toutes les affections de l'v-
terus, & autres maladies que ie reſerue à
dire en ma Pharmacopée Spagyrique.

Dose.

Sa dose est de ℥ ij. iusques à ℥ ß.

Eau contre les vlceres sordides & corrosifs.

Pr. Sang de dragon,
Ceruse,
Terre sigillée,
Litarge, an. ℥ j.
Alun bruslé,
Plomb calciné,
Pierre calaminaire, an. ℥ß
Galles verdes de chesne,
Bages de myrthe,
Balaustres,
Sumach, an. ℥ j. ß.
Coriandre,
Semence de plantain, an. ℥ ß.
Roses rouges, pū. ij.
Faictes eau, en la façon qui suit.

Toutes vos matieres estant bien pulue-
risees, vous les ferez boüillir dans suffisante quantité d'eau de mareschal, & ce pendant vne heure; apres quoy vous filtrerez
cette eau par 2. fois, & garderez à l'vsage.

Vertus.

Elle est admirable à la parfaite guerison
des vlceres les plus difficiles, les lauant &
fomentant d'icelle, puis y appliquer par
dessus vn linge moüillé.

Eau specifique vniuerselle.

Pr. tartre de vin blanc qui soit bien es-
    pois & luysant,
Therebentine de Venise,
Aloës hepatic fraischemēt cueilly, an. ℔ j.
Faites de tout cela eau, en la façon qui suit.

Preparation & composition.

Puluerisez vostre tartre à part, pilez aussi
l'aloës à part; puis les ayans mellez ensemble à grands coups de pilon, vous y meslerez la therebētine. Quoy fait, mettez cela dans vne cornuë & icelle au four à cendres, donnez feu par degrez iusques que
toute l'humidité soit distilee. Les vaisseaux
estans refroidis vous tirerez de la cornuë
les fœces tres-puantes, lesquelles vous em-
paterez derechef auec l'eau susdite, re-
E e iij

mettant ce meslange en nouuelle cornuë,
pour distiler comme auparauant :   faites
cela tant & si souuent que le fixe ait receu
tout son volatil. Augmentez le feu iusques
qu'elles soient blanches côme neige. Prenez alors cette chaux , laquelle contient
vn sel tres-precieux, & la mettez sur vn
marbre à l'humidité d'vne caue , où tout
le sel s'estant resout en eau , vous la garderez, dás vne phiole bien bouchee, pour
l'vsage.

Que si ne voulez suiure cette façon, vous
pourrez en la premiere distilation calciner vos fœces, & en ayant extraict le sel le
mesler auec son eau, & garder à l'vsage.

Vertus.

Ceste eau est incomparable pour redimer
les malades atteints des maladies contu-
maces. Elle est singuliere contre les vers,
mondifie le foye & la ratte, guerit toutes
fortes de catharres & defluxions, prouoque puissamment l'vrine, & guerit parfaictement la chaude pisse.

Dose & Vsage.

Sa dose est ʒ j. meslé auec du sirop violat ℥ j. ß. le matin à jeun.

Eau minerale Spagirique

Prenez foulphre jaune,
Alun de roche,
Sel gemme, an. ℔ ij.
Borrax, ℨ ij.
Eau rofe tres-bonne, ℥ ß.
Mufc de leuant, gr. iiij.
Faites voftre eau, felon l'art, en la façon
   qui fuit.

Preparation & compofition.

Tout ce que deffus eftant puluerifé en-
femblemét dans vn mortier, vous le mettrez dans vne cornuë, & icelle (apres luy
auoir adapté vn recipient) au four à cendre: Donnez feu par degrez, & le dernier
d'iceux vn peu violent, iufques que toute
l'eau eftant fortie, elle apparoiffe blanche
& trouble. Cette eau eftant filtree fera mife dans vne phiole de verre auec le mufc,
premierement diffout auec l'eau rofe. Icelle eftant vn peu r'affife deuiendra claire
comme criftal, & tres-odoriferante.

E e iiij

Vertus.

Cette eau eſt tres-ſinguliere pour oſter toutes les douleurs des playes & vlceres, comme auſſi celles que cauſent les dents cariees, joinct qu'elle les blanchit à perfection. Elle eſt en outre incomparable contre tous les vlceres chancreux qui vienent à la bouche, & gençiues, comme auſſi ceux des mammelles, aux vlceres veneriens de la verge; elle arreſte toutes defluxions, guerit les eryſipelles, inflammations, dertres, galles, tigne, & noli-me-tangere. Elle a beaucoup d'autres vertus que je reſerue à dire dans ma Pharmacopee Spagyrique: comme auſſi d'vne infinité d'autres bons remedes, dans laquelle leur lieu eſt reſerué.

Vſage.

On doit lauer les playes & vlceres de cette eau, y laiſſant vn linge trépé en icelle par deſſus. Et pour les vlceres de la bouche, il s'en faut gargariſer, y en tenant vn peu quelque eſpace de temps, puis la jetter dehors. Et pour blanchir les dents, on les doit frotter auec vne petite piece de drap blanc trempé en icelle.

Ie fçay que l'Autheur de qui je tiens ces deux eaux dernieres, leur donne vn autre nom que je ne faits pas, mais il m'a semblé bon de les leur changer à cause de leurs effects: car pour la premiere, d'autât que ses effects sont vniuerfels, il me semble que le nom d'vniuerfelle luy appartient aussi; & specifique, parce qu'elle a des effects particulieremēt tres-asseurez à certaines maladies. Quant à la seconde, il me semble aussi qu'elle est tres-bien à propos appellee mineralle spagirique, à raison qu'elle est composee de mineraux; en second lieu Spagirique conformément à ses effects; car je puis asseurer qu'ils sont plus soudains, legers, & sans ennuy, que de nul autre que j'aye mis en vsage. Or donc comme les remedes Spagiriques agissent *cito*, *tutò & jocundè*, & que l'on remarque en cette eau pareille action, j'ay creu ne faire pas mal de l'appeller Spagirique.

Au grand Dieu Eternel, Peré, Fils, & S. Esprit soit rendu tout honneur, gloire, & loüanges. Amen.

Fin de la troisiefme Fleur.

FLEVR
QVATRIESME,
DV BOVQVET
CHIMIQVE,

Traiϭant des Huilles tant en general, qu'en particulier; & tant ſimples que compoſez.

Et premierement des Huilles en general.

CHAP. I.

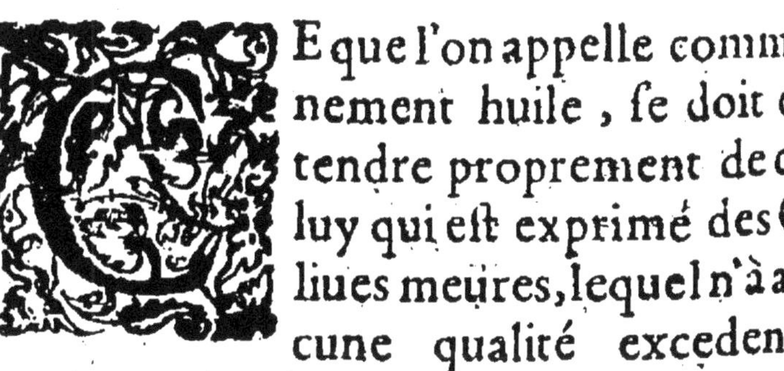

E que l'on appelle commu-
nement huile, ſe doit en-
tendre proprement de ce-
luy qui eſt exprimé des O-
liues meûres, lequel n'à aucune qualité excedente;
auſſi ce mot d'huile ne ſe donne pas aux

autres huiles que par similitude. Il y a encore l'omotribe, lequel est fait des Oliues
verdes, que communement on appelle
omphacin; cestuy-cy peut estre encore
appellé huile proprement, & hors de ces
deux tous les autres ne sont appellez huiles qu'abusiuement. Or huile est vne
liqueur fluxile, vnctueuse, de nature moyenne entre l'air & le feu; les plus acres tenant de celuy-cy, & les moins acres de
celuy-la. On en fait ordinairement de
trois especes, par expression, par infusion,
& par distilation. La premiere est des semences oleagineuses, comme amandres,
noix, pignós, &c. La secóde, par infusion,
comme l'huile rosat, nenuphar, violat, de
camomille, &c. Ces deux façós sont grã-
dement cómunes aux Appoticaires ordinaires, n'ayans le sçauoir ou le vouloir de
mettre en vsage la troisiesme qui est par
distilation; les deux premieres pouuant
seruir à l'aceleration de l'ouurage de la
troisiesme, qui est la distilation. Car il est
certain, que si les huiles faicts par expression estoient rectifiez par la voye Chymi-
que, leurs vertus seroient bien plus perfe-
ctiónées, qu'elles ne sont pas par la façó cómune, d'autãt que les parties aquatique &

phlegmatique,eſtât meſlées auec l'aërée, ſouphreuſe & celeſte, abſorbent tellemêt leur faculté ignée & balſamique qu'elles empeſchêt les effeſts de ſa vertu. La meſ-me faute remarque-t'on aux huiles faits par infuſió,Car poſons le cas qu'vne partie de la ſubſtáce huileuſe des myxtes ſe có-munique au diſſoluát (qui ordinaire mêteſt l'huile commun d'oliue) neantmoins cela n'eſt pas ſans quelque portió de l'aqueuſe; ce que les Apotiquaires meſmes recognoiſ-ſent bié,en ce que lors qu'ils ont fait leurs infuſions, & coulé leur huile , ils l'expo-ſent aux rais du Soleil,pour par ce moyen, diſent-ils, diſſiper , conſommer, & faire exaler l'humidité ſuperfluë qui y pour-roit eſtre communiquée par le moyen de ladite infuſion. En quoy ils me ſemblent n'eſtre pas bien informez en leur art; par ce qu'il eſt tres-euident qu'en ceſte façon le plus ſpirituel,ſubtil & vtil s'eſuapore,de-laiſſant le plus craſſe imparfait & de nul effeſt , lequel ces meſſieurs là ſerrent & gardêt comme vn threſor preçieux,parce qu'auec quaſi point de fraiz , de ſueurs & de peines,ils empliſſent par ce moyen leur bource.Ie n'eus oncq' deſir d'heurter cet-te partie de Medecine, encore moins çeux

qui l'exerçent; mais la voyât si monftrueu-
fe, cruelle, & fauuage, qu'à peine fe peut-
on fauuer d'entre les dents & les griffes de
fon inhumanité, j'ay creu eftre obligé à ce
deuoir, d'ayder la Deeffe Higenie que je
fers, en baniffant cette cruelle; finon de
l'opinion de tous, du moins je fuis certain
que les belles ames amoureufes de la fanté des hommes viendront à moy à la foule
pour me fecourir en ce loüable deffein. Au
pis quand cela ne fera, j'auray toufiours
cette gloire d'auoir ofé faire tout le premier en ce temps, ce que les autres n'ont
ofé entreprendre par le paffé. Or d'autant
que ie traicte de cecy plus amplement en
ma preface, ie reuiendray à nos huiles, &
à la preparation d'iceux. Ie dis donc que
toutes les preparations des huiles doiuét
eftre bornees à la façon Chimique ; car
que l'on commence par l'expreffion ou infufion, il faut toufiours finir par la feparation, diftilation, & rectification. Or d'autant qu'il y a plufieurs moyens pour venir
à cette fin, nous les auons diuifez cy-deuant en la fleur feconde, parlant des operations Chimiques, en 3. principaux, fçauoir, diftilation par efleuation, par defcente, & oblique, où par le cofté. Celle par di-

ſtilation ſe fáit en pluſieurs façons & vaiſ.
ſeaux, les aucunes auec vehicule, les autres
ſans vehicule; quelques-vnes aux cendres,
les autres au ſable; les vnes à feu nud, & les
autres au bain. Des vaiſſeaux, les vns ſont
de cuiure ou d'argent, autres de terre, &
les autres de verre; ce qu'on verra plus à
plain en la fleur ſuſdite, où, pour euiter la
redite, le lecteur eſt enuoyé. Seulement
nous dirons que lors qu'on veut tirer les
huiles auec vehicule, comme ſont ceux
de canelle, de macis, de girofle, &c. de
roſmarin, de ſauge, de thim, &c. de fenoüil, d'anis, d'aneth, & autres, comme
tiges, eſcorces, fueilles, fleurs, fruicts, & ſemences, cela ſe faict dans l'alembic de cuiure, qu'on nomme communément refrigeratoire, lequel doit eſtre emply à moitié
des ingrediens conquaſſez, verſant deſſus
par apres de l'eau de fontaine ou du petit
vin blanc, qu'il ſurpaſſe la moitié dudit
vaiſſeau de 7. doigts. Ce fait on l'approprie au fourneau, & par deſſus on accommode ſon chapiteau, ſes ſerpentins, ſon
tounellet, & ſon recipient; & le tout bien
colle & lutté on donnera le feu, lequel
continué vne ou deux heures au plus on
verra ſortir, par le bec du canal, la liqueur

oleagineufe de ce que l'on aura mis dans le vaiffeau, meflee auec quantité d'humeur aqueufe, mais qui neantmoins aura l'odeur du myxte d'où elle partira. Or il faut noter que quelque-fois cette liqueur nage toute fur l'eau, autrefois la moitié tombe au fonds, & l'autre nage fur l'eau, comme celle de girofle; autrefois elle fe congele en petits grains, comme manne ou neige, comme celle de l'anis, notamment fi le rafraifchiffoir eft fort froid. Cette diftilation fera paracheuee dans 5. heures pour le plus, ce qui fe connoiftra quant on ne verra plus couler les goutes d'huile par vne petite paille repliee qu'on aura mife au petit bout du canal; car il faut qu'il y ait vne petite efpace d'entre le canal & le recipient, car autrement les efprits creueroient le ferpentin: Prenãt auffi garde que pendant la diftilation le feu ne s'efteigne; que fi cela arriue, il ne le faut pas r'allumer, car on n'en tireroit rien. Quant a la feparatiõ de l'huile d'auec le phlegme, il n'y a fi petit Artifte qui n'en fçache la façon, cár les huiles qui nagent fe feparent facilement auec vn cuillier d'argent; le femblable font ceux qui font candez, les amaffant auec vn linge, & fur iceluy auec vn

cuillier d'argent : le mefme ordre tiendra
t'on à ceux qui vont au fonds.

Ceux qui fe tirent fans vehicule, fe doiuent faire par feparation des fubftances,
en cette façon, pr. les mixtes qui ne fontfi
aromatiques que les fufdits , conquaffez
les dans vn mortier de marbre, & puis les
mettez dans vn vaiffeau , lequel bien couuert de fon chapiteau aueugle, mettrez en
putrefaction au bain ou au fien de cheual,
fçauoir en ceftuy-cy quinze iours,& en celuy-là huict. Quoy faict,oftez voftre alembic,& luy adaptez vn chapiteau à bec,auec
fon recipient, & iceluy remis au bain , on
diftilera toute l'eau à la chaleur d'iceluy.
Le vaiffeau froid on retirera toute la matiere de dedans , laquelle on pilera derechef, l'arroufant de l'eau qui en fera fortie
iufques qu'elle y foit toute meflee. Mettez ledit vaiffeau, bien bouché, au fien de
cheual,pareil temps qu'auparauant; adaptez ce vaiffeau à la chaleur du bain ; &
quand toute l'eau fera fortie, vous tranf-
porterez voftre vaiffeau à la chaleur des
cendres, faifant feu fans difcontinuer, &
l'huile commencera à diftiler,laquelle nagera fur l'eau; côtinuez iufques à tant que
les vapeurs ne montent plus. Quoy faict,

&

& l'alembic refroidy, on versera cette eau
& cette huile dans vn autre alembic, par
lequel on separera l'eau d'auec l'huile;
que si on la veut rectifier, on la mettra en
vn plus petit alébic, auec portion de l'eau
qu'on en a tirée, & le quart d'esprit de vin,
le faisant circuler par 8. iours au bain, puis
on separera par distilation l'esprit de vin;
en secōd lieu l'eau; & troisiesmemēt l huile
monteta aussi qui contient toutes les vertus plus precieuses du medicament. A
cette maniere de distilation se rapporte
celle là faite par la cloche, au moyen de
laquelle se tire l'huile de soulphre.

La distilation par descente qui se fait au
chaud, ne se prattique point, ou peu souuét au labouratoire des Chimiques, d'autant que cette façon n'est nullement bonne, attendu que la substance oleagineuse,
de qualité d'Air, s'esleue plustost qu'elle
ne descend, & partant voulant monter en
haut elle est consommee par le feu qui
l'enuironne. Il me semble que la façon par
le costé sera la plus certaine, soit pour tirer
l'huile des bois, escorces, & racines seches, des coquilles, des fruicts, comme
celle des amendres, noix, noisettes seches;

ainfi que nous auons dit cy-deuant en la
Fleur feconde, parlant des operations de
Chimie. Au contraire, celle qui fe faict au
froid eft grandement en vfage.   Icelle fe
prattique par deffention on fepare les parties fubtiles d'auec les groffes, fans l'ayde
d'aucun feu : & d'icelle y a deux efpeces
fçauoir, filtration & deffaillance. Celle-
cy eft quand les chaux impures, les fels, &
femblables chofes liquables, eftant mifes
à l'humide fur quelque table de marbre
en panchant, ou bien penduës en vn fac,
elles viennent à fe liquefier en telle façon
qu'elles coulent en fubftance huileu-
leufe, dans le recipient qui eft mis au deffous. Celle là eft quàd les humeurs aqueux
font coulez & paffez par vn entonnoir de
verre, auec le papier gris plié en façon de
manche d'hyppocras; ou bien par vne petite piece de drap, couppee en petites lan-
guettes: on appelle cette operation Cle-
phydre.   Voyez de cecy plus à plain cy-
deffus aux operations.

La diftilation oblique eft celle quand
l'humidité eft con-rainte de fortir à cofté,
à caufe que le vaiffeau y eft panché. Icelle
eft principallement en vfage en la diftilation des mineraux, des larmes, gommes,

graiſſes & moüelles ; on s'en peut encore
ſeruir pour la diſtilation des bois ſecs, ainſi que nous auons dit cy-deuãt en la Fleur
ſeconde. Et c'eſt d'autant que les vapeurs
& eſprits de ces medicamens pour eſtre
peſants, ne montent pas facilement. Or le
vaiſſeau auquel cette diſtilation ſe fait, ſoit
de terre, ou de verre, eſt appellé Cornuë
ou Retorte, laquelle apres auoir receu la
matiere deuëment preparee, ſe met ou ſur
le feu ouuert ou ſur vne terrine plaine de
cendres, ſable, ou limaille de fer, afin
qu'au moyen de ces choſes, le feu de deſſous venant peu à peu à eſchauffer le vaiſſeau, les vapeurs & eſprits montent en
haut, lequel lieuſe troüuant encore chaud
ils viennent à paſſer par le coſté dans le recipient, lequel doit eſtre bien lutté auec le
vaiſſeau contenant, crainte que les eſprits
venans à ſortir ne ſe perdent. D'ailleurs il
faut que les recipients ſoient choiſis di-
uerſement ſelon la diuerſité de la matiere
ſur laquelle on trauaille, car il eſt vray qu'il
faut que le recipient ſoit beaucoup plus
ample à receuoir les eſprits du vitriol, que
non pas du beurre ou de graiſſe : leſquelles graiſſes ne ſe diſtilent jamais ſans au
prealable auoir meſlé parmy de petits cail-

loux ou fable de riuiere. Le femblable fait-
on aux gommes, ayans efté premieremét
diffoutes. Par toutes ces efpeces de diftilations on prepare tous les efprits, les eaux
& les huiles qui font en vfage en la Medecine. Mais d'autât que nous auôs parlé bien
amplement de tout cecy cy-deuant en la
Fleur fecôde: nous pafferôs outre, & viendrons à la diuifion & difference des huiles.

Nous difons donc qu'il y a deux fortes
d'huile, le fimple & le compofe. Le fimple eft celuy qui eft extraiét d'vn ingre-
diét feul, foit Arbre, bois, Gomme, fleurs,
fruiét, animal, ou mineral. Le compofé, eft
celuy que l'on fait de plufieurs ingrediens
macerez enféble auec vn diffoluét propre
à leur fubftáce & à la qualité de leur concret, puis diftilez, feparez, & reétifiez, &c.

Or de tous ces huiles les vns efchauffent,
comme ceux d'abfynthe de camomille,
des noyaux de pefche, d'afpic, de caftor,
de ruë, d'euphorbe, de marjolaine, &c.
Les autres rafraifchiffent comme celuy
des rofes, des coings, de myrthilles, de violes, de nenuphar, de citroüilles, melôs, &c.
quelques-vns deffechent, côme celuy de
nard, de noix communes, de femence de
paulme de chrift, &c. les autres hume-

ctent, leniſſent, & mitiguent, relachent &
ramoliſſent, comme l'huile violat, d'a-
mendes douces, de lin, de narciſſe, de
ſtyrax, de jaſmin, de ſeſame, de beure, de
moüelle de veau, d'axunge, de canard,
d'Oye. En outre les huiles d'armoniac, de
galbanum, bdelium, ſtyrax; comme
auſſi les huiles de lis & de lúbrics. Quelques-vns rarefient, ſubtillient, fondent &
reſoluent, comme, d'aneth, de nard, roſmarin, melilot, cumin, anis, poiure, &c.
Il y en a qui compriment, repouſſent, retiennent, coroborent & fortifient, cóme
le lentiſque, l'eſglan, d'abſynthe, de maſtich, de myrthe, de myrthilles, de cane-
le, de mars, &c. D'autres detergét & incar-
nent, comme l'huile de myrrhe, de ſuzeau, de froment, ſarcocole & lace, &c.
Quelques vns aglutinét, comme de nicotiane, balſamita, liquidambar, &c. Autres
ſont ſomniferes voire ſtupefactifs, comme
huile de pauot, de juſquiame, de man-
dragore, de pommes d'amour, &c. les autres ſont ſcarotiques, comme l'huile d'antimoine, d'arcenic, de ſauon noir, &c. les
vns ſont ſuppuratifs, comme l'huile de jaune d'œuf, de poix de raiſine, &c. Autres
ſont ſudorifiques, comme l'huile de cor-

ne tendre de Cerf, d'angelique, de cōtra-
yerua, de foufre, d'or, &c. Quelques vns aydent l'acte venerien, comme l'huile de
piftaches, de formis, &c. Autres rompent
le calcul comme l'huile de grains de citron, de fcorpió, de noyaux de cerifes, &c.

Or il faut noter que de toutes ces diuer-
fitez d'huiles les vns font leurs effects
beaucoup plus puiffamment que les autres, exemple, l'huile de camomile efchauffe à vn degré, celuy de menthe à
deux, celuy de derafle & fuzuau à trois, &
celuy d'euphorbe à quatre ou à peu pres:
& ainfi des autres en leurs diuerfes qualitez.   Au feul Dieu trine en vnité foit rendu honneur & gloire. Amen.

*Des Huiles simples en particulier,
& premierement des aromatiques.*

CHAP. II.

Huyle de Canelle.

Renez Canelle côcaffée ℔ j. eau de meliffe & de borrache an, ℔ j. faictes infufer cela enfemble dans vn alembric de verre bien couuert, & ce à la vapeur du bain marie : puis diftilez au fable, l'eau & l'huile monteront enfemble : pouffez le feu jufques à ce qu'il ne monte plus rien. Reaffôdez voftre liqueur, fur la tefte morte, concaffée de rechef, puis rediftillez jufques qu'il ne forte plus rien. Separez voftre huile d'auec l'eau, qui pourra eftre au poids (pour liure) de demy dragme jufques à vne, & gardez à l'vfage.

Vertus.

Ceft huile à les mefmes proprietez &

facultez que le baulme naturel ; c ar mis en
vfage par le dedans il chaſſe toute corruption, & appliqué par dehors il conſolide
les playes & les vlceres. Ceſt vn ſingulier
& ſouuerain remede pour ayder à deli-
urer les femmes qui ſont en trauail d'enfant, leur en donnant quelques goutes
auec eau de poliot royal, ou d'armoiſe,&c.
Il fortifie puiſſamment l'eſtomach,ayde à
la digeſtion, accroiſt la chaleur naturelle,
corobore les perſonnes accablees de vieil-
leſſe. On ſe pourra ſeruir de l'eau pour ce
meſme effect, en lieu d'huile ſeparee, ainſi que nous l'enſeignons cy-deuant en la
Fleur des eaux.

Doſe.

La doſe eſt de deux ou trois goutes,dans
du vin, boüillon, eau de meliſſe, ou autre
eau ſpecifique à la maladie à laquelle on le
voudra adminiſtrer.

Par cette voye on pourra tirer l'huile
de tous les aromates, comme girofle,muſ-
cade, macer, macis, poiure,angelique,ga-
langa, anis, fenoüil, bages de genieure,
Jaurier, & autres; ainſi que nous dirons en
ſuitte de leur deſcription.

Ou bien on tirera l'huile de canelle en cette façon.

Pr. l'esprit de maluoisie rectifié par 3. fois lequel vous verserez sur de la canelle conquassee, & mise dans vne courge iusques qu'elle surmonte de deux doigts ; vostre courge estant couuerte auec vn alembic aueugle, & bien luttee , mettrez circuler dans le bain tiede par 3. iours entiers. Ouurez en apres vostre vaisseau & versez par inclination le dissoluant, chargé de la tainure, en vn vaisseau bien net. Remettez sur le marc d'autre esprit de maluoisie , & faites comme deuant iusques à trois fois. Mettez tous ces dissoluans ensemble dans vn alembic, lequel adapté au bain auec son chapiteau & recipient, ferez monter tout l'esprit de vin, & vostre huile demeurera au fonds , lequel vous pourrez rectifier. Quoy que cette façon tienne plustost du magistere que de l'huile, neãtmoins estãt rectifié on s'en peut seruir come de l'huile, ou essence.

Autrement.

Pr. de la Canelle de la plus fine & aro-

matique, contufé, ℔ ij. eau de fontaine diftilee, ou du moins filtrez ℔ x. mettez tout
cela dans vn alembic de verre, bien couuert, & iceluy en digeftion au bain vaporeux, par 8. iours ; Au bout defquels vous
mettrez voftre matiere dans vn autre alẽbic auec fon rafraifchiffoir, ferpentin , &
tonnellet plain d'eau ; en apres le feu alu-
mé, l'augmẽterez peu à peu, iufques à tant
que voftre liqueur foit coulee dans le vaiffeau recipient: feparez l'huile d'auec l'eau
& gardez à l'vfage. Notez que ie me fers
icy de l'eau de fontaine, d'autãt que l'huile de canelle fe tire plus proprement &
promptement auec l'eau que non pas auec
le vin, ny auec fon efprit, d'autant que le
vin & l'eau de vie font fi prompts à monter
lors qu'ils fentent la chaleur du feu, qu'ils
laiffent les aromates au fond du vaiffeau
fans les enleuer auec eux , ne leur feruant
en cette façon aucunement de conduicte.

Refte encore vne autre façon tres-facile
de tirer l'huile de canelle, qui eft auec vn
four à lampe ; lequel nous auons defcrit
cy-deuant en la feconde Fleur, enfemble
tous les autres , tant vaiffeaux que fourneaux, defquels nous nous feruons pour
la preparation des remedes inferez en cét

œuure. Or ceſt huile de canelle ſe tire a-
uec ce fourneau, ſans aucune adition, ſinon, ſinon de la tenir 8. iours dans vn
alembic à la vapeur du bain m.

Huyle de Girofles.

Pr. de Girofles ℔ j. concaſſez-les groſſierement ; puis les mettez digerer auec
dix liures d'eau de fontaine diſtillées, dans
vn alembic bien couuert à la vapeur de
bain, y adjouſtant deux onces de tartre
crud. Quoy fait vous verſerez tout cela
dans la veſie auec ſon refregeratoire,
donnant feu peu à peu, iuſques que tout
voſtre huile ſoit ſorty auec l'eau, lequel
ſeparé vous la trouuerez du poids deux
onces pour liure ; gardez à l'vſage. Notez
que ſur tous les huiles des aromates, ce-
tuy-cy deſent au fonds de l'eau.

Vertus.

Il eſt tres-ſingulier pour les maladies
froides de l'eſtommach, du foye, de la ratte, du cœur, & de la matrice. Diſſippe les
humeurs melencholiques, & fortifie le
cerueau. Il eſt tres-propre à la diarrhée

qui vient de cauſe froide. Clarifie la veuë, diſſippe les vents, corige les cruditez, purge le ſang melācholique, & guerit les tournoyement de teſte. Apliqué par dehors, guerit en peu de temps les playes recentes, comme le vray baulme, principalemēt celles de la teſte: c'eſt vn remede tres prompt pour la picqueure des nerfs. Il eſt admirable à la carie des os, meſlé auec l'huile de cáphre, faiſant renaiſtre la chair ſur iceux, fortifie le baulme de nature, & diſſipe l'humidité ſuperfluë qui eſt cauſe de leur corruption. C'eſt auſſi vn ſouuerain & prompt remede, pour la douleur des dents qui ſont gaſtées & vermouluës. Si l'on adjouſte à ʒ ſs. d'huile de girofle rectifié, ʒ ſs. de camphre, luy faiſant diſfoudre, enſemble ʒ ſs. d'eſprit de terebēthine 4. fois rectifié, gardez çela au beſoin: il n'en faut mettre qu'vne goutte ou deux dans la dent creuſe, qui fait mal, auec du cotton, pour appaiſer la douleur. Il eſt encore ſingulier en l'apoplexie, & ayde puiſſamment à la memoire.

Doſe.

La doſe dudit huile eſt de deux goūttes

à six, en eau , ou vehicule conuenable:
quelques-vns l'adminiſtrent dans vn jaulne d'œuf, d'autant que par ce moyen l'huile deſcend iuſques à l'eſtomach , & autrement il en demeure vne partie dans l'œſo-
phague. Autres l'adminiſtrent dans vn
boüillon alteré ſelon l'exigence de la maladie. On en faiƈt auſſi des tablettes , leſquelles priſes matin & ſoir , fortifient le
cerueau , & arreſtent toutes defluxions
d'iceluy.

Huile de Macis, ou fleurs de Muſcade.

Ceſt huile ſe prepare en tout & par tout
côme celuy de girofle, & ny a autre choſe à démeſler, ſinon qu'on ſe côtentera de
les groſſierement contuſer, crainté que ſi
l'on les pulueriſoit menu l'huile ne ſe
meſlaſt parmy la poudre, & par ce moyen
ne fut perdu dans les fœces : car il eſt à
noter que preſque tous les huiles des
Aromates ſe figent conime en forme de
petite grenaille ou poudre,& par cê moyẽ
tres-dificilles à ſeparer des fœces, ainſi
que nous auons dit, ſi les Aromates ſont
puluerifez menu.

Vertus.

Ceſt huile eſt chaud, & par côſequant tres-propre aux maladies qui proviénent de cauſe froide ; il fortifie le cœur, & guerit les palpitations d'iceluy. Fortifie auſſi l'eſtomach, prins par dedans ou appliqué par dehors : diſſipe les vents, & empeſche de faire les enfleures qui pour l'ordinaire ſont produites d'iceux. Il fortifie en outre la matrice & le cerueau, ouure les obſtructions des reins, de la veſſie, & de la matrice.

Doſe.

La doſe de ceſt huile eſt de 3. ou 4. goutes le matin à jeun, auec du vin, boüillon, ou autre vehicule conuenable.

Huile de Gingembre.

L'huile de gingébre ſe tire en la meſme façon que les ſuſdits.

Vertus.

Conforte le ventricule, guerit toutes

les affections d'iceluy , excite l'appetit,
diſſipe les ventoſitez , &c.

Sa Doſe eſt d'vne goute en vehicule
conuenable.

On tire de meſmes façon les huiles de
cubebes , des grains de paradis , &c. leſquels en petite quantité font des effects
admirables ainſi qu'il ſe verra en quelque
part de ceſte œuure.

Huile de Noix muſcade.

L'huile de noix muſcade, ſe tire de meſme façon que celuy de ſa fleurs.

Ou bien on prend celuy qu'on à tiré par
expreſſiõ d'icelles, puis on le diſtile par la
retorte à la façon qu'on tire celuy des
Gommes : ſi l'on veut on le peut rectifier,
& garder à l'vſage.

Vertus.

Il eſchaufe, & fortifie l'eſtomach, diſſipe les ventoſitez , appaiſe les douleurs de
colique, remedie aux maladies de la ve-

fie,& defopile la matrice.

Dofe.

Sa Dofe eft de 3. ou 4. goutes, plus ou moins felon l'aage, l'admi niftrant au ma-tin , auec vehicule conuenable.

Huile de Poiure.

On fe rend poffeffeur de ceft huile, par la mefme voye que l'on à acquis les fus, fpecifiez.   Au refte on confidere en luy la mefme proprieté, qu'à tout le myxte, hormis qu'il ne paticipe point de fon acri-monie, d'autant qu'icelle confiftant au fel, demeure auec la tefte morte, l'huile en eftant diftilé : qui fait dire que ceft huile n'eft autre chofe que la partie la plus Ærienne & fpirituelle du poiure.

Notez que cefte partie fpirituelle du poiure fe peut extraire auec affez leger ar-tifice, fans corrompre fa forme & figure exterieure , ce qui n'eft pas yn petit fe-cret.

Vertus.

Il eft tres-eficace pour guerir ceux qui font

sont affligez de colique prouenant de pituite espoisse, gluante & visqueuse. On l'administre aussi, auec heureux succez, contre les fiéures tierces, nottes ou bastardes, & quartes, deux heures auant l'accez, apres les purgations vniuerselles.

Notez que d'vne liure de poiure, c'est tout ce qu'on peut faire que d'en tirer demy dragme ou peu plus d'huile.

Dose.

La dose est de deux à trois gouttes dans vn boüillon, ou autre vehicule côuenable.

Huile d'Anis.

Pr. de bon anis, recent, bien nettoyé & mondé, ℔ ij. puluerisez-le bien menu, faites-le infuser par 4. heures dans vingt liures d'eau; puis versez le tout dãs vne vessie de cuiure, luy adaptant vn chapiteau auec son rafraischissoir. Donnez luy le feu par degrez, & l'eau sortira auec vostre huile, lequel vous cueillirez; sçauoir celuy de dessus l'eau, auec vne plume, celuy du milieu de l'eau, passant icelle au trauers du linge, & celuy de dessous, lors qu'on aura escoulé toute l'eau. Notez qu'il faut faire cette diftilation en plein Hyuer, parce qu'en ce téps là il se coagule mieux & pluftoft, & s'amaffe plus facilement.

Autrement.

Pr. femence d'anis puluerifé subtilement ℔ j. tartre crud ℥ ij. fel commun concaffé ℥ ij vin blanc ℔ iij. eau de fontaine ℔ vj. mettez tout cela dãs vn Alembic, auquel ayant mis fon chapiteau & recipient, laifferez macerer par 3. iours, puis diftilez fur les cendres à feu lent, iufques que voftre huile foit forty auec l'eau & le vin, lequel vous feparerez & garderez à l'vfage. Notez que d'vne liure c'eft le tout qu'on en puiffe tirer deux dragmes d'huile ou enuiron.

Vertus.

Cét huile eft tres-fingulier contre le vertigo, oppreffion de poictrine, caufee par defluxion du cerueau, contre les vomiffemens, ventofitez & cruditez d'eftomach, contre l'hydropifie, & autres ma-

ladies qui prouiennent de cause froide;
car il consomme tous les humeurs froids,
ouure les obstructions qui sont faites
par iceux , viuifie la chaleur naturelle,
& fortifie les parties nobles.

Dose.

On en donne quelques gouttes, dans
du vin, boüillon ou autre vehicule conuenable aux maladies ausquelles on s'en
veut seruir. Exemple , en decoction d'a-
neth contre la collique ; à l'asthme auec
eau succrée ; on le peut aussi reduire en
tablettes auec succre pour toutes les maladies de la poictrine.

Huile de fenoüil, d'aneth, de Cumin, persil, co-riandre, & autres graines & semences carminatiues.

D'autant qu'on tire les huiles de ces semences en la mesme façon qu'on tire celuy d'anis, je ne diray, sinon qu'elles sont
aussi fort propres pour dissiper les ventositez, cuire & consommer les humeurs
froids, ouurir les obstructiós qui en prouiennent, viuifier la chaleur naturelle, &

fortifier les parties nobles, exangues, nérueuses & fpermatiques. Notez qu'il faut que fes femences foient bien meures & bien refcentes.

Huile de fruict de genieure.

Pr. bages de geniéure, qui ne foient ny trop refcentes, ne trop vieilles, crainte qu'elles ne produifent l'huile ráfide, mais qu'elles foient bié meures ℔ xij côcaffez-les iufques qu'elles foiét comme pafte, & verfez par deffus de l'eau de fôtaine filtree, tant qu'elle furmonte de quatre doigts, faictes-les macerer par trois ou quatre iours, puis les diftilez dans vne veffie de cuiure, auec fon rafraifchiffoir, joint aux canaux, ou ferpentins; donnez le feu peu à peu iufques que tout l'huile foit dehors, lequel vous feparerez d'auec l'eau, & garderez à l'vfage.

Notez que le recipient doit eftre d'vne tres-grande capacité, afin de pouuoir contenir toute la liqueur.

Vertus.

Cét huile merite d'eftre parangonné au vray baulme, d'autant qu'il preferue de paraliſie, appoplexie, & autres maladies froides du cerueau; reſiſte aux venins,& à la peſte; guerit la debilité d'eſtomach qui prouiēt de cauſe froide, & le fortifie puiſ-famment, arreſte les vomiſſemens, reme-die aux abſcez des viſceres, netoye les reins,cõſolide & ſeche les vlceres d'iceux, & de la veſſie: briſe le calcul, prouoque l'vrine, appaiſe les douleurs & tranchees du ventre,ſubuient à la ſuffocation de ma-trice, il arreſte le flux de ſemence, guerit la diſſenterie & eſt admirable à la toux, & à toutes maladies de la poictrine, & des poulmons; faict des merueilles pour la jauniſſe,comme auſſi à l'hydropiſie. Ap-pliqué par dehors, guerit les conuulſions, paraliſies, & autres maladies des nerfs & du cerueau; guerit la galle, les vieux vlce-res, appaiſe la douleur des joinctures & la colique, ſi l'on en frotte la region vmbi-licale.

Doſe.

La doſe de cét huile eſt de vne, deux, ou trois gouttes, auec vn peu de vin tiede, tous les matins.

Huile de bages de Laurier.

La mefme methode que deffus fera tenuë à l'extraction de l'huile de bages de
laurier , lequel fera en tres-petite quantité, car d'vne liure de bages on ne tire
qu'vn fcrupul & demy , pour le plus,
d'huile.

Vertus.

Il eft fingulier contre la colique, ilia-
que paffion, & contre la fciatique.

Dofe.

Sa dofe eft d'vne petite goute , ou deux
auec vehicule conuenable.

Huile de noix de Cyprez.

Pr. de noix de cyprez telle quãtité qu'il
vous plaira, puluerifez-lez, & en apres arroufez-les d'eau de betoine, laiffez-les en
digeftiõ par 6. heures, au bain marie, ou en
autre chaleur, puis les diftilez en la veffie
de cuiure ; l'eau & l'huile eftant paffez,

vous les rectifierez au bain marie , puis
ayant separé l'huile d'auec l'eau , vous le
garderez à l'vsage.

Vertus.

Il est singulier pour arrester les fluxions
qui decoulent du cerueau , si on en oingt
la nucque du col; guerit les playes & vlceres putrides, desseichant leur corruption
sans acrimonie. Il est admirable aux hernies intestinales: car il desseiche & fortifie les parties du corps relaschees par trop
grande humidité, à cause de son astrictiõ.
Pris quelques gouttes par le dedans est vn
remede admirable contre la peste, &c.
Suffit de cecy , remettant le reste en ma
Pharmacopee Spagyrique. Au seul Dieu
trine en vnité soit renduë toute gloire &
loüange. Amen.

Gg iiij

Huile des fleurs, bois, & racines aromatiques, seiches.

Chap. III.

Huile des fleurs de rosmarin.

Renez des fleurs de rosmarin ℔ ij. eau de pluye distilee, ℔ xij. faites macerer cela par 4. ou 5. iours au bain tiede ; puis distilez par l'alembic auec son refrigeratoire, à feu lent, l'eau & l'huile sortiront ensemble, de laquelle l'huile estant separé, le garderez à l'vsage.

Vertus.

Cét huile est incomparable contre toutes sortes de maladies du cerueau, & procedentes d'iceluy par cause froide; fortifie le cerueau, conforte le cœur, dissipe l'humeur melancholique, consomme les flegmes, ayde à la digestion, diuertit les

catharres, arreste le vomissement, resout
les ventositez, ouure les oppilations, tempere la bile, ayde à la conception, prouoque l'vrine & la sueur, fortifie la chaleur
naturelle, & toutes les facultez de la nature ; il fait mourir les vers des petits enfans, en oignant le nombril chaudement;
il est admirable aux vieilles chaude-pisses, ou gõnorrhees fœtides & virulentes,
pris chaque matin en eau succrée. Bref
c'est vn remede , dont les vertus sont si
grandes qu'on peut, sans se mesprendre,
l'appeller Medecine vniuerselle.

Dose.

Sa dose est de 5. ou six gouttes pour le
plus, dãs du vin ou boüillon , ou autre vehicule conuenable à chasque maladie, &
ce tous les matins vne heure ou deux auãt
manger: que si la necessité presse, ce sera à
quelle heure qu'il vous plaira.

Que si l'on veut tirer l'huile, tant des
fleurs que des sommitez du rosmarin , on
fera tout de mesme que dessus; si l'on n'ayme mieux lors qu'on les aura concassees,
les arrouser d'eau de rosmarin, ou bien de
vin blanc, puis les distiler au bain marie;

toutesfois on pourra fuiure la voye fufdite du refrigeratoire.

Huile d'afpic.

Pr. de la grande lauande fleurie ℔ j. vin blanc ℔ iiij. mettez tout cela dans vn alembic de verre bien bouché, & iceluy au bain marie moyénement tiede à infufer par deux iours; au bout defquels adaptez-y fon chapiteau & recipient, & donnez feu par degrez iufques que l'eau, efprit & huile foient fortis, feparez diligemment l'huile & gardez à l'vfage.

Vertus.

Il arrefte la gonnorrhee, ou flux de femence inuolontaire, fi l'on en oingt la region des reins; il expelle les vers du ventre pris par le dedans: en fomme c'eft vn admirable remede aux maladies froides qui procedent du cerueau.

Dofe.

La dofe de cét huile eft de deux, ʒ. à 4. gouttes, dans quelque liqueur côuenable.

Huile de Sauge.

Prenez bonne quantité de sauge fleuris-
sante, faites qu'elle soit seichee à l'ombre
par 15. iours ou trois sepmaines; puis l'ayāt
bien arrousée d'eau cōmune ou vin blanc,
& mise au refrigeratoire, il en sortira l'eau
& l'huile ensemble , lequel ayant separé
garderez à l'vsage.

Vertus.

Il est singulier à toutes les maladies des
nerfs, à la paralisie, appoplexie, conuulsions, & semblables.

Dose.

C'est de 4. à 6. gouttes par le dedans,
auec vehicule conuenable , & par le dehors à discretion.

*Huiles des fleurs de Camomile, Melilot , d'œste-
chas, Thim, Marjolaine, de Genest, de Tamaris, Menthe, Absynthe, Betoine, &c.*

Ces fleurs doiuent estre sechées, comme la sauge, puis preparees à la façon

cy-deſſus, auſſi extraict-on leur huile par meſme methode, car il n'y a autre choſe à demeſler qu'aux deſſuſdits ; leſquels eſtans ſeparez de leurs eaux, ſeront gardez ſeparément à l'vſage.

Leurs vertus.

Ceux de camomile & melilot, ſont fort propres à appaiſer les douleurs, &c. ceux d'œſtechas, thim, & betoine, bons contre les maladies du cerueau, &c. Ceux d'abſynthe & de menthe, ſinguliers pour l'eſtomach, &c. Ceux des fleurs de geneſt & tamaris, incõparables pour la ratte, &c.

La doſe.

Leur doſe eſt de 3. iuſques à 6. gouttes, donné chacun auec vehicule conuenable à la maladie à laquelle on le voudra adminiſtrer.

Huile roſat.

Pr. des roſes rouges, telle quantité que vous voudrez, faictes-les ſecher à l'ombre, puis en empliſſez à demy vn matrats; ver-

fez deſſus eau roſe tant qu'elle ſurmon-
te les fueilles de deux doigts; puis ayant
couuert le matrats d'vn chapiteau aueugle, & bien lutté enſemble, on les fera macerer par 15. ou 18. iours au bain marie tiede, au bout deſquels on oſtera le chapiteau aueugle & y en ſuppoſera-t'on vn autre à bec : remettez voſtre matrats au
bain marie, auec ſon recipient bien col-
lé, donnez aſſez bon feu, iuſques que toute l'humidité ſoit diſtilee en eau à la chaleur dudit bain: ce fait, apres que le tout
ſera refroidy , on oſtera le chapiteau de
deſſus le matrats, & reuerſera-on toute
l'eau ſur la teſte morte; le remettant deré-
chefà putrefier au bain l'eſpace de quinze
jours; leſquels expirez on tranſportera le
matrats au four à cendres, faiſant diſtiler à
chaleur moderee l'eau & l'huile, continuant la chaleur iuſques qu'il ne monte
plus aucunes vapeurs dans l'alembic, &
qu'il ne diſtile rien par le bec d'iceluy.
Alors le feu ceſſé & le tout refroidy peu à
peu, vous verſerez toute voſtre liqueur
dans vn autre alembic, lequel mis au bain
tiede, vous retirerez toute l'eau, laquelle
montera la premiere, laiſſant tout l'huile au fonds de l'alembic. On pourra recti-

fier ceft huile fi on le met en vn plus petit
alembic, & par deffus portion de l'eau qui
a efté tiree par le bain , & enfemble le
quart ou enuiron d'efprit de vin; voftre
vaiffeau eftant bien bouché & lutré, le
mettrez au bain à circuler par 8. iours!
Qvoy fait, oftant fa couuerture, & y fup-
polant vn chapiteau à bec auec fon recipient, vous tirerez tout l'efprit de vin, &
en fuitte l'eau. Finalement tranfportez
voftre vaiffeau au four à cendres, & voftre
huile montera belle & precieufe, ayant
toutes les qualitez que vous luy fcauriez
defirer.

Quelques vns n'y font pas tant de façon, mais apres la premiere digeftion des
rofes, ils mettent le vaiffeau au four à cendres, & diftilēt toute l'humidité; en apres
ils mettent icelle dans vn alembic, iceluy
au bain , & retirent toute l'eau & l'huile
demeure au fonds de l'alembic , qu'ils
gardent bien precieufement.

Vertu.

Ceft huile rofat eft rougeaftre & tranf-
parent, d'auffi fouëfue odeur que le mufc,
lequel eft fort propre pour fortifier le

cœur, & le ceruˉeau, reſoudre & appaiſer
les douleurs : de plus il tempere les chaleurs du ventricule, &c.

Par cette meſme voye que deſſus, vous
tirerez les huiles des roſes blanches, des
muſquees, qu'on appelle de damas, & des
ſauuages ou roſes de buiſſon, des fleurs
d'orenger, de jaſmin, de violettes, de
lis, nenuphar, des fleurs de ſuzeau, & autres, &c,

L'huile de ſuzeau eſt fort propre pour
adoucir, polir & nettoyer le cuir ; guerit
la jauniſſe, deſopile & fortifie le foye ; il
appaiſe auſſi la grande douleur des joinctures, quelques goutes pris en breuuage
laſchent le ventre.

L'huile de nenuphar a les meſmes qualitez que le violat, ſinon qu'il refroidit dauantage, & partant tres-propre pour temperer l'extreme chaleur des reins, &c.

L'huile de lis eſt tres-propre pour les
douleurs froides de la poictrine, de l'eſtomach, des boyaux, de la matrice, des reins,
& de la veſſie.

L'huile de jaſmin eſt fort propre pour
eſchauffer, & relaſcher les corps trop refroidis & endurcis, &c.

Les huiles des fleurs de citronier & d'orenger font admirables pour fortifier le cœur, le ceruneau & toutes les viſceres, & ſōt vn admirable preſeruatif cōtre la peſte.

L'huile des roſes de buiſſon, autrement dit eglantier, eſt vn ſouuerain remede à la morſure des beſtes veneneuſes & notam. mēnt d'vn chien enragé, eſt vn ſouuerain remede à l'obſtruction du foye, &c.

On verra la vertu des autres fleurs en quelque part de ceſt œuure, commeauſ. ſi bien amplement en ma Pharmacopee Spagyrique.

Huile des fleurs d'Hypericon.

Cueillez l'hypericon en temps conuē nable, prenez les ſommitez d'iceluy, bien ſeiches & mediocrement contuſes, faites les macerer par trois jours en eau de pluyé diſtilee; puis adjouſtez-y ſel gemme, tartre bruſlé de chacun vne demy once, trois cueillerees d'eſprit de vin, & quatre liures d'eau commune, mettez tout cela dans vne retorte, & icelle au feu de cendres, & voſtre eau diſtilera la premiere auec l'eſprit de vin, le tout eſtant refroidy, remettez icelle ſur le marc, rediſtilez, donnnant le feu par degrez, & voſtre huile ſortira auec l'eau, laquelle separée l'huile, demeurera au fonds de couleur de vray rubis, lequel garderez dans vne phiolle bien bouchee, comme vn trefor precieux.

Que si l'on n'y veut pas chercher tant de façon on le tirera à la mode de celuy des fleurs fufdites, dans le refrigeratoire.

Vertus.

Il confolide les playes, tant des nerfs que des parties plus molles, eft admirable aux brufleures, notamment celles qui font faites du feu; refout les contufions, appaife les douleurs de l'ifchion & de la veffie; & bref il tient le lieu de vray baulme. Il eft en outre vn remede tres-fingulier contre la pefte, contre la palpitation du cœur & autres affections d'iceluy, car comme c'eft vne plante totalement folaire, elle a auffi vne particuliere fimpathie au Soleil humain qui eft le cœur, & partant tres-efficace pour les maladies d'iceluy: d'ailleurs il eft tres-propre aux maladies melancholiques, & d'incantation, &c.

Dose.

Sa dose est de 3. à 4. goutes en vehicule
conuenable.

Huile de Saffran.

Pr. saffran bien choisi ℔ s. contusez le
mediocremēt, & le meslez auec blācd'œuf,
qu'il soit comme en pulte, à quoy vous
adiousterez tartre bruslé, sel gemme, an.
ʒ s. eau de miel tant qu'il en faudra pour
incorporer le tout. Faites macerer cela à
l'arene par 3. iours : adjoustez-y esprit de
vin ʒ iiij. puis faites distiler le tout à lent
feu, & toute l'humeur distilera auec vostre huile de couleur d'or, lequel separé de
l'humeur aqueuse, vous rectifierez, & garderez à l'vsage.

Vertus.

Il est singulier aux sincopes, tremble-
mens, palpitations & autres maladies du
cœur, est admirable pour les melancholiques, & ceux qui sont plongez dans vne
profonde tristesse. C'est vn remede tres-

ſouuerain pour oindre les yeux aux petits
enfans atteints de petite verolle. Bref c'eſt
vn remede incomparable pour prouoquer les mois, &c.

Doſe.

La doſe eſt de deux à trois goutes, auec
eau de meliſſe, ou autre conuenable; &
pour prouoquer les mois auec eau de Sabine, ou autre conuenable.

Huiles des 3. Sandaux, rouge, citrin & blanc.

Rappez groſſierement vne liure du bois
des trois ſandaux, mettez-les dans vn alébic, auec du vin blanc, acüé de ſel de tartre, en telle façon qu'il ſurpaſſe de trois
doigts; bouchez bien ledit vaiſſeau, & le
mettez digerer à feu de cédres par 15. iours;
puis l'ayant ouuert, adaptez-luy ſon chapiteau & recipient, & le tranſportez au
bain; faites diſtiler toute l'humidité qui
en pourra ſortir à feu lent; reuerſez cette
humeur ſur les fœces, puis rediſtilez à feu
gradué, iuſques que l'eau & l'huile ſoient
ſortis. Mettez tout cela dans vn petit alébic & iceluy au bain, l'eſprit du vin mon-

H h ij

tera le premier, puis fon humidité flegma-
tique, & voftre huile demeurera le dernier, lequel vous rectifierez pour l'auoir
plus parfaict, & garderez à l'vfage, dans
des phioles de verre bien bouchees.

Ceft huile fe peut extraire auffi bien par
le refrigeratoire que par la voye fufdite.

Vertus.

L'huile des fandaux citrin & blanc, eft
tres-fingulier pour arrefter les douleurs
de tefte, s'il eft appliqué fur le front & té-
ples, meflé auec vn peu d'eau rofe. Le rouge eft tres-propre contre les inflammations chaudes, & contre la goutte, &c.
Bref tous les huiles des fandaux, font tres-
efficaces contre les fiéures chaudes, aux
grandes chaleurs d'eftomach, & du foye,
prins par le dedans, voire & en oignant la
region de l'eftomach & du foye : és fiéures ardentes ils efteignét leur véhemen-
te chaleur. Finalement ces huilles fortifient puiffamment le cœur, arreftent la
palpitation ou batement d'iceluy, le réf-
jouïffent & luy donnent telle force & vigueur, qu'à bon droict on les peut renger
fous les meilleurs & fpecifiques cardiaques, &c.

Dose.

Leur dose est de 4. à 6. goutes en vehicule conuenable.

Par la mesme voye que dessus vous tirerez l'huile de bois d'aloës, de Saxafras, & autres bois odoriferans.

Vertus de l'huile du bois d'aloës.

Il est admirable à toutes les passions du cœur, pris vne goute ou deux en vehicule conuenable.

Celuy de Saxafrax est singulier aux obstructions, pour corroborer & fortifier les parties internes, contre les fiéures tierces; il est tres-propre aux maladies de la poictrine causees d'humeurs froids, aux douleurs nephretiques, dissipe les ventositez, prouoque les mois, & dispose la matrice à conceuoir; il empefche le vomissement, ayde à la digestion, & est vn souuerain remede contre la peste. Finalement cest huile est excellent contre toutes especes de fluxions.

Dose.

Sa dose par le dedans est de 3. à 4. goutes auec vehicule conuenable.

En la mesme façon peut-on tirer l'huille du bois de roses, lequel a les mesmes
vertus que celuy des roses.

Ainsi tirerez-vous celuy de la mousse
d'arbre, & de la cane odorante, comme
aussi de tous les autres bois aromatiques.

Vertus.

L'huile de mousse a cette proprieté, de
rompre la pierre aux reins, & la chasser
dehors; appaise les inflammations & douleurs causees par chaleur; corrobore & fortifie l'estomach, arreste le vomissement;
corrobore puissamment le cœur, & est
tres-bon aux flux de ventre.

Dose.

De cinq à six goutes, en vehicule conuenable.

Celuy de la cane odorante prouoque
l'vrine, & les menstruës aux femmes ; il

eſt admirable contre la toux , quelques goutes pris en vehicule conuenable.

Les huiles dès racines aromatiques s'extrairont auſſi par la meſme voye que deſſus, comme d'Angelique, jonc odorant, iris, &c.

Vertus.

L'huile d'angelique, eſt tres-ſingulier contre les poiſons, preſerue de la peſte, fortifie l'eſtomach, eſt ſouuerain aux defaillances de cœur, & toutes paſſions d'iceluy; il eſt admirable contre toutes morſures de beſtes veneneuſes & enragees; en outre il digere les humeursphlegmatiques & viſqueux, & les expelle; il appaiſe en vn moment la douleur des dents, & fait l'haleine tres. bonne, &c.

Doſe.

Sa doſe eſt de deux à trois goutes, en vehicule conuenable.

L'huile de jonc odorant, prouoque l'vrine & les mois aux femmes, &c:

Celuy d'iris, deterge, atenuë, cuit, & reſout, d'où vient qu'il eſt propre aux douleurs froides des oreilles , du foye, de la ratte, de la matrice & des joinctures; re-foult les Efcroüelles & autres tumeurs endurcis ; guerit les conuulfions , & ofte la puanteur du nez.

Il me femble n'eftre hors de propos d'adjoufter icy les huiles d'efcorce d'orange & de citron, d'autant qu'ils ont vne odeur tres-fuaue & odorante.

Huile d'efcorces d'Orange.

Choififfez quantité de bonnes efcorces d'oranges feiches & concaffees, faites-les infufer auec l'eau de pluye diftilee par 8. iours, puis les diftilez au refrigeratoire; feparez l'eau d'auec l'huile & gardez à l'vfage ; il eft de couleur blancheaftre & de tres-agreable odeur.

En la mefme façon & methode tirerez-vous celuy des efcorces de citron.

Vertus.

L'huile d'efcorce d'orange eft vn grand preferuatif contre la pefte, &c.

Celuy de citron ne luy cede rien, & en outre chaffe le calcul.

I'adjousteray dauantage qu'on peut extraire l'huile des peaux de pômes odorá-
tes, comme le cappendu, desquelles l'o-
deur est suaue & cordiale, propre à corriger l'air corrompu en temps de peste. —

Au seul Dieu trine en vnité, soit rendu
tout honneur gloire & loüange. Amen.

Or en suitte de cecy il me semble bien à pro-
pos de traicter des huiles des autres sim-
ples non aromatiques. Commen-
çons donc aux fruicts, bages,
& semences.

CHAP. IIII.

Huile de bages de lierre.

Renez bages de lierre à demy
seiches ℔ vj. concassez-les iusques qu'elles soient comme
paste, mettez cela dans vne
vesie, & par dessus de l'eau de pluye distilee, acüee auec le sel de tartre, tant qu'elle
surpasse de quatre doigts, faictes-les macerer par 4. iours, puis le distilez au refrigeratoire, donnant le feu peu à peu ius-

ques que l'eau & l'huile foient dehors, fe.
parez-les & gardez l'huile à part pour l'v.
fage.

Vertus.

Ceft huile eft fouuerain contre les gout.
tes froides , guerit les vlceres enuieillis,
fait fortir le calcul , prouoque à fuffifance
les vrines , comme auffi les menftruës; &
eft admirable aux chaude-piffes, &c,

Dofe.

La dofe eft de ʒ. à 6. goutes, auec vehicule conuenable.

Huile de graine d'efpurge.

Pr. femences d'efpurge ℔ ij. concaffez
les tres-bien, puis les mettez dans vne cornuë, & icelle au fable, donnez feu par degrez iufques que toute l'humidité oleagineufe foit diftilee, laquelle garderez pour
l'vfage.

Il purge merueilleufement la pituite,&
les aquofitez , c'eft pourquoy il eft tres-
propre pour les hydropiques.

On faict de mesme vn huile de la semence de Carthame , admirable pour les hydropiques , & propre pour defopiler le
foye, diſſiper les ventoſitez qui cauſent la
colique & les douleurs d'eſtomach , car il
purge la pituite par le haut & par le bas,
&c.

Ie deſire en ce lieu, auant que paſſer outre , donner vne atteinte à ceux qui ont
voulu accuſer Vvecher d'ignorance, quãd
il dit que l'huile cy-deſſus purge, alleguãs
que c'eſt le ſeul ſel & non l'huile qui purge: du nombre deſquels le docteur, & dauãtage Apoticquaire Cathelan de Mont-
pellier en eſt vn; lequel voulant contrefai-
re le grand Chimiſte , il oſe auancer (en
vn traicté des eaux diſtilees qu'il dit
auoir fait) que le ſel ne monte nullement
auec l'eau , que ſi le ſel pouuoit monter
(dit-il) auec l'eau, il n'y a nul doubte qu'õ
ne fiſſe des eaux diſtilees purgatiues. Car
apres auoir eſſayé de diſtiler des drogues
laxatiues, on n'a rien extraict (dit il) qu'v-
ne liqueur ſans effect. Et pour aſſeurance
de la verité de ſon dire , il apporte l'eau
de roſes qui eſt aſtringente, & les roſes en
leur ſubſtances ſont laxatiues.

Or voyons en la reſolution que nous

fairons briefuement de fes paroles, fi ce
Docteur Appotiquaire à jamais rien fceu
de bon en la vraye Chimie.

Il dit en premier lieu qu'il n'y a rien qui
purge que le fel, ie luy concede, mais que
le fel ne monte à la diftilation, c'eft ce que
je nie. Et pour luy apprendre ce qu'il ne
fçait pas, il faut remarquer que tous les
mixtes contiennent deux fortes de fels,
fçauoir le fel fixe & le fel volatil ; celuy-là
eft doüé d'vne vertu & faculté dieuretique, c'eft pourquoy il donne tout à l'heure dans les vrines, qui eft la caufe qu'on rejette à bon droict tous les tiercelets de
Chimie, qui adjouftent dans les extraicts
purgatifs le fel tiré des fœces, d'autant
qu'il y eft inutile. Ceftuy-cy eft doüé d'v-
ne vertu & faculté cathartique, & qui eft
celuy qui monte en la diftilation, non fimplement auec le phlegme, ainfi que s'eft
figuré noftre Docteur fauuage de buoir
faire, quand il dit qu'ayant diftilé des
drogues laxatiues, on n'en a rien tiré qu'v-
ne liqueur inutile: car comme fonnent ces
mots, il eft certain que ce qu'il auoit extraict n'eftoit que le phlegme, lequel peut
eftre dit à bon droict inutile, & partant
bien efloigné d'en retirer quelque chofe

à son intention : mais s'il euſt reuerſé ce
phlegme ſur le marc 2. ou 3. fois, il eſt certain qu'il euſt enleué auec ſoy le ſel volatil, auquel giſt toute la faculté purgatiue.
Parauanture auſſi le faiſoit-il à vaiſſeau
ouuert, car comme il n'y a rien qui s'exale plus viſte que le ſel armoniac ou volatil, il ſe pouuuoit par cette voye perdre, & partant priuer l'eſperance du diſti-
lant.

Or que ce ſoit le ſel volatil qui purge,
il eſt aiſé à verifier par l'exemple que beguin apporte au liure ſecond de ſes elemens de Chimie, parlant des extraicts, où
il dit, que l'eſprit de vin digeré auec rheubarbe ou ſenné, puis diſtilé (dit-il) par l'a-
lembic, deux cueillerees d'iceluy eſtre capables de purger vn Alemãd ou Polonois;
quoy qu'en vueille dire vn nouueau eſcriuain, auquel il ſemble que c'eſt aſſez d'ap-
puyer ſes nouuelles penſees d'injures, de
brocards, de calomnies & meſpris de ceux
de qui il tient le meilleur de ce qu'il ſçai t
ſi toutesfois ie m'oſe perſuader qu'il ſça-,
che quelque choſe de bon en la Chimie.

Surquoy on doit bien eſtre circonſpeſt
en la preparation des extraicts, car en la
longue digeſtion & preparation d'iceux,

ce sel volatil se peut facilement exaler, attendu qu'on voit qu'il s'esleue aussi viste
que l'esprit de vin, &c.

Quand à l'exemple des roses de laquelle il pretend estançonner son opinion ; il
est bien vray que les roses fraisches purgent & laschent le ventre, & que seiches
font vne action toute contraire, j'aduoüe
cela: mais que pour cette raison il y ait icy
lieu de dire que l'eau si elle estoit faite par
la vraye voye Chimique ne purgeast
point, cela ne doit pas estre receuable
parmy les bons Chimiques ; car la raison
pourquoy l'eau des roses ne purge pas, est
la mesme pourquoy les roses seiches ne
font pas laxatiues. D'autant que comme
nous auons veu cy-dessus, il n'y a rien en
tout le mixte qui purge que le sel volatil;
or par le moyen de la dessication des roses ce sel volatil vient à s'exaler & à se perdre, & partant sa faculté laxatiue s'esua-
nouït, & ne demeure rien que l'astringente. Il en est de mesme de l'eau, laquelle
est ât faite à vaisseau de plomb & non lutté, ce sel armoniac vient á s'exaler, & ne
demeure rien que la qualité astringente à
l'eau ; & voyla cette raison de toile d'a-
ragnee dissipee par le vent de la verité.

Reuenons à nos huiles.

Huile de femence de laictuë.

Pr. femence de laictuë ℔ iij. concaffez-
les & les mettez dans vne cornuë auec de
bône eau rofe ℥ vj. faites-les infufer quelques iours au bain tiede; puis augmentez
peu à peu le feu, & voftre eau fortira auec
l'huile, lequel feparé vous garderez à l'v-
fage.

Vertus.

Cét huile guerit la gonnorrhee, ou flux
de femence ; comme auffi la chaude-piffe, &c.

Dofe.

Sa dofe eft de ʒ ij. par 6. ou 7. matins à
jeun, auec vin ou boüillon, &c.
L'huile de femence de jufquiame fe tire par mefme voye, & a mefmes proprietez, horfmis qu'il n'en faut donner que
demy dragme, &c.

Huile de semence de Pauot.

L'huile de semence de Pauot, doit estre
extraict en la mesme façon que celuy de
laictuë, car il n'y a autre chose à demesler
qu'à celuy-là: comme aussi celuy de semé-
ce de nielle romaine.

Vertus.

Il guerit & corrige l'intemperie chaude, appaise les douleurs qui en procedent,
& est fort conuenable pour prouoquer le
sommeil, &c.

Celuy de nielle est admirable pour tuer
& chasser les vers hors du corps, &c.

*Huiles de melons, concombres & citroüilles,
ou courges.*

Ces semences estant escortiquees,
on les concassera & en tirera-t'on l'huile comme des semences cy-dessus, lesquelles on gardera à l'vsage. Si l'on
veut on les peut tirer par expression, en la
façon qu'on tire celuy d'amendes, en
apres les rectifier dans vn petit matrats au
bain marie.

Leurs vertus.

Leurs Vertus.

Celuy de courges, tempere les inflammations des viſceres, modere les fiéures qui en procedent, & guerit l'ardeur d'vrine, ſi l'on en donne d'vne dragme à deux, en boüillon, ou autre vehicule conuenable.

Ceux de melons & de concombres ſont auſſi fort propres pour humecter & rafraiſchir.

L'huile qu'on tire de la ſemence delin, à la façon ſuſdite, eſt ſingulier contre les conuulſions, durtez des nerfs & des joinctures ; guerit les hemorrhoïdes, fentes & creuaſſes du fondemēt; appaiſe les douleurs pulſatiues. Pris le poids d'vne once, eſt remede tres-certain pour les pleuretiques, aux toux inueterees, & à ceux qui à peine peuuent reſpirer.

L'huile d'amendes douces, ou ameres, ſe tire, ou par expreſſion & puis rectifié, ou en la façon ſuſdite. Celuy des douces adoucit les aſpretez de la poictrine, de la gorge, & du poulmon, humecte les joinctures trop deſſeichees, eſt admirable pour les hectiques & phtiſiques, engen=

drebeaucoup de femence, appaife la toux,
tempere l'ardeur de l'vrine, adoucit les
vlceres de la veffie, &c. Celuy des ameres,
ouure les obftructions, diffipe les ventofitez, remedie à la furdité & tout tinte-
mét d'oreille, eft admirable aux affectiós
des nerfs, & efface les taches du vifage.

Mefme methode tiendra-t'on à l'extraction des huiles de noix, de noifettes, de
pignons, d'anacarde, de noyaux de pefches, de cerifes, de piftaches, du behen, &
autres femblables. On les peut auffi diftiler au refrigeratoire, auec l'eau de pluye
diftilee, ou auec le vin blanc. De mefme
tirera-t'on l'huile des femences de chanure, de femences de citron, de fuzeau,
d'hiebles, de maulues, & autres, &c.

L'huile de noix communes, diffipe les
groffieres ventofitez, & eft admirable aux
piqueures & fouleures des nerfs, comme
auffi à la brufleure, &c.

Celuy des noifettes ou aueleines, eft
fort propre pour appaifer les douleurs des
Articles; il guerit la morfure des ferpés,
celuy des pignons augmente l'efperme,
& aplanit les rides du vifage, &c.

Celuy de noyaux de pefches, defopile, &
tuë les vers, appaife les douleurs des oreil-

les , & des hemorrhoides , il eſt ſingulier
aux maladies des reins.

Celuy des ceriſes eſt admirable contre
la goutte, fait ſortir le calcul des reins & de
la veſſie; eſt tres ſingulier pour effacer les
lentilles & taches rouſſes du viſage.

Celuy de piſtaches adoucit & appaiſe
la douleur desreins & du foye , guerit la
toux & toutes douleurs de poictrine, &
augmente l'eſperme, &c.

L'huile de behen eſt propre à effacer les
taches, & lentilles du viſage, à appaiſer les
douleurs & tintemens d'oreilles , & à
laſcher le ventre.

L'huile de chanure, diſſipe l'eſperme, eſt
propre pour les chaude-piſſes , contre les
vers, à la podagre, &c. l'huile tiré de la ſemence d'agni caſti , a la meſme proprieté.

L'huile de ſemence de citron, eſt ſouuerain contre les douleurs de joinctures,
briſe le calcul, tuë les vers, & eſt vn ſouuerain preſeruatif contre la peſte, &c.

Ce ne ſera hors de propos d'adjouſter
icy en ſuitte de l'huile de ſemence de citrons, le moyen d'extraire celuy de tout le
corps de limons.

Huile de limons.

Pr. de limons bien meurs, concaſſez
les tant qu'ils ſoient comme paſte, mettez
les dans vn vaiſſeau de verre & iceluy au
fien de cheual à putrefier par 8. iours, apres
leſquels vous tranſporterez voſtre vaiſ.
ſeau au bain marie, & y ayant adaptè ſon
chapiteau & recipient, vous diſtilerez iuſ.
ques à ſiccité: remettez par deſſus voſtre
liqueur, rediſtilez iuſques à ſiccité; puis le
tout refroidy, oſtez voſtre teſte morte, &
l'ayãt pulueriſée, reuerſez par deſſus toute
voſtre liqueur ; puis tranſportant voſtre
vaiſſeau au feu de cendres, vous pouſſerez
voſtre feu iuſques que rien plus ne mõ-
te: Si dans la liqueur diſtilee il s'y trouuoit
quelque portiõ de phlegme, il le faudroit
ſeparer par le papier de trace , & puis garder l'huile à part pour l'vſage.

Vertus.

Il rompt la pierre dans les reins & dans
la veſſie, pris auec vehicule conuenable.
C'eſt le ſpecifique diſſoluant pour les perles, coraux, pierres precieuſes , & notam-

ment pour le talc.

Huiles de semences d'hiebles, & de suzeau.

Pr. telle quantité de semences d'hiebles que vous voudrez, battez-lez en vn
mortier jusques qu'elles soient toutes en
paste; mettez-les dans vn grãd chaudron,
& par dessus de l'eau, tant qu'elle surpasse
de huict doigts: faictes bouillir cela tout
doucement sur le feu, & il s'esleuera vne
escume crasse & visqueuse, laquelle il faut
oster, & la mettre dans vn vaisseau de verre à part: cõtinuez iusques à tant qu'il ne se
fasse plus d'escume: alors il faudra mettre
le vaisseau de verre en quelque lieu moyénement chaud, iusques que tout l'huile
soit separé de l'escume, lequel huile pa-
roistra vert comme vne esmeraude: nottez qu'il doit estre separé d'auec l'escume auec vn cueillier d'argent. Mettez cét
huile dans vn alembic de verre, auec 4.
fois autant d'eau de fontaine , puis luy
ayant adapté vn chapiteau & son recipiét,
vous le ferez distiler à chaleur de cendres,
& l'huile distilera pur & net, nageant par
dessus l'eau, lequel estant separé auec l'entonnoir, garderez à l'vsage.

I i iij

Vertus.

Il est singulier contre l'hydropisie, d'autant qu'il purge les eaux doucement sans aucune fascherie, nausee, ny desuoyemēt d'estomach; car ce qui le rendoit Emetique en estant separé, qui est l'escume, on n'a rien plus à craindre en l'vsage d'iceluy. Il est admirable pour appaiser la douleur des gouttes. Notez que la semence doit estre bien separee de son fruict noir.

Dose.

Sa dose est de 6. ou 7. goutes, auec du bouillon, y adjoustāt enuiron deux grains de sel tiré des fœces. Ou bien on en peut faire deux,ou trois pillules auec vn peu de miette de pain frais,& ainsi les aualer,&c.

La mesme methode on peut tenir en la separation de l'huile de semēce de suzeau; car les cuidant preparer autrement iamais l'huile ne montera, d'autant que l'esprit estant contenu dans l'escume, qui est fort gluante & tenace, ne se peut separer que par cette voye.

Vertus.

Il guerit la jauniſſe, deſopile le foye, appaiſe les douleurs des joinctures en les fortifiant, purge les ſeroſitez, pris en meſme doſe que celuy d'hiebles, &c.

L'huile extraict de ſemence de maulues & guimaulues, eſt tres-ſingulier aux inflammatiõs des reins & de la veſſie, aux ardeurs d'vrine, aux chaude-piſſes, &c.

Huile de gland.

L'huile de gland s'extraict en la meſme façon que ceux des autres fruicts cy-deſſus, n'y ayant autre choſe à demeſler. Il arreſte les flux des femmes, car il eſt fort aſtringent, il prouoque l'vrine dõné auec vehicule conuenable, mitige les inflammations, & arreſte puiſſamment les fluxions: celuy tiré du gland de l'yeuſe, eſt de plus grande vertu que celuy tiré du gland de cheſne.

Huile de froment.

Pr. telle quantité de froment que vous

vc udrez, lequel ayant conquaßé, le mettrez dans vne cornuë bien luttee, & fur
jceluy fuffifante quantité d'efprit de vin,
laiffez-les macerer enfemble par 8. iours,
les remuant chafque iour deux fois. Quoy
faict, mettez-les à feu nud, & les pouffez
à grand feu.　Reuerfez fur la tefte morte
ce qui en fera diftilé, laiffez-les infufer par
autant de temps qu'auparauant, puis les
diftilez derechef: reïterez cela iufques à la
troifiefme fois, & il en fortira vn huile tres-
excellent pour la gangrene, & chancres.
Nous aurions beaucoup de chofes à dire
touchant ces huiles, mais cela eft referué
en noftre Pharmacopee Spagyrique, Dieu
aydant: Auquel pere, fils, & S. Efprit foit
honneur & gloire, és fiecles des fiecles.
Amen.

Huiles des herbes, escorces, bois, & raci-
nes, autres qu'aromatiques.

CHAP. V.

Huile de Chelidoine.

Renez suffisante quantité de Chelidoine, laquelle estant grossierement pilee, mettrez dans vne courge de verre, & icelle bien bouchee, enseuelirez dans du fien de cheual pour y estre digeree par quinze iours. Quoy fait, adaptez-y vn chapiteau à bec auec son recipient, vous en tirerez premierement l'eau à petit feu, iusques à ce que les fœces soiét bien desseichees, sur lesquelles, estans premierement broyees, vous verserez l'eau que vous en auez tiree, en sorte qu'elle surmonte de 4. doigts. Le vaisseau bien bouché on le remettra au bain par huict iours, adaptez y derechef son chapiteau & recipient, puis poussez le feu de degré en degré, iusques qu'il ne sorte plus d'esprit.

Par cette seconde distilation, vous aurez
l'eau & l'air enfemblement: Separez l'eau
de l'air par le bain, afin de vous en feruir
comme cy-deffous fera dit. En apres faites calciner les fœces à lent feu iufques au
blanc, lefquelles arroulerez de l'eau refer-
uee , & ferez putrefier au bain par quelques iours, puis ayant coulé l'eau par inclination , la diftilerez par l'alembic, &
au fonds d'iceluy demeurera le fel de couleur blanche, lequel contient vne vertu
intrinleque cogneuë de peu. Ce fel doit
eftre elabouré par folutions & coagulations reïterees auec fa propre eau, & ce
par 3. ou 4. fois. Iettez fur ce fel l'eau &
l'air referué cy-deffus, & les circulez enfemble dans le bain, tant qu'vne huile apparoiffe & furnage, laquelle peut eftre appellee vraye effence de Chelidoine, doüee
d'infinies vertus.

Par mefme methode on peut extraire
les huiles ou effences de meliffe, fauge, valeriane, & autres femblables plantes, &c.

Notez que ie dis huile ou effence, d'autant que fi l'on veut auoir l'huile feul, on
doit garder l'air feul à part qu'on a feparé
de l'eau , non pas le mefler auec le fel,
car le dernier tient plus de l'effence que
de l'huile.

Autrement.

Pr. chelidoine, contusez la bien dans
vn mortier, mettez-la dans vne courge, &
par dessus veriez du vin genereux qui surpasse de 4. doigts, faites-les macerer par
vn mois, puis les distilez au bain marie iusques que toute l'eau soit sortie : les fœces
estant bien desseichees, vous reuerserez
toute l'humeur par dessus, puis l'ayant encore laissé macerer par vn mois, la distilerez aux cendres ; separez l'eau d'auec
l'huile, lequel garderez à l'vsage.

Vertus de l'huile de Chelidoine.

Cét huile est admirable pour effacer les
tayes & cataractes des yeux; guerir parfai-
ctemét la jaunisse, & arrester les méstruës
violentes ; il est en outre admirable pour
les playes & vlceres, notamment aux ver-
rucales & escroüelleuses;& est tres-singulier pour les porreaux de la verge, &c.

Vertus de l'huile de Melisse.

Il est tres-singulier à la picqueure des

Scorpions, à la morsure des chiens enra-
gez, prouoque les mois aux femmes, appaise la douleur des dẽts & des gouttes; est
admirable cõtre la dissenterie ; guerit les
Escroüelles, & autres vlceres; est vn grãd
Cardiaque, corrobore & fortifie l'estomach, ayde à la digestion ; il est tres propre aux melancholiques: bref il est admirable contre toute sorte de venin pestilentiel, &c.

Quand à l'huile de sauge, nous en auõs
parlé cy-dessus.

Vertus de l'huile de Valeriane.

Il prouoque l'vrine, chasse le sable des
reins, ouure les opilations du foye & de la
ratte, est tres-singulier aux affections de
la matrice , corrobore & fortifie l'estomach,& est admirable contre toutes sortes de venins.

Huile de Sabine.

Pr. telle quantité de Sabine que vous
voudrez (cueillie en automne, & non en
autre temps,car c'est en ce temps là qu'elle rend plus d'huile) concassez-là, puis
l'ayant mise dans vn refrigeratoire auec

quãtité d'eau de pluye diſtilee, vouspouſ-
ſerez le feu iuſquesque l'eau & l'huile ſoiẽt
ſortis ; lequel huile ayant ſepare de l'eau,
garderez à l'vſage.

Vertus.

C'eſt le qui proquo de l'huile de cã-
nelle, le mettant à double poids, ſelon Galien. Il eſt ſingulier à prouoquer & faciliter le part & à toutes affeĉtiõs de matrice:
en outre il eſt ſi puiſſant qu'il chaſſe in-
cõtinent les amas qui ſe font par les reten-
tions menſtruelles , & fait ſortir facilement la ſecondine.

Doſe.

On en donne vne goute ou deux, auec
eau de canelle & de poliot royal, ou d'armoiſe, ou bien auec du vin blãc. A ce meſme effeĉt on adminiſtre celuy de Poliot
royal, & pluſieurs autres, &c.

Huile de Tabac.

Pr. l'herbe tabac , telle quantité que
vous voudrez, concaſſez-la iuſques qu'el-

le foit comme paſte, mettez-la par apres
dans le vaiſſeau refrigeratoire, & par deſſus tant d'eſprit de vin qu'il ſurnage de
deux doigts; laiſſez-les macerer enſemble
par 3. iours, puis diſtilez à feu gradué iuſques que toute la liqueur ſoit ſortie, ſeparez l'huile d'auec l'eau, & gardez à l'vſage.

Vertus.

Il eſt ſingulier pour appaiſer la douleur
des gouttes, reſoult les tumeurs Eſcroüel-
leuſes, & les guerit, côme auſſi les vlceres
& playes, tant du dedans que du dehors; il
eſt admirable côtre la côtagion & morſure de beſtes veneneuſes; contre la toux il
n'a pas ſon ſemblable pris auec eau d'hyſſope : Il fortifie puiſſamment l'eſtomach
& la matrice, &c.

Par cette meſme voye tirerez-vous les
huiles de toutes les herbes, quelles elles
ſoient ; deſquelles nous donnerons icy
quelques exemples. Et premierement de
l'Alchimille, l'huile de laquelle, eſt vn ſingulier remede aux playes & vlceres interieures ; eſt admirable à la deſcente du
boyau, guerit les fleurs blanches, &c. pris
auec vehicule conuenable.

L'huile d'agrimoine, guerit la diſſenterie, eſt admirable aux opilations du foye,
&c.

Celuy d'armoiſe excite les mois aux
femmes, ouurant les obſtructions de la
matrice, rompt la pierre, fait ſortir l'vrine
retenuë, &c.

Celuy d'aſclepias, eſt admirable contre les piqueures des beſtes veneneuſes,
aux vlceres de la matrice & des mammelles, &c.

Celuy de baſilic eſt propre à la difficulté d'vrine, contre l'humeur melancholique, & aux fluxions des yeux, &c.

Ceux de bourroche & bugloſſe, ſont de
ſinguliere vertu contre les paſſions du
cœur & deffaillances d'iceluy, contre la
melancholie, & contre les reſueries, &c.

Celuy de mille fueille eſt excellent
aux vlceres, au flux de ſang, & aux fiſtules; comme auſſi à la gonorrhee & aux
fleurs blanches, &c.

L'huille de boüillon, eſt ſingulier au
flux de ventre, & diſſenterie, aux inflammations des yeux, & aux bruſleures, &c.

L'huile de cererac, eſt admirable à la
gonorrhee, & aux paſſions melancholiques; à la jauniſſe, prouoque l'vrine, &c.

Mefmes proprietez ont tous les autres ca-
pilaires.

L'huile de chou, appaife les douleurs,
eft admirable aux inflammations, aux eryfipelles, & aux bruflures, &c.

I'en faits vn huile admirable contre les
playes des moufquetades, lequel ie puis
appeller fimple, eu efgard à vn plus compofé, que j'enfeigneray en ma Pharmacopee Spagyrique: & c'eft en cette façon.

Pr. vn plein verre de fuc de chou, vn
autre de vin genereux, vne poignee de fel,
vne liure d'huile, mettez cela dans vne
baffine, & le faites boüillir iufquès à la cõ-
fumption du vin; apres coulez voftre huile
& gardez à l'vfage : que fi vous le voulez
rectifier, il en fera plus excellẽt. Ie ne fçau-
rois affez louër la vertu de cét huile
contre les maladies fufdites, car veritablement il y fait des merueilles, &c.

Les huiles des deux cõfouldes gueriffent
toutes playes tant internes qu'externes,
diffoluent le fang caillé. Sont admirables
à la defcẽte du boyau, &c. La mefme vertu ont ceux du fanicle, d'ophiogloffon, de
pirolle, de peruenche, pilofelle, de verge
doree, &c.

L'huile de verueine, eft incomparable
aux

aux douleurs de teſte , procedente d'humeurs groſſiers , &c.

Celuy de ſaxifrage , eſt ſingulier à la
difficulté d'vrine, chaſſant le ſable, &c.

L'huile de fougere, chaſſe les vers hors
du corps, & guerit les enfleures de la ratte,
&c.

L'huile de renoüee, eſt admirable contre
le colera morbus, &c.

L'huile d'hyſſope, eſt admirable contre
le tintement des oreilles, &c.

L'huile de mercuriale, eſt admirable pour
les playes faites par les mouſquetades, &c.

L'huile de perſicaria, reſoult toutes les
tumeurs & durtez inueterees, & eſt admirable aux contuſions, &c.

Celuy de pouliot, eſt certain pour exciter
les mois aux femmes, & eſt ſingulier aux
maladies froides des nerfs, &c.

L'huile de coloquinte, eſt ſingulier aux
douleurs des joinctures, notamment aux
podagres, noircit les cheueux , & diſſipe
tout tintement ou bourdonnement d'oreilles, &c.

L'huile de periclimenum, eſt propre aux
playes & vlceres, & eſt du tout incomparable pour la chaude-piſſe.

I'en faits vn baulme tres-excellent en
cette façon. K k

Pr. fur la fin du mois de Septembre, la graine rouge du periclymenum, fuffifante quantité : eftant bien mondee, mettez-en vne cucurbite de verre biē bouchee, qu'elle ne refpire point, puis icelle mife en fien de cheual par 8 iours, & par autant de temps au bain marie. L'eau fortira la premiere, & l'huile demeurera au fonds du vaiffeau, lequel garderez à l'vfage comme vn threfor precieux, car il guerit toutes playes defefperees en 24. heures.

L'huile de fueilles de ronce eft excellent aux vlceres de la bouche, aux hemorrhoïdes, aux fleurs blanches, & chaude-piffes, &c.

L'huile de ruë eft incomparable pour abforber le fperme, & eft grandement refolutif, &c.

L'huile d'efcrophulaire refoult toutes tumeurs Efcroüelleufes, & guerit celles qui font vlcerees, &c.

L'huile de burfa paftoris, eft incomparable pour la chaude-piffe, &c.

Or touchant aux efcorces, bois & racines, on peut tirer leur huile per decēfum, notamment s'ils font fecs, & puis les rectifier, afin de leur faire perdre l'odeur mauuaife qu'ils acquierrent par cette forte de diſtilation. Exemple.

Huile d'eſcorce de gayac.

Pr. eſcorce de gayac, concaſſez-la menu, puis la mettez dans vn pot de terre de
Beauuais vitré, couurez iceluy bien iuſte-
ment d'vne lame de fer percee menu ; puis
par deſſus cette lame de fer agēcez y vn autre pot de terre auſſi vitré, duquel l'ouuerture reſpóde à celle de l'autre, en ſorte que
ladite lame de fer bouche iuſtemēt les deux
ouuertures d'iceux. En apres prenez du lut
de ſapience auec lequel luttérez tres-bien
les joinctures des pots auec la lamine : conſequemment faites vne foſſe dans terre,
dans laquelle enſeuelirez le pot vuide, en
ſorte que le pot plain tienne le haut, empliſſez la foſſe de terre, & par deſſus eſpandez
enuiron de l'eſpoiſſeur d'vn poulce de cendre bien battuë & applatie. Quoy faict,
vous allumerez du charbon à l'entour du
pot qui eſt plain, lequel vous croiſtrez peu
à peu iuſques à tant qu'à voſtre jugement la
matiere contenuë ſoit reduite en cendres.
Le tout eſtant refroidy vous treuuerez au
pot de deſſous toute l'humidité oleagineuſe qui aura coulé par deſcente ; y en ayant

pourtant beaucoup plus d'humide que d'o-
leagineufe, ce qui ne deuroit pas eftre, d'autant qu'en l'oleagineufe gifent les plus grã-
des & exquifes vertus, fi elles eftoient conferuees, ce qui ne peut eftre en cette façon,
ainfi que nous auons dit au chap. des huiles en general, & que nous dirons encore
plus amplement cy-deffous. Or il faudra
prẽdre cette matiere oleagineufe, cõtenuë
au pot, pour la rectifier ainfi que s'ẽfuit.
Mettez voftre huile dans vne retorte, auec
de l'eau de pluye diftilee, pouffez le feu peu
à peu iufques à tant que l'eau & l'huile foiẽt
fortis. Separez l'huile d'auec l'eau, & le mettez dans vn petit alembic, auec fuffifante
quantité d'efprit de vin; iceluy tranfporté
au four à cendres, fon chapiteau & toutes
les joinctures bien collees auec le recipient,
donnerez feu peu à peu, iufques que l'efprit du vin foit forty , & voftre huile demeurera au fonds beau & net, deliuré de la
puanteur infupportable que l'empireume
du feu luy auoit caufee en la diftilation par
defcente.

Or comme cét huile requiert neceffaire-
ment la rectification pour eftre plus parfaict, & qu'il eft vray (quoy qu'on le recti-
fie) qu'il n'a pas les vertus qu'on defire de

luy, d'autant que l'humeur sulphureuse, qui de sa nature monte en haut, ayant esté contrainte de descendre en bas, à esté la plus part (voire & la meilleure) consommée par le feu, & par ce moyen ne reste plus que la plus crasse, grossiere, & terrestre, auec l'aqueuse : il seroit necessaire, pour n'estre pas sujet à cette rectificatió, & auoir ceste huile en sa perfection accompagnée de toutes ses qualitez, de l'en retirer en la façon qui suit. Prenez la scieure d'escorce de Gayac, de laquelle vous remplirez les deux tiers d'vne cornuë de verre, auparauant bien luttée, laquelle estant mise sur le fourneau à nud, vous y adapterez vn canal de verre, lequel on passera autrauers d'vn tóneau plein d'eau froide, faisant que l'autre bout entre dans vn recipient d'assez grande capacité, luttant fort bien toutes les joinctures. Donnez le feu par degrez, l'augmentant peu à peu afin qu'elle ne se rompe estant trop soudainement eschauffee, jusques à ce que les esprits sortans par le bec de la cornue, viendront à se resserrer dans le recipient, & s'y coaguleront en eau. Augmentez le feu, & il s'esleuera des esprits plus espais & obscurs, lesquels se viendront rendre en huile nageant sur l'eau. Pour

lors augmentez le feu iufques à ce qu'aucune chofe ne forte plus par le bec de la cornuë,& que le recipient foit rédu clair & traf-
parent comme auparauant. Le tout eftant
refroidy,on feparera l'huile de l'eau , par le
moyen de l'entonnoir, & le garderez à l'v-
fage.Nottez que pour faciliter cette diftilation, j'ay de couftume de mettre auparauant mes fcieures dans vn fac de toile affez
claire , & iceluy par deux iours à la vapeur
du bain. Lors que ce bois qui eft grandement fec (particulierement l'efcorce de
Gayac) eft humefté, on a auec bien plus de
facilité la fubftance qu'on en defire retirer.
Si c'eft auec du vin blanc la diftilation en fera pluftoft accelleree. Que fi l'on veut tirer
le fel des fœces reftantes dans la cornuë, on
les doit diftiler iufques au blanc , puis auec
l'eau de pluye diftilee, ou bien de fontaine,
en retirer le fel , ainfi que j'enfeigne cy-apres dans la Fleur des fels.

Vertus de l'huile d'efcorce de Gayac.

Cét huile , comme auffi celuy du corps
de gayac, eft tres-fingulier aux vlceres de
difficile guerifon, notamment à celles qui
prouiennent de la verolle: mefme il prouo-

que copieufement les fueurs auſſi bien que
ſon ſel. Il appaife puiſſamment les douleurs
qui procedent de la verolle, &c.

Par cette meſme voye ſe peuuent extraire les huiles
de tous les bois, eſcorces, & racines. Quel-
ques exemples ſatisferont pour
tout le reſte.

L'huile du bois de genieure, eſt tres-ſingulier contre toutes maladies froides , empeſche le friſſon des fiéures, notamment de
la quarte, ſi l'on en oingt l'eſpine du dos peu
de temps auant l'accez. Il deſſeiche & fortifie la matrice, la diſpoſant à conceuoir , ſi
l'on en oingt toute la partie hypogaſtrique
des femmes, iuſques aux parties honteuſes.

L'huile tiré des coquilles de noix , eſt vn
admirable remede contre les venins, &c.

L'huile tiré de la zedoaire, ſert auſſi contre les venins , eſt admirable contre la peſte, appaife les vomiſſemens & les douleurs
de la colique, arreſte les flux de ventre , &
reſoult les apoſtemes de la matrice.

L'huile de Polipode, eſt admirable aux
fendilleures qui viennent entre les doigts,
purge la colere noire, &c.

L'huile de corneolier, reſoult en peu de

temps les Efcroüelles. L'huile de frefne,eft fort fingulier contre les gouttes froides, la paralifie, aux affections de la ratte ; & eft tres-excellent contre la pefte.

L'huile de peoine, eft excellent au mal caduc, notamment des petits enfans, fi on leur en oingt la nucque du col, leur en faifant auffi prendre quelques goutes en vehicule conuenable; il prouoque les mois, & eft tres-propre aux douleurs d'eftomach, & aux fuffocations de matrice.

L'huile de reglifle, fe tire de la racine ou du fuc d'icelle, en la façon que deffus, bien eft vray qu'on la doit humecter auec l'efprit de vin, & puis y adjoufter des petites pierres, &c. Il eft fingulier aux ardeurs d'vrine: & en outre admirable pour la poictrine & poulmons, meflé dans des tablettes pectoralles, comme auffi à la courte haleine,phtifie, & pleurefie, &c.

L'huile de pyretre, appaife merueilleufement bien la douleur des dents prouenáte de caufe froide, mais il n'en faut mettre que tant foit peu. Il eft auffi propre à mefler aux onguens ou linimens pour la paralifie.

L'huile d'Ariftoloche, eft admirable pour les playes des moufquetades, mondifie les vlceres putrides à perfection, &c.

L'huile de racine d'arreste-bœuf, est singulier à rompre le calcul aux reins & dans
la vessie, & à le chasser dehors, &c.

L'huile de racine de guimaulue, est incomparable pour la chaude-pisse, &c.

L'huile de racine de centauree, est admirable aux Hepatiques, à la jaunisse, pris
auec vehicule conuenable. Il est aussi tres-
propre pour les playes, &c.

L'huile de geneste, est propre pour les dertres, à prouoquer l'vrine, & est vn bon Saxifrage, &c.

L'huile de gramen, est propre pour les
difficultez d'vrine, rompant & poussant dehors la pierre, &c.

L'huile de guy de chesne, est vn grand
remede contre l'Epilepsie, &c.

L'huile de racine de persil, est vn grand
remede côtre la pierre, & est admirable côtre la chaude-pisse, &c.

L'huile de Trefle bitumineux, est incomparable contre les Cancers, &c.

Il me semble que ces exemples suffiront,
car l'Artiste treuuera assez à quoy s'employer aux autres racines, escorces & bois;
n'y ayant, pour l'extraction de leurs huiles,
autre chose à demesler qu'aux susdits, c'est

pourquoy ie viendray aux huiles des gommes. Au seul Dieu trine en vnité soit rendu
tout honneur, & gloire. Amen.

Huiles des gommes, larmes, & sucs condencés.

C H A P. VI.

Huile de Galbanum.

L faut coupper la gomme de
Galbanū en petites pieces, &
puis la faire macerer par 12. heures en vinaigre distilé ; separez
les fœces d'auec la substāce plus pure & ce
par le moyen du thamis. Quoy fait, mellez
cette gomme auec petites pierres de riuiere de la grosseur de grains de millet ou peu
plus, & ce au poids de la gomme : ce qui se
faict pour empescher qu'apres que l'humidité qui a esté adjouustée en la dissolution sera distilee, comme elle sera la premiere, la
gomme ne viēne à se r'assembler & reunir,
qui seroit cause que la distilation ne seroit si
aisee, d'autāt que la gomme s'enflant re-

tiendroit les efprits, voire & feroit en danger qu'elle ne paffaft toute par le col de la
cornuë. Or le tout meflé enfemble & mis
dans vne cornuë de verre bien luttee, icelle
fera agencee fur le four à cendres, y accom-
modant fon recipient bien lutté, afin que
les efprits ne fe perdent ; puis donnant le
feu peu à peu par deffous, continuant jufques à ce que tous les efprits eftans mon-
tez le récipient demeure auffi clair & tranf-
parent comme il eftoit auant que le feu fuft
allumé fous le fourneau. Le vaiffeau eftant
refroidy on doit feparer l'eau d'auec l'huile, lequel on rectifiera auec vitriol calciné à rougeur, afin de luy faire perdre fon
odeur mal plaifante. Car l'huile de Galbanum & de toutes les autres gommes ont
leur odeur màl gracieufe, n'y ayant rien qui
la leur puiffe ofter fi parfaitement que le vitriol.

Par cette mefme methode on peut tirer
l'huile de tous les fucs des plantes, de gomme de genieure, de fandarac, du ladanum,
d'opoponax, du fagapenum, du Ammoniac,
de poix, de cire, de caragna, & tacamahaca ; comme auffi de la colophone, de l'o-
pium, aloës & fcammonee, & tous autres
fucs.

Vertus.

Les huiles de ladanum, de genieure, de sandarac, d'opoponax, sagapenum, Armoniac, & cire, sont excellents pour amolir les toffes podagriques ; en outre ils dissoluent puissamment toutes durtez, tant du foye, ratte, qu'autres parties du corps.

Ceux de poix, & colophone, sont admirables aux froides maladies des nerfs.

Les huiles de caragna & tacamahaca, meslez ensemble, appaisent merueilleusement bien toutes douleurs des gouttes.

L'huile d'Aloës, s'il est meslé auec celuy de myrrhe, ou bien tous deux distilez ensemble, & en oindre tant soit peu la region vmbilicale, fait faire deux ou trois selles, qui est vne inuention digne d'estre recherchee auecque passion, des plus delicats, lesquels à l'abord, ou au seul penser d'vne Medecine faite à l'ordinaire, conçoiuét vne telle auersion, qu'ils sont le plus souuét à rendre gorge. Celuy d'escamonee n'a pas moindre vertu, &c.

Celuy d'opium, excite vn sommeil tresgracieux, & est vn grand anodin.

On peut tirer les sels de la teste morte

qui reste au fonds du vaisseau, en la façon
que nous enseignerons cy-apres à la fleur
des sels, lesquels sont doüez de grandes vertus.

Huile de mastich.

Pr. mastich. ℔ j. mettez-le dans vn vaisseau de verre, & par dessus eau de vie &
eau commune distilee, qu'elles surnagent
de 4. doigts. Le vaisseau bien bouché on le
mettra à digerer par quelques iours au fien
de cheual. Quoy fait, on enseuelira l'Alembic dans du sable ou limaille de fer, & son
chapiteau & recipiét bien adaptez, on donnera le feu par degrez, iusques à tant qu'v-
ne huile jaunastre forte tout le premier
auec le menstruë, ce que vous garderez à
part. Augmentez le feu, iusques à ce qu'il
forte vne huile fort rouge. Finalement le
feu estát encore rëforcé, il coulera vne huile crasse, sentant quasi le bruslé; lequel vous
circulerez auec l'esprit de vin qu'on a separé du premier, & derechef distilé; & pour
lors cette huile sera tres-singulier aux maladies externes : Mais l'huile jaunastre sera
pour administrer interieurement aux maladies de l'estomach pour le fortifier, aussi

à celles du foye pour guerir la lienterie, & le vomissement, & à restreindre les fluxiõs, donné auec vn boüillon, ou decoction apꝓpriee ausdites maladies.

Ie laisse au iugement des moins passionnez si l'huile de Mastich preparé en ceste façon, ne promet pas beaucoup plus de bons effets que celuy que les Appoticaires preparent à l'ordinaire auec l'huile Omphacin & eau rose : ie croy qu'ils aduoüeront qu'vne goute du mien fera beaucoup plus d'effet qu'vne once du leur. Que s'ils veulent nier ceste verité, ie les renuoye à l'experience, & pour lors ie m'asseure qu'ils ne me tiendront plus suspect.

Par ceste mesme voye, on peut tirer l'huile d'Euphorbe, tres-singulier aux affections de la matrice, aux maladies des nerfs, à la Paralisie, au tremblement & spasme, au tintement d'oreilles & à la surdité. D'auantage vne goute d'iceluy introduitte dans les narines, est vn bon phlegmagogue.

Outre plus on peut tirer par ceste mesmes methode l'huile de Benjoin, de graine de lierre, Myrrhe sarcocolle, lacce, styrrax calamite, & de toutes les larmes & resines quelles elles soient, &c.

L'huile de larmes de lierre meut puis-
famment les vrines, eſt vn tres-bon remede pour la chaude-piſſe, & tres-ſpecifique
contre la peſte. Il à pluſieurs autres facultez, leſqueles on verra dans vn petit liuret
que ie compoſe à part de ceſt arbre non arbre.

Ceux de myrrhe & ſarcocolle, ſont admirables pour les playes, tant d'eſtoc que
de taille ; mais ſur tout ils ſont les nom-
pareils aux harquebuſades. Faut notter
que l'huile de ſarcocolle , meſlé auec celuy de Saturne ou bien tout ſeul auec vehicule conuenable , n'a pas ſon eſgal pour
les vlceres du col de la veſie & du meatte
de lurine. Et celuy de myrrhe eſt tres-ſingulier pour tenir la face belle & blanche,
& guerir toutes rougeurs d'icelle.

Ceux de benjoin & de Styrax , ſont fort
commodes aux douleurs ſciatiques, &c.

Faut notter que ſi l'on ne vouloit diſtiler ces larmes à la façon ſuſdite , qu'on le
peut faire du tout en tout par la methode
que nous auons donnée aux gommes; mais
il eſt à craindre que par ceſte voye-là on
ne tire pas tant d'huile , que par celle cy :
car on tirera bien par ceſte façon derniere
de ℔ j. de maſtich , dix onces d'huile ; &

par l'autre seroit en danger qu'on n'en tirat
que 6. ou 7,

Sur tout il faut prendre garde que le chapiteau & recipient soient souuent raffrai-
chis ; si mieux on n'aiine se seruir du vaisseau reffrigeratoire, afin de rafraichir le
lieu auquel les vapeurs se resserreront,
pour, par ce moyen, leur oster la facheuse
& mauuaise odeur qu'elles acquierent les
distilàt à simple cornuë. Nous auons enseigné les façons de ces vaisseaux cy-deuāt en
la deuxiesme Fleur, comme aussi plusieurs
autres.

Huile de Therebentine.

L'huile de therebentine se distile aussi
comme les gommes ; & pour y paruenir il
faut prendre ce qui reste de la distilation de
l'esprit de therebentine, & l'ayant mis dans
vne cornuë, & icelle au four a cendres, y
ayant adapté vn recipiēt assez ample, vous
dónerez le feu par degrez, iusques qu'ayez
tiré tout l'huile, & il restera au fonds de la
cornuë la colophone, Il faut par apres digerer cét huile au bain marie, par vn mois, &
ce dans vne bonne quantité d'eau rose fragante ; quoy fait, il sera sans empyreume.

Vertus

Vertus.

Cét huile eschauffe puissamment, ramollit & dissipe. Il a la faculté de purger,
& peut estre appliqué en toutes playes, vlceres malings, puants & incurables, au lieu
du vray baulme. Mais pour le rendre d'vne
vertu plus efficace, on doit euaporer cét
huile doucement, en vne escuelle, iusques
qu'il soit reduit en colophone, transparente & belle comme vn ruby, puis en tirer
l'extraict auec esprit de vin, lequel en estát
par apres separé par la distilation, demeurera vn baulme incõparable pour les douleurs nephretiques, en oignant par fois la
region des reins, auec quelques goutes.
C'est le vray specifique aux chaude-pisses,
s'il est accompagné auec vehicule conuenable. Au seul Dieu trine en vnité soit honneur, gloire, & loüange à iamais. Amen

L l

***

Des huiles tirez des parties des Animaux, tant raisonnables, brutes, que incestes.

CHAP. VII.

Huile de graisse humaine.

'Huile de graisse humaine se doit tirer par vn alembic de cuiure ou de verre à feu tres-lent, & peu à peu, ne l'empliſ-ſant qu'à la quatriesme par-tie, meſlant auec la graiſſe des petits cail-loux blancs de riuiere concaſſez, ou bien du ſel decrepité, pour empeſcher icelle de monter toute entiere dans le recipient, y adaptant auſſi le canal rafraiſchiſſant, auec le tonneau plein d'eau froide. Quoy fait, & la diſtilation acheuee, on rectifiera ſoigneuſement cét huile, afin non ſeulement de luy oſter l'empireume, mais auſſi pour l'auoir plus beau, plus pur, ſubtil & efficace.

Vertus de l'huile de graisse humaine.

Il faut icy notter que sa vertu est differen-
te, selon la diuersité des parties du corps
d'où cette graisse sera tiree; car l'huile extraict de la graisse d'alentour du cœur &
du poulmon humain, est admirable à l'ep-
htise; icelle prise aux intestins, aux flux
dissenteriques; celle des reins, aux douleurs
du dos, & coxis, &c. & ainsi des autres parties. Mais generalement l'huile de graisse
humaine est admirable pour attenuer, resoudre & adoucir, pour toutes retractions
des nerfs, aux membres emaciez, côtracts,
endurcis & conuuls, aux douleurs de podagre, chiragre, &c.

Par la mesme voye que dessus, on tire
l'huile des graisses de tous les autres Animaux: comme de Taisson, de Marmotte,
de Cheual, d'asne, d'Ours, de Cerf, de
Chat, de Chien, de Chappon, de Poule,
d'Oye, de Canard, de Heron, de Veau, de
Porc, de Bouc, de Renard, d'Anguille, de
Serpent, & notamment de Vipere : & de
tous autres, desquels on s'aduisera de tirer
les graisses, ou moëlles.

Tous ces huiles cy-dessus seruent à re-

foudre, adoucir, à appaiſer les douleurs, &
à guerir pluſieurs maladies: Exemple.

Les huiles extraicts des graiſſes & moëlles de Cerf & de Veau, ont la vertu d'eſchauffer, d'appaiſer toutes ſortes de douleurs froides, de reſoudre inſenſiblement,
de ramollir toutes ſortes de ſcyrrhes & durtez, en quelles parties qu'elles ſoient, tumeurs & douleur de podagre.

Celuy de graiſſe de Porc, eſt remolli-
tif, reſolutif, maturatif, lenitif & anodin, auſſi appaiſe-il les douleurs qui prouiennent d'humeurs acres, bilieux &
mordicants.

Celuy de graiſſe d'Ours, eſt plus reſolutif qu'anodin, tres-propre aux alopecies,
& aux vlceres des talons, &c.

Celuy de graiſſe d'Oye eſt tres-ſingulier aux tintemens d'oreille.
Celuy de graiſſe de Canard contre les intemperies froides des nerfs, aux douleurs
des bras & des jambes. Ceux des graiſſes
de Geline & de Chappon, ſont tres-propres aux maladies de la matrice, aux fendilleures des levres, aux douleurs des oreilles,
aux petites puſtules du bout des mammelles des femmes, &c.

Celuy de graiſſe de Cheual, eſt bon aux

fluxions chroniques , & aux vlceres de la poictrine, & du col de l'vterus.

Celuy de graiſſe & moëlle d'Aſne , incite à venus ſi on en oingt le laboureur de nature, eſt admirable pour la podagre , & ramollit & diſſipe les tumeurs.

Celuy de Renard, eſt admirable contre les conuulſions.

Celuy de graiſſe de Serpent, eſt vn baulme incomparable aux playes, & notàmmēt celles qui ſont veneneuſes , comme faites par quelque animal veneneux, ou par quelque inſtrument enuenimé. En outre aux playes chancreuſes & malignes : comme auſſi aux douleurs des oreilles. Le ſemblable fait l'huile tiré de la graiſſe des Viperes. Et ſi nos Apotiquaires meſloient dans l'emplaſtre de vigo l'huile au lieu de la graiſſe , ils verroient que ſon effet ſeroit bien plus actif. Mais c'eſt grand cas que pluſieurs d'iceux , aymans plus le gain que la ſanté des malades, ny mettent pas ſeulemēt les graiſſes, comment y mettront-ils donc l'huile extraict d'icelles? ô maudit deſir de gaigner que tu cauſes de mal !

Ces exemples ſuffiront quand à preſent; car en ſuitte , ainſi qu'il ſe rencontrera de parler des huiles tirez & extraicts des parties des animaux, parauenture nous en retoucherons quelque chofe : reuenons donc maintenant au corps humain.

Huile de fang humain.

Prenez du fang humain, ℔ iij. faifant en forte que le fujet duquel il fera tiré ait les qualitez que nous luy requerós cy-deffus en la Fleur troifiefme, parlãt de l'eau extraicte du fang. Ayant donc ce fang mettez-le (eftãt encore tout chaud) dans vn alembic , joignez-y fon chapiteau & recipient , puis le mettez au four à cendres, afin d'en diftiler, à lente chaleur, tout le phlegme : oftez ce recipient & y en fuppofez vn autre , & ayãt tranfporté le vaiffeau au four à fable vous augmenterez le feu iufques que tout l'huile jaulne foit monté. Croiffez à la fin tellement le feu que le fel vienne à fe fublimer, lequel on doit mefler auec l'huile. Que fi on le veut auoir plus efficace, on le circulera en cette façon. Prenez cét huile, auant y auoir meflé fon fel, & le mettez en vn petit matrats, ou autre petit vaiffeau circulatoire, meflant auec iceluy vn peu d'efprit de vin, faites circuler cela enfemble au bain quelques jours, apres lefquels vous retire-

rez l'esprit de vin par iceluy, & vostre huile
au four à cendres. Finalement vous y joindrez vostre sel sublimé, & garderez à l'v-
sage.

Vertus.

Cét huile est incomparable aux epileptiques, & à toutes gouttes & douleurs de
joinctures. Qui sçaura le moyen de l'administrer contre la lepre commencente en
receura de l'honneur.

Dose & vsage.

Sa dose est d'vn scrupul auec eau de Tillet contre l'epilepsie, notamment au renou-
uellement de la Lune, & lors que le paroxisme approche. Et pour les gouttes il les
faut oindre 2. ou 3. fois le iour auec ledit huile.

Par la mesme methode que dessus ex-
traira-on l'huile de sang de Cerf, & autres.

Huile des os humains.

L'huile des os humains s'extraict en
tout & par tout comme l'huile des Philoso-

phes. Il eſt admirable contre les gouttes &
douleurs des joinctures.

Ontiendra meſme methode pour extraire l'huile des os de tous les autres animaux,
ainſi que nous enſeignerons en noſtre Pharmacopee Spagyrique.

Huile de corne de Cerf.

Limez la corne de Cerf, faites macerer cette limaille en eau de vie ſimple par
3. iours au bain marie; puis en ayant ſeparé
l'eau à feu lent par l'alembic, vous mettrez
le reſident dans la cornuë, & icelle au four à
ſable donnant feu de degrez afin d'en extraire l'huile. Calcinez les fœces au four de
reuerbere, puis en extrayez le ſel, en la façon que nous enſeignerons cy-apres en la
Fleur des Sels.

Vertus.

Cét huile eſt grandement Cardiaque,
car il corrobore & fortifie puiſſamment le
cœur, reſiſte contre les venins ; conforte
l'eſtomach & le foye. Finalement il eſt incomparable contre les vers, tant ſeulement
en oignant le ventre.

Par cette meſme voye peut-on extraire
l'huile de l'os du cœur de Cerf, lequel a
toutes les vertus que deſſus, voire & plus
grandes. Pareillement tirerez vous l'huile

d'yuoire, & de Licorne, &c.

Huile de Crane humain.

Prenez telle quantité de coupelles de crane que vous voudrez, lefquelles ayent les qualitez que nous leur defirons cy def-fus en la Fleur troifiefme, parlant de l'eau extraicte d'iceluy ; defquelles, apres en a-uoir tiré le flegme par la cornüe, reimbibe-rez les fœces puluerifées, auec iceluy, & re-diftilerez, continuant cefte procedure par trois fois. En apres le flegme eftant tout diftilé, mettez les fœces, encores broyées, dans vne cornuë, & icelle ajencée au four à fable, vous y adapterez vne fufée à gros ventre remplie d'eau diftilée de faulge, de peoine, de fleurs de tillet, de guy de chefne, & meliffe, au bout de laquelle vous accommoderez vn recipient affez ample. Donnez feu par degrez & vous verrez vo-ftre huile s'elleuer en vapeurs fulphurées, lefquelles s'eftans meflées dans l'eau de la fufée fe refoudront en huile & viendront cheoir enfemble dans le recipient. Conti-nuez le feu iufques à tant qu'il ne forte rien plus. Quoy fait, & ayant feparé l'huile de yoftre eau, vous le mettrez auec fix fois autant de bon esprit de vin dans vn petit vaisseau circulatoire, & iceluy au bain par dix ou douze iours ; au bout desquels vous separerez l'eau & l'huile par distilation laquelle vous garderez à l'vsage.

Vertus, dose, & vsage.

Cest huile est incomparable contre le mal caduc, donné de 3, 4. à 5. goutes, auec eau de guy de chesne Alcalisée.

Notez que si l'on veut extraire le sel du marc & le joindre auec les huiles il en sera plus efficace.

Les huiles de corne du pied d'Elan, & de pied de Vautour, peuuent estre extraicts en mesmes façon pour mesme maladie.

Huile de beurre.

Prenez du beurre de May telle quantité que vous voudrez fondez le par 5. ou 6. fois dans du vin blanc, le lauant auec luy chasque fois (notez qu'il faut changer de vin blanc à chasque fois) mettez le dans vne cornuë, auec autant de grauier menu & bien net ; mettez icelle au four à cendre donnant feu par degrez, iusques que tout

l'huile soit extraict. Nottez que d'vne liure de beurre vous en tirerez dix onces
d'huile, si vous auez bien manié voftre ouurage, à quoy il faut eftre grandement circonfpect, notamment à donner le feu, car
autrement tout voftre beurre monteroit
au lieu d'huile.

Vertus.

Cét huile attenuë, refoud & adoucit,
c'eft pourquoy il eft tres-propre pour appaifer les grandes douleurs des articles, &
notamment des gouttes.

Par cefte mefme methode vous extrairez l'huile de lard, l'ayant premierement
bien pilé & rendu comme pafte : nottez
que ces huiles doiuent eftre rectifiés si les
voulez auoir plus efficaces.

Vertus de l'huile de lard.

Outre que l'huile de lard à les mefmes
vertus que l'huile de beurre, il eft encore
incomparable pour blanchir le vifage, &
maintenir le teing, grandement beau, aux
Dames.

Huile de sauon blanc.

Pr. du sauon blanc tres-fin ℔ ij. rappez-le dans vn mortier de fonte, puis le nour-rissez vn long-temps auec autant d'eau de vie rectifiée : apres , mettez le tout dans vne retorte, & icelle mise au four à cēdres, vous y adapterez vn grand recipient que collerez tres-bien. Finalement donnez feu doux au commencement , puis peu à peu l'augmentant iusques que le tout soit disti-lé. Vos vaisseaux refroidis , vous separe-rez l'eau de l'huile , lequel vous garderez à l'vsage.

Vertus.

Il est incomparable pour appaiser les douleurs & inflammations causees d humeurs gros & visqueux en les dissoluant; appaise les douleurs des gouttes, comme aussi celles de la maladie venerienne; guerit la fiéure quarte, les vlceres malings, & la tigne, &c.

Huile de iaulne d'œufs.

Prenez telle quantité d'œufs que vous youdrés, faictes les cuire au dur ; prenez

tous les iaulnes d'iceux & les faictes frire
dans vne poifle, iufques à ce qu'ils commencent à rendre l huile : alors vous les
mettrez dans vn fachet de toile neufue, &
iceluy au torcular , exprimez voftre huile
lequel fera rouge noiraftre. Mettez ceft
huile à circuler au bain , le temps de trois
femaines ou vn mois, afin que les parties
terreftres & impures fe feparent de voftre
huile , lequel demeurera net & blanc au
deffus.

Ou bien fi vous voulez , mettez vos
iaulnes d'œufs ainfi durcis, dans vne cornuë de verre , & icelle au four à cendres,
donnant le feu par degrez, l'eau fortira la
premiere, en fuitte vne huile iaunaftre nageant fur fon eau : augmentez voftre feu
& il fortira vn huile grandement efpois:
rectifiez l'vn & l'autre & gardez à l'vfage.

Vertus.

Cét huile eft fingulier pour adoucir
l'afpreté du cuir tant du vifage que des
mains ; comme auffi pour la guerifon de la
brufleure ; blanchit les cicatrices , efface
toutes taches (notamment l'eau de la derniere façon) appaife les douleurs , & fur

toutes, celles de la dissenterie. Estant mesˍ
lé dans les onguents desquels on se sert
pour la guerison des vlceres malings, il
appaise leurs douleurs, & les incarne & mó-
difie : finalement il couure de poil la partie qui en sera souuent oingte.

On pourra par les voyes que dessus,
distiler les tuniques des estomachs de
poules, de poulmons de renards , foye de
loups, testicules de passereaux, poulets & autres, matrices de lieure de biche, &c. testes
& ceruelles, de pies & passereaux, &c. toutes les vertus desquels, & de plusieurs autres se verront en ma pharmacopée spagyrique, Dieu aydant.

Huile de musc.

Prenez telle quantité de musc que vous
voudrez. meslez-le auec suffisante quantité d'huile d'amendes douces nouueau tiré
sans feu ; mettez le tout dans vn vaisseau
que rien ne respire, & iceluy au bain marie
iusques que le tout soit bien putrefié ensemble: alors débouchez vostre vaisseau,
passez cét huile (empreint de la qualite dē
musc) par vne estamine , adjoustez à ce qui
demeurera d'autre huile d'amendes , &

faites comme deuant, continuât cette procedure jufquesà ce que l'odeur du mufc foit totalemēt communiquée dans l'huile. Prenez tous vos huiles cy-deffus & les mettez dans vn vaiffeau circulatoire, & fur iceux de l'efprit de vin en telle quantité qu'il furpaffe de deux ou trois doigts; bouchez bien voftre vaiffeau que rien ne refpire, & le mettez dās le bain marie à circuler par 8. iours apres lefquels ayant debouché voftre vaiffeau de fa couuerture, vous y mettrez vn chapiteau à bec auec vn recipient, à celle fin d'extraire, à four à cendres, l'efprit de vin, auec lequel l'huile tres-odoriferant du mufc diftilera, delaiffant au fonds l'huile d'amendes auec lequel il eftoit meflé. Finalement on retirera le pur efprit de vin à la chaleur du bain, & l'effence tres-odorante demeurera au fonds en forme d'huile.

Vertus.

Cét huile eft tres-fouuerain contre les fyncopes & deffaillances de cœur, contre toutes les maladies des nerfs.

Dofe.

Sa dofe eft de vne goute ou goute &

demie pour le plus, auec eau de fleurs de
sauge ou de fleurs de rosmarin, soit qu'on
l'administre par dedans, ou qu'on l'applique
par dehors.

Par cette mesme voye on tirera l'huile
de ciuette, & d'ambre, comme aussi de castor. Estant à notter que si en la distilation
du dernier, la vapeur se congeloit dans le
bec du chapiteau en forme de cire blanche,
qu'il faudroit la faire fondre & couler en y
approchant vn charbon ardent auec les
pincettes.

Vertus & vsage.

Cét huile est tres-singulier pour guerir
les membres paralitiques & atrophiez: fortifie les parties qui seruent à la generation, les rendant plus fortes & vigoureuses:
appaise les douleurs de la colique & les suf-
focations de matrice. On le donne par la
bouche pour guerir les maladies des nerfs
auec liqueur de lauande, de betoine, ou de
prime-vere. En outre, il prouoque les purgations lunaires aux femmes donné auec
eau de Poliot royal; & par mesme moyen
fait sortir les arriere-faix retenus aux nouuelles accouchées.

I'ay

I'ay encore tant de chofes à dire des huiles extraicts des animaux ou de leurs parties, que je ne croy pas qu'vn volume comme ceftui-cy les peuft contenir, c'eft pourquoy nous auons remis d'en parler en noftre Pharmacopee Spagyrique, aydant Dieu, auquel Pere, Fils & S. Efprit foit hôneur & gloire eternellement. Amen,

Des Huiles tirez des Metaux & Mineraux.

Снар. VIII.

Huile de vitriol,

Renez le Vitriol de Venus, duquel, apres en auoir extraict le flegme & l'efprit, vous en extrairez l'huile en cette façon. Prenez voftre colcothar, & le puluerifez tres-bien, puis l'ayant meflé auec la moitié de fon poids de brique groffierement pilee, vous le mettrez dans vne cornuë bien luttee; puis icelle mife au four à nud, vous le couurirez d'vne voute pertuifée en 4.

parts, afin d'augmenter ou diminuer le feu
au plaifir de l'Artifte : joignez à cette cornuë vn grand & ample recipient , bien &
exactement joinct & lutté auec elle. Quoy
faict, donnez le feu affez doux l'efpace de
deux heures, lefquelles finies, vous l'augmenterez peu à peu iufques à tant que la
cornuë rougiffe: augmentez le feu, en ouurant alternatiuemēt les regiftres,iufques à
tant que des fumees fort efpoiffes, troubles
& obfcures apparoiftrōt, lefquelles en s'ef-
poiffiffant dedās le recipient fe cōuertiront
en fubftance oleagineufe: continuez encore
voftre feu iufques à ce qu'il ne forte plus aucunes fumees de la cornuë. Nottez que pé-
dant cette diftilation il faut rafraifchir con-
tinuellemēt le recipient , car par ce moyen
les fumees feront pluftoft cōuerties en huile; fecondement il ne courra pas hazard de
fe caffer. Les vaiffeaux eftant refroidis,
vous fairez circuler cét huile , qui fera rouge comme fang, par douze ou quinze jours
au bain marie , auec fon phlegme ou bien
auec l'efprit de vin tartarifé , feparez les au
four à fable & gardez l'huile à l'vfage.

Vertus, dofe & vfage.

Vne goute de cét huile donnee auec bon

vin, efteint la fiéure peftilente, prouoque les
vrines, ouure les obftructions du foye , &
rompt la pierre dans les reins. C'eft vn
fouuerain remede au fputum fanguinolent,
aux flux diffenteriques, y ayant diffoult des
perles & des coraulx; fortifie la debilité de
l'eftomach, arrefte le fang des veines rom-
puës en la poictrine, comme auffi tous catherres & fluxions. Notez qu'on le doit
toufiours accompagner d'vn vehicule conuenable à la maladie à quoy l'on le voudra
adminiftrer. Ou bien generalement auec
conferue de fleurs de chicoree, ou auec du
fyrop violat, fçauoir fur demy liure de fyrop, demy dragme dudit huile, &c.

Par cette mefme voye que deffus, vous
extrairez l'huile de tous metaux, pourueu
qu'ils foient reduits auparauant en vitriol,
en la façon que nous enfeignerons cy-apres
en la Fleur des Sels.

Ces huiles des metaux font finguliers à
guerir les maladies qui fuiuent : fçauoir celuy de fel, contre toutes putrefactions &
corruptions du corps quelles elles foient;
guerit la lepre, & reabilite ceux que l'ignorance de plufieurs auoit miferablement
gaftez par leur onction vif-argentee. Il
eft tellement cardiacque qu'adminiftré

auec eau de buglosse, il destruict quelque poison que ce soit, quand bien mesmes il auroit des-ja gaigné le cœur; il guerit en outre les syncopes & palpitations d'iceluy, ouure les obstructions du foye & de la ratte, renouuelle le sang, mondifie les poulmons, purge le fiel, augmente, fortifie & corrobore puissamment l'humeur radical: bref il reduit tout le corps en vn tel temperament d'égalité, que quiconque l'appellera Azoth ne commettra aucune incongruité, eù esgard à ses vertus vniuerselles, contre toutes maladies desesperees.

Celuy de Lune, est incomparable contre les maladies qui procedent de l'inflammation du cerueau, contre les conuulsions, apoplexies, epilepsies, paralisies, vertigo, catharres inueterez, defluxions, & autres maladies, dont la racine est au cerueau. Son vsage doit estre en eaux appropriees à chasque maladie, & ce deux heures apres la mynuict.

Celuy de Mars, est singulier pour l'asthme, toux inueteree, & autres infirmitez de la poictrine, donné auec vehicule conuenable. En outre il guerit les opilations du foye & de la ratte; est vn singulier remede côtre la iaunisse; guerit la dissenterie & ses especes,& la gonorrhee ; bref il eſt vne ſeconde medecine vniuerſelle à la renouation du ſang par les ſeules ſueurs. Finalement cét huile eſt l'vnique Chirurgien des playes.

Celuy de Iupiter, eſt incomparable contre l'hiſtericie, non ſeulemẽt quelque goute priſe interieuremẽt ; mais auſſi 3. ou 4. goutes appliquees exterieurement ſur la region vmbilicale fait ceſſer promptemẽt la ſuffocation. Il eſt en outre ſingulier aux maladies veneriennes, guerit toutes ſortes d'vlceres fœtides, les fiſtules, loups, cancers, noli-me-tangere, & autres vlceres malings, rebelles, & deſeſperez. Finalement 2. ou 3. goutes d'iceluy laſchent le ventre puiſſamment.

Celuy de Saturne, eſt tres ſingulier pour guerir en peu de jours toutes ſortes de playes & vlceres tels vieux, malings, chácreux & corroſifs qu'ils ſoient : en outre il eſt excellent contre toutes inflammations, rougeurs des yeux & de la face : reſoult puiſſamment les durtez ſchyrreuſes ; eſt bon à l'Eryſipele, & feux volages, &c.

On verra en ma Pharmacopee Spagyrique les plus belles & excellentes preparations des huiles des metaux qu'on aye jamais veuës : ne vous eſtonnez pas ſi je dis cela, car l'Artifte peut eftre confideré plus parfaict demain qu'aujourd'huy ; les diuers éuenemens de fes operations le rendēt plus capable qu'il n'eftoit, s'açauantant & perfectionnant à mefure que par icelles il va diuerfement anatomifant les corps qu'il prēd pour fon fubjet : Attendez-là donc encore vn peu de temps, & par fa lecture vous jugerez fi mes promeffes contiendront verité. C'eft pourquoy nous acheuerōs icy les huiles des metaux par l'huile de mercure.

Huile de Mercure.

Prenez efprit de nitre ℔ f. fel armoniac ʒ iiij. mettez cella dans vne cornuë, & icelle au four à cendres, diftilez toute l'eau qui pourra fortir, laquelle vous garderez. Apres prenez du Mercure fublimé ʒ iiij. verfez deffus de l'eau fufdite, tant qu'elle furpaffe de deux ou de trois doigts ; digerez cela à vaiffeau clos, puis diftilez. Puluerifez les fœces reftantes & les imbibez derechef de l'eau fufdite, continuant cette procedure jufques à ce que le fublimé demeure fixe au fonds du vaiffeau. Faites reuerberer doucement ce fublimé fixe par l'efpace d'vne heure ou heure & demie, lequel ayant de nouueau puluerifé, vous le mettrez dans vne petite cucurbite, & par deſſus de l'eſprit de vin; ajencez-y ſon chapiteau & recipient, puis diſtilez ledit eſprit; reuerſez de nouueau dudit eſprit par deſſus puis rediſtilez, continuant cette procedure iuſques à ce que le mercure demeure en huile. Cette huile eſt fixe & grandement doux. Si vous voulez ſur la fin y adjouſter de nouueau eſprit il ne ſera hors de propos.

Vertus.

On peut donner de cette huile interieurement & exterieurement, tant aux podagriques, que verollés; aux cancer, fiſtules, & tous vlceres ſordides, putrides & inueterez, cóme auſſi aux vlceres des reins, &c.

On verra en ma Pharmacopee Spagyrique, Dieu aydant, pluſieurs autres-façons de preparer le mercure; ſçauoir, diaphoretique, dieuretique, Cathartique, Emethique, en eau, en eſprit, en eſſence, en baulme, en fleurs, en ſels, en precepité fixe, en precipité volatil, en mercure de vie, en panacee, en laudanum, en teincture, &c. En outre le moyen de le coaguler & fixer; d'en ſeparer ſon ſoulphre & ſon ſel, &c.

M m iiij

Huile de soulphre.

Prenez du soulphre commun ℔. ſ. pul-
ueriſez-le tres-bien, iceluy mis dans vne
cucurbite, vous verſerez par deſſus de l'eau
forte cómune qu'elle ſurpaſſe d'vn à deux
doigts, mettez celà en digeſtion par 8.
iours; leſquels finis vous extrairez l'eau
forte au four à ſable : reafundez derechef
de nouuelle eau forte ſur les fœces, & rediſtilez, continuant cela 3. ou. 4. fois. Quoy
faict, pulueriſez ſubtilement voſtre teſte
morte, & la mettez ſur vn marbre à diſſoudre à la caue. Finalement rectifiez cét huile
par la retorte auec eau de fontaine, lequel
vous ſeparerez d'icelle auec la carte. Cét
huile doit eſtre circulé par quelques iours
auec de l'eſprit de vin, ou bien tout ſeul iuſques qu'il acquiere vne couleur tres-rouge,
& qu'il ſoit priué de toute corroſion.

Autre preparation d'huile de ſoulphre, non commune.

Prenez du ſoulphre crud tant qu'il vous
plaira, mettez-le dans vn vaiſſeau à fondre, & iceluy ſur les charbons, lequel eſtát

fondu ietterez dans de l'eau, reïterant 10.
ou 12. fois, iusques à tant que le soulphre
vienne comme beurre; lequel mis dans vne
retorte vous verserez par dessus du bon esprit de vin ; puis icelle mise sur les cendres
à feu lent il distilera vn huile de couleur
d'or & de bonne odeur & sçaueur. Nottez
que l'huile nagera sur l'esprit, lequel separerez selon l'art.

Vertus, vsage, & dose.

On peut mettre cét huile en vsage dedans & dehors le corps, car il est singulier
à toutes les maladies torachiques, comme
aussi contre la maladie contagieuse, à la
pleuresie, à la colique, & au calcul, &c. il
est tres-singulier pour guerir les vlceres
quels ils soient, à la scabie, aux vlceres veneriens, aux fistules, & pour mondifier la
chair pourrie, &c. Sa dose est de six goutes,
iusques à dix auec vehicule conuenable.

Huile de sel.

Prenez du sel-petre & sel commun, an.
℔ j. bol de blois ℔ ij. mettez tout cela ensemble & en faictes comme de petites bou-

les ; lefquelles, eftant fechees, vous mettrez dans vne cornuë bien luttée, & icelle
à feu violent, iufques que tout l'huile'en
foit diftilé. Prenez de cét huile ℔ j. fel decrepité ℥ iiij. mettez à digerer par 24. heures, puis le diftilez par la cornuë : Repetez
cela par 3. ou 4. fois. Quoy faict extrayez le flegme de cét huile au bain marie, & le rectifiez dans vne cucurbite au
four à fable, iufques qu'il foit tres-lucide.
Prenez de cét huile de fel ainfi preparé, efprit de vin correct, parties efgales,
mettez-les dans vn vaiffeau circulatoire,&
iceluy pofé au four à cendres rectifiez-le
derechef, & vous aurez vn huile de fel
de tres-grande vertu, auffi doit il eftre
gardé comme vn threfor precieux.

Vertus, dofe & vfage.

Il eft tres-fingulier à la parfaicte guerifon de liftericie, 6. ou 7. goutes données
matin & foir en eau de chicoree ; & deux
goutes prinfes en bon vin tuent indubita-
blent les vers & les expulfent au dehors.
Bref j'oferois quafi dire que prins 3. goutes
auec eau de vie il renouuelle tout le corps,
confomme les eaux des Hydropiques, &

guerit les fiéures qu'elles elles foient.

Huile d'arfenic.

Prenez le beurre fixe d'arfenic (la preparation duquel j'enfeigne en mon Hydre
morbifique exterminée par l'Hercule Chimique, liure 5. chap. 7.) lequel vous fairez
diffoudre à l'humide d'vne caue fur le marbre ; diftilez cefte diffolution par vn petit
alembic au four à cendres ; & finalement
faictes circuler auec l'efprit de vin, ce qui
fera diftilé, iufques à ce qu'il acquiere vne
couleur blanche comme la neige & claire
& tranfparente comme de l'eau de roche:
feparez l'efprit de vin d'auec voftre huile,
par la carte, & gardez à l'vfage.

Vertus.

C'eft le fpecifique remede contre les
cancers, noli-me tangeré, & Efcroüelles:
en outre eft vn tres-grand anodin, & vn
fpecifique purgatif qui ne caufe nulle per-
turbation, mais qui purge les venins par
vne façon efmerueillable, tant par fueurs
que par ejections, appliqué feulement exterieurement, en la façon que i'enfeigne

en mon cabinet royal. Ce remede eſt tres-
puiſſant pour la totale erradication de tous
les venins ſeptiques, arcēnicals, & mercu-
rielz.

Par ceſte meſme voye que deſſus on
peut tirer l'huile d'orpiment, d'armoniac,
de borra x, d'alembrot, d'anatron & autres ſemblables.

Huile d'antimoine.

Pr. de l'antimoine d'Ongrie ℔ j ſoulphre
iaulne ℔ ſ. mettez tout cela en poudre, &
meſlee enſemble vous la mettrez dans vne
grande oulle couuerte de ſon couuercle &
icelle bien ioincte & miſe ſur le feu vous
l'eſchaufferez peu à peu iuſques que tout le
ſoulphre ſoit eſleué : en apres iettez du vinaigre dedans iuſques qu'il ſurpaſſe la matiere d'enuiron deux doigts, faictes cuire
cela ſur le feu iuſques que tout le vin-aigre
ſoit euaporé. Diſtilez cela dans vne retorte bien luttée, & vous aurez vn huile rouge, lequel purge tant par les ſueurs, vrines
qu'ejeſtions. Eſtant à notter que le recipiét
doit eſtre bien eſloigné du fourneau, ceſt
pourquoy il doit auoir vn grand col en façon d'vn long matrats, à celle fin que l'hui-

le ne vienne à se congeler: pour à quoy obuier il faut faire deux choses, la premiere,
qu'il y ait quantité d'eau froide dans le matrats (laquelle on separera d'auec l'huile,
la distilation finie) & qu'iceluy soit tourné
en telle façon qu'il ne soit du costé de quelque registre, ou bië qu'iceluy soit bien bouché & fermé.

Ie donneray cy apres vne autre façon
de faire l'huile d'antimoine, afin que l'on
choisisse : mais en ma pharmacopée spagyrique vous en aurez aydant Dieu, plusieurs façons, & notamment pour extraire
l'huile d'antimoine doux cóme du succre.

Prenez des semences de perles qui
soient bien blanches, claires & lucides, telle quantité que vous voudrez, puluerisez
les dans vn mortier de verre auec son pilon, puis acheuez de les rendre impal-
pables sur le porphire ; mettez ceste poudre dans vne cucurbite qui ayt la bouche
assez estroiéte ; versez par dessus du vin-
aigre distilé, iusques à tant qu'il surpasse la
matiere de deux doigts:ajencés ce vaisseau
contenant sur les cendres chaudes, & lors

que le diſſoluant aura diſſoult & liquefié ladite poudre, vous le fairez diſtiler au bain
marie iuſques à ſiccité. Quoy fait, vous verſerez deſſus ceſte chaux de perles, de l'eau
de pluye diſtilée ; laquelle vous retirerez
au bain marie , puis y en reuerſerez de
nouuelle, que retirerez pareillemẽt; continuant ainſi 3. ou 4. fois, iuſques à tant qu'elle
ſoit exempte de toute qualité de vin-aigre
diſtilé. Ceſte poudre ainſi preparée ſera cir-
culée auec de bon eſprit de vin , lequel e-
ſtant ſeparé l'huile de perles demeurera au
fonds de la cucurbite , lequel garderez à
l'vſage.

Vertus.

Il maintient la ſanté priſtine, & la rap-
pelle lors qu'elle a delaiſſé le corps humain; il mondifie le ſang & augmente le
laict des nourrices , & la ſemence ; guerit
les maladies des parties honteuſes, les vlceres corroſifs & chancreux, comme auſſi
les hemorrhoïdes contumaſſes. Il eſt en
outre ſingulier contre la paralyſie , conuulſions, emaciations cauſées par l'âge decrepit , & aux phreneſies.

Dose.

Sa dose est de 5. ou six goutes , auec vehicule conuenable aux maladies susdites.

L'huile de coral se prepare en la mesme façon que celuy de perles , n'y ayant autre chose à demesler, sinon qu'il le faut choisir bien rouge, net,& transparent.

Vertus.

Il est nompareil à la guerison du mal caduc, dissenterie, & hemorragies, &c.

Dose.

Sa dose est de 6. à 10. goutes auec vehicule conuenable.

Huile de Licorne minerale.

Prenez de la terre seelée vraye℥ j.icelle, estant puluerisée,sera mise en vn vaisseau de verrre , & par dessus de l'eau de pluye distilée qu'elle surnage de deux ou trois doigts ; colloquez ce vaisseau contenant en lieu temperamment chaud , luy

laiſſant par vn mois philoſophique, iuſques
à tant que l'huile eſtant ſeparé de ſon corps
ſurnagera l'eau. Separez l'eau par vn entô-
noir, & mettez l'huile, auec cinq parts d'eſprit de vin bien rectifié, dás vn vaiſſeau circulatoire, à circuler par vn iour entier; diſtilez ceſte matiere par vne cucurbite au bain,
& il ſortira vn huile de couleur d'or nageât
ſur l'eſprit de vin, reſtât au fóds vne matiere blanche comme perles, laquelle ayant
deſſechée doucement au reuerberatoire
vous en tirerez le ſel auec eau de pluye diſtilée, lequel vous meſlerez auec l'huile, les
circulant derechef tous enſemble : finalement les diſtilerez par vne retorte de verre au ſable, & garderez à l'vſage.

Vertus.

Cét huile eſt incomparable contre la peſte, contre les morſures des chiens enra-
gez & autres beſtes veneneuſes; il eſt en outre ſingulier aux diſſenteries contagieuſes,
& conforte puiſſamment le baume radical.

ſa Doſe.

Sa doſe eſt de deux goutes iuſques à
quatre

quatre, donné en vehicule conuenable.

Ce nouueau escriuain qui dans ses nouuelles pensées à creu que la licorne minerale estoit la mere de la turquoise, sera bien esbahy quand il verra icy vne opinion qui cohtraire à la sienne contient pourtant la vraye verité, car la licorne minerale n'est pas ceste pierre minerale qu'il dit estre de la figure d'vne corne, à cause dequoy, dit-il, ce nom luy a esté donné. Qu'il me pardonne s'il luy plaist si je ne suis pas de son opinion, car si l'on considere ceste pierre simplement en sa figure, pourquoy emportera elle plustost ce nom que plusieurs autres qui ont mesmes figure. Mais sçauez vous que c'est ? ce nouueau escriuain ayant sans doute leu vn petit traicté de peste que ie composay l'an mil six cens vingt cinq, intitulé epidymiomachie, &c. ou dans mon remede, que ie nomme Chryso-bezoar, ie fais entrer l'huile de licorne minerale, sans pourtant dire appertement ce que c'est: luy, pour faire voir qu'il n'ignore rien, nous est allé dire dãs son liure (hors de propos pourtant) que c'estoit la mere ou la miniere des turquoises, & la raison qu'il en donne c'est, dit-il, que ceste pierre est de figure de corne. Ha ! vain desir d'escrire que tu destruis

de veritez. Qu'on notte donc éternelle-
ment que les Autheurs de la fécrette caballe Spagyrique ont appellé la vraye terre
feellée licorne minerale, à caufe de fes effects femblables en vertu à ceux qui fortent
de la licorne animale, notáment contre les
maladies côtagieufes, & non à caufe deleur
figure. Mais afin que l'on ne foit plus en
doute de la vraye fignification des noms &
des termes defquels fe font joüez les Chy-
miques, nous en mettrons cy-apres vn di-
ctionaire tout entier par ordre alphabetic-
que, lequel releuera de peine tant les eftu-
dians, que ceux qui croyent eftre de grands
Docteurs en la Chimie, du moins c'eft
mon defir.

Nottez que fi l'on ne peut auoir de la
vraye terre de l'Emnos ou feellée, ainfi qu'ó
l'appelle, on la pourra contre-faire en cette façon.

Prenez telle quantité de bol de Blois qu'il
vous plaira, & l'ayant bien puluerifé, vous
le mettrez fur le porphire, où en le broyant vous l'arrouferez d'eau de grains de ge-
niepre, de fcordium, de chardon benit, carline, de fleurs d'orenger, d'efcorce de citron, & autres cardiacques, luy en faifant
boire tant qu'il voudra ; puis formez

en des pastilles que seicherez à l'ombre, & garderez à l'vsage comme vn thresor precieux; car le poids de ceste terre, ainsi preparée, est estimé au poids de l'Or.

Huile des Philosophes.

Prenez de briques rouges prises dans ses vieux bastimens de l'antiquité; mettez-les en petites pieces, puis les ayants bien faicts rougir au feu dans vn creuset ou autrement, vous les ietterez incontinent dans du plus vieil huile d'oliue que pourrez treuuer; le vaisseau estant couuert próptement, crainte que l'huile ne s'enflamme; vous les laisserez ainsi par vne nuict : apres quoy, les ayants mises dans vne retorte ; & icelle à feu nud, on donnera feu gradué iusques que tout l'huile soit sorty, lequel estant rectifié, n'a pas son pareil à la guerison des maladies cy-dessous.

Vertus.

Cét huile est grandement singulier aux gangrenes, & vlceres ambulatifs ; aux surditez, en mettant dans l'oreille vne petite goute ; prouoque le part en oignant la re-

gion vmbilicale ; ramollit toutes duretez, est
incôparable côtre l'espame, paralysie, douleurs des articles, & maladie des nerfs. Nottez que si elle est faicte auec le castor que ce
sera vn grand remede pour le vertigo & E-
pilepsie , &c.

Dose.

Sa dose est de deux à trois goutes en vehicule conuenable.

Nous enseignerons vne autre façon
d'huile des Pholpsophes , cy-apres, lequel
à des vertus incomparables , & auquel veritablemét sont bien deubs ses beaux & ad-
uantageux noms que l'antiquité luy à donnez, Sçauoir , d'huile de Sapience , d huile
Beniste, huile Saincte, huile Diuine, &c.

Huile de succin.

Prenez ambre blanc & bien net ℔ ij.
broyez le grossierement, puis le mettés,
auec pareille quantité de petit sable blanc
& bien net de riuiere, dans vne cucurbite
qui ne soit gueres haute ; versez en apres
par dessus du bon vin blanc, bonne eau rose, & eau de betoine , parties esgales , qui
surpassent la matiere d'enuiron 4. doigts.

ajencés vn chapiteau à ceste cucurbite, qui
ayt le bec grandement long & large, auquel ayant adapté vn recipient, le tout bien
lutté & la cucurbite mise au four à sable,
vous commencerez vostre distilation, y
obseruant les degrés du feu sans violence.
En ceste distilation l'eau sortira la premiere, puis l'huile blanc suiura auec l'esprit,
qui est celuy que nous demandons : apres
lequel, si voulez changer de recipient, vous
verrez l'huile iaulne sortir : changés encore de recipient & y en supposez vn autre
pour receuoir l'huile rouge-brun qui distilera apres, suiuy immediatement du sel qui
ce sublimera au chapiteau & parois du vaisseau, laissant au fonds les fœces tres-noires
mais fort legeres.

Quoy fait, prenés vostre huile blanc, &
l'ayant meslé auec de l'eau commune (auparauant filtrée par deux fois) vous le lauerez auec icelle en les remuát ensemble l'espace de demy heure : en apres faictes le rectifier auec de l'eau rose ou de majoraine
au bain marie; reïterant ceste rectification
3. ou. 4. fois, afin de luy oster totalement
son odeur puante, puis gardés à l'vsage.

Il eft incõparable contre l'epilepfie, appoplexie, melancholie, vertigo, & paralyfie,
dóné vne goute ou deux auec eau de Tillet;
au fpafme, il en faut oindre legeremét la nu-
que du col; àla pefte, pour la precautió, il en
faut vn peu oindre les narrines tous les matins, car il empefche que l'air peftifere ne fe
cõmunique au cœur; mais pour la guerifon,
il en faut dóner d'vn fcrupul iufques à deux
en eau de chardon benit; aux palpitations
& deffaillances du cœur, & jaulniffe, il en
faut dóner quelques goutes auec eau d'endiue, & de chelidoine; pour la pierre & difficulté d'vrine, vne goute ou deux en eau
de racines de perfil; pour vne femme qui
eft en trauail d'enfant, vn fcrupul en eau
d'armoife; à la fuffocation de matrice, quelques goutes auec eau de pouliot; fept ou
huict goutes auec eau de meliffe, excitent
les mois, & gueriffent les fleurs blanches;
contre les fiéures quelques goutes auant
l'accez auec eau de chardon benit; aux defluxions froides de tefte & difficultez de
refpirer, auec eau de tufilago. Bref il eft
tres-fingulier contre la colique, douleurs

des dents; pour chaſſer l'enfant mort & l'arriere faix; au vomiſſement de ſang, à la deprauation de la faculté animale, pour la debilité de la veuë, & autres infirmitez , que
pour cauſe de briefueté, je remets à dire dás
ma Pharmacopee Spagyrique. Au ſeul Dieu
trine en vnité ſoit rendu tout honneur &
gloire aux ſiecle des ſiecles. Amen.

Des huiles compoſez, qu'on peut appeller
baulmes.

CHAP. IX.

Huile compoſé admirable contre toutes les
maladies froides.

Renez zingembre blanc, ℥ ij,
Caſtor,
Styrax calamite,
Myrrhe, an. ℥ j.
Ruë ſeiche, m. j.
Saffran, ʒ ij.
Huile d'oliue rectifié, ℔ j.
Huile de ſuccin blanc, ℥ ij.
Faites huile en cette façon.

Preparation & compofition.

Concaffez groffierement , & neantmoins feparément, tous les ingrediens qui
entrent en cette compofition, mettez cela
tout enfemble dans vn vaiffeau de verre, &
vos huiles par deffus; ce vaiffeau eftant bien
bouché, vous le mettrez macerer, par le
temps d'vne vingtaine de iours, en lieu
chaud, apres lefquels vous coulerez voftre
huile par expreffion au torcular, lequel fera
d'vn rouge-obfcur. Rectifiez cét huile auec
bon efprit de vin, au bain marie, & vous aurez vn baulme incomparable à toutes maladies froides.

Dofe & Vfage.

Il fe peut donner de 4. goutes à 8. inte-
rieurcment en vehicule conuenable: On le
peut auffi vfurper pour les applications
topiques.

Baulme incomparable en fes effets , tant pour les moufquetades que autres playes, de noftre defcription.

Pr. baulme de foulphre, ℥ iiij.

Huile d'hypericon magiſtral, ℥ j. ſ.
Baulme de balſamina,
Baulme de periclymenum, an. ℥ ij.
Teincture de ſaffran de Mars,
Teincture de coral,
Alcool d'aymant blanc, an. ℥ ſ,
Faites baulme en cette façon.

Preparation & compoſition.

Le baulme de ſoulpre ſe prepare ainſi.

Pr. fleurs de ſoulphre ℥ iij. mettez-les dans vn grand matrats à long col, & puis verſez par deſſus de l'eſprit de terebenthine qui ſurpaſſe les fleurs de deux doigts; mettés-le au bain marie moyennement tiede, iuſques que l'eſprit rougiſſe, lequel verſerés par inclination dans vn autre vaiſſeau de verre : remettés nouueau eſprit de terebenthine ſur les fleurs, & le tout au bain comme a ſſus, & l'eſprit eſtant teinct vous le verſerés par inclination au meſme vaiſſeau: continués cette procedure iuſques que l'eſprit ne ſe teigne plus.

Pr. cẽ eſprit rouge, mettés-le en vn alẽbic de verre auec ſon chapiteau & recipient, & iceluy à diſtiler au bain marie iuſques à la

confomption du tiers: & ce qui demeurera,
qui fera de couleur de rubis, vous garderés
pour l'vfage.

Il eft admirable pour toutes playes, tant
des moufquetades que d'eftoc, ou de taille,
à tous vlceres tant vieux que nouueaux, aux
brufleures, contre les hemorrhoïdes & toutes maladies du fondement ; aux cancers,
noli-me-tangere, chancres, lepres, fiftules,
lentigine, puftules, fcabie, à toutes douleurs d'oreilles, apoftemes & vlceres d'icelles: il amollit, mature, rompt, fuppure, mó-
difie, incarne & cicatrife toutes fortes d'a-
poftemes: il guerit affeurément le panarix,
vn peu de linge trempé en iceluy & appliqué deffus: il guerit la podagre, & eft admirable à toutes contufions : extraiĉt les
fragmens & efquilles des os, comme auffi
le vif argent de ceux qui en ont efté frottez,
fi on en met fuffifammet dans le bain qu'on
leur faira : guerit la durté des mammelles,
comme auffi celles qui font exulcerees &
cancreufes ; comme auffi la morfure de
tous animaux veneneux: ramollit & guerit
les nodus, enfemble la durté & retraĉtion
des nerfs, comme auffi la paralyfie : toutes

mauuaifes vlceres de la bouche,& tout genre d'efpafme, &c.

L'huile d'Hypericon magiftral fe fait ainfi.

Pr. huile d'oliue, ℔ j.
Vin gros & odoriferant, ℔ f.
Terebenthine de Venife, ʒ iij.
Huile de myrrhe, ʒ. ij.
Sel commun, ʒ ij.
Fleurs d Hypericon pu. iiij.
Eau de terebenthine faturnique, ʒ iiij.

Mettez tout cela (horfmis l'huile de myrrhe & eau de terebenthine) en vn vaiffeau
de verre bien bouché au foleil, pendant
l'vn des equinoxes de l'efté. Ce faict coulez-le tref-bien auquel adioufterez ledit
huile de myrrhe & l'eau de terebenthine
Saturnique; mettez tout cela circuler auec
l'efprit de vin au bain marie, lequel efprit
eftant par apres extraict, demeurera au
fonds vn baulme rouge comme du fang,
incomparable à toutes fortes de playes.

I'entens par l'eau de terebenthine Saturnique, celle dans laquelle on aura faict
difoudre du fel de plomb; exemple, aux
quatres onces fufdites, deux dragmes dudit
fel.

Le baulme de Balfamina fe faiɛt ainfi.

Pr. fur la fin de l'efté, fueilles, fruiɛts, &
fleurs de merueille, an. ʒ iiij.
Sucs d'ophiogloffum,
De racine de grande confoulde an. ʒ ij.
Sucs d'efcreuices de riuiere,
De peruenche,
De fanicle an. ʒ i.f,
Zedoaire,
Ariftoloche ronde en poudre an. ʒ f.
Fruiɛts de guy de pomier ʒ j f.
Huile d'oliue, ℔ j f.
Vernix liquide ʒ j f.

Conçaffez çe qui le doit eftre, puis mettez le tout dans vn grand matrats & icelluy
bien bouché on le mettra au fien de cheual
l'efpace de quinze iours ; apres lefquels
on coulera ledit huile, & le reɛtifiera-t'on,
fi l'on veut, auec l'efprit de vin, & garderez à l'vfage.

Vertus feparement dudit baulme.

Il eft fingulier aux brufleures, aux playes
des nerfs, appaife la douleur des Hemorrhoïdes, & l'inflammation des mammel-

les ; efface entierement les cicatrices des playes, notamment lors qu'il est demené 7. heures durant auec huile de iaulne d'œuf en vn mortier de plomb auec vn pilon de mesmes matiere.

Le baulme de periclymenum se faict ainsi.

Pr. sur la fin du mois de Septembre, la graine rouge de matrisilua, autrement dicte periclymenum, telle quantité que vous voudrez ; laquelle estant bien mondée vous la mettrez dãs vne cucurbite de verre bouchée en telle façon qu'elle ne respire point. Mettez icelle au fien de cheual par huict iours, & par autant de temps au bain marie. L'eau sortira la premiere, & l'huile demeurera au fonds du vaisseau, lequel est le baulme que nous demandons, admirable pour guerir toutes sortes de playes deseperées en 24. heures. I'ay encore enseigné ce baulme, cy-dessus parlant des huiles simples ; mais sa repetition m'agrée eũ esgard à ces grandes vertus.

Quand aux teinctures de safran & coral, elles se verront en quelque part de cét œuure. Et pource qui concerne l'aymãt blanc, il ne faut que le reduire en poudre inpalpa-

ble sur le porphire, car d'y apporter autre
preparatiõ ce seroit destruire sa vertu. Vertu tellement esmerueillable que par icelle
il s'attache si fermement à nos levres qu'à
peine le peut-on arracher quand il y est vne
fois accroché : que si on a frotté vne espée
d'iceluy, on pourroit dõner mille coups d'i-
celle dãs vn corps qu'il ne seigneroit point,
non pas mesmes sentir aucune douleur.
Qu'on voye se qu'en dit Cardan au 7. liu.
des subti. feuil. 156. & nous en nostre petite
Chirurgie Chimicque medicalle, en la preface admonitoire , & on verra de petits
miracles de cét amoureux de nostre vie.

Venons maintenant à la composition
& preparation de nostre baulme incomparable.

Tous vos remedes estans preparez sepa-
rement comme dessus, vous prendrez vostre poudre d'aymant, & icelle mise dans
vn mortier de verre , vous y verserez dessus peu à peu & goute à goute, du baulme
de soulphre, remuant tousiours auec le pilon de verre , les nourrissant ainsi ensem-
blement vn long-temps. Quoy faict , adjoustez y la teincture de saffran de Mars
meslée ensemble auec celle de coral, les arrousant peu à peu du baulme de balsamina,

remuant toufiours auec voftre pilon côme
deffus. Finallement adjouftez y l'huile
d'hypericon, & le baulme de periclymenum ; & le tout bien meflé enfemble vous
le mettrez dans vne cucurbite de verre à
bouche grandement eftroitte , laquelle
bien bouchée, vous mettrez en digeftion
au fien de cheual , ou au bain marie, par vn
mois. Finallemét l'ayant ofté delà , vous le
mettrez dans vn vaiffeau lequel bien bouché garderez à l'vfage.

Vertus.

Il guerit toutes fortes de playes, tant de
moufquetades que d'eftoc & de tranchant;
toutes contufiós poinctures des nerfs, douleurs & inflammations des articles, paralyfie, retraction des membres ; aux vlceres
malings, comme cancers, noli-me-tangere
& Efcroüelles.

Voyez en ma petite Chirurgie Chimique Medicale, plufieurs autres baulmes de
noftre façon, admirables pour ce mefme
effect, côme auffi en noftre liure des playes
faites par les moufquetades. Mais cettuy-
cy eft incomparable.

*Baulme admirable pour toutes les maladies des
yeux quelles elles foient, de noftre inuention.*

Pr. eau rofe,
Eau d'Eufraife,
Eau de Plantin,
Eau de fenoüil, an. ℥ ij.
Succre candy en poudre, an ℥ iij.
Alun puluerifé, ℥ ſ.
Camphre puluerifé ℈j.
Huile de plomb ℥ ſ.
Tutie preparée ʒ ſ.
Sang de pigeon de maifon ℥ ij.
Faictes baulme en la façon qui fuit.

Preparation & compofition.

Faictes premierement durcir des œufs
telle quantité qu'il vous plaira, prenez en
les blancs lefquels ayãt feparés par la moitié & ofté les iaulnes d'iceux, vous les remplirez des poudres fufdites ; puis ayant re-
ioincts lefdits blancs d'œufs & liez auec vn
filet, vous les mettrez infufer dans les eaux
fufdites ; en vn vaiffeau de verre, par vne
nuict fur cendres chaudes. Quoy faict, prenez ces œufs & les preffez bien fort entre
les

les mains iufques à tant qu'il n'en forte
plus rien. Faites cuire cette liqueur peu à
peu a feu tres-lent, iufques à confóption du
fuccre ; y meſlant parmy , pendant ladite
cuiſſon , peu à peu le fang de pigeon , &
l'huile de plomb. Le tout cuit au fucre, vous
en fairez de petits cloux, leſquels vous mettrez dans vne groſſe cane de fenoüil doux,
percée à coſté de haut en bas , puis fermez
le trou bien proprement auec cire d'eſpa-
gne: laiſſez cela huiĉt iours fans le toucher,
au bout deſquels ayant ouuert voſtre trou
vous treuuerez vn huile admirable, lequel
vous garderez au befoin.

Notez que les pigeons deſquels vous tirerez le fang doiuét eſtre nourris vn an entier, auec femence de fenoüil trempee en
eau d'Eufraife, de rofes, de chelidoine, &
de cheure-fueïlle, &c.

Que fi cette methode de preparer ce
baulme eſt trop embaraſſante, il faut, apres
que vous aurez bien preſſez vos blancs
d'œufs , meſler voſtre huile de plomb &
fang de pigeon, auec vos eaux , & le tout
mettre en digeſtion par 8. iours en fien de
cheual, ou au bain marie ; apres leſquels
ayant feparé les aquoſitez , fi point y en à,
de la liqueur, vous garderez icelle dans vn

O o

vaiſſeau bien clos pour l'vſage.

Huile des Philoſophes compoſé, de noſtre
deſcription.

Pr. cire jaulne tres-pure, ℥ xiij.
Terebenthine de Veniſe, ℥ xviij.
Stirax,
Benjoin, an. ℥ ij.
Huile de Myrrhe camphré, ℥ ij. ſ.
Eau de vie rectifiee, ℔ ij.
Huile vieux preparé, ℔ j.
Briques rouges, tant qu'il en ſera neceſſai-
      re.
Faites huile en cette façon.

Compoſition.

Faites fondre voſtre cire auec voſtre huile, dans vne terrine vitree, & le tout bien
meſlé vous y adjouſterez voſtre terebenthine; puis le tout oſté du feu, à meſure qu'il
ſe refroidira, vous y mettrez voſtre huile
de myrrhe camphré, & en ſuitte le Stirax
& Bejoin diſſoults auec l'eau de vie. Cella
fait, concaſſez vos carrons ou briques, & les
faites rougir dans vn creuſet, iettez-les toutes enflammees dans voſtre matiere, le

vaiſſeau eſtant viſtement couuert, afin qu'i-
celle ne s'enflamme; vous les laiſſerez ainſi 24. heures; apres leſquelles, ſi vos carrons n'ont pas totalement imbuë voſtre
matiere, vous y en remettrez d'autres comme deſſus; continuant ainſi iuſques qu'ils
l'ayent toute imbuë.

Prenez tous ces carrons imbibez comme
deſſus, & les mettez dans vne cornuë, ou en
pluſieurs ſi vne n'eſt capable de les contenir, & icelle miſe au four à cul nud, vous y
adapterez vn grand & ample recipient, puis
donnant feu par degrez, il ſortira le phlegme, l'eau & l'huile, leſquels ſeparez l'vn de
l'autre, ſelon l'art; vous garderez à l'vſage.

Vertus, doſe & vſage.

Le phlegme eſt admirable pour les vlceres douloureux, car en vn inſtant il en appaiſe la douleur.

L'eau eſt tres-ſinguliere contre la peſte,
& à la ſuffuſion de la veuë.

Quant à l'huile, veritablement ſes vertus ſont infinies; car pour les playes, & notamment des mouſquetades, il les guerit
parfaictement ſi on les en oingt quelques
iours durant; en adminiſtrant auſſi quel-

O o ij

ques goutes auec vin chaud par le dedans.
A l'eftrangurie & retention d'vrine, fi l'on
en adminiftre 3. ou 4. goutes , fait vriner
abondamment. Bref il eft fingulier pour la
pleurefie, à la toux, catharres & defluxiós,
& toutes maladies des nerfs. Tuë les vers,
guerit les fiéures , conforte les parties de-
billes; & oppere des miracles contre la maladie peftilentiele, &c.

Preparation de quelques ingrediens qui entrent en cét huile.

Ie defire, auant paffer outre , m'arrefter
fur les refines gommeufes, que je diffoults
auec l'eau de vie; & dire, contré l'opinion
de quelques vns, que l'experience m'a mille
fois appris que le principal denoüemét des
gommes (notamment du maftich, myrrhe, ladanum, benjoin, ftorax & autres) fe
fait par le moyen du vehicule de l'eau de
vie; car par icelle on tire, fpecialement
du benjoin, cinq fubftances, fçauoir, vne
gomme blanche, vne teincture jaulne, deux
huiles & vn fel; ce qu'on pourra voir en mon
liure que j'ay fait de la cure de la verolle fás
fuer & fans tenir chambre, que pour caufe
de briefueté, & pour euiter les redites, nous

ne rapportons pas en ce lieu. Seulement
nous dirons que ceux qui croyent que les
gommes eſtans pures reſolutions ſalees des
plantes ne peuuent eſtre diſſoultes par l'eau
de vie, parce, diſent-ils, que les ſels ne diſſoluent pas les ſels, doiuent eſtre enuoyez
à l'experience qu'on voit journellement
aux labouratoires Chimiques, pour leur faire changer d'opinion ; car là ils verront
que les eaux fortes & regales , qui ſont toutes ſels reſoults, diſſoluent pluſieurs metaux
& mineraux qui ſôt en leur nature tous ſels
congelez; & ie m'aſſeure que s'ils ſont vrays
Chimiques, ils reuoqueront l'opinion qu'ils
ont que les ſels ne diſſoluent pas les ſels;
quoy que je ne leur aduoüe pas pourtant
que l'ammoniac, oppoponax, galbanuin, &
ſagapenum , ſoient purement reſolutions
ſalees des plantes, car ce ne ſont que ſucs
exprimez des plantes ou arbres ferulacées,
& non pas pures reſolutions ſalees : eſtant
vray que les ſucs ſuſdits contiennent auſſi
bien les autres ſubſtances que le ſel , jaçoit
qu'aux ferulacees ceſtuy-cy y ſoit en plus
grande quátité. Mais accordós leur que ces
gómes fuſſent toutes ſels cógelez & durcis,
pourquoy ne veulét-ils pas que le ſel fluide
diſſolue le congelé, le volatil eſleue le fi-

xe, bref le refoult en fafle de mefmes do
l'endurcy : font ils plus fages que les Philofophes? qui difent dans la turbe, *le fel dif-*
foud , fond ou diffoud le fel congelé ou endurcy;
l'eau de vie eſt vn fel volatil , le galbanum, felon vous, eſt vn fel endurcy, pourquoy ne voulez vous pas que ce volatil &
liquide, diffolue ce fixe & endurcy ? puis
que l'experience (fi vous la connoiffiez)
l'authorité & la raifon le veulent. Car il
eſt vray que fi l'eau de vie eſtoit traictée
& maniée auec ces gommes, artiſtement,
elle les ouuriroit en telle façon qu'en
deux fois 24. heures elle les rendroit liquides comme du beurre fondu. Ie n'ay
aucun deffein de contrarier perfonne,
mais auffi ne puis-je laiffer vilipander la
verité : car quoy qu'vne experience ne
tombe pas fous nos fens , ce n'eſt pas à dire pourtant qu'elle ne foit pas faifable.
Mais parauanture dira-t'on que ce n'eſt
pas d'vn fel endurcy que l'on entend ,
mais que c'eſt d'vn fel volatil , car l'eau
de vie, difent-ils, eſtant toute fel volatil
n'en peut pas contenir d'auantage. A
quoy ie refpons, que c'eſt tóber de fiéure
en chaud-mal , & s'impliquer dans vne
contradiction indigne des hommes fça-

uans ; car vous concedez l'eau de vie diſſoudre les reſines qui ſont larmes, & partant contenantes beaucoup plus de ſel armoniac que de fixe , & icy vous ne voulez
pas que l'eau de vie ſe puiſſe joindre au
ſel armoniac ; par ce qu'elle eſt, dittes
vous, toute ſel armoniac, ce qui eſt cõtrai-
re encore à la verité & à l'authorité de
tous les Philoſophes Chimiques, qui diſent tous, *que la nature ayme ſa nature, & la*
nature ſe reſioüit & ſe plaiſt en ſa nature. Suffit
de ces petites remarques incidemmẽt , car
parauanture vn iour fairons nous voir le
gros des innaduertances de ſes eſcriuains
qui croyent dans leurs nouuelles penſées,
auoir deſcouuert vn nouueau monde de
ſçauoir ; c'eſt pourquoy retournons à nos
remedes.

L'huile de myrrhe camphré ſe preparera ainſi.

Pulueriſez voſtre camphre, en l'arrouſant
d'vn peu d'eau roſe, puis meſlez ceſte poudre auec voſtre myrrhe auſſi pulueriſé, &
le tout mis dans des moitiez de blancs
d'œufs durcis, vous les mettrez à l'humide
d'vne caue, à diſtiler *per deliquium*, la liqueur
qui decoulera c'eſt celle que nous deman-

Q o iiij

dons pour noſtre compoſition.

Preparation de l'huile d'oliue

Encore que nous ayons donné pluſieurs preparations de l'huile d'oliue en cét œu‑ ure, neantmoins il n'y en a pas de plus pro‑ pre pour noſtre compoſition que celle que nous donnerons maintenant.

P. donc huile d'oliue ℔ j. cẽdres de vigne ℥ iiij. mettez tout cela dans vne retorte ou cornuë, & icelle au four à cendres, diſtilez tout ce qui pourra monter & gardez à l'v‑ ſage. Nottez que cét huile attire puiſſam‑ ment la faculté des herbes ou fleurs qui ſe‑ ront infuſées en icelluy; auſſi leurs effects en ſont beaucoup plus manifeſtes que de celles qui ſont infuſées dans l'huile ordi‑ naire & commun.

Huile de petreolle.

Prenez huile commun d'oliue ℔ ij.
Soulphre citrin,
Orpiment an. ℔ j.
Faictes huile en ceſte façon.

Preparation.

Puluerifez voftre foulphre & voftre or‑
piment , puis les ayant meflez auec voftre
huile d'oliue , vous les mettrez dans vne
cornuë, à laquelle ayát ioinct vn recipient,
vous donnerez feu par degrez iufques à ce
que tout l'huile fera diftillé ; & fur la fin
vous donnerez feu de fuppreffion iufques
que rien ne forte plus. Gardez cét huile
pour l'vfage, car il poffede les mefmes ver‑
tus que celuy qu'ó porte d'Appulée : voyez
voir, pourtant, fes vertus cy‑apres en par‑
lant du petreolle de Gabian. Nottez qu'il le
faut auoir laiffé 8. iours en digeftion dans
le fien , auant le diftiler.

Huile incomparable pour les fiftules.

Prenez antimoine d'Ongrie ʒ iij.
Mercure fublimé ʒ j. f.
Miel de Narbonne ʒ vj.
Sel de jonc aquatique ʒ ij.
Eau de racine de grande confoulde ʒ iij.
Faictes huile en cefte façon.

Preparation & composition.

Le sel doit estre meslé auec le miel dans vn mortier auec son pilon ; comme aussi l'antimoine puluerisé auec le sublimé dans vn autre mortier : meslez par apres vostre miel auec voftre poudre, y adjouftant peu à peu, l'eau de çonsoulde. Mettez finalement tout cela dans vne cornuë bien luttée, & icelle au four à feu à nud, donnant feu par degrez, petit à petit, vous en extrairez l'eau & l'huile, lequel ayant separé garderez à l'vsage.

Vertus.

Il est incomparable pour guerir les vieux vlceres, les fistules qui ont les bords calleux & endurcis, le cancer, les gangrenes, escroüelles & autres maux deplorables.

Huile pour guerir la suffocation de matrice.

Pr. sucs dasse-fœtide,
D'arthemise,
& de matricaire an. ℥ s.
Ruë en poudre ℥ iiij.

Castor ℥ ſ.
Saffran ʒ ij.
Oliban,
Myrrhe an. ℥ ij.
Huile de ſabine ʒ vj.
Baulme Oriental ʒ iij.
Huile de lin ℔j.
Faiɛtes huile ſelon l'art en ceſte façon.

Preparation & compoſition.

La ruë doit eſtre ſeichee à l'ombre, puis pulueriſee, laquelle poudre vous meſlerez auec vos ſucs. Quant à l'Oliban & myrrhe, vous les meſlerez, eſtans pulueriſez, auec le baulme Oriental : & le caſtor & ſaffran auec l'huile de ſabine. Ces choſes ainſi diſpoſées vous meſlerez peu à peu l'huile de lin auec vos ſucs, iuſques-à ce qu'ils ſoient tous reduiɛts en ſubſtance liquide : adjouſtez y en ſuitte voſtre baulme Oriental, & finalement l'huile de Sabine. Quoy faiɛt, mettez toute cette cópoſition dans vne cucurbite, & icelle bien bouchée à digerer au fien de cheual l'eſpace de 5 ou 6 iours. Apres leſquels vous mettrez ceſte cópoſition dans vne retorte bien luttée, & icelle au four à cendres ; & y ayant premieremét

adapté vn chapiteau , vous donnerez le feu
par degrez iufques que toute la liqueur foit
fortie.

Vertus & vfage.

Cet huile eft incôparable pour les fuffocations de matrice de quelque caufe qu'elles procedët ,fi l'on en oingt la region vmbilicale foir & matin.

Huile incomparable pour la migraine.

Prenez fueilles de majoraine.
De ruë,
De camomille,
De l'origan,an. M. j.
Huile d'oliue recente,& preparée
Auec l'efprit de vin ℔ij.
Terebenthine de Venife qui foit tres-clai-
  re ℔ f.
Colophone digeree auec efprit de vin ʒiiij.
Faictes huile felon l'art en cefte façon.

Preparation & compofition.

La colophone eftant ouuerte auec l'efprit
de vin par vne maceration de 8. iours,fera

meſlée auec voſtre terebēthine, & icelle a-
uec l'huile d'oliue (la preparation duquel
s'apprêt en quelque part de cét œuure) & i-
celuy ſera verſé peu à peu ſur vos herbes
premieremēt cōcaſſées; & le tout bien meſlé enſemble ſera mis dās vne cucurbite, &
icelle bien bouchée en digeſtion au fien de
cheual ou au bain marie par l'eſpace de
trois iours. Apres leſquels , le tout eſtant
mis dans vne cornuë , & icelle au four à ſable vous donnerez feu par degrez , iuſques
que tout l'huile ſoit diſtilé ; ſeparez-le de
ſon eau , ſi point y en auoit , & gardez à l'v-
ſage.

Pendant la douleur de la migraine , il en
faut oindre chaudement auec du cotton
trempé en iceluy, le front les temples, enſemble la partie douloureuſe & icelle ceſ-
ſera.

Suffira de ces petits formulaires de
compoſitiōs, car ſi je voulois employer icy
tout ce que i'ay de rare en la chimie, ce liure excederoit la groſſeur d'vn tres-grand
volume : c'eſt pourquoy nous le remet-
tons en noſtre Pharmacopée Spagyri-

que , Aydant Dieu : auquel Pere , Fils &
sainct Esprit, soit honneur & gloire au siecle
des siecles. Amen.

Fin de la Fleur quatriesme du Bouquet Chymique.

FLEVR
CINQVIESME
DV BOVQVET
CHIMIQVE,

Traictant des Sels, tant en general
qu'en particulier, & tant simples
que composez.

Et premierement des Sels en general.

CHAP. I.

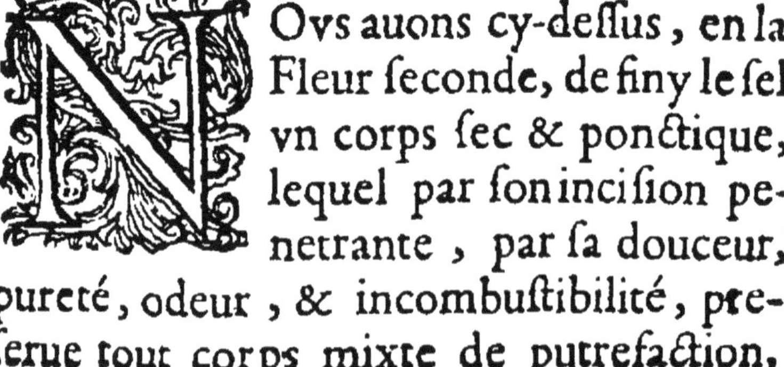

Ovs auons cy-dessus, en la Fleur seconde, de finy le sel vn corps sec & ponctique, lequel par son incision penetrante, par sa douceur, pureté, odeur, & incombustibilité, preserue tout corps mixte de putrefaction,

le changeant en sa naturelle incorrupti-
lité. Mais nous n'auons pas dit d'où est deriué ce mot de sel ; de son origine & cause,
de ses especes & differences, ensemble des
substances qui le composent ; finalement
du moyen de l'extraire du lieu où il faic sa
demeure; ce que nous allons deduire maintenant auec autant de briefueté qu'il nous
sera possible.

Ce mot de sel est donc deriué de Sol, c'est
à dire Soleil, car comme le Soleil est l'ame
viuifiante du grand monde Elementaire, le
sel l'est aussi du petit monde Elementaire.
C'est pourquoy Homere l'appelle diuin:
& la raison est, dit Plutarque en ses Sym-
posiaques, qu'il symbolise à l'ame qui est de
nature diuine ; or tant qu'icelle reside au
corps elle le garde de putrefaction, le semblable faic le sel, lequel s'introduisant dans
la chair priuée de vie, en priue la corruption. Et veritablemét il semble que ceux qui
ont appellé le Soleil fils de l'Occean, l'ayent
dit à cause que l'Occeá est pere de toute generation, eu esgard à sa salsature, c'est pourquoy on a appellé ceux qui sont plus esguil-
lonne és desirs amoureux d'engendrer,
Salacitas. Or il est certain que le Soleil des-
niant ses doux embrassemens à la terre, elle ne

Ie ne produiroit jamais rien de côfiderable,
c'eſt pourquoy, eu eſgard à la conuenance,
analogie, proprietez, vertus & facultez de
ces deux Sel & Soleil, le prouerbe commun
s'en eſt enſuiuy, *Sale & ſole nihil vtilius*, rien
n'eſt plus vtile & neceſſaire que le Soleil &
le ſel. Auſſi Dieu à faiĉt tant de cas de ces
deux de deſirer en ſainĉt Marc que tout
homme ſoit ſalé de feu, & toute viĉtime
de ſel : entendant icy par le feu le Soleil,
car le Soleil & l'homme engendrết l'homme. Or l'homme qui eſt ſalé de feu, c'eſt
à dire remply des graces du Soleil de iuſtice, ce doit bien donner de garde de pre-
ſenter à Dieu aucun ſacrifice ſans eſtre ſalé
de ſel, *voſtre parole ſoit touſiours côfite en ſel auec
grace*, dit l'Apoſtre aux Coloſſiens. Auſſi
Moïſe l'a eu en telle recômandatiô qu'il l'a
appliqué en tous ſacrifices, l'appellant l'alliance perpetuelle de Dieu auec ſon peuple. Or que le ſel n'ayt meſmes effeĉts que
le Soleil, nous le voyons en ce que tous
deux ſont Symboles d'equité & de la Iuſtice diſtributiue. L'vn viuifie, auſſi fait l'autre;
l'vn ayde à la generation auſſi faiĉt l'autre;
celuy-là preſerue de corruption, & ceſtuy-
cy l'empeſche, *Sole & Sale omnia conſeruan-
tur*. Bref le Soleil eſt l'Artiſte des metaux,

P p

mineraux, pierres & pierreries, & de tout
ce qui eft, & fe produit dans les entrailles
de la terre, & le fel en eft leur premiere
origine : Ie ne diray pas feulement de ce
que la terre cache dans fes cachots , mais
generalement de tous les mixtes & compofez élementaires ; car en toutes chofes il
y a du fel ; & rien ne pourroit fubfifter fans
le fel qui y eft meflé, lequel lie les parties
enfemble comme vne colle, autrement elles s'en yroient en poudre : or ne les lie-il
feulement, mais encore leur donne le nourriffement. I'auroy beaucoup de belles chofes à dire fur le Soleil & le Sel, & parauanture les Chimiques (notamment ceux qui
s'exercent au trauail de la grande œuure)
m'en fçauroient gré, mais cela eft referué
dans vn autre volume : venons donc à l'origine du fel.

I'ay dit cy-deuant en la feconde fleur,
parlant des principes que le fel eftoit pro-
duict de l'action de l'eau & de la terre, &
icy nous difons que cela fe faict moyennant le mouuemét du foleil ; c'eft pourquoy
le fils dans la terre à vn pere au Ciel,
ce qui eft en bas eft comme ce qui eft en haut, dit le
trois fois grãd Hermes ; & il eft vray que tãt
plus les rais du Soleil celefte font puiffants,

sant plus ceux du terrestre sont effectifs.
Et lors que leurs rayons se joignent en
droicte ligne, le fils corroboré du pere manifeste le pere, & ce pere dans sa viuifiante
chaleur faict paroistre les productions du
fils. Icy les oreilles vrais Chimiques, vous
ny perdrez pas vostre temps.

Quand aux especes & differences des
sels elles sont plusieurs, qui toutes ont dif-
ferétes proprietez & vertus, selô les choses
dont les sels sont extraicts : *Sal enim retinet,*
proprietatem illius rei à qua ortum est dit Geber
en son testament. Ie diray de plus qu'il n'y
a point d'odeurs & saueurs, qui ne despen-
dent toutes du sel ; car là ou il n'y a point
de sel, il n'y a point d'odeur ne saueur. Or
les saueurs peuuent estre nombrées iusques
à quinze ou à seize. Sçauoir, douce, delicat-
te, molle, fade, souëfue, grasse, amere,
aspre, acre, austere, piquante, verde, acide, aigre, aguë, & salse. Or ce que
nous disons des sçaueurs nous l'entendons aussi des odeurs, car iamais odeur ne
fut sans saueur, ny sçaueur sans odeur:
mais comme ces saueurs ne se rencontrent
pas seulement aux Plantes, mais aussi és animaux & minereaux, & en tous autres composez Elementaires, nous pouuôs dire qu'i-

P p ij

ceux participent generalement de tous ces
fels ; les vns plus pourtant , & les autres
moins. C'eft pourquoy Paracelfe dit qu'autant de parties qu'il y a au corps humain differentes, qu'autant y a il des differences de
fels; & là mefme difference qui s'en treuue
au petit monde , fe rencôtre auffi au grand.
D'où vient qu'il y a des fels arcenicals , feptiques, orpimentals , fandaracals , mercu-
riels, realgariques , armoniacals , nitreux,
vitrioliques, alumineux , gemmeux , ana-
trones, fulphureux, tartareux, faturniques,
antimonials , & tant d'autres qu'il côuien-
droit faire vn volume entier, à qui les voudroit tous defcrire.

Or tous les fels font diuifez en puremét
fixes, purement volatils & effentiels, qui cô-
tiénnent l'vn & l'autre. Et d'iceux les vns
font naturels, les autres factiffes , & les autres artificiels, ou imitez.

Et de ceux là encore, les vns font mineraux, les autres vegetaux, & les autres animaux, c'eft à dire qui font tirez d'eux ;

Les fels fixes mineraux font le fel marin,
le fel de roche, le fel gemme , ou de mine,
&c. Qand au premier, il eft factiffe , & eft
diuifé en fel de puits, fontaines, & lacs, mais
le meilleur de tous ceux-là, eft celuy qui fe

fait en broüage : dont l'artifice en est si ag-
greable & gentil, que si le lieu me le permettoit, j'en déduirois icy la façon ; mais à
cause de briefueté ie m'en deporte. Le sel
de roche & le sel gemme sont tous deux
mineraux, neantmoins l'vn est vrayement
roche, & l'autre non, toutesfois à cause de
leur ressemblãce & du lieu qui est tousiours
mine, on les appelle communément tous
deux sel gemme. Mais nous parlerons de
cecy plus à plein en nostre Pharmacopee
Spagyrique.

Quant aux imitez, ou artificiels, ie dis
que tous les dessusdits se peuuent imiter :
deux ou trois tesmoignages suffiront pour
confirmer cette verité. L'arcenic se faict
auec des menuës pieces d'orpiment, & de
sel esgales parts, puis le tout puluerisé, on le
met dans des pots de terre couuerts, où on
le fait sublimer à force de feu ; lequel sublimé on amasse, & le vend-on pour arsenic.
Quelques-vns y meslent aussi du realgar.

Le nitre se fait auec le sel d'vrine cheua-
line, & sel extraict du chesne bruslé, & de
fleurs de salpestre, &c. L'armoniac, auec le
sel d'vrine d'homme, qui sera cueilly en lieu
sablonneux, où il faut que les hommes (notamment ceux qui boiuent vin) aillent pis-

ser toufiours, auec l'alcaly, ou aluncatinum, & le fel de fuye de cheminee : Et ainfi des autres que ie laiffe pour caufe de briefueté.

Les fels volatils mineraux, font le vray fel nitre, l'arcenic, & l'armoniac, &c.

Et les effentiels mineraux, font ceux qui tiennent & du volatil & du fixe, comme le falpeftre, &c.

Cette mefme diuifion des fels fe treuue aux animaux & vegetaux: exemple, le poil & les ongles font faits du volatil, & le refte du corps du fixe ; & les nitreux s'apperce-uoient aux excremens nón naturels. Aux vegetaux cela fe rencontre auffi, mais fe-lon leur diuerfe qualité, car les chaux nous donneront bien plus de fel volatil que non pas les froids qui nous donnent le fixe, & ceux qui participét des deux les ef-fentiels, nitres ou falpeftres. La façon pour lefquels retirer de leurs corps, nous en-feignerons tout maintenant apres auoir parlé de leur compofition.

Or les fels font compofez de deux fub-ftances, l'vne vifqueufe, gluante, & on-ctueufe de nature d'air, qui eft douce & nourriffante, car il n'y a rien qui nourriffe que le doux. L'autre eft adufte, acre, pun-gitiue & mordicante, de nature de feu,

qui eſt laxatiue ; car cela eſt conſtant parmy les Chimiques que rien ne laſche qui ne
participe de nature de ſel. Ou bien ſi vous
voulez le ſel eſt compoſé de ſoulphre & de
mercure, ſelon les Chimiques, leſquels ſôt
analoges aux deux ſubſtances que deſſus.
Cela tenu pour conſtant, dônons briefuement le moyen que l'on tiendra pour les
extraire des corps qui les contiennent, not-
tamment des animaux & vegetaux, & metalliques : car pour les factiſſes, ou ceux
qu'on extraict tous tels des mines, ie m'en
deſporte pour le preſent, n'eſtant icy le
lieu pour en diſcourir.

Ie dis donc que tous les ſels fixes, des
trois genres des compoſez cy-deſſus, ſe retirent ou par calcination, qu'on appelle
Philoſophique (c'eſt à dire qui conſerue
toute la vertu de la choſe qu'on calcine) ou
bien par calcination cinerifante, faiſant
ſuiure les diſſolutions, filtrations & coagulations: Et finalement par precipitation.

Et quand aux ſels purement volatils,
il eſt certain que cela ſe faict par la voye
de ſublimation, ſoit ſeche ou humide.

Et les eſſentiels, c'eſt à dire qui participent de l'vn & de l'autre, ſe font par digeſtion & coction au chaud, ſuiuie imme-

diatement de la congelation au froid. Donnons vn exemple de chacun d'iceux, pour faire fin à ce chapitre.

Nous entendons donc par calcination philosophique, celle qui se faict par les coobatiōs reïterées, de la liqueur distilée de la chose qu'on veut calciner, sur ces fœces, iusques à ce que rien ne distile plus, & que les fœces soient blanches comme la neige, desquelles on tire le sel par dissolutions, filtrations & coagulations.

Il y a vn autre façon de calciner philosophiquement par le feu balsamique de nature, & cette façon est grandement commode pour calciner les animaux ou parties d'iceux, notamment les viperes.

La calcination cinerisante, est lors qu'ayant faict brusler le mixte à feu de flamme, on les faict derechef calciner au four de reuerbere planché, & puis on en extraict le sel à la façon que dessus. Que s'il n'estoit bien blanc on le reuerbere, puis on le dissout, on le filtre, & finalemēt on le coagule.

Quand à la precipitation, & sublimation, il n'y a si petit artiste qui ne le sache; & se seroit repeter icy inutilement, ce que nous en auons desia dit en la fleur seconde parlant des operations de Chimie, c'est pourquoy nous viendrons à la façon de tirer les sels essentiels.

Prenez donc, par exemple, telle quantité d'absynthe que vous voudrez, pilez-la tres-bien en vn mortier de marbre auec son pilon de bois, puis en ayant extraict tout le suc par le torcular, le depurerez, filtrerez & clarifierez selon l'art. Faites doucement boüillir ce suc dans vn vaisseau de verre ou de terre vitré, l'escumant soigneusement, jusques qu'il soit à consistance de miel liquide. Mettez-le en apres, pendant cinq ou six iours en lieu froid, & vous aurez vn sel tres-beau & cristallin, lequel ayant tres-bien laué & desseiché, vous garderez pour l'vsage.

Par la mesme voye vous tirerez les sels de tous les autres mixtes chauds (car il ne faut pas attendre cecy des herbes froides) comme chardon benit, majoraine, auronne, melisse, flammula, &c.

I'oseray dire que les sels ainsi extraicts, surpassent non seulement en goust, mais en vertu, les sels faicts par calcination d'autant que la pureté & faculté du sel volatil demeure en son entier. D'ailleurs, par cette methode les substances mercurielle & sulphureuse, comme estant les principes du mixte, y font conferuees ; finon toutes, du moins vne partie, defquelles ledit fel auroit efté priué fi la plante euft efté calcinée à la façon commune.

Quant à la difference des facultez de ces fels, le Medecin Artifte en recognoift de dieuretiques, de fudorifiques, de catharti-ques, de Emethiques, de feptiques, de fca-rotiques, de narcotiques, des amol-liens, des refolutifs, d'abforbans & deffeichants, d'atractifs, des phenigmes, de maturatifs, des deterfifs, d'incarnatifs, d'a-ftringents, d'aglutinatifs, & depulotiques &c.

Or auant faire fin à ce chapitre, il ne fe-ra hors de propos d'auertir le Lecteur, qu'en l'adminiftratió de ces fels, il faut eftre grandement circonfpect, les accompagnát toufiours d'vn vehicule conuenable, & qui rebouche vn peu la poincte de leur mordi-cation qui y pourroit eftre demeurée.

I'ay beaucoup de belles chofes à dire tou-chant les fels, mais cela eft referué en ma Pharmacopee Spagyrique, Dieu aydant, auquel Pere, Fils, & S. Efprit foit honneur & gloire és fiecles des fiecles. Amen.

Des Sels en particulier, extraicts des vege-taux, animaux & mineraux; & pre-mierement des Sels extraicts des vegetaux.

CHAP. II.

PVis que nous auons déduit au chapitre precedent la metho-de d'extraire les sels, il me sem-ble que la redite en seroit inu-tile en ce lieu, & non seulemét inutile, mais encore ennuyeuse s'il falloit à chasque sim-ple donner la façon d'extraire son sel: C'est pourquoy ce que nous en auons dit cy-des-sus passant pour reigle generale, nous dé-duirons seulement leurs vertus & dose. Changeant, pourtant, quelque fois de me-thode, selon la diuerse qualité du mixte du-quel nous l'extrairons.

Du Sel D'hypericon, de ses vertus & dose.

Ce sel est incomparable contre la pleu-

refie, donné en vin chaud au poids de demy fcrupul, iufques à vn; car il guerit & expelle la maladie par le fputum. En outre il
eft tres-côuenable à la fiéure tierce & quarte, adminiftré auffi auec du vin. Deliure de
la fciatique en vfant quelques iours confe-
cutifs; guerit les brufleures, diffout auec vin-
aigre; môdifie le fâg; guerit les fiftules, &les
vlceres, notâment celles de la bouche quâd
il eft meflé auec miel rofat, les en oignant
deux fois le iour. Son vfage foulage grandemêt les hydropiques, & tuë les vers des petits enfâs, & tout autre gêre de vermine qui
s'engendre en leurs corps, &c. Ce fel a plufieurs autres vertus que j'obmets pour eftre
employees en ma Pharmacopee Spagyrique.

Sel de Culrage , autrement Perficariæ, & de fes
vertus & dofe.

Le fel de culrage, adminiftré de 5. grains
iufques à dix , auec vehicule conuenable,
eft tres-fingulier à la mondification des
poulmons, du foye & de la ratte. Il guerit
affeurement toutes les tumeurs fœtides du
col ; cuit auec miel eft admirable contre
toutes fortes de tumeurs , contufions , &
collifions des membres. Il eft incompara-

ble (diſſoult dans l'eau commune) pour la
gueriſon des dertres , & à deſſeicher les
puſtulles veroliques ; à tous vlceres cacoe-
thes ; aux eſtiomenes , auec eau roſe &
camphre ; à la ſuffocation de matrice, auec
eau de plantain , à la colique , auec eau de
camomille & poudre de cumin , &c. le reſte de ces vertus ſe verront en ma Pharmacopée.

Sel de camomille, ſes vertus & doſe.

Il eſt ſingulier à la difficulté d'vrine, s'il
eſt donné enuiron demy ſcrupul, à vn, en
vin chaud : c'eſt vn puiſſant remede à la colique jliaque & flateuſe , produite de cauſe froide , adminiſtré auec eau de fleur d'o-
renger ; contre les poinctures des coſtez
auec eau de chardon benit ; il eſt auſſi admirable à la douleur des dents.

Sel d'abſinte , vertus & doſe.

Il eſt ſingulier contre la peſte , donné de
cinq grains à dix ; contre l'ydropiſie, retention d'vrine,debilité d'eſtomach;il prouoque les ſueurs, c'eſt pourquoy on ne le
dóne pas ſans proffit à la maladie venerien-

ne ; il eft tres-bon contre les fieures putrides, quotidiennes & quartes ; adminiftré
auec eau de meliffe, d'ofeille & de ruë, corrobore puiffáment le foye & le ventricule,
& fait bonne digeftion. Il eft incomparable
côtre la colique paffion, aux vices du podex
& du col de la matrice ; en outre aux fur-
fures, ferpigines, lentigines fcabies & lepres qui viennent à la tefte, &c.

Sel d'Armoife, & de Meliffe, & de leurs vertus & dofe.

Ses fels font fort fouuerains pour prouoquer les mois aux femmes, nettoyer la matrice, & guerir la fuffocation d'icelle, donnez de demy fcrupul iufques à vn, auec vehicule conuenable.

Sel de Chelidoine, fes vertus & dofe.

Le fel de Chelidoine prouoque auffi les
mois aux femmes, donné vn fcrupul chafque fois auec du vin blanc, & appaife les
douleurs de la matrice, meflé auec efgalles
parties de phlegme de vitriol. En outre il
eft tres-fingulier pour l'opilation de la poictrine, & aux afthmatiques ; mondifie le

foye, & guerit les vlceres cancreux & veneneux, &c.

Il desopile les visceres; prouoque l'vrine
& les mois, ouure les obstructions, guerit
les fiéures intermitentes; & est admirable
contre les morsures des Serpents, meslé
auec sel de ruë & de poiure, &c. Sa dose est
de demy scrupul, iusques à vn.

Le sel de polipode de chesne, calciné
Philosophiquement, est incóparable pour
les pleuretiques, comme aussi pour les Epileptiques; il temperc en outre l'atrabile, &
est bon aux fiéures quartes. Sa dose est
d'vn scrupul à deux.

Celuy de Gratiole est singulier à la guerison des Hydropiques; comme aussi des
melancholiques & qui ont le iugement es-
garé, il purge par les vrines. Sa dose est de
5. iusques à 10. grains. Mesme vertu pour
les hydropiques a celuy d'Esule, donné en
mesme dose.

Les sels d'arreste-bœuf, de genest, de tiges de febues, de bages de genieure, sont
tres-singuliers à rompre le calcul, & a prouoquer les mois, & l'vrine. Leur dose est

de demy dragme en vin blanc.

Celuy de fume-terre prouoque les sueurs & purifie le sang. Sa dose est d’vn scrupul à deux.

Celuy de racine de symphitum, émeut les mois, tempere la chaleur du foye, guerit l’histericie, & la dissenterie; il a cela de propre qu’il purge par le sputum. Sa dose, est de 5. 10. iusques à 15. grains.

Celuy d’Euphraise est singulier pour mettre aux collires qu’on faict pour les yeux; il est en outre admirable contre le mal caduc, tempere la chaleur du foye, guerit la douleur des dêts, & est incôparable pour les breufleures. Sa dose est de cinq à dix grains pour les collires; & d’vn scrupul iusques à demy dragme administré par dedans.

Le sel de fenoüil, sert aussi à la veuë, en outre dissipe les flateux & ventositez; prouoque les menstruës & l’vrine : que s’il est meslé auec du beurre fraiz, en forme d’onguent, il desseiche puissamment toutes les vlceres de la teste. Sa dose est de deux scrupuls.

Le sel d’Angelique purge admirablemêt bien le sang, si on en dissout vn scrupul & demy, auec vingt goutes d’huile de fenoüil,

noüil, & cela pris par quelques soirs à lvne
descroissante ; y mettant quelques interualles, puis recommençant.

Sel d'Imperatoire, ses vertus, & dose.

Ce sel est singulier pour rechaufer les
membres refroidis ; pour resoudre les
humeurs crasses & visqueux, jmpactes
aux tuniques du ventricule, & autres parties du corps. Il augmente la semence vi-
rile, & conforte puissamment l'action venerienne. En outre, il est admirable contre
la peste, meut abondamment les sueurs,
ayde le part, & expelle l'enfant mort au
ventre de la mere : guerit l'ystericie noire;
meslé auec miel guerit le polype, le noli-
me-tangere, & tous les vlceres de la face
& de la poictrine. Il est singulier contre la
pleuresie, contre les vers des petits enfants;
contre les vlceres des poulmons, à l'ephti-
se, contre l'appoplexie, & à la maladie venerienne.

Dose.

Sa dose est de ℈ ij. iusques à ℥ j. ou ℥ i.

Le sel de ruë est vn grand preseruatif contre la peste, prouoque puissamment les sueurs, & côforte la veuë. Sa dose est de 5. à 8. 10. & 15. grains, en vehicule conuenable.

Le sel de chardon benit purge grandement par les sueurs, c'est pourquoy il est tres-singulier remede contre la peste. Sa dose est de trois, à cinq grains, dans sa propre eau.

Mesmes vertu à celuy de scabieuse: mais sa dose est de demy scrupul iusques à vn.

Celuy de branche-vrsine, est incomparable, dissoult auec du vin-aigre, contre les verruës, callus, & excroissances des os.

Celuy de pinpernelle, est grand amy de l'estomach & des intestins ; il purifie le sang & mondifie le foye ; meslé auec eau d'escariolle est vn admirable epitheme pour appliquer sur la region du foye de ceux qui sont vexez d'vne soif immoderee la nuiĉt. Ç'est vn tres-grand remede contre la sueur froide, contre la douleur de teste prouenante de froid, contre le refroi-

diſſement de la matrice, & guerit la diſſu-
rie.

Doſe.

Sa doſe eſt de ʒ ſ. iuſques à ʒ j. auec vehicule conuenable.

Le ſel de Dauci cretici, expelle puiſſamment, les molles & maſſes de chair en-
gendrées contre nature en la matrice. Sa
doſe eſt de 6. à 10. grains.

Celuy de carui, eſt deſtiné au cerueau,
à la matrice, & au vaſes ſeminaires; auſſi
eſt-il tres-ſingulier contre les fluxions du
cerueau, aux vlceres qui viennent aux nez
& à la face; arreſte puiſſamment l'emor-
rhagie qui ſort du nez; aux vlceres & abcez
de la matrice, & à celles des genciues,&c.
ſa doſe eſt de Э j. à Э ij.

Celuy de perſil, reſout tout genre de
tumeur, & expelle la pierre des reins & de
la veſſie, donné auec vin; c'eſt vn remede
treſ-preſent à la podagre, chiragre & ſcia-
tique, car il inciſe & expelle toutes les viſ-
coſitez tartareuſes. Sa doſe eſt de 6. à 12.
grains.

Meſmes vertus à celuy de cerfueil.

Le ſel de verbaſcum, eſt ſingulier à la
toux, pris auec vin, aux friſſons cauſez par

la frigidité de l'eftomach ; à la coliqu̅e
paffion ; mitige toutes douleurs, d'eryfipelles, & inflammations. Sa dofe eft de ꝗ.
à 10. grains.

Celuy de veronique, eft admirable contre la pefte , s'il eft donné ꝗ. ou 6. grains
auec vin de maluoifie Et eftant reduit en liqueur à l'humide, il fera tres-fingulier pour
guerir toutes fcabies , apoftemes , fiftules,
morphées, & puftules veroliques, les en
oignant.

Celuy de Sideritis eft admirable, donné interieurement, contre la maladie venerienne , aux fieures ardentes , à la corruption & inflammation de la bouche. Si ce
fel eftant refout en liqueur, eft meflé auec
l'antimoine effenfifié, il fera incomparable
contre les efcroüelles, &c. Sa dofe eft de ꝗ. à
10. grains.

Celuy de galeopfis, eft fingulier, pris
auec fa propre eau au matin, contre l'afthme, à la douleur du cœur ; aux vlceres des
mammelles ; prouoque l'vrine , & guerit
le tremblement des membres. Sa dofe eft
de ℈ ij. iufques à ʒ ꝓ.

Le fel de centaurée grande, eft fingulier aux hydropiques, aux peftiferez, contre les venins , à la melancholie, au mal ca-

duc, à la debilité de la veuë, & côtre l'icte-
re. Sa dofe eſt de ℈ j. à ℈ij.

Celuy de parietaire, contre le calcul,
contre les obſtruƈtions du foye, & contre
les flatuofitez du vétricule & des inteſtins,
pris en vehicule conuenable. Sa doſe eſt de
5. à 10. grains.

Celuy d'ariſtoloche, refifte au venin,
eſt fingulier contre les conuulfions, & aux
douleurs des parties laterales; & eſt propre aux aſthmatiques; que s'il eſt reduit
en gargarifme il deterge, & guerit les vlceres des genciues. Sa doſe eſt de 4. à 8. gr.

Celuy de valeriane prouoque les mois
& l'vrine, mefmes doſe que deſſus.

Au contraire, mefmes doſe de celuy de
tormentille, arreſte les mois trop vehemens, & guerit l'incontinance de l'vrine.

Celuy de plantain, guerit les vlceres des
reins & de la vefie, donné ℈ j. auec vehicule conuenable; & aide grandement aux
fieures tierces, & quartes.

Celuy d'hellebore eſt incóparable, donné
de 3. à 6. grains, auec du vin, côtre l'epilepfie, appoplexie, podagre, &c.

Le fel d'Afari, donné pareille doſe auec
eau de veronicque, eſt fingulier contre la
phtifie, hydropifie, aux fieures produites de

caufe froide, & aux podagres. Si ce fel eft
refout en lieu humide, & que de cefte liqueur on en moüille, auec vn linge trempé dedans, quelque partie dolente quelle
elle foit, la douleur ceffera. Si l'on en fait vn
herine, diffout auec de l'eau, il attire la colere puiffamment.

Ceux de bouroche & de bugloffe, font
finguliers à la melancholie, prins 5. grains
auec du vin ; & aux fiftules & vlceres reduicts en liqueur.

Ceux de bourfe à pafteur , eft fingulier aux fieures chaudes ; aux diffenteries;
aux bleffeures ; arrefte les mois aux femmes; guerit l'efcabie feche, & les morfures
des animaux veneneux.

Suffit de ce peu d'exemples touchant les
herbes, car en noftre Pharmacopée nous
nous en acquiterons plus amplement, aydant Dieu ; auquel Pere Fils & fainct Efprit, foit honneur & gloire és fiecles des
fiecles. Amen.

Des sels tirez des arbres, escorces & racines.

CHAP. III.

Sel de canelle, ses vertus, & dose.

E sel extraict Philosophiquement, est incomparable à conforter le cœur, à corroborer le
ventricule, à prouoquer les
mois, & à faciliter le part.

Dose.

Sa dose est de 5. iusques à 10. ou 12. grains,
auec vehicule conuenable.

Celuy de fresne, est grandement spleneti-
que, rompt le calcul, prouoque l'vrine,
comme aussi la sueur tres-puissamment: resiste au venin notamment pestilentiel, administré auec eau de chardon benit.

Dose.

Qq iiij

Sa dofe eft ℈ j. iufques à ℈ ij.

Celuy de gayac , eft incomparable contre la verolle , notamment celuy de fon éfcorce : comme auffi au flux hepatique , & à la podagre , &c. Sa dofe eft d'vn fcrupul , en vin.

Mefmes vertus à le fel de buys , donné en mefines dofe & mefmes vehicule. Semblablemẽt font ceux de fchine & de falfe-pareille ; comme auffi celuy de rofes de buiffon. Eftant à notter que celuy de falfe-pareille , eft tres-fingulier contre les Efcroüelles.

Celuy de chefne eft tres-fingulier à arrefter le flux de fang des narines.

Le fel de bois de vigne , eft fudorifique, vaut contre la pefte , &c. fa dofe eft de ſ. à 10 grains en vehicule conuenable.

Le fel de fuzeau , eft incomparable contre l'hydropifie. Semblable vertu à celuy extraict des hyebles ; & en outre il eft fingulier aux fieures quotidiennes. Sa dofe eft de 4. à 8. gr.

Le fel volatil de rheubarbe euacuë gaillardement la bile , donné de trois gr. iufques à fix. Et le fixe eft grandement aftringent.

Le fel de racine de brioyne à la fuffocatiõ

de matrice, donné de 3. à 6. gr. en vehicule conuenable.

Celuy de bois de genieure, est singulier
contre la pierre, & specifique à la verolle.

Ioignons icy le sel de suye, car puis qu'elle est faicte de bois, d'escorces & racines, il
sera bien à propos adapté en ce lieu.

Reduisez donc la suye en poudre impalpable, mettez-la dans vne cucurbite, & par
dessus du vinaigre distilé, qu'il surpasse de
4. doigts : mettez ce vaisseau au bain marie
iusques à ce que le vinaigre soit chargé de
la dissolution de la suye, lequel separé par
inclination, vous y en verserez d'autre, lequel chargé vous verserez comme le premier. Continuez cette procedure iusques
qu'il ait tiré tout le sel de la suye. Quoy fait,
toutes ces dissolutions estant filtrees, vous
les distilerez au four à cendres, iusques que
le sel　demeure au fonds, & aux parrois
du vaisseau : lequel on peut redissoudre,
refiltrer, & recongeler tant de fois iusques
qu'il deuienne fort blanc.

Vertus.

Ce sel estant distilé *per deliquium* en lieu
humide, n'a pas son pareil contre les gou-

grenes & les vlceres malings.

On peut tirer de ce sel de suye, par des artifices Chimiques, à moy conneus, vne terre pure, claire, & cristalline renclose en son centre , laquelle a des grandes proprietez & vertus, desquelles je me deporteray de parler icy plus auant pour cause de briefueté, remettât à en dire de belles choses en ma Pharmacopee Spagyrique.

Finissons donc ce chap. car la grosseur que je preuois à ce volume , me contraint d'abreger: promettant de reparer auec vsure au liure cy-dessus promis, ce qui manquera en cestui-cy, aydant Dieu; auquel soit honneur & gloire à iamais. Amen.

Des Sels extraicts des animaux, ou de leurs parties.

C H A P.   IV.

Sel de corne de Cerf, vertus, dose & vsage.

E sel extraict philosophiquement, est tres-singulier à la dissenterie, aux flux des femmes, à la maladie contagieuse , contre les vers des petits enfans , &c.

Dose.

Sa dose est de 3. gr. iusques à 6. en vehicule conuenable. Mesme vertu a celuy d'yuoire, &c.

Le sel d'ongle de pourceau, est admirable contre les inflammations; & celuy extraiƈt de sa fiente, contre le sputum sanguinolent.

Ceux d'ongle d'asne & de cheual, dissoults auec du vinaigre sont incomparables contre les Escroüelles.

Le sel de secondine d'asnesse, est incomparable contre l'Epilepsie, incube, Apoplexie & semblables, donné le poids de ℈ s. iusques à ℈ j. auec du vin blanc le matin à jeun.

Autant en faiƈt le sel de la chair de loup, & de son poulmon, donné mesme dose, auec mesme vehicule. En outre, le sel extraiƈt des petits d'hirondelles, n'y est pas inutile; ensemble celuy de crane humain, &c.

Le sel de crapaut est singulier contre la peste, appliqué exterieurement sur la partie affeƈtee, mais il faut estre grandement circonspeƈt pour l'extraire, ce que j'ensei-

gneray, aydant Dieu, dans ma Pharmacopee.

Le fel de fecondine d'vne femme fertile,
eft fingulier pour celles qui font fterilles,
donné de ℈ f. iufques à ℈ j. en vehicule cóuenable; comme auffi à celles qui font en
trauail d'enfant, leur en faifant prédre mefme dofe auec deux cueillerees de boüillon;
en outre il appaife grandement leurs douleurs.

Le fel de priape de Cerf, eft incomparable à la colique, & diffenterie : autant en
fait celuy de corne de Cheure.

Sel de fang humain.

Si ne voulez calciner philofophiquement le fang humain, il ne faudra que le
bruller en affez bonne quátité dans vn pot,
& iceluy eftant reuerberé, vous en extrairez le fel en verfant deffus de l'eau de
pluye, que fairez boüillir, enuiron vne heure; apres laquelle, l'ayant laiffé refroidir,
vous la filtrerez, puis euaporerez lentement dans vne cucurbite, iufques que le fel
foit tout congelé au fonds & aux coftez du
vaiffeau; lequel ayant colligé le garderez
dans vne phiole bien bouchée pour l'ufage.

Vertus & dose.

Il est singulier contre les maladies de la vessie, aux douleurs des articles, notamment à la podagre, gonagre & chiragre, &c.

Sa dose est de ℈ s. iusques à ℈ j. donné en vehicule conuenable. Pareille vertu ont les sels extraicts du sang de Cerf, & du sang de Bouc, donnez en mesme dose.

Sel d'vrine d'homme.

Filtrés l'vrine par deux fois, puis la faites congeler à feu lent; dissoluez ce sel congelé auec du vinaigre distilé, puis recongelez-le derechef comme dessus: que si vous reïterez cette operation 3. ou 4. fois, vous le rendrez plus cristallin & de plus grande efficace.

Vertus.

Il est grandement detersif, c'est pourquoy il mondifie puissamment les vlceres, & est tres-singulier contre la gangrene, &c.

Sel de miel.

Apres qu'on a tiré l'huile de miel, on en peut auffi tirer le fel, moyennant qu'on calcine les fœces au four de reuerbere, defquelles , diffouttes dans leur propre eau vous tirerez le fel par la voye que deffus.

Vertus.

Il eft incomparable pour toutes les vlceres putrides, quelles elles foient.

Les fels d'efcreuiffes & cancres , font bons aux inflámations & brufleures, cōmé auffi contre la grauelle, & ardeur d'vrine.

Celuy extraict de coque d'œuf n'a pas fon pareil cōtre la pierre, mais il faut eftre grandement circonfpeCt en fon adminiftration.

Sel de Viperes.

Prenez au mois de Iuin telle quantité de viperes que vous voudrez, aufquelles ayāt ofté la tefte , queuë , peau , & inteftins, leur laiffant neantmoins, le cœur, le foye & les roignons , vous les concafferez dans

vn mortier de marbre, les arrousant peu à
peu auec l'esprit extraict des fleurs du soulphre balsamicque de nature: les ayāt donc
reduites en paste vous les mettrez dās vne
petite cucurbite, joignez à icelle son chapiteau & recipient ; & le tout bien lutté ensemble que rien ne respire, vous la mettrez au bain, donnant feu doucemēt & par
degrez, iusques à ce que toute leur humidité soit distilée. Quoy faict, & les vaisseaux
estāt bien refroidis, vous reuerserez vostre
liqueur sur ses fœces ; continuez la distilation comme dessus, iusques que toute l'humidité soit sortie. Reuersez (les vaisseaux estans refroidis) vostre liqueur sur
ses fœces, & ayant transporté vostre vaisseau au four à cendres , le tout bien lutté
vous donnerez le feu par degrez, iusques
à tant que rien ne distile plus. Le tout refroidy, & les fœces broyées , vous verserez par dessus ladite liqueur, & distilerez
comme dessus ; continuant ceste procedure iusques à ce que la terre ayt beu toute
son eau. Estant soigneux, pendant ce temps
là, d'amasser ce qui seroit sublimé au chapiteau & parois du vaisseau. Or quand vostre terre aura beu toute son eau, il faut dō-
ner cinq ou six bonnes estrettes de feu

iufques à ce que toutes les fœces foient
bien calcinées. Ouurez en apres le vaiffeau,
& ayãt amaffé derechef tout ce qui feroit
fublimé que mettrez auec le premier, vous
prendrez vos fœces, & les ayant broyées
& arroufees derechef auec vn peu d'efprit
extraict des fleurs de foulphre balfamique
de nature, vous les remettrez à diftiler cóme deffus ; continuant cefte methode tant
& fi fouuent jufques que toutes vos fœces
foient reduites & fublimées en fel. Que fi
il y en reftoit quelque peu qui ne fe voulut
pas fublimer, il en faudra extraire le fel
auec des eaux cordiales. Meflez finalement ce peu de fel fixe auec le volatil, &
gardez à l'vfage.

Vertus.

Ce fel eft incomparable pour l'entiere
curation de la lepre & toutes fcabies &
infections de la peau, car il diffipe, tant radicalement que par les fueurs, les humeurs
pourris, recuicts & bruflez qui les entretié-
nent. Il eft en outre incomparable contre la
verolle, & la pefte, comme auffi à toutes
les affections contagieufes & veneneufes;
& eft vn grand & admirable contrepoi-
fons

tre poiſon, &c. Voyez voir ce que ie di d'a-
uantage de ce ſel en mon Hydre Morbifique, exterminée par l'Hercule Chimique,
comme auſſi en mon Cabinet Royal. Au
ſeul Dieu trine en vnité, ſoit rendu tout hôneur, gloire & loüange à jamais. Amen.

Des Sels extraicts des pierres & gemmes.

CHAP. V.

Sel de pierre d'homme.

Renez pluſieurs pierres ou calculs extraicts. du corps humain, puluerifez les bien diligemment, puis les ayant méſ-
lez auec efgale part de ſalpeſtre rafiné, on
les calcinera dans vn grand creuſet, en y
mettant coup ſur coup des charbons ardés
& bien allumez, remuant touſiours voſtre
matiere, afin que le deſſous ce calcine auſſi
bien que le deſſus. Continüez cette procedure 4. ou 5. fois iuſques que vous ayez vos
pierres blâches comme le laict. Quoy fait,
(& ayant retiré toute la ſalſature du ſalpe-

ftre, par ablutions reïterees d'eau vn peu
chaude) vous fairez diffoudre cette calcination à l'humide d'vne caue , que s'il reftoit quelque chofe vous le fairez calciner
comme deffus, puis rediffoudre, continuät
ainfi iufques que tout foit diffoult. Faites
exaller cette diffolution dans vne petite cucurbite, iufques à ce que le fel demeure có-
gelé au fonds, lequel vous garderez pour
l'vfage. Que fi vous le voulez auoir plus
parfaict, il le faut diffoudre auec fuc de citron, terebenthiné, filtré & clarifié , felon
l'art, lequel on retirera par le bain iufques à
ficcité, le fel demeurant au fonds du vaiffeau, que garderez à l'vfage.

Dofe & vertus.

Sa dofe eft de 3. à 6. gr. en vin blanc , ou
autre vehicule conuenable, donné au croif-
fant de la Lune, par plufieurs fois , il chaffe
puiffamment la pierre des reins & de la
veffie.

Mefme methode peut on tenir à l'ex-
traƈió du fel de criftal, lequel eft auffi tres-
fingulier contre la pierre des reins & de la
veffie, fi on en dóne 3 f. auec eau de parietaire ou de violettes de Mars. Il eft en outre

incōparable pour faire croiſtre le laiǎt aux
nourrices qui en ont peu.

Par meſme voye tirera-on le ſel de la
pierre judaïque, de lynx, de pierre d'eſpon-
ge, des petites pierres blanches congelees
aux caues de Tours, pierres d'eſcreuiſſes,
pierres de perche , &c. leſquels tous
ſont tres-ſinguliers pour la diſſolution &
extirpation du calcul.

Semblable methode peut on tenir à l'extraction de celuy des pierres precieuſes,
comme Rubis, Grenats, Eſmeraudes, Hya-
cintes, Topaſes, Amethyſtes, &c.

Tous ſes ſels ſont eſmerueillables contre
toutes les maladies contagieuſes & venins,
donnez auec vehicule conuenable.

Sel de perles.

Prenez des perles Orientales, telle quantité que vous voudrez, broyez-les dans vn
mortier de marbre, ou de verre auec ſon
pilon, mettez ces perles ainſi broyées dans
vne cucurbite, & ſur icelle du vin-aigre diſtilé, par deux fois. Laiſſez digerer cela, iuſques à ce que le vinaigre ce ſoit chargé de
la diſſolution des perles. Quoy faiǎt, filtrez
voſtre vin-aigre ainſi empreint du ſel des

perles, puis le faictes euaporer, iusques à
ce que le sel de perles, demeure au fonds.
Prenez & amassez diligemment ce sel, & le
lauez auec l'eau distilée de rosée de May,
cueillie sur le froment, laquelle vous éua-
porerez : continuez cela 5. ou 6. fois & vous
aurez le sel de perles blanc comme neige.

Par ceste mesme voye vous tirerez le sel
de coral, n'y ayant en son operation autre
chose à demesler qu'à celle des perles susdites.

Vertus du sel de perles.

Ce sel est grandement cardiacque; conserue le corps en santé ; redime en son
pristin estat celuy qui a souffert quelque
grande maladie; corrobore, & fortifie le
cerueau & la memoire; guerit l'appoplexie & le vertigo; est tres-singulier contre
les contractures & resolutions des nerfs,
conuulsions & phrenesies; augmente le
laict, & la semence de l'vn & de l'autre sexe; guerit les gouttes, & les douleurs causees de la verolle ; est incomparable aux
émaciez, & aux extenuez de vieillesse, car
il augmente corrobore & fortifie puissamment l'humeur radical. Que diray-je dauantage de ses vertus, car elles sont si gran-

des qu'il peut estre apparié auec l'Or potable.

Dose.

Sa dose est de 8. à 12. & 15. gr. auec eau
de tourne-sol.

Vertus & vsage du sel de coral.

Ce sel est tres-singulier à la purification
& mondification du sang, donné auec eau
de chicoree ; il arreste tout flux menstruel
excessif, auec eau d'armoise ou de melisse;
il arreste aussi les hemorrhoïdes ; il corrobore & fortifie le cœur & l'estomach, & les
deffend contre toutes sortes de venins ; il
ouure toutes les obstructions des parties
principalles, & a vne particuliere vertu de
dissoudre le sang qui est coagulé ; en l'hydropisie paralisie, spasme & conuulsion, il
faict des miracles prins en eau de canelle;
& auec celle d'arreste-bœuf, contre le calcul. En outre appliqué exterieurement, il
guerit les vieux & malings vlceres.

Dose du sel de coral.

Sa dose est de 6. à 10. grains pour les ieu-

nes & debiles ; & d'vn fcrupul à deux, pour
les plus aagez & robuftes. On verra en ma
Pharmacopée Spagyrique, aydant Dieu,
le moyen de preparer ce fel en telle façon
qu'il fe rend en huile en mefme temps qu'il
eft enuironné de l'air. Adjouftons, auant
faire fin à ce chapitre, la façon de tirer le
fel de fuccin, enfemble fes vertus, vfage &
dofe.

Sel de fuccin.

Prenez le fel qui eft fublimé, en diftilant
l'huile de fuccin (ainfi que nous auós enfeigné cy-deffus en la fleur des huiles) & le dif-
folués auec eau de majoraine , laquelle,
eftant filtrée, fairez éuapporer au bain marie à feu tres-lent , jufques à ce que le fel
demeure fec au fonds, ou attaché au parois
du vaiffeau. Diffoluez derechef ce fel en
pareille eau que deffus , filtrez la , & éua-
porez comme deuant , iufques à ce que le
fel demeure fec , lequel eftant amaffé garderez pour l'vfage.

Vertus, dofe, & vfage.

Ce fel eft doüé d'vne excellente vertu
dieuretique , car il chaffe auec vn grand

contentement l'vrine retenuë ; donné de 3.
à 4. 6. 8. ou 10. grains en eau d'arreste-
bœuf, ou de perfil. Au Trine en vnité
Pere, Fls & fainct Efprit, foit honneur,
gloire & loüange. Amen.

Des fels, ou vitriols extraicts des metaux.

C H A P. VI.

Sel ou vitriol de Sol.

Renez du Sol paffé 2. fois par
l'antimoine ʒ iiij. reduifez-le en
petites lamines deſliées, lefquelles mettrez dans vne cucurbite, & par deſſus de l'efprit de nitre
bien purifié, qui furnage d'vn doigt ; fermez ce vaiſſeau auec fon chapiteau aueugle, & mettez digerer l'efpace de 24. heures au bain vaporeux, puiſ diſtilez, à chaleur lente, les efprits plus volatils du nitre,
iuſques qu'il ne diſtile plus rien. Le tout
eſtant refroidy, remettez au vaiſſeau d'autre efprit de nitre, digerez & diſtilez comme deſſus : continuant ceſte operation, iuſ

ques que voftre Sol foit augmenté en poids
de 2. ou 3. onces, des efprits plus fixes du
nitre. Ce faict, chaffez tout le phlegme à la
vapeur du bain boüillant : puis le vaiffeau
eftant bien bouché, le mettrez en digeftion
l'efpace de 30. iours au bain vaporeux, dans
lequel témps le Sol fe changera en eau vifqueufe, & blanche, laquelle mife en lieu
froid fe congelera en vitriol. Duquel parlant les Philofophes Chimiques, ont dit,
Vifitabis, Interiora Terræ, Rectificando, Inue-
nies, Occultum Lapidem Veram Medicinam.

Par cefte mefme voye que deffus, vous
fairez le vitriol de Lune, pour trauailler au
blanc, obferuant les mefmes regimes que
dit eft du Sol. Si à ces deux vitriols, ioincts
enfemble par deuë proportion, on adjoufte le Mercure de l'Or, & le tout paffé par
le feu des vrays Chimiques, on le rendra
femblable en vertu, puiffance, & richeffe,
à ce magnifique Prince que plufieurs cherchent & que peu treuuent. Voyez voir ce
que i'en dis plus à plein dans mon Hydre
Morbifique exterminée par l'Hercule
Chimique, au liure de Lepre, chap. 7. de
la preparation des medicamens.

Dose, & vertus.

La dose de cest azoth, est d'vn grain tant seulement, à toutes maladies desesperées, sans exception ; & ce en vin genereux, ou boüillon.

Sel ou vitriol de Mars.

Prenez limaille de fer bien deliée ℥ ſ. prenāt garde qu'elle ne soit point poudreuse; icelle mise dans vne cucurbite de terre, versez dessus goute à goute, ℈ ij. d'huile de soulphre, faict par la Campane : ce qu'estāt faict, vous verrez en mesme temps le tout s'eschauffer & boüillir comme s'il estoit sur le feu, pendant laquelle ebullition le fer se dissoudra tout. Laissez les quelque temps en repos, afin que le tout se refroidisse à loisir, & vous verrez qu'il s'y faira des cristaux qui feront au goust aucunement doux, & lesquels se fondront sur la langue ; aussi purgent-ils par les crachats & insensible tranfpiration.

Prenez ces cristaux & les dissoluez en eau de pluye distilee; filtrez icelle par deux fois. Quoy faict, faites euaporer la moitié de cette eau, & expofez l'autre moitié au froid, mettāt au dedans des petits baftons, afin que les criftaux s'y attachent, & voftre fel auparauant diffoults retournera en criftaux, que garderez foigneufement pour l'vfage.

Vertus, dofe & vfage.

Ce fel eft incomparable contre l'afthme, dōné 2. ou 3. gr. en quelque fyrop pectoral, faisāt fon effet feulemēt par les fueurs. Il eft auffi fingulier pour la toux & toutes autres infirmitez de la poictrine. On peut tirer l'efprit & l'huile de ce vitriol en la mefme façon qu'on le tire du vulgaire : voyez-en la façon, & les vertus cy deffus en la Fleur des huiles.

Sel ou vitriol de Venus.

Le cuiure doit eftre calciné auec fa 8. pàrtie de foulphre enuiron 9. ou 10. fois. Cefte chaux eftant puluerifée, fera diffoute en eau boüillante, remuant toufiours auec vn bafton iufques à ce que l'eau foit refroidie. Quoy faict, filtrez cét eau, def-ja chargée au fel de venus, puis en faictes éuapporer

les trois quarts , mettant le reste en lieu
froid, ou ce produiront des cristaux de couleur bleuë , &c. C'est ce vitriol icy duquel
il faut tirer l'huile & non d'autre , lequel a
des vertus incomparables , ainsi que nous
auons dit cy-dessus en la fleur des huiles.

Sel ou Vitriol de Iupiter.

Pr. du fin estain de cornoüaille , lequel
mettrez dãs de l'eau forte faite de salpestre
& d'alun. Versez par inclinatió ladite eau,
apres que tout l'estain sera precipité, & faites desseicher la poudre, laquelle fairez sublimer en vn sublimatoire : amassez ce sublimé & le faites dissoudre dans du vinaigre 2.
fois distilé, que fairez digerer 2. iours durãt,
remuant souuent le vaisseau. Quoy fait,
versez par inclination ledit vinaigre, & en
remettez d'autre par dessus les fœces, lequel estant chargé de dissolution verserez
comme le premier. Continuez cette procedure iusques que tout soit dissoult , puis
retirez ces menstruës par le bain en vne cucurbite, iusques à siccité. dissoluez la poudre qui sera au fonds auec du bon esprit de
vin , puis la mettrez en digestion comme
dessus, versez ce qui sera dissoult, & y en re-

mettez d'autre; continuant cefte procedure iufques que la diffolution foit acheuee.
Cela faiôt, extrayez les deux tiers de l'efprit de vin, au bain; & le refte mis en lieu
froid, s'y formeront des criftaux, lefquels
amaffez on gardera pour l'vfage.

Notez que tous ces criftaux fe refoudrõt
à l'humide d'vne caue en liqueur, auffi facilement que du fuccre; & cette liqueur circu-
lee eft incomparable pour les maladies que
nous auons nommees cy-deffus en la Fleur
des huiles, parlant des huiles des metaux.

Ie diray en ce lieu en faueur des enfans
de la Science, que ces criftaux maniez artiftement auec ceux de Mercure, & reduiôts
en liqueur, le foulphre de Soleil eft rendu
vegetable par icelle. Auffi ce doôte An-
glois, Roger Bachon, en fon miroir des
Sept chapitres, en ayant recogneu les ef-
feôts, les faiôt tous commencer par les
mots fuiuans, *In Verbis Prefentibus Inuenies
Terminum Exquifitæ Rei*; lefquels affemblez
font vn fens qui manifefte fon intention; &
les premieres lettres d'iceux reduites en vn
vocable, ce moticy IVPITER. Tout ainfi
que les dernieres des derniers mots de
chafque chap. A fçauoir, *proieôtioniS*, *de-
beT*, *totA*, *rameN*, *bitumeN*, *nutV*, *inæter-*

num; font STANNVM, qui eſt le meſmes que Iupiter, ſelon le chifre Chimi-
ſtique.

Ne vous amuſez pour cela, lecteurs, à
trauailler ſur l'eſtain cómun, car vous vous
tromperiez : mais lors que vous aurez a-
pris de quel eſtain entend parler ce Philoſophe, pour lors faictes à la bonne
heure, ce à quoy voſtre bon Genie vous
conduira. Toutefois de cecy nous en parlerons plus amplement en noſtre liure des
obſeruations chimiques.

Sel ou criſtal de Mercure.

Pour faire le criſtal de Mercure il le
faut précipiter dans de l'eau faicte de
vitriol, dalun & de ſalpetre ; ſçauoir, dans
deux liures, vne liure de Mercure. Puis le
tout eſtát verſé dans de l'eau marine il tombera vne poudre blanche au fonds, laquelle
vous fairez reuerberer au reuerbere planché par deux iours entiers : apres leſquels
vous mettrez cette poudre ſur vne table de
marbre à l'humide d'vne caue, ou elle ſe refoudra en liqueur. Prenez ceſte liqueur, laquelle vous mettrez (apres l'auoir filtrée)
dans vne petite cucurbite & icelle ſur le

feu iufques à ficcité. Prenez derechef tout
ce fel & le faictes reuerberer au reuerbere
planché ; apres quoy , vous le diffoudrez
par ebullition auec eau de rofée de May diftilée deux fois : toute la diffolution eftant
faicte, vous fairez éuaporer la moitié de
cefte eau, & le refte mettrez à la caue en
lieu froid pour y faire creer des criftaux,
que vous amafferez à mefure qu'ils fi cree-
ront, & les garderez à l'vfage:

Vertus, & dofe, defdits criftaux, ou fel de Mercure:

Ils purgent doucement fans vomiffe-
ment, ny aucune émotion viollente, & font
vn effect incomparable , contre la verolle,
pefte, goutte , &c. donnez du poids de ʒ.
grains iufques à ℈ f. auec vehicule conuenable.

Sel ou vitriol de Saturne.

Ce fel s'extraict de la chaux de Saturne,
fi l'on verfe par deffus du vinaigre diftilé,
tant & fi fouuent que tout le fel en foit extraict: filtrez en apres tous ces menftruës,
puis les coagulez dás vne cucurbite au feu

à cendres. Finalement, distilez sur ce sel de
l'esprit de vin alcalisé par six fois en coobant, & il acquerra vne vertu admirable
pour guerir les maladies que nous auons
descrites en nostre Hydre Morbifique, exterminee par l'Hercule Chimique, au liu. de
lepre, cap. 7. de la preparation des réme-
des, où le Lecteur les pourra voir.

Nous pourrions icy joindre toutes les
precipitations, & sublimations, comme
estans des moyens pour extraire les sels de
tous les metaux, & mineraux, mais cela est
reserué en nostre Pharmacopee Spagyrique: Aydant Dieu, auquel soit honneur &
gloire à tousiours.   Amen.

Des Sels composez.

CHAP. VII.

Sel medicinal Spagyrique.

Renez sel commun decrepité,
℔ j.
Sels de canelle,
De poiure,
De gingembre,

De macis, an. ℥ſ.
Sels d'hyſſope,
D'origan,
De pouliot, an. ʒ ij
Faictes ſel en ceſte façon.

Pulueriſez ces ſels tous enſemble , puis les mettez reuerberer au reuerbere planché : Quoy faict, diſſoluez les dans de l'eau de pluye diſtilée deux fois , laquelle ayant filtrée , fairez éuaporer au four à cendres, iuſques à ſiccité. Amaſſez ce ſel , lequel reduit en poudre fort ſubtile , garderez pour en vſer en vos repas.

Vertus.

Il eſt ſingulier contre les veilles douleurs de teſte ; diſſipe la goutte ſereine, appaiſe les douleurs des dents ; guerit les piqueures & douleurs de l'eſtomach & le fortifie , le deſſeichant & purgant du tartre qu'il contient,que le plus ſouuent nous cauſe des grandes maladies ;arreſte toutes fluxions qui diſtilēt du cerueau: guerit la toux, & la difficulté de reſpirer ; faict bonne haleine,& entretiēt long-temps en ſanté ceux qui en vſent.

Seldeſ

Sel des Philosophes.

Prenez sel d'Or,
Sel d'antimoine, an. ℥ ſ.
Sel commun decrepité, ℥ viij.
Sel de vitriol, ʒ j.
Sels de Chicoree,
De germendree,
De meliſſe,
Et de valeriane an. ℥ j.
Sel d'abſinthe ʒ ij.

Faites ſel, comme deſſus eſt dit du ſel medicinal Spagyrique, car il n'y a autre choſe à demeſler qu'à celuy là, & gardez pour l'vſage.

Vertus.

Par l'vſage quotidien que l'on faira de ce ſel, on verra qu'il n'y a cancer, fiſtule, noli-me-tangere, & autres vlceres tels malings qu'ils ſoient, qui luy puiſſent long temps reſiſter, &c.

Sel des Pelerins.

Prenez ſel nitre purifié,

Sel decrepité,
Sel gemme, an. ℥ j.
Sels de galanga,
De cubebes,
De macis, an. Ə j.
Faites de tout cela sel selon l'art.

I'ay parlé cy-deſſus deux ou trois fois du sel decrepité, ce que parauanture pluſieurs liront qu'ils n'entendront pas ; c'eſt pourquoy je leur apprens icy que ce que les Chimiques entendent communément par sel decrepité, c'eſt quand le sel commun eſt fondu dans vn creuſet, comme ſi c'eſtoit du metail. Mais afin de le rendre plus puiſſant en vertu ; je deſire que lors qu'il aura eſté fondu, qu'on le diſſolue auec du vin blanc, lequel ayant filtré par deux fois, le fairez euaporer iuſques à ſiccité. Fondez derechef ce sel, puis le rediſſoluez en vin blanc, que filtrerez comme deuant, & fairez euaporer iuſques à ſiccité. Ce sel derechef fondu ſera gardé pour l'vſage. Eſtant à noter qu'il s'appelle pour lors, non ſeulement sel decrepité, mais auſſi sel fuſil.

Il eſt incomparable pour corroborer &

fortifier l'eſtomach, ayder à la digeſtion, &
preſeruer puiſſamment de putrefaction.
Eſtant à noter que ſi ceux qui nauigent ſur
la mer, vſent tous les matins à jeun 4. gr. de
ce ſel ils n'auront iamais mal ny douleur à
l'eſtomach, & ne vomiront point.

Adition au ſel des Pelerins.

Prenez du Sel des Pelerins ſuſdit ℥ iij.
Alcool de vin ſeché ℔ ſ.
Sel de grains de genieure ℥ ij.

Faites compoſition, la dóze de laquelle eſt d'vn grain en bon vin, pour les affections ſuſdittes.

Ie diray en ma Pharmacopée ce que j'entens par Alcool de vin ſeché, aydant Dieu,
comme de pluſieurs autres ſortes de ſels
que nous obmettons eſciemment en ce
lieu. L'honneur, la gloire, & la loüange en
ſoit renduë à Dieu immortel, & inuiſible,
aux ſiecles des ſiecles. Amen.

Fin de la cinquieſme fleur du Bouquet
Chimique.

FLEVR
SIXIESME
DV BOVQVET
CHIMIQVE,

Traictant des pilules, tant en
general qu'en particulier.

Et premierement des pilules en general.

CHAP. I.

Vant paſſer outre aux pilules,
il ne ſera ce me ſemble hors
de propos, d'aduertir ácy le
lecteur, du ſubjet pour lequel
j'obmets les Extraicts, Magiſteres, les Teinctures, les Vins compoſez
mediciñaux, les Elixirs, les Syrops Spagy-

riques, & les Clissus. Car il est vray que suiuant nôstre tache, & l'ordre de la Pharmacie, c'estoit icy le vray lieu où il en falloit
parler, & non sauter tout d'vn coup des sels
aux pilules. Mais qui considerera que n'e-
stant seulement qu'à la moitié de ce liure, il
surpasse des-ja la grandeur d'vn juste volume, ne me sçaura pas mauuais gré si es-
ciemmét je les trásporte de ce lieu, pour en
decorer & orner ma Pharmacopee Spagyrique : car pour traicter dignement des
medicamés susdits & seló leur merite, il me
faut vne plus grande estéduë que celle que
je desire donner à ce volume. Mais à celle
fin de n'estre regardé de trauers des curieux estudiens en la Chimie, nous osterons
vne partie des Tablettes, Trochisques, Electuaires, Antidotes, Emplastres, Onguents
& Liniments, preparez chimiquement , de
nostre Pharmacopee pour les transplanter
en ce lieu, en eschange des remedes susdits. Ioinct qu'aux preparations que nous
donnerons cy-apres des remedes qui construisent les compositions que nous don-
nós en ce liure, on y treuuera quelque chose d'equiualent aux remedes susdits. D'ailleurs est à noter aussi , que si par fois en
nos autres œuures nous auós promis quel-

ques remedes, qu'on deuoit treuuer en cé
œuure, lefquels cependant ne s'y rencontrent point,cela doit eftre attribué à la caufe que nous auons rapportee touchant les
remedes fufdits. Ces raifons prifes fauorablement, pour mon efcufe, du lecteur,nous
viendrons aux pilules.

Les pilules donc , font ainfi appellees
d'autant qu'elles font rondes comme vne
balle ou eftœuf, dit des Latins *pila*; auffi à
caufe de leur rondeur on les auale facilement toutes entieres fans les mafcher; c'eft
pourquoy les Grecs les ont nommees *Ca-*
tapocia.

Or la caufe pourquoy on les forme ainfi
de figure ronde ,les Pharmaciens ordinaires fe font efforcez d'en donner quelques
raifons, entre-autres celles icy: que le ventricule les reçoit & embraffe, eftans rôdes,
auecplus de volupté qu'il ne fairoit pas fi elles eftoiét inefgales, car cefte figure le blef-
feroit,qui feroit la caufe qu'il ne les redui-
roit pas fi toft de puiffance en acte.

Secondement,ils difent que c'eft pour
s'accommoder aux malades qui ne peuuét
prendre des potions purgatiues, &c.

En troifiefme lieu , qu'elles attirent
plus commodémét des parties efloignées,

les humeurs froids & visqueux.

La quatriesme raison est , disent-ils, qu'elles estant composees de medicamens malings , violents , & ingrats au palais , outre leur goust des-agreable, ils picqueroient & rongeroient par leur acrimonie, les membranes du ventricule & intestins, comme aussi les veines capillaires du mesentaire , & veine porte, d'où s'ensuiuroient des grandes douleurs & hypercatharses, &c.

Ces raisons ont quelque vray semblance, prinses en la maniere & biais que nous les allons prendre maintenant ; car il est vray que l'estomach les embrasse auec volupté, mais non pas totalement à cause de leur rondeur, mais bien à cause de leur excellente preparation par l'art Chimique, par laquelle les medicamens qui les composent sont separez de leurs impuretez ; & n'y restant rien que le pur & homogene, leurs effects en sont bien plus euidents en l'atraction qu'ils font des humeurs froids & visqueux, lesquels ne cederoient nullemẽt, ou difficilement, à autre medicament qui seroit accompagné de ses parties étherogenes. A quoy leur ayde beaucoup cette figure ronde, parce que les vertus du medi-

cament vnies ensemble, sont bien plus effectrices que separees. A quoy nous pouuons adjouster, le point de crainte qu'on a
des accidents susdits, & ce attendu leur exacte preparation par l'art Chimique ; car
leur corrosion, & mordication estant cor-
rigees par iceluy; on n'a rien à craindre des
accidens susdits.

Or de toutes les pilules que jusques à
maintenant on a descrites, les vnes sont
purgatiues, les autres anodines ; quelques
vnes sont somniferes, narcotiques, incras-
santes; les autres cordiales, & corroborati-
ues; les vnes astringentes; les autres preseruent de la toux & des defluxions; & plusieurs autres dont le nombre en est si grãd,
que ce seroit à moy vn ennuyeux labeur de
les vouloir toutes nombrer: toutesfois nous
en baillerons quelques formulaires cy-
apres.

Mais il est à noter auãt faire fin à ce chap.
qu'en leur preparation il faut estre grandement exact en l'extraction des qualitez des
ingrediens qui entrent en icelles (qui sont 3.
sçauoir, teincture, odeur, & saueur) lesquelles doiuent estre tirees chacune à part auec
leur menstruë propre, suiuant que la nature
& cõdition d'vn chacun d'iceux le requiert:

procédent apres aux autres operations
pour parfaire lefdites pilules, & leur donner la forme ainfi que la Chimie l'aprend:
& qui y procedera autrement & felon la
vulgaire façon, fera priué d'vne des principales intentions, qu'on a en la compofition
d'icelles, fçauoir la fermentation; laquelle,
comme il a efté monftré cy-deuant en la
Fleur feconde, eft vne action qui fe fait des
qualitez tirees d'vn ou plufieurs medicamens, lefquelles viennent à s'introduire
les vnes dans les autres, par le moyen de
l'art. Or cette fermentation eftant accomplie, les vertus des medicamens font aug-
mentees, d'où en refulte nouuelle force &
puiffance. Ce qui ne peut arriuer qu'en ex-
trayant du corps, & de la fubftance du medicament, les trois qualitez fufdites, les plus
pures & homogenes qu'il fera poffible ; les
vniffant toutes trois en vne feule & pure
fubftance, laquelle fera dicte pour lors l'A-
me du medicament. Au feul Dieu trine en
vnité, foit rendu toute gloire & loüange à
jamais. Amen.

Des pilules en particulier.

CHAP. II.

Pilules Imperialles, chasse-fieures.

R. Aloës succotrin, ℥ j. ſ.
Mirrhe rouge, & tres-claire,
Saffran an. ℥ vj.
Teincture de soleil,
Magiſtere de coral,
Eſſence d'antimoine an. ℈ j. ſ.
Faictes maſſe en cette façon.

Meſlange.

Vous formerez ces pilules auec ſuc d'abſinthe, en ceſte façon. Puluerifez l'Aloez, lequel vous meſlerez auec ſuffiſante quátité de ſuc d'abſinte, l'humidité duquel ſuc vous fairez exaler, dans vn vaiſſeau de terre verniſſé, à feu de cédres, remuant touſiours auec vne ſpatule d'argènt, iuſques que le ſuc ſoit bien meſlé auec l'Aloez, & qu'il ſoit comme en conſiſtance de miel. Adioutez par apres la mirrhe bien puluerifée, &

paſſée par le thamis de ſoye, remuant touſ-
ſiours, apres le Saffran; & en ſuitte la Tein-
ɛture, le Magiſtere, & Eſſence. Mais il faut
que le vaiſſeau ſoit hors de deſſus le feu. Le
tout meſlangé, vous l'enuelopperez en vne
veſſie de porceau, puis miſe dans vn petit
pot de fayance, ou autre, garderez à l'v-
ſage.

Vertus, doſe, & vſage.

De demy dragme, iuſques à vne, ou
vne & demie, ſelon les corps. Priſes au matin à ieun font des miracles à la gueriſó des
fieures. Notez qu'il faut ſeigner le iour
de l'accez, deux heures auant qu'il
vienne, de la veine ſaluatelle dite ſplenique, entre l'auriculaire & le medicus.

Pilules nompareilles, de campy.

Pr. terebenthine de Veniſe, ℥ iiij.
Extraiɛt d'ambre, ou ſon ſel ℥ ſ.
Extraiɛt de grains de lierre,
Faiɛt auec le flegme d'alun ℥ j.
Bol armenien, & terre
Seelée preparez an ℥ ij.
Extraiɛt de fleurs de balauſtres ℥ ſ.
Extraiɛts d'irys.

Et d'agni casti , y adioustant les sels des
fœsses. an. ʒ ij.
Sang de dragon en larme, ʒ ſ.
Sels de coral rouge
Et coral blanc an. ʒ iij.
Sel de reubarbe ʒ ij.
Momie vraye ʒ j.
Saffran de Mars Astringent ,
Preparé selon ma façon ʒ ſ.
Camphre disout auec eau calibée de ma
façon ʒ ij
Faictes masse de pilules ainsi que sensuit.

Meslange.

Faictes à demy cuire la terebenthine,
dans vn vaisseau de terre vitré, à lent feu,
auec eau rose, eau de plantain, vin blanc,&
suc de cheure-fueille, iusques à leur consomption. Adioustez alors à la terebenthine, l'extraict d'ambre, la momie, l'extraict des grains de lierre, & des fleurs de
balaustres, côme aussi les terres , & les coraulx, remuant tousiours auec vne spatule;
en suite, les extraicts d'yris , d'agni casti,
le saffran de Mars, & le Camphre. Gardez
ceste masse de pilules, enueloppée dãs vne
peau d'alude,& jcelle dans vn pot de fayance, & ce pour l'vsage.

Preparation.

L'Extraict des grains de lierre se tire auec flegme d'alun, le faifant par apres éuaporer à feu lent. Et l'Extraict des balauftres fe tire auec l'efprit acide de chefne. Le bol & la terre feelee fe preparent en cefte façon. Il les faut dilayer, dans vn vaiffeau de verre propre à diftiler, & ce auec flegme d'alun, y en mettant tant qu'il furmonte d'vn doigt. Apres retirez ce flegme par diftilation, à la chaleur des cendres : puis remettez par deffus de nouueau flegme puis rediftilez : reïterant tant de fois que les terres demeurent au fonds comme huile. On retirera cefte liqueur, laquelle on fera feicher au Soleil, ou à lente chaleur.

Vertus.

Sept de fes pilules de la groffeur d'vn pois, prinfes chafque matin trois heures auant manger, continuant fept ou huict iours, gueriffét affeuremét la chaude-piffe, gonorrhée, & fleurs blanches aux femmes. Ce feul remede icy, abfterge, glutine deffeiche, & mitige.

Notez qu'il faut auoir premierement purgé le malade auec vne prinse de Mercure de vie, vn clistere ayant precedé, ainsi que i'enseigne en mon liure de verolle. Toutes fois si l'on veut purger quatre ou cinq iours durant (apres la prinse du Mercure de vie) & ce auec mes pilules antiueneriennes cy-dessous escrites, ne sera que bon ; puis vser de mes nompareilles iusques à entiere guerison, s'il n'estoit desja guery. Notez quelles guerissent aussi la dissenterie.

Pilules Angeliques.

Pr. fueilles de sené Oriental mondées ℥ iiij.
Reubarbe éleuë.
Agaric blanc trochisqué an. ℥ ij.
Suc de bourroche despuré ℔. ij. s.
Aloës tres-clair ℥ ij.
Resine de racine d'Angelique,
Myrrhe rouge,
Saffran,
Sel de chardon benit an. ʒ ij.
Esprit de sel commun ℈ j. s.
Faictes masse en la façon qui suit.

Meslange.

Faiêtes infuser le Sené, la Reubarbe, & l'A-
garic, dans le suc de bourroche par trente
heures ; puis vous adjousterez à l'expression, l'Aloës ; faiêtes exaler à petit feu dans
vn vaisseau de terre vitré, jusques à consistance de poix. Adjoustez-y en suitte la
Resine, la Myrrhe, le Saffran, le Sel, & l'esprit de sel. faiêtes masse, tousiours en remuant, qu'enueloperez auec vne vessie
de porceau, & icelle garderez dans vn pot
comme les autres.

Preparation.

L'Agaric Trochisqué se prepare en ceste
façon. Prenez de l'Agaric blanc & beau, &
apres l'auoir rapé menu, arrousez le auec
du Suc d'absinte, en faisant vne masse laquelle on pilera tres-bien dans vn mortier:
en apres formez en des petits Trochisques
lesquels fairez seicher, & garderez pour
vous en seruir.

La resine d'Angelique se faiêt en prenant des racines d'Angelique recétes, non
cariées ny vermoullües, coupez les menu,

puis les mettez infuser dans de bonne eau
de vie, tant qu'elle nage par dessus trois
doigts ou enuiron: laissez-la en infusion par
deux iours naturels, puis l'ayāt coullée faites exaler l'eau de vie par distilation ou autrement, à feu lent, iusques qu'il demeure
au fonds vne substance semblable à vne
góme ou resine, laquelle estant reduite en
telle consistance qu'on en puisse former des
pilules, & lauée deux ou trois fois auec de
l'eau rose, on la gardera pour l'vsage susdit.
Quand au sel de chardon benit, la façon
de le preparer est en la Fleur des sels cy-
dessus. Pour l'esprit de sel (qui est vne liqueur extraicte à force de grand feu, du sel
commun, claire comme l'eau, & aigre comme esprit de soulphre) la façon en est aussi
enseignée en la Fleur des eaux.

Vertus, dose & vsage.

La dose de ses pilules, est d'vn scrupul
iusques à vn dragme par fois ; elles
purgent benignemét tous humeurs grossiers , visqueux , & tartareux de l'estomach & de ses parties circonuoisines ; ouurent les obstructions, dissipent les vents
enclos, confortent l'estomach, & resistent

à la

à la corruption. S'il est question de purger
des personnes robustes, on les peut aigui-
ser auec les Trochisques d'Alandal, sçauoir
trois ou quatre grains desdits Trochisques
par chasque dose. Ces pilules sont tres-
excelentes pour purger en temps de peste,
car elles resistent grandement contre l'infection d'icelle maladie, à cause des remedes grandement balsamiques qui y entrêt:
Comme sont l'Aloés, la Mirrhe, le Saffran,
l'Angelique, & les sels, c'est pourquoy on
les pourroit appeller à bon droict pestilentielles.

Pilules cephaliques.

Pr. Extraicts de Sené mundé ℥ iiij.
D'Epithime ℥ iij.
D'Agaric blanc ℥ j.
D'Aloés épatic,
D'Escamonée an. ℥ ſ.
De Gingembre blanc ʒ ij.
Secret de Vitriol acide ʒ ſ.
Musc esleu gr. x.
Huile de Majoraine, gout. xv.
Faites masse en cette façon.

Tt

Preparation & meslange.

Les Extraicts doiuent estre faicts auec l'eaü de lys de vallees acuée , & puis reduicts par éuaporation , à consistance de poix. Quoy faict, vous y adjousterez le secret de vitriol,le musc,& l'huile, remuant tousiours, & garderez à l'vsage.

Vertus, dose & vsage.

La dose de ces pilules , est de demy dragme iusques à vne. Elles purgent sans aucune lezion;corroborent le Cerueau,côfortent l'Estomach; desseichent les humiditez superfluës ; sont admirables pour les Asthmatiques, dissipent les vents , & prouoquent l'vrine.

Notez , touchant les Asthmatiques,qu'apres la purgation d'iceux par les pilules susdites , il leur faut appliquer des ventouses scarifiees sur les espaules.Apres oindre l'espine du dos, trois jours durant, auec graisse de vipere chaude , puis vser des Tablettes dia-juniperines, descriptes cy-apres en la Fleur des Tablettes,desquelles ils prendrôt ℥ j. s. le matin à jeun l'espace de quinze

jours. Apres tout cela ils vseront de la decoction descripte en ma Pharmacopee Spagyrique, en la section des Eaux composees,
& ce chasque matin ℥ iiij.

Or pendant l'vsage de tout ce que dessus,
il faut corriger l'air de la chambre auec ce
qui suit. Pr. Roses, Thus, Mastich, Santauls,
& fueilles de Tussilago, tant qu'il vous plaira; faictes-en poudre de laquelle mettrez
vn peu sur vn rechaud chasque matin.

Pilules panchymagogues antiueneriennes, de no-
stre description.

Pr Extraicts de pulpe de colocynthe,
D'Elebore noir,
D'Escamonee, an. ℥ ij. s.
Extraicts de Turbith, resineux,
D'Ermodactes,
De Ialap,
D'Agaric,
D'Aloés,
& de Roses pasles, an. ℥. j. s.
Extraict de fueilles de Sené oriental, ℥ iiij,
Extraict de Rheubarbe choisie, ℥ ij.
Magistere de Tartre, ℥ s.
Poudre Diarrhodon abbatis, ℥ j.
Triasantali, ℈ j.

Mercure precipité philosophiquement à
  part soy, ou auec l'Or essensifié, ʒ j.
Syrop d'Estœchas, ʒ j.
Eau de Canelle, ʒ ii.
Formez vne masse de pilules en cette façon.

Preparation & meslange.

Plusieurs de ces Extraicts doiuēt estre preparez auec l'eau de vie Anisée, à la façon
qu'il est enseigné en ma Pharmacopée Spagyrique en la section des Extraicts. Quoy
faict, vous meslerez le Syrop d'E. stœchas
auec l'Extraict de fueilles de Sené, l'eau de
Canelle, auec celuy de Colocynthe & d'A-
loés, & puis vous meslerez ces 3. ensemble;
en suite la poudre Diarrhodon & Triasantali. Quand aux autres Extraicts, n'importe
qui yra le premier, proueu que les mesliez
tres-bien. En dernier lieu vous y mettrez le
Magistere de Tartre, & le Mercure precipité; faictes masse laquelle vous garderez
bien precieusement.

Vertus, dose & vsage.

Ces pilules guerissent entierement la

verolle & toutes ſes dépendances, ſi apres
la purgation, faiɕe auec mon Mercure de
vie, ou diaſolis ſtibiaty, de ma deſcription,
on en vſe quinze iours durant, chaſque matin à jeun, en prendre trois de la groſſeur
d'vn petit pois chaſcune, leſquelles feront faire trois ou quatre ſelles : pouuant augmenter ou diminuer la prinſe
ſelon la diſpoſition du corps ; voire meſmes obmettre vn iour entre deux ſi l'on ſe
trouuoit trop debile : & le iour que l'on
n'en prendroit pas, prendre demy dragme
ou vne dragme de bon Theriaque. Que ſi
on s'en vouloit ſeruir pour les chaudes-piſ-
ſes, on y doit meſler des Electuaires de
Diamargaritum Frigidum, & de Diatraga-
ganti Frigidi. Elles ſont admirables pour
toutes fluxions goutteuſes. Et pour le dire
en vn mot elles purgent vniuerſellement
tous les humeurs nuiſibles, purifient la
maſſe du ſang, conſeruent la ſanté du corps,
à cauſe de leur vertu balſamique: parquoy
auſſi elles empeſchent la generation des
vers & autres corruptions. Et outre la verolle, elles ſont tres-bonnes contre la Peſte, à la Lepre, Cancer, Noli-me-tangere,
Eſcroüelles, Hydropiſie en ſon commen-
cemēt, & autres maladies difficiles à guerir.

Tt iij

Desopillent & ouurent les obstructions du
Foye & de la Ratte, & prouffitent grandement contre le venin.

Pilules Panchimagogues, mineures, Antiuene-
riennes, de nostre description.

Pr. Teintures de Sené ℥ v j.
De Rheubarbe,
D'Agaric,
De pulpe de Colocynthe,
D'Aloés an. ℥ ij.
D'Escamonée ℥ j.
De fibres d'Elebore noir ℥ iiij,
Or de vie ℥ j.
Faictes masse, en ceste façon.

Preparation & meslange.

Tirez la Teinture du Sené, & Reubarbe,
dãs vn matrats de verre, auec eau distiléede
Fumeterre, & Chicorée. En vn autre matrats, tirez celle de Colocynthe, & d'Agaric;
& ce auec trois parties d'eau & vn quatriesme de vin-aigre distilé. Au troisiesme matrats, tirez la Teinture des fibres de bon
Elebore noir (notamment de celuy qui porte les fleurs rouges ou purpurées) ayant

premierement deſſeiché icelles fibres en
vne poëſle de fer, les remuant ſouuent de
peur quelles ne bruſlent. Par ce moyen on
éuapore certain Soulphre malin & fœtide
de l'Elebore, qui excitte pluſtoſt les con-
uulſiõs par ſa trop grande fœtur que par ſõ
éuacuation, qui n'eſt pas grande. Apres
l'auoir bien deſſeiché & pulueriſé, vous en
tirerez la Teinture auec le vin-aigre diſtilé.
Notez en paſſant, qu'il n'y à diſſoluant
plus propre pour tirer les Teintures de
tous les medicamens malings & fœtides,
que le vin-aigre diſtilé ; d'autant que non
ſeulement il refrene leur faculté vomitiue,
mais auſſi corrige leur puãteur qui fait tort
au Cerueau. Au quatrieſme matrats, on tire
la Teinture de l'Aloés, & Scamonée, auec
les ſuſdites eaux. Coulez toutes ces eaux
empreignées, par vn linge ſeparement: puis
les ayant faictes éuapporer dans quatre eſcuelles de beauuais juſques à conſiſtance
de Syrop fort liquide, vous les meſlerez
toutes enſemble, auant que les deſſeicher
d'auantage, afin qu'elles ſe puiſſent mieux
meſler ; puis acheuez de les éuapporer au
bain marie juſques à conſiſtance requiſe à
faire maſſe ; y meſlant ſur la fin l'Or de vie,
ou au lieu de ceſtuy-cy, de mon ſublimé

doux, meslé premierement auec ʒ ſ. de Mercure de vie, qui cauſe l'operation plus éuidente. Quoy faict, gardez à l'vſage.

Vertus, doſe, & vſage.

Meſmes poids de ceux-cy, que des Panchimagogues grádes, font les meſmes effects; voire & autres que l'experience faira cognoiſtre à ceux qui en vſeront. Que ſi on les veut rendre Emetiques, on y mettra les fleurs d'Antimoine blanches, preparées à la façon que nous enſeignons en noſtre Pharmacopee, & ce 7. 8. ou 10. grains pour chaſque priſe, ſelon la complexion des perſonnes.

Pilules Balſamiques viperines, de noſtre deſcription.

Prenez Teinture de viperes ʒ ij.
Liqueur balſamique de ſel doux de viperes ʒ j.
Teinture d'Or reduite en conſiſtance de miel ʒ ij.
Succre de ſel commun ʒ iij.
Huile d'Anis,
et Cinamome rectifiez an. Ʒ j.

Faictes maſſe auec vn peu de gomme tragagant.

Preparation.

La Teinture de viperes ſe prepare en ceſte façon.

Prenez au mois de Iuin 10. ou 12. viperes, auſquelles vous oſterez la teſte, queuë,
cuir, & inteſtins: tranchez la chair en petites pieces & la calcinez philoſophique-
mét par le feu ou Soulphre Balſamique de
nature. Apres mettez icelle chaux en vn
vaiſſeau de verre aſſez grand, verſez def-
ſus du Baulme du grand vegetable, qui ſurnage de dix doigts; couurez le vaiſſeau,
puis le mettez au Bain Marie, ou au fien de
cheual, iuſques à tant que ledit baulme ſoit
teinct en couleur rouge comme ſang: verſez iceluy par inclination, & en remettez
d'autre ſur voſtre chaux de viperes: continuant ceſte action iuſques à tant que toute
la Teinture des viperes ſoit extraicte. Ioi-
gnez tous les diſſoluans enſemble, & faictes euapporer à feu lent, iuſques à eſpaiſ-
ſeur de miel.

La liqueur du fel doux fe prepare en ceſte façon.

Prenez de la chaux de viperes ſuſdites, telle quantité que vous voudrez; icelle miſe en vn vaiſſeau de verre, verſez par deſſus de l'Eau Alcaliſée de meliſſe, bouroche & bugloſſe, qui ſurnage de huiĉt doigts: iceluy bien bouché mettcz au Bain marie tiede, iuſques que l'eau ſoit impregneé du Sel des viperes : verſez ceſte eau par inclination & en remettez d'autre, continuant iuſques à ce qu'elle en ſorte auſſi douce qu'on luy aura miſe, qui eſt vn ſigne que tout le Sel eſt extraiĉt de ladite chaux. Filtrez toutes ces Eaux impregnées dudit Sel, puis les diſtilez au Bain marie à feu lent, iuſques que le Sel demeure attaché aux parois de l'alembic, & au fonds de coulleur griſaſtre. Diſſoluez le derechef auec de nouuelle Eau, puis le congellez, reïterant ceſte operation iuſques à ce que ledit Sel ſoit blanc comme filets d'Argent, & doux cóme Succre. Finallemét, prenez dudit Sel, telle quátité que vous voudrez, mettez le dans vn Pelican, & par deſſus verſez y de la meil-leure, plus reĉtifiée, & ætherée eau de vie que pourrez auoir, faiĉtes circuler au Bain par vn mois philofophique, & voftre Sel fe reduira en liqueur balfamique d'innefti-mable vertu. Touchant aux autres ingrediens, leur preparation fe verra ailleurs en cét œuure.

Notez, touchant la Teinture fufdite des viperes, que fi on la veut plus parfaicte & efficace, on la doit circuler au pelican dans le Bain marie, auec l'efprit de vin Alcalifé, par dix iours, & puis s'en feruir.

Meslange.

La Teinture de viperes fera meflée auec la Teinture d'Or, dans vn petit mortier d'Argent auec fon pilon; en fuite, on y adiouftera la liqueur balfamique, & le Succre de Sel, meflangeant toufiours auec le pilon. Adiouftez finalement, la gomme tragagant, & en fuite l'huile d'Anis, & Cinamome: remuez & meflangez tres bien enfemble, & faictes en maffe, laquelle garderez en vne boifte d'Argent, doré pour vous en feruir au befoing.

Vertus, dofe, & vfage.

Ces pilules exhibees, le poids d'vn fcru-

pul, au matin à jeun , font des merueilles
pour la curation de la Lepre, & toutes Scabies, & infections de la peau; font auffi admirables contre la verole, tant groffe que
petite, contre la Pefte, & à toutes les affections veneneufes & contagieufes : & font
vn grand & puiffant Alexipharmaque.&
contre-poifon. Notez, que fi l'on veut que
ces pilules faffent leur effect defiré, qu'il eft
neceffaire d'auoir premierement purgé le
corps auec mes Pilules Emetiques , ou bien
auec quelque autre vomitif. Voyez encore
fur ce fubjet , mon Hydre morbifique, &
mon Cabinet Royal.

Pilules antipodagriques, de noftre defcription.

Pr. Extraict d'Aloés, ʒ j. ſ.
Teinture de Soleil,
Magiftere de Perles ,
Effence d'Antimoine, an. gr. xiiij.
Magiftere de Mirrhe rouge ,
Thus blanc preparé, an. ʒ. ſ.
Magiftere de Coral rouge ,
Magiftere de Carabé citrin , tres-lucide,
      an. Э ſ.
Licorne efleuë, gr. iiij.
Mufc tres-bon, gr. ij.
Magiftere de Saffran, gr. vij.

Faites maſſe de pilules, auec le ſuc deſpuré
de Culrage, en cette façon.

Preparation.

La preparation des ingrediens qui compoſent ces pilules, ſe treuuera en cét œuure,
chacune en ſon lieu; comme auſſi tres exactement en ma Pharmacopee; horsmis la
preparation du Carabé, Mirrhe, & Thus,
que ie deſire donner tout maintenant : &
premierement du Carabé.

Pr. Ambre le plus lucide que l'on pourra treuuer, lequel, eſtant reduit en poudre,
vous mettrez dans vn vaiſſeau circulatoire,
& par deſſus de l'eſprit de vin rectifié, accompagné de tout ſon ſel Armoniac; faiſant
qu'il ſurpaſſe de trois ou quatre doigts : ce
vaiſſeau eſtant bien bouché vous le mettrez
ſur les cendres chaudes, luy laiſſant par 24.
heures remuant & agittant iceluy de ſix en
ſix heures. Eſtant refroidy & debouché, on
verſera par inclination l'eſprit de vin im-
pregné de la Teinture dudit Ambre, laquelle vous garderez à part. Ce fait, reuerſez nouueau eſprit de vin ſur l'Ambre
reſtant; remettez-le en digeſtion ſur la cendre, puis reuerſez par inclination , conti-

nuant ainſi iuſques que la Teinture ſoit toute ſeparée de l'Ambre. Tous les diſſol. uans joints enſemble, ſeront mis dans vn Alembic, & iceluy à chaleur mediocre, iuſques que tout l'eſprit eſtant diſtilé, il demeurera au fonds de l'Alembic, la Teinture ou Magiſtere d'ambre, eſpais comme miel, lequel ſera gardé pour l'vſage. Si voulez meſler les fœces dudit Ambre, auec bricque pilee, & le tout mis dans vne cornuë, au feu de ſable, vous en tirerez vn huile, lequel rectifié, eſt admirable pour le calcul des reins, donné 2. ou 3. goutes auec vin tiede: il eſt auſſi admirable pour la ſuffocation de matrice.

Touchant le Magiſtere de Mirrhe, on le preparera du tout en tout comme l'Ambre, & gardera-t'on à l'vſage. Mais pour le Thus, iceluy eſtant bien puluerifé, vous le lauerez auec l'eau d'Artritis acuee auec ſon ſel, laquelle eſtant chargee de blancheur, laiſſerez aller le plus groſſier au fonds, puis verſant l'eau doucement par inclination dans vn vaiſſeau de verre, la lairrez repoſer, & le Thus, duquel elle eſt chargee, yra au fonds: ſeparez l'eau, & faites deſſeicher iceluy à chaleur lente, & gardez à l'vſage.

Quand au Suc defpuré de Culrage, pour en apprendre la façon on aura recours à la Fleur des Electuaires cordials, cy apres, auquel lieu ie monftre la methode de depurer tous les Sucs des herbes. Venons maintenant au meflange.

Du meflange.

Vous meflerez à l'extraict d'Aloés, le Magiftere de Mirrhe, & de Carabé, dans vn mortier, malaxant auec vn pilon, arroufant par fois auec quelques goutes de fuc de Culrage. Adjouftez en fuitte le Thus, Magiftere de Coral, & effence d'Antimoine: Ce qu'eftant bien malaxé, on y adjouftera la Teinture du Soleil & le Magiftere de Perles; en apres le Magiftere de Saffran, & la Licorne : & finalement le Mufc. Tout cela doit eftre bien malaxé à coup de pilon, l'arroufant par fois dudit fuc de Culrage, iufques qu'il foit en confiftance de maffe de pilules, laquelle on gardera dans vne veffie de Mouton, pour l'vfage.

Vertus & dofe.

Ces pilules font incomparables pour

la parfaicte guerison de la goutte, & notamment de la podagre, prinses au nombre
de deux de la grosseur d'vn pois, de trois
iours l'vn.　Que si les douleurs estoient
trop vehementes, on oindra la partie auec
l'Onguent anodin, descript cy-apres en la
Fleur des Onguens. Nostre Eau mineralle
anodine, cede en vn moment la douleur des
gouttes, de quelque cause qu'elles procedent.

*Pilules **Anti Hydropiques**, de nostre description.*

Prenez des gommes Ammoniac,
& Bdellij prepareés an. ℥j.
Extraicts de mastic,
De benioin,
& de Mirrhe, an. ℈ iij.
Extraicts d'Aloés,
De Mechoacam,
& de saffran an. ʒi. ſ.
Extraict d'Halandal ℈j.
Sels d'Absinte,
d'Iris,
De sambuc,
D'Hiebles,
& de Ruë an. ʒij.
Magisteres de Tartre,

De Coral,

De Coral,
& de Saffran de Mars, an. ℈ ij.
Syrop d'Abſinthe, tant qu'il en faudra pour
faire la maſſe de pilules en cette façon.

Preparation & Meſlange.

Les gommes Ammoniac, & Bdellij, doï-
uent eſtre diſſoutes auec le vinaigre Scilli-
tic, puis l'ayant paſſé par vn linge bien delié, vous y adjouſterez les Extraicts de Ma-
ſtic, de Benjoin, & Mirrhe, faits auec l'eau
de vie. En ſuite deſquels, vous y adjouſterez les Extraicts d'Aloés, Mechoacam, &
Saffran ; & en aprés celuy d'Halandal, la
preparation deſquels ſe voit en ma Pharmacopee Spagyrique. Finalement, vous y
adjouſterez les Sels, & les Magiſteres. Eſtãt
à noter qu'à chaſque addition que vous fairez des medicamens ſuſdits, qu'il les faut
accompagner d'vn peu de Syrop d'Abſinthe, fait à la mode Spagyrique, continuant
ainſi iuſques à ce que vos Pilules ſoient bien
incorporees, & reduites en maſſe, laquelle vous enueloperez d'yne peau de cheurotin, premieremẽt oingte auec huile d'Anis,
& de Fenoüil, puis les garder à l'vſage dans
vn pot de fayance bien bouché.

V y

Vertus, dose & vsage.

Le tiltre de ces Pilules fait assez conceuoir à quoy elles sont propres, qui est contre l'Hydropisie, deux de la grosseur d'vn
pois pour chasque prise, qui sera vne fois la
sepmaine, & ce apres les purgations vniuerselles.

Pilules Diatartarées, de nostre description.

Pr. Tartre vitriolé, ℥ j.
Extraict de Sené, ℥ ij.
Extraict d'Epithyme, ℥ s.
Extraict de Trochisques d'Halandal, ℥ s.
Extraict de fleurs de Bourroche,
De Buglosse,
& de Fumeterre, an. ℥ s.
Extraict d'Aloës, ℥ j.
Sels tirez des fœces de tous ces Ex-
traicts, an. ʒ j.
Sel d'Absinthe,
Sel de Scolopendre,
Sel de Ceterac, an. ʒ ij.
Essence de Canelle, ℈ s.
Huile d'Anis, gout. x.
Reduisez-les en deuë consistáce de pilules.

Preparation & meslange.

On verra la preparation du Tartre vitriolé, & des Sels, en la Section des Sels, en ma Pharmacopee Spagyrique, comme aussi celle des Extraicts en la Section des Extraicts; mais de l'Essence & de l'huile, cela se voit cy-dessus en la Fleur des huiles. Reste à déduire le meslange, lequel se fera en cette façon.

Les Extraicts des fleurs de Bourroche, & de Buglosse, seront meslez auec l'Aloés; celuy des trochisques, & d'Epithyme, auec les Sels; en suite le Serré auec le Tartre vitriolé. Finalement, le tout bien meslé ensemble, on y adjoustera l'Esséce de Canelle, & l'huile d'Anis: & gardez-les bien enuelopees, pour l'vsage.

Vertus.

Elles purgent l'vne & l'autre bile, attirent & déracinent tous les humeurs crasses, visqueux & tartareux ; c'est pourquoy elles aydent grandement à toutes maladies melancholiques , notamment aux fiéures quartes. En outre elles sont tres-propres à

V v ij

la purification de toute la masse du sang, à
raison dequoy elles gueriffent la verolle, la
lepre, & toute galle telle qu'elle soit.

La dose est de ℈ j. à ℈ j. ss. Au reste leurs
effets sont plus grāds que je ne sçaurois dire.

Au seul Dieu trine en vnité, Pere, Fils, &
S. Esprit, soit rendu tout honneur, & gloi-
re , loüanges , cantiques & iubilations.
Amen.

Fin de la Fleur sixiesme du Bouquet
Chimique.

FLEVR
SEPTIESME
DV BOVQVET
CHIMIQVE,

Traictant des Tablettes, tant en general qu'en particulier.

Et premierement des Tablettes en general.

CHAP. I.

MON dessein n'estant pas de
m'arrester beaucoup en ce
lieu sur le general des Tablettes, je diray seulement
qu'elles sont ainsi dites à
cause de la figure qu'on
leur donne, qui est carree, ou en lozange.

secondemēt , en ce que les voulant faire, on
en jette, le plus souuent, la matiere sur des
Tables, ou pierres de Marbre vnies & po-
lies en façó de Tables, & oingtes auec quelque liqueur accommodée à la qualité de la
Tablette , ou bien quelque poudre. Et par
apres, le Succre (dans lequel on a meslé les
medicamens qui constituent la qualité des
Tablettes , lesquels font , ou Sels , ou Soulphres , ou Fleurs , ou Teintures , ou Sublimez, precipitez, & autres, &c.) estant pris,
& refroidy, on le marque en lignes paralel-
les & perpendiculaires , en long & en trauers, lesquelles fairót des carrez oulozáges,
ainsi que la figure vous agréera le plus; puis
auec vn coulteau vous coupez ledit Succre,
& les Tablettes estant mises dans vne boëte & icelle, bien bouchée , en lieu chaud &
sec, vous les garderez à l'vsage. Quelques-
vns, notamment des Pharmaciens ordinaires, leur veulent donner vne autre figure,
comme rondelette, & lóguette, mais icelle
est plus cóuenable pour les Rotules, ou trochisques, qu'aux Tablettes , ainsi que nous
dirons bien tost cy-dessous.

Quand à leur difference de qualitez, vertus, & proprietez , elles les ont telles qu'on
les leur donne; sçauoir , Dieuretiques , Dia-

phoretiques , Cathartiques, Emethiques, pectorales,Cephaliques,Hepatiques,Spleniques, Alexitaires,Cordiales, Eſtomachales,&c. Bref on peut reduire tous les medicamens en tablettes ſi l'on veut:mais de cecy plus amplement en ma Pharmacopee, Dieu aydant. Diſons donc vn mot desTrochiſques, auant clorre ce Chap.

Ce mot Trochiſc eſt derriué du Grec, à cauſe de la figure d'vn lupin qu'ils doiuent auoir; neantmoins on la diuerſifie ce jourd'huy en toutes les figures que l'on veut, car on leur baille vne figure longue, ronde, carree, en oualle, en triangle, &c.

Quand à leur matiere , les Trochiſques ſont faits le plus ſouuuent des medicamens ſecs & pulueriſez, ou bien reduits en poudre par leur preparation, ſur laquelle jettant quelque liqueur conuenable,on les empaſte, en les broyant diligemment ſur vn porphire,puis on les forme en quelle figure qu'on veut,&de groſſeur d'enuiron deux grains de froment: apres les ayans faits ſecher à l'ombre, en lieu aëré, chaud & ſec, & ce entre deux fueilles de papier, crainte de la pouſſiere & toute autre vilainie, vous les garderez dans de petits pots de verre de Veniſe, façonnez, afin que le cabinet ou la boutique en ait plus de grace. Or il faut notter que cette figure leur est ainsi donnée à celle fin de conseruer plus long temps les vertus des medicamens puluerisez, qui autrement s'exalleroient & perdroient. D'ailleurs, leur consistance ne leur est pas tousjours donnee auec de la liqueur, mais aussi quelque fois auec du Sucre.

Finalemẽt, touchãt leurs differences, elles sont telles que des Tablettes, car la mesme vertu qu'on attribuë à icelles, on la peut rechercher aussi aux Trochisques. Au seul Dieu trine en vnité, soit honneur, & gloire à iamais. Amen.

Des Tablettes en particulier.

CHAP. II.

Tablettes Perlées, qu'on peut appeller main de Christ, de nostre description.

Renez Essence de Perles ʒ j.
Conserue d'Essence de Citron ʒ ij.
Essence de Musc,
Essence d'Ambre gris an, gr. ij.

Succre blanc purifié ℥ iiij.
Eau rofe tres-odoriferante ℥ ij.
Faiĉtes petites Tablettes , en la façon qui
 fuit.

Preparation & meslange.

Faiĉtes cuire voftre Succre, auec l'Eau rofe, dans vne petite efcuelle d'Argent, iufques à la confomption d'icelle. Oftez le du
feu, & y mettez voftre Conferue d'Effence
de Citron , dans laquelle vous aurez premierement meflé l'Effence de Perles , de
Mufc , & d'Ambre gris: remuez cella dans
vn petit cabinet ou il n'y entre point de
vent, auec vne petite fpatule d'Argent, puis
en formez promptement de petites Tablettes dans vn moufle d'argent doré, de figure carrée , du poids de demy dragme
chafcune, que garderez à l'vfage dans vn
vaiffeau bien clos. Notez que ce moule
doit eftre oingt au parauant d'vn peu d'Effence de Canelle.

Vertus.

Elles font incomparables à toutes les
paffions du cœur & du cerueau , car elles
fortifient puiffamment les affoiblis , & ex-

tenuez , les remettant en leur premiere
force & vigueur , temperant le sang & les
humeurs , en telle façon quelles chassent
toute tristesse & introduisent vne ioye incomparable.

Dose.

Leur dose est d'vne d'icelles à la fois.

Tablettes pour arrester la toux.

Prenez des Poudres de Diamargaritum
froid ʒj.
Huile Succin goutes v.
Succre de Sel commun Ɔj
Eau de Canelle ʒ iſt
Succre fin clarifié ʒ iij.
Faictes Tablettes, en la façon qui suit.

Preparation & meslange.

Faictes cuire voſtre Succre dans vne eſcuelle d'Argent, auec l'Eau de Canelle, iuſques à la consomption d'icelle ; puis l'ayant oſté du feu, vous y adiouſterez vos poudres , remuant touſiours, auec vne ſpatule
d'Argent, affin de les bien incorporer auec
le Succre : en ſuitte vous y adiouſterez le

Succre de Sel commun ; & finallement
l'huile Succin. Faictes en mefmes temps
des Tablettes dans le mefme moule auec
lequel vous auez faict les Perlées, y obferuant mefmes methode, puis les garderez
à l'vfage.

Vertus.

Leur tiltre enfeigne à quoy l'vfage de ces
Tablettes eft propre ; en vfant vne à chafque fois.

Tablettes Diajuniperines, pectoralles, de Campy.

Pr. Extraicts de bayes de Genieure ℥f.
Extraicts de Iujubes ,
De Regliffe ,
De racine d'Iris ,
De Fenoüil ,
De pas d'Afne ,
D'Enula Campana ,
De Pulmonaria an. ʒ ij.
Fleurs de Benjoin, ʒ if.
Fleurs de Soulphre , ℥f.
Succre rofat tant qu'il en faudra,
Faictes Tablettes, auec Syrop de Cappillis
Veneris.

Preparation & meslange.

Les Extraicts se doiuent tirer auec l'Eau
de Reglisse distilée & accuée, puis dessei-
chez à petite & lente chaleur de cendres,
ou au Soleil (couuers neantmoins d'vn linge) jusques à telle siccité qu'ó les puisse pul.
ueriser. Apres on les meslera auec le Succre en ceste façon. Faictes fondre le Succre
dans vne petite bassine d'Argent, auec Syrop de Cappillis Veneris : estant fondu
ostez le du feu, & y adjoustez en mesmes
temps tous les Extraicts, peu à peu, remuant
tousiours; puis les Fleurs de Soulphre; finallement celles de Benjoin. Le tout estant
bien meslé, jettez-le sur vn Marbre ou Ta
ble bien nette, sur laquelle vous l'estendrez
auec vn roulleau; puis auec vn Couteau cou-
perez vos Tablettes en lozange, de quelle
grandeur que vous voudrez ; gardez les
bien fermées en vne boite, pour l'vsage.

Vertus, & dose.

Vne dragme & demie de ces Tablettes,
tous les matins, pendant quinze iours, font
des miracles à toutes fluxions du Ceruveau,

maladies de la poictrine, & des Poulmons,
à toute enroüeure, & notamment à l'Asthme, en vsant en la façon que trouuerez en
la Fleur des Pilules.

Tablettes pestilentielles, Diasulphurées.

Pr. Fleurs de Soulphre , bien prepa-
   rées ℥j
Diarrhodon Abbatis,
Magistere de Coral , an. ℥ ss.
Extraict de Mirrhe transparente ℈j.
Extraict d'Aloés Hepatic, ℈ ss.
Essence de Saffran , goutes vj.
Huile de Licorne minerale, goutes iiij
Succre Candy ℥ v.
Gomme Tragagant dissoute en eau rose
   musquée, ℈ ij.
Faictes masse pour en former des Ta-
blettes , en la façon qui suit.

Preparation & meslange.

   Il faut mesler vostre Succre bien puluerisé, auec vostre Gomme dissoulte , y adioustant les Fleurs de Soulphre, Diarrhodon,
Coral, & Extraicts , battez bien cela dans
vn mortier de marbre, y adioustant peu à

peu l'huile de Licorne minerale. Puis ayant
ointes vos mains auec Essence d'Anis, vous
manierez bien ceste paste, pour puis apres
l'estendre sur vne Table bien nette, auec vn
rouleau. Formez en des Tablettes, de telle
grandeur que vous voudrez ; & gardez à
l'vsage. Notez que les Extraicts se doiuent
tirer auec Eau Pectoralle acuë; la preparation de tout se verra en son lieu.

Vertus, & dose.

La dose est d'vne dragme, tout au plus,
ayant esgard à la Nature & complexion du
malade, en vsant soir & matin : outre qu'on
s'en peut seruir aux maladies des Poulmós,
& defluxions du Cerueau ; elles sont tres-
souueraines pour guerir la Peste, & pour
s'en preseruer, prises auec Syrop de Citron,
ou Eau de Melisse, ou bien Extraict d'Enula Campana. Elles preseruent des fiéures,
& de l'Epilepsie ; resistent grandement à
toute corruption & pourriture. Elles prouoquent les mois, sont admirables à la colique : & bref il n'y a quasi maladie, ou elles
ne se puissent accommoder ; ce que l'experience faira cognoistre à ceux qui s'en ser-
uiront.

Tablettes dysenteriques d'admirable vertu, de ma description.

Pr. Talc calciné ℥ ſ.

Foye de pierre preparé, ʒ iij.

Eſſence de Saffran de Mars aſtringent, ʒ ij.

Mere de Perles calcinée. ℥ ſ.

Carabé preparé,

Coral rouge preparé, an. ʒ iij.

Poudre de tige de Cerf. ʒ ij.

Succre fin, ℥ iiij

Gomme Tragagát diſſoute en eau de Plan=
tain, diſtilée ſelon la façon Chimique,
℥ ſ.

Faictes paſte, pour en former des Tablettes
en la façon qui ſuit.

Preparation & meslange.

Le Talc ſe calcine en ceſte façon. Prenez
vray Talc de Veniſe, mettez le en poudre,
puis le meſlerez auec autant de Sel nitre ra=
finé, mettez-le tout entre 2. grǎds creuſets
l'vn deſquels (ſçauoir celuy de deſſus) aura vn pertuis en haut, donnez feu de charbons par ſept heures, l'augmentant ſur la
fin. L'ayant laiſſé refroidir, vous broyerez

ledit Talc., le lauant par dix fois auec de
l'eau chaude, pour luy oster tout le Sel nitre; faites éuaporer ceste eau sur le feu & au
fóds vous trouuerez voltre Sel nitre, lequel
seché garderez pour vous en seruir vne autre fois. Faictes desseicher ce Talc au Soleil, entre deux linges deliez, puis vous le
broyerez impalpablement sur vn marbre,
& garderez à l'vsage. La mere de Perles se
calcinera ainsi que le Talc. Notez que si
vous voulez reduire ce Talc, ainsi calciné,
en huile, pour donner vne admirable blancheur aux Dames, il le faut traitter en la
façon qui suit.

A mesure que broyerez ledit Talc sur le
Marbre il le faut arrouser d'vn peu de vin-
aigre distilé, puis le laisser desseicher ; reïterant auec le vin-aigre par sept ou huict
fois, & à chasque fois le faire seicher. Cela fait, & iceluy mis à la caue à l'humide, il
decoulera l'huile de Talc sans addition: Par
ceste voye se faira l'huile de Perles tres-veritable.

Par le Foye de pierre, j'entends ceste
moüelle blanche qui est aux joinctures des
perrieres ou fondrieres. Laquelle il faut
prendre & la dissoudre dans de l'Eau de
Plantain; laquelle Eau on versera par inclination;

nation, y en remettant d'autre, en remuant,
puis versant : faisant cella jusques que l'eau
ne blanchisse plus. Quoy faict, faictes exaller à feu lent toute l'eau, & au fonds du vaif-
seau de verre, demeurera vne terre blâche,
laquelle bié desseichée, vous garderez pour
l'vsage. Quand au Carabé & Coral, ils se
preparent en les broyant sur le marbre, les
reduisât en alcool. Touchât la rige de Cerf,
pour en preparer la poudre, il la faut bien
seicher, puis auec vne lime bien douce,
neantmoins qui ayt les dens bien aiguës,
on le rappera ; & ce qu'on en aura rappé le
faudra passer par le Thamis de soye, & garder à l'vsage.

Reste l'Essēce de Sāffrān de Mars, laquelle
ie rapporteray icy, tirée de la façon que
Crollius luy donne.

Essence de Mars.

Pr. la roüilleure aulne de fer, l'ayant
puluerisée mettez la dans vn vaisseau de
verre auec vin-aigre tres-aigre, mettez
cella en chaleur mediocre l'espace de qua-
torse iours, pendant lesquels le vin-aigre
se teindra d'vne Teinture rouge; filtrez la,
retirez le vin-aigre au Bain, & au fonds du
vaisseau demeurera vostre matiere rouge,
laquelle il faut lauer plusieurs fois auec eau

de pluye, tât pour la titer de la, que pour luy
oster son goust aigre. On la peut par aprey
calciner tant soit peu dans vn creuset, la remuant tousiours, afin que l'accidité du vin-
aigre s'esuanoüisse. Finallement, il la faut
adoucir auec eau commune. Que si cella est
fait prudemment & comme il faut, la mettant à l'humide d'vne caue, sur vn marbre,
elle se resouldra en huile: Ie conseille à
ceux qui se voudront seruir du Crocus de
Mars, d'vser de ceste Essence, car ses effects surpassent autant les effects du Saffran
de Mars vulgaire, comme l'Or est en valeur par dessus le plomb. D'autant que 8.
10. 12. ou 15. grains de ceste Essence donnée en vin clairet, ou eaux de plaintain,
Bursa-pastoris, Tormentille; ou bien auec
la Conserue de Consoulde moyenne, arreste le sang, & les mois des femmes, lors
qu'ils sont trop vehemens, ou hors de saison. Guerit les fleurs blanches des femmes, & est admirable pour la gonorrhée,
pour la dissenterie, pour la Diarrhée, pour
l'incontinence d'vrine, pour l'Hemorragie, tant interne qu'externe; estant à noter
que pour l'Hemorragie interne, il en faut
prendre depuis vn scrupul, jusques à demy
dragme, auec trois dragmes de Suc de
Coings condencé. Quant aux autres mala-

dies aufquelles ceſte Eſſence peut eſtre profitable, vous en conſulterez l'opinion que
Crollius en donne en ſon PalaisChimique.

Or touchant aux choix de cette roüille
de fer, Crollius veut que ce ſoit celle qu'on
treuue à la craſſe ou fœces vitrifiees qu'on
rejette des martinets ou moulins de fer, ou
d'acier. Mais moy (que l'experience a appris de iuger au contraire) ie deſirerois que
ce fuſt de la roüille qui procede de la limaille d'acier, arrouſee du ſang d'vn homme
bien ſain ; & alors on ſe pourroit aſſeurer
d'auoir tout ce que l'on cherche de la perfection de ce medicament: car pour l'hemorragie externe i'ay mille fois experimenté,
qu'icelle ſeulement pulueriſee & inſper-
gee ſur les playes, arreſte le ſang ſubitement. Venons maintenant au meſlange de
nos Tablettes.

Meſlez voſtre Succre, auec la Gomme
diſſoulte, y adjouſtant la poudre de tige de
Cerf, malaxant touſiours; en ſuitte l'Eſſence de Saffran de Mars, puis le Talc calciné,
mere de Perles, Foye de pierre, Coral
& Carabé. Que ſi le Succre & la Gomme
n'eſtoient aſſez humides, pour incorporer
toutes ces poudres, faudra y adjouſter quelques goutes d'eau de Plantain, & en faites

paste, laquelle vous estendrez sur vn marbre, ou table bien nette, auec vn rouleau, & faites Tablettes de la grandeur que vous voudrez.

Vertus.

Vne dragme, ou vne & demie, ou bien deux pour le plus, de ces Tablettes, guerissent parfaictement tout flux de ventre causant douleur, dissenterie, lyenterie, comme aussi les flux excessifs des femmes; en vsant le matin à jeun, puis demeurer assez long temps sans manger.

Tablettes cordiales, dites de Diahyacinthou aureum.

Pr. poudre d'Hiahyacinthe auré ℥ s.
Saffran subtilement puluerisé ℥ s.
Ambre gris gr. viij.
Huile de Cinamome,
Huile d'escorce de Citron,
Huile d'Angelique, an. gut. v.
Succre tres-blanc, & bien puluerisé ℥ j. s.
Gomme Tragacant, dissoulte en Suc de Citron, en consistance de Gelee tant qu'il en faudra, pour faire paste dans vn mortier, selon l'art.

Preparation & Meslange.

On meslera peu à peu auec la Gomme Tragacant, la poudre Diahyacinthe aurée, en apres le Saffran, puis le Succre, en suitte les Huiles : & le tout estât bien malaxé, on y adjoustera l'Ambre gris. De cette paste on en formera de petites Tablettes, de la pesanteur d'vn demy scrupul ou enuiron ; & ce auec vn petit moulle de fer, en façon de ses tenailles qu'on a pour former des grains de senteur, lequel moulle, sera plat, ayant quelque belle petite figure au dedans. Ces Tablettes ainsi faites, estans seichees à l'ombre, on les gardera bien closes dans vne boëte, pour l'vsage.

Vertus.

Elles sont nompareilles, pour se preseruer de la contagion, car fortifiant grandement le cœur comme elles font, elles ont vne indicible efficace, pour resister à l'infection contagieuse, & à l'air pestifere. Elles sont singulierement propres pour Princes, grands Seigneurs, & toutes personnes qui sont d'vn naturel delicat, qui ont le

sang fort subtil, & le ventricule grandemēt
sensible. On en doit prendre en temps de
contagion , vne , deux , ou trois, plus ou
moins selon le besoin, chasque matin deuāt
que sortir hors la maison, ou bien demeurant mesmes dans le logis.

Quant à la poudre de Diahyacinthe auré, qui entre en la composition de ces Tablettes , ie la produiray cy apres en l'addition des Trochisques, & ce suiuant la façon
que Angelus Sala luy donne.

Tablettes Epileptiques, de nostre description.

Sel de Crane humain,
Sel de Guy de Chesne an. ℥ j.s.
Ongle d'Alce calciné ʒ ij.
Extraict de semence de Peoine excorti-
    quée ʒ iij
Magistere de Coral rouge ,
Magistere de Perles , an. ℥ j.
Camphre , dissout auec esprit de Vitriol
    cordial ℈ j.
Huile de Fleurs de Lauande xv. gout.
Huile Succin ℈ ij.
Succre tres-blanc ℔ s.
Gomme Tragagant , dissoulte auec l'eau
    de lys des vallées ʒ j.

Faictes Tablettes felon l'art, en cefte façon.

Preparation, & meslange.

Ontreuuera la preparation des Sels en la Fleur des Sels, comme auffi cellé des Magifteres en ma Pharmacopée, & celles des huiles en leur lieu; enfemble de toutes les autres preparations, horfmis l'efprit de Vitriol cordial, lequel nous enfeignons cy deffous. Refte de donner icy la façon de meflanger fes remedes. Il faut mefler peu à peu, dans vn petit mortier de verre, auec fon pilon, les Sels auec la Gomme, en fuitte le Succre, puis l'Extraict & Magifteres; tout de mefme main le Camphre, & finale-ment les huiles. Tout cella bien malaxé & reduit en pafte, on l'eftendra fur vn mar-bre bien net, auec vn biftortier. Quoy fait, on les couppera auec vn coufteau en la fi-gure qu'on voudra, pour garder à l'vfage.

Vertus, & dofe.

Ces Tablettes font admirables contre l'Epilepfie des petits enfans, & autres pa-roxifmes, caufez ou de la peur, ou des vers La dofe eft de trois ou quatre grains

soutes dans du laict, pour les plus debiles,
reïterant souuent, s'il en estoit de besoin,
La mesmes dose, prinse continuellement
par quelques semaines , auec eau de Lauande , Betoine, Tillet , ou Cerises noires,
preserue du mal Caduc, & de toutes les especes d'Epilepsie. L'vsage de ces Tablettes sede les tranchées des petits enfans,
dissoutes dans vn plein cuillier d'huile recent d'amendes douces tiré sans feu. Elles
sont admirables pour le tremblement de
cœur , & sincopes Epileptiques, qui trauaillent les femmes, si 2. ou 3. fois le mois
on en vse le poids d'vn scrupul, auec eau
de Majoraine , & à la suffocation de matrice auec eau de Pulegium. C'est vn grand
remede pour faciliter l'enfantemēt, & fortifier la Nature, en prenant le poids de demy scrupul, auec eau d'Artemise. En outre,
l'vsage de ces Tablettes chasse la grauelle
& calcul , & prouoque l'vrine en vsant
dissoultes en eau d'Eufraise. Elles expul-
sent l'arriere faix prinses en eau de Sabine.
Sont admirables contre la retention des
menstruës auec eau de Melisse A la jaunisse auec eau de Chicorée ; arrestent le
vertigo , guerissent les stupiditez du cerueau, & profitent grandement aux pertur-

bations d'esprit, langueurs & palpitations du cœur, & confortent les trois facultez, vitale, animale, & naturelle. Leur vsage pour les forts, est de demy jusques à vn scrupul : & pour les petits enfans, on s'y gouuernera selon leur aage, force & complexion.

L'esprit de Vitriol Cordial, cy dessus promis, se prepare en ceste façon.

Prenez au mois de Iuin des os de Cerf, qui soient recens, calcinez les jusques au blanc. Pr. de ce calciné ℥ vj. & l'ayant puluerisé assez grossierement, vous l'arrouserez auec ℥ viij. de l'Esprit acide de Vitriol ; le tout mis dans vne Retorte bien luttée, laquelle adapterez sur le Fourneau, auec son recipiant ; & au bout de 8. iours, donnerez vn grand feu à nud, jusques que toute la liqueur soit sortie que vous garderez à l'vsage. C'est ce que j'appelle Esprit de Vitriol Cordial, d'autant qu'il à de merueilleuses proprietez contre toutes les passions du cœur, prins 3. ou 4. goutes dans vn boüillon accommodé contre les maladies d'iceluy.

Tablettes Antiparaliticques.

Pr. eaux de grand Muguet,
De Fleurs de Lauande, an. ℥ iiij
Huile de Succin rectifié, ℈ j ſ.
Huile de Canelle,
Eſſence de Sauge, an. ℈. ſ.
Succre blanc ℔ſ.
Faictes Tablettes en la façon qui ſuit.

Preparation & meſlange.

Faictes cuire le Succre, auec les eaux
de grand Muguet & de Lauande, iuſques
à conſomption d'icelles, & que le Succre
ſoit aſſez eſpais : puis l'ayant retiré du Feu,
adjouſtez y les Huiles peu à peu, remuant
touſiours auec la Spatule. Finalemēt eſten-
dez voſtre matiere ſur vn marbre, auec le
biſtortier, & auec vn Couſteau vous coupperez vos Tablettes de la grandeur que vous
voudrez, & gardez-les à l'vſage.

Vertus, & doſe.

Ces Tablettes ſont tres-ſouueraines,
pour guerir la paraliſie ou reſolution des

nerfs , qui fuiuent immediatement les
grandes playes, comme auffi les conuulfions. La dofe eft d'vne à deux dragmes,
felon l'aage & la force du patient.

Tablettes Antipodagriques.

Prenez Poudres de Diatragagant froid,
De Diarrhodon Abbatis,
& de Triafantali , an ʒj.
Bol Armenien preparé ʒj.f.
Effence de Perles,
Teinture de Coral , an. Ɔij.
Succre fin, fondu en eau d'Yue Arthetique,
    ℥ viij.f.
Faictes Tablettes en la façon qui fuit.

Preparation & meflange.

Il faut faire cuire le Succre iufques à confiftance de Syrop ; puis l'ayant ofté du
feu , vous y meflerez peu à peu les poudres fufdites , remuant toufiours auec vne
Spatule. Et finalement vous y adjoufterez
l'Effence, & la Teinture. Le tout bien meflé vous verferez ce Succre fur vne Table,
& l'ayanr rendu bien vny auec vn Biftortier , vous l'arrouferez de fix ou huict gou-

tes d'Esprit de Vitriol, & autant Huile de Canelle, puis vous en formerez de Tablettes du poids de ʒij. chascune, lesquelles garderez à l'vsage.

Vertus.

Ces Tablettes ne sont que pour empescher la fluxion, corroborer les parties nobles & mondifier le sang, &c. Au seul Dieu Trine en vnité, Pere, Fils, & sainct Esprit, soit honneur, & gloire, és siecles des siecles. Amen.

Addition des Trochisques.

Chap. III.

Trochisques Pectorals.

Renez Gomme Tragagant Ɔij.
Eau de Canelle ʒ ſ.
Fleurs de Soulphre ʒ ij.
Poudre de Diatragagant froid,
ʒ ſ.
Magistere de Coral, ʒj

Sel de racine d'Iris ʒ j.
Succre Candy , ℥iiij.
Faictes Trochifques en la façon qui fuit.

Preparation & meslange.

Il faut faire diſſoudre premierement
la Gomme Tragagant, auec voſtre Eau de
Canelle ; puis y adiouſter voſtre Succre
bien puluerifé, les meſlant bien enſemble.
D'autre part, vous aurez tout preſt (meſlez
enſemble) les fleurs de Soulphre, la Poudre Diatragagant, le Sel d'Iris , auec le Magiſtere de Coral ; leſquels vous mettrez
ſubitement auec la Gomme , & le Succre
cy deſſus : puis le tout bien pilé & meſlé enſemble , dans vn mortier de Marbre , en
formerez des petits Paſtilles , ou Trochiſques , leur donnant telle figure que vous
voudrez ; leſquels vous fairez ſeicher entre
deux fueilles de papier, en lieu chaud & ſec;
puis les ayant enfermez dans quelque vaiſſeau de verre , bien bouché , garderez à
l'vſage.

Vertus, vſage & doſe.

Leurs vertus ſont incōparables cōtre toutes les maladies des Poulmons, & aux defluxions du Cerueau, prins soir & matin, au poids d'vne dragme chasque fois , pour le plus, y obseruant la nature & complexion du malade.

Trochisques Diahyacinthe auré.

Pr. des Hyacinthes Orientales, preparées comme cy-dessous sera dit.

Boli Orizei, an. ℥ vj.

Rubis,

Saphirs,

Chrysolites,

Topases,

Esmeraudes,

Perles Orientales tres-blanches,

Coral rouge transparent,

Le tout preparé comme cy-dessous sera dit, an. ℥ iiij.

Esprit de Sel rectifié ℥ vj.

Faites poudre tres-precieuse à fortifier le cœur & le deffendre d'infection contagieuse, & ce en cette façon.

Il faut piler doucement les pierres precieuses, Perles & Coral, dedans vn mortier de verre bien espais, lequel soit enchassé auec du ciment dans vne pile de bois faite pour cét effect: puis les ayant reduites en

poudre,on les mettra auec l'Or preparé deffus vne large pierre de marbre, ou Porphire: alors prenez Suc de Citron bien depuré
℥ iiij. dans lequel on meflera l'efprit de Sel,
& auec cette liqueur on arroufera ladite
poudre, laquelle incontinent commencera à boüillir, à caufe des efprits acides qui
operent principalement dedans le Coral &
Perles: Quoy voyant,il la faut remuer auec
vne fpatule d'Argent bien dorée, ou d'y-
uoire, jufques à tant qu'elle ceffe. En apres,
on la fera broyer par vn homme fort & ro-
bufte,par l'efpace de 40. heures du moins,
l'humeétant peu à peu,felon que l'on verra
eftre de befoin pour la broyer faɩlement,
& ce auec de la plus excellente eau Rofe
qu'on pourra recouurer. L ayant réduë impalpable, en telle façon que la maniant entre les doigts, on ne la fente prefque pas,
n'y remarquát aucune chofe graueleufe ny
dure; on la departira par petits Trochifques, comme ont accouftumé de faire les
Apoticquaires ordinaires ,du Coral, Perles & autres chofes dures broyées. Quoy
faiét, on les lairra feicher en lieu fec , fur vn
papier blanc, & vn autre deffus , pour empefcher qu'il n'y tôbe quelque ordure , puis
on les gardera dans vne boëte de verre,
pour l'vfage.

Vertus.

Cette poudre ainsi composee, est fort Cordiale, & de grande efficace pour resister à l'infection contagieuse ; & est singulierement propre pour ceux qui ont le sang fort subtil, le ventricule grandemĕt sensible, qui ne peuuent souffrir l'odeur, moins le goust des medicamens par trop aromatiques, chauds, & de grande odeur, comme sont ordinairement les choses Alexitaires vegetables : Elle est aussi propre pour les femmes enceintes, & petits enfans. On peut prendre de cette poudre chasque matin à jeun, dedans vn cuillier plain de Syrop de Citrons, de Berberis, ou de Grenades. Que si les personnes sont de complexion froide, il la faudra prendre auec vn peu de maluoisie, ou vin d'Espagne. Sa dose est de trois, iusques à douze grains, plus ou moins selon les occasions ; car aussi bien ce n'est vn medicament qui puisse nuire au corps. On peut, auec quelque addition, preparer de cette poudre vn Electuaire Bezoardic, ainsi qu'on treuuera dans cette œuure cy-apres en la Fleur des Electuaires.

Notez, touchant les pierres precieuses

qui entrent

qui entrent en cette Composition, qu'elles
ne doiuent receuoir autre preparation que
la fufdite; car ainfi les demandons nous en
ce lieu ; d'autant qu'en cette façon leurs
Teintures font entierement conferuees, cōme auffi leurs proprietez magnetiques &
vrayement fpecifiques, qu'elles ont de conforter le cœur.

Le Bolus Orizeux fe prepare en cette façon.

Pr. Or petant ℥ j.
Fleurs de Soulphre.
Efprit de Sel, an. ʒ f.
Preparez voftre poudre en la façon qui fuit.

Preparation.

Meflez ces trois ingrediens fufdits, enfemble, & les ayans mis dans vn creufet affez grand, vous colloquerez iceluy (vn peu
panché fur le flanc) dans de la braife ou
charbon bien allumé, & ce à celle fin que
le Soulphre puiffe bien brufler dehors; faifant en forte que fur la fin la matiere deuienne rouge & gluante : Ce qu'eftant ap-
perceu, oftez-le incontinent du Feu, &
vous treuuerez l'Or engrumé en petites

pieces comme du Limon , ou Terre grasse
lors qu'elle est seichée du Soleil , & de couleur de Bol. Puluerisez iceluy subtilement
dans vn Mortier de verre , auec son pilon,
l'arrousant souuent de nostre Eau de Vie
Aromatisee , puis en former des Trochisques si l'on veut , les laissant seicher d'eux
mesmes à l'ombre : lesquels on gardera à
l'vsage, dans vn verre bien clos.

Trochisques Bezoardiques.

Prenez Corne de Cerf , calcinée philo-
sophiquement ℥ iiij.
Huile de Vitriol rectifié ℥ iij.
Faictes Trochisques en la façon qui suit.

Preparation.

Puluerisez bien subtilemēt vostre calciné dans vn mortier de verre auec son pilon , puis l'arrousez , peu à peu , de vostre
huile de Vitriol iusques à ce qu'il deuienne comme paste , laquelle vous nour-
rirez vn long temps pour luy faire emboi-
re son huile. Quoy faict , vous en formerez incontinent des petits Trochisques , ou
rotules en façon de ceux de terre scelées

puis les faites feicher à l'ombre d'eux mefmes, & les gardez dans vne boëte bien
bouchée.

Vertus, dofe, & vfage.

Ces Trochifques font grandement Bezoardiques, car ils refiftent puiffamment
à la corruption. Le poids de quatre . fix, à
huiét grains à chafque fois d'iceux, prins le
matin à ieun dans vn plein cuillier de bouche, de vin, eft vn puiffant Antidote contre la pefte.

Trochifques blancs d'Antimoine de noftre defcription.

Prenez Cerufe d'Antimoine, ʒj
Camphre,
Gomme Tragagant an. ʒf.
Eau Rofe, ʒ ij.
Blanc d'œufs nu. iiij.
Faiétes Trochifques en cefte facon.

Preparation, & meflange.

Diffoluez voftre Gomme auec l'Eau
Rofe ; puis ayant puluerifé le Camphre,

quasi jmpalpablement, vous les meslerez tous deux dans les blancs d'œufs. Quoy faict, agitez le tout auec vne Spatule de bois, iusques que les blancs d'œufs soient tous reduicts en eau. En apres, mettez vostre Ceruse d'Antimoine sur vn Porphire, broyez-la de toute vostre force, en l'arrousant peu à peu de l'Eau susdite : continuant iusques qu'elle soit toute en paste , de laquelle vous formerez des petits Trochisques que fairez seicher à l'ombre par eux mesmes, & garderez à l'vsage.

Vertus.

Ces Trochisques sont accompagnez d'vne plus grande vertu que celle qu'on attribuë aux Trochisques d'Album de Rasis: car si l'on les emprunte pour faire les Collires, ils sont tellement singuliers pour les maladies des yeux , que ie diray qu'eux seuls peuuent emporter le premier rang des remedes pour iceux. On les peut employer aussi pour toutes les autres maladies, contre lesquelles on se sert des Trochisques Album de Rhasis ; notamment pour faire des iniections aux Chaudes-pisses, &c.

Trochifques de Turbith Mineral, de noſtre defoription.

Prenez Mercure precipité & dulcifié ℥ ſ.
Agaric Trochiſqué ℥ j.
Poudre de Ialap, ℥ ſ.
Poudre de Colocynthe, ℨ ij.
Succre fin & bien purifié, ℔ ſ.
Gomme Tragagant, ℨ j.ſ
Faiĉtes Trochiſques en la facon qui ſuit.

preparation & meſlange.

Preparez voſtre Turbith mineral en cette façon.

Prenez Mercuré purifié ℔ ſ. Huile de Vitriol ℔ j. meſlez le tout enſemble ; puis les diſtilez dans vne Cornuë de verre, en coobant la liqueur, qui en ſera ſortie, trois ou quatre fois. Quoy faiĉt, vous treuuerez voſtre Mercure blanc, & endurcy au fonds; lequel il faudra tirer , broyer & lauer par deux fois , auec Eſprit de vin. Finalement mettez de l'Eſprit de vin par deſſus tãt qu'il ſurnage des deux doigts , puis le mettez à diſtiler, recoobant tant de fois qu'il ait perdu toute ſon acrimonie. Quoy fait, & l'ayãt

seiché, vous garderez à l'vsage. C'est vn remede souuerain pour la grosse verole.

Quant a l'Agaric, la façon de le Tro-
chisquer se treuue en cette œuure ; c'est
pourquoy nous passerons à la maniere de
faire ces Trochisques: Aduertissant neantmoins le Lecteur, que les poudres de Ialap,
& Colocynthe, doiuent estre passees par le
thamis de soye bien delié.

Prenez donc en premier lieu vostre Góme tragagant, & la faites dissoudre dans de
l'eau purgatiue, que nous enseignerons cy-
dessous; & pendāt qu'elle se dissoudra, vous
meslerez vostre precipité, Agaric, & poudres, auec vostre Succre, dans vn mortier
de marbre, auec son pilon de buy : le tout
estant bien meslé & broyé ensemble, vous
mettrez par dessus vostre Gomme dissoulte, & meslerez & empasterez bien le tout
ensemble à coups de pilon. Quoy fait, for-
mez-en des Trochisques, du poids de demy dragme chacun, ou enuiron, & gardez
pour l'vsage.

Vertus.

Ils sont incomparables pour l'entiere
guerison de la grosse verole, en prenant

15. jours durant, vn à chaſque fois, auant ſe
coucher, c'eſt à ſçauoir trois heures apres
auoir ſoupé, puis aualler là deſſus vn doigt
de vin blanc, ou autre, ainſi qu'on treuuera
bon eſtre. En outre, n'eſt-il pas donné ſans
profit à l'Hydropiſie commençante, & aux
douleurs des joinctures, &c.

Eau purgatiue, cy deſſus promiſe.

Prenez Fleurs de Peſcher,
Scamonee,
Turbith an. ʒ iiij.

Mettez tout cela dans vne cucurbite de
verre, & icelle au Bain Marie à diſtiler, &
l'eau qui en ſortira, vous la garderez dans
vne phiole bien bouchee, pour l'vſage.
Vne dragme de cette eau, laſche le ventre
benignement, & purge fort doucement.

Trochiſques Anti-nephretiques.

Prenez de la Terebenthine cuite à durté
Sel de Tartre an. ʒ ij.
Sel de Criſtal vitriolé, ʒ j.
Extraicts de Mechoacam,
& d'Anis, an. ʒ ij. ſ.

Yyiiij

Huile de Mastic,
Suc de Citron despuré, an. ℥ ij.
Succre Candi, ℔ j.
Gomme Tragagant, ʒ ij.
Faites Trochisques en la façon qui suit.

Preparation & meslange.

La Terebenthine doit estre cuite à durté auec ℔ j. d'eau Roze, à feu lent, puis
l'ayant puluerisee auec les Sels, vous les
meslerez tous ensemble auec les Extraicts.
Quoy faict, & le Succre estant fondu auec
l'Huile de Mastic, & Suc de Citron, y meslant aussi la Gomme premierement dissoute auec suffisante quantité d'Eau de fruicts
d'Alkekange, vous y meslerez vos ingrediens à coups de pilon, puis le tout bien
meslé, vous en formerez des Trochisques
que fairez seicher à l'ombre entre deux
fueilles de papier blanc, en lieu chaud &
sec, pour les garder, par apres, dans vne
boëte de verre bien close, pour l'vsage.

Vertus & dose.

Il faut premierement auoir purgé le
corps auec mes Trochisques Emetiques cy-

deſſous deſcrits, ſi le patient peut ſupporter le vomiſſement: ſinon auec les clyſteres
appropriez à la maladie', où aura eſté diſſoult demy dragme de Crocus Metallorum, ou enuiron, & ce 4. ou 5. fois, de trois
iours l'vn. En apres vſer deſdits Trochiſques tous les matins à jeun, le poids de ʒ ſ.
iuſques à ʒ j. ʒ j. ſ. ou ʒ ij. ſelon la force,
l'aage & l'occurrence du mal.

Trochiſques Emetiques.

Prenez de la poudre Emetique,
　appellee ordinairemét des Chimiques,
　Mercure de vie, ʒ iij.
Extraict de racines d'Elebore noir,
　ſeiché & pulueriſé ʒ j.
Poudre de Roſes de Damas ℥ ſ.
Ambre,
& Muſc, an. Ə ſ.
Succre Candi ℥ vj.
Gomme tragagant ʒ j.
Faites Trochiſques, comme s'enſuit.

Preparation & compoſition.

Ayant enſeigné la façon de preparer le
Mercure de vie, en ma Pharmacopeé Spa-

gyrique, comme aussi en mon liure de la verolle, ie ne le rapporteray pas en ce lieu, non plus que l'Extraict d'Elebore.

Quant aux Roses de Damas, il les faut faire seicher entre deux fueilles de papier blanc, à l'ombre, & neantmoins en lieu chaud & sec, puis les puluerifer. Touchant l'Ambre & le Musc, on les doit auoir dilayez auec de l'eau Rofe tres-fragante. Quoy fait, voftre Gomme tragagant ayant efté diffoute auec de la bonne eau de Fleurs de Viollettes de Mars, vous y ietterez voftre Succre, auparauant bien puluerifé & meflé auec vos poudres: puis le tout bien meflangé & empafté à coups de pilon, dãs vn mortier de marbre, vous y adioufterez voftre Ambre & voftre Mufc. Finalement, vous en formerez de petits Trochifques de different poids, fçauoir, les vns de 6. grains, les autres de 10. les autres de 15. afin de s'accommoder au fexe, aage, & forces du malade. Gardez ces Trochifques dans vne boëte de verre, bien bouchee, pour l'vfage.

Vertus.

Ils font admirables contre la verolle, pefte, lepre, Hydropifie, gouttes, melan-

cholie & ſes accidens, & aux fiéures tierces
& quartes, &c. Notez qu'au lieu du Mercure de vie, on y peut mettre les Fleurs
blanches d'Antimoine, ou le Crocus Metallorum. Que ſi c'eſt auec le Crocus Metallorum, ie conſeille d'y adiouſter le Sel
extraict des racines de Perſil. Mais des
trochiſques, nous en parlerons plus amplement dans noſtre Pharmacopee, aydant
Dieu ; Auquel Pere, Fils & S. Eſprit ſoit
rendu tout honneur & gloire, és ſiecles des
ſiecles. Amen.

Fin de la ſeptieſme fleur du Bouquet
Chimique.

FLEVR
HVICTIESME
DV BOVQVET
CHIMIQVE,

Traictant des Antidotes Theriacaux, & Electuaires, tant en general qu'en particulier.

Et premierement d'iceux en general.

CHAP. I.

E sirant abbreger cét œuure,
autant qu'il nous sera possible,
nous ne nous arresterons pas
beaucoup, sur la generalité
des remedes susdits. Estant assez content qu'on ayt veu, & qu'on voye

encore dans la briefue vtilité de ce que i'ay
entrepris, pour la decoration & embellif-
ment de la Medecine, le penible labeur,
l'exceffiue defpence, & la fidelle diligence, que j'y apporte. Ayant mis à bon efciét
la main à l'œuure, ie me fuis rendu poffeffeur, auec la grace de Dieu, de quelques
remedes Chimiques, & notamment de
ceux qu'on appelle communement Antidotes Theriacaux, lefquels i'aduoüe veritablement eftre pauures en nombre, mais
auffi ne nie je pas qu'ils ne foiét trés-riches,
oppulens, & abondans, en excellentes &
fingulieres vertus contre diuerfes fortes
de maladies, notamment celles qu'on appelle contagieufes, fans exception. Or entre tous ceux que ie poffede, i'en fais part
au public de quelques vns qui fe verront en
fuite de cefte Fleur, lefquels en leurs facultez & vertus ne receuront aucune efgalité d'ailleurs. Qu'on vante tant qu'on
voudra fes Antidotes des anciens, lefquels
auec fes noms efleuez, enflez & empou-
lez, d'Antidote Panchrefte, propre à plufieurs maladies; d'Antidote Pantagogue,
à éuacuer toutes humeurs; d'Antidote
Theodorete, conferant benefice diuin;
d'Antidote Zoephile, conferue vie; d'An-

tidote Soterion, Salutaire; d'Antidote Ly-
sippyreton, arreſtant toutes fiéures ardentes; d'Antidote Theodoton, dóné de Dieu;
d'Antidote Theopenton, enuoyé de Dieu;
d'Antidote Panæreton, doüé de toutes
vertus; d'Antidote Lyſipone, c'eſt à dire
Anodin; & pluſieurs autres qu'on pourra
voir dans Myrepſus, leſquels les anciens
ont pris plaiſir à orner de tels noms remplis
de vanité. Qu'on les vante, diſ-je tant
qu'on voudra, leurs effects, pourtant,
ne correſpondent pas aux ſalutaires éuenemens des miens : Tout ce qu'on attribuë à ceux-là en deſtail, les miens le poſſe-
dent tout en gros ; auſſi ſortent-ils de la
boutique de l'Art Chimique : Art qui ſeul
imitât la nature peut faire paroiſtre au jour
ce qu'elle a de plus raré, & excellent dans
ſes cabinets. Mais de cecy plus amplement
en ma Pharmacopee, Dieu aydant. Reuenons donc à nos Antidotes, & Electuaires,
& diſons d'où ils ſont deriuez, leur definition, & finalement leurs differences.

Antidote eſt vn mot deriué du Grec, lequel ſe peut eſtendre generalement à toutes ſortes de remedes faits auecque choix,
notamment pour ceux qui ſont deſtinez
contre les maladies contagieuſes. Or ce

mot Grec, a la mefme fignification qu’Electuaire en Latin, car l’vn & l’autre ne fignifient que compofitions de remedes d’eflite
& tres-excellens, par l’vfage defquels on
chaffe la maladie, & remet-on la fanté en
fon priftin eftat ; & c’eft pour leur definition.

Quant à leurs differéces, elles font prinfes ou de leurs noms, ou de ceux de leurs
Autheurs, & des remedes qui les compo-
fent ; finalemét de leurs facultez & vertus.
Exemple, la Theriaque Celefte de Querce-
tan, ou bien le Chryzobezoar juniperin de
Campy. Au premier exemple, vous voyez
qu’elle eft dicte Theriaque celefte, à caufe
que tous les ingrediens de fa compofition
font ou Magifteres ou Effences, lefquelles
bien fouuent on appellé Ciel parmy les
Chimiques, y adjouftant ce mot de Quer-
cetan, à caufe qu’il en eft l’Autheur. Touchant le fecond exemple, vous voyez qu’il
eft dit Chryzobezoar à raifon du Bezoar
d’Or qui y entre, & juniperin à caufe de
l’Extraict de Genieure qui y entre auffi, &c.
Y adiouftant de Campy parce que c’eft de
fna compofition.

Quand a leurs facultez & vertus, ils
different encore par icelles, car les vns fe

ront Aromatiques simplement, les autres
Aromatiques & Sudorifiques tout ensemble ; quelques-vns sont Cathartiques, les
autres Emethiques ; autres seront Cephaliques, les autres Hepatiques; ceux-la Cordials ,& ceux-cy Spleniques ; & plusieurs
autres lesquels on pourra voir dans leurs
Autheurs ; car de moy ie me contente
d'en donner peu en ceste Fleur , auec ceste
asseurance neantmoings, que c'est l'eslite
des meilleurs que ie possede, reseruant le
reste en ma Pharmacopée Spagyrique aydant Dieu.

En outre il est à considerer leur aage, car
ils reçoiuent beaucoup de difference d'i-
celluy, attendu qu'vn Antidote , ou Electuaire qui aura receu vne plus parfaicte
fermétation aura toute autre faculté,&ver-
tu, que celuy qui ne sera qu'en son cómen-
cement ou milieu : car (comme nous auons
dit si souuent en cét œuure) la principalle
des operations soient de l'Art ou de la Nature (notamment aux remedes de ceste
qualité) est la fermentation. Adjoustons vn
mot auant faire fin à ce Chap. de la quantité des drogues qui doiuent entrer en la
composition des Antidotes & Electuaires.

Touchát leur quantité, donc croy-je qu'il
est bien

eſt bien difficille d'en determiner quelque
choſe de certain; c'eſt pourquoy ie le lairay
au iugemḗt, ſçauoir & experience de l'Artiſte. Seulemḗt diſõs, que raremḗt prepare-
t'on les Antidotes ou Electuaires, ſoient
mols ou ſolides, qu'on ne leur donne corps
auec le Succre, ou auec le Miel, & ce 3. fois
autant que des ingrediḗs, ou poudres qu'on
y meſlange. Plus ou moins, pourtant, ſelon
l'vrgence! car ſi parmy les drogues qu'on
employe à la cõpoſition des Antidotes ou
Electuaires, il y auoit beaucoup d'Extraicts
liquides, quantité d'Huiles ou Eſſences, &
peu de poudres ; pour lors il y faudroit
moins de Miel ou de Succre que ſi elles
eſtoient toutes poudres ſeiches, car en ce
cas il y en faudroit dauantage. D'ailleurs,
les ſolides & durs ne requierent pas tant de
Succre que les mols. Eſtant à noter en paſſant, qu'auant faire le meſlange il faut que
le miel, qui doit eſtre de Narbonne, ſoit
bien dépumé, & le Succre bien dépuré, &
cuits en conſiſtance de Syrop ; auſquels on
peut par apres incorporer les autres ingrediens, les meſlant exactement en telle façon que le tout ne paroiſſe que d'vne couleur. Au ſeul Dieu Trine en vnité, ſoit honneur, & gloire és ſiecles des ſiecles. Amen,

Des Antidotes en particulier.

CHAP. II.

Antidote peſtilentiel, juniperin, Chryzo-bezoar-dic, de noſtre deſcription.

R. Extraict de grains de Genieure ℥ iiij.
Extraicts de racine de Carline,
De fueilles de Scordium,
De racine de Contra-yerua, an. ℥ ij.
Chryſobezoar ℥ j.
Corne de Cerf Diaphoretique,
Fleurs de Soulphre diaphoretiques, an ℥ j. ſ.
Bezoar Coralin ℥ j.
Bezoar Animal,
Huile de Licorne minerale, an. ℥ j. ſ.
Teinture de Fleurs Solaires,
Teinture de Saffran, an. ℥ ſ.
Larme de Cerf preparée, ℈ j.
Huile de racine d'Angelique ʒ ij.
Eſſence d'Anis ℥ j. ſ.
Succre blanc rafiné ℔ ſ.
Faites compoſition en forme d'Electuaire
mol, & ce en cette façon.

Preparation.

L'extraict de grains de Genieure se doit
faire auec l'eau de vie anisee; ceux de Carline, Scordium, & Contra-yerua, auec l'eau
de Chardon benit acuée; chacun d'iceux en
vaisseau separé; les Teintures des fleurs Solaires (c'est d'Hypericon, ainsi dit, à cause
que l'Hypericô est vne herbe vrayemēt Solaire, qui a des proprietez incroyables à dissiper toutes vapeurs Saturniques, & à corroborer le cœur par dessus tout autre vegetable) & de Saffran, s'extrairôt auec eau de vie
de Roses de ma façon : Tous ces Extraicts
se verront en la section des Extraicts en
ma Pharmacopée, & les Huiles & Essences, en la Fleur des Huiles, en cét œuure.

Touchant le Chryso-bezoar, on le prepare en cette façon. Prenez eau forte, commune, faites dissoudre dans icelle Sel Armoniac $\mathfrak{Z}$ j. ou bien tant qu'elle en pourra
dissoudre, faisant la solution en chaleur
tres-petite; faites dissoudre dans cette eau,
telle quantité d'Or de ducat que vous voudrez. Quoy faict, versez dessus goute à
goute, d'huile de Tartre fait *per deliquium,*
iusques à tant que toute la chaux d'Or soit

precipitée au fonds , ce qui fe connoiftra quand l'eau regale demeurera toute blanche, car fi elle eft encore jaulne , c'eft vne marque que tout l'Or n'eft pas encore precipité. Quoy faict, verfez la liqueur qui furnage, par inclination. Ce precipité laué par reïterees ablutions d'eaux Cordiales , doit eftre feché dans vne eftuue, de luy mefme, peu à peu, dans vn plat de verre, fe gardant bien de le toucher auec aucun inftrument de fer quel qu'il foit.

Prenez cette poudre qui doit eftre de couleur d'ocre, arroufez-là auec huile ou efprit de Sel , tant qu'elle foit en confiftance de pafte , laiffez-la fecher de foy mefme à l'ombre en lieu fec. Finalement, prenez cette poudre, meflez-y la quatriefme partie de fon poids de fleurs de Soulphre , mettez le tout dans vn creufet affez grand , lequel colloquerez dans la braife ou charbons ardents , en telle façon que le Soulphre puiffe brufler à fon aife : continuez le feu iufques que la matiere vienne rouge & gluante ; tirez-la du feu & la broyez dans vn mortier de verre, l'arroufant peu à peu auec l'eau de vie aromatifee (la preparatió de laquelle fe voit en la fection des eaux en ma Pharmacopee Spagyrique) fi

l'on veut on la peut former en petits Trochifques , & l'ayant laiffé fecher de foy-
mefme on la gardera bien clofe dans vn
vaiffeau de verre. Sa couleur tire vers le
rouge obfcur. Cecy eft le Bolus Oriz éus, duquel nous auons baillé la defcription cy deffus en la Fleur des Tablettes, mais fa repetition m'aggrée icy à caufe de fes grandes
vertus.

La corne de Cerf Diaphoretique fe prepare ainfi.

Pr. de la Corne de Cerf calcinée iufques au blanc ℥ j. Efprit de Vitriol rectifié
℥ ij. Huile de racine d'Imperatoire Ɔ j. incorporez cela dans vn mortier de verre
l'efpace de fix heures. Faites feicher à part
foy, & gardez cette poudre en vaiffeau de
verre bien bouché.

Les fleurs de Soulphre Diaphoretiques fe
preparent ainfi.

Prenez Vitriol d'Hongrie rubifié, Tartre calciné iufques au blanc, an. ℔ j. Soulphre jaulne ou flaue ℔ ij. faites-le fublimer
par 5. fois, mettant à chafque fois nouueau
Tartre & vitriol. Quoy faict , adjouftez à
chafque once des fleurs, ambre-gris , &
mufc, an. gr. 10. Huile de Macis gout. iiij.

Le Bezoar Coralin se prepare ainsi.

Prenez Coral rouge & transparent ℥ vj. preparez-le sur le marbre, l'arrousant peu à peu auec de l'eau Rose, à mesure qu'on le broyera. Quoy fait, mettez-le dans vn grand vrinal de verre, y versant dessus, 2. pintes de Suc de Citron clarifié ; cela commencera à boüillir & esleuer vne grande escume: laissez-le ainsi operer sans feu l'espace de 24. heures. Mettez en suitte ledit vrinal en vn MB. luy laissant tant & si long temps que les esprits acides du Suc de Citron soient entrez dedans le Coral,& l'ayét fait changer en poudre blanche ; ce qui sera lors que la liqueur demeurera claire sur le Coral, sans plus causer aucune ebulition; aussi doit-elle estre insipide & sans aucune acrimonie. Separez cette liqueur par inclination, lauant la poudre auec des eaux Cordialles par 2. ou 3. fois. Quoy fait, faites secher la poudre à part soy en lieu sec , ou au Soleil, couuerte de deux ou trois linges deliez & biē secs;& vous aurez vne poudre blanche, legere, tres-subtile,laquelle na aucune acrimonie au goust, mais bien vne petite astriction:gardez-la en vaisseau de verre bien bouché.

Quant au Bezoar Animal, sa preparation
se voit cy-deuant en la composition des Pilules Balsamiques Viperines, de ma description, en la Fleur des Pilules : qui est vn Alexipharmaque qui surpasse tous autres Ale-
xipharmaques ; les vertus duquel sont telles
que i'ayme mieux admirer la grandeur,
bonté, & misericorde de Dieu, aux effects
incomparables de ce diuin remede, que de
n'en dire pas assez par mes escrits.

La preparation de la Larme de cerf se faict ainsi.

Prenez telle quantité de Larmes de Cerf
que vous voudrez, dissoluez-les en esprit
de vin rectifié, les reduisant iusques à consistance de miel.

Meslange.

Il faut en premier lieu faire dissoudre
en vn vrinal de verre bien lutté, vostre Succre tres-blanc & bien rafiné, auec de tres-
bonne Eau Rose, Eau de Melisse, Eau de
fleurs de Scabieuse, Bourroche, & Buglosse, Eau tiree des escorces de Citron & d'O-

renge, an. ℥ ſ. & quant leſdites eaux ſeront
en partie euaporees à feu lent , il faudra
oſter le Succre deſſus le feu, le laiſſant à demy refroidir ; puis faudra jetter dedans
l'Extraiĉt de Genieure , remuant auec vne
ſpatule faite de Sental citrin , ou du blanc
qui ſoit tres-fragant. En ſuite, l'Extraiĉt de
Carline, Scordium, & du Contra-yerua, re-
muãt touſiours à chacune d'icelles. En troiſieſme lieu, on y adjouſtera le Bezoar d'Or,
la Corne de Cerf , & les Fleurs de Soulphre. Et continuant, on y mettra le Bezoar
Coralin, la Larme de Cerf, le Bezoar Animal, & la liqueur de Licorne Minerale. En
cinquieſme lieu, les Teintures d'Hypericó,
& de Saffrá, l'Huile de racine d'Angelique,
& finalement l'Eſſence d'Anis. Remuez cela par demy heure, puis le mettez dans vn
vaiſſeau d'Argent, bien bouché, & le laiſſez
fermēter par quinze iours; apres leſquels on
en peut vſer auec toute aſſeurãce. Au lieu de
Succre, on peut prendre , ſi l'on veut , bon
Miel de Narbonne, le faiſant eſpumer auec
les eaux ſuſdites .

Vertus , & doſe.

Cét Antidote eſt l'vnique preſeruatif,

& curatif de la peſte ; car apres auoir fondé
noſtre eſpoir ſur la paternelle bonté, Clemence, & miſericorde de Dieu, il ny à plus
de remede au monde, apres ceſtuy-cy.
Donc pour la preſeruation, en temps de
contagion, on en doit prendre la groſſeur
d'vne bien petite noiſette tous les matins.
à ieun, & par deſſus vn doigt de tres-bon
vin. D'ailleurs, on en peut diſſoudre quelque peu auec bon vin-aigre roſat, & le faire
éuaporer (mis dans vne petite eſcuelle, &
icelle ſur vn rechaud) dans les chambres
ou l'on habite, eſtant premierement bien
nettoyées : voire & on en peut frotter les
têples, les narines, le poulx vers le poignet;
d'auantage en parfumer auſſi les habits. Et
munis en la ſorte, auec la grace de Dieu, on
n'aura dequoy craindre de tout le iour: auſſi
faudra-il recommancer chaſque iour au
matin. Mais ſi l'on eſtoit cacochime, on ſe
peut faire purger à longé, auec ℥ ij. de bon
Sené de leuant, en infuſion dans eau de
Bugloſſe par vne nuiᵭt, puis adjouſter à la
colature, vn ou deux Scrupuls de Tartre
vitriolé, & ce ſelon les forces du malade. Et
s'il eſtoit pletoricque, on peut ouurir la
veine, afin que le corps ſoit mieux diſpoſé
a receuoir la qualité de l'Antidote; Et voila
pour la preſeruation.

Quand à la curation de la pefte, on en faira prendre deux fois autant que pour la preferuation, diffout dás eau deScabieufe, Chardon benit, & d'vlmaria an. ʒij. faifant fuer le malade deux heures durant, reïterant de deux en deux heures, fi le patient le peut fupporter, jufques à tant que le venin de la pefte foit chaffé dehors. Eftant foigneux de luy faire prendre, aux interualles, vn boüillon de Veau, & Volaille, affaifonnée d'Ofeille, jus de Citron, & autres. Notez qu'il faut feigner auant que donner de mon Antidote, toutesfois fous les confiderations que i'ay deduites en mon petit Traicté de pefte; auquel on aura recours touchant cét effect.

Cét Antidote, n'eft pas feulement incomparable contre la pefte, mais auffi contre tous les venins & poifons, de quelque efpece & qualité qu'ils foient, c'eft pourquoy les grands, defquels la vie eft en compromis parmy les traitres empoifonneurs, deuroiët eftre toufiours munis de cét Antidote; car il n'y à poifon qui puiffe refifter côtre luy. Il eft auffi admirable contre toutes fiéures pourpreufes, petite verolle, rougeolle, & autres maladies contagieufes; mefmes contre le venin verolique, &

Lepre. Eſt en outre incomparable côtre la palpitatiõ du Cœur, douleur du Ventricule le fortifiant; contre toutes les affeƈtions du Foye, & de la Ratte, enſemble de toutes les viſceres; contre toutes les affeƈtions du Cerueau: Bref c'eſt vne medecine vniuerſelle, qui peut eſtre donnée à toutes ſortes de maladies, auec vehicule commode & conuenable.

Quelqu'vn parauanture me dira, pourquoy ie donne deux nõs à cét Antidote, & ſi n'eſt pas aſſez de luy dõner le nom de ſa Baſe, ſans y adjouſter Chryſo-bezoardic? Ie reſpons que ie le nomme Iuniperin, attendu que cét ingredient y eſt en plus grande quantité, & qu'il eſt comme la Baſe de cette compoſition. Et en ſuitte Chryſo-bezoardic, à raiſon que le Bezoar d'Or eſt le plus excellēt de tous les Bezoardiques. En ſecond lieu, attendu que l'Or excelle ſur tous les Cardiaques, à cauſe de ſa Sympathie auec l'Or humain, qui eſt le Cœur, à la conſeruation duquel nous tendons en l'extermination de la peſte.

Theriaque Vegetalle, Specifique aurée, de noſtre deſcription.

Pr. les Reſines tirees des Racines,

De Scorzonere,
De Myrris,
D'Antitora,
D'Asclepias,
De Carline,
De Morsus Diaboli,
De Saxifrage Hircine,
De Crusiata vraye,
D'Angelique,
De Clematis,
De Imperatoire,
De Tormentille,
De Valeriane grande an. ℥ ij.
Suc condensé de Fueilles, & semence
De Ruë, creuë sous vn Figuier,
Fueilles & sommitez de Veronique,
De Chardon Benit,
De Scabieuse,
De Scordium.
De Verbene,
D'Absinthe, an ℥ j ſ.
Extraict de Scorodon, ℥ iiſ.
Sel Essentiel, Extraict de tous les ingrediés
    susdits, ℥ij.
Paste de Semence de Citron Escortiquée,
    ℥ iij.
Teinture de Saffran, ℥ j.
Magistere de Coral, ℥ j ſ.

Magiſtere de Tartre, ℥ j.
Eſſence d'Opium, ʒ ij.
Huile de Canelle,
Huile de Macis,
Huile de Fleurs de Romarin,
Huile de Roſes blanches,
Huile de Mirrhe,
Huile d'Anis, an. ℥ ſ.
Eſſence de bois d'Aloés reſineux, ℥ j.
Camphre liquefié, ʒ jſ.
Magiſtere du Baulme du Perru, ʒ ſ.
Miel de Narbonne bien odoriferant ℔. vj.
Faictes Opiate Theriacal en ceſte façon.

Preparation.

Toutes les racines doiuent eſtre cueillies en ſaiſon conuenable, & ſeichées en
telle façon que la couleur, odeur, & gouſt
naturel leur demeure, prenant garde
quelles ne ſoient nullement moiſies ny cariees.

Prenez de ces racines, telle quantité que
voudrez, & les ayant couppées bien menu, vous les arrouſerez du vin-aigre Bezoardique, cy apres deſcrit; puis les ferez eſſuyer à chaleur naturelle entre deux
linges: icelles eſtant bien empreintes des

eſprits Balſamiques du vin-aigre Bezoardique,ſeront infuſées dans quantité ſuffiſante d'Eau de Vie de Geneurier; & le tout
mis en digeſtion par huiĉt iours à lente chaleur, vous ſeparerez ce menſtruë, y en remettant d'autre,le laiſſant ainſi huiĉt iours:
côtinuez cela iuſques à tât que voſtre diſſoluant ne ſe charge & colore plus de l'Extraiĉt deſdits ingrediens. Quoy faiĉt,
ayant mis tous vos diſſoluans enſemble
dans vn grand & ample matrats clos Her-
metiquement, & iceluy en l'Athanor , au
premier degré du feu,vous les lairrez circuler par vn mois Philoſophique. Finalement
eſtant refroidy , vous trouuerez l'Eſſence
de ces ingrediens en forme reſineuſe , au
fonds, ſeparez-les & gardez à l'vſage.

Le Suc condencé des fueilles & ſommitez des
Plantes ſus mentionnees,ſe tire &
prepare ainſi.

Prenez les Herbes ſuſdites , cueillies en
ſaiſon conuenable, pilez-les dans vn mortier de marbre, auec ſon pilon de bois,cha-
cune à part, puis les ayant miſes dans vn ſa-
chet de toile forte,vous les mettrez au torcular ou preſſoir, exprimant tant & ſi for

qu'aucun Suc ne forte plus. Finalement, ayant filtré lefdits Sucs , faites exaler l'humidité d'iceux à chaleur tres-lente, iufques à confiftance de poix , & gardez-la pour voftre œuure.

L'Extraict de Scorodon fe fait ainfi.

Coupez-le menu, tant la fốmité, tige, que fueilles; mettez cela dás vn alēbic de verre, & celuy-cy fur les cendres à diftiler: verfez toute l'eau que vous en aurez tiree , fur fes fœces ; & ayant le tout remué enfemble, vous le lairrez en infufion par trois jours , à lente chaleur. Finalement, coulez cela fans expreffion ; & icelle colature reduifez à confiftance de poix; & gardez pour voftre Theriaque.

Le Sel effentiel , de femblables ingrediens que les fufdits, fe prepare ainfi.

Tirez le Suc par expreffion de femblables racines & herbes cy deffus mentionnees, les ayant premierement pilees en vn mortier de marbre, depurez ce fuc, filtrez & clarifiez le felon l'Art. Apres faites-le boüillir doucement en vn vaiffeau de verre, l'efpu-

mant tres-bien. Eftant exalé iufques à confiftance de Miel liquide, mettez-le en lieu
fort froid par 5. 6. ou 7. iours, & aurez vn
Sel beau & criftallin; lequel ayant laué fairez deffeicher doucement, & gardez à l'v-
fage. De la façon de faire les Sels Effentiels, eft parlé plus amplement cy-deffus,
en la Fleur des Sels. Notez qu'il faut que
les racines & herbes fufdites foient toutes
verdes, & fraifchement cueillies.

La pafte de femence de Citrons, fe faict
en pilant dans vn mortier de marbre, auec
fon pilon de bois; icelle femence efcorti-
quee; laquelle eftant à peu pres reduite en
pafte, on l'arroufera goute à goute auec
eau extraicte par diftilation des Efcorces
bien deliées d'Orenge & de Citron; pilant
& remuant toufiours iufques qu'icelle foit
en confiftance de pafte affez molle, que
garderez à l'vfage.

On prepare l'Effence d'Opium en cette façon.

Prenez du bon Opium de Thebaïde ℔ f.
& l'ayant couppé en petites pieces, faites-le
feicher fur vne paifle de fer, à petit feu de
charbons, le remuant tout doucement, iufques à tant que toutes fes vapeurs malignes
foient

foient exalées, & qu'il fe puiffe réduire en
poudre eftant ofté de deffus le feu. Iceluy
eftant puluerifé, on le mettra dans vn vaiffeau de verre, & par deffus ℔ iiij.de Suc de
Citron bien clair & depuré, puis ayant mis
le vaiffeau au bain en infufion, l'efpace de
24. heures, vous coulerez la liqueur par inclination, qui fera de couleur rouge obfcur;laquelle ayant filtree par le papier gris,
la mettrez dans vn vaiffeau de verre,& iceluy au four à cédres,pour faire exaler peu à
peu le phlegme du Suc de Citron; je dis
peu à peu; & tout doucemēt,à celle fin que
les Efprits acides dudit Suc demeurent ad-
herans à la fubftance de l'Opium , ce qui ne
feroit fi l'on le faifoit exaler par violance:
Au fonds demeurera vne matiere en confiftance de Miel, & noire comme de la poix,
de laquelle, eftant froide ; on en peut former des pilules , fi l'on veut : voyla ce que
j'appelle en ce lieu Effence d'Opium.

L'Effence du bois d' Aloë , pour feruir à noftre œu-
ure, fe tire ainfi.

Prenez du bois d'Aloës le plus beau &
le plus refineux que pourrez treuuer , telle
quantité que vous voudrez; couppez le en

petites taleoles, & mettez-les infuser dans
vn vaiſſeau de verre, auec quantité ſuffiſante de Soulphre Celeſte extraict du Santal
blãc refragãt, qui ſurpaſſe de trois doigts ou
enuiron, & le tout au Bain Marie à chaleur
léte par 8. iours: apres leſquels, verſez le
diſſoluãt par inclinatió, en vn autre vaiſſeau
de verre; remettez d'autre diſſoluant ſur le
marc: continuant comme deſſus, iuſques
qu'ayez tiré toute la Teinture du bois d'A-
loës. Mettez tous ces diſſoluans enſemble
à digerer au MB. à lente chaleur par vn
mois Philoſophique; & au fonds vous reſtera la vraye eſſence du bois d'Aloës, laquelle ayant ſeparee vous garderez, bien
cloſe & couuerte, pour l'vſage.

Touchant le Soulphre Celeſte de Santal blanc, il ſe tire en la meſme façon des
autres quint-eſſences, ce que l'on verra en
cette œuure, en ſon lieu: enſemble des autres eſſences, Magiſteres, & Huiles, chacun en leur lieu, mais bien exactemét dans
ma Pharmacopee Spagyrique : Reſte de
donner la methode de liquefier le Camphre, puis nous viendrons au meſlange.

Prenez telle quantité de Camphre que
vous voudrez, par exemple ʒ ij. Eſprit de
vin ℥ j. meſlez cela enſemble & le mettez

en vn vaiſſeau de verre , & iceluy au bain
tiede, & voſtre Camphre ſe diſſoudra tout
en Huile, que garderez à l'vſage.

Meſlange.

Premierement vous fairez eſpumer voſtre Miel, dans vn vaiſſeau de terre verniſſé. Quoy faiĉt, & hors du feu à demy refroidy , vous y adjouſterez les reſines extrai-
ĉtes de vos racines, peu à peu, remuant touſ-
jours auec vne Spatule faite de bois de Santal blanc odoriferant. En ſuitte , vous y adjouſterez le Suc condencé des herbes , remuant touſiours. En apres, l'Extraiĉt de
Scotrodon. En ſecond lieu , on meſlera enſemble l'Eſſence d'Aloés auec le Magiſtere
du Baulme , & Huile de Mirrhe , pour
l'adiouſter aux choſes ſuſdites. En ſuitte, la
Teinture de Saffran auec l'Huile de Roſes. Conſequemment, le Sel Eſſentiel auec
le Magiſtere de Tartre. En apres , la paſte
d'Eſcorce de Citron auec le Magiſtere de
Coral & Huile d'Anis. Et tout de meſmes
main , l'Eſſence d'Opium premierement
meſlée auec les autres Huiles reſtans. Finalement, la liqueur de Camphre. Le tout
ayant eſté bien remué & meſlé enſemble,

on le mettra à fermenter par trois femaines ou vn mois, puis on le gardera dans vn
vaiſſeau de fin Argent doré , pour l'vſage.

Vertus, & doſe.

Quoy que dans ma Theriaque Vegetable , n'entre vn ſi grand nombre ſans nombre d'ingrediens qu'au Theriaque qu'on
prepare ordinairement dans les boutiques
des Apoticaires , neantmoins elle ne laiſſe
de reſiſter puiſſamment contre toutes les
maladies auſquelles on à iuſques icy creu
le Theriaque ordinaire ſeruir : voire & ie
diray , que les ingrediens y eſtant plus
preſſis , & leur qualité , faculté & vertu,
n'eſtant pas abſorbée par la quantité, ce reduict bien pluſtoſt de puiſſance en acte
que l'ordinaire. D'ailleurs, que la ſeparation du pur d'auec l'impur, du ſubtil d'a-
uec le craſſe, de l'eſprituel d'auec le corporel , joint leur exacte preparation , faict
que venant en meſmes temps , aux priſes
auec les maladies , les contraint malgré
leurs effors , de quitter la place. Il n'eſt
icy beſoin d'apporter des exemples pour
veriffier ceſte verité , car cela eſt ſi net,
que les plus clais voyans , & les plus

refrognez critiques ny pourront trouuer à redire , joint qu'en la preface nous
auons suffisamment aueré la certitude de
cette proposition. Or ses vertus, ainsi que
nous auós dit cy-dessus, s'estendét non seulement à toutes les maladies contre lesquelles on administre le Theriaque ordinaire, mais auec beaucoup plus de puissance, & notamment contre toutes les douleurs de Teste inueterees, mal Caduc & ses
especes , Paralisie, douleurs des joinctures, tintement d'oreilles , debilité de la
veuë, asthme, enroüeure, difficulté de respirer, debilité d'estomach, jaulnisse, toutes
sortes de coliques, l'vne & l'autre bile, durté de Ratte, difficulté d'vrine, vlceres de la
vessie, contre toutes fiéures , & notammét
à la quarte, Hydropisie, retention des menstruës, sterilité, & toutes les maladies froides des femmes. Mais plus particulierement & puissamment contre la lepre ; tous
venins, morsure de quelque beste veneneuse que ce soit ; resistant, domptant, & dé-
truisant le mortel venin de la peste. Obseruant, que ce remede doit estre administré à chascune de ces maladies auec leur
vehicule côuenable. Exemple, aux douleurs
de Teste, auec eau de Sauge ; au mal Ca-

duc, auec eau de Lys de Valées, acuëe; ou bien auec l'Eau de Peoine: Pour les oreilles auec l'eau de Fleurs d'Afari ; à la paralifie, auec eau de Romarin ; aux ioinctures , auec eau d'Iue artitique ; aux yeux auec l'eau de Fleurs d'Eufrafiæ; Aux affections de la poictrine , auec l'Effence de iuiubes; à la jauniffe auec l'eau de Primulaueris; à l'Eftomach, auec l'eau de Ciclament; à la colique, auec l'eau de Conuoluulus; à la Bile, auec l'eau diftilée des œillets premierement pilés & mis comme en pafte, & arroufez du fuc de bonnes Pommes de Cappendu ou Renette; à la durté de Ratte, auec eau de Ceterach ; à la difficulté d'vrine, auec l'eau tirée de la Moüelle de Calamus anferinus; à la vefie, auec l'eau de Veficaria; à la fiéure quarte, auec l'eau de Morfus Diaboli. A l'Hydropifie , auec l'eau diftilee des Champignons qui viennent aux pieds du Sufeau. Aux Menftruës , auec Effence de Sabine meflée efgales parts auec eau accuée de beftes rouges. A la Lepre; auec eau de Fraifes , premierement macerées auec efprit de vin. Aux venins & morfures de ferpents, auec l'eau tirée de Draculus Minor. A la pefte , auec l'eau de Germandrée. Cefte Theriaque ce peut auſſi bailler diſſoute dans le vin, ou dans l'eau de vie, ou bien la prendre au bout d'vn couſteau, puis boire vn doigt de bon vin par deſſus.

Notez, quoy que çe diuin remede ait tant & de ſi admirables vertus, neantmoins ſi l'on en veut tirer l'effect promis, ſoit contre les venins, ou contre les maladies ſus ſpecifiees, il ne s'en faut jamais ſeruir, ou bien rarement, que les corps humains auſquels on le voudra exhiber, ne ſoiét premie-rement nettoyez de leurs humeurs corró-puës, à celle fin que le remede faſſe ſon o-peration ſans aucun empeſchement. C'eſt pourquoy ceux qui en voudront vſer, ſe fai-ront premierement purger auec quelque bon Emetique, ou Cathartique, ſelon la ſi-tuation, & abondance des humeurs; obſeruant la conſtitution du corps, & le temps qu'on la fera. Apres, s'il y a repletion aux vaiſſeaux, on tirera du ſang de la Mediane du bras droict, la quantité que le docte Medecin-Chirurgien verra eſtre conuenable. Cela fait, on peut venir aſſeurément à l'vſage de noſtre Theriaque, ſe faiſant ſuer vne ou deux fois le iour; voire & il n'importe de ſuer ſi c'eſt pour la preparation; mais pour la curation du mal preſent, &

notamment en la maladie contagieufe, &
aux venins, il faut fuer iufques à tant que le
mal foit chaffé & totalement deftruict.

Dofe.

La dofe eft de 12. 15. 20. 25. 30. ou 40.
grains, felon la force & differéce des corps,
d'âge, & diuerfité de temperament. Or en
l'vfage de ce remede, on doit fe preferuer
d'yurongnerie & gourmandife, s'abftenir
de luxure, euiter la colere, & fuir la melancholie.

Addition.

Il faut icy noter, que, fi pour preparer ce
Theriaque, on veut faire vn Cliffus des racines & herbes qui entrent en fa compofition, on le peut faire en la façon qui fuit.

Tirez le Soulphre celefte de toutes les
racines feiches, fus fpecifiees, gardez le feparément. En apres, prenez-les toutes verdes & en tirez le Sel volatil ou effentiel;
gardez le de mefme à part. Prenez en
d'autres verdes & en tirez l'efprit, lequel
vous garderez auffi à part. Faictes le femblable des herbes, tirât des feiches le Soulphre, des verdes le Sel effentiel, & des

fleurs & fommitez, le Mercure ou efprit.
Toutes ces chofes meflees enfemble, mettrez à chaleur fort douce du Bain, à fermé-
ter par 24. heures. Apres on meflera ce
Cliffus, tout premierement auec le Miel, &
enfuitte les autres ingrediens, felon l'ordre qu'auons tenu cy-deffus, & gardez à
l'vfage.

Quelques vns pourront objecter, pourquoy j'appelle ce Theriaque du nom d'aurée, veu qu'il n'y entre point d'Or dedans?
Ie refponds que ie l'appelle aurée, à caufe
que comme la Medecine de l'Or furpaffe
toutes les autres Medecines, de mefme ce
Theriaque furpaffe tous les autres remedes Theriacaux qui font preparez à la façon
commune.

Antidote Diahematon liberant, de
noftre defcription.

Pr. de la pierre Philofophale de fang
    humain,
Pierre Philofophale de fang de Cerfan,
    ℥ ij.
Efprit d'Ambre blanc gout. 12.
Magiftere de Fleurs Solaires
Magiftere de Scordium, an. ℥ ij.
Extraict de Chardon benit,

Extraict de Roses Blanches an. ℥iij
Essence de Saffran ʒj.
Essence d'Os de cœur de Cerf ʒj.ſ.
Quint-essence d'Esmeraude,
Quint-essence de Coral rouge,
Quint-essence de Perles an ʒſ.
Resine de racine d'Angelique ℥ſ.
Huile de Majoraine gout. viij.
Faictes composition en ceste façon.

Meslange.

I'ay obmis en ce lieu, de propos deli-
beré, la preparation des remedes qui composent cét Antidote, les ayans reseruez
en ma Pharmacopee Spagyrique qui verra bien toſt le iour, Dieu aydât, pour le bien
de tous : reſte de toucher icy, comme en
paſſant, le meſlange & vertus dudit Antidote.

Meſlez premierement vos Extraicts
auec la Reſine d'Angelique, & ce dans vn
mortier de verre auec ſon pilon : adiouſtez
y en ſuitte les Magiſteres, puis les pierres
Philoſophales de Sâg, dilayées premierement auec les Eſſences de Saffran & de
cœur de Cerf. Finalement, vous y adiouſterez les Quinteſſences , meſlees auec

l'Huile de Majoraine & Efprit d'Ambre.
Le tout bien meflé enfemble , vous l'en-
fermerez dans vne boëte d'Argent doré,
& garderez à l'vfage.

Vertus.

Ses vertus font incomparables pour toutes fortes de maladies contagieufes quelles
elles foient, à toutes fortes de venins & poifons, & autres maladies , ce que ie referue à
dire au liure cy-deflus promis ; ou nous
toucherons aufli de fon vray vfage & dofe.

Au feul Dieu Trine en vnité foit rendu tout honneur , gloire , & loüanges.
Amen.

Des Electuaires en particulier.

Et premierement des Electuaires Cordials.

Chap. III.

Cenfection de Alchermes.

Pr. Extraict de grains de Chermes ℥ſ.
Quint-eſſence de Perles ʒ ij.
Or cordial Spagyric Medeci-
nal, ʒ j.
Ambre gris,
Muſc tres-bon an. ℈ j.
Huile tres-pur de Canelle gut. 12.
Extraict doux de Berberis ℥ j.
Faictes Electuaire en ceſte façon.

Preparation & meslange, de ma description.

L'Extraict des grains de Chermes ſe
faict en ceſte façon. Les grains de Chermes eſtant cueillis au mois de May ou de

Iuin, & non en autre temps, seront grossierement pilez dans vn mortier de verre,
& arrousez de quelques goutes d'eau Rose tres-fragante; puis estans mis dans vn
linge bien delié, & icelluy entre deux as-
siettes, on les exprimera iusques qu'il ne
sorte plus rien, renouuelant de les arrouser auec nouuelle eau Rose, si l'on veut,
afin d'en extraire tout le Suc, pur & net, lequel on gardera à part dans vn vaisseau de
verre bien bouché. Apres, on tirera l'Extraict de Berberis en cette façon.

Pr. le fruict de Berberis, qui soit bien
meur & rouge, ostez les pepins qui sont dedans, puis l'arrousez d'Huile de Succre
peu à peu, en le pilant dans vn mortier de
verre iusques qu'il soit tout en paste.
Mettez cela dans vn linge delié, iceluy en
vn petit torcular, exprimez tout l'Extraict
qui en pourra sortir, que garderez dans vn
vaisseau de verre bien bouché pour l'vsage.

*L'Huile de Succre se faict (pour seruir en
ce lieu) en cette façon.*

Pr. des Pommes bien saines, de Ca-
pendu ou de Reinette, lesquelles ayans
pellees & nettoyees de leurs pepins, vous

coupperez en deliées taleoles, & d'icelles fairez vne couche dans vn Plat de Fayance, puis sur icelle estendrez vne autre couche de Succre de Madere puluerisé, qui soit bien raffiné; sur icelle mettrez vne autre couche de Pommes, puis vne de Succre, continuant ainsi jusques que le Plat soit plein, lequel vous couurirez d'vn autre plat, les mettant tous deux en lieu humide, iusques que le Succre soit tout reduict en huile, que garderez à l'vsage dans vn vaisseau de verre bien clos.

L'Or Cordial Spagyric Medecinal, se prepare en ceste façon.

Purifiez l'Or de fin Ducat, auec l'Antimoine, puis l'ayant faict reduire en fueille, mettrez lict sur lict auec le sel Armoniac Extraict de l'Esprit de vin, en la façon que ie l'enseigne en mon Hydre Morbifique Traicté de Lepre, au Chap. de la preparation des medicamens; & ce dans vn creuset d'assez grãde capacité, & à descouuert, iceluy mis à petit Feu de charbons, pour reduire de puissance en acte ce Sel Armomoniac, en vn moment l'Or sera calciné; & ce qui est de recommandable en cét œu-

ûre, c'eſt qu'il eſt calciné auec conſeruation de ſa radicalle ſubſtance.

Pr. de cét Or ainſi calciné, telle quantité
que vous voudrez, mettez-le dans vn ma-
tracs aſſez ample, & par deſſus, verſez tant
d'eau de vie de Meliſſe Cordialle qu'elle
ſurpaſſe de 4. bons doigts, ſeellez cela du
ſeeau d'Hermes, & le laiſſez en digeſtion
par 15. jours, juſques que l'eau de vie ſoit
teinte, ſeparez-la par inclinatió, y en reuer-
ſât d'autre, continuât la premiere action iuſques à ce que l'eau de vie ne teigne plus.
Mettez tous ces diſſoluans enſemble dans
vn alembic, & iceluy au bain; faites diſtiler
le diſſoluant, iuſques que la matiere demeure au fonds de l'alembic époiſſe comme Miel, laquelle impregnee de la qualité
Cardiaque de l'eau de vie ſuſdite, a des vertus & des facultez nompareilles : gardez-la
en vaiſſeau de Criſtal bien bouché, pour
l'vſage.

Que ſi vous voulez auoir toute la ſubſtance de l'Or, ſans vouloir prédre la peine
d'en ſeparer ſa Teinture come deſſus, il faudra augmenter le diſſoluant de moitié, c'eſt
à dire qu'il ſurnage de 8. doigts, & le vaiſſeau eſtant fermé auec le ſeeau d'Hermes,
le faire circuler tant & ſi longuement au

Bain marie qu'il vienne en espoisseur de
Miel.

*L'Eau de vie de Melisse Cordialle se
prepare ainsi.*

Prenez de la Melisse ; faites-la seicher à
l'ombre, arrousez-la d'Essence d'escorce de
Citron, puis la faites seicher derechef à l'ô-
bre entre 2. linges bien deliez; continuez
cette operation iusques à la 3. fois. En secód
lieu, pr. les premieres petites cornes d'vn
fan de biche, concassez-les grossierement,
& les faites vn peu desseicher au Soleil entre deux linges bien deliez, afin de consommer vne partie de leur humidité flegmati-
que: apres, versez dessus de la plus rectifiée
& Ætheree eau de vie que pourrez auoir,
laissezla en fermétation par 4. iours au bain,
puis reuersez l'eau devie par inclination sur
la Melisse, cy dessus preparee, la laissant ainsi au bain par autres 4. jours. Quoy faict, distilez ladite eau de vie, laquelle emportera
auec soy toute la qualité Cardiaque des susdits ingrediens. Et voyla l'eau de vie de
Melisse Cordialle, laquelle est d'incomparable vertu contre toutes les maladies con-
tagieuses, notamment celles qui attaquent
particu-

particulierement le cœur: Notez qu'il faut boucher le vaiſſeau où vous mettrez cét Eau de vie en telle façon qu'elle ne s'exalle point, & la mettre promptement en vſa-ge.

Quand à l'eau de vie que tirerez par di-ſtilation de deſſus l'Or, il la faut garder à part, pour s'en ſeruir à ce lauer en temps de contagion.

Les preparations de l'Eſſence de Perles, & d'huile de Cinamome, ſe verront cha-cune en ſon lieu dans cette œuure : venons maintenant au meſlange.

La quint-eſſence de Perles ſera meſlee doucement auec l'Extraict de Chermes dans vne eſcuelle de fayance bien vnie ; & dans vne autre vous meſlerez l'Or Cor-dial auec l'Extraict de Berberis, puis vous meſlerez tous les deux enſemble ; adjou-ſtez y l'Ambre gris & le Muſc, & en der-nier lieu l'Huile de Canelle ; ſerrez ceſte compoſition dans vn vaiſſeau d'Argent doré bien couuert, & gardez au beſoin.

Si ceux qui exercent ceſte partie de Me-decine, la Pharmacie, n'ont perdu leur iu-gement, ils ſeront contraints d'auoüer que ceſte confection de Alchermes, tant en ſa preparation que vertu, ſurpaſſe d'autant l'ordinaire, que l'Or furpaffe le fer en bonté & beauté: C'eſt pourquoy ie les conjure de tout mon cœur & de toutes les forces de mon ame, d'embraſſer ceſte methode, & de preparer leurs remedes par l'Art Spagyrique, comme plus certain, affin que les malades receuans de l'vfage de nos remedes les effects de leurs deſirs, ils ayent occaſion (comblez du threfor ineſtimable la fanté) de loüer le tout puiſſant en ſes creatures.

Vertus, & doſe.

Outre les maladies, contre leſquelles on donne l'Alchermes ordinaire, auſquelles ceſtuy-cy fait des merueilles, & auec beaucoup plus d'energie que l'autre ; il eſt encore fingulier contre tous venins & poiſons; auxmaladies Cardiaques, contre les morfures des beſtes veneneuſes, contre la contagion peſtilentielle, contre toutes fiéures pourprées, contre toutes maladies Melancholiques, contre tous delires & paſſions d'eſprit. Et bref i'oſeray dire que c'eſt vn azoth, Medecine vniuerfelle. Sa doſe eſt de ſix grains iufques à demy Scrupul. Eſtant à noter que c'eſt vn fudorific admirable.

Electuaire Lætificant de noſtre deſcription.

Pr. Magiſtere de Meliſſe ℥ iij.
Magiſtere de Fleurs de Giroflier odo-
　rant ℥ ij.
Eſſence de Fleurs de Noix Muſcade gr.
　v iij.
Laict de perles ℈ j.
Eſſence de Canelle gr. vj.
Or Eſſenſifié gr. iiij.
Magiſtére de Saffran ℈ ſ.
Liqueur Cordiale ℈ j. ſ.
Eſcorce de Citron confitte ℥ j.
Miel de Narbonne odoriferant ℥ iij.
Faictes Electuaire en ceſte façon.

Preparation.

Le Magiſtere de Meliſſe ſe prepare en
ceſte façon. Cueillez les fueilles & ſommitez de Meliſſe en ſaiſon conuenable, faites
les ſeicher à l'ombre entre deux linges bien
deliez. Quoy faict, & eſtant concaſſée
groſſierement, mettez la en vn vaiſſeau
de verre, & par deſſus du Souffre Celeſte
de Sental blanc treſ-fragant, qui ſurnage
de deux doigts ; laiſſez cela en digeſtion

au Bain marie tiede , iusques à tant que le
Méstruel soit teint d'vne couleur grisastre
tendant sur le vert ; versez par inclination
& en remettez d'autre par dessus ; continuant jusques à ce qu'il ne teigne plus.
Tous ces dissoluans meslez ensemble &
mis dans vn Alembic auec son recipient,
vous les fairez distiler, & le Magistere de
Melisse demeurera au fonds que garderez
pour l'vsage.

Le Magistere de Giroflier se fera de la
mesmes façon que celuy de Melisse, & par
mesme dissoluant.

Quand à l'Essence des Fleurs de Noix
Muscade , cela se voit en la Fleur des Es-
sèces, ensemble celle de Canelle. Touchāt
à l'Or Essensifié , ie l'enseigne en mon
Hydre Morbifique , sous le nom d'Or potable. Comme aussi en ma petite Chirurgie Chimique ; le semblable fay-je encore
en ceste œuure en son lieu , ou vous aurez
recours.

Pour le Magistere de Saffran, il sera preparé auec l'eau de vie rectifiée , à la façon
des Teintures , puis le dissoluant separé,
demeurera au fonds le Magistere de Saffran en consistance Mielleuse, laquelle on
gardera à l'vsage, dans vn vaisseau de ver-

re bien bouché.

La liqueur Cordiale se prepare ainsi, selon ma façon.

Prenez de la Canelle bien odoriferante
Zedoaire an. ℨ iij
Girofles ℨ j.
Fragmens de Grenats calcinez ℥ ij
Coral calciné ℥ j.
Fau de vie Rosm̃arinée,
Eau des Roses de Damas an ℥ iiij.
Essence d'Escorce de Citron ℥ ij.
Huile de succre ℨ iij.
Faictes liqueur Cordiale en ceste façon.

La Canelle, le Zedoaire, & les Girofles,
estant grossierement concassez, on les
mettra dans vn Matrats assez ample, &
par dessus le calciné de Grenats & Coral,
ensemble les Eaux, Essence, & huile : Ledit Matrats, scellé du sceau d'Hermes, sera
mis en digestion au Bain marie l'espace
d'vn mois ; lequel espiré, faudra ouurir
le matrats & verser par inclination la liqueur, laquelle est impregnée de la vertu
essentielle des ingrediens susdits ; gardez-
la dans vn vaisseau de verre bouché bien

diligemment.

Ses vertus font admirables pour la palpitation du cœur, tremeur d'iceluy, & douleur des precordes; contre toutes maladies melancholiques; ouure les obftructions de la Ratte, corrobore le cerueau , diffipe les vents, resjouyt grandement le cœur , aydé a la digeftió, cóforte l'eftomach, prouoque l'vrine, mitige l'ardeur & aduftion du fang, mondifie, incife & refout le fang coagulé. Sa dofe eft de demy dragme iufques à vne auec eau de Bourroche , ou autre accommodee aux maladies contre lefquelles le voudrez exhiber: on la prend auffi auec du vin, mais le plus fouuét dans quelque cueilleree de boüillon. Voyla ma liqueur Cordialle, laquelle en vertu ne fe peut eftimer. Venons maintenát au meflange des ingrediens qui entrent en noftre lætificant.

Meflange.

Premierement, faut piler l'efcorce de Citron dans vn mortier de marbre , auec fon pilon de buy, l'arroufant d'vn peu d'Effence d'Efcorce de Citron : l'ayant reduite en pafte on la paffera au trauers d'vn thamis. Quoy faict, on la meflera auec le Miel premierement espumé, & hors du feu (car il faut faire cet Electuaire sans feu) & en suitte les Magisteres de Melisse & de Girofflier, remuant & meslant lesdites choses ensemble auec vne spatule de Santal tres-fragant. Apres , ayant meslé l'Essence de Canelle auec l'Or essensifié, dans vn plat de verre à part, puis l'Essence de fleurs de Muscade auec le laict de Perles aussi 'a part, on les meslera l'vn apres l'autre à la masse. Finalement, le Magistere de Saffran , & en suitte la liqueur Cordiale. Remuez & meslangez tout cela enuiron vn quart d'heure, sans pourtant l'eschauffer; & en apres l'ayãt mis dans vn vaisseau d'Argent doré bien couuert & bouché, vous garderez à l'vsage.

Vertus , & dose.

Ie ne desire pas icy aduantager par mes paroles les effects de cest Electuaire, par dessus celuy qu'on prepare ordinairement au boutiques des Apoticquaires; car l'exa-cte preparation des ingrediens qui le construisent (non encore enseignez de personne que de moy, comme aussi plusieurs autres inserez dans mes œuures, ainsi qu'il se peut aisément verifier par la conference de

mon ouurage à celuy d'autruy·) Tefmoi-
gnent affez fon excellence ; & fes incomparables effects manifeftent fuffifamment
fes admirables vertus, lefquelles excellent
par deffus quelque autre medicament que
ce foit, à conforter & corroborer tous les
membres principaux, ayder grandement à
la chaleur naturelle,& viuifier l'efprit; chaffer toutes mauuaifes cogitations & penfees
Saturniennes, fomenter l'humeur radical,
reduire en vn temperament d'efgalité ref-
pectiue tout le compofé humain, & tenir
inceffamment joyeux. Sa dofe eft de demy
dragme à vne.

Electuaire Diacitri Cordial.

Pr. Efcorce verde de Citron,côditte ℔ f.
Gelee de Coings ʒ iiij.
Myrabolans condits,
Noix Mufcade an. ʒ j.
Suc de Bourroche dépuré ℔ j.
Suc de Meliffe dépuré ℔ f.
Suc de mille füeille dépuré ʒ j.
Suc de fommitez d'Hypericon depuré,
Suc de Bugloffe depuré ,an. ʒij.
Bezoardic Coralin ʒj. f.

Extraict de bois d'Aloës refineux,
Extraict de Sental blanc an. ʒ iij.
Effence de Canelle,
Huile d'Anis an. ʒ j.
Faictes Electuaire en cette façon.

Preparation.

La preparation des Extraicts, Effences, & Huiles, fe trouuant en fon lieu, refte icy d'enfeigner la methode de depurer les fucs; ce qui fe fera en cette façon.

Pr. vos fucs, faictes-les boüillir iufques à confomption de la quarte part, les efpumant toufiours. Coullez cela dans vn vaiffeau de verre, & pour chafque liure de Sucs vous y adjoufterez deux onces & demy de bon efprit de vin fans flegme; bouchez bien le vaiffeau, & le mettez au Soleil, ou bien à quelque autre chaleur, par quelques jours, & ces fucs fe purifieront à perfection. Notez qu'au fonds du vaiffeau defcendra toute la matiere excrementeufe des herbes, de laquelle faudra feparer tout doucemēt, par inclination, le plus clair; lequel gardé dans vn vaiffeau de verre bien clos, fe conferuera plufieurs ans fans corruption. Et voyla la vraye façon de depurer & conferuer les

Sucs, & non feulement de ces herbes icy, mais de tout autre Simple vegetable qu'on voudra. Et c'eft auec bonne raifon que ie dy qu'ils fe conferueront plufieurs ans, car l'Efprit de vin, auec lequel ils font preparez, eftant de Nature incorruptible, communique fa qualité à iceux, fi puiffamment que la corruption n'y peut auoir de prife, d'autant qu'il confomme toute leur fubftance humide & phlegmatique, laquelle feule caufe la corruption; conferuant neantmoins leur radical, &c.

Meflange.

Il faut piler l'Efcorce de Citron, dans vn mortier de marbre, & la reduire en pafte auec vn pilon de buy, puis paffee au trauers du thamis, faites qu'il y en ayt affez pour en auoir vne liure de paffé, laquelle vous meflerez auec la gelee de coings, dans vn mortier de marbre, y adjouftant les Mirabolãs, & noix mufcades, & puis peu à peu les fucs, malaxant toufiours auec le pilon: & tout de mefme main, vous y mettrez les Extraicts, & en fuitte le Bezoar Coralin: le tout bien meflé mettrez en vn vaiffeau de terre de fayance, à fermenter par 15. jours; apres

lefquels vous y adjoufterez voftre Effence
de Canelle, & Huile d'Anis , & le tout bien
meflé enfemble vous garderez à l'vfage.

Vertus, & dofe.

Cét Electuaire eft vn excellent fpecifique pour conforter le cœur, res,ouïr les efprits, & refifter à toutes vapeurs malignes,
& contre l'ebulition du fang,& de l'humeur
bilieux : A caufe dequoy , c'eft vn puiffant
preferuatif contre la pefte, & particulierement, contre ceux qui font craintifs , debiles, & melancholiques. On doit prendre
chafque matin de cét Electuaire , le poids
d'vn fcrupul , pour les petits, & de demy
dragme pour les plus grands ; & aux perfonnes de quadrature parfaite vne dragme, continuant tant que la pefte durera.

Electuaire Diahyacinthe auré, peftilentiel.

Pr. pulpe d'Efcorce de Citron conditte,
paffée par le Thamis ,
Pulpe d'Efcorce d'Orange conditte, paffee
en la façon que deffus,
Conferue de Fleurs de violes ,
Conferue de Fleurs de Bourroche an. ℥j.

Syrop de Suc de Citrons,
Eau Rofe tres-bonne an. ℥ ij.
Poudre Diahyacinthe auré ℥ j.
Extraicts de bois d'Aloës refineux,
De Sental Citrin tres-odorant,
De Semence d'Angelique,
De Racine de Carline,
De Scordium,
Effence de Saffran,
Huile de Canelle an. ʒ j.
Faites Electuaire, felon l'Art, en cette façon.

Preparation & meflange.

Mettez les Pulpes, Conferues, Syrop &
Eau Rofe, enfemble dans vn vaiffeau de
terre bien vitré, & iceluy fur vn feu tres-
lent à cuire doucement, jufques à confiftance d'Electuaire liquide ; auquel on adjouftera la poudre Diahyacinthe, les Extraicts,
Effence & Huile, remuant auec vne Spatule
d'Argent jufques à confiftance de vray Electuaire.

Quant à la préparation de la poudre de
Diahyacinthe auré, on la trouuera en cette
œuure, en la Fleur des Tablettes, chap. des
Trochifques. Touchant aux Extraicts, ils
fe doiuent preparer auec l'eau de vie Ani-

fee: Voyez-en la preparation en la section
des Extraicts en ma Pharmacopee, comme aussi celle de l'Essence de Saffran &
Huile de Canelle en leur lieu, en cest œuure.

Vertus, & dose.

Cest Electuaire prins le matin auant sortir, d'vn scrupul jusques à vne dragme, par
fois, est vn grand & admirable preseruatif
contre la peste, car il est tellement Cordial,
qu'il resiste puissamment à l'infection contagieuse, & à l'air pestifere. Au seul Dieu
Trine en vnité, soit honneur & gloire és siecles des siecles. Amen.

Des Electuaires purgatifs.

CHAP. IV.

Diasené purgatif.

R. Extraict liquide de fueilles
de Sené Oriental, bien mondé ℥ iiij.
Extraict liquide de Rheubarbe
esleuë ℥ ij.

Succre tres-blanc ℥ iij.

Casse recentement extraicte ℥ v.

Pulpe de Tamarins ℥ iij.

Sel essentiel de Tartre subtilement puluerisé ℥ ij.

Huile d'Anis, gout. xij.

Huile de Girofle, gout. iiij.

Faites Electuaire, selon l'Art, en cette façon.

Preparation & meslange.

Faites infuser par 24. heures le Sené &
la Rheubarbe, dans de l'eau distilee de Suc
de Chicoree, acuee auec sel de Fumeterre,
telle quantité qu'il en faudra; coullez-le, &
en la coulature vous adjousterez le Succre,
la Casse, & les Tamarins. Quoy faict, faites
cuire tout cela à lent feu, à triple vaisseau,
jusques à consistence d'Electuaire liquide,
auquel vous adjousterez le Sel de Tartre,
l'Huile d'Anis, & de Girofle, & garderez à
l'vsage.

Vertus, & dose.

Cest Electuaire est fort plaisant au goust,
il purge doucement toutes les humeurs
chaudes & adustes, & rabat les vapeurs de

la bile, qui montent au cerueau, cœur & autres parties, caufant des fiéures internes &
autres accidents. Eftant à noter, que ceux
qui font fubjets aux Hemorrhoïdes, à l'Hemorragie du nez, qui font extenuez, melancholiques, opilez, plains de chaleur, &
ou les humeurs font vifqueux & acides,
aufquels l'vfage des remedes chauds eft pernicieux, notamment des Pilules, peuuent
vfer tres-affeurément de cét Electuaire.

Or quand on fe voudra purger vn peu
fort, on en prendra le matin à ieun de cinq
à fix dragmes, plus ou moins felon les forces, deux ou trois heures apres, ainfi qu'il
eft de couftume, faudra prendre vn boüillon chaud, fait de chair de veau & Mouton,
alteré auec vn peu de Bourroche & Buglo-
fe, ou femblables.

Que fi l'on en veut vfer feulement pour la
preparation des humeurs ou pour tenir le
ventre lafche à ceux qui font ordinairement conftipez, fuffira d'en prendre de
deux en deux iours vne fois, demie heure
deuant difner vne dragme ou peu plus.

Electuaire Diacitonium purgatif.

Pr. Pulpe de coings Condits ʒ ij

Succre Rosat de noftre façon ℥ j.
Extraict de Pierre de vin ʒ ij.
Magiftere de galange gout. x
Extraict de Diagrede ℥ f.
Faictes Electuaire fans feu, en cefte façon.

Preparation & meslange.

La Pulpe de coings fera meflée auec le Succre Rofat dans vn mortier de marbre, malaxant auec fon Pilon de buy; adjouftez y le Diagrede, remuant toufiours, en apres le Magiftere ; & finalement l'Extraict de Pierres de vin, qui eft la Creme de Tartre. Le tout bien meflé, vous garderez à l'vfage. Le Succre Rofat fe faict auec le Suc de Rofes blanches fauuages fraifchement cueillies, ainfi qu'il fe verra en fon lieu: Comme auffi les extraicts en la fection des Extraicts en ma Pharmacopée ; le femblable eft du Magiftere.

Vertus & dofe.

Cét Electuaire expelle, fans lefion & detriment, les matieres putrides de l'Eftomach, mondifie, incife difcute, & diffipe les vents : eft grandement propre pour les
coliques

coliques , inflammation du ventricule,
douleurs des reins, & excite l'vrine. Sa dose
est de deux diagmes iusques à trois.

Electuaire d'Antimoine.

Pr. poudre de verre d'Antimoine , bien
    preparé ;
Theriaque d'Andromachus fine an. ℥ ij.
Noix Muscade ,
Mastich an. ℨ ij.
Escorce d'Orenge ;
Coral rouge preparé an. ℨ ij.
Girofle ,
Semence de Fenouïl ;
Coriandre preparé an. ℨ ij.
Faites Electuaire solide, en forme de masse
    de Pilules.

Preparation & meslange.

Crolius desire que l'on prepare le verre
d'Antimoine lors que le Soleil & la Lune
sont au signe d'Aquarius , ou des poissons;
apres le broyer subtilement, y meslant du
vin-aigre distilé, puis le seicher aux cendres
chaudes; continuant cela quelques fois , on
aura vne masse blanche , qui est la poudre
C ε ε

de verre d'Antimoine cy-deſſus. Tous les
autres ingrediens doiuent eſtre bien pulueriſez & paſſez par le thamis; & le tout bien
meſlé auec la poudre ſuſdite, on prendra
telle quantité de Gelee de Coings qu'il ſera neceſſaire, dans laquelle on meſlera le
Theriaque, & en ſuitte les poudres, le tout
bien meſlé on gardera à l'vſage.

Vertus, & doſe.

Ceſt Electüaire eſt admirable contre la
peſte, fiéures quartes, Hydropiſie, Caco-
chimie, melancholie, folie, delire, contre
les maladies longues & confirmees: & finalement contre tous ſymptomes prouenans
du venin. La doſe eſt de la groſſeur d'vn
pois pour les foibles, & de deux pour les
robuſtes.

Electuaire Diaſolis Stibiaty, de noſtre deſcription.

Pr. de la poudre de Diaſolis Stibiaty, ʒ v.
Extraicts d'Eſcamonee,
De Turbith,
De Ialap an. ʒ ij.
Baulme d'Elebore ʒ j.

Extraicts d'Hermodactes,
d'Anis,
De Girofles,
De Cinamome,
Magiſtere de Saffran an. ʒ iij.
Magiſtere viperin,
Magiſtere de Baulme an. ʒ ſ.
Muſc gr. iij.
Faites Electuaire en cette façon.

Preparation & Meſlange.

On preparera le Diaſolis Stibiaty en cette façon.

Pr. Mercure d'Antimoine, ou à faute d'iceluy du Regule ʒ iiij. Mercure de Soleil preparé ainſi que je l'enſeigne en mon Hydre morbifique exterminee par l'Hercule Chimique ʒ ij. precipitez-les tous deux, ſeparément, en leur double poids d'Eau forte, ſur les cendres chaudes, les laiſſant ainſi juſques à tant que l'eau ſoit toute euaporée. Quoy fait, lauez vos poudres auec eau de pluye diſtilee, tant & ſi ſouuent que tous les eſprits de l'eau fort en ſoient ſeparez. Apres verſez par deſſus Huile de Soulphre qui ſurnage de quatre doigts, laiſſez-le ainſi enuiron ſix heures ſur les cendres chaudes, puis meſlez ces deux diſſolutions enſemble; & apres les auoir remuées vn peu, les fairez euaporer au meſme lieu. Puis vous lauerez bien voſtre precipité, par pluſieurs lotions d'eaux cordiales, & garderez pour la compoſition cy-deſſus. Quant aux autres preparations elles ſe verront en leur lieu: venons au meſlange , qui ſe faira en cette façon.

Dans vn mortier de marbre auec ſon pilon de bois , ſeront meſlez premierement l'Extraiɛt d'Eſcamonee , auec ceux d'Anis & de Girofles, les malaxant enſemble auec le pilon. Adjouſtez-y les Hermodaɛtes, l'Elebore auec le Magiſtere de Saffran, en ſuitte les Extraiɛts du Turbith & Ialap, auec le Magiſtere de Baulme. Et finalement le Diaſolis Stibiaty , auec le Magiſtere viperin, en ſuitte le Muſc: Faites Eleɛtuaire liquide , lequel garderez dans vn pot de terre de Fayance.

Vertus, & doſe.

Cét Eleɛtuaire eſt vn remede ſouuerain contre la verolle , telle inueteree qu'elle ſoit, ſi l'on en préd de deux ou de trois iours l'vn, ſelon les forces du patient, obſeruant

le regime tel qu'il faut en cette maladie,
fans autre remede dans quinze prifes on eft
parfaitement guery ; neantmoins la prudé-
ce du Chirurgien y eft grandement requi-
fe. Il eft en outre tres-propre contre la fiéure quarte, & contre toutes les filles de Saturne, ou maladies prouenantes de la melancholie. La dofe eft d'vne dragme, jufques à deux, le tout felon les forces du patient.

I'obmets en ce lieu plufieurs rares Electuaires preparez Chimiquement, pour lefquels nous auons deftiné vne place en noftre Pharmacopee Spagyrique, Dieu Aydant. En confideration dequoy, aux fleurs
fuiuantes nous donnons bon nombre d'Onguens & linimens tres-rares , & plufieurs
Emplaftres finguliers à vne infinité de maladies, à la guerifon defquelles les Chirurgiens ordinaires, communs , & pōpulaires,
donnent le plus fouuent du nez en terre.
Auffi ne fe feruent-ils pas des Onguens , &
Emplaftres preparez Chimiquement comme font ceux icy : auec lefquels (aydé de la
grace de Dieu) je puis dire (fans vanité)
auoir guery plufieurs vieilles playes, vlceres cancreufes, Chironiques, & de difficile
guerifon, qui auoient fait la nique trois &

quatre ans durant, à des habiles Medecins
& Chirurgiens, cómuns, ainſi qu'ils ſe preſumoient eſtre; Quoy que celuy qui ne guerit pas ne merite nullement ce Diuin nom.
Au ſeul Dieu trine en vnité, Pere, Fils, &
S. Eſprit, ſoit rendu tout honneur, gloire,
& loüanges, és ſiecles des ſiecles. Amen.

*Fin de la huictieſme fleur du Bouquet
Chimique.*

FLEVR
NEVFIESME
DV BOVQVET
CHIMIQVE,

Traictant des Onguens, & Linimens, tant en general qu'en particulier.

Et premierement des Onguens & Limens en general.

CHAP. I.

Nguent est vne espece de Cerat, n'estant du tout si liquide que le liniment, ny aussi du tout si soiide que l'Emplastre, mais tenant le milieu entre deux ; estant ainsi nommé à cauſeque les parties, auſquelles on l'applique, en ſont ointes & engraiſſées, adherant à icelles à cauſe de ſa lenteur on-ctueuſe. Leur difference eſt priſe en partie de leurs effects, en partie de leurs couleurs; en partie du nombre des ingrediens qui les compoſent; comme auſſi le plus ſouuent du nom du principal d'iceux: & finalement du nom de leur autheur. De leurs effects, comme l'Anodin, ſuppuratif, reſolutif. mondificatif, incarnatif, cicatriſatif, &c. de leurs couleurs, comme l'Onguent blanc d'Antimoine, &c. du nombre des ingrediens comme celuy des dix Reſines, &c. du nom d'iceux, comme l'Onguent de Scabieuſe, de Regliſſe, d'Antimoine, &c. Du nom de leur autheur comme qui diroit Onguent de Bolo de Campy, Onguent de juſquiame de Campy, &c. Le ſemblable en la Pharmacie ordinaire, comme l'Onguent blanc de Rhaſis, &c. Ils ſont ordinairement compoſez d'Huiles, Graiſſes, Beures, Miel, Cire, Reſines, Gommes, Sucs condencés des ſimples Vegetaux, comme auſſi des Poudres, Sels, liqueurs des metaux; auſſi des parties tirées des animaux. Les Huiles, Graiſſes & Beurres, doiuent eſtre lauez, nettoyez & pre-

parez selon l'Art Chimique , ainsi'qu'on
verra en suitte de cét œuure ; donnant
neantmoins cy-deſſus en la Fleur des Huiles , au Chap. des Huiles compoſez , vn
exemple de la preparation de l'huile d'O-
liue, laquelle elle doit auoir receuë , auant
s'en feruir, foit aux infuſions, Onguens,Li-
nimés,Emplaſtres ou en autre choſe. Quãd
aux autres Huiles , j'entens qu'ils ſoient
touſiours preparez & diſtilez par la voye
Chimique,autremẽt ie ne deſire m'en feruir en ce lieu.

Quand à la preparation de la Cire, Reſine, Gommes, Sucs,& le reſte qui ſuit,elle
ſe voit en cét œuure: reſte à dire,qu'au meſlange les Pharmaciens ordinaires obſer-
uent que pour ℥ j. d'Huile il y ayt ʒ j. de
poudres & ʒij.de Cire:mais moy ie le laiſſe au iugemẽt du docte Pharmacien Chimique; auſſi n'ay-je pas touſiours obſerue
en cét œuure cét ordre la.

Il faut remarquer auſſi , qu'il y à certains
Onguens qui ſe font ſans feu , & c'eſt lors
que les matieres ſe peuuent meſler auec les
choſes graſſes & huileuſes,les agitant auec
vn pilon dans vn mortier. D'autres qui ſe
font auec le feu , faiſant fondre premiere-

mêt la Cire,Graiffes,& autres chofes on-
ctueufes qui y entrent,puis hors du feu on y
adjoufte lesRefines,Gommes,ouPoudres,
& ce peu à peu en remuant toufiours iufques que le tout foit bien refroidy ; puis on
le ferre dans quelque vaiffeau de Fayance,
& garde-t'on à l'vfage. Quand à leur valeur,ie ne la prefcris pas icy , d'autant que
les remedes preparez Chimiquement ne
fe peuuent affez payer.

Adjouftons icy trois mots touchant les
Linimens, car puis qu'ils approchent de la
confiftence des Onguens , & que nous en
auons fait vne addition en cefte Fleur des
Onguens , il ne fera hors de propps, de dire que Liniment eft vne compofition externe , moyenne entre Huile & Onguent, ayant plus de confiftence que l'Huile , d'autant qu'en fa compofition , outre l'Huile, il
reçoit Beurre Axunge, & autres chofes de
femblable confiftence. Auffi adhere il plus
fort à la partie ou il eft appliqué que l'Huile:& de l'Onguët en ce qu'il eft plus liquide
moins efpois. Il eft ainfi appellé à caufe de
fes effects de lenir & adoucir les parties ru-
des & exafperées , & appaifer les douleurs.
C'eft auffi de la d'où leurs efpeces & differences font tirées ; car lesvnes rafraifchif-

fent, les autres efchauffent, les vns hume-
€tent, les autres maturent, & ainfi des autres. Leurs matieres font les Huiles, Axunges, Beurre, Terebenthine, Stirax liquide, Moüelle, Muffilages, &c. Auec cefte
precaution, que le tout foit preparé par la
voyë Chimique. Le temps de leur vfage
eft enuiron trois heures auant le repas.
Les Pharmaciens ordinaires obferuent
certain ordre aux poids des ingrediens;
mais nous renuoyons tout au bon iugemēt
du Chimique. L'honneur & la gloire en
foit renduë à Dieu, eternellement. Amen.

Des Onguens en particulier.

CHAP. II.

Onguent Mercurial.

R. Poudre de Mercure doux
ʒ iiij.
Onguent Rofat de Mefué ʒ iij. f.
Suc de Mercuriale condencé ʒf.
Meflez cela dans vn mortier de verre &
gardez à l'vfage.

Preparation du Mercure.

Prenez Mercure vif ℥ j. diſſoluez le dans ℥ iiij d'eau fort commune , puis la diſtilez ſur l'arene iuſquesà la moitié,mettant ſur la moitié reſtante ℨ j. Sel Armoniac diſſoult en eau commune , & le Mercure tombera au fonds du vaiſleau en forme de poudre blanche, laquelle vous ſeparerez , la lauant auec eau de fontaine , iuſques que toute la ſalſitude ſoit oſtée. Apres , mettez ceſte Poudre , eſtant ſeichée, dans vne boccie,& par deſſus ℥ viij. vin-aigre tres-fort diſtilé, dans lequel on aura faict infuſer aupara-uant ℥ ij. de Litarge d'Or , par 40. heures, puis paſſé au filtre de papier. Colloquez la boccie ſur l'arene à diſtiler ledit vin-aigre, coobant iuſques à cinq fois. Finalement,di-ſtilez iuſques à ſiccité. Tirez cette poudre, laquelle eſt tres-douce, & la gardez pour faire l'onguent deſſuſdit. Quant â la façon de condenſer les Sucs , cela ſe voit en la Fleur des Antidotes , & ailleurs en cét œu-ure.

Vertus dudit onguent.

Il eſt miraculeux aux playes & vlceres

malins & corrofifs, mitige & appaife toutes
ardeurs & inflammatiõs, reprime leur corrofion , mitige la douleur, adoucit & lenit
toutes defluxions acres & mordicantes;
confolide & guerit merueilleufement bien
tous vlceres veneriques, puftules , & toute
Scabie quelle elle foit.

Vnguent Saturnin vitriolé.

Pr. Litarge d'argent en poudre ℥ iiij.
Sel de Vitriol ℥ ij.
Sel de Tartre ℥ j.
Vin-aigre alumineux diftilé ℔ j.
Procedez à la preparation de l'onguent, en
cette façon.

Preparation.

Le Vin-aigre alumineux fe prepare ainfi.
Prenez vne pinte de bon Vin-aigre, Alun de
roche ℔ f. puluerifez l'Alun, & l'ayãt meflé
auec le Vinaigre, diftilerez le tout par l'a-
rene, gardez ce qui fera diftilé , pour l'vfage, qui eft en cette façon.

Pr. ce Vin-aigre, & le mettez en vn vaiffeau de verre auec la Litarge fufdite. Quoy
faiét, vous colloquerez ce vaiffeau fur l'are-

ne chaude, luy laiffant par trois ou quatre
iours, agitant la matiere deux fois le iour:
ce temps expiré vous la coulerez par le papier gris, & il vous demeurera vne liqueur
tres-claire, à laquelle adjoufterez les deux
Sels fufdits;lefquels eftans diffoults vous en
extrairez par euaporation toute l'humidité , & il demeurera au fonds vne poudre
blanche comme albaftre.

Compofition.

Pr. onguent rofat de Mefué ;
Huile d'Amandes douces an. ℥ iiij.
De la poudre blanche fufdite ʒ v.
Incorporez tres-bien le tout en vn mortier
de verre, iufques qu'il foit reduit en onguét
tres-blanc;y adiouftát gr.x:de Camphre liquefié fur les cendres chaudes.

Ses vertus.

Il mitige & lenit les grandes corrofions
& douleurs des vlceres; efteint toute eryfi-
pelle dans la troifiefme ou quatriefme application: faiét des miracles contre le prurit & à toutes fortes de Scabies quelles elles foient: mondifie, confolide , & adoucit

toute afperité du cuir, & eft vn grãd anodin.

Onguent blanc d' Antimoine.

Pr. Cerufe d'Antimoine ℥ ij.
Huile de Semence de Pauot blanc, fait par
  expreſſion & puis bien laué auec eau
  Rofe ℥ vi.
Cire blanche ℥ i. ſ.
Camphre ʒ i.
Faites Onguent felon l'Art.

Compoſition.

La Cire fera fonduë , dans laquelle on
adiouftera l'huile ; puis l'ayant retiré tout
chaud de deſſus le feu , vous y adjoufterez
peu à peu la Cerufe , remuant toufiours iufques à confiftance d'Onguent : & finalement on y mettra le Camphre.

Ses vertus.

Il refrigere , mitige, modere, & deſſeiche grandement ; eft admirable pour les
douleurs de la goutte chaude ; ofte l'inflammation trop feruente des eryſipeles,
& particulierement arrefte les catherres,

dont la matiere eft chaude, qui fluët fur les
yeux, leue toute inflammation d'iceux, fi
on en oingt les palbebres tout à l'entour,
mitige toutes douleurs, & eft grandemēt
vtile contre les macules de la face ; aux fi-
xures des leures & des mains caufées par la
froideur de l'Hiuer. Par ce que deffus on
peut facilement inferer que cét Onguent à
bien d'autres qualitez & vertus que l'Onguent blanc de Rafis.

Preparation de la Cerufe d'Antimoine.

Pr. Regule d'Antimoine clair & fplen-
dide ℥j. Salpetre rafiné ℥ iij puluerifez ces
deux enfemble, & les mettez dans vn pot
de terre bien vitré, & icelluy fur les charbons ardents, foufflant peu à peu iufques
que le Salpetre foit liquefié, & qu'il ayé
communiqué fon Soulphre intrinfequem-
ment dans le Regulē: tellement que le tout
enfemble eftant bien bruflé vous verrez
voftre matiere blanche comme laict. Que
fi le Soulphre s'enflammoit, ce qui à couftume de ce faire en vn moment, faut ietter voftre matiere dans vn autre pot de terre, que vous aurez tout preft, ou il y aura enuiron ℔f. d'eau de pluye dedans ; cefte matiere

tiere ainſi chaude fera de l'ebulition, au
meſme temps remüez auec vne Spatule;
puis la laiſſez repoſer, iuſques que la matiere ſoit allee aufonds. Apres verſez l'eau, par
inclination, la gardant pour s'en ſeruir aux
infirmitez qui ſuiuent. Elle ſert à guerir
la Scabie, le prurit, les purgations ayant
precedé, à mondifier la ſordicie des vlceres, à appaiſer la douleur des Gouttes chaudes, ſi vn linge en eſtant moüillé eſt appliqué deſſus. De plus, à reſoudre toute tumeur prouenante d'humeur chaud & ſubtil : Il efface les macules du viſage aux
femmes, procedentes de chaleur & d'humeur bilieux, rendant le cuir blanc & poly
ſi on l'en laue chaſque iour. Que ſi elle eſtoit trop vehemente, on y peut adjouſter d'eau de pluye. Or ſi à la poudre ſuſdite, eſtãt ſeichee, ſe trouuoit encore quelque grain de Regule qui ne fuſt pas diſſoult, on le doit ſeparer de ladite poudre, en
cette façon. Il faut verſer beaucoup d'eau
ſur la poudre blanche, la remuant iuſques
qu'elle ſoit diſſoute dans l'eau, puis verſer
icelle eau par inclination; continuant par
pluſieurs fois iuſques à ce que tout le Regule ſoit ſeparé, lequel on gardera en autre
temps quand on voudra reïterer ladite ope-

ration. Cette poudre blanche separee à la
façon susdite, residera au fonds de l'eau, que
si l'eau est incipide l'ouurage est acheué, &
non au contraire. Cette poudre separee de
son eau, sera seichée au Soleil, ou bien dans
vne escuelle à lente chaleur, laquelle deuiendra blanche comme laict, quasi semblable à l'amidon. Et voila la vraye preparation de la Ceruse d'Antimoine, par laquelle on en peut preparer aussi tost ℔ x.
que ℥ j.

Ses vertus sont telles.

Elle est desiccatiue, astringente, absters̄i-
ue, & aperitiue, à raison du Nitre qu'elle
retient. Elle est admirable à la curation des
vlceres inueterez, aux Scabies, verolles, &
autres pustules malignes ; comme aussi à
l'Hydropisie, si on en donne enuiron trois
ou quatre semaines, vne dose au matin
dans vne cueilleree de vin blanc, ou bien
auec du Succre, la reduire en forme de ma-
nus Christi; vsant de regime selon le conseil du docte Medecin ou Chirurgien. L'experience m'a fait voir que son effet surpasse autant celuy du Gayac. Schine, Salse-pa-
reille, & autres vulgaires remedes, comme
l'Or surpasse le plomb. Elle cause les trois

premiers iours vomiſſement ; apres ſon v-
ſage fait laſcher le ventre quelques iours
ſans autre choſe: Et en fin elle ne cauſe que
les ſueurs, ſi on ſe met dans le lict ſe faiſant
bien couurir. Elle ne debilite aucunement
les forces du malade , au contraire elle le
rend plus fort, plus robuſte, & plus gaillard
qu'il n'eſtoit auparauant : car ce remede
eſt ſi innocent, que non ſeulement les robuſtes en peuuent vſer, mais auſſi les plus de-
licates Dames.

Sa doſe.

La doſe de cette poudre eſt de ℈ſ. juſques à ʒ ſ. en pluſieurs fois. On la doit adminiſtrer le matin, quatre ou cinq heures
deuant le diſner. Quand au vehicule, ſe doit
eſtre le deſſus predit ; aſſauoir le ſuccre ou
le vin:

Onguent Antimonial auec le Mercure.

Pr. de l'Onguent blanc d'Antimoine ſuſ-
    dit ,
Populeon an. ʒ ij.
Argent vif pur ʒ vj.
Mercure ſublimé gr. vj.

Mettez le tout en vn mortier de pierre ou de verre, & le meſlez bien enſemble, ayant premierement eſteint le Mercure vif auec le ſublimé, puis gardez à l'vſage.

Vertus.

Ceſt Onguent eſt tres-excellent aux Herpes, Serpigines, Scabies, aux Puſtules qui prouiennent de matiere chaude, ſalec & mordicante; aux erroſions, chaleur joincte auec prurit, & toutes autres affections du cuir.

Onguent Diapetum.

Pr. fueilles de Petum ℔ ij.
Axunge douce preparée ℔ j.
Pilez tres-bien le Petum, puis meſlez-le enſéble auec l'Axunge preparée dãs vn mortier, coullez-le & l'eſpreignez; en apres faites- le cuire au Bain Marie iuſques à la conſomption de toute l'aquoſité, tant qu'il deuienne en conſiſtance d'Onguent.

Vertus.

Ceſt Onguent eſt admirable contre les

galles, dertres enracinées, Noli-me-tange-
ré, vlceres chancreux, & aux Efcroüelles.
Dauantage, en toutes playes, vlceres, apoftemes, contufions, Morphee, & notamment côtre la picqueure de la viue: aux rougeurs du vifage, & dertres farineufes telles
inueterees qu'elles foient.

Notez que nous n'auons point mis en la
compofition de ceft Onguent, cire, refine,
Huile, ne terebenthine; à raifon que ces ingrediens reftreignent l'vfage de ceft Onguent à l'vfage des playes fimplement, lequel fe peut eftendre, fans iceux, à la guerifon des maladies cy-deffus nommees. Laiffant neantmoins à vn chacun d'en faire felon fon iugement. Bien eft vray, que ie cô-
feille à ceux qui s'en voudront feruir pour
la teigne, & les vlceres chancreux, & Ef-
crouëlleux, d'y mefler fur la fin de la cuif-
fon d'Huile de Tabac ℥ij. & Sel de Tabac ℥ j.

Pr. Axunge de pourceau, feparée de toutes fes petites peaux ou tuniques, & l'ayant
mife en affez grande quantité d'eau, la pe-
trirez & manierez tres-bié auec vos mains,

puis la fairez effuyer; remettez la encore dãs
autre eau, & faites comme deffus; reïterãt
cela par trois ou quatre fois, tant que l'eau
en forte auffi belle comme l'on luy aura mife. Apres, l'ayant couppee en petites parties, vous la fairez fondre en vn vaiffeau de
verre au MB. la remuant vn peu auec vne
fpatule de bois; eftant fonduë, coulez-la au
trauers d'une efcumoire, dont les trous
foient affez petits, faifant que ladite Axunge tombe dans de l'eau froide, qui foit bien
claire & nette; dans laquelle vous la manierez encore auec les mains vn affez long
temps. Faites-la fondre derechef au bain
marie, puis la paffez au trauers d'vn linge
affez efpois, faifant qu'elle tombe dans l'eau
froide bien claire ainfi que deffus. Puis
l'ayant affez maniée auec les mains, on la
r'effuyera pour garder à l'vfage.

Que fi l'on la lauoit dans l'eau marine,
premierement filtree deux ou trois fois, &
puis dans l'eau douce, on luy ofteroit fon
odeur d'Axunge, & fi elle ne fe corrom-
peroit ny ranciroit iamais. On s'en peut feruir aux pommades; mais en ce cas il faut
qu'en dernier lieu elle foit lauee auec eau
Rofe tres fragante. Voyez fur ce fujet, en
ma Pharmacopee Spagyrique, en la fection
de l'embelliffement de la face.

Onguent Anodin, de noftre defcription.

Pr. Magiftere de Mirrhe,
Thus preparé an. ℥ ſ.
Liqueur de Mumie ℥ij.
Huile de Terebenthine ℥ j.
Huile de Clous de Giroffle ʒ ij.
Huile de Bages de Genieure ℥ ſ.
Extraiɛt de Vitriol Anodin ℥ j.
Caſtor recent,
Opium preparé an. ʒ ij.
Eſſence de Saffran Ɔij.
Huile de Semence de Pauot an. ℥ j.
Camphre,
Beurre de May mediocrement ſalé ℔ ſ.
Cire preparée auec huile de Nitre ℥ iiij.
Faiɛtes onguent, en la façon qui ſuit.

Preparation.

Le Magiftere de Mirrhe & preparation
du Thus font enfeignés en la Fleur des Pilules; la preparation des Huiles en la Fleur
des huiles ; reſte icy d'enfeigner la preparation des autres ingrediens.

La liqueur de Mumie ſe prepare ainſi.

Pr. de Mumie ℔ ſ. laquelle couppée par petites pieces mettrez dans vne retorte de verre, & par deſſus autant d'Huile d'Oliue : mettez ce vaiſſau bien bouché, en digeſtion par vn mois, au Bain marie ; lequel finy, vous adapterez vn recipient à voſtre retorte, & icelle colloquée ſur l'Arene, donnerez feu par degrez, & il ſortira vne matiere huileuſe, laquelle on doit circuler au Bain marie l'eſpace de cinq ou ſix iours, afin d'en oſter la fœtur.

On preparera l'Extraict de Vitriol Anodin en ceſte façon.

Pr. du Vitriol d'Ongrie, crud, concaſſez le groſſierement, puis les lauez auec pluſieurs eaux, tant & ſi ſouuent que l'eau demeure nette, mettez-le ſeicher au Soleil, ou à quelque autre chaleur ; eſtant bien ſec reduiſez-le en poudre aſſez menuë, de laquelle vous prendrez ℔ ſ. mettez icelle dans vn vaiſſeau de verre d'aſſez grande cappacité, qui tienne du moins vn ſeau, ayant neantmoins la bouche bien eſtroi-

re. Verſez ſur ceſte poudre ℔ij. Eau de vie
bien rectifiée. Ce vaiſſeau eſtant bien bouché, qu'il ne reſpire en aucune façõ, l'enſeuelirez dans du fien de Cheual, luy laiſſant
l'eſpace d'vn mois ; lequel oſté verſerez
l'eau de vie par inclinatiõ,ſe donnãt bien de
garde de troubler les fœces , car ceſte eau
de vie emporte auec ſoy la plus ſubtile Eſſence du vitriol, eſtant d'vne odeur fragante comme de maluoiſie muſquée ; mais
ſi puiſſante pour prouoquer le Sommeil
que l'odorant ſeulement vne fois , on eſt
tellement endormy qu'il ſemble qu'on ſoit
mort. Mettez ceſte Eau au Bain marie, à
lent feu , ſeparez le Menſtruë d'auec l'Extraict, iuſques à conſiſtance oleagineuſe,
laquelle garderez pour l'vſage. Il peut
eſtre appellé , ſans menſonge , le vray
Baulme de Vitriol. Que ſi l'on n'en veut
ſeparer le menſtruë , ains les laiſſer enſemble & les garder , on ne ſe meſpren-
dra pas par trop.

Ceſte liqueur ſurpaſſe tous les plus
puiſſans Anodins qu'on ſçauroit eſcogi-
ter , tant appliquée au dehors , pour les
plus inſuportables douleurs,qu'adminiſtree
interieurement: car elle ſe peut exiber ſans
peril aucun, ce que je ne voudrois pas touſ-

iours affeurer des autres. Elle reprime puiffammēt, & coagule les vapeurs fubtiles &
veneneufes, qui montent du cētre du corps
au Cerueau. Elle a vne merueilleufe proprieté à appaifer les paroxifmes Epileptiques; eft tres-efficace contre la Letargie,
Paralifie, & toutes maladies atrabilaires.
Sa dofe eft de fix huiĉt iufques à douze
goutes, à la fois, auec vin ou autre liqueur
appropriéc aux maladies contre lefquelles
on s'en voudra feruir.

Quant à la preparation de l'Opium, elle fe voit cy-deffus en la Fleur des Antidotes, & encore en autre part en cefte œuure.

Refte à dire que la Cire doit eftre fonduë auec l'Huile de Nitre, faiĉt *per deli-*
quium, & puis malaxée entre les mains, du
moins vne heure durant; apres refonduë
auec d'autre Huile de Nitre, puis remala-
xée ; continuant cela par trois ou quatre
fois, & ainfi elle fera appreftée felon noftre intention.

Meflange.

Faiĉtes fondre la Cire à petit & lent feu,
dans vne baffine, à laquelle vous adjoufterez le Beurre, lequel eftant bien meflé a-

uec la Cire , on y mettra le Magiſtere de
Mirrhe , le Thus , & la liqueur de Mumie;
puis l'ayāt oſtée deſſus le feu, on y adiouſtera les Huiles , remuant touſiours auec la
Spatule ; en ſuitte l'Opium , & l'Eſſence
de Saffran : & finalemēt l'Extraiĉt Anodin de Vitriol , & le Camphre. Meſlez tout
cela enſemble , iuſques qu'eſtant froid vous
le ſerriez dans vn pot de Fayance , le cou-
urant & bouchant tres-bien pour garder
à l'vſage.

Ses Vertus.

Il appaiſe toutes grandes & vehementes douleurs , de quelle cauſe qu'elles procedent, & en quelles parties du corps quelles ſoient ; & notamment la douleur des
Gouttes , en les oignant vn peu chaudement. Ceux qui s'en ſeruiront confirme-
ront mon dire , voyant en effeĉt beaucoup
plus de vertus en ceſt onguent que ie n'en
dy en ce lieu.

*Onguent Baſilicon , ou Suppuratif, de noſtre
deſcription.*

Pr. Huile de jaunes d'œufs ʒj.

Huile de Refine,
Baulme de Mille-pertuis fimple an. ℥ſ.
Huile de Lateribus compofé ℥ jſ.
Huile de Lard,
Huile de Beurre an. ℥ j.
Cire jaune bien repurgée ℥ v.
Extraict de Poix nauale ℥ ij
Faictes Onguent felon l'art.

Donnons premierement la preparation des remedes qui entrent en cét Onguent, puis nous viendrons au meſlange d'iceux.

Preparation.

L'Huile de Refine fe fait ainſi. Faites cuire icelle fur le feu auec du vin, tant qu'il foit confommé & quelle ne petille plus. Prenez de cette Refine ainſi preparée ℔ j. Alun calciné ℔ ſ. ou en fon lieu du Sel decrepité ; mettez le tout dans vn Alembic de cuiure ayant fon Recipiant, & luy donnez feu mediocre. Il fortira vn Huile efpois, que pourez encore diftiler deux fois fi le voulez auoir plus purifié, & gardez à l'vfage. Par cefte voye on peut faire l'Huile de Cire & de poix. Ce que ie dy afin que s'il aduenoit que ie vinſſe à parler de ces deux derniers, en quelque part de

cefte œuure , on aura recours en ce lieu
pour en apprendre la façon.

Touchant aux Huiles de Lard , de Beurre, & de jaunes d'œufs , ils fe voyent cy-
deffus en la Fleur des Huiles.

Baulme de Mille-pertuis.

Faictes le Baulme de Mille-pertuis en
cefte façon. Pr. Fleurs de Mille-pertuis
contufes ℔ ij. Huile de Terebenthine ℔j.
Eau de vie ℔ſ. Le tout eſtãt bien meflé, mettez en digeftion au fien de Cheual l'efpace
d'vn mois entier ; puis coulez-le en le pref-
furant : & finalement mettez-le au Soleil
pendant deux mois.

Touchanr l'Huile de Lateribus , nous
l'auons enfeigné cy-deffus en la Fleur des
Huiles. Refte d'enfeigner l'Extrait de
Poix Nauale.

Pr. Poix Nauale ℔j. couppez-la en peti-
tites & menues pieces, lefquelles mettrez
dans vn Alembic , & fur icelles verfez Eau
blanche de Terebenthine qu'elle furnage
de fix doigts , bouchez & couurez bien ce
vaiffeau , puis mettez-le dans du fien
de Cheual par quinze iours ; au bout defquels vous trouuerez voftre eau chargée

dela Teinture de voftre poix, verfez-la par
inclination, & en remettez de nouuelle; faifant comme deffus par trois fois. Meflez
tous ces diffoluans enfemble dans vn autre
Alembic, auquel ayant adapté fon Chapiteau & recipient, fairez diftiler toute l'eau
à feu de fable, laquelle vous garderez pour
appaifer les douleurs; & au fonds de l'Alébic vous reftera voftre Extraiĉt de poix, lequel, l'ayant mis dans vn pot de terre à part,
garderez à l'vfage. Pour bien repurger la
Cire, il la faut faire cuire fur le feu auec du
vin blanc iufques qu'elle ne petille plus, ainfi que nous auons dit cy-deffus de la Refine:

Meflange.

La Cire eftant hachee menu, fera fonduë
dans vne baffine à fort petit feu, à laquelle
vous meflerez l'Extraiĉt de poix; en fuitte
l'Huile de Refine, celuy de jaulnes d'œufs;
l'Huile de lard, & de beurre; confequemment celuy de Lateribus, & Mille-pertuis;
oftez deffus le feu, & remuez toufiours iufques qu'il foit froid; mettez-le en vn pot de
Fayance, & gardez pour l'vfage.

Vertus.

Il m'a pleu d'appeller cét Onguent, Basi-
licum, comme le plus eminent sur tous les
autres Onguents (aussi ce mot signifie
Royal) en vertu, car outre qu'il mature, ramollit, & suppure puissamment, il appaise
toutes douleurs en peu de temps : C'est
pourquoy outre la qualité & vertu suppu-
ratiue, on le peut mettre au rang des anodins.

Onguent Ammoniac resolutif, de ma description.

Pr. Huile de Galbanum,
Huile de Gomme Ammoniac an. ℥ j.
Huile de briques ℥ ſ.
Huile de Petreole de Gabian ʒ iij.
Huile de Tartre puant,
Huile de Girofle an. ʒ j.
Sauon noir ℥ j. ſ.
Gomme Caragna preparee ℥ ij.
Faictes Onguent selon l'Art.

Preparation.

Faictes macerer le Galbanum, & Am-

moniac par douze heures en Vin-aigre
diftilé , iufques qu'elles y foient totalement diffoutes ; paffez-les par le Thamis, feparant leurs fœces ; mettez le plus
pur dans vne retorte de Verre , y adiouftant vne moitié Poudre de Cailloux
calcinez, appofez vn recipient, & donnez
le feu par degrez l'efpace de douze heures;
& ainfi aurez voftre Huile felon voftre defir : gardez-le à l'vfage pour amolir les Toffes, Nodus , & autres tumeurs endurcies.
I'en fais encore mention cy-deffus en la
Fleur des huiles.

Quand à l'Huile de Briques , & de Giroffles, cela fe voit en fon lieu. Refte l'Huile Puant de Tartre , lequel fe faict en cefte
façon.

Pr. du Tartre de Mont-pellier , bien clair
& luifant, telle quantité que vous voudrez,
puluerifez-le affez groffierement ; mettez
icelluy dans vne cornuë bien luttée, & icelle fur le feu à nud ; & luy ayant adapté fon
recipent d'affez grande cappacité , vous
donnerez le feu par degrez , ainfi que fi
vous vouliez pouffer l'eau fort. Il m'ôtera
grãde quãtité d'efprits blãcs, lefquels fe refoudrõt en Eau & en Huile épois & puant.
Separez l'Huile par vn entonnoir , puis
l'ayant

l'ayant mis en vaisseau bien clos, garderez à l'vsage.

Cette eau estant distilee par 2. ou 3. fois sur le Colchotar, perd toute sa mauuaise odeur ; & pour lors elle est tres-propre aux obstructions des visceres, principalement du Foye & de la Ratte, comme aussi à toutes maladies tartarees.

Que si voulez extraire le Sel des fœces, qui sont restées en la cornuë, il y faut proceder en ceste façon. Pr. ces fœces, broyez-les en vn mortier, puis les faites dissoudre dans de l'eau chaude ; filtrez-la deux ou trois fois. Quoy fait, vous fairez euaporer l'eau à chaleur lente, & le Sel demeurera congelé au fonds du vaisseau. Dissoluez ce Sel, & puis le recongelez, reïterant cela par plusieurs fois, il deuiendra beau, clair, & transparent comme Cristal. De ce Sel cristalin on tire vn Huile, *Per deliquium* à l'humide, lequel est admirable pour oster toutes taches du visage, & à nettoyer & mondifier les vlceres.

Touchant l'Huile de Petreole de Gabian, il ne sera pas hors de propos, d'en rapporter l'Histoire en ce lieu, monstrant par quel moyen cest Huile à esté descouuert.

Gabian au pays de Languedoc, a esté ja

dis vne petite ville tres-bien peuplee de
toutes fortes d'artifans, ce qui là rendoit a-
bondante en marchandifes, decoree d'vn
Chafteau tres-fort, de deux belles Eglifes,
S. Iulien & fainéte Croix, enceinte de double muraille; mais par la defolation caufée
des premieres guerres ciuiles, reduite en
vilage, affez beau pourtât, veu fon malheur.
Il eft affis en la partie feptentrionnalle du
Languedoc, à trois lieuës de Beziers, Dio-
cefe d'iceluy, duquel lieu je fuis natif. En
fon terroir, lieu que le vulgaire du païs nô-
me *Fonds de l'Oly*, je ne fçay fi c'eft que
que cette fontaine d'Huile (de laquelle je
defire parler maintenant) y ait paru autres
fois, ou bien à caufe du grand nombre d'O-
liuiers tres-fertils qu'il y a en ce lieu. Il y ap-
parut donc en l'annee 1605. vne fontaine
d'Huile noir, qui fortoit d'vn rocher, lequel
Huile nageant fur l'eau d'vn ruiffeau qui
moüille le bord dudit rocher, fe fit affez co-
gnoiftre à ceux qui paffoient par là, au
moyen de fa forte odeur. Auffi toft cela
eftant diuulgué à Beziers, & autres lieux
circonuoifins, plufieurs perfonnes y abor-
derent, quafi comme à quelque grand miracle; voire jufques là qu'il y en eut qui re-
ceurent guerifon de certaines maladies

roïdes, defquelles ils eſtoient detenus, &
ce par la feule application exterieure, dudit Huile. Cela donna occaſion à pluſieurs
Medecins (& notamment à ceux de Beziers) de s'y tranſporter ; lefquels ayant
exactement recherché l'eſſence & Nature
dudit Huile, en defcouurirent facilement
la proprieté ; car toute nature precede
ſa proprieté, & toute proprieté fuit ſa nature. Ie ne veux pas dire pourtant qu'il ne ſe
rencontre des proprietez en de choſes defquelles on feroit bien empeſché de donner
raiſon de leur nature ; & c'eſt là où la Philoſophie perd ſon eſcrime. Ie dis donc, qu'ils
reconeurent ceſt Huile eſtre vn eſpece de
Naphte, ou Huile de pierre, non le blanc
ny le jaulne, ains au iugemēt du fens pl⁰ aſ-
feuré le noir ; qui eſt tel, pour prēdre naiſſan-
ce de la vapeur d'vn bitume formé dans ce
gras, noir, & poiſſeux terroir de Gabian, enleué par l'action de la chaleur Celeſte , &
Soufterraine contre ce dit rocher ; la froideur duquel l'ayant condencé, le reduiſit
par refolution en Naphte ou Huile de pierre,
noir, tellement gras, & huileux, qu'il ra-
uit à foy le feu, en telle façon que peu d'eau
ne l'eſtaingt pas. De ce que deſſus, on co-
lige facilement que ſa cauſe materielle eſt

la vapeur mentionnee. L'efficiente, la chaleur tant Celeste que Soufterraine, enfemble la froideur dudit rocher. Sa caufe formelle c'eft fon onctuofité difpofée pour pouuoir rauir à foy le feu, & empefcher que peu
d'eau ne l'efteigne, bien qu'il ne l'attire pas
de beaucoup loing pour eftre fils de cette
mere limoneufe & matiere indigefte : &
partant ceft Huile de Gabian n'eft autre
chofe, en fon effence & nature, qu'vn Bitume liquide dit Naphte ou Petroleum noir.

De là on a defcouuert facilement fa proprieté; car puis qu'au dire des plus habiles
Secretaires de Nature, tout Petroleum eft
meflangé des quatre Elemens, tellement
proportionnez que le Feu maiftrife l'Air,
l'Eau, & la terre; d'où l'on peut tirer vne
confequence que tout Petroleum eft chaud,
eft fec, & de là inferer par la loy de necefli-
té, que la vertu & proprieté de ceftui-cy, eft
d'efchauffer, deffeicher, rarefier, fubtilifer,
incifer, defopiler, & liquefier, refoudre, &
diffiper toutes matieres froides, & produire autres beaux & fignalez effets. Lefquels
fi voulez apprendre lifez le Prince des
Medecins Arabes, *Auicen. tract. 2. lib. 2.
cap. 55.* Comme auffi Diofcoride en fon
Chap. de Naphtæ. Hypocrate, la merueil-

le des esprits humains, n'oublie pas d'en dire son opinion, *in lib. de Natura muliebr.* Dai-
gnez aussi prester l'oreille au docte Fernel,
l'hôneur des Medecins modernes au *Chap.*
7. methodi. med. où il dit des merueilles du
Petroleum. Et Ioubert en sa Pharmacopee,
en faict si grand cas qu'il donne aduis aux
Apoticquaires de l'auoir tousiours en leurs
boutiques, pour ses rares & singulieres proprietez; & à la verité non sans cause, car
ceux qui se sont seruis du Petroleum de Gabian, pourront tesmoigner qu'il guerit parfaictement toutes fluxions, tumeurs, galles,
enfleures, coups, meurtrisseures, mal d'e-
stomach, de ratte, douleur de ventre, &
pour toutes maladies prouenantes de cause
froide; estât vn tres-puissant resolutif. Voyla ce que j'ay creu deuoir dire en passant sur
la Nature & proprieté du Petrcole de Gabian. Le doux souuenir de ma patrie m'a
mis ces paroles à la bouche, pour representer vne partie des effets signalez que la Nature y produit incessan.ment, tant pour les
Sucs, Huiles, Sels, Bains, Marchasites, que
aux mineraux, metaux, plantes, arbres, animaux, aussi excellens en leurs vertus &
proprietez qu'en aucune autre region de la
terre. Mais nostre nonchalance nous faict

E e e iij

abandonner le prou que nous auons pres
de nous, & que nous pouuons auoir fans
beaucoup de trauail & de couft, pour aller
querir le peu és regions bien efloignees,
auec beaucoup de defpenfe, de peines indicibles, & au hazard mille fois de noftre vie,

Refte la preparation de la gomme Caragna, ou Caranna, qui eft vne Gomme
qu'on apporte de Carthage, Prouince de la
nouuelle Efpagne, au rapport de Monard,
laquelle eft claire comme Criftal, & qui a
des admirables vertus pour appaifer toutes
douleurs des ioinctures, arrefter les fluxiós
des humeurs froids ou mixtes: Elle eft fort
propre contre toutes douleurs de tefte, có-
tre les playes des nerfs & des ioinctures:
mais fur tout elle eft incomparable pour refoudre toutes tumeurs inueterees : on la
preparera pour noftre Onguent en cette
façon.

Cefte Gomme doit eftre couppée par
petits morceaux, tant que faire fe pourra;
ie dis cela par ce qu'elle eft grandement
glutineufe; apres mettez-la dans vn vaiffeau de verre bien lutté, & fur icelle de l'eau
de vie rectifiée qui furnage de 6. doigts: ce
vaiffeau bien bouché, vous le mettrez au

ſien par 15. iours, au bout deſquels voſtre
Gomme ſera diſſoute : faites diſtiler l'eau
de vie, & au meſmes inſtant faitez fondre
de l'Axunge preparée comme cy-deſſus,&
en iettez peu à peu ſur ladite Gomme, remuant touſiours, afin, que la rendant vn
peu liquide on luy oſte en quelque façon
ſa tenacité & glutinoſité, & ainſi elle ſera
propre à l'vſage. Son Huile meſlé auec celuy de Tacamahaca, eſt incomparable
pour appaiſer la douleur des gouttes.

Meſlange.

Vous meſlerez à ceſte Gomme, preparée ainſi que deſſus, le ſauon noir; en ſuitte
les Huiles de Galbanum, & Ammoniac;
conſequemment l'Huile de Petreole, &
l'huile puant de Tartre; finalement celuy
de Briques, & de Girofles : Le tout bien
meſlé auec vne Spatule, ſera mis & gardé
dans vn pot de Fayance pour l'vſage.

Vertus.

Cét Onguent ne porte pas mal le nom
de reſolutif, d'autant qu'il reſout puiſſamment toutes tumeurs Tartareuſes, Schyr-

reufes, Nodufes, Toffeufes, & Gommeufes; appliquant deffus vn Emplaftre dudit
Onguent vn peu chaud. Il eft auffi tres-
fingulier pour appaifer les douleurs des
ioinctures, & aux obftructions de la ratte.

Onguent mondificatif de Peruenche, de noftre
defcription.

Pr. Refine de Peruenche ℥ iiij.
Refine de Centaurée,
& d'Ariftoloche an. ℥ij.
Baulme de Tartre ʒ ij.
Baulme de Venus ℥ j. f.
Huile de Mirrhe,
Huile de Maftic an. ℥ij.
Mercure precipité ʒ j.
Sel d'vrine d'Homme, & de lie de Vin-
　aigre an. ℥ f.
Terebenthine lauée auec Eau de Bouillon
　blanc ℥ iiij.
Axunge preparée comme cy-deffus ℥ ij.
Faictes Onguent felon l'Art.

Preparation.

Pr. vos herbes & racines, hachez les bien
menu, mettez les dans du vin blanc qu'il
furnage de quatre doigts, & ce dans

vn pot de terre verniſſé, lequel couuert
d'vn autre pot de terre, les lutterez bien
enſemble, puis les tiendrez par 8. iours à
feu lent, ou au fien de cheual chaud. Au
bout deſquels vous exprimerez bien le tout
par le torcular : cuiſez ceſte expreſſion à
feu lent, tant qu'il acquiere iuſte conſiſtence de Reſine, ou Gomme. Ceſte façon
de preparer les Reſines des herbes & racines, feruira d'exẽple pour toutes les reſines qu'il cõuiendra extraire tant pour les
Emplaſtres, Cerats, Onguens, q̃ue Linimens; mais non pour les autres preparations qu'on doit adminiſtrer par le dedans
du corps, car il y faut apporter plus de circonſpection; cela ſe voit à la Fleur des
Antidotes, en la preparation de mon Theriaque Vegetal Specifique, cy-deuant, ou
vous aurez recours.

Le baulme de Tartre ſe preparera, ſi
l'ayant calciné au blanc vous en tirez le
Sel par diſſolutions auec Eau chaude, filtrations, & congelations par 3. fois. Mettez
ce Sel dans vn Alembic, & verſez deſſus du Vin-aigre diſtilé, tant qu'il ſurpaſſe
de quatre doigts; tirez en le Vin-aigre au
Bain, lequel en ſortira doux; remettez y
en d'autre, & le diſtillez comme deſſus;
reïterant ceſte operation, iuſques qu'il en

forte aigre comme l'on luy aura verfé.
Mettez les fœces reftantes, dans vne cornuë, & les pouffez en façon d'eau forte, &
il en fortira vn Huile bruflant, de vertu admirable, lequel j'appelle en ce lieu Baulme.

Le Baulme de Venus fe voit en la Fleur
des Baulmes, comme auffi les Huiles en la
Fleur des Huiles, enfemble les fels en leur
lieu. Donnons icy feulement le Mercure
Precipité felon noftre intention.

Prenez le Mercure preparé felon l'intention de Geber ; faictes diffoudre ℥ ij d'i-
celuy, dans ℥ iiij. d'Eau de depart, dans vn
Alembic, la diffolution faicte, diftilez l'Eau,
coobant fur fes fœces par 3. fois ; augmentant le feu à la derniere, en telle façon que
les efprits de ladite eau fortent : il demeurera au fonds de l'Alembic vne poudre
rouge laquelle il faut lauer auec le phlegme d'Alun, Eau de blancs d'œufs, & Vin-
aigre diftilé meflez enfemble; car par cefte
voye on fepare toute l'acrimonie dudit
precipité. I'enfeigne cy-deffus à la façon
de l'Onguent Mercurial, la maniere de
faire vn precipité doux, comme auffi en la
fection des fels en ma Pharmacopée Spagyrique, où l'on verra plufieurs autres façons de precipiter le Mercure, beaucoup

plus exellentes que celle-cy. Venons maintenant au meflange.

Meflange.

Faiĉtes fondre l'Axunge auec la Terebenthine, adiouftez y les Refines, lefquelles eftant meflées, vous ofterez la Baffine
du feu ; & voftre matiere eftant aucunement froide, vous y adjoufterez les Baulmes & Huiles , & en fuitte les Sels ; & finalement le precipité. Le tout bien meflé
& refroidy, metrez dans vn pot de Fayance, & garderez à l'vfage.

Vertus.

Ceft onguent eft fingulier contre les
gangrenes,& pour tous vlceres Phagedeniques & fordides ; car ceft vn des puif-
fans mondificatifs qu'on puiffe mettre en
vfage; lequel à auffi quelque faculté incar-
natiue. Il eft incomparable pour les Chancres veroliques. Et qui le mettra en vfage,
verra beaucoup plus d'effeĉts en luy que je
n'en mets en auant en ce lieu.

*Onguent incarnatif de Mille-pertuis, de
noftre defcription.*

Pr. Baulme de Mille-pertuis ℥ iiij.
Huile de Sarcocolle ,
Huile d'Encens an. ℥ j.
Refine de Confoulde moyenne ,
Refine de Prunelle an. ℥. iij.
Terebenthine lauee auec vin blanc ℥. ij.
Faites Onguent felon l'Art.

Preparation & meflange.

Le Baulme, & Huiles fe voyent en leurs
lieux, où l'on aura recours. Quand aux Refines, leur façon a efté enfeignee (par vn
exemple) cy-deffus; refte de venir au meflange qui fera en cette façon. Les Refines
feront meflées auec la Terebenthine , à feu
tres-lent, y adjouftant les Huiles, & en dernier lieu le Baulme. Le tout bien meflé &
reduit à confiftence d'onguent , garderez à
l'vfage.

Quand à fes vertus , fon nom monftre
affez quelles elles font , fon vfage s'eften-
dant à tous vlceres où il eft befoin de
Sarcotiques.

Onguent defficatif, & cicatrifatif de Bolo, de noftre defcription.

Pr. Bol Armenien preparé ℥ ij.
Chaux de Coquille d'œufs ℥ j.
Saffran de Mars,
Croye de Vitriol an. ℥ j. f.
Suc de Prunelles Sauuages ℥ iij.
Cire graffe ℥ j.
Faiƈtes Onguent felon l'Art.

Preparation.

La preparation du Bol Armenien fe voit en la Fleur des Pilules, ou on aura recours. Le Saffran de Mars ce fait en cefte façon, felon mon intention.

Pr. limaille de Fer bien nette & feparée de toutes ordures ℥ j. mettez-la dans vn Alembic ; verfez par deffus, fucceffiuement & peu à peu, huiƈt onces d'Eau forte ; mettez cét Alembic à Feu de Sable, & faiƈtes diftiler voftre Eau, laquelle delaiffera voftre Saffran au fonds du Vaiffeau de couleur tres-rouge, lequel vous ferez reuerberer trois ou quatre heures pour le rendre plus Aftringent. Preparé en cefte

façon, il eſt propre pour arreſter les Chau-
des-piſſes , lors quelles ont aſſez coulé,
comme auſſi aux Flux Hepatiques. La doſe eſt de 10. à 12. grains.

Que ſi on le veut rendre plus actif en ſes
operations, on en tirera ſa Teinture auec
l'Eſprit de Vin, lequel Eſprit de Vin ſera ſeparé, par diſtilation au Bain Marie ; & au
fonds du Vaiſſeau demeurera la Teinture
en conſiſtance d'Huile. C'eſt vn ſouuerain
remede pour deſſeicher l'Hydropiſie , &
pour côforter les Viſceres, s'eſtant premierement ſeruy des remedes vniuerſels. On
l'adminiſtre ſoir & matin, en decoction de
grains de Genieure , enuiron de 8. ou dix
goutes. Il arreſte ſoudainement toute ſorte d'Emorragie , & guerit parfaictemẽt
les vieilles playes , & vlceres , ſi on les en
oingt trois fois le iour. On verra pluſieurs
autres façons de preparer l'Eſſence de
Mars en cette œuure.

Touchant la preparation des Coquilles
d'œufs. , elle ſe faict en ceſte façon. Faites
reuerberer les Coquilles d'œufs, à grand
Feu par trois iours durant, juſques-à ce
qu'elles ſoient du tout reduites en Chaux
bien blanche ; les arrouſant (pendãt quelles ſe calcinent) de vin-aigre , afin que la

Chaux, se rendant par ce moyen plus subti-
le, en deuienne plus propre à faire ses effects. Reduisez-la en poudre dans vn Mortier de verre, & gardez à l'vsage.

Quant à la croye de Vitriol, elle se prepare du Colcothar, en cette façon. Dissoluez le Colcothar dans de l'eau chaude, separez la rougeur d'iceluy qui surnagera sur
icelle, de laquelle ayant fait exaller l'eau, elle se rendra douce cóme Succre. Or ce qui
demeurera au fonds, la Teincture separee,
est la Croye ou Occre de Vitriol.

Finalement, touchant le Suc de Prunelles sauuages, vn chacun sçait le moyen d'ex-
trayer les Sucs: C'est pourquoy nous passerons au meslange.

Meslange.

Meslez à six dragmes de Cire, deux dragmes d'Axunge preparee, le tout fondu
& bien meslé ensemble, on y adjoustera le Suc de Prunelles, faisant boüillir
doucement, jusques que toute l'aquosité soit
exallee. Adjoustez-y la chaux de Coquille
d'œufs, & la Croye de Vitriol, remuant
tousiours auec la Spatule. Et finalement
l'ayant osté dessus le feu, on y adjoustera le

Bol Armenien & le Saffran de Mars. Cō
fait, le tout eſtant refroidy, mettez-le en vn
pot, & gardez à l'vſage. Son tiltre porte ſa
vertu, & ſon vſage en teſmoignera dauantage que je ne ſçaurois dire : Car c'eſt vn
des plus puiſſans deſquels on ſe pourroit
ſeruir.

Onguent de Iuſquiame contre la bruſlure, de
ma deſcription.

Pr. Reſine de Iuſquiame ℥ j.
Reſines de Semperuiua,
& de Fleurs de Pauot rouge an. ℥ ſ.
Extraiƈt d'Eſcreuiſſes ʒ vj.
Huile de jaulne d'œuf,
Huile de Beurre an ʒ ij.
Huile de Litarge ʒ iiij.
Lard fondu, & laué 3. heures durant auec
eau de morelle ℥ ij.
Faiƈtes Onguent ſelon l'Art.

Preparation.

L'extraiƈt d'Eſcreuiſſes ſe faira en cette
façon.

Pr. Eſcreuiſſes d'eau douce, en pleine
Lune, pilez-les en vn mortier de marbre
auec

auec son pilon de bois, icelles mises dans
vn vaisseau de Verre, verserez dessus de
l'Eau de Semences de Grenoüilles, jusques que ce soit comme vne paste assez liquide. Faites macerer cela par 4. heures au
Bain, en apres passez cela par vne seruiette
neufue, l'exprimant tres-bien au torcular:
Faites distiler l'eau par vn Alembic, au Bain,
jusques que vostre extraict demeure au
fonds en consistance de Miel : gardez l'eau
qui en sortira, car elle est tres-bonne aux
bruslures.

L'Huile de Litarge se prepare ainsi.

Broyez bien vostre Litarge, sur laquelle, mise dans vn Alembic & iceluy au Bain,
verserez tant de Vin-aigre distilé qu'il surpasse de 4. doigts. Et lors que ledit Vin-aigre
sera rēdu douccastre vous le reuerserez par
inclination, en remettāt d'autre sur les fœces: cōtinuant cette operation jusques qu'il
n'attire plus aucune douceur. Faites en
apres exaler vostre menstruel, & il restera
au fonds vn Sel, lequel rendrez Cristalin
par solutions, & coagulations reïterees.
Mettez ce Sel en lieu humide, sur la platine
de Mars, & il se conuertira en Huile fort

douceaftre, qui eft celuy que nous demandons en ce lieu.

Meslange.

Meflez à voftre Lard, l'Huile de jaulne
d'œuf, & l'Huile de Beurre, & ce fur vn petit feu, y adjouftant l'Extraict d'Efcreuifles,
en fuitte l'Huile de Litarge ; & finallement
les Refines ; rendez-le en confiftance
d'Onguent que garderez à l'vfage.

Vertus.

Ses vertus s'eftendent à toutes fortes de
bruflures, inflammations, eryfipelles, &
pour appaifer les douleurs, caufees de matiere chaude.

Il faut icy noter en paffant, que ie me fuis
feruy, auec heureux fuccez, contre les bruflures, de l'Huile de Chou, preparé en la façon que nous enfeignons cy-deffus en la
Fleur quatriefme. Ceft Huile deftruict
& appaife en vn inftant l'empireume
du feu, empefche que les veffies ne s'ef-
leuent ; bref fi l'on s'en fert à temps, en
moins de quatre heures il guerit toute
forte de bruflures, continuant de temps

en temps à mettre des linges trempez en
iceluy, sur la partie bruslee. Il est encore singulier aux playes des harquebusades, notamment au temps de la suppuration; comme aussi aux playes des articles; car il appaise puissamment la douleur, qui est le principal Scope ou doiuent tendre ceux qui guerissent ces playes.

Onguent Neapolitain, de nostre description.

Pr. Mercure extraict du Cinabre com-
    mun, ℔ j.
Axunge preparee ℔ ij.
Huiles de Cloux de Girofle,
De Noix Muscade,
De bois d'Aloës,
De Sandal rouge,
De Benjoin,
De Storax,
De Fleurs de Lauande,
De Sauge,
De Rosmarin an. ℥ij.
Baulme de Soulphre ℥ j.
Sel de Sermens ℥ ſ.
Huile de jaulne d'œuf ℥ iij.
Huile de Camphre ℥ iij.
Faites Onguent en la façon qui suit.

Preparation & meslange.

La preparation des Huiles, Sel, & Baul-me, se verront chacun en leur Fleur. Reste à dire que le Mercure se retire du Cinabre par le moyen de la Chaux viue, parties es-gales, le tout puluerisé ensemble , & mis dans vne cornuë bien luttee , icelle sur le feu â nud, poussant iceluy par degrez selon l'Art , iusques à tant que tout le Mercure soit coulé dans le recipient. Ce Mercure doit estre esteint dans vn mortier de plomb (si l'on veut, ou bien de fer) auec esprit de Terebenthine sulphuré. Estant bien esteint on y meslera l'huile de jaulne d'œuf, en suit-te le Sel , consequemment le Baulme de Soulphre; en apres on y meslera l'Axunge: pendant laquelle operation, on y versera peu à peu, les Huiles, & sur la fin, l'huile de Camphre. Le tout bien meslé ensemble, mettrez dans vn pot & garderez à l'vsage.

Vertus.

..plie ceux qui ne croyent pas pou-en guerir les atteints de verolle, s'ils ..eur donnent les frictions, qu'ils se feruent de cét Onguent, pluftoft que de l'ordinaire, & ils verront que les effects du mien font incomparablement plus-grands , que les effects de l'autre. En outre il eft admirable contre tout genre de Scabie.

Onguent *Antitoxicum.*

Pr. Huile de Myrrhe,
Huile de Terebenthine an ℥ ij.
Huile de Mercure Corporel ℥ j. ſ.
Huile de Soulphre Terebenthiné ℥ iij.
Beurre d'Arcenic, fixe & dulcifié ℥ ſ.
Huile d'Antimoine ℥ ij.
Beurre doux ℥ j.
Cire neufue ℥ ij. ſ.
Faictes Onguent en cette façon.

Preparation.

On prepare l'Huile Corporel de Mercure, faifant vn Amalgame de quatre onces de Mercure crud, & vne once de Iupiter de Cornoüaille. Icelle eftant eftenduë fur vne lame de Mars, accommodee pour ceft effect, fera mife à diffoudre en lieu humide , au deffus d'vne efcuelle verniffee, afin qu'icelle reçoiue l'Huile qui diftilera,

car tout le corps du Mercure se dissoudra
en liqueur; laquelle est admirable pour toutes fistules, callositez, & pour tous vlceres
veroliques.

Beurre d'Arsenic fixe.

Pr l'Arcenic Cristallin , meslez-le vne
partie auec deux de Colcothar , & le tout
puluerisé ensemble , faitez sublimer selon
l'art. Pr. vostre sublimé , & le meslez parties esgales auec sel de Tartre bien preparé, & de Salpetre : le tout soit mis entre
deux Creusets bien luttez ensemble, laissant, pourtant, à celuy qui est dessus, vn
petit respiral. Donnez le feu par degrez
pendant 24. heures , & vous trouuerez
vostre matiere reduite en vne masse blanche: faites-la dissoudre dans de l'eau chaude , afin d'en tirer l'Alcali selon l'Art. Des-
seichez la poudre qui demeurera au fonds;
l'imbibant par apres d'Huile de Tartre;
puis la faites, en second lieu, desseicher; reïterant ceste operation par 3. fois ou enuiron. Notez qu'il faut que ceste imbibition,
& dessication se fasset en vaisseau & feu cö-
uenable. Dissoluez derechef ceste matiere
dans de l'Eau de Vie, afin d'en tirer tout le

Sel, & vous reſtera vne Poudre d'Arcenic blanche & fixe, laquelle eſtant miſe à la
Caue, ſe reſoudra en vn Huile eſpois, lequel i'appelle icy beurre d'Arcenic, d'autant qu'il eſt de la conſiſtance de Beurre,
blanc, & fort Anodin.

Huile d'Antimoine.

Pr. Antimoine du plus beau, Succre
Candy an. ʒ iiij. Alun calciné ʒ j. broyez
bien le tout enſemble, & mettez, dans vne
cornuë aſſez ample; puis ayant adapté à
icelle ſon recipient, on donnera le feu artiſtement pardegrez, & il ſortira vn Huile
rouge comme ſang, vn peu Gommeux;
lequel eſt ſingulierement propre pour tous
vlceres. Voyez en la Fleur des huiles d'autres moyens d'extraire l'Huile d'Antimoine.

Huile de Soulphre Terebenthiné.

Pr. Fleurs de Soulphre ℔ j. diſſoluez-les
dans ℔ iij d'Huile de Terebenthine; ceſte
diſſolution ce fera en peu de jours, & ce
en Huile de couleur de Rubis. Separez le
diſſoluant par diſtilation, & il demeurera

au fonds voftre Effence de Soulphre tres-
pure ; laquelle vous circullerez par huiſt
iours, auec Efprit de Vin , & vous aurez vn
Huile precieux, ayant les mefmes vertus
que le Baulme naturel, pour la guerifon de
tous vlceres , & autres maladies que ie referue a dire en fon lieu . Touchant à l'Huile de Mirrhe & de Terebenthine cela fe
voit en la Fleur des huiles : venons maintenant au meflange.

Meflange.

Faiſtes fondre voftre Beurre , & Cire enfemble , y adjouftant l'Huile d'Antimoine
meflé auec l'Huile de Terebenthine ; en
fuitte le Beurre d'Arfenic meflé auec l'Huile de Mirrhe,& finalemēt l'Huile de Soulphre Terebenthiné , meflé auec l'Huile
Corporel de Mercure. Notez que tout ce
meflange fe doit faire hors de deffus le feu,
remuant toufiours auec vne Spatule : Le
tout refroidy , vous le garderez dans vn
Pot de fayance pour l'vfage.

Vertus.

Cét Onguent eft tres-efficace ipour la

guerifon des playes compliquées auec Venin. Le moyen de s'en feruir, eft, qu'ayant
Scarifié les bords de la playe, auec la pointe d'vne Lancette, on y applique vne ven-
toufe deffus, & en fuitte dudit Onguent
fur les Charpies, Plumaceaux, & Tentes.
Il n'y à playe, morfure de befte veneneu-
fe, ou enragee, qui ne cedent à l'effet de ce
remede; car il ne fe peut defirer medicament plus excellent que ceftuy-cy pour attirer le venin d'icelles playes, quel il foit,
& les en priuer entierement. Sa faculté
s'eftend en outre, en tous vlceres malins &
phagedeniques, à la Gangrene, Cancer,
& autres de dificile guerifoñ : & ce qui eft
de plus remarquable, ce qu'il agit en fon
operation fans caufer aucune douleur, ou
du moins eft elle bien petite.

Onguent de fcabieufe, de noftre defcription.

Pr. Refine de Scabieufe ℥ iiij.
Refine d'Oliues bien meures ℥ſ.
Refine de Plantain,
Refine de Germandrée,
Refine de Nicotiane,
Refine de Rofes rouges an. ℥ ij.
Alcool de Saphir ʒ ij.

Poudre de Crapault,

Poudre de langues de Grenoüilles an. ʒ iiſ.

Miel de Narbonne,

Terebenthine an. ℥ij.

Camphre diſſoult en Huile Succin ʒ j.

Faictes Onguent, en la façon qui ſuit.

Pour preparer la poudre de Crapaults , ils les faut enfiler auec vn baſton pointu par le bout , puis les faut faire ſeicher à l’ombre; & en ſuitte les pulueriſer à Mortier couuert , ayant tout le viſage bien bouché, crainte que la poudre ne penetre au Cerueau. Paſſez en apres ceſte poudre par le Thamis de Soye, & gardez biẽ enueloppée pour l’vſage. Par ceſte meſme voye vous fairez la poudre de lãgues de Grenoüilles. Touchant ce que i’appelle Alcool de Saphir , i’entens la poudre d’iceluy renduë inpalpable ſur le marbre. La façon de preparer les Reſines ſevoit en ſon lieu; venons maintenant au meſlange.

Meſlange.

Cét Onguent doit eſtre fait à froid, dans

vn mortier de Pierre, meſlant bien le tout
à force de coups de pilon ; & c'eſt en ceſte
facon. Le miel ſera meſlé auec la Terebenthine : & en ſuitte les Reſines les vnes a-
pres les autres : conſequemment on y adjouſtera l'Alcool de Saphir ; & finalement
les poudres de Crapault, & de langues de
Grenouilles. Le tout bien malaxé auec le
pilon, juſques à conſiſtence d'Onguent,
vous garderez à l'vſage.

Vertus.

Cét Onguent eſt incomparable pour a-
cheuer de reſoudre, mondifier , & guerir
le Bubons, & Charbons Peſtilentiels deſia
ſuppurez ; car il attire & deſtruit ſoudaine-
nement le venin peſtifere, par vne vertu
plus Diuine que naturelle. Et quand meſme le bubon ne ſeroit pas ouuert, ce medicamēt à vne vertu ſinguliere & ſpecifique
d'attirer à ſoy le venin dudit Bubon , ce qui
ſe remarque en la ceſſation de l'inflammation & aneantiſſement de la tumeur. Il eſt
encore admirable contre toutes les morſures veneneuſes , & playes enuenimées.
Notez que la ſuppuration & ouuerture du
Bubon peſtilentiel, ſe doit faire auec *l'Em-*

plaftrum attractiuum Ruptorium peftilentiale, defcrit en la Fleur des Emplaftres , en cét œuure.

Onguent Decameron, ou des dix refines; dit de Perficariæ.

Pr. refine de perficaire ℥ iiij.
Refine de Nicotiane,
Refine de Mille-fueille,
Refine de Centaurée,
Refine de Pyrole,
Refine de Sanicle,
Refine de grande Confoulde,
Refine de Symphitum,
Refine d'Hypericon,
Refine de Prunelle an. ℥ f.
Huile Mirtin ℥ iij.
Terebenthine de Venife ℥ ij f.
Gomme Elemy purifiée ℥ j f.
Beurre reffent ℥ ij.
Axunge de Cerf ℥ j f.
Faites Onguent en cefte façon.

Preparation & meflange.

La façon de preparer les Refines, eft de-môftrée en fon lieu : l'Huile Mirtin fe voit

en la Fleur des Huiles. Quand à la Gôme E-
lemy elle eſt purifiée la diſſoluāt auec l'eau
de vie, & puis la mettre au fumier par 8.
iours: au bout deſquels la ſortant de la, la
coulerez tout chaudement au trauers d'vn
linge bien delié, & garderez pour l'vſage.
Le meſlange ſe faira ainſi. Faites fondre
la Gomme auec le Beurre, y adjouſtant
l'Axunge de Cerf, en ſuitte l'Huile, conſequemment la Terebenthine ; & finalement les ſucs l'vn apresl'autre, finiſſant à
celuy de Perſicariæ ; reduiſez en forme
d'Onguent, lequel vous garderez à l'vſage.

Vertus.

Il eſt ſingulier aux vlceres, quelles elles
ſoient, purulentes, ſinueuſes & cancreu-
ſes. Comme auſſi eſt il admirable pour toutes ſortes de playes.

Onguent de Regliſſe, de noſtre deſcription.

Pr. Suc de Regliſſe bien recente ℥ iiij.
Ceruſe d'Antimoine ℥ iij.
Sel de Saturne ℥ ij.
Camphre diſſout auec eau de blanc d'œufs

Ꝯ ij

Beurre recent ℔ſ.

Faictes Onguent en ceſte façon.

Preparation & meſlange.

La Regliſſe bien raclée, & nettoyée,ſe-
ra couppée par petites taleoles , & tout
d'vne main concaſſées dans vn mortier à
grands coups de pilon ; l'arrouſant, par
temps d'vn peu de Vin-aigre de Suſeau.
Mettez cela dans vne toile bien forte, &
vn peu clair-tiſſuë; & icelle miſe au Torcular, vous amaſſerez auec vne Spatule tout
le ſuc qui ſortira dehors. Meſlez ce Suc a-
uec le Beurre fõdu,mais premieremẽt laué
par pluſieurs fois,auec les eaux de Roſes &
Solanũ. En ſuitte,mettez y la Ceruſe d'Antimoine ; en apres le Sel de Saturne. Et finalement le Camphre. Faictes cuire en
conſiſtance d'onguent,& gardez à l'vſage.

Vertus.

Cét Onguent eſt incomparable contré
toutes inflammations , Eryſipeles , Feu
Sacré , Puſtules ychoreuſes, Sanguines,
& Bilieuſes. Il appaiſe la grande douleur

des vlceres, en temperant l'Acrimonie
du Sel qui les cause.

Onguent d'Escrophulaire, de noſtre deſcription.

Pr. Reſine de racine recente d'Escro-
    phulaire ʒ ij.
Reſines d'Enula recente,
De Lapatij acuti recent,
De grande Chelidoine recente an ʒ j.
Reſine de l'eſcorce moyenne de Frangu-
    la, recente ʒ j. ſ.
Beurre frais ℔ ſ.
Terebentine de Veniſe ʒ vj.
Stirax liquide ʒ iij.
Sel nitre ʒ j. ſ.
Soulphre vif ʒ j.
Vin-aigre Scilitic ʒ vj.
Vin-aigre de Ruë ʒ ij.
Faites Onguent en cette façon.

Meſlange.

Meſlez le Stirax, & Terebenthine, dans
vn mortier, les meſlant enſemble auec le
pilon. Apres faites cuire à lent feu toutes les
Reſines cy-deſſus, dans le Vin-aigre de
Ruë, juſques à la conſomption d'iceluy:

puis y ayant mis le Beurre & remué enſemble, vous verſerez le tout dans la Terebenthine. Adjouſtez-y le Sel nitre , Soulphre
vif, & vin-aigre Scilitic ; le tout bien meſlé
enſemble, iuſques à conſiſtance d'Onguēt,
ſoit gardé à l'vſage.

Vertus.

Son vſage eſt à la Scabie, quelle elle ſoit;
& toute mauuaiſe rogne, galle , & gratelle.

Onguent vulneraire de Lumbrics, de noſtre deſcription.

Pr. Ariſtoloche ronde. ℥ iij.
Fleurs d'Hypericon p. ij.
Langue de Serpent ,
Plantain an. m j.
Gomme de vers de terre ℥ iij.
Moëlle de Cerf ℥ ij.
Sel Fuſible,
Saffran de Mars,
Verd de Gris an. ʒ ij.
Carabé preparé ℥ ſ.
Mumie vraye ℥ j.
Faictes Onguent ſelon l'art.

Preparation

Préparation & Meslange.

Pilez dans vn mortier de marbre auec
son pilon de buy, toutes les Herbes & Racines, les arrousant par fois auec du vin ; faites cuire cela au Bain marie, l'espace de
trois heures, pilez encore derechef, &
puis passez-les par vn linge assez fort. A cét
Extraict, joignez la Gomme de Lumbrics,
la Moëlle de Cerf, premierement fonduë
auec la Mumie. En suitte le Saffran de
Mars, & le Verd de gris. Et finalement, le
Sel, auec le Carabé ; remuez & meslangez
cela à chasque ingredient, & bien fort sur
la fin ; puis gardez à l'vsage : qui est à toutes playes tant d'estoc que de taille, comme aussi celles qui sont faites par les mousquetades.

Onguent pour les Chancres veroliques, de nostre description.

Pr Liqueur de Mumie ℥j.
Huile de Litarge ℥ ij
Huile Mercuriel ʒ j.
Mastic preparé,
Mirrhe preparé,

Ggg

Thus preparé an. ℥ ſ.
Aloés Hepatic ℥ j. ſ.
Sel d'vrine ʒ j.
Sel de Nicotiane ʒ ij.
Terebenthine ℥ ſ.
Graiſſe, prinſe autour de l'Auis de la Preſ-
ſe d'Imprimerie ℥ ij.
Cire ℥ ſ.
Beurre de May laué auec Huile de Sel ℥ i. ſ.
Faictes Onguent en la façon qui ſuit.

Preparation.

La Liqueur de Mumie ſe voit en ceſte
Fleur, comme auſſi l'Huile de Litarge, enſemble la preparation du Maſtich ; Mirrhe
& Thus. Reſte à dire vn mot de la preparation de l'Huile Mercuriel, & de la preparation de l'Aloés.

Huile Mercuriel.

Pr. Eſtain de Cornoüaille & Mercure,
faictes Amalgame, laquelle (meſlée auparauant à force de bras dans vn mortier de
Pierre, auec Huile d'Amandres ameres) ſera miſe dans vne Retorte luttée & icelle
au fourneau, à feu nud, donnant le feu par

degrez, & il ſortira vn Huile , lequel vous
garderez pour les Chancres & fiſtules Veroliques , car il les guerit ſans douleur.

Preparation de l'Aloés Hepatic.

L'Aloés eſtant concaſſé , ſera mis dans
vn vaiſſeau de verre , & ſur icelluy on verſera du Phlegme d'Alun tant qu'il ſurpaſſe
de deux doigts, laiſſez en digeſtion au Bain
par deux fois 24. heures ; verſez le Phlegme teinct , & y en remettez d'autre ; continuant ceſte operation iuſques à tant que
le menſtruë ne ſe collore plus. Mettez tous
les diſſoluans enſemble dans vn Alembic à
diſtiler , iuſques que la Reſine de l'Aloés
demeure au fonds en conſiſtance de Miel.

Meſlange.

Faictes fondre la Cire auec le Beurre, y
adjouſtant la Terebenthine, & en ſuitte la
graiſſe , en apres la Liqueur de Mumie;
puis l'ayant retiré du feu , vous adjouſterez l'Aloés & en ſuitte le Maſtich , la Mirrhe , & le Thus , dilayez premierement
auec l'Huile de Litarge , & Mercuriel. Puis
le tout bien meſlé , vous y adjouſterez les

Sels d'Vrine,& de Nicotiane. Meflez le tout
enfemble iufques qu'il foit froid, & gardez
à l'vfage.

Vertus.

C'eft le Souuerain remede contre les vlceres veroliques , & notamment de la Verge, car il attire & diffipe le Virus empreint
en la partie ; deterge, mondifie, & cicatrife
l'vlcere à perfection. Son vfage fe peut
eftédre encore aux vlceres Cacohetes, malings , & de difficile guerifon.

Onguent Sympathetique, ou Eftoillé.

Pr. de la Mouffe Creuë , fur le Crane d'vn
    homme pendu & eftranglé ,
Mumie vraye,
Sang humain tout chaud an. ℥ j.
Graiffe humaine ℨ ij.
Huile de Lin,
Terebenthine,
Bol Armenien an. ℨ ij
Axunge d'Ours,
Axunge de Sanglier mafle an. ℨ v j.
Poudre de Vers de terre preparez ℥ j.
Cerueau d'vn Sanglier mafle feiché,

Sandal rouge odoriferant.
Hematites an ℥ j.
Faites Onguent, en la façon qui fuit.

Preparation.

Il faut que la Mouſſe ſoit creuë ſur le Crane, la Lune eſtant en la maiſon de Venus, ou en quelque autre bonne maiſon, laquelle doit eſtre pulueriſée, & paſſée par le Thamis, puis gardée à l'vſage. Quãd aux Graiſſes, il les faut faire boüillir enſemble, dans du Vin rouge odoriferant, pur & non ſoffiſtiqué. Quoy faict, vous les ietterez dans de l'eau froide, & les Graiſſes eſtant caillées nageront par deſſus, leſquelles vous amaſſerez auec vn cuillier d'Argent, iettant les fœces comme inutiles.

Les vers de terre, ayant eſté bien lauez auec vin blanc, ſeront mis dans vn pot de terre, puis iceluy bien couuert ſera mis dãs le four d'vn Boſenger, iuſques à tant que les vers ſoient tellement ſecs qu'ils ſe puiſ-ſent facilement reduire en poudre, laquel-le paſſerez par le Thamis, & garderez à l'v-ſage; prenant garde, lors qu'ils ſeront dans le four, qu'ils ne bruſlent point. L'Hemati-tes doit eſtre pulueriſé & broyé ſur le mar-bre; comme auſſi le Bol Armenien; & le

Santal doit eftre tellemēt impalpable, qu'il paſſe par le Thamis de Soye.   Quand au Cerueau de Sanglier il doit eftre feiché à l'ombre, puis puluerifé.

Meflange.

Les Graiſſes eftans fonduës, à feu lent, on y adjouftera la Mumie, puis la Tereben-thine, en fuitte l'Huile, & le fang humain, & confequemment les poudres peu à peu; remuez bien le tout auec vne Spatule, puis ferrez dans vne boëte d'Argent bien fer-mee, & gardez à l'vfage.

Notez que ceft Onguent doit eftre pre-paré le Soleil eftant au figne des Balances.

Que ſi auec le temps ledit Onguent ve-noit à ſe feicher, on le pourra humecter de nouueau, auec des Axunges fufdites.

Il eft à remarquer pourtant, en ce lieu, que Croilius ne met pas en la compofition de ceft Onguent, le Sang humain, l'Huile, la Terebenthine, ny le Bol Armenien; car cette defcription icy eft tiree de Goclenius, lequel neantmoins en toute autre chofe ſe rapporte au Crollius, horfmis en l'addition de ſes ingrediens. Ayant bien voulu aduer-tir fur ce point le Lecteur, afin qu'il prenne ou l'vne ou l'autre defcription.

Obferuations.

La raifon pourquoy l'on prend le fang humain tout chaud, c'eft d'autant que l'efprit ætheré y eft plus abondāt que s'il eftoit refroidy. De là on tire encore la raifon à la demāde, pourquoy on prēd pluftoft le Crane d'vn pendu que d'vn decollé ? c'eft que quand l'homme vient à eftre eftranglé, l'efprit vital, qui eft meflé auec l'animal dans le Cerueau, ne pouuant fortir pour retourner à fon Principe, fe confond auec l'efprit Balfamique du cerueau, auquel les fonctiõs Animales eftant interdictes, cette chaleur fe communique en abondance aux parties contenantes de la Tefte ; lefquelles pour eftre de matiere folide, la retiennēt: & eftāt imbuës de cette humeur vitale Balfamique, & moyennant l'influance cooperatrice du Ciel, la mouffe vient à croiftre fur ce teft, laquelle a des vertus qui ne doiuēt pas eftre recitees en ce lieu. Et cette raifon eft confiderable. Or le mefme ne fe peut-il faire de la Tefte d'vn décapité, d'autant qu'auec l'effufion du fang, toutes les vertus, & facultés Balfamiques, & vitales, fe d ffipent.

G gg iiij

De cecy peut-on encore tirer la refponce à la demande, pourquoy à vn homme affaffiné les playes feignent-elles en la prefence de fon affaffin, & non des autres? c'eft que quand le meurtrier donne le coup de la mort , fes efprits boüillonnans font portez par l'euaporation de la colere jufques dans le corps de fon ennemy, & ce par le moyen ou de l'air ou du bafton qui fait le coup: & à caufe de la fympathie des efprits auec les efprits, ceux du meurtrier fe font meflez auec ceux du meurtry pluftoft que l'imagination ne l'a peu comprendre ; lefquels, par l'abfence de leur fubjet, font contrainéts demeurer dans le corps du meurtry, & y demeurent tandis qu'il y a quelque portion d'humeur Balfamique en iceluy; s'anichyllans quant cét humeur prend fin & non autrement. Mais le meurtrier eftant prefent, iceux efprits voulans retourner en leur fubjet, font boüillonner les autres efprits, & par mefme moyen le corps qui les contient, qui eft le fang, lequel, trouuât des ouuertures non accouftumees, regorge, & bien fouuent auec telle violence, qu'il s'eft veu quelque fois la face du meurtrier toute enfanglantee. Et cecy feruira pour les Cómiffaires Examinateurs. Toutes-fois il y

faudra estre grandement circonspect, d'autant que quelque Sorcier, ennemy de l'ac-
cusé, pourroit bien par le ministere des De-
mons, faire rejalir le sang, & par ce moyen
perdre cette pauure creature, qui d'ailleurs
seroit innocente. Il se pourroit icy dire de
tres-belles choses, mais ie les reserue en
mon traicté de l'Harmonie Macro-micro-
cosmique, qui verra bien tost le iour, Dieu
aydant.

Quelques vns pourroient icy alleguer,
que cette raison estant toute pure naturelle,
ie semble en priuer la Iustice diuine, laquelle permet comme par miracle, le jalis-
sement de ce sang, afin, par ce moyen, de
descouurir le coulpable, qui autrement de-
meureroit impuny , & lors principallement qu'il n'y a point de preuue suffisante
pour le conuaincre ; car Dieu a dit que quiconque tuera de glaiue, de glaiue mourra;
& comment mourra celuy qui n'est point
conuaincu? si Dieu par sa toute puissance, &
prouidence, ne le descouure par des moyes
à luy cogneus? A quoy ie responds que je ne
traicte pas cette question en Theologien,
mais en Medecin Chirurgien.

Quant à la Mumie, ie n'entends pas cette Mumie adulteree qu'on vent ordinaire-

ment aux boutiques. Mais j'entends d'vne
Mumie qui fera preparee en cette façon.

Pr. le Cadauer d'vn homme rouffeau,
qui foit bien fain & net, & lequel foit mort
de mort violente ; mettez-le 24. heures à
l'air. Quoy faict, il le faut decoupper par
trenches affez deliees, lefquelles on fau-
poudrera auec Alcool du Magiftere de
Myrrhe & d'Aloës;ces poudres eftant bien
attachees, & quafi comme feichees auec la
chair, on fera tremper & macerer lefdites
trenches, dans du bon efprit de vin (ou qui
mieux feroit dans du bon efprit de Sel) finalement, les ayant retirees, faites-les fecher à l'ombre. De cette Mumie on peut retirer la Teinture,ou par l'Huile d'Oliue dépuré,ou par l'efprit de vin, ainfi que i'en
enfeigne la façon en la fection des Teintures en ma Pharmacopee. Et voyla la Mumie de laquelle j'entends parler en ce lieu,
& de laquelle ie defire qu'on fe ferue, en
tous lieux où ie requiers la Mumie, fi l'on
ne peut recouurer de la tranfmarine vraye.
On en faict vn Antidote qui a des vertus
tres-grandes, lefquelles on verra au liure
cy-deffus promis, Section des Antidotes.

Touchant le Bol Armenien,il doit eftre
preparé, en la façon que je donne cy-deffus

en la Fleur des Pilules.

Vertus.

Il guerit toutes les playes des parties molles, fans complication, faifant fon effect à dix lieuës loing du malade, en oignant feulement l'inftrument duquel le patient a efté bleffé, & ce par 2. fois le iour. Quoy faict, il faut plier auec vn linge bien delié ledit inftrument, empefchant que la pouffiere ne tombe deffus, & que le vent ne le touche. Eftant à noter qu'il ne faut oindre que la partie de l'inftrument, qui feule fera entree dans la Chair ; que fi l'on ne le peut remarquer on oindra tout l'inftrument ; obferuant que fi l'inftrument a bleffe de fa pointe, il le faut oindre en defcendant, & ainfi aux autres parties de l'inftrument. Et cas aduenant qu'vn cheual fut encloüé, le cloud eftát arraché & à fec, le faut oindre dudit Onguét, & on verra fon effect admirable en la guerifon de ces playes. Le femblable fera t'on pour tous autres animaux. D'ailleurs pour les fractures, il y fait des miracles, y adjouftant au prealable vn peu de poudre de confoulde.

Il ne faut pas fur ce poinct donner inconfideremment fon opinion, difant que tout cecy n'eft que pure magie noire; car il eft vray que cette operation ne fe fait que par vne certaine vertu & faculté Aymantine, à caufe de la conjonction des Aftres auec les Elemens. Ce que nous fairons voir bien amplement, aydant Dieu, en noftre Traicté de l'Harmonie Macro-micro-cofmique. En ayant, pourtant, dit quelque chofe comme en paffant, en mon liure des Moufquetades au chap. des Conjurations.

I'ay creu n'eftre hors de propos, d'enfeigner en ce lieu la façon d'vn Onguent, lequel approche de la compofition du precedent; la difference qu'il y a feulemét de l'vn à l'autre, eft, que ceftui-cy doit eftre appliqué fur la playe, & celuy-là fait fon effect dix lieuës diftant du bleffé : bien eft vray qu'en la compofition de celuy-cy l'obferuation des Aftres y eft neceffaire auffi bien qu'en l'autre.

Pr. Crane humain en poudre,

Huile de Lin an. ʒ ij.
Mumie vraye,
Sang humain tout chaud an. ʒ ſ.
Graiſſe humaine,
Huile Roſat,
Bol Armenien an. ℥ j.
Faiɛtes Onguent en la façon qui ſuit.

Preperation.

Le Crane ayant eſté pris d'vn Cadauer, tel que nous l'auons deſiré cy-deſſus, ſera limé auec vne lime douce, & ſeiché au four entre deux fueilles de papier, en apres, eſtant broyé & pulueriſé, ſera paſſé par le Thamis. Quand à la Mumie, la preparation en eſt cy-deſſus. Et pour la Graiſſe humaine, il la faut faire fondre, & puis la couler. Touchant le Bol Armenien, la preparation en eſt en la Fleur des Pilules. Venós maintenant au meſlange, qui ce fait en ceſte façon.

Meſlange.

On meſlera à part l'Huile de Lin auec la poudre de Crane humain : En apres, la Mumie auec le Sang humain : en ſuitte,

l'Huile Rofat auec le Bol. Et finalement,
la Graiffe humaine eftant fonduë, on y
meflera toutes ces chofes dans vn mortier:
quoy faict, on gardera à l'vfage. Que fi l'on
s'en veut feruir aux playes des moufqueta-
dès, on y meflera du Miel Vierge ʒ j. Graiffe de Taureau ʒ j.

Vertus.

On peut iuger de fes vertus, en ce que fi
le premier fait des merueilles, quoy que
non appliqué fur la partie bleffée, à plus
forte raifon ceftuy-cy appliqué fur la partie mefmes. Touchant à l'vfage du premier, i'oubliois, qu'il eft neceffaire d'appliquer fur la playe, des petites compref-
fes faictes de linge bien deflié & mouillées
dans l'vrine du patient. Obferuant de ne
commettre aucune polution, pendant la
cure. Au feul Dieu Trine, en vnité foit rendu tout honneur, gloire, & loüange, au
fiecle des fiecles. Amen.

Addition des Linimens.

CHAP. III.

Liniment Antipleuretique de noſtre deſcription.

 R. Huile d'Oliue preparé,
Huile d'Amendres douces an.
℥ iii.
Huile de Carrons compoſé ʒ i.
Graiſſe de Marmotte,
Cerueau de Vautour an. ℥ i
Reſine de Tormentille ℥ ſ.
Beurre de may ℥ j.
Faiĉtes Liniment en la façon qui ſuit.

Preparation.

L'Huile d'Oliue ſe prepare en la façon
que i'ay enſeigné cy-deſſus ; ou bien auec
l'Eau de Vie deflegmée, & ce en la façon
que i'ay enſeigné en la Fleur ſeconde parlant des Fourneaux, ou nous auons monſtré que ceux qui ſe ſeruent de l'Huile pour

faire feu fous quelques ouurages le doiuent
ainfi preparer par ce qu'il y eft le plus for-
table & conuenable.

Quand à l'Huile d'amendres douces, il
fe tire au Torcular par expreffion en cefte
façon. Les Amandres, bien choifies , doiuent eftre trempées en Eau tiede pour les
peller , puis eftant feichees auec vn linge
fec, doiuent eftre exactement pilées dans
vn mortier de Marbre , auec fon pilon de
buy, les arroufant auec vn peu d'Eau chaude iufques qu'elles foient reduites en pafte,
laquelle vn peu efchauffée & mife dans vne
Toille affez forte,& icelle au Torcular, fera exprimée doucement & peu à peu,telle-
ment que pour ℔. j. d'Amendres , on en
puiffe tirer enuiron trois à quatre onces
d'Huile. Ainfi peut-on faire les Huiles de
tous les autres Fruicts à Noyau. Mais cét
Huile fera bien plus parfaict s'il eft tiré par
diftilation. ainfi que nous l'enfeignons cy-
deffus en la Fleur des Huiles , ou du moins
rectifié; toutesfois cefte façon eft tres-bonne , lors qu'on veut s'en feruir feulement
aux Topiques ; le diftilé eftant plus propre
à prendre par le dedãs. l'Huile de Carrons
s'apprend en fon lieu; comme auffi l'Huile de Refine. Touchant le Cerueau de
Vautour

Vautour, il le faut paſſer au trauers du Thamis, à la façon qu'on paſſe la Caſſe. Touchant la Graiſſe, elle doit eſtre preparée à
la façon que i'enſeigne à preparer l'Axunge en ceſte œuure.

Meſlange.

Il ſe doit faire dans vn mortier de marbre auec ſon pilon de buy, en ceſte façon:
il faut meſler tous les huiles peu à peu, auec
le Beurre, & la Graiſſe, en ſuitte le Cérueau
de Vautour ; & finalement la Reſine de
Tormentille.

Vertus.

Son nom teſmoigne aſſez à quoy il eſt
propre, ſçauoir aux Pleureſies tant vrayes
que fauſſes ; aux douleurs d'Eſtomach ; à
toutes oppreſſions de Poictrine. Il eſt encore admirable pour la Nephretique, &c.

Liniment Saturnin de noſtre deſcription.

Pr. Sel de Saturne ʒ ſ.
Huile Roſat,
Huile Violat,

Hh h

Huile de Lis an. ʒij.
Huile de Noix,
Huile de Chou an. ʒj.
Nutritum ordinaire ʒj. ſ.
Faictes Liniment, en ceſte façon.

Meſlange.

Le Sel de Saturne ſe voit en la Fleur des Sels, comme auſſi la façon des Huiles en leur lieu. Reſte à parler du meſlange. Broyez donc dans vn mortier le Sel de Saturne auec le Nutritum; en apres vous l'arrouſerez peu à peu des Huiles ſuſnommez, meſlez premierement enſemble, le nourriſſant & remuant touſiours auec le pilon, iuſques à parfaite conſiſtence de Liniment, & qu'il ayt jmbu tout l'Huile : quoy faict, gardez à l'vſage. Il eſt encorq ſingulier pour la durté du foye.

Vertus.

A l'Eryſipele tant vraye que non vraye; aux Herpes, & à toutes inflammations telles quelles ſoient, & meſmes aux Scabies. Que s'il eſt neceſſaire de deterger beaucoup en deſſeichant, on y pourra adjouſter la Ceruſe d'Antimoine.

Liniment Splenctic de noſtre deſcription.

Pr. Huile d'oppoponax,
Huile de Galbanum,
Huile d'Ammoniac an. ℥ ij.
Huile Benit corrigé ℥ j. ſ.
Huile de Bdellij ℥ ſ.
Laine graſſe eſprainte ℥ ij.
Graiſſe d'Heriſſon preparée ℔ ſ.
Reſine de l'extremité de Tamaris,
Muſilage de Racine de Fougere an. ℥ j.
Faictes Liniment en ceſte façon,

preparation & meſlange.

Il faut faire tremper la Laine graſſe
l'eſpace de 24. heures dans de l'eau chaude : quoy fait, vous la mettrez au Torcu-
làr, la preſſurant en telle façon que toute
la Graiſſe en ſorte. Meſlez cela auec l'eau
ou elle à trempé, faites la boüillir, & a-
maſſez la Graiſſe qui nagera par deſſus. Faites en apres fódre la graiſſe d'Heriſſó, a laquelle, eſtant hors du feu, vous adiouſterez la Reſine & les Muſilages, les meſlant
bien fort enſemble. En ſuitte la graiſſe de
Laine ; & tout d'une main les Huiles, peu

ȩ peu, & gardez à l'vſage.

Vertus.

A toutes durtez Schyrreuſes de la Ratte, & du Foye, car il les reſoult puiſſammēt;
comme auſſi tout genre d'Eſcroüelles,
& toutes tumeurs, notamment les Tartareuſes. Il eſt le nompareil aux gouttes
noüées.

Liniment Antipodagrique, de noſtre deſcription.

Pr. Huile de l'Anodin Animal ℥ ſ.
Huile de l'Anodin Mineral ʒ ij.
Huile de ſang de Cerf compoſé ʒ iij.
Huile de l'Anodin Vegetal ʒ ſ,
Huile d'Hiebles Camphré ℥ ſ.
Eſſence de Saffran ʒ j.
Sauon de Veniſe liquefié,
Moüelle depurée de Cerf an. ʒ iiij.
Graiſſe d'Ours ℥ j.
Faictes Liniment en ceſte façon.

Preparation.

Par l'Huile de l'Anodin Animal, i'entés
l'Huile & le Sel tirés du Sang humain, &

meſlez enſemble. L'Anodin Mineral c'eſt
l'eſprit vniuerſel corporifié aux entrailles
de la terre. L'Anodin vegetal c'eſt l'Opium.
L'Huile & le Sel de Sang ſe tirent en la façon que nous auons enſeigné cy-deſſus en
la Fleur des Huiles ; eſtant ſeulement icy
à noter que pour l'vſage que deſſus, il le
faut laiſſer repoſer dans 4. eſcuelles de
verre, iuſques à ce qu'eſtant eſpoiſſy on
l'arrouſera de la liqueur tirée, *per deliquium,*
du Sel decrepité, puis le laiſſer ſeicher à
l'ombre, prenant bien garde qu'il ne ſoit
expoſé au Soleil ny au Vent. Eſtant ſec mettez y encore d'autre liqueur de Sel, puis
laiſſez ſeicher ; continuant cela par 3. fois.
A la derniere fois, lors qu'il ſera ſec,
mettez-le dans vne Cornuë bien luttée, à
laquelle ayant adapté ſon recipient donnerez feu par degrez iuſques à ce qu'il n'en
ſorte plus rien. Continuez l'operation ainſi
que nous l'auons enſeigné en la Fleur ſuſdite. Cét Huile eſt admirable pour appaiſer la douleur des gouttes, & c'eſt celuy
que nous demandons en ce lieu pour noſtre Liniment.

Huile de Sang de Cerf compoſé.

Prenez Sang de Cerf tout chaud 4. onces; Huille de Briques compofé , Huile de Genieure an. deux onces, le tout meflé enfemble faictes diftiler au Bain iufques que l'eau & l'Huile foient fortis. Sur la fin donnez feu de fuppreffion , iufques que les fœces foiēt calcinées. Separez le phlegme d'auec voftre Huile, auec lequel phlegme vous feparerez le Sel de vos fœces calcinées : auquel ayant procedé , comme à efté dit cy-deffus au Sang humain , vous le meflerez auec fon Huile ; le faifant circuler, fi vous voulez, pour le rendre plus efficace , puis gardez-le à l'vfage. Et c'eft icy l'Huile que nous demandons ; lequel luy feul appaife puiffammēt la douleur des gouttes.

Faut icy noter , que le Sang doit eftre receu d'vn Cerf non couru, d'autant qu'en cefte action il s'efchauffe grandement , & par ce moyen la meilleure & plus commode effence qui y eft contenuë s'exalle; ce qu'eftāt il eft de nulle ou de peu de valeur.

Quand à l'Anodin Mineral, on y procede en cefte façon. On fepare par calcination philofophique , le Sel Balfamic Volatil, d'auec le Sel Balfamic fixe, de l'Efprit vniuerfel corporifié en la fuperficie du Globe de Saturne, par les Rayons Solai-

res Celeftes, & Rayons Solaires Soufter-
rains. Pr. le fixe & le reduifez en liqueur,
per deliquium à l'humide, laquelle vous garderez à l'vfage : & c'eft ce que nous demã-
dons en ce lieu. Cefte liqueur feule appaife la douleur des gouttes en vn moment. Il
fe pourroit dire de tres belles chofes fur cét
efprit vniuerfel, mais cella fe remarque
incidemment en quelque lieu de cefte œuure, comme auffi ailleurs en mes autres
liures. Eftant icy le fiecle ou la vraye connoiffance du poinct eft efcheuë à quelques vns qui ne le manifeftent pas

l'entends par l'Huile anodin vegetal,
l'Huile tiré de l'Opium, lequel fe prepare
en cette façon. Apres auoir fait torrefier
l'Opium fur la lamine de fer (ainfi que ie
l'enfeigne en cette œuure à la fleur des Antidotes) on le puluerifera, afin de plus facilement le faire digerer dans vn matrats,
auec le Vin-aigre diftilé, & en tirer la Teinture; de laquelle, filtree, & le diffoluãt euaporé, on en tirera l'Huile par la voye qu'on
tire celle des Gommes, lequel on gardera
pour l'vfage.

L'Huile d'Hiebles camphré fe fait en
prenant de fon Huile faict par expreffion
℥ f. Camphre bien puluerifé ʒ j. le tout mef-

lé fur vn marbre, à force de bras: que fi on
y adjoufte ʒ ij. de Mumie liquide, on faira
vn liniment lequel luy feul fait de merueilles à appaifer la douleur des gouttes:
mais nous n'auós icy affaire que de l'Huile
d'Hiebles auec le Camphre.

Touchant l'Effence de Saffran, cela fe
voit en fon lieu. Le Sauon fera liquefié auec
l'Huile de guy de Pommier. La moüelle
fonduë à lent feu, puis paffee : & la graiffe
fonduë, auffi paffee, & finalement preparee en la façon qu'on treuue en ceft œuure.
Venons maintenant au meflange.

Meflange.

Cela fe doit faire à froid dans vn mortier de marbre, à pilon de Buy, en cette façon. Meflez au Sauon liquefié, la Moüelle,
& en fuitte la graiffe. En apres, adjouftez-y
l'Huile d'Hiebles, l'Huile de Sãg de Cerf,
& l'Anodin Animal. Confequemmēt l'A-
nodin Vegetal, & Mineral. Et finalement
l'Effence de Saffran.

Vertus.

Il eft infallible pour appaifer la douleur

des Gouttes quelles elles foient. En outre
toutes douleurs procedentes de la Verolle,& Nodus : à la Migraine , & toutes douleurs de Tefte. Aux fuffocations de la Matrice,& à la ColiqueNephretique.Brefc'eft
vn remede de Dieu donné pour appaifer
toutes fortes de douleurs.

Liniment contre les bruflures , de noftre
defcription.

Pr. Oignons blancs , n. ij.
Huile de Noix ℥ j.
Huile de jaune d'œuf ℥ f.
Huile de Sufeau ℥ j. f.
Refine de la feconde Efcorce de Sufeau ℥ j.
Huile de Camphre ʒ j.
Beurre preparé ℥ iij.
Faiétes Liniment ainfi que fenfuit.

Preparation.

Les deux Oignons feront cuits auec
Huile d'Oliue , jufques à tant que le tout
foit en pafte ; exprimez cela par vn linge
qui foit affez delié & fort, & gardez l'expreffion pour mefler auec les autres medi-
çamens. Touchant l'huile de Noix,ce doit

eſtre de celuy qu'on fait par expreſſion; &
l'Huile de Suzeau tout ainſi qu'on fait celuy d'Hiebles. Quand à l'Huile de jaulne
d'œuf, de Cãphre, & de Reſine, tout cela
ſe voit ailleurs en cét œuure. Pour le Beurre, on le prepare en ceſte façõ. Faiɕtes fondre du Beurre frais dans vne Eſcuelle ſur
vn reſchaud, puis le iettez dans de l'eau de
Sperme de Grenoüilles ; & lors qu'il ſera
caillé tirez l'en & le faites reſoudre afin de
le reietter encore en la meſme Eau: & continuant cela par dix ou douze fois, voſtre
Beurre viendra blanc comme Laiɕt ; &
c'eſt celuy que nous demandons icy.

Meſlange.

Meſlez voſtre reſine auec le beurre dans
vn mortier; en ſuitte l'Huile de jaulne
d'œuf, & de ſuzeau; conſequemment l'Extraiɕt des Oignons blancs, & l'Huile de
Noix; & finalement l'Huile de Camphre, &
garderez à l'vſage.

Vertus.

Il eſt incomparable à toutes ſortes de
bruſlures, ſoient de poudre à canon, eau, &

Huile boüillantes, ou Charbon embrasé,
& en quelle partie du corps que ce soit. En
outre appliqué à temps empesche l'eleuation des velies, esteint la chaleur & empireume du feu, & guerit parfaictement celles qui sont escorchées.

Liniment contre les fistules, & callositez.

Pr. Huile de Miel ℥ ij.
Huile de Saturne,
Huile de Sublimé an. ʒ j.
Huile de Petreole,
Huile de Giroffles an. ʒ i. ſ.
Beürre frais ℥ j.
Faictes Liniment en la façon qui suit.

La methode de preparer tous ces Huiles
se verra en son lieu. Reste icy à dire, que le
meslange se fera dans vn mortier, en versant, peu à peu, les Huiles sur le Beurre;
n'importe qui aille le premier, prouueu
que le tout soit bien meslé ensemble.

Vertus.

Il est incomparable aux fistules, & vlceres cauerneux, car en enduisant de longues
tentes, lesquelles on met en apres dans les

fiftules, il les deterge, & incarne parfaitement : abbat toutes les callofitez, durtez,
& tuberofitez qui s'y peuuent rencontrer.
En fin ie n'ay point treuué de remede plus
propre à ces maladies que ceftuy-cy.

Liniment, *contre les Emorrhoïdes.*

Pr. Graiffe de Chat fauuage,
Graiffe de Cerf,
Graiffe de Teffon an. ℥ ſ.
Huile de Petreole,
Huile de Lateribus an. ʒ iij.
Huile de Bages de Genieure ℥ vj.
Huile d'Afpic ʒ j.
Faictes Liniment.

Les Graiffes doiuent eftre premierement bien depurées & preparées, auant
que d'y mefler les Huiles. Or fe meflange
fe doit faire dans vn mortier auec fon pilon, iufques que le tout foit bien incorporé.

Vertus.

Il eft fingulier aux Condylomes, tant
du Col de la Matrice que de l'Anus; comme auffi aux fiffures feiches des mains &

des pieds. Mais fur tout il eft incomparable aux Emorrhoïdes.

Liniment pour effacer les Cicatrices.

Pr. Litarge preparée ʒij.
Huile de Tartre,
Baulme de Plomb, an. ʒj.
Camphre liquefié Ɔj.
Sperme de Baleine ʒj.
Huile d'œufs Ʒij.
Faiêtes Liniment en cefte façon.

Preparation.

La Litarge fe doit preparer en tout & par
tout comme le Bol Armenien, la preparation duquel fe voit en la Fleur des Pilules.
Le Baulme de Saturne fe faiêt ainfi. Pr.
le fel Criftallin de Saturne, faiêtes-le circuler dans vn Pelican, auec l'Efprit de vin
par quinze iours ; au bout defquels vous feparerez le Menftruel par diftilation, puis y
en mettrez de nouueau ; y adiouftant le
Sel de Tartre bien purifié, autant qu'il en
faudra pour faire vn Baulme beaucoup
plus doux que le Succre, fort excellent pour
la guerifon de tous vlceres malings, & tres-

fingulier pour lesOphtalmies& autres maladies des yeux.On peut faire vn huile auffi
de ce Sel, *per deliquium* à l'humide , qui eft
admirable.

L'Huile deTartre ce faict,ou *per deliquium*,
lors qu'il eft calciné ,ou bien en la façõ que
nous auons enfeigné cy-deffus en cefte
Fleur. La façon de liquefier le Camphre
eft enfeignée.Refte à dire du meflange.

Meflange.

Meflez dans vn mortier de marbre l'Huile d'œuf auec le Sperme de Baleine;en fuitte l'Huile de Tartre ; confequemment
l'Huile de Litarge , & Baulme de Plomb,
& finalement le Camphre. Gardez à l'v-
fage.

Vertus.

Il eft incomparable pour effacer les Cicatrices qui font hautes efleuées & raboteu-
fes ; lenir & adoucir toute afpreté de la
peau,vnir les cauitez ou cicatrifes de la petite verolle. Il eft admirable aux vlceres
douloureux, & aux inflammations, &c.

Liniment Antiparalitique.

Pr. Huile de Mille-pertuis ℔ j.
Terebenthine ℔ ſ.
Huile Laurin ℥ iiij.
Huile d'Aſpic ℥ i. ſ.
Bages de Genieure ℔ ſ.
Caſtorée ℥ j.
Euphorbe ℥ ij.
Cloux de Girofles,
Macis,
Noix Muſcade,
Canelle an. ℥ i. ſ.
Fleurs de Lauande,
De Sauge,
De grand Muguet an. p. ij.
Maſtich,
Mirrhe,
Encens an ℥ ij.
Mumie ℥ i. ſ.
Graiſſe de Teſſon ℥ iij.
Faictes Liniment en la façon qui ſuit.

Preparation & meſlange.

Les choſes qui doiuent eſtre concaſſées
le ſoient, & celles qui doiuent eſtre pulue-

rifées le foient auffi : puis le tout meflé
auec les Huiles, foit mis dans vn vaiffeau
de verre bien bouché, & iceluy au fien de
Cheual, chaud, par vn mois philofophique.
Paflez en apres voftre matiere par vn linge
affez delië & bien fort,& vous aurez vn Li-
nimét admirable contre la Paralifie, fi on
en oingt chaudemét les membres paralitiques & retirez.

Liniment pour faire venir le poil, de noftre
defcription.

Pr. liqueur de Limaces rouges,compo-
	fee ℥ ij.
Huile de jaune d'œuf ℥ j.f.
Poudre de Grenoüilles verdes,
Poudre de Lezards verds,
Poudre de Taupe,
Poudre de fiente de Soury an. ℨ j.
Faiɔtes Liniment en cefte façon.

Preparation.

La liqueur de Limaces fe fera, prenant
de Limaces rouges, Sangfuës, Mouches à
Miel,& Sel decrepité, autant de l'vn que
de l'autre, mettant le tout, concaffé enfemble, dans vn pot de terre plombé, lequel

quel ayant bien couuert & mis en lieu humide, il en reſudera vne liqueur par les porres dudit pot, laquelle conſeruerez à l'vſage. Si l'on oingt de cette liqueur ſeule le lieu dépilé, le poil y naiſtra.

Les poudres ſe preparent en cette façon. Couppez la teſte & la queuë aux lezards, mettez-les dans vn pot de terre verny, & iceluy pot dans vn four, luy laiſſant juſques qu'ils ſoient en poudre: Faites de meſme des Grenouilles à part, & des Taupes à part. Finalement, ayant bien pulueriſé la fiente de Soury & reduite en poudre delié-menuë, comme auſſi les poudres ſuſdites, vous garderez à l'vſage.

Meſlange.

Ces poudres doiuēt eſtre, peu à peu, nourries dans vn mortier auec l'Huile, & la liqueur, iuſques à conſiſtence de liniment, lequel on gardera, pour s'en ſeruirà faire naiſtre le poil aux lieux où il ſera tombé, car il y eſt tres-ſouuerain. Il corrobore & fortifie la partie affligee de la dépilation, attire doucement la chaleur naturelle à icelle, & la maintient en ſon temperament d'egalité.

Liniment pour guerir la conuulfion.

Pr. Baulme de Gomme Elemy,
Baulme de Lierre an. ℥ ij.
Huile de Cire,
Huile de Terebenthine ,
Huile de Genieure an, ℥ ſ.
Huile de Girofle,
Huile de Benjoin an. ℈ ij.
Graiſſe de Teſſon preparée ℥ j.
Faictes Liniment, en ceſte façon.

Meſlange.

Les preparations des remedes ſuſdits
eſtant deduites ailleurs en ceſte œuure, il
n'eſt pas beſoin de les reppeter icy, c'eſt
pourquoy nous paſſerons au meſlange, qui
ſe fera en ceſte façon. Il faut meſler à la
Graiſſe, les deux Baulmes, peu à peu, & en
ſuitte les Huiles l'vn apres l'autre, remuant
touſiours iuſques à conſiſtence de Liniment.

Vertus.

Il eſt ſouuerain aux conuulſions , faictes

ou de cauſe antecedente, ou de cauſe primitiue; ſi apres la purgation on en oingt
le col, & tóute l'eſpine du dos, enſemble
la partie bleſſee.

Liniment pour les Os corrompus & cariez.

Pr. Baulme de Mercure ʒ ſ.
Huile d'Antimoine ʒ iij.
Huile de Mirrhe purifiée auec l'Eſprit de
  Vin ʒ ſ.
Huile de Girofles ʒ ij.
Huile de Soulphre diſtilé auec Colcothar
  ʒ ſ.
Le tout doit eſtre meſlé enſemble &
gardé à l'vſage, qui eſt en abreuuát du cotton attaché au bout d'vne eſprouuete, &
d'icelluy en toucher les Os cariez, car par
ce moyen les eſquilles corrompuës tom-
beront en peu de temps.

Preparation.

Le Baulme de Mercure ſe prepare en
ceſte façon. Sublimez le Mercure auec la
ſimple Chaux de coquilles d'œufs bien preparée, tant de fois qu'il en ſoit amorty &
eſteint. Mettez icelluy dans vne petite cu-

curbite, & par deffus du Vin-aigre diftilé, &
alcolifé, qui furpaffe de quatre doigts la
matiere. Tirez le Vin-aigre par diftilation,
recoobant, faifant cela par quatre ou cinq
fois, iufques à tant que le Mercure foit reduit en poudre tres-rouge ; laquelle fairez
circuler auec l'alcool de vin, dans vn Péli-
can huiſt iours durant: Et iceluy eftant feparé, reftera au fonds le Baulme du Mercure fort exquis, & doux. Ce Baulme feul
guerit les vlceres defefperez, & mefmes
les carnofitez qui viennent au Col de la
vefie.

Quand à l'Huile d'Antimoine la preparation s'en voit en cefte Fleur.

L'Huile de Soulphre vitriolé ce faiſt ainfi. Prenez Soulphre vif ℔ j. meſlez-le auec
autant de Vitriol Romain liquefié ; faites
vne maffe de ces deux, laquelle pouffée
par le defcēſoire il en fortira vn Huile rouge qui eft ce que nous demandons.

Touchant aux Huiles de Girofles & de
Mirrhe, ils fe voyent en leur lieu.

Liniment fingulier à guerir les Nodus, & Ef-
crouëlles.

Pꝛ. Refine Mercurielle de bryoine ℥ iĳ.

Huile de Camomile ʒ ij.
Huile de Cire ʒ ſ.
Graiſſe de Cocq-d'inde ʒ ij.
Baulme de Soulphre ʒ j
Faiƈtes Liniment, comme s'enſuit.

Preparation.

On preparera la Reſine Mercurielle de Bryoine, en ceſte façon.

Pr. Racine de Bryoine noire, cauez-la par le milieu, auec la pointe d'vn couſteau; rēpliſſez ceſte cauité de Mercure ſublimé, puis le trou bien bouché mettez-la en vne Caue à l'humide durant dix iours, pendant lequel temps le Mercure ſe diſſoudra; mettez à part tout ce qui ſera diſſoult; en apres la Racine ſoit exprimée bien fort auec le Torcular, meſlez le Mercure diſſout auec ce Suc exprimé, iuſques qu'il ſoit en conſiſtence de Miel: & c'eſt ce que i'appelle icy Reſine Mercurielle de Bryoine.

Le Baulme de Soulphre ſe preparera ainſi.

Pr. fleurs de Soulphre trois fois ſublimees ʒ ij. Camphre ʒ ij. Eſprit de Terebenthine, ʒ iiij. le Camphre eſtant bien pul-

uerifé fera meflé auec les fleurs , & le tout
auec l'Efprit ; puis mis dans vn vaiffeau à
bouche eftroitte, & iceluy dans le fable , le
tout premierement bien bouché , luy donnerez le feu lent par deux heures , iufques
que le fable foit bien efchauffé ; augmentez
le feu, tant que voftre matiere boüille, lentement neantmoins, iufques qu'elle foit de
couleur rouge côme fang. Verfez par deffus de l'eau commune diftilee, qu'elle furnage de quatre doigts; puis diftilez l'eau, &
l'Huile fuperflus, par l'alembic , & reftera
au fonds le Baulme de Soulphre, lequel garderez à l'vfage. Il eft admirable aux vlceres, & playes; il difcute, & ramolit puiffamment les tumeurs , & notamment les Efcroüelleufes; il eft admirable, pris interieurement, contre les fiéures, notamment les
peftilentielles, à la colique & vers des pe-
tits enfans, &c.		On peut tirer la Teinture
de ce Baulme par l'Efprit de vin ; & l'ayant
coagulee, l'adminiftrer aux trauaillez de la
toux par l'indifpofition des poulmons, & ce
auec eau d'Hyffope, ou Syrop de Reglifle.
On voit en la Fleur des Baulmes , ou Huiles compofez, cy-deffus, vn autre façon de
preparer ce Baulme de Soulphre, lequel eft
accompagné de vertus innumerables.

Vertus.

Si l'on oingt de ce liniment , les toffes,
nodus , Efcroüelles , & toutes tumeurs
Schyrreufes, il les ramollit, diffoult,& gue¸
rit, fi la matiere n'eft encore putrifiée.

D'autant que bien fouuent on ne prepare point des linimens , fi ce n'eft à mefure
que les Medecins les ordonnent:Il me femble tres à propos de clorre & finir icy cette
Fleur , me contentant de ces formulaires,
que i'ay efcrits cy-deffus , à l'exemple defquels on en pourra façonner d'autres, felon
le temps, le lieu, la qualité du mal , & le té-
perament du malade. Aduertiffant neantmoins l'Appoticaire Artifte, que s'il defire
donner forme d'Onguent à ces linimens,
il le pourra faire en y adjouftant de la Cire à fa difcretion.   Au feul Dieu trine en
vnité, foit rendu tout honneur, gloire, &
loüange és fiecles des fiecles. Amen.

Fin de la Fleur neufiefme du Bouquet
Chimique.

I ii iiij

FLEVR
DIXIESME
DV BOVQVET
CHIMIQVE,

Traictant des Emplaftres, tant en general qu'en particulier.

Et premierement des Emplaftres en general.

CHAP. I.

Mplaftre eſt vne compoſition faite de toutes ſortes de medicamés, principallement gras, & ſecs, aſſemblez & amaſſez en vn corps eſpais, & viſqueux dur, & ſolide, adherát aux doigts. Les differences d'iceux ſont prinſes, ou de

quelques vns des ingrediens qui les composent, ou de leurs effects, & vertus; autres
fois de leur couleur; & bien souuent du nom
de celuy qui les a descripts. Des ingrediens,
comme Emplastre Martial , Emplastre
d'Antimoine, Emplastre Diatabac, &c. de
leurs effects, comme Emplastre mitigatif,
Emplastre resolutif, Emplastre des poinctures, Emplastre contre rupture, Empla-
stre vulneraire, Emplastre atractif, Empla-
stre suppuratif, Emplastre cicatrisatif, &c.
de leur couleur , comme l'Emplastre noir,
Emplastre gris , Emplastre tané , & autres
telles differences. Du nom de l'Autheur,
comme l'Emplastre de Paracelse , de Crolius, de Rulandy, de du Chesne , de Angelus sala, de Campy, &c.

Leur matiere est prinse des metaux,
mineraux, vegetaux & animaux. Sous ce
mot de metaux & mineraux, nous compre-
nós toutes sortes de marchassites, de Sels,
de Sucs, de Soulphres, & pierres precieuses: toutes lesquelles choses peuuent seruir
aux Emplastres en deux façons. L'vne pour
donner consistence ferme aux Emplastres,
comme le Bol & terre sigillee, preparez,
l'Alcool des pierres precieuses, la Ceruse
d'Antimoine, le Mercure precipité , la Li-

targe preparee, le Saffran de Mars , les calcinez Metalliques, &c. L'autre, pour y co-
muniquer parfaictement leurs vertus, comme y meſlant l'Huile & Baulme de plomb,
la quint-eſſence & Baulme de Mars , l'Huile d'Antimoine, l'Huile & Baulme de Soulphre, Baulme de Vitriol, Baulme de Mercure,&c.Les vegetaux y ſont mis auſſi,non
ſeulement pour y ſeruir de matiere , mais
auſſi pour y contribuer de leurs vertus , &
effects; comme les Gommes depurees,Ex-
traicts d'icelles, ou leurs Huiles. En outre
les Reſines, ou Sucs condencez , ou liquides, Huiles, Sels, ou Poudres des Plantes,
des herbes , arbriſſeaux, arbres , fleurs,
fruicts , ſemences , graines , gouſſes , floccons , laines , ſommitez , teſtes , rameaux,
branches, ſcions, eſcorces, racines, pepins,
larmes, baulmes,&c.En outre, les aciditez,
vin-aigres, eaux, vins, &c.

Dauantage , on tire encore de tous les
animaux (tant terreſtres, aquatiques , que
æriens) des Mumies , des Gommes, des
Graiſſes , des Moüelles , des Baulmes, des
Huiles, des Eſſences , des Sels , des Poudres, la Cire , &c. toutes leſquelles choſes
ſeruent à la compoſition des Emplaſtres.

Or pour bien & metodiquement compoſer les Emplaſtres, il faut parfaictement connoiſtre lequels des ingrediés qui les cõpoſent deſirent vne longue coction, & les autres moins, leſquels il faut mettre les premiers, & les autres derniers. Car les Sucs, & Reſines des Plantes, ſont quaſi touſiours miſes les dernieres, lors notammẽt qu'elles ne ſont pas accompagnees d'humidité, car autremẽt il les faudroit mettre les premieres, ou au milieu de la coction. Or ſi les Sucs eſtoient ſolides & endurcis, il les faudroit auparauant diſſoudre & dilayer auec les Huiles qui entrent audit Emplaſtre. Quand aux Gommes, & poix, ſoit qu'elles ſoient depurees, auec vin-aigre, fait de puiſſant vin, à la façon commune, ou preparees par la voye Chimique, leur humidité ſera premierement euaporee, & cuitte quaſi comme en forme Emplaſtique, auant que les meſler aux Emplaſtres, car autremẽt elles les incruderoient, & ne feroit-on rien qui vaille.

Or la methode qu'il faudra tenir en la coction des Emplaſtres, ſera en telle façon. La Litarge ſera cuitte auec les Huiles à conſiſtence Emplaſtique, puis on y adjouſtera les Graiſſes, les Reſines, & ſucceſſiuement les Gommes, la Cire, la Tereben-

thine, les calcinez ; & finalement les poudres. Leur perfection fe connoiftra quand
leur confiftance fera dure, craffe, glutineufe & adherante: Toutesfois, l'Emplaftre ne
doit point adherer aux doigts, lors que fa
pafte eft refroidie par le moyen de l'eau
froide ou fur le marbre.

La quantité des medicamens ne peut
eftre icy prefcripte, d'autant que cela dépend du nombre, qualité, & vertu d'iceux,
de la façon de les mefler, & cuire, & de l'intention de l'Artifte. Bien eft vray, que fi en
la compofition de l'Emplaftre entre quelque ingredient de confiftance glutineufe &
Emplaftique, la Cire doit eftre diminuee, au
contraire s'ils eftoiét tous liquides, on augmentera la Cire, en telle façon qu'elle feule
donne la confiftance Emplaftique. Eftant à
noter en ce lieu, que fi l'on vouloit preparer
les Onguens cy-deffus defcripts en Emplaftres, on y adjouftera les Gommes, Refines
folides, & autres ingrediens durs; enfemble de la Cire en telle quantité qu'il fera neceffaire.

Touchant aux Ceroüenes, on en voit
des formulaires prefque en toutes les Phar-
macies vulgaires, ordinaires & communes, & ce immediatement apres les Em-

plaſtres: toutesfois, d'autant qu'en leur cõpoſition, & conſiſtance, ils ne different nullement ou bien peu l'vn de l'autre, je n'en
parleray pas en ce lieu; car on peut faire de
Ceroüenes des Emplaſtres, en oſtant ou diminuant les ingrediens durs & ſolides, qui
y entrent, afin de les rendre plus mols que
les Emplaſtres, & vn peu plus durs que les
Onguens. On en fait qui prennēt le nom de
la partie ſur laquelle on les veut appliquer;
comme Stomachique, Hepatique, Splenique, Hiſterique, &c. Ils prennent auſſi les
noms de leurs effects, comme, Cerat refri-
gerant, reſoluant, eſchauffant, &c. des ingrediens dequoy ils ſont compoſez, comme Cerat Sandalin, & ainſi des autres.
Mais generalement ils ſont appellez Cerats à cauſe de la Cire, & Huiles differens,
dequoy ils ſont compoſez. L'honneur, la
gloire & la loüange ſoit à Dieu eternellement. Amen.

Des Emplastres en particulier.

Chap. II.

Emplastre de Soulphre.

R. Huile de Soulphre ℥ iij.
Colophone ʒ iij.
Mastich preparé,
Thus preparé an. ʒ j.
Mirrhe ℥ iiij.
Cire ℥ j. s.
Faites Emplástre, en la façon qui suit.

Preparation.

L'Huile de Soulphre sera fait par la cloche, en cette façon. Prenez vne cloche de
verre à rebord, laquelle aura aussi vn bec,
& la pendez en vn croc qui sera attaché à la
muraille sous vne cheminee ; mettez sous
icelle vn grand creuset remply de Soulphre vif, qui est le meilleur, y ayant agen-
cé premierement trois mesches de cotton,

trempées en Soulphre fondu, afin que par
le moyen d'icelles, estant allumées, tout le
Soulphre viéne à brusler. Faut noter que ledit creuset doit estre posé dás vne láterne le
bord de laquelle touchera quasi au bord de
la Cloche, a fin que la fumiere ne s'espende
deça ny dela, ains que montant tout droict
elle s'aille attacher à la Cloche, & partant
auoir d'auantage d'Huile ; ce qui sera indubitablement si opperez à iceluy en temps
humide, car il distilera trois fois plus
d'Huile dans le Recipient, qu'en temps
sec. Notez qu'il faut auoir deux Creusets
tous plains, afin que quant l'vn sera bruslé
iusques au fonds, l'autre soit prest en mesmes temps pour y mettre. On treuuera à la
Fleur des Huiles, en ceste œuure, la façon
de faire l'Huile de Soulphre par distilation,
beaucoup plus parfaict que cestuy-cy, d'autant que ce n'est proprement que son Esprit
non le vray Huile ; mais nous n'auons affaire en ce lieu que de celuy tiré par la Cloche. Il me semble en auoir baillé pareille
description en la Fleur des Eaux. Quand
aux autres ingrediens leur preparation se
voit en ceste œuure.

Meslange.

Fondez la Cire , & Colophone , enfemble auec l'huile, y adiouftant, peu à peu, les
autres ingrediens fubtilement puluerifez,
cuifez le tout à feu lent , remuant toufiours
auec vne Spatule , iufques qu'il foit à confiftence d'Emplaftre. Formez en des Magdaleons, lefquels oingts fuperficiellement
auec Huile de Soulphre , plierez en vn papier , & garderez à l'vfage.

Vertus.

Il eft fingulier aux playes, & tres-admirable aux vlceres les plus malings, car il les
deterge, incarne & confolide. En outre il
eft tres-excellent à toutes fortes d'A-
poftemes , & notamment aux Efcrouël-
leufes, car il les fuppure, ouure, mondifie, &
confolide dans quatre iours , y en appliquant deffus foir & matin. Il eft auffi tres-
propre aux Gangrenes.

Emplaftre des Poinctures.

Pr. Cire ℔ j.
Extraict de poix Grecque ℥ iiij.
Calaminaire

Calaminaire,
Mine de Plomb,
Cornaline,
Coral rouge,
Coral blanc,
Aymant an ℥ ſ.
Ambre preparé,
Maſtich preparé,
Encens preparé an. ʒ vj.
Mirrhe
Mumie, an ℥ j. ſ.
Terebenthine ℥ j.
Faictes Emplaſtre en la façon qui ſuit.

Preparation & meſlange.

La preparation de la poix, & de la Mumie, ſe voit en cette œuure, comme auſſi
de l'Ambre, Encens, Maſtich, & Mirrhe.
Quand aux pierres, elles doiuent eſtre
broyees ſur le marbre, bien ſubtilement,
les arrouſant par fois, de quelques goutes
d'Huile de Mars. Ces choſes ainſi diſpoſees, on les meſlera en cette façon. La Cire
& la Poix eſtans fonduës enſemble vous y
adjouſterez la Mumie, & la Terebenthine,
enſuitte les Gommes, & tout d'vne main
les poudres, peu à peu, remuant touſiours

iufques que le tout foit à confiftence d'Emplaftre. Quoy faiĉt, & eftant refroidy, vous le malaxerez entre les mains auec Huile de Barbeau, de Mille-pertuis, de Lumbrics, & de Camphre, & ce par l'efpace d'vne heure, puis en formerez des Magdaleons, lefquels pliez en du papier garderez à l'vfage.

Vertus.

Il eft admirable pour les vieux & noueaux vlceres, malings & Chancreux, car il les mondifie, incarne, & confolide en bref temps, & fait plus en vne femaine qu'vn autre en vn mois. Il eft tres-fingulier aux playes, telles profondes qu'elles foiēt, voire mefmes quant les nerfs feroient couppez: Il attire le fer, le bois, & autres chofes eftranges qui font en icelles; guerit parfaiĉtement les morfures des animaux veneneux. Bref il eft fi admirable en fon operation, que ie defire, Lecteur, que l'experience t'en rende pluftoft certain que mes paroles.

Emplaftre ftiĉtic Martial.

Pr. Magiftere de Mars rubifié ʒ viiij.
Extraiĉt de fang de Dragon en larme,
Ve nix de Benjoin,

Suc de veruene condencé,
Suc de racine de Tormentille feiché,
Sang humain feiché,
Gomme lacce an. ʒ vij.
Terebenthine de Larix ʒ ij.
Cire,
Colophone an. ℥ iiij.
Gomme Ammoniac,
Galbanum an. ℥ ij. ſ.
Faictes Emplaſtre ſelon l'Art.

Preparation.

Notez que l'Extraict du ſang de Dragon,
ſe fait l'ayant diſſoult auec eſprit de vin, le
reduiſant, par ſeparation, iuſques à conſiſtance de poix liquide. En la meſme façon
ſe fait le Vernix de Benjoin, dit ainſi parce
qu'il reſſemble au Vernix. La lacce, & le
Sang humain, doiuent eſtre reduits en poudre tres-ſubtile, comme auſſi le Suc de racine de Tormentille. Diſſoluant les Gommes en vin-aigre impreigné de la vertu des
fleurs de la Perſicaire maculee.

Meſlange.

La Cire ſera premierement fonduë, y

adjouſtant la Terebenthine , en ſuitte les
Gommes, remuant touſiours : en quatrieſme lieu l'Extraict des larmes,&du Benjoin,
en meſme temps le Suc de Veruene ; & en
ſuitte les poudres : & finalement le Magiſtere de Mars, cuiſant le tout juſques à conſiſtence d'Emplaſtre, duquel formerez des
Magdaleons, que garderez à l'vſage.

Ses vertus.

Il mondifie & abſterge , incarne , & ci-
cattriſe merueilleuſement bien qu'elle vlcere ou playe que ce ſoit, & arreſte le ſang:

Emplaſtre gris d'Antimoine.

Pr. Reſine de pin,
Gomme Elemy,
Gomme ammoniac premierement
depuree auec vin-aigre,
Cire jaulne an. ℥ iij.
Regule d'Antimoine , reduit en poudre
   impalpable, ſur le marbre, auec eau de
   Plantain ℥ iiij
Faites Emplaſtre comme s'enſuit.

Meslange.

Liquefiez la Cire, & la Resine, lesquels laisserez sur le feu jusques qu'en ayant pris auec vne spatule, & mis à l'air froid, il s'endurcisse vn peu. Continuez la chaleur jusques que la Resine aye perdu son oleoginosité, qui est cause de sa molesse. Apres, l'ayant ostee du feu, on y fera dissoudre la Gomme Ammoniac. Quoy fait, y adjousterez la poudre de Regule d'Antimoine, & le tout bien incorporé en formerez des Magdaleons, lesquels vous garderez à l'vsage.

Vertus.

Cest Emplastre resoult les tumeurs dures, & glanduleuses, comme sont nodus, toffes, & glandules prouenantes de la maladie Venerienne. Discute, & dissipe toutes tumeurs schirreuses, & les durtez de la Ratte. Amolit totalement & abbat les bords calleux, & esleuez des vlceres, appaise la douleur des joinctures procedentes de quelque defluxion que ce soit. Le prudent Chirurgien qui se seruira de cét Emplastre, verra (qu'outre l'effect aux ma-

ladies susdites) qu'il est tres-propre à l'entiere guerison de plusieurs autres affectiôs,

Emplastre mitigatif.

Pr. Extraicts de Poix noire,
De Colophone,
De Resine de Pin,
Cire, an. ℥ iij.
Bdellium,
Opoponax,
Opium,
Saffran ,an. ℥ ij.
Stirax Calamite,
Camphre an. ʒ ij
Huile de Mastich ℥ j. ſ.
Sperme de Baleine ℥ vj.
Sang de Dragon en larme,
Mercure precipité an. ℥ j. ſ.
Saffran de Mars ℥ ſ.
Gomme Elemy preparée,
Resine de Iusquiame an. ℥ j. ſ.
Faites Emplastre selon l'Art, en cette fa-
çon.

Meslange.

Faites fondre la Cire, dans laquelle vous
mettrez la Poix, la Colophone, & la Reſi-

ne auec l'Huile de Maftich , & en fuitte les
Gommes premierement infufees en Vin-
aigre toute vne nuict, puis cuites iufques à la
confomption d'iceluy. Continuez d'y adjoufter le fperme de Balaine , la Gomme
Elemy, & le Iufquiame, & tout d'vne main
l'Opium, le Stirax, le Saffran de Mars, & le
Mercure precipité : & finalement , ayant
ofté la baffine de deffus le feu, y adjoufterez le Saffran , & le Camphre, remuant
toufiours iufques qu'il foit froid , puis vous
en formerez des Magdaleons. La façon de
preparer les Refines fe voyt cy-deffus
en la Fleur des Onguens.

Vertus.

Il eft admirable pour ceder les plus grã-
des douleurs, & difcuter,& refoudre les tumeurs quelles elles foient. Il peut feruir aux
fractures, & diflocations (le precipité en
eftant dehors) & faire beaucoup plus d'effects que l'oxicroceum ordinaire. Il eft fort
propre aux vlceres,ainfi qu'il eft en fa compofition , notamment quand les bords font
calleux, grandement elleuez, tumefiez , &
durcis, & auec douleur.

Emplastre Diatabac.

Pr. Litarge preparee ℔ j.
Suc de Nicotiane,
Huile de Nicotiane an. ℔ ij.
Cire ℔ ſ.
Thus preparé,
Maſtich preparé
Mirrhe preparee ,an. ℥ j.
Cendres de Nicotiane,
Minium an. ℥ iij.
Camphre , ℥ ſ.
Faictes Emplaſtre ainſi que s'enſuit , ſelon
l'Art.

Preparation & Meſlange.

La Litarge eſtant preparée & reduite en
Alcool, doit eſtre nourrie par vn lõg temps
auec l'Huile de Tabac. A laquelle ayant ad-
jouſté le Suc de Petum, vous la lairrez cuire juſques qu'il n'apparoiſſe plus d'humidité. Adjouſtez-y la Cire liquefiee , cuiſant
touſiours à lente chaleur , remuant auec
vne ſpatule, iuſques à tant qu'en ayant
mis vn peu ſur vne pierre il demeure en
conſiſtance de Miel. Quoy eſtant, adiou-

ftez-y le Thus, le Maftich, la Mirrhe, & les
cendres de Tabac, le tout bien puluerifé auparauant, & paffé par le Thamis.   Vn peu
apres le Camphre diffoult auec vn peu
d'Huile de Tabac à pilon chaud : & en
fuitte le Minium bien puluerifé. Faut noter
que les poudres ne doiuent point eftre mifes finon lors que la matiere fera à moitié
refroidie , craignant qu'elles ne vinffent
toutes en Grumeaux. Que fi on veut mettre le Minium apres la Litarge cuite, l'E m-
plaftre n'en fera que plus beau & meilleur.

Vertus.

Il eft excellent à toutes fortes de playes,
tant d'eftoc que de taille ; à tous vlceres,
tant vieils que recens , voire & les plus
difficiles à guerir ; aux Cancers, noli-me-
tangere, & Efcroüelles. Comme auffi aux
Schyrres, & toutes tumeurs dures, produites de caufe froide.

Emplaftre noir.

Pr. Huile rofat ℥ vii.
Colophone,
Refine preparee,

Extraiƈt de Poix Nauale an. ℥ v iïj.

Cire,

Vitriol Romain, calciné au rouge,

Cerufe preparée,

Oliban preparé,

Mirrhe preparée an ℥ vj.

Maftich preparé ℥ j.

Huile dœufs ℥ ij

Huile d'Afpic ℥ j.

Terre feellée preparée ,

Sang de Dragon preparé ,

Graifle de Heron,

Vers de terre preparez,

Camphre an. ℥ j.

Huile de fruiƈt de Genieure ℥ iïj.

Mumie preparée,

Vitriol blanc,

Coral rouge,

Pierre d'Aymant, le tout preparé, an. ℥ ij.

Graiffe de Barbeau ℥ iïj.

Faiƈtes Emplaftre felon l'Art.

Preparation & meflange..

La preparation de tous ces remedes, feparement, felon noftre intention , ce voit
en cefte œuure , chacun en fa Fleur ; refte, à
dire que la Cerufe , Terre feellée , & Sang

de Dragon , doiuent eſtre preparez ainſi
que ie prepare le Bol Armenien. Quand à
l'Aymant , ſa preparation ſe voit cy-deſſous. Or toutes ces choſes ſeront meſlées
en ceſte façon. Faites cuire à moitié la Ceruſe auec l'Huile d'œuf, l'Huile d'Aſpic,
l'Huile de Genieure, & Graiſſe de Heron,
y adjouſtant en meſmes temps la Poix Nauale , en ſuitte la Mumie , conſequemmēt
la Cire, & Reſine ; & tout d'vne main la
poudre de Vitriol blanc , Coral , & Aymant ; puis la Graiſſe de Barbeau , auec le
Vitriol Romain : & finalement le reſte des
ingrediens, peu à peu , faiſant touſiours
cuire à feu lent, & remuant, iuſques à conſiſtence d'Emplaſtre.

Vertus.

Il guerit en peu de temps toutes pic-
queures , morſeures & bleſſeures , faiɔtes
par les animaux veneneux ; contre toutes
playes ſimples ou compoſees , meſmes
aux fraɔtures. Il eſt incomparable à guerir
toutes ſortes d'vlceres, car il les deterge,
incarne, cicatriſe , abbat leurs calloſitez,
& appaiſe la douleur.

Preparation de la Pierre d'Aymant.

Pr. Sucs d'Aristoloche ronde, & de Sa-
uinier an. ℥ iiij. de Serpentaire ℥ ij. de l'Esprit de vin ℔ j. faites circuler le tout par
24. heures puis le distilez. Pr. de ceste eau
℔ j. Aymant esleu, & reduict en Poudre
℥ iiij. circulez le tout derechef, & le distilez
par trois fois, sur ses fœces, & ainsi il sera
preparé.

Emplastre de Consoulde, de nostre description.

Pr. Resine de Consoulde grande,
Resine de Consoulde petite an. ℔ ſ.
Resine de Centaurée,
Resine de Piloselle,
Resine de Betoine,
Resine de Racine d'Aristoloche an. ℥ ij.
Poix Nauale preparée,
Gommes Ammoniac,
Galbanum,
Oppoponax,
Terebenthine an. ℥ iiij.
Huile de Fleurs d'Aglantier ℥ ij.
Sarcocolle,
Thus,
Myrrhe,

Maſtich , an. ʒ ij.
Axunge de mouton mondée ℔ ſ.
Cire ℔ ſ.
Faiƈtes Emplaſtre en ceſte façon.

Preparation & meſlange.

La methode comme il faut extraire les
Reſines de ces ſimples , eſt contenuë en
ceſte œuure , comme auſſi la preparation
des Gommes, & des larmes ; reſte à venir
au meſlange , lequel ſe fait en ceſte façon.
Faites cuire vos Reſines auec l'Huile & la
Graiſſe , iuſques à tant que toute l'humidité deſdites Reſines ſoit deſſeichée , adiouſtez y les Gommes, en ſuitte la Cire, & tout
d'vne main les Larmes ; laiſſez cuire iuſques à conſiſtence d'Emplaſtre : duquel
vous formerez des Magdaleons , & garderez à l'vſage.

Vertus.

Cét Emplaſtre eſt ſingulier pour les
playes de la teſte, à toutes ſortes de contuſions ; aux playes des nerfs , aux playes des
harquebuſades , & à tous vlceres ; car il
deterge , incarne , conſolide , & cicatriſe,

Emplastre attractif, ruptoire, pestilentiel.

Pr. Gommes Sagapeni,
Ammoniac,
Galbanum an. ℥ iij.
Terebenthine cuite,
Cire Vierge an. ℥ iiij. ſ.
Aymant Arcenical ℥ ij.
Racine d'Aron ℥ j.
Faictes Emplaſtre en ceſte Façon.

Preparation.

Pour faire l'Aymāt Arcenical, on y procede en ceſte façõ. Pr. Arcenic Criſtallin, Souphre vif, Antimoine crud an. parties eſgales. Pilez ces 3. choſes dans vn mortier de fer: mettez les en apres dãs vn Matrats de verre bien fort, & icelluy dãs le Sable en vn fourneau à vent: donnez luy feu deſſoubs, tant que le verre ſe vienne à tres-bien eſchauffer, & que les matieres eſtans fonduës enſemble reſſemblent à conſiſtence de poix: ce que l'on cognoiſtra , ſi ayant pouſſé vn fil d'Archal iuſques dans la matiere, icelle s'attache au bout, & que tirant dehors ledit fil, elle file comme Terebenthine ; & c'eſt le ſigne que c'eſt aſſez. Oſtez le verre du feu, lequel eſtant refroidy, ſera rompu , afin de prendre la pierre rouge qui eſt dedans , laquelle ayant pulueriſé ſubtilement garderez à l'vſage.

Les Gommes doiuent eſtre deſpurées a-uec Vin-aigre Scyllitiq', & reduites en cóſiſtence Emplaſtique; alors vous les peſe-rez pour mettre à voſtre Emplaſtre. Quand à la Terebenthine , il ny à ſi nouueau apprentif qui ne ſcache le moyen de la cuire , qui eſt la mettant dans vne Oulle auec le Triple autant d'eau, & la faire boüil-lir iuſques à conſomption d'icelle , & tant quelle ſe puiſſe frayer entre les doigts. La Racine d'Aron eſtant ſeichée à l'ombre, ſera reduite en poudre inpalpable , & pe-ſée. Venons maintenant au meſlange de ces Drogues.

Meſlange.

La Cire vierge eſtant fonduë , on y ad-iouſtera les Gommes , leſquelles cuittes à conſiſtence Emplaſtique, on y mettra l'Ay-mant Arcenical ; & finalement la poudre de Racine d'Aron. Faiƈtes des Magda-leons du ſuſdit Emplaſtre, & gardez à l'v-age.

Vertus.

Cét Emplaftre eft le vray fpecifique pour attirer tout le venin de la pefte , du centre à la circonference , eftant appliqué fur la tumeur peftilentielle' , il fuppure & ouure icelle, en telle façon qu'il ne faut pas craindre que le venin r'entre au dedans & fuffoque le cœur. Que fi le charbon eft couuert de cét Emplaftre , il fait fortir en peu d'heures tout le virus peftilentiel.

D'ailleurs, je ne penfe pas qu'entre tous les remedes topiques il y ait fon femblable pour fuppurer & ouurir les bubons veneriens, lefquels on appelle communémét poulains, & c'eft lors que tous les remedes communs n'y auront de rien feruy : car quand ils feroient durs comme vne pierre, dans vingt quatre heures il les faira fuppurer & ouurir.

Dauantage, les tumeurs Schyrreufes reffentent l'effect de fes vertus , comme auffi les tumeurs Efcrophuleufes.

Emplaftre d'Afphalte.

Pr. Afphalte ʒj.

Miel

Miel bruſlé iuſques au noir & pulueriſé ℈ ſ.
Poix nauale, preparee,
Reſine de pin, preparée,
Gomme Ammoniac depurée ;
Cire vierge an. ʒ j. ſ.
Camphre diſſout en Huile ſuccin ʒ j.
Faictes Emplaſtre ſelon l'Art.

Preparation & Meſlange.

Si l'on ne treuue du vray Aſphalte, on ſe
ſeruira de la Mumie commune ; ſi pluſtoſt
on ne veut deſſeicher l'Huile de Petreole
de Gabian, & le rendre en conſiſtence poi-
xeuſe. La preparation des autres ingrediens, ſe voit en ſon lieu dans ceſt œuure:
Le Camphre ſe diſſoult , ſi l'ayant pulueriſé on y meſle peu à peu l'Huile ſuccin , remuant touſiours dans vn mortier auec ſon
pilon. Tout cela diſpoſé en la ſorte ; vous
fairez fondre la poix, & la reſine ; y adjouſtant la Cire, & l'Aſphalte; en ſuitte la Góme, & le Camphre ; & finalement la poudre du miel bruſlé. Cuiſez iuſques à conſiſtance d'Emplaſtre , remuant touſiours la
matiere , puis gardez à l'vſage.

LII

Vertus.

Il est singulier pour mondifier toutes tumeurs, tant pestilentielles qu'autres; à resoudre, & r'amolir la durté d'icelles, & aux
Escroüelles.　Il est d'ailleurs tres-recom-
mandable à tous vlceres.

Emplastre de Litarge, de nostre description.

Pr. Litarge d'Or preparee ℥ iij.
Pierre Calaminaire preparee ℥ j.
Ceruse d'Antimoine ℥ j. ſ.
Huile d'Hipericon ℥ iiij.
Foye de pierre preparé ʒ iij.
Coquille d'Huytre preparee ʒ ij.
Terebenthine ℥ vj.
Mirrhe preparee ℥ ij.
Axunge de Cerf ℥ ij. ſ.
Cire ℥ iiij.
Sarcocolle ʒ ij.
Carabé ʒ iij.
Faites Emplastre selon l'Art.

Preparation & meslange.

La preparation de tous les ingrediens
qui entrent en cette composition, se voient

cette œuure ; reste a parler du messlange.

La Litarge sera donc à demy cuitte auec l'Huile, & l'Axunge: apres quoy, on y adjoustera la Terebenthine, ensuitte la Cire; & tout d'vne mesme main, les poudres, peu à peu, remuant tousiours iusques qu'il soit cuit à consistance Emplastique. Formez en des Magdaleons, ayant les mains oingtes d'Huile d'Eglãn, & gardez à l'vsage.

Vertus.

Il est incomparable pour remplir, desseicher, cicatriser tous vlceres quels ils soient; faict des miracles pour les fractures, car il appaise la douleur, corrobore & fortifie la partie qu'elle ne reçoiue aucunē fluxiō, attire la chaleur naturelle à icelle, & engēdre le callus plus promptement que tout autre remede qu'on y sçauroit apporter. I'aduertis les Chirurgiens d'vser de cet Emplastre, en toutes les occasions qui se presenteront, où il se faudra seruir d'Emplastre, soit dissoult ou bien autrement. Notez qu'il est admirable pour toutes playes, & notamment pour celles de la Teste.

L ll ij

Emplaftre Diachillon Spagiric , de noftre
defcription.

Pr. Pulpe de Figues graffes, paffee par le
　　Thamis ℥ ij.
Oefype ℥ j.
Refine de Racine de Bryoine ℥ j.
Refine de Racine d'Aron ℥ f.
Refine de Racine d'Elebore noir ʒ ij.
Refines des Racines d'Althea , de Fenu-
　　grec & de Lin, an. ℥ j. f.
Gomme Galbanum ,
Gomme Ammoniac preparees an. ℥ ij.
Baulme de Soulphre,
Huile de Briques compofé,
Huile d'œuf,
Huile de beurre , an. ℥ f.
Huile de Refine ℥ j.
Terebenthine ℥ ij.
Cire autant qu'il en faudra pour faire Em-
　　plaftre.

Preparation.

Les Figues feront paffées par le Thamis
en la mefme façon qu'on paffe la Caffe.
Quand à l'Oefipe elle eft ainfi preparée.

On prend quantité de Laine surge, ou Graſſe, laquelle on met dans vne chaudiere auec quantité d'Eau, laquelle on faiɕt boüillir, pendant quel temps on leue la Graiſſe auec vne cueilliere ; continuant tant & ſi longuement que ladite Laine ne rende plus de Graiſſe. Quoy faiɕt, on laue ceſte graiſſe auec Eau commune, la paitriſſant longuement auec les mains, puis on la coule dans vne Terrine d'eau chaude, laquelle couuerte d'vn linge blanc, on la fait eſpaiſſir & blanchir au Soleil. Que ſi l'on veut de deux en deux jours ietter l'Eau & en remettre de nouuelle, ne ſera que tresbien. La preparation des autres Ingrediens ſe voit en ceſte œuure chacune en leur lieu. Eſtant à noter en paſſant que les Muſſilages d'Althea, Fenugrec, & Lin, doiuent eſtre cuits, auant les meſler à l'Emplaſtre, iuſques à conſiſtence de l'Extraiɕt, ou Reſine des autres ſimples.

Meſlange.

Toutes les Reſines meſlées enſemble feront cuites auec les Huiles, iuſques à tant que toute leur humidité ſoit exallée. Apres on y adiouſtera la Pulpe de Figues, Lœ-

fype, & la Terebenthine ; & finalement
la Cire. Laiſſez cuire iuſques à conſiſtence
Emplaſtique, puis formez en des Magdaleons, & gardez à l'vſage.

Vertus.

Il eſt tres-ſingulier à ramolir, ſuppurer,
& ouurir toutes ſortes de Tumeurs, meſmes les Veneriennes, & les Eſcrofeuleuſes,
comme auſſi les peſtilentielles. Ceux qui ſe
ſeruiront de cét Emplaſtre, verront bien à
ſes effects la differẽce qu'il y a de ce Diachi-
lon Spagiriquement preparé, au vulgaire
& commun qui ſe trouue aux Boutiques
des Apothicaires.

Emplaſtre Dia-colcothar, de noſtre deſcription.

Pr. Colcothar preparé ℥ ij.
Occre de Vitriol ℥ ſ.
Thutie preparée,
Saffran de Mars,
Litarge d'Or preparée an. ℥ j.
Sang de Dragon purifié,
Aloés Hepatic,
Mumie vraye, an. ʒ ij.
Gomme Elemy ℥ iij.

Gomme Ammoniac ℥j.
Huile d'Hypericon,
Huile de Mirrhe,
Huile de Maſtich,
Huile de Mirthe an. ℥ j.
Terebenthine de Veniſe ℥ iij,
Cire neufue, bien mondée, ℥ iiij.
Faictes emplaſtre en ceſte façon.

Preparation.

Le Colchotar doit eſtre preparé en ceſte façon. Pr. la Maſſe de Vitriol rouge, laquelle eſt renduë telle immediatement apres que les Eſprits blancs ſont ſortis du Vitriol. Ceſte maſſe rouge eſtant puluerifée, on la mettra dans vn vaiſſeau de terre aſſez grand, & par deſſus on verſera quantité d'eau de pluye diſtilée toute chaude, quelle ſurpaſſe de 4. doigts. Remuez cela long-temps auec vne Spatule de bois, iuſques que l'eau ſoit colorée, laquelle verſerez par inclination dans vn autre vaiſſeau. Verſez encore de nouuelle Eau ſur voſtre matiere, & quand elle ſera chargee de rouge vous la verſerez côme cy-deſſus. Continuez cela iuſques à tant quelle ne rougiſſe plus. Meſlez toutes ces Eaux enſemble,

Ll l iiij

lefquelles ayant filtrées , vous fairez euaporer à feu lent, iufques à ficcité ; & c'eft-ce que ie prens pour l'employer à cefte Emplaftre. Des fœces reftantes, apres la rougeur feparée , ie tire Loccre de Vitriol, ainfi que ie l'enfeigne cy-deffus en la Fleur des Onguens. Or touchant la rougeur de ce Coicothar, la façon de la preparer plus excellemment (laquelle eftant douce comme Succre , aura des vertus incomparables contre tous vlceres virulens , fordides & maligns) fe voit cy-deffus en la Fleur des Sels. Comme auffi la preparation de tous les autres remedes qui entrent en cefte compofition fe verra en fon lieu.

Meflange.

La Litarge fera meflée auec la moitié des Huiles,& eftant vn peu cuite, on y adiouftera la Mumie, le Sang de Dragon, & l'Aloés, enfemble les Gommes premierement diffoutes auec l'autre moitié des Huiles; & en mefmes temps la Tuthie, & le Saffran de Mars , remuant toufiours auec vne Spatule de bois de Prunelles ; & tout d'vne mefme main la Terebenthine , le

Colcothar , & l'Occre: finalement adiouftez y la Cire , & cuifez à lent feu , iufques
à confiftence d'Emplaftre.

Vertus.

Il eft admirable pour toutes playes, &
vlceres telles quelles foient , car il les
mondifie , incarne, & cicatrife à toute perfection. Il eft tres-fingulier pour les fractures , diflocations , contufions , & toutes
fortes de defluxions; appaife les douleurs,
en fortifiant & corroborant les parties affli-
gées. Bref fes vertus font tellement grandes , que i'oferay dire qu'on s'en peut feruir generalement à tous euenemens ou il
fera befoin de fe feruir d'Emplaftre. Et on
verra quelle difference il y a de celuy-cy
aux Emplaftres vulgaires & ordinaires,
preparez en la façon commune des Apoticaires , & notamment de celuy qu'ils nomment Diapalme, &c.

Emplaftre Animé.

Pr. Cire ℔ j.
Refine blanche preparée ℥ iij.

Terebenthine ℥ j.
Styrax liquide ℥ j.
Resine de Chelidoine ʒ iij.
Huile de Crapault ℥ iiij
Huile d'Escorpion ℥ ii.
Resine de Racine d'Aristoloche ronde ʒ ſ.
Gomme Ammoniac,
Myrrhe,
Sarcocolle, an. ʒ j.
Faictes Emplastre en la façon qui suit.

Preparation.

Et premieremēt de l'Huile de Crapault. Pr. dix ou douze Crapaults, lesquels enfilerez auec vn baſton poinctu, les laiſſant ainſi ſecher. Mettez iceux tous ſecs & à demy concaſſez, dans vne Oulle vitrée, & par deſſus ℔ v. d'Huile d'Oliue, faictes boüillir cela à vaiſſeau clos & bien lutté, par vne heure. Ouurez le vaiſſeau eſtant froid, vous conſeruant de la vapeur, coulez l'Huile à trauers vn linge bien delié, & le gardez à l'vſage. Voila l'Huile de Crapault que ie deſire en ce lieu. Il eſt tres-ſingulier aux morphees du viſage, & ſemblables maux. L'Huile de Scorpion ſe fera en la meſme façon que celuy de Crapault; ſinon

qu'au lieu d'Huile d'Oliue, on prend l'Huile d'Hypericon. La preparation des autres
ingrediens se treuue en son lieu.

Meslange.

L'Humidité des Resines estant bien éua-
porée, on y meslera les Gommes, premierement dissoultes auec les Huiles (ce
donnant de garde d'en teceuoir la vapeur
par le nez) & en suitte le Styras, & la
Terebenthine meslez ensemble ; & finalement la Cire.

Vertus.

Il est incomparable aux morsures des
animaux veneneux, & playes enuenimées,
car il attire au dehors tout le venin empreint en icelles : C'est pourquoy il est tres-
singulier aux bubons pestilentiels, car il attire puissamment le venin en le destruisant :
estant à noter que lors que l'on s'en sert il
faut prendre vn peu de nostre Chrysobe-
zoar & se faire suer. En outre il est tres-
propre aux cancers, &c.

Emplastre Splenetic, de nostre description.

Pr. Styras calamite,
Bdellij, an ʒ iiſ.
Ammoniac ʒ j.ſ.
Reſine de Racine de Capprier,
Reſine de Racine de grande Fougere,
Reſine de Ciclamen,
Reſine d'Eſcorce de Tamarix an. ʒ j.
Huile de Sagapenum ʒ j.
Huile de Ceterac ʒ ſ.
Moüelle d'os de Veau ʒ ſ.
Cire Vierge ʒ iij.
Faictes Emplaſtre en ceſte façon.

Prparation & meſlange.

La façon de preparer les remedes cy-
deſſus ſe trouuant en ceſte œuure, il n'eſt
beſoin le repetter en ce lieu, c'eſt pourquoy
ie paſſeray au meſlange, qui ſe fera en
ceſte façon.

L'humidité des Reſines eſtant bien euaporée dans vne baſſine, on y joindra
toutes les Gommes preparées, premierement diſſoutes auec la Moüelle & les Huiles : & le tout eſtant bien meſlé & vn peu

cuit enſemble, on y adjouſtera la Cire.
Quoy faiɛt, & le tout cuit à conſiſtence
Emplaſtique, on en formera des Mag-
daleons qu'on gardera à l'vſage.

Vertus.

Cét Emplaſtre eſt le nompareil, pour
toutes les tumeurs Scyrreuſes de la Ratte,
& autres affeɛtions d'icelle, ſi l'on en applique ſur icelle vn aſſez grand Emplaſtre
pour couurir toute ſa region.

Emplaſtre d'Herniaire, de noſtre deſcription.

Pr. Reſine d'Herniaire ℥ ij.
Reſine de fueilles de Freſne,
Reſine de Culrage,
Reſine de Racine de grande Conſoulde,
Reſine d'Ariſtoloche ronde,
Reſine d'Ophiogloſſum, an. ℥ j.
Noix de Ciprés pulueriſées & paſſées par le
    Thamis,
Noix de Galles perforées, pulueriſées &
    paſſées au Thamis, an. ℥ j.ſ.
Poudre de Tortuë Calcinée,
Poudre de Vers de terre,
Poudre de l'Hirundo Spinoſa calcinée,

Poudre d'Efponge d'Efglantier , an. ʒ f.

Coral blanc,

Bol Armenien,

Terre fçellée preparez an. ʒ f.

Bages de Guy de Chefne ; ou de quelque
  autre Arbre Aftringent,

Gomme Arabic,

Tragagant,

Thus,

Maftich,

Myrrhe,

Colophone puluerifée,

Cire d'Efpagne puluerifée,

Glu dequoy l'on prend les Oyfeaux,

Colle commune an ʒ j.

Graiffe de Chat,

Graiffe de Cerf,

Graiffe d'Heriffon , an ʒ ij.

Huile de Briques ,

Huile Succin,

Huile Martial faict de veffies d'Orme,

Huile de bois d'Ebene an. ʒ j.

Gommes Oppoponax,

Galbanum,

Bdellij preparées an ʒ j.f.

Terebenthine ʒ ij.

Poix Nauale preparée ʒ ij.

Cire . ʒ iiij.

Faictes Emplaftre comme fenfuit.

Preparation.

La Gomme Arabic fera diffoute auec
Eau de Scrophulaire, comme auffi la Colle ; mais pour cefte-cy il faut que l'eau foit
bien chaude, dans laquelle on faira diffou-
foudre en apres le Tragagant, enfemble
les Bages de Guy de Chefne. Apres vous
diffoudrez vos Gommes (premierement
preparées) auec vos Huiles, & garderez
pour le meflage. L'huile de vefies d'Orme,
fe faict en prenant au moisde May les Vefies d'Orme plaines de certaine humeur a-
queufe, & mifesdãs vne Bouteille de verre,
auec Huile de Mars ; bouchez bien cela &
le laiffez au Soleil, iufques que toutes les
vefies foient diffoultes dans ledit Huile.
Que s'il y reftoit quelques fœces, les faudra deffeicher & puluerifer tres-bien afin
de les mefler auec l'Emplaftre. Quand à
la preparation particuliere des autres Ingrediens qui entrent en cefte compofition,
elle fe treuuera dans cét œuure en fon
lieu.

Meslange.

Il faut mesler toutes les resines auec les Graisses, & faire exaller leur humidité, peu à peu, en vn feu tres-lent. En suitte, vous y adiousterez la Cire & la poix; & tout d'vne mesme main, le Thus, Mastich, & Mirrhe; en suitte le Coral, Bol, & terre sçelee; vn peu apres la Colophone & Cire d'Espagne, & au mesme temps les Gommes dissoultes dans les Huiles; comme aussi les dissolutions contenuës dans l'eau d'Elcrophulaire cy-dessus ditte, ayant premierement fait exaller toute l'humidité d'icelle en vn poisson à part: & finalement on y mettra toutes les poudres. Cuisez doucement iusques à consistence d'Emplastre, duquel estant refroidy formerez des Magdaleons, & garderez à l'vsage. Notez qu'à chasque fois que vous adiousterez vos ingrediens, il les faut bien remuër & mesler aux precedens; auec vne Spatule faite de l'arbrisseau qui produit les prunelles.

Vertus.

Le nom de cest Emplastre tesmoigne assez à

sez à

fez à quelle fin nous l'auons compofé, qui
eft aux hernies, tant vrayes que fimilitudi-
naires, auec cette precaution neantmoins,
qu'elles foient dans les termes de guerifon,
& que l'aage, & le fexe n'en empefchent les
effects. On s'en doit feruir auec les brayers
ou bandages de noftre inuention, (lefquels
nous defcrirons en noftre grande Chirurgie, qui verra bien-toft le iour pour le
bien de tous) & dans 40. iours ou enuiron
on les peut delaiffer, car la guerifon s'en eft
enfuiuie. Il eft en outre tres-fingulier pour
repouffer, reftreindre, & arrefter toutes
fluxions, tant catherreufes, que flux de
fang, &c.

Emplaftre pour attirer les corps eftranges du corps
humain, de noftre defcription.

Pr. Cire ℔ j.
Colophone,
Poix nauale an, ℥ iiij.
Gomme Ammoniac ℥ ij.
Bdelium, & Oppoponax an. ℥ j.
Langues de Renards preparées ℥ j. f.
Aymant preparé ℥ v.
Carabé preparé ℥ iij.
Miel ℥ j.

M m m

Resine de Serpentaire,
Resine de racine de Roseau,
Resine de racine d'Aristoloche,
Resine des 2. especes de Mourron,
Resine du fruict de Iusquiame,
Resine de Diptame an. ʒ i.
Poudre de testes de Lezards ʒ ii.
Therebenthine ʒ iiii.
Huile de iaulnes d'œufs ʒ iii.
Camphre ʒ s.
Faites Emplastre selon l'Art.

Preparation.

Les Langues de Renards estans arra-
chees auec temps, en apres desseichees à
l'ombre entre deux linges deliez, seront
trempees dans les eaux d'Aristoloche, & de
Serpentaire, par 24. heures, puis sechees à
l'ombre entre deux linges; en apres trempees par autant de temps puis seichees; có-
tinuant cela iusques à tant qu'elles ayent im-
bu toute l'eau. Finalement estant bien sechees comme dit est, on les mettra en poudre, & gardera t'on pour l'vsage.

Les Testes des Lezards seront calcinees
à vaisseau clos, iusques qu'elles se puissent
reduire en poudre.

Les Gommes feront depurees & diffoultes auec Vin-aigre rofat , fi mieux on
n'ayme les preparer comme il eft enfeigné
en ceft œuure. Quant au refte des ingrediens, leur preparation fe voit en ceft œuure chacun en leur lieu. Refte à parler du
meflange.

Meflange.

On faira euaporer l'humidité des Refines à feu lent, aufquelles , on adiouftera la
Terebenthine , & l'huile de iaulne d'œuf;
incontinant la poix nauale; vn peu apres les
Gommes, en fuitte la Cire ; & tout d'vne
main les poudres. Faites cuire iufques à có-
fiftence d'Emplaftre, puis vous y adioufterez le Camphre.

Vertus.

Ceft emplaftre eft incomparable pour
attirer les balles hors du corps ; les dards &
flefches , enséble toutes pieces & efclats de
bois, petites pieces de fer, des os, des vete-
més, & autres corps eftranges qui pourroiét
eftre introduits dans les playes faites par les
baftons à feu, ou autremét. Il eft en outre ad-

mirable pour attirer & destruire le venin qui pourroit estre communiqué à icelles.

Ie diray en outre en ce lieu, & ce touchãt l'excellence de cest Emplastre, que si l'on le prepare en joignant l'Aimãt terrestre auec le Celeste, il ne faut plus rien rechercher pour attirer tous les corps estranges qui seront introduits au corps. Ie diray bien de plus, c'est que par cette voye, & en la presence des parolles constellees, on peut attirer toutes choses estranges au dehors du corps humain, & notamment les dents sans douleur auec deux doigts seulement, ce qui ne m'est pas loisible d'escrire en ce lieu, crainte d'estre abbayé de la calomnie des ignorans & enuieux; Helas ! que la troupe en est grande.

Emplastre de Litarge gommé.

Pr. Litarge d'Or ℔ ii.
Resines d'Aristoloche longue,
& d'Aristoloche ronde an. ℥ iij.
Oliban preparé,
Mastich preparé,
Mirrhe esleuë preparee,
Coral rouge preparé,

Coral blanc preparé an. ʒ iiii.
Pierre Calaminaire ʒ vi,
Carabé ʒ j.
Saffran de Mars,
Fleurs d'Antimoine an. ʒ iiii.
Sel de Vitriol,
Mumie preparee,
Camphre an. ʒ ii.
Huile de vers ℔ ſ.
Huile de Camomille ℔ ii.
Huile d'Hypericon ℔ i.
Huile de bages de Laurier ʒ iiii.
Terebenthine ʒ i.
Petreole ℔ i.
Cire neufue ℔ ii.
Gommes de Galbanum,
D'Oppoponax,
& Sagapeni an. ʒ iiii.
Gommes d'Ammoniac,
& Bdellii an. ʒ viii.
Faites Emplaſtre en cette façon.

Preparation & meſlange.

D'autant que la preparation de tous les
ingrediens ſuſdits ſe treuue en cette œuure, de chacun en ſon lieu, come auſſi en ma
Pharmacopee Spagyrique, je paſſeray outre au meſlange.

La Litarge fera quafi cuite en confiftance Emplaftique auec les Huiles. Apres
quoy, on y adiouftera les Refmes; en fuitte
les Coraux, la Calaminaire, les fleurs d'Antimoine, & le Sel de Vitriol ; confequemment la Mumie, l'Oliban, le Maftich, &
la Mirrhe. Apres on y meflera le Camphre : & le tout meflangé à perfection, on
en formera des Magdaleons pour garder
à l'vfage.

Vertus.

Il eft tres-fingulier à la guerifon des Cancers, en appliquant vn le foir , & vn autre
le matin, en peu de iours il eft guery. Il eft
en outre tres-admirable pour tous vlceres,
quels ils foient, Scrophules, & playes. Bref
on luy peut attribuer les mefmes vertus que
poffede celuy de Paracelfe, rapporté par
Crollius. Voyez encore fes vertus en mon
Hydre Morbifique , au liure des Cancers, Chap. 7. des medicaméns preparez
Chimiquement.

Au feul Dieu Trine en vnité Pere, Fils,
& fainét Efprit, foit rendu tout honneur,
gloire, loüanges, cantiques & jubilations,
au fiecle des fiecles Eternellement. Amen.

Fin de la Fleur dixiefme du Bouquet
Chimique.

FLEVR

ONSIESME
DV BOVQVET
CHIMIQVE,

*Traittant de l'explication des Termes Chimiques,
& des Nottes ou Marques Spagyriques.*

Diuisée en deux parties.

Aduertissement.

E curieux Lecteur est aduerty
que ceste Fleur n'est pas diuisée
par Chap. comme les prece-
dentes, d'autant que changeant
de matiere, i'ay treuué bon de changer
aussi d'ordre. Or la premiere de ces parties traicte de l'explicatió des termes Chimiques (en maniere de Dictionnaire ou
Lexicon) auec l'ambiguité desquels les
Artistes ont voilé les notions des Anciens.

Mmm iiij

La fecóde, traiƈte de l'explication de toutes les Nottes, Chiffres, & Alphabets, defquels les Chimiques ont auffi accouftumé de fe feruir pour cacher de plus en plus aux ignorans leur admirable fcience. En quoy ie m'affeure que les Efprits les plus critiquement rebarbatifs, de ce temps, treuueront du contentement, autre parauanture qu'ils ne fe promettront de prime abord. Quelques-vns pourroient icy faire cefte queftion, pourquoy les Chimiques ont ils voilé ainfi par des termes obfcurs leur fciëce? car ou elle eft licite, honnefte, vtile, & neceffaire, ou elle ne l'eft pas? fi elle l'eft, à quoy bon de la cacher? Pour à quoy répondre en trois mots, ie dy que i'ay fuffifamment preuué, cy-deffus en la Fleur premiere, qu'elle eft neceflaire, vtile, honnefte, & licite, c'eft pourquoy on y aura recours. Mais a la demande pourquoy les Chimiques ont ainfi cachée leur fçience fous des termes ambigus? il faut fçauoir, que comme chafque Art & chafque fcience ont leurs termes affeƈtez & mots plus fignificatifs de ce qui les concerne, de mefmes la Science Chimique a les fiens. Et comme cette Science traitte des myfteres les plus releuez en la Nature, il à efté auffi

besoin que ceux qui l'exercent ayent vsé
des termes plus cachez & inconneux à plusieurs ; n'estant pas tousiours necessaire de
presenter les choses rares à visage descouuert, afin (comme dit le Saũueur de nos
ames) que les Pierres precieuses ne soient
foulées par les Pourceaux. Aussi à-t'il tant
aymé ceste façon de parler qu'il ne com-
muniquoit aux Iuifs sa doctrine qu'en para-
boles (qui ne sont que similitudes, deguis-
semens, & enigmes enuoloppez d'intelligences obscures) ce qu'il faisoit auec dessein de ce faire mieux entendre, ainsi que
dit vn pere de l'Eglise, car il n'y a rien qui
aiguise d'auantage la curiosité de sçauoir,
ny la soigneuse diligence des Lecteurs ou
Auditeurs, que lors qu'ils ne peuuent auoir
la comprehension des choses ; ayans ceste
ferme croyance, que ce qu'ils ne peuuent
entendre, ny comprendre de prime abord,
contient l'intelligence de grandes choses.
Et il est vray que tous les grans hõmes, lors
qu'il a esté question de traicter des choses
rares, en ont tous vsé de la sorte ; car les
Hierogliphiques des Egyptiens, Ethio-
piens, Perses souuerains Mages entre tous
les autres, les Brachmanes, & Gymnosophistes, qui sont les Indiens Orientaux,

ces Hierogliphiques, dif-je , ne font que
certaines marques , nottes , ou caracteres,
pour donner à entendre, aux plus laborieux & occulez, les myfterieux fecrets de la
Nature, &c. Surquoy on peut remarquer
que cefte façon & maniere defcrire eft
grandement ancienne: & laquelle à efté
continuée du depuis par les plus habiles
Philofophes & Medecins qui ayent contribué de leur diligence à la fanté du public.
Mais cy oncques elle a efté reconneuë en
fa perfection, ça efté de noftre temps entre les mains d'vn Paracelfe, lequel à tellement voillé fes Efcrits, & les Notions des
Anciens , par des Enigmes tres-obfcurs,
qu'à peine ce treuue-il à prefent vingt per-
fcnnes en toute l'Europe qui fe puiffent vã-
ter de le bien entẽdre. C'eft pourquoy plufieurs aprehendãs le trauail & le foin qu'on
doit apporter pour l'intelligence de fes œuures , ayment mieux laiffer perdre ce riche
Threfor que de s'en rendre poffeffeurs par
vn laborieux éxercice & penible labeur: ce
qui faiſt (au grand regret des gens de
bien) que plufieurs malades fe perdent fans
efpoir de fecours. Or à celle fin que do-
refnauant les pareffeux n'ayent point d'excufe, voicy que ie leur donne vn Lexicon,

ou Dictionnaire des termes les moins en-
tendus , & lefquels neantmoins font communs & ordinaires chez les Chimiques, y
ioignât auffi l'explication de plufieurs nottes, marques , & caracteres defquels ils fe
feruent pour la nomination des matieres
qu'ils mettent en ouurage. Ie fçay que cecy meriteroit vn plus long difcours , mais
mon peu de loifir & levolume que ie defire
donner à cefte œuure ne le peuuent permettre: auffi feroit ce faire tort à mon liure
de l'Harmonie Macro-micro-cofmique,
dans lequel cela fe verra auec que perfection, Dieu aydant. Auquel Pere , Fils &
Sainct Efprit , foit honneur & gloire és fiecles des fiecles. Amen.

DICTIONNAIRE
DES MOTS ET TERMES
plus vſitez & cachez en l'Art Spagirique deſquels les Phi-loſophes Chimiques ont accouſtumé de ſe ſeruir.

Diſtribué en ordre Alphabetic.

Partie I.

De la letrre

A.

Cetum Philoſophorum, eſt lac virginis, ou eau mercuriale qui diſſoult les metaux.

Aniadin, c'eſt longue vie.

Alcali, vel alkali, c'eſt le Sel extraict des cendres de quelque corps que ce ſoit.

Annus philoſophicus, c'eſt le mois commun.

Alchaheſt, c'eſt le Mercure preparé, pour

eſtre Medecine au Foye.

Amianthus, c’eſt l’Alum de plume, appellé de quelques-vns la Salamandre.

Alembroth, c’eſt le Sel des Philoſophes, ou clef de leur operation.

Amnis alcaliſatus, c’eſt l’eau qui paſſe par la chaux de la terre.

Alembroth deßicatum , c’eſt Sel de Tartre, qu’on appelle Magiſtere des Magiſteres.

Andena, c’eſt l’Acier Oriental.

Anachron, vel anathron, c’eſt vne eſpece de Sel qui croiſt ſur les pierres, toutesfois ce n’eſt pas ſalpeſtre, eſtant cuit fait vn alum acide, apres reçoit forme de verre produiſant eſcume, tellement que les anciens tenoient que c’eſtoit fiel de verre, mais faulcement.

Aquila exaltata, c’eſt Mercure ſublimé.

Aquila cœleſtis, c’eſt le ſublimé doux.

Anima Saturni, vel althea plumbi , c’eſt la douceur tres-ſuaue duplomb, extraicte auec le vin-aigre.

Aqua cœleſtis, c’eſt le vin ſublimé.

Aqua permanens, c’eſt l’eau du Soleil & de la Lune, faite par philoſophique ſolution.

Aquila Spagyricorum , c’eſt le Sel Armoniac, & tout Mercure precipité, mais notamment celuy de l’Or, quelques vns l’appellent *auium regina.*

Aquila Philosophorum, c'est le Mercure des metaux, ou les metaux reduits en leur premiere matiere.

Arbor maris, c'est le Coral.

Acsuo, c'est le Coral rouge.

Azoth, *vel Azoch*, c'est vne vniuerselle Medecine laquelle peu connoissent; aussi est elle la vraye pierre Physique que certains appellēt Mercure des corps Metallicques.

Atramentum sutorium, c'est l'ancre des Tanneurs.

Aqua fœcum vini, c'est l'Huile de Tartre dissoult à la caue.

Atramentum, c'est Vitriol.

Aqua soluens, c'est le vin-aigre distilé.

Atramentum fusille, voyez alkali.

Aludel id est vas fictile, vaisseau à sublimer les fleurs.

Arles crudum, sont petites goutes qui tombent au mois de Iuin, semblables à la rosee de May.

Atimad. Alcophil nigra, c'est Antimoine.

Aurum planatum, c'est l'Or en fueille.

Alcharit, vel zaibach, c'est argent vif.

Assaliæ, sont les vers qui naissent dans les pieces de bois vermoluës.

Almisadir, vel mixadir, c'est Sel Armoniac.

Quelques vns le prennent pour verd de gris.

Aremaros, c'est Cinabre.

Astrum salis, c'est son Eau, ou son Huile, par lesquels il a plus grande vertu qu'il n'auoit auparauant.

Asmarcech, c'est Litarge.

Astrum Mercurij, c'est le Mercure sublimé à perfection.

Alcitram, c'est Huile de Geniéure.

Alcaligatam, c'est Mumie joincte auec l'esprit de l'Alcali. Si l'on y adjouste du Mercure doux, ce sera vn admirable remede contre la podagre, notamment si elle procede du reliquat de la verole.

Aleani, c'est le changement de la forme superficielle des metaux, comme la dealbation de Venus, fausse Teincture de Lune & autres.

Alartar, *vel Aycafort*, c'est cuiure bruflé.

Agalla, c'est Sel preparé.

Aphronitrum, c'est Escume de Nitre.

Aqua Phlegetontica, c'est certaine preparation qui se fait du Tartre de Vin.

Aniada, selon les Physiciens Chimiques, signifie toutes les vertus Celestes, & Astrales, desquelles nous attirons l'influance par imagination.

Altara, c'est vne cucurbite.

Aniadum, c'est l'homme esprituel regeneré en nous.

Alumen alkali, c'est du Nitre.

Akibrit vel Alcubrith c'est du Soulphre.

Azarnet vel adarnech, c'est de l'orpiment.

Araceum, c'est du Lut.

Arneth, vel zarnich, c'est d'Arcenic.

Acanor, c'est vne Oule pertuisée au fonds & aux costez.

Assageni, c'est Sang de Dragon.

Ador, c'est l'eau dans laquelle le fer rougi aura esté esteinct plusieurs fois.

Astra vini, c'est l'esprit de Tartre.

Acalach, c'est du Sel,

Azimar vel acartum, c'est du Minium.

Æsphara, c'est l'incineration de la chair, ou de la substance du corps.

Alchitram, c'est d'Arcenic preparé.

Afragar, c'est du verd de gris.

Alumen de alap, c'est Sel de Grece.

Alabari, vel airazat, c'est du Plomb.

Arsurra, vel albait, c'est de la Ceruse.

Alombari, c'est plomb bruslé.

Alfur, c'est Saffran des Iardins.

Alcohol vini resicati, c'est l'Esprit de vin alcoholisé par son propre sel.

Anthos c'est **Romarin entre les vegetaux**
mais

mais en la metalique c'est l'Elixir de l'Or, ou sa quint-essence.

Asa dulcis aramotica, c'est le suc ou liqueur de Laser.

Archilat, c'est le poids de trois grains d'Orge.

Aleusanti, c'est fleur de Sel.

Adhæc, c'est vn Esprit qui trauaille au dedans de l'homme

Auora, c'est chaux dœuf.

Æs Hermetis, c'est noſtre Poudre de Sol, la Teſte de Corbeau, Terre citrinne, contenante & contenuë, noſtre Plomb, noſtre Venus, noſtre Vitriol, noſtre Orpiment, noſtre Arcenic, noſtre Lyon verd, noſtre Eau Permanente qui produit vn vin sanguinolent, &c.

Alfata, c'est diſtilation,

Ahot, c'est du laict.

Alohol, c'est du Laict de Vin-aigre:

Altafor, c'est du Camphre.

Adibat, c'est du Mercure,

Almisa, c'est du Musc.

Ader, c'est du laict recent priué de son Beurre:

Akilibat, vel alotin, c'est Terebenthine.

Adram, c'est du Sel Gemme.

aqua saluatiua, c'est celle qui est faite du Sel;

Nnn

Alumen crepum, c'eſt le Tartre d'vn vin violent.

Alaferangi, c'eſt le lauement du Plomb
bruſlé.

Acureb, c'eſt du verre.

Annaton, ſont les coques d'œufs.

Anthera Paracelſi, c'eſt les Fleurs d'Antimoine.

Aqua fœtida, c'eſt Mercure.

Albus fumus, c'eſt Eau d'Argent vif.

Alfuza, c'eſt de Tutie.

Antimus, c'eſt la miniere dequoy ce faict le
Plomb.

Ancifides, c'eſt la Chaux des metaulx.

Azab, c'eſt Alum Succarin.

Amentium dulce, c'eſt vne eſpece de platre
qui ſe depart en filamens.

Aurum poculentum, c'eſt l'Or follié reduit en
liqueur auec l'Eſprit de Vin dans vn Pelican à feu temperé.

Axungiæ de Mumia, c'eſt vne liqueur de la
Moëlle des Os.

Apoſpermatiſmum draconis, c'eſt Argent vif
de Saturne.

Attanor, prins pour feu viollent par Paracelſe & pour fourneau ſublimatoire dit
Attanus du nom de ſon Autheur.

Acedia, c'eſt le fourneau à tour, dit ainſi

d'autant qu'il n'en faut pas auoir guiere de foing.

Aurichalcum, c'est du leton.

Antimum, c'est le Miel du printemps, ou Fleur de la Ruche.

Alcool glaciati corneoli, c'est à dire Poudre de Cristal Impalpable, claire côme Corne.

Æs Philosophorum, c'est nostre Or, & non le vulgaire.

Auriglutinum, c'est Borax. On l'appelle aussi *Anticar*.

Acetosi, mineralis, c'est ce qu'on appelle Esprit de Vitriol.

Arantiorum, c'est la seconde espece d'Orenger : Il est prins aussi pour les Orenges.

B

Bezoartici Corallini, c'est vn medicament faict auec le Coral preparé à la façon commune & imbibé auec jus de Citron.

Barnabas vel potius Barnaas, c'est du Salpetre tiré du lieu ou l'on vrine beaucoup, que quelques vns appellent *Acetum acerrimum*.

Blatta Byfantia, c'est l'ongle Aromatic; Coquille de certain Poisson qui à l'odeur de Castor.

Baurat, c'est tout genre de Sel.

Bratan, c'est du Bresil.

Boleson, c'est du Baulme.

Balsamum vniuersale, c'est le Sel.

Bolesis, c'est du Coral.

Botri, c'est vne grappe de Raisin.

Bezoarticum Vitriolatum, c'est vn medica-ment faict auec la Corne de Cerf calci-née & puluerisée, puis arrousée d'Huile de Vitriol rectifié, en la remuant auec vn pilon de verre : puis en former des petits Trochisques.

Bruta, c'est la vertu & influance celeste, manifestée aux animaux raisonnables par les brutes; comme la Chelidoine par l'Yrondelle; l'vsage du Sel aux Cli-steres par la Sycoigne ; la Seignée à la repletion par le Cheual Marin; la Diet-te austere par l'Ours; l'vsage du dictam à l'extraction des Sagettes par le Cerf; L'vsage du Fenoüil pour la veuë par le Serpent : & plusieurs autres, lesquels ie passe pour cause de briefueté.

Balsamum de Mumia, c'est le Baulme tiré de la chair.

Balsamum Elementorum externus, c'est liqueur de Mercure externe qu'ó appelle quint-essence.

Blacinal, c'eſt pluſieurs matieres confuſe-
ment fonduës en vn metal.

Berillus, c'eſt vn miroir de Criſtal, conſa-
cré par ſuperſtition Magique.

Berilliſtica, c'eſt vne partie de l'Art Magi-
gique, lequel faict voir ce que l'on veut
dans des miroirs.

Bitumen, c'eſt le Soulphre de la terre.

Balſamum, c'eſt ce qui conſerue la ſubſtance du corps de putrefaction.

Biſmuti, c'eſt Mercure ſophiſtiqué auec
Plomb.

Botum Barbatum, c'eſt le col d'vne bocie mis
dans le col d'vn autre, & ioinctes enſemble.

Biſſemut, c'eſt vne myſtion de Plomb, auec
Eſtain

Braſſatella, c'eſt vne Herbe dite langue de
Serpent.

Butirum Saturni, c'eſt la douceur de Plomb.

Brunus vel Brinus c'eſt Eryſipele.

Baſſad, c'eſt Coral.

Botin, c'eſt le Vin-aigre Terebenthiné ou
alcalizé appellé de Crolius Radical.

Balſamum ſpeciale, c'eſt vn medicament
compoſé des 3. principes des vegetaux,
ioints auec quelque corps Balſamique.

C

Cabala, *vel Cabalia*, c'eſt vn mot Hebreu, *Kebel*, qui ſignifie receuoir ; c'eſt pourquoy *Cabale ou Kabale* vaut autant à dire que doctrine receuë par enuoy ou manifeſtation de Dieu, des Anges , ou des hommes.

Carena , c eſt la vingtieſme partie d'vne goute.

Cafa , c'eſt Camphre.

Calena , c'eſt eſpece de Salpetre.

Cheiri Spagyrice , c'eſt Mercure des metaux, pris quelquefois pour Or potable , autre fois pour Antimoine.

Calliete , c'eſt vne mouſſe flaue ſur la plante du Genieure.

Cohob , *Cohobare* , *vel cooptare* , *coober* , c'eſt à dire remettre la diſtilation de quelque choſe que ce ſoit ſur ces fœces.

Chaos , ſelon Paracelſe c'eſt l'air , il eſt dit auſſi jliaſte.

Corbatum , c'eſt cuiure.

Colcothar , c'eſt Vitriol calciné au rouge.

Claretta , c'eſt blanc d'œuf.

Caput corui , c'eſt Antimoine.

Cotoronium , c'eſt liqueur.

Correctum, c'est Vin-aigre diſtilé.

calx Mercurij, c'est Mercure precipité.

calx veneris, c'est verd de Gris.

Calx Saturni, c'est Minium.

calx jouis, c'est Eſprit de Iupiter.

calx martÿ, c'est Saffran de Fer ou d'Acier.

calx ſolis, c'est Or calciné.

Calx luna, c'est les Fleurs azurées de l'Argent.

criſtallus Dianæ, c'est les glaçons de l'Argent qui ſe fondent à la chandelle, quelques vns le prennent pour le Mercure ſublimé.

Calcinatum Majus, c'est tout ce qui eſt adoucy ou faiƈt doux par l'Art Spagyrique, qui n'eſt point tel de ſa propre nature; comme le Mercure doux, l'ame du Plomb, le Sel, & ſemblables.

Calcinatum minus, c'est tout ce qui de ſa nature eſt doux comme le Succre la manne, & ſemblables.

Cortex maris, c'est Vin-aigre Philoſophic.

Coſmeƈt, c'est Antimoine.

Calx lignorum, c'est ſes Cendres.

Calx peregrinorum, c'est Tartre.

Cabet, c'est ſcame de fer.

Callinus, c'est ce qui eſt dans les Pierres d'Aigle.

N nn iiij

Cambil, c'eſt terre rouge.

Calidus, c'eſt Trochiſques d'Arcenic.

Catilia, c'eſt vn poids de neuf Onces.

Comindi, c'eſt Gomme Arabique.

Collatera, c'eſt l'Herbe ditte pied de Lyon.

Caſſibor, c'eſt Coriandre.

Crocus martij, c'eſt Saffran de fer.

Cinis clauellatus, c'eſt Alkali de Vin.

Carſia, c'eſt Eau de Sel de pain.

Caput mortuum, ſont les fœces qui demeurent la diſtilation faicte.

Cidmia, vel cadima auri, c'eſt Litarge d'Or.

Calix chimicum, c'eſt verre d'Antimoine
infuſé en vin. Ou bien par quelques vns,
vne couppe faicte du vetre d'Antimoine.

Calchitear, c'eſt Marcaſſite.

Carbones cœli, ſont les Eſſoiles.

Calcecumenario, vel caſticum, c'eſt Airain
bruſlé.

Canda vulpis rubicundi, c'eſt le Minium du
Plomb.

Cardonium, c'eſt le vin faict auec les Herbes
medecinales.

Cliſſus, c'eſt toute la vertu relolaſſée d'vne
plante.

Cydar, c'eſt Iupiter.

Cebar, c'eſt l'Aloés, autres l'appellent *ca-
tecomer.*

Carpobalſamum, c’eſt fruict de Baulme.

Caſeus preparatus, c’eſt la reſidence viſqueuſe qui tombe au fonds du laict.

Cathimia, c’eſt eſpume d’argent.

Cedurini, c’eſt vn lourd jugement.

Ceniotemium, c’eſt vn Mercure preparé pour la Verolle.

Cherua, c’eſt catapuce.

Calcadis, c’eſt Sel alcali.

Cal, c’eſt Arcenic citrin.

Cexim, c’eſt vin-aigre.

Congelatiua, c’eſt vn medicament qui arreſte tout flux, le comprime & deſſeiche.

Cachimia creta argentea, c’eſt chaude d’argēt.

Cruor ſalis, c’eſt Sel ſeparé à ſon premier Sel par vne ſeconde digeſtion.

Criſti pabulum, c’eſt d’vrine d’vn petit enfant vierge.

Cyphantum, c’eſt vn vaiſſeau diſtilatoire.

Cate, c’eſt vn poids peſant vingt onces.

Chiſir minerale, c’eſt le Soulphre qui engendre les Metaux.

Cycima, c’eſt Litarge.

Chibür ideſt balſamum, c’eſt fleurs de Soulphre.

Citrinula, c’eſt la Flamula, herbe fort familiere à Paracelſe.

Cartham emporeticam, c’eſt gros papier de

trace bon à faire filtres.

cheiri paracelsicum, s'entend pour le mineral, l'argent vif ; pour le vegetal ses fleurs, &c.

copher, vel chefer, c'est de l'Asphalte ou bitume.

cherio, c'est la qualité externe & accidentelle des Elemens.

cor mineralia, c'est l'Or.

chibur minerale, c'est le sol de miniere.

Cœlum Spagyricum, c'est la plus haute, ou sublime partie du vaisseau philosophique: quelques-vns le prennent pour la quint-essence elabouree au supréme degré de perfection.

comets, c'est à dire demy goute.

Catina, c'est Sel cali ou Alun.

coleritium, c'est vne liqueur composee, laquelle corrode tous les metaux, & nul que l'Or n'y peut resister.

chlorogea, idest azurum viride, c'est vne terre qui croist aux mines de Cuiure, & d'Argét.

confirmamentum, c'est l'Astre au corps de l'homme, ou la vertu syderale en l'homme, ou le corps Astral.

crocus metallorum, c'est vne preparation d'Antimoine, auec salpestre.

Consolida, c'est l'aurea sophia de Paracelse,

qui eſt vne herbe qui a les fleurs citrines.

D

Dauiti, c’eſt le poids de ſix gr. d’orge.

Derſes, c’eſt l’occulte vapeur de la terre, dequoy naiſt & croiſt toute ſorte de bois.

Diaceltateſſon, c’eſt vn remede ſpecial aux
fiéures, de l’inuention de Paracelſe.

Deueriden, c’eſt Huile nardin.

Dragantium, c’eſt Vitriol.

Denoquor,, c’eſt Borax.

Diameter Spagyricus, c’eſt temperament.

Diapenſia, c’eſt Alchymille.

Diaſatyrion, c’eſt vn opiate qui excite à Venus.

Dienech, ſont eſprits qui habitẽt aux pierres
dures.

Deraut, c’eſt vrine.

Diamaſcien, c’eſt fleur d’airain.

Diſcum ſolis, vel diſcus ſolis, c’eſt l’Argent vif
de l’Or.

Duenech, c’eſt Antimoine.

Deſcenſorium, c’eſt vn fourneau Chimique,
par lequel on faiɛt fluer la liqueur ſeparee de ſa matiere craſſe.

Diateſſadelton, c’eſt Mercure precipité.

Dentalli, c’eſt vne ſorte de coquille de Mer,

fort petite, ayant vne fendace dentillee.

Dulcedo faturni, c'eſt l'ame du Plomb, Ceruſe douce autrement althea.

Diſſolutionum philoſophicorum, c'eſt à dire lentement auec douce chaleur & par lon-
gueur de temps. Il faut entendre le meſme des calcinations philoſophiques.

Dubelcolep, c'eſt vne compoſition de Coral
& Carabé.

Daura, c'eſt l'Elebore, d'autres entendent
l'Or en fueille.

Duelech, c'eſt vne eſpece de Tartre en l'homme ou pierre ſpongieuſe tres-perilleuſe.

Douertallum, *vel diuertalium*, *aut diuertallum*,
c'eſt la generation qui ſe faict des Elemens.

Dracunculus, c'eſt ophiogloſſum.

Durdales, ſont eſprits corporels habitant aux
arbres.

E.

Elkalei, c'eſt eſtain.

Edelphus, ſont ceux qui prognoſtiquent ſelon la Nature des Elemens.

Elei, *vel elixir*, c'eſt medecine vraye faicte
du Sol.

Exeph, c'eſt du Sol.

Edir, c'eſt de l'Acier, ou du fer fin.

Enochdianum, ſont ceux qui ont longue vie.

Elqualiter, c'eſt Vitriol verd.

Ees apodiatum, c'eſt à dire argenté.

Ezimar, c'eſt fleur d'airain.

Elixir vterinum, c'eſt vn medicament propre pour les affections Hiſteriques, à la
ſuppreſſion des mois, ou quand la purgation d'iceux eſt trop immoderee, &
aux Fleurs blanches.

Epar, c'eſt air.

Eleſmatis, c'eſt Plomb bruſlé.

Eſſatum eſſentiale, c'eſt la vertu ou puiſſance, qui eſt aux vegetaux ou mineraux.

Elome, c'eſt Orpigment.

Eſſila, c'eſt la Teinture faite en la face, ou
autre partie du corps, par la chaleur du
Soleil.

Elidrium, c'eſt maſtich.

Epoſilingi, c'eſt eſcame de fer.

Entalij, c'eſt vne ſorte de coquille de Mer,
longue, & caue au dedans en forme d'v-
ne fleute de la longueur du petit doigt.
Quelques vns le prennent pour l'Alum
Sciſſum.

Eſtibium, c'eſt Antimoine.

Encarit, c'eſt de la chaux. Quelques-vns
prennent ce terme pour la chaux des

Philofophes.

Elixirij proprietatis, c'eft vne liqueur extraicte de l'Aloës mirrhe & Saffran.

Ephodeburs , nom de la pierre Philofophale
faicte, qui fignifie veftement purpurin.

Effodinum, c'eft vn certain prefage & jugement futur.

Electrum fuccinum, c'eft Ambre artificiel, qui
eft matiere metalique, confiftant au natif de l'Or, & de la quinte partie d'Argēt.
Duquel fi on en fait des vaiffeaux ils manifeftent le venin, en craquant & faifant
vne figure d'Arc.

Eueftrum , c'eft le firmament perpetuel
aux Elemens quadruples, ou efprit pro-
phetique, qui par fignes precedens prefage affeurement le futur.

Elephas fpagiricè, c'eft eau fort.

Enur, c'eft la fumiere de l'eau occulte ; de
laquelle la pierre s'engendre.

Effatum vinum, c'eft quand on tire la vertu
des herbes auec le vin rectifié. Ou bien

Effatta c'eft l'Art qui tire les effences.

F.

Fæculæ Aronis, c'eft vne fubftance legerè &
blanche qu'on tire des racines verdes

d'Aron, en la maniere qu'enseigne monsieur de la Violette en sa Pharmacopee.

Fel vitri, c'est l'escume de verre.

Flos sectæ croe, c'est la fleur de Saffran, ou bien l'extraict de la fueille de Chelidoine: quelques vns tiennent que c'est les fleurs de noix muscade.

Fœnix, c'est la pierre Physique.

Fœdula, c'est toute espece de mousse.

Fons Philosophorum, c'est le bain marie: Autres le prennent pour le menstruë des Philosophes.

Fuligo metallorum, c'est Arcenic: quelques vns l'vsurpent pour Mercure.

Fedeum, c'est Saffran.

Firsir, c'est chaleur.

Fulmen hoc loco, sont les fleurs de l'Argent coppellé.

Faba, agrestis, c'est de lupins.

Fido, c'est Argent vif.

Faba, c'est la tierce partie d'vn scrupul.

Fida, c'est Argent, quelquefois est-il prins aussi pour l'Or,

Fabiola, c'est la fleur des febues.

Fel Draconis, c'est l'Argent vif de l'Estain.

Filius vnius diei, c'est la pierre Philosophale,

Flos cheiri, c'est l'essence de l'Or.

Filum arcenicale, c'est l'Arcenic sublimé.

Flos Refina metallica, c'eſt les Fleurs de Souphre.

Facinum, c'eſt de l'airain.

Febus, c'eſt vn petit enfant vierge.

Fumus rubeus, c'eſt d'Orpiment.

Furno figulor, c'eſt vn Four de potier de terre.

Flos ſalis, *vel flos maris*, c'eſt ſperme de Baleine.

G

Gazard, c'eſt du Laürier.

Gamonimum, c'eſt l'vnique anatomie Harmonique.

Gelion, il eſt vſurpé pour dire fueille.

Geluta, c'eſt l'Herbe dite Carline.

Gluten, c'eſt la Sinouie de Paracelſe, qui eſt
ſemblable au blanc d'œuf, &c.

Glutinis Tenacitas, c'eſt la Reſine minerale.

Glutem, c'eſt fiel de Taureau.

Cazar, c'eſt de Galbanum.

Gutta, c'eſt Gomme Armoniac.

Gerſa, c'eſt de la Ceruſe.

Gruma, c'eſt Tartre.

Grillen, c'eſt Vitriol, en l'occulte Philoſophie.

Grauus, c'eſt vne pierre de Porphire, ſer-
uant de Marbre pour l'Art Spagyrique.

Guarnii,

Guarini, sont hommes viuans de l'influance du Ciel.

Gamathei, sont Pierres ausquelles on graue des Images iouste la constellation des corps superieurs.

Guma, c'est Argent.

Gumicula, c'est valeriane.

Gemma tartarea, c'est vne pierre engendrée au corps laquelle est tres-diaphane.

Gibar, c'est vne medecine metallique.

Gilla, vel grillus, c'est vne espece de Calcantum: quelques-vns le prennent pour Sel de Vitriol.

Glacies dura, c'est du Cristal.

H

Helismidan, c'est Mumie Balsamique.

Henricus rubeus, c'est du Vitriol calciné au rouge.

Haro, c'est vne espece de Fougere semblable au Polipode.

Heliotropium, c'est la Melisse de Theophastre Paracelse.

Hycohy, c'est le Sang d'vn jeune homme sain.

Henricus piger, c'est l'Attanor par Paracelse.

Harmel, c'est la semence de Ruë siluestre.

Horizon, c'est le Mercure de l'Or.

Hermaphroditus, c'est la Fleur Saphirique, tirée de l'Essence Mercurielle preparée auec le Vitriol de Cypre, & mesléc auec la liqueur Ophirisiene : vne dragme duquel conuertira mille de Cuiure en pur Or. Et vn grain auec vn Scrupul de nostre Theriaque dissoute en Vin genereux , reduit le corps (atteinct de quelle maladie que ce soit) en sa pristine santé.

Hedeltabateni, c'est Terebenthine.

Halle, c'est du Glu.

Hal, c'est Sel·

Habras, c'est Staphisagre.

Hel, c'est du Miel.

Horeum, c'est le miel d'Esté.

Hydropiper, c'est la persicaire Maculée.

Horisontis, c'est Or portable.

Helebria, c'est vne espece de Veratre noir, ayant les Fleurs rouges.

Hunt, c'est Iupiter.

Hernec Philosophorum, c'est l'Orpiment,non le commun des Minieres mais celuy des Philosophes: qui est lors que la pierre est au blanc.

Hager archtamach, c'est la pierre d'Aigle.

Horifon, c'eſt Mercure d'Or.

I

Iuiſa, c'eſt la pierre de Gyp, ou platre.

Iaſſa, c'eſt l'Herbe de la Trinité.

Ipcacidos, c'eſt la barbe du Bouc.

Ictericia rubea, c'eſt l'Eryſipele.

Ideus, c'eſt l'Architecte mental.

Ignis lecnis, c'eſt l'Element du Feu.

Iarin, c'eſt le Verd de gris.

Ignis pruinus adeptus c'eſt la quint-eſſence du Vitriol rectifiée auec le Tartre.

Iliaſter, *aut iliaſtes*, *vel iliadum*, c'eſt la premiere cauſe de toute matiere conſtituée de Soulphre, Sel, & Mercure, diuiſez en quatre, leſquels conſeruent en longue vie. Le premier c'eſt le Baulme. Le deux c'eſt le Baulme preparé. Le trois c'eſt la quinteſſence du Baulme. Le quatre, c'eſt l'ame rauie en l'autre monde. Ce qui quadre à la Terre, à l'Eau, à l'Air, & au feu.

Illech,
Illeias, } C'eſt le premier principe, ou premiere matiere de toutes choſes.
Illeadus,

Iliaſter in genere, c'eſt l'oculte vertu de Nature.

Imaginatio, c'est l'Astre en l'homme.

Illech crudum, c'est la composition de la première matiere, sçauoir Mercure, Sel, & Soulphre.

Impreßiones, c'est le fruict inuisible des Estoiles aux choses inferieures.

Illeidus, c'est l'Air Elementaire, ou esprit qui passe parmy nos membres.

Influentia, c'est l'atraction de la vertu syderale des Planettes en nous par imagination mentale.

Ignis ætereus, c'est la pierre magique.

K

Kimit elenatum, c'est vn blanc de Cinabre.

Kakima, c'est quelconque metal que ce soit, lequel n'est venu en sa perfection; estant encore en sa miniere, comme l'enfant dans sa matrice.

Koboltum, vel cobaltum, c'est la pierre calamine.

Kaib, c'est Laict de Vin-aigre.

Karlina c'est aneth syluestre.

Kimenna, c'est vne ampoule.

Kist, c'est oppoponax. Il se prend aussi

pour vn poids de xv. grains autres de 4.
liures autres de 2. mesures de vin.

Kiles, c'est Sel de Torrent.

Karabé, c'est vne Gomme.

Kibrit, c'est terre puante ou Soulphre, prins
par quelques-vns pour la pierre estant
en sa rougeur.

Kibris, c'est le Chef & pere de la lumiere, salut de toute liquabilité des metaux.

L

Lac virginis, c'est Eau Mercuriale.

Lotoné, c'est le poids d'vne once.

Laoc, c'est Estain.

Lulfar, vel aliofar, c'est toute sortes de Perles.

Latune, c'est terre argentee.

Lunaria, c'est le Soulphre de Nature.

Lapis galifeustain, c'est Vitriol Romain.

Luben, c'est le Thus.

Liquor essentialis, c'est ce que les parties par
leur vertu interieure attirent à eux & la
changent en chair & en sang.

Latro, c'est Argent vif.

Laterium, c'est vne Lexiue ou Capitel.

Liquor Mercuri, c'est vn Baulme qui à la vertu de toute guerison, & ce Mercure est

en quantité au Tereniabin & au Nostoch.

Lot, c'est vrine.

Laudina, c'est d'Angelique.

Lamati, c'est Gomme Arabic.

Lapis infernum, c'est pierre Ponce.

Luna cornea Chymiqua, c'est la Lune reduite en glaçons qui se fondent à la chandelle.

Lorindt, c'est cõmotion, mutation, ou alteration de l'Element de l'Eau.

Lychnidis coronariæ, c'est ce qu'on appelle Girofflée, à cause quelle sent à peu pres le Giroffle.

Liab, c'est Vin-aigre.

Laudanum, c'est vne medecine que Paracelse prepare, d'Or, de Coral, de Perles, &c. admirable aux fieures.

Lameré, c'est Soulphre.

Leo viridis, c'est Vitriol ou Sang de Souphre

Loffas, c'est vne certaine ebulition ou vapeur terrestre, par laquelle les herbes & plantes croissent.

Ligni heraclei, c'est bois de Noyer, autres le prennent pour du buy.

Loton, c'est la teste de Corbeau des Philophes ; c'est pourquoy ils disent blanchir le loton.

Lapis arenosi, c'est Iupiter.

Lephante sive lephantes, c'est la premiere espece de Tartre, ou bol tenant le milieu entre la pierre & le lut.

Lacinias, c'eſt le filtre de Laine.

Liquor Mumiæ de Gummi, c'eſt Huile de Gomme ——————————

Labosbalſamum, c'eſt la liqueur où quelque metail enflãmé eſt eſteinct.

Liquoris Macrocoſmici, c'eſt la liqueur de Mumie, ou la Mumie ſeule : quelques vns la prennent pour l'Eſſence de Sang humain.

Laſer, c'eſt Suc de Benjoin.

Lydia, c'eſt la pierre de touche.

Liquidum de reſoluto, c'eſt tout ce qui eſt liquide de ſa Nature.

Limbus, c'eſt le monde vniuerſel auec ces quatre Elemens.

Liquor aquilegius, c'eſt vin ſublimé ou diſtilé.

Liquor Salis, c'eſt le Baulme de Nature, lequel empeſche que le corps ne ſe putrefie.

Luna compacta, c'eſt Argent fixe, ou Or blanc.

Lumbrici nitri, ſont petits vers qui ſe treuuent au fien ou dans la terre, dits ainſi à cauſe de leur lubricité.

Luſtum, c'eſt la graiſſe de laict.

Lapis Phiſicus, c'eſt vne medecine par laquelle on tranſmuë les metaux, & guerit on toutes sortes de maladies.

Laxa Chimolea, c’est le Sel qui naist sur les Pierres.

M

Magnetis Arcenicalis, c’est vne poudre faicte auec Arcenic crystallin, Soulphre vif, & Antimoine crud parties esgalles, admirable pour l’atraction du venin pestifere, appliqué sur la tumeur.

Magnesia philosophorum, c’est Argent conioinct auec Mercure & rendu fluide.

Magnalia, c’est les œuures de Dieu.

Marchasita, c’est vne miniere qui a beaucoup de Soulphre rouge, ou bien vn meslange de Vitriol & Soulphre.

Magneticus tartareus, c’est la pierre en l’homme

Mensis Philosophicus, c’est le temps de la digestion Chimique qui est de quarante iours.

Magoreum, c’est vn medicament magique.

Melnouum, c’est la quint-essence d’Antimoine.

Mellis iuniperini, c’est l’Extraict des grains de Genieure.

Malek, c’est du Sel.

Manna Mercurialis, c'est Mercure precipité en eau fort, puis esleué par le feu.

Mercurialis feua, c'est Eau d'Alum de laquelle est engendré le Mercure.

Mandella, c'est la femence d'Elebore noir.

Melibœum, c'est du cuiure.

Mercurius laxus, c'est le Turbith mineral.

Mercurius corporalis metallorum, c'est le Mercure des metaux precipité.

Mercurius mineralium, c'est l'oleaginofité
extraicte.

de la miniere d'Or, ou d'Argent.

Martath, *vel martach*, c'est litarge.

Muftus, c'est la chaux blanche d'vrine.

Mecanopeotica, c'est l'inuention de faire des
fontaines, &c.

Melaones, *vel meloes*, font Efcarbots volans,
de couleur d'Or, lefquels broyez ont
vne odeur fort fuaue : & fe trouuent aux
prairies aux mois de May.

Molibdena, c'est la pierre de Plomb.

Malus medica, c'est vn Orenger domesti-
que.

Mercurius regeneratus, c'est le *primum ens* de
Mercure.

Myrrhines, ce font pots d'Argille tres-le-
gers.

Madic, c'est le petit Laict.

Mumiæ Elementorum, c'est le Baulme.

Mosardegi, c'est du Plomb.

Minium, c'est le Mercure de Saturne précipité.

Musbia, c'est Tutie Alexandrine.

Machinar, c'est vn Vaisseau vitré.

Mysterium nostrum, c'est vne composition faicte des Teinctures du Sol, du Coral, des Perles, & de l'Essence d'Antimoine.

Mumia transmarina, c'est Manne selon Paracelse.

Malaribric c'est de l'Opium.

Moz, c'est de la Mirrhe.

Manna thuris. sont les petits morceaux qui s'esmient du Thus, lors que les gros lopins d'iceluy s'entrefroissent les vns aux autres.

Molhorodam, c'est Sel Gemme.

Maruch, c'est de l'Huile.

Milcordat, c'est Sang de Dragon.

Myepis, c'est le Test des Crapaults, lequel porté guerit la douleur des reins, & preserue de la grauelle. L'eau ou il aura trempé est tres-singuliere pour les fieures & venin.

Mater metallorum, c'est Mercure.

Menstruum, c'est quelque liqueur propre à

diſſoudre quelque choſe.

Mergen, c'eſt Coral.

Merdaſcngi, c'eſt la poudre de Plomb bruſlé.

Maſlac turquorum, c'eſt l'Opium preparé.

Mercurij aſtrum c'eſt la ſublimation.

Miſſadan, vel miſſadar, c'eſt du Mercure.

Mocebar, c'eſt vne compoſition de Mirrhe
    & d'Aloës.

Mel Saturni, vel butyrum, vel ſaccharum, c'eſt
    le Sel de Saturne.

Mercurius à Natura coagulatus, c'eſt le metal
    ſolide.

Meconium, c'eſt l'extraict de Pauot noir ; ce
    mot ſe peut accommoder à toute autre
    ſorte d'extraicts.

Mercurius metheoriſatus, c'eſt le Mercure de
    vie.

Maius noſter, c'eſt noſtre roſee & noſtre ay-
    mant philoſophique.

Mel roſcidum, & ærum, c'eſt la manne.

Mineralis auri, c'eſt Antimoine.

Mercurius chriſtallinus, c'eſt le Mercure ren-
    du tranſparent comme Criſtal, par exal-
    tations repetees.

Magneſia ſaturnina, c'eſt le Regule d'Anti-
    moine, vel magneſia Lunarij : Il eſt auſſi ap-
    pellé Plomb des Philoſophes ; & le pri-
    mum ens ou racine des Metaux.

Mercurius corallinus, c'est celuy qui par preparation Chimique est rendu rouge
comme Coral.

Magnes vitrarij, c'est Sel Alkali.

Magnesius magnensis, c'est la poudre philosophale faite du sang humain.

N.

Nebulgea, c'est vn Sel procedant de l'humidité des nuees, coagulé sur les pierres &
rochers par la chaleur du Soleil.

Nuba, c'est la seconde espece de Tereniabin ou Manne de couleur de rose.

Nanphora, c'est Huile de pierre blanc.

Nostoch, c'est Cire , mais pris metaphoriquement par quelques vns; Car c'est vne
dejection des Estoiles qu'on voit aux
champs ou aux prez, au mois de Iuin,
Iuillet & Aoust , en façon d'vn fungus,
ou esponge.

Naporam , c'est le pourpre poisson de
mer.

Nectar, se fait du vin rouge congelé , & du
vin blanc.

Nitriales , sont toutes les pierres qui se peuuent reduire en chaux.

Necrolium , c'est vn medicament qui pro-

hibe la mort, & conserue la vie, que Lulle appelle son Nigrum, &c.

Nepsu, cest Estain d'Ænnée.

Nostres, sont les especes des feux.

Nigrum, *Nigrius*, *Nigro*, c'est Stibium, duquel Lulle tire son vin qu'il appelle
vinum rubeum, en son Accurtatoire: quelques vns ont voulu dire que c'est la mine
de Plomb.

O

Obrizum, cest Or calciné en couleur de cha-
taigne.

Oleum ardens cest huile de Tartre, correct
au supreme degré.

Oleum colchotharinum, c'est huile de vitriol
rouge.

Oprimethiolim, c'est esprit mineral, ou esprits des minieres.

Orobo, c'est vn verre metallic.

Orizeum, c'est l'Or.

Oppodelthoc, c'est Emplastre.

Ossa paralelli, c'est vn medicament vniuersel
à la podagre.

Olympicus spiritus, c'est l'Astre en l'homme.

Otap, c'est Sel armoniac rubifié auec eau de
Vitriol rouge.

Oleum vitrioli aurificatum, c'est celuy qui aura esté adoucy artificiellement auec l'Or.

Opitulatiua, c'est vn medicament qui arreste
toutes fluxions.

Oleum palestrinum, c'est du vin-aigre.

Oabelcora, c'est vne cucurbite.

Opopyron laudani, c'est vn remede de Paracelse, qui expelle toutes fieures.

Orizontis, c'est la Teinture de l'Or.

Orepis, c'est vne ardeur excitee du Tartre.

Organo pœotica. c'est l'inuention des instrumens de l'Art de la guerre.

Ophirisi, c'est liqueur de Soleil.

Obrizon, c'est le grain de l'Or fix tiré de la
miniere sans meslange d'autre matiere.

Orizon æternitatis, c'est la vertu des choses
surcelestes.

Osemutum, c'est fil de fer.

Opobalsamum, c'est le Suc de Baulme.

Oriseum precipitatum, c'est l'Or reduit en Saffran.

Oriseum foliatum, c'est l'Or en fueille.

P.

Panchymagogum quercetani, c'est le sublimé
doux. Il est pris aussi pour vne certaine

compoſition de maſſe de pilules.

Pratium viride, c'eſt Fleur d'airain.

Preſmuchim, c'eſt de la Ceruſe.

Pyrotechnia, c'eſt celle qui opere en la preparation de toutes les choſes naturelles,
moyennant le feu & les inſtrumens propres pour le conduire & adminiſtrer.

Pater metallorum, c'eſt le Soulphre.

Pygmei, ſont petits homenets , ou ſouſter-
rains eſprits, leſquels n'ont point de parens , mais naiſſent de corruption ainſi
que les Scarbots.

Propolix, c'eſt Cire vierge.

Porro nitri, c'eſt le Sel fuzile.

Porroſa, c'eſt de l'Hypericon,

Piſſaſphaltos , c'eſt Huile de pierre ; autrement Bitume, Naphte, ou malthe.

Percipiolum, c'eſt vn medicament approuué
à quelque maladie.

Perdonium, c'eſt vn vin d'Herbes.

Pirittes, ce ſont toutes ſortes de Marcaſſi-
tes; elles portent chacune le nom du metal qu'elles contiennent, comme chriſit-
tes, de l'Or; argirittes, de l'argent; ſide-
rittes, du fer; chalcittes, du cuivre; moly-
bdittes, du plomb ; leſquelles ſont au
nom de pirittes comme à leur genre.

Pentacula, c'eſt certain ſigne , ſceau , gra-

ueure, lettre, ou carraĉtere incogneu,
qu'on pend au Col contre les malins eſprits & facinations,

Platyophtalmon, c'eſt Stibium.

Pannus, c'eſt vne macule venuë auec la natiuité.

Pforicum, c'eſt vn compoſé de deux parts
de calcitis & d'vne de Cadmie, ou d'eſcume d'Argent, pulueriſez & meſlés enſemble, y adjouſtant du vin-aigre blanc;
puis le tout enſeuely au fien de cheual pendant la canicule, l'eſpace de quarante iours, en apres ſeché ſur les charbons, en vn petit pot neuf iuſques qu'il
ſoit rouge.

Phœnix, c'eſt le Feu de quinte-eſſence, autrement la pierre Phyſique.

Precipitatus philoſophicus, c'eſt le Mercure
precipité auec le Feu interne de l'Or,
qui n'eſt autre que l'Or eſſenſifié.

Pili zenij, c'eſt les petits poils blancs qui
ſont à l'entour de la queuë du Lieure.

Pruinum, c'eſt la premiere eſpece de Tartre.

Pauladadum vel pauladada, c'eſt vne eſpece
de terre ſigillée, qui vient en Italie, &c.

Pruina, c'eſt Feu de Perſe.

Plecmum, c'eſt plomb.

Pyrola ſiluana,

Pyrola siluana, vel parthenion, c'est Camomille romaine.

Plumbum philosophorum, c'est le Regule d'Antimoine.

Q:

Quartura, c'est la plus haute approbation de l'Or.

Quemli, c'est du Plomb.

Quars, c'est fiel de pierre.

Quiamos vena terræ, c'est couperose.

Qualitas, c'est vne complexion chaude ou froide.

Quebrit, c'est du Soulphre.

Quebricum, c'est Arcenic.

Quinta essentia, c'est la partie la plus ætheree, & spirituelle, vraye medecine, ayãt toute la vertu & proprieté du corps duquel elle est extraicte par Art.

R.

Rabeboya, c'est la racine de la grand Flamula. Quelques vns prennent ce mot pour la matiere patiente de l'œuure.

Rebis, c'est la premiere matiere des Philosophes, qu'autres appellent cheuaux d'homme, parce qu'en certain temps elle paroist comme en cheueux.

Autres prennent ce mot de Rebis pour la fiente de Pigeon.

Rubinus sulphuris, c'est le baulme de Soulphre.

Ramich, vel Rumicis, sont certains Trochisques desquels l'Oseille en est la base.

Quelques vns prennent *Ramich* pour les noix de Galle.

Resina cardiaca, c'est la Gomme ou extraict de la racine d'Angelique.

Resina auri, c'est le Saffran tiré de l'Or.

Rebona, c'est fiente bruslee.

Reduc, c'est vne poudre qui se faict le metal estant calciné, puis reduit en liqueur, & derechef iceluy en regule.

Resina terræ, c'est Soulphre. On l'appelle aussi *resina mineralis*,

Rebisola, c'est vn grand secret tiré de l'vrine pour l'ictericie.

Rubedo de nigro, c'est le Talc noir.

Realgar, est prins en sa propre signification pour la fumiere des mineraux, mais metaphoriquement pour la nature viciee en l'homme, d'où peuuent naistre les vlceres tres-mauuais. Or il faut noter qu'il est quadruble, iouste le nombre des Ele-

mens: sçauoir le Realgar d'eau, qui est
l'espume nageant sur les eaux ; le Realgar de la terre qui est l'Arcenic: le Realgar de l'air, qui est le Tereniabin : & le
Realgar du feu, qui est la conjonction Saturnine.

Reilli, c'est Sel de Vin-aigre.

Rillus, c'est vne linguotiere.

Ruzatagi, c'est airain bruslé.

Racari, c'est Sel armoniac.

Rasas, c'est Plomb blanc, c'est à dire Estain.

Recham, c'est du marbre.

Resina terræ potabilis, c'est le Soulphre sublimé, reduit en liqueur, Huile ou Baulme.

Raseos, c'est du cuiure.

Rubella, c'est vne essence spirituelle, laquelle par sa vertu solutiue tire la Teinture des
corps.

Riastel, c'est du Sel.

Rosa mineralis, c'est la poudre rouge qui se
produit en la sublimation de l'Or auec le
Mercure, qui est lors que l'on agit à la
confection de l'arbre vegetal des Philosophes.

Raib, c'est pierre.

Reboli, c'est liqueur de Mumie.

Rhob, c'est vne composition Chimique.

Rosagallum, c'est vne espece d'Orpigment

blaffard en couleur, car il y en a de trois
especes; le blanc qui est dit Arcenic; le
jaulne comme Or, qui en retient le nom;
& le blaffard. Il oste le dessus de l'Or sans
oster la marque. On compose le Rosagallum auec le blanc & le Iaulne.

S.

Saphyricum-anthos, c'est le Saphyr reduit en
liqueur Mercuriale, & la Lune reduite
aussi en liqueur Mercuriale puis meslez ensemble; ce qui fait vn medicament
admirable aux maladies du cerueau.

Sactin, c'est Vitriol.

Silipit, c'est Cuiure.

Sel solaire, c'est le Sel Armoniac.

Sulphuris Astrum, c'est les scintilles du feu:
mais mieux à propos l'Huile de Soulphre bien preparé.

Salis Astrum, c'est la resolution du Sel en
Huile.

Serico, c'est plomb.

Sibar, c'est argent-vif.

Sezur, c'est Or.

Sal taberzet, c'est tout Tartre blanc.

Seden, c'est vn vaisseau.

Sal tabari, c'est sel alembrot.

Sciden, c'eſt Ceruſe.

Samech, c'eſt Tartre.

Sanguis Mercurij, c'eſt la Teinture de Mercure.

Soluere, c'eſt inhumer.

Sira, c'eſt Orpigment.

Spodium, c'eſt cendres d'Or.

Salnitrum, c'eſt le ſel qu'on tire de la terre qui eſt bien imbibee d'vrine de quelque animal que ce ſoit.

Sale Philoſophorum, c'eſt vne compoſition du ſel d'Or, d'Antimoine, de Vitriol, de Meliſſe, de Germandree, de Chicoree, de Valeriane, & d'Abſinthe, & ſel commun; admirable pour le Cancer & Noli-me-tangere.

ſafarata, c'eſt carabé.

Sal amarum, c'eſt Argent vulgaire, autres l'appellent Sel Nitre

Scarelum, c'eſt Alum de Plume.

Serpens, , aut lacerta viridis, que proprium caudam deuorauit, c'eſt toute la liqueur de Vitriol reiettée ſur ſes fœces ou Teſte de mort.

Spiritus, c'eſt Argent vif.

Sal gemmæ, c'eſt Sel de Pierre.

Sfacte, c'eſt la Graiſſe qui ce tire de la Mirrhe, appellée Storax liquide.

Sal peregrinorum, c'eſt vne compoſition de Sel Nitre, Sel Fuſil, Sel Gemme, Galange, Macis, Cubebes, Alcali tiré de l'Alcool de vin, & liqueur de grains de Genieure. Il conforte l'Eſtomach, ayde à la digeſtion, preſerue de putrefaction, & empeſche de vomir ceux qui vont ſur la mer.

Stomoma, c'eſt l'eſcaille de fer.

Satls ſults, vel ſelenipum, c'eſt la murie de Sel, ou Sel reſoult à l'humidité d'vne Caue.

Samech, c'eſt Sel de Tartre.

Sanguinis hidræ, vel terræ, c'eſt aigreur minerale, melancholie artificielle, Or potable, Huile de vie, Eſprit rouge; tout cela eſt l'Huile de Vitriol.

Sublimatio phyſicale, c'eſt ſubtilliation de la choſe.

Sandaraca, c'eſt l'Arcenic bruſlé, dit Orpin rouge, & non pas le Vernix, qui eſt la Gomme de Genieure.

Stella terræ, c'eſt le Talc.

Sallena, c'eſt eſpece de Salpetre.

Sal criſtalinum, c'eſt le Sel decuit d'vrine d'Homme.

Sulfur clauellatum, vel viuum, c'eſt Soulphre cuit.

Sal fusille, c'est Sel decrepité: autres le prennent pour Sel Gemme.

Sal enixum, c'est à dire resoult.

S'extario, c'est le poix de deux onces.

Sibedata, c'est l'Hirundinaire.

Sextulo, c'est le poix d'vne dragme.

Scacurcula, c'est l'Esprit tiré des os du Cœur
de Cerf: on l'appelle aussi *Ceruiculæ*.

Sagani spiritus, ce sont les quatre Elemens.

Sal praticum, c'est vn meslange du nitre
auec l'Armoniac, dans vne Oulle non vitrée, parties esgales, & icelle suspen-
duë à la caue, le Sel par resolution adhere exterieurement à ladite Oulle.

Simus, c'est *gilla Paracelsi*.

Sinonia, vel sinouia, c'est le Gluten, ou humeur blanc & muqueux, qui se trouue
aux Articles: Matiere en laquelle s'engendre le Tartre, qui est quant son Sel
resoult vient à se coaguler & lors se faict
la Podagre.

Sapo sapientiæ, c'est sel commun preparé
en eau.

Sol in homine, c'est le feu inuisible, influé
du Soleil celeste, fomentant la chaleur
natiue en l'homme.

Saxifragus, c'est Cristal pasle citrin.

Saxifragus, vel saxifragia, c'est tout ce qui

peut chasser le Sable & la Pierre.

Sperniolum vel Sperniola, c'est l'Espérme de Grenoüilles, matiere visqueuse & mussilagineuse qui se concrée és eaux.

Scirona, c'est la rosée d'Automne.

Serpheta, c'est vne medecine qui liquefie la pierre.

Spara, c'est la plus grande vertu minerale ou premiere substance.

Sperma aqua fortis, sont ses fœces.

Spagyrus, *vel Spagyricus*, c'est celuy qui sequestre le bon du mauuais, le pur de l'impur, ostant le binaire pour garder l'ynité.

Sal anathron, c'est le Sel extraict de la mousse qui croist sur les pierres.

Stennarmater metallorum, c'est la fumiere occulte qui engendre les metaux.

Saldini sont les hommes nourris de l'Element du feu.

Spongiæ syluanæ, ce sont les fueilles porreuses.

Sparallium, c'est vn Clistere vterin.

Sulfur vitriolatum, c'est le Souphre separé du Vitriol.

Sylo, c'est tout le monde.

Sulphur nigrum, c'est Antimoine.

T

Turba magna, c'est la multitude jnumerable des Astres du firmament.

Tartarus, c'est la pierre de vin qui adhere aux parois du tonneau.

Thisma, c'est la veine sousterraine des minieres.

Tereniabin, c'est vne espece de manne.

Taphneus, c'est vne medecine tres-nette & mondée.

Tinctura, c'est tout ce qui penetre, & teinct les corps, comme le Saffran faict l'eau.

Trachsat, c'est le metal existant en sa miniere.

Turbith minerale, c'est le Mercure precipité sans corrosif & faict doux.

Tassus, sont des Lumbrics.

Temeynchum, c'est l'Argent des Philosophes rubifié.

Theriaca metallorum, c'est vne certaine preparation de Mercure.

Terra fidelis, c'est l'Argent.

Terra Hispanica, c'est vitriol.

Terra auri, c'est Litarge d'Or.

Terra argenti, c'est Litarge d'Argent.

Tintura Florum solarium , c'est l'extraict ou essence des summitez d'Hypericon estant en Fleur.

Tissacom, c'est argent-vif.

Truphat, c'est l'occulte vertu des minieres.

Tintura microcosmi , c'est le magistere ou Teinture de sang humain.

Titar, c'est Borax.

Tirsiat, c'est armoniac.

Thimy venetiani, c'est l'Absinthe.

Thymally, c'est vn barbeau.

Tin, c'est soulphre.

Trigonum, c'est la quadruple transmutation de l'esprit des Astres, iouste le nombre des 4. Elemens.

Tissaram, vel tusiasi, c'est soulphre vif.

Thermæ Philosophorum, c'est le Bain Marie.

Ticalibbar, c'est escume de mer.

Tersa, c'est moustarde.

Tecolithus , c'est la pierre d'esponge, sçauoir celles qui se trouuent dans les esponges de couleur blanche.

Terra fœtida, c'est soulphre sublimé.

Tenacitas glutinis , c'est la resine minerale; quelques vns la prennent pour la resine de Pin.

Tinctar viriditas æris, c'est vn eau composee de tous sels.

Thalitrum , c'est yne herbe nõmee argetine.

Terra sanƐta, c'est Antimoine vitrifié.

Terra saracenica, c'est toute forte d'éfmail; aucuns l'appellent *Anatrum*.

Triceum, c'est miel filueftre, vulgairement appellé miel des bruyeres, ou miel d'Automne.

Torufcula pini, c'est la refine qui degoute du Pin.

Terram famiam, c'est l'argent vif fublimé, joinƐt auec le Talc calciné.

Therion minerale, c'est le Mercure: C'est à dire vipere minerale, pour autant que tout ainfi que la chair des viperes bien preparee, non feulement preferue, mais elle guerit & d'autre venin & du fien, de mefmes le Mercure bien preparé, par vn vray Chimique, eft vn grãd Alexipharmaque, non feulement pour preferuer, mais auffi pour guerir toutes les maladies mercurielles.

Tiri noftri ab aquila rapti, & à Tartari liberati, c'eft le Mercure rendu fixe & deliuré de fes impuretez.

V.

Vitri hyacintini, c'eft le verre d'Antimoine.

Vifci de batin, c'eft Therebentine.

Vini caprini, c'est l'vrine de cheure.

Vmo, c'est Estain.

Vastior, c'est saffran des jardins.

Vzifur, c'est Cinabre.

Vrina taxi, c'est eau de Tartre.

Vittellum poli, c'est Alum.

Vuarnas, c'est Vin-aigre des Philosophes.

Volans, c'est Argent-vif.

Vrina c'est le sel resoult, engendré au foye, & chassé, comme excrement du sel, par la nature à son emonctoire.

Vsnea lapidea, c'est sel anathron.

Vinum essatum, c'est celuy auec lequel on tire la vertu des herbes, ou autres choses mises en iceluy.

Vmbilicus Marini, ce sont petites pierres qu'on treuue au riuage de la Mer, ayant forme d'vne grosse febue.

Verto, c'est la quarte partie d'vne liure.

Vnicorni mineralis, c'est la terre seellée vraye.

Vas diplomata, c'est vn vaisseau double, c'est à dire bien fort.

Vndæ vel vndenæ, sont les hommes æriens qui tiennent de l'esprit.

Vas sitillé, c'est vn vaisseau de terre vitré.

Veneris gradus, c'est la douceur de Nature, ou la verdeur de la vie.

Viscum metalli, c'est leur seul mercure ou premiere matiere des metaux.

Vlissipona, c'est l'Herbe serpentaire.

Vera lilium, c'est vn meslange de Mercure sublimé auec le Regule.

Vnitas Trithemÿ, c'est le Ternaire reduit en vnion par l'abjection du Binaire.

Vergiliæ, ce sont herbes du printemps.

Vitrum philosophorum, c'est vn Alembic.

Vinum Correctum
Vinum Centratum
Vinum Essensificatum
Vinum Alcolisatum

C'est l'Alcool de vin.

Vitriolum liquefactum, c'est le Vitriol liquide tiré des minieres, lequel ne se peut plus coaguler.

Vitriola metallica, sont les Sels des metaux.

Visqualeus, c'est le Guy d'Arbre.

Vitriolum nouum, c'est le Vitriol blanc.

Viriditas salis, c'est la liqueur oleagineuse du Sel.

Virgulta fossorum, c'est la verge indice des Thresors.

Vrina vini, c'est Vin-aigre: quelquefois il est vsurpé pour l'vrine d'vn homme qui boit assiduellement du vin.

X

Xylocassia, , c'est la Canelle.

Xylobalsamum, c'est les parties esgales de Macis & de Souchet.

Xenecthum, c'est le premier menstrue Vierge.

Xenixephidei, c'est l'esprit ioyeux lequel ouure les proprietez de la nature à l'homme proueu qu'il y consente.

Xissimum vel xissium. c'est du vin-aigre.

Xiston, c'est du verd de gris en poudre.

Xevecdon, c'est vn pentacule constellé.

Y

Yrcus, c'est vn Conil masle qui vient des Indes, le Sang duquel amollit le verre & non celuy de Bouc.

Yelion, c'est du verre.

Yridis, vel yride, c'est de l'Orpiment.

Yharir, c'est la blanchissement du Loton des Philosophes, ou leur Argent.

Ygropissos, c'est du Bitume.

Yercia, c'est Poix.

Ysir, c'est la poudre de la pierre faite de l'eau de Mercure.

Ydrocecum, c'eſt de l'Argent vif.

Ycar, c'eſt Medecine.

Z

Zumemelazuli, *vel zemech*, c'eſt la Pierre d'Azur.

Zenith iuuencularum, c'eſt le premier Sang menſtruel d'vne fille.

Zimat, c'eſt Ferment.

Zonnetignomi, c'eſt vn corps Fantaſque.

Zarſrabar, c'eſt Argent vif. Autres, comme Paracelſe, l'appellent *zaibar*.

Zancres, c'eſt Orpigment

Zaidir, c'eſt Venus, prins par quelques-vns pour le verd de gris.

Zercj, c'eſt Vitriol.

Zelotum, c'eſt vne pierre Mercurielle.

Zipar, c'eſt Reubarbe.

Zinck, c'eſt vne Marcaſite Metallique, oû vn meſlange de 4. metaux non meurs, leſquels apparoiſſent comme Cuiure.

Zeco, c'eſt Tragagant.

Zafaram, c'eſt limature de fer, bruſlée en vaiſſeau æré.

Zarca, c'eſt Eſtain.

Zimax, c'eſt Vitriol verd d'arabie, dequoy l'on faiĉt l'Airain.

Zimar, c'eſt verd de gris.

Zuuitter vel zitter, c'eſt Marcaſite.

Zinzifar, c'eſt Cinabre.

Zithum, c'eſt de la Biere ou Ceruoiſe.

zenexton, c'eſt vn pentacule conſtelé, propre contre le peſte.

Au ſeul Dieu trine, en vnité ſoit rendu tout
honneur loüange & gloire au ſiecle des
ſiecles. Amen.

CARACTERES

CARACTERES

DESQVELS LES PHILOSO-
phes Chimiques ont accouſtumé de ſe
ſeruir pour la ſignification des matieres qu'ils mettent en vſage.

Le tout par ordre Alphabetique.

PARTIE II.

A

Amalgame, ainſi,

Arcenic, ainſi,

Antimoine, ainſi,
Alum, ainſi,

Alum de plume,

Atrament, ainſi.

Azur, ainfi.

Airain bruflé.

Alembic, ainfi.

Atrament blãc, ainfi.

Aymant.

B.

Briques.

& puluerifees.

Blanc d'Efpagne.

Borax.

Bol armenien.

Bain Marie.

C.

Ceruse, ainsi.	
Chaux viue.	
Coral, ainsi.	
Camphre.	
Chaux de Vitriol, ainsi.	
Corne de Cerf.	
Cinabre, ainsi.	
Coaguler.	
Chaux d'œufs.	
Cendres.	

Cendres clauel-
lees, ainsi.

Cire, ainsi.

Calciner.

Cristal.

D.

Distiler.

Digerer.

E.

Eau forte.

Eau de vie.

Eau commune.

Eau Regalle, ou
Stigialle.

Escume de Nitre.

Escorce de Grenade.

F.

Fleurs d'Antimoine.

Fien de Cheual.

Fleurs d'Airain.

Figer.

Fleurs de Saturne.

Fixer.

Filtrer.

G

Gomme, ainsi.

Galmie.

H.

Huile, ainsi.

Huile de Vitriol, ainsi.

Huile de Soulphre.

Huile de Saturne.

Huile Succin, ainsi.

Huile de Cristal, ainsi.

I.

L.

Litarge d'Argent.

Litarge d'Or.

Litarge generalement, ainſi.

Liqueur de Calciné de Plomb.

Laiĉt recent.

Limaille de Fer, ainſi.

Limaille d'Acier ainſi.

Lut de Sapience, ainſi..

Lampe ainſi.

Laton, ainſi.

M.

Mercure de vie ainsi.

Minium, ainsi.

Magnesie.

Magistere de Saturne.

mercure sublimé.

Mercure de Saturne.

Marcassite.

Motes de Tanneur.

Méche, ainsi.

Mercure precipité, ainsi.

N.

Nitre, ainſi.

O

Oeufs Phyſiques.

Orpiment, ainſi.

P

Poudre, ainſi.

Perles, ainſi.

Pierre ſanguine.

Purifier, ainſi.

Putrifier, ainſi.

Q.

Quint-essence, ain-
si. VESS.

Quarteron.

R

Realgar.

Regule d'Antimoi-
ne, ainsi.

S

Saffran de Venus.

Sandarac.

Sublimé de Mer-
cure.

Sublimé, ainsi.

Sublimer.

Sel des Pelerins,
ainſi.

Saffran, ainſi.

Saffran de Mars, ain-
ſi, que s'il eſt faict
auec le Soulphre.

Soulphre noir, ainſi.

Soulpre des Philoſo-
phes, ainſi.
Soulphre commun,
ainſi.

Soulphre vif, ainſi.

Sang de Dragon.

Sel Armoniac.

Esprit de vin.

Saffran Magi-
stral.

Sel Albroth.

sel de Plomb.

sel Alchali.

Soude ou sein
de verre.

Esprit, ainsi.

Selpetre.

Sel de Tartre.

Sel commun.

Stratum super Stratum.

T

Tutie sublimée.

Tutie, ainsi.

Tartre, ainsi.

Talc, ainsi.

Teste de mort.

V

Vitriol, ainsi.

Vrine, ainsi.

Vin rouge.

Vin blanc.

Vin-aigre distilé.

Vin-aigre rouge , ainsi.

Vin-aigre blanc.

Verd de gris.

Verre, ainsi.

Verre d'Antimoine.

Le Feu , ainsi.

L'air, ainsi.

L'eau, ainsi.

La Terre, ainsi.

Le iour.

La nuict.

L'an, ainsi.

L'heure, ainsi.

Le Mois, ainsi.

Feu de Rouë.

Saturne.

Iupiter.

Mercure.

Mars.

Venus.
Lune.

Sol.

Et tous les metaux en-
semble, ainsi.

Outre ces notes cy-deſſus, les Chimiques ont vſurpé les ſignes celeſtes pour la
ſignification des ingrediens qu'ils mettent
en œuure, ainſi qu'on les voit par les exemples cy-deſſous.

♒, Aquarius, c'eſt Sel Nitre.

♋, Cancer, c'eſt Sel Armoniac.

♑, Capricornus, c'eſt Alum de Plume.

☋, Cauda draconis, c'eſt Mercure.

♊, Gemini, c'eſt Orpigment.

♎, Libra, c'eſt Vitriol romain.

♌, Leo, c'eſt de l'Or.

♐, Sagittarius, c'eſt Alum.

♏, Scorpius, c'eſt Soulphre.

♉, Taurus, c'eſt Aſphaltum, ou Bitume.

♍, Virgo, c'eſt Arcenic rouge.

♈, Aries, c'eſt Antimoine.

Dauantage, les 12. regimes de l'Art correſpondent aux 12. ſignes ſuſnommez, en cette façon.

♈, Aries,　　　　à la calcination.

♉, Taurus,　　　à la congelation.

♊, Gemini,　　　à la fixation.

♋, Cancer,　　　à la diſſolution.

♌ Leo,

♌. Leo,   à la digestion.
♍. Virgo,   à la distilation.

♎. Libra,   à la sublimation.
♏. Scorpio,   à la separation.
♐. Sagittarius,   à l'inceration.

♑. Capricornus,   à la fermentation.
♒. Aquarius,   à la multiplication.
♓. Pisces,   à la projection.

Outre plus, on approprie les dix catego-
ries ou predicamens aux dix Spheres, ensemble les dix commandemens de la Loy:
aussi des 12. signes, 7. planettes & Elemés:
ensemble des nombres premiers, qualitez,
substances Elementaires ; corps mineraux
composez d'icelles ; natures des Sels , des
parties du composé Physic ; des couleurs
principalles apparentes en l'œuure, & des
Elemens Cœlestes : ainsi que j'en parle assez amplement en mon traicté de l'Harmonie Macro-micro-cosmique. Où on verra la
conuenance & simpathie essentielle du
corps humain auec les Plantes, Mineraux,
& Metaux, chacun à part soy consideré selon ses parties, leurs proprietez, & la preparation d'iceux, les adaptant chacun à part

R r r

pour les maladies affligeantes la partie où
ils ont esgard: ce qui donnera occasion aux
esprits les plus critiquement rebarbatifs de
ce temps, de croire qu'il n'y a personne qui
vienne mieux à la cognoissance de Dieu,
par ses creatures, que le Chimique.

Or pour continuer en ce lieu nostre dessein, disons que s'il y en a eu qui, traictans
des secrets de la Chimie, ayent caché leurs
termes le plus couuertement qu'ils ont peu,
auec les figures & nottes que nous auons
des-ja descrites cy-dessus, qu'il y en a eu aussi d'autres qui les ont ombragees par des
Caracteres estranges ; & à eux conneus
seulement, lesquels ils ont fait seruir au
lieu des communs & ordinaires ; ce que
nous rapporterons en ce lieu le plus briefuement qu'il nous sera possible: les ayans
auec peine descouuers & retirez des mains
de ceux qui s'en seruent comme par tradi-
tion & Caballe; & premierement.

*Alphabet des signes & Planettes Celestes
meslez ensemble.*

)(. ♃ ♒. △ ♑. ♉. ↦ ✳. ♏ ♄. ♎ ☽. ♍. ☿. ♌. ♂
♋. ☉ ♊ ♂ ✝. ♃ ♈.
a. b. c. d. e. f. g. h. i. k. l. m. n. o. p. q. r. s. t.
v. x. y. z.

Ou bien comme celuy qui suit.

C. ☿. ♀. ☉. ♂. ♃. ♄. ✳.
1. 2. 3. 4. 5. 6. 7. 8.

♈. ♉. ♊. ♌. ♍. ♎. ♏. ♐. ♒. ♓. ♋. ♑.
1. 2. 3. 4. 5. 6. 7. 8. 9. 10. 100. 200.

On y prattique doublement, & par les Caracteres, & par les nombres, comme pour faire onze on prendra ☽, & ♈, car ces deux nombres joincts ,ensemble font onze, en cette façon 11. & ainsi des autres, &c.

Autre Alphabet.

abcdefghiĸlmnopqrſtuxy z.

Autre grandement dificile.

Aa, bp, gc, dt, e, je, 3, æe, je, th, gzx, j, l,
hh, dh, tzzz, lg, kq, h, ſſtſx, gl, l, jgh.

a, b, c, d, e, f, g, h, i, ĸ, l, m, n, o, p, q,
r, ſ, t, v, x, y, z.

Autre Alphabet.

a, b, c, d, e, f, g. h, i, k, l, m, n, o, p, q,
r, ſ, t, v, x, y, z.

Autre Alphabet.

a b c d e f g h i k l m n o p q r ſ t v x
y z.

Autre Alphabet.

a b c d e f g h i k l m n o p q r ſ t v x
y z.

Autre Alphabet.

abcdefghiklmnopqrſtvxyz.

Autre.

abcdefghiklmnopqrſtvxyz.

Autre.

a b c d e f g h i k l m n o p q r ſ t u x y z.

Autrement on peut escrire en chiffre en ceſte façon.

R r r iij

a. e. i. o. v. l. m. n. r. | a. e. i. o. v. l. m. n. r.
1. 2, 3. 4. 5. 6. 7. 8. 9. | 9. 8. 7. 6. 5. 4. 3. 2. 1.

Ou bien auec tout l'Alphabet meslé auec les chiffres en ceste façon.

a. b. c. d. e. f. g. h. i. k. l. m. n. o. p. q. r. s.t.
1. b. c. d. 2. f. g. h. 3. k. 6. 7. 8. 4. p. q. 9. s. t.
v. x. y. z.
5. x. y. z.

Autrement par lettres changees.

a. b. c. d. e. f. g. h. i. l. m.
| | | | | | | | | | |
n. o. p. q. r. s. t. v. x. y. z.

On prend le à. pour le n. le b. pour le o. & ainsi consequemment des autres. Et par conuersion le n. pour le a. le o. pour le b. & ainsi iusques à la fin.

Autrement toutes les lettres de l'Alphabet, selon leur valeur en chiffre, commençant depuis vn à deux, & ainsi consequemment.

a. b. c. d. e. f. g. h. i. l. m. n. o. p. q. r.
1. 2. 3. 4. 5. 6. 7. 8. 9. 10. 11. 12. 13. 14. 15 16.
f. t. u. x. y. z.
17. 18. 19. 20. 21. 22.

Quelques-vns vfurpent particulierement.

a. e. i. o. u. pour 1. 2. 3. 4. 5.

Et efcriuent auec ces cinq feulement.
On peut faire valoir les lettres tant qu'on
voudra, prouueu que ceux à qui on efcrit
fachent le fecret.
Nottez que les cinq voyelles a. e. i. o. u. &
les deux d'icelles qui feruent de confon-
nes, fçauoir i. v. peuuent eftre accommo-
dées aux 7. planettes, aux 7. iours de la femaine, aux 7. aages, & aux 7. operations
de la fcience; fçauoir à la calcination, putrefaction, diffolution, diftilation, coagulation, fublimation, & fixation. Les douze
confonnantes b, c, d, f, g, l, m, n, p, r, f, t,
aux douze mois, & aux douze fignes, enfemble aux douze regimes de l'Art, ainfi
que nous auons dit cy-deffus. Et k. q. x. z.
aux quatre Elemens, aux quatre faifons de

l'annee, aux quatre vents, & aux 4. humeurs du corps. Finalement h. qui eſt vne
aſpiration, à l'eſprit du monde. On verra
l'ētiere explicatió de tout cecy, (& de beaucoup d'autres choſes non meſpriſables) en
mon traicté de l'Harmonie Macro-micro-
coſmique, aydant Dieu.

On peut auſſi eſcrire à l'enuers à la maniere des Hebreux, & ce en cette façon.

Exemple.

La vraye preparation du Mercure ſe peut
faire ainſi.

Prenez du Mercure cinabariſé ou ſublimé,
meſlé auec deux parts de Tartre bruſlé, ou
de Chaux viue, diſtilez auec vne retorte de
verre, à fort feu, ou bien en vn reuerbere
clos. Ce que tournant à l'enuers ſera ainſi.

al eyaru noitaraperp ud erucrem, ectuep
eriaf yſnia.

Senerp ud erucrem éſirabanic uo émilb-
us élſem ceua xued ſtrap ed ertrat élſurb
uo ed xuahc euiv, ſélitſid ceua env etroter
ed errev à trof uef, uo nieb ne nv erebreuer
ſolc.

On peut encore eſcrire au rebours cóme

deſſus, mais d'vne façon plus difficile à entendre, ſi ce n'eſt qu'on en euſt l'intelligence auparauant. Donnons-en vn exemple.

Le vray Azoch metalique ſe fait auec le
Mercure pur, & le grain fix du Sol de Miniere; luy donnant le poids, & le moteur ſelon que la Nature le requiert, &c.

Ce que tournant à l'enuers, auec adition
d'autres lettres au commencement, milieu
& fin, faira vne eſcriture impoſſible à interpreter à qui n'en ſçaura le ſecret. Et c'eſt
en cette ſorte.

reilo pyanrvi ehcſozam ſeuqilgatema
nerſu etcioaſi oceluan tenla ſerucaremi
gruep, aties ieblo anipargi exinſa guadé
àloiſiſerdé κ ereiknimu; cyuola etnanino-
du terla isdilopé, otiel κenli druentomu
anorleſa geuoqi raila leructani ſeala atrei-
muqero, &c.

Cecy ſuffira pour l'intelligence des nominations, Caracteres, & eſcritures ca-
chees, attendant le traicté promis de l'Harmonie, où on en verra d'vne infinité de façons, & de diuerſes ſignifications, & d'vne
admirable ſtructure, par leſquelles on viendra à la connoiſſance des choſes hautes, &
quaſi par autre moyen incomprehenſibles.

Car encore bien que Dieu ait doüé tous les hommes d'vn entendement & raifon de mefme faculté & vertu felon Hermes (car s'il s'en treuue quelque diminution és vns pluftoft qu'és autres, cela ne vient, outre le vice accidentel, que de leur pareffe, fœtardife , & nonchalance) afin de leur feruir des vniuerfels ; il a neantmoins tellement diuerfifié la façon de produire au jour leurs penfees, foit en parole, langage, & efcriture, qu'en toute la terre habitable, parauenture ne s'en treuuera pas trois auoir mefme deffein, intention & conception, & notamment en ce dequoy nous auons traicté cy-deffus. N'eftimant pas pourtant que cafuellement, à la premiere rencontre , fantaifie, ou apprehenfion de quelqu'vn, ces mots & fes Caracteres ayent efté formez, ainfi que les vulgaires lettres. Car le confentement vniuerfel des plus verfez en la Caballe Chimique, qui les ont gardez fi long temps fans varier, tefmoigne je ne fçay quelle infpiration Celefte; ce qui fe verifie en ce que leurs figures & proportions, tant numerales que Geometriques , femblent auoir vne fort grande correfpondance & affinité auec les vertus Celeftes , dont elles peuuent eftre prifes pour marques, Symboles, & vehicules de leurs effects icy bas fur tous les indiuidus de la terre, en la triple famille fublunaire, fçauoir eft, des Animaux, Vegetaux, & Mineraux, defquels ces nominations, termes, figures & Caracteres, contiennent en eux les plus preignantes & occultes proprietez ; notamment quand ils font arrengez & tiffus en des paroles & vocables qui expriment la vraye fignification de la chofe à quoy ils furent premierement appliquez; car autrement ils ne peuuent auoir aucune force, vigueur, ny vertu. Ie ne veux pas dire qu'elles ayent aucune puiffance ne vertu d'elles mefmes, car ce feroit commettre vne Erefie, voire vne impieté execrable; car ces Caracteres auroient beau eftre affemblez en quelle façon qu'on voudroit qu'ils n'auroient pouuoir d'accomplir & effectuer aucune chofe à quiconque les porteroit ou profereroit, cela eft fans doute. Mais j'entens que lors que ces Caracteres font affemblez en leur vray biais, qu'ils fignifient vrayement la chofe à laquelle ils font deftinez. Exemple, *Emeth*, qui eft interpreté feeau de Dieu ; & ce nom *Agla*, tu és le Dieu fort Eternellemét; il eft certain qu'en autres termes, ny en autres Caracteres, cette fignification ny l'in-

terpretation ne s'en tireroit pas comme
deſſus. Que ſi nous deſcendons à la Philoſophie Chimique (laquelle ſeule nous faiſt
plus aſſeurement perceuoir la lumiere de la
Nature) nous verrons que quand ils ont appellé leur Mercure *Draco qui impregnat ſe ip-*
ſum, ils ont entendu que leur Mercure s'empreint & nourrit de ſa conception. *Draco qui*
maritat ſe ipſum ; ils ont entendu que de luy
& en luy meſme il fait conjonction de ſon
Soulphre. *Draco qui interficit omnia ſuo vene-*
no; ils ont entendu qu'il chaſſe & tuë toute
eſpece de maladie. *Spiritus ambulans, Spiritus*
volans; parce qu'il va & cherche par les vni-
uerſelles parties des corps, tant Animaux
que Mineraux. *Aqua congregationis,* d'autant
qu'en luy meſmes ſe treuuent toutes perfections. *Lapis animæ,* parce qu'elle la conſerue en ſon ſiege, mondifiant le ſang en toute perfection. *Filius ſolis,* à cauſe qu'il entretient la chaleur des corps en ſa nature. *Pater*
ignis, parce qu'il purifie tout. *Æthelia,* compoſition de deux choſes, ſçauoir, Soulphre
& Mercure; ou pluſtoſt de deux Soulphres,
&c. Mais de tout cecy plus amplement en
noſtre ouuerture de l'Eſcole de Philoſophie
tranſmutatoire metalique. Que ſi nous deſcendons aux conuerſions ou anagramatiſ-

mes, nous en treuuerons de diuerses façõs,
notamment dans noftre Paracelfe, comme
ce mot *Sonath*, pour dire *Anthos*, *Runpella*
pour dire *Prunella*. Et de plufieurs autres façons qui ne font point inconneuës aux Ca-
baliftes, Calculatoires, Notariaques, & Gy-
metriaques; de tous lefquels nous traicte-
rons, Dieu aydant, en noftre Harmonie.
A Dieu feul, Sage, & tout Bon Inuifible, Immortel, Impaffible, Incompris, Infiny, Trine en vnité, Pere, Fils & S. Efprit, foit rendu tout honneur, gloire, loüanges, Cantiques & jubilations, au fiecle des fiecles.
Amen.

Fin du Bouquet Chimique.

SIXAIN.

ICy, par vn fatal decret,
Ce Bouquet aux Fleurs immortelles
Finit, mais non pas le secret
De les conseruer tousiours telles :
C'est pourquoy enuieux malin
Va cracher ailleurs son venin.

Pag. 41. l. 16. grad, liſez grand. p 44. l. 1. ſeuls, diſ-je, &
les Monarques, liſez, ſeuls, diſ-ie, les Roys & les Monarques. p. 93. li. 6. verte, liſez verde. pag 97. li. 17. lequel, liſez leſquels. p. 154. l. 25. l'humidté, iiſez l'humidité. & à la lig. 26. aſſe, liſez aſſez. & en la lig. 27. d. liſez
de. p. 163 l. 14 uec, liſez auec p 199. li. 15 ou, liſez on. &
li. 17 l'onuerture, liſez l'ouuerture. p. 208. coruuës, liſez cornuës. p. 271. li. 1. uy, liſez luy. p. 335. li. 28. pleu-
re, liſez pleureſie p. 344. li. 24. la, liſez les. p. 382. l. 6. ſi l'on
moüille, liſez ſi l'on en moüille p. 408. l. 19. joubarde,
liſez ioubarbe. p. 455. l. 8. Alembric, liſez Alembic pag.
547. l. 13. de Sel, liſez de Sol. p. 570. l. 21. ſuffiſamet, liſez
ſuffiſamment. pag. 605. li. 12. enuiron, liſez d'enuiron. p.
634. l. 4. diſſoulis, liſez diſſoult p. 640. l. 15. veilles, liſez
vieilles. p. 703. l. 11. n, liſez En. p. 704. l. 6. ſoit, liſez fort.
p. 710. derniere e roy-ie, liſez ie croy. p. 733. li. 13 façon, liſez façon. p. 734. l. derniere, for, liſez ſort. p. 803.
l. premiere, roides, liſez froides. p. 829. l. 19. ttes, liſez
toutes. p. 898. l. derniere, ſe voyent ceſte œuure, liſez ſe
voyent en cette œuure. p. 956. li. 21. nectat, liſez nectar. p.
970. li. derniere argetine, liſez Argentine.

Outre ces fautes cy deſſus, il s'en pourroit eſtre gliſſées
quelques-vnes touchant l'orthographe & punctuation
auſquelles il ne m'a eſté poſſible de remedier, ce qui doit
eſtre attribué aux cauſes que i'en ay deduites en ma preface.